V&R

Erich Härtter

Wahrscheinlichkeitsrechnung, Statistik und mathematische Grundlagen

Begriffe, Definitionen und Formeln

Mit zahlreichen Figuren

Vandenhoeck & Ruprecht in Göttingen

CIP-Kurztitelaufnahme der Deutschen Bibliothek

Härtter, Erich:
Wahrscheinlichkeitsrechnung, Statistik
und mathematische Grundlagen : Begriffe,
Definitionen u. Formeln / Erich Härtter. –
Göttingen : Vandenhoeck & Ruprecht in Göttingen, 1987
ISBN 3-525-40731-9

Herstellung: Hubert & Co., Göttingen

Vorwort

Das Anliegen dieses Buches ist es, eine schnelle Informationsmöglichkeit über Begriffe, Definitionen, Sätze und Formeln aus den im Titel genannten Gebieten zu liefern. Bei der raschen Entwicklung fast aller Teilbereiche der Stochastik kann dabei keinesfalls eine Vollständigkeit angestrebt oder gar erreicht werden. Eine gewisse subjektive Stoffauswahl ist daher unausbleiblich, viele Gebiete konnten nicht erwähnt werden.

Die Hauptkapitel des Buches sind: 1) Deskriptive Statistik, 2) Wahrscheinlichkeitsrechnung, 3) Stochastische Prozesse, 4) induktive Statistik und 5) mathematische Grundlagen.

Die Formulierungen des Buches sollen gut verständlich und nach Möglichkeit streng und exakt sein. Die Ausführlichkeit eines Lehrbuches ist natürlich nicht angestrebt; es werden keine Beweise und nur wenige Beispiele gegeben. Außerdem kann die Darstellung nicht immer die größtmögliche Allgemeinheit erfassen. Zur bequemeren Handhabung wurden auch Wiederholungen in Kauf genommen, um Verweise auf andere Stellen des Buches nicht zu zahlreich werden zu lassen.

Obwohl das Inhaltsverzeichnis ausführlich gegliedert ist, hilft zum leichteren Nachschlagen von Begriffen und Sätzen zusätzlich ein umfangreiches Sachverzeichnis.

Ohne die Hilfe meiner Mitarbeiter wäre das Buch nicht zustande gekommen. Besonders möchte ich mich bei Herrn Dipl.- Math. Joachim Sehr bedanken für viele Anregungen und Formulierungen, die in oft langen Diskussionen erarbeitet wurden. Ferner gilt mein besonderer Dank Frau Helga Küllmar für die exakte Erstellung des Manuskripts, das über mehrere frühere Fassungen die jetzige Form erhielt.

Mainz, Juli 1986 E. Härtter

Inhaltsverzeichnis

Verzeichnis häufiger Symbole

$\mathbb{N} = \{1,2,3,...\}$ Menge der natürlichen Zahlen

$\mathbb{N}_0 = \{0,1,2,3,...\}$ Menge der nichtnegativen ganzen Zahlen

$\mathbb{Z} = \{0,\pm 1,\pm 2,\pm 3,...\}$ Menge der ganzen Zahlen

$\mathbb{Q}$ = Menge der rationalen Zahlen

$\mathbb{R}$ = Menge der reellen Zahlen

$\mathbb{C}$ = Menge der komplexen Zahlen

$\mathbb{R}^+$ = Menge der positiven reellen Zahlen

$\mathbb{R}^-$ = Menge der negativen reellen Zahlen

$\mathbb{R}_0^+ = \mathbb{R}^+ \cup \{0\}$ = Menge der nichtnegativen reellen Zahlen

$\emptyset$ = leere Menge

$[a,b]$ abgeschlossenes Intervall $\subset \mathbb{R}$

$]a,b[$ offenes Intervall $\subseteq \mathbb{R}$

$]a,b]$ linksseitig offenes Intervall $\subset \mathbb{R}$

$[a,b[$ rechtsseitig offenes Intervall $\subset \mathbb{R}$

Def. Definition;

$:=$ bzw. $=:$ Die Größe auf der Seite, auf welcher der Doppelpunkt steht, wird durch die andere Seite definiert

$\Longrightarrow$ Implikation $A \Longrightarrow B$ bedeutet: Wenn Aussage A gilt, gilt auch Aussage B

$\Longleftrightarrow$ Äquivalenz $A \Longleftrightarrow B$ bedeutet: Aussage A gilt genau dann, wenn Aussage B gilt

$n!$ n Fakultät

$\binom{n}{k}$ Binomialkoeffizient "n über k"

f^{-1} Umkehrfunktion zur Funktion f

exp Exponentialfunktion (Basis e)

ln natürlicher Logarithmus (Basis e)

$\underline{A}$ Matrix

$\underline{a}$ Vektor (Zeile bzw. Spalte)

$\underline{I}$ Einheitsmatrix

$\underline{A}'$ transponierte Matrix von $\underline{A}$

$\underline{a}'$ transponierter Vektor von $\underline{a}$

$\underline{A}^{-1}$ inverse Matrix von $\underline{A}$

det Determinante

Rg Rang

Sp Spur

P(A) Wahrscheinlichkeit des Ereignisses A

ϕ Verteilungsfunktion der Standard-Normalverteilung

$e = 2,718\ 281\ ...$

$\pi = 3,141\ 592\ ...$

i imaginäre Einheit ($i^2 = -1$)

$\approx$ ungefähr gleich

Griechisches Alphabet

	klein	groß	entspricht in Umschrift
Alpha	α	Α	a
Beta	β	Β	b
Gamma	γ	Γ	g
Delta	δ	Δ	d
Epsilon	ε	Ε	e
Zeta	ζ	Ζ	z
Eta	η	Η	e (lang)
Theta	ϑ	Θ	th
Iota	ι	Ι	i
Kappa	κ	Κ	k
Lambda	λ	Λ	l
My	μ	Μ	m
Ny	ν	Ν	n
Xi	ξ	Ξ	x
Omikron	ο	Ο	o
Pi	π	Π	p
Rho	ρ	Ρ	r
Sigma	σ	Σ	s
Tau	τ	Τ	t
Ypsilon	υ	Υ	y
Phi	φ	Φ	ph
Chi	χ	Χ	ch
Psi	ψ	Ψ	ps
Omega	ω	Ω	o (lang)

1. Deskriptive Statistik

Bei statistischen Untersuchungen geht man davon aus, daß eine Menge G (Grundgesamtheit [1]) vorliegt, deren Elemente (Individuen, Untersuchungseinheiten [2]) verschiedene Ausprägungen eines (oder mehrerer) Merkmale [3] hervorbringen.

Es interessiert, wie diese Ausprägungen auf die Elemente von G verteilt sind, bzw. es interessieren Aspekte dieser Verteilung. Um Informationen darüber zu erhalten, wählt man einige (oder alle) Elemente von G aus (Erhebung) und beobachtet an den ausgewählten Elementen die Merkmalsausprägungen.

Man unterscheidet Vollerhebung (= Totalerhebung) und Teilerhebung (= Stichprobenerhebung (vgl. 4.2)). Bei einer Vollerhebung werden alle Untersuchungseinheiten der Grundgesamtheit herangezogen.

Die so gewonnenen Beobachtungen heißen auch Rohdaten (Urliste, (Roh-) Datenmaterial); man bildet daraus eine empirische (Häufigkeits-) Verteilung.

Merkmale werden nach verschiedenen Klassifikationskriterien eingeteilt: So unterscheidet man qualitative Merkmale (in der Regel solche mit endlich vielen, nicht durch Zahlen be-

---

1) Grundgesamtheit = Grundmenge = statistische Gesamtheit.

2) Untersuchungseinheit = statistische Einheit = Merkmalsträger.

3) Merkmale heißen auch Variable, zu unterscheiden von Zufallsvariablen.

schriebenen, möglichen Ausprägungen, speziell dichotome, d. h. solche mit zwei möglichen Ausprägungen) und quantitative oder numerische Merkmale (mit diskreten oder kontinuierlichen möglichen Ausprägungen, die durch Zahlen beschrieben sind (Merkmalswerte)). Des weiteren werden Merkmale durch die Art der Skala, auf der ihre Ausprägungen gemessen werden, klassifiziert. Man unterscheidet hauptsächlich

Nominalskala (für nominale Merkmale);

Ordinalskala (für ordinale Merkmale); es besteht eine Ordnungsrelation für die Merkmalsausprägungen;

metrische Skala (für metrische oder metrisch skalierte Merkmale); es liegt ein Maßsystem für die Merkmalsausprägungen zu Grunde.

Die Zuordnungen sind nicht immer eindeutig; so kann ein qualitatives Merkmal zu einem quantitativen werden, indem man jeder Merkmalsausprägung eine reelle Zahl zuordnet. Hier soll nur auf quantitative Merkmale eingegangen werden, die Skala für die Ausprägungen eines Merkmals sei durch die reellen Zahlen gegeben.

In der deskriptiven Statistik werden u. a. Kennzahlen (Parameter) von empirischen Verteilungen bestimmt, was bedeutet, daß die Rohdaten für eine Fragestellung in angemessener Weise verdichtet werden. Die induktive Statistik [1] (Abschnitt 4) hat die Aufgabe, auf der Grundlage der Wahrscheinlichkeitsrechnung (Abschnitt 2) Verfahren für Schlußfolgerungen aus den Beobachtungen auf die Grundgesamtheit zu entwickeln.

1) Auch schließende Statistik.

1.1. Eindimensionale empirische Häufigkeitsverteilungen

Die Skala der Häufigkeitsverteilungen soll durch die reellen Zahlen gegeben sein.

1.1.1. Bezeichnungen und graphische Darstellungsmöglichkeiten

Es seien

N = Umfang (= Elementeanzahl) der Grundgesamtheit;

n = Umfang (= Elementeanzahl) einer Erhebung (Stichprobe) $(1 \leq n \leq N)$;

$x_1, x_2, \ldots, x_n$ die Beobachtungswerte in der Erhebung (= Merkmalsausprägungen) (allgemeines Element x_i; $i=1,\ldots,n$; $x_i \in \mathbb{R}$) [1];

$x_{(1)} \leq x_{(2)} \leq \ldots \leq x_{(n)}$ die der Größe nach geordneten Beobachtungswerte in der Erhebung;

k = Anzahl der verschiedenen Beobachtungswerte in der Erhebung (= Anzahl der verschiedenen Merkmalsausprägungen);

$x'_1, x'_2, \ldots, x'_k$ die verschiedenen Beobachtungswerte in der Erhebung (allgemeines Element x'_j; $j=1,\ldots,k$); dabei soll vorausgesetzt werden $x'_1 < x'_2 < \ldots < x'_j < x'_{j+1} < \ldots < x'_k$;

h_j = <u>absolute Häufigkeit</u> von x'_j = Anzahl der Beobachtungswerte, die gleich x'_j sind $(j=1,\ldots,k)$;

$\frac{h_j}{n}$ = <u>relative Häufigkeit</u> von x'_j $(j=1,\ldots,k)$.

Es gilt $\sum_{j=1}^{k} h_j = n$ und $\sum_{j=1}^{k} \frac{h_j}{n} = 1$.

<u>Kumulierte absolute Häufigkeiten</u> $h_j^{kum} := \sum_{\nu=1}^{j} h_\nu$ $(j=1,\ldots,k)$;

<u>kumulierte relative Häufigkeiten</u> $= \sum_{\nu=1}^{j} \frac{h_\nu}{n} = \frac{1}{n} h_j^{kum}$ $(j=1,\ldots,k)$.

1) Der Vektor $(x_1,\ldots,x_n) \in \mathbb{R}^n$ ist ein Element aus dem Beobachtungsraum.

Sei $x \in \mathbb{R}$. Dann heißt die Funktion $\hat{F}: \mathbb{R} \to \mathbb{R}$ mit $\hat{F}(x) = \frac{1}{n} \Sigma h_j$, wobei über alle Indizes j mit $x'_j \leq x$ zu summieren ist, <u>empirische Verteilungsfunktion</u> der Häufigkeitsverteitung.

Es ist also

$$\hat{F}(x) = \begin{cases} 0 & \text{für } x < x'_1 \\ \frac{1}{n} \sum_{\nu=1}^{j} h_\nu & \text{für } x'_j \leq x < x'_{j+1} \quad (j=1,\ldots,k-1) \\ 1 & \text{für } x'_k \leq x. \end{cases}$$

$\hat{F}(x)$ gibt somit den Anteil der Beobachtungswerte $\leq x$ an.

$\hat{F}$ ist eine Treppenfunktion mit $0 \leq \hat{F}(x) \leq 1$; die Sprungstellen sind $x'_1, x'_2, \ldots, x'_k$ und die zugehörigen Sprunghöhen $\frac{h_1}{n}, \frac{h_2}{n}, \ldots, \frac{h_k}{n}$

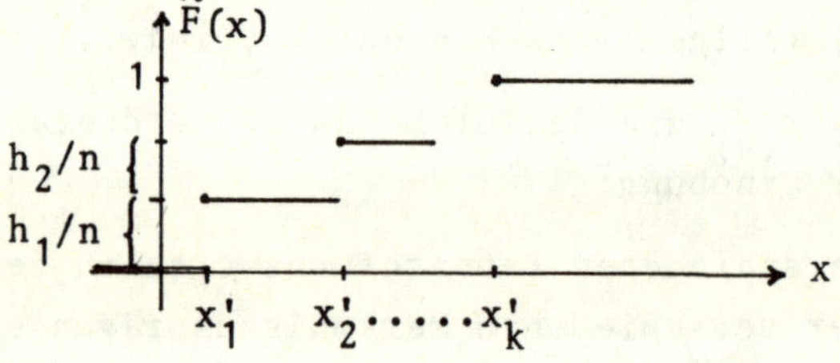

<u>Graphische Darstellung</u> des Datenmaterials: Stabdiagramm, Häufigkeitspolygon, Histogramm, Flächendiagramm.

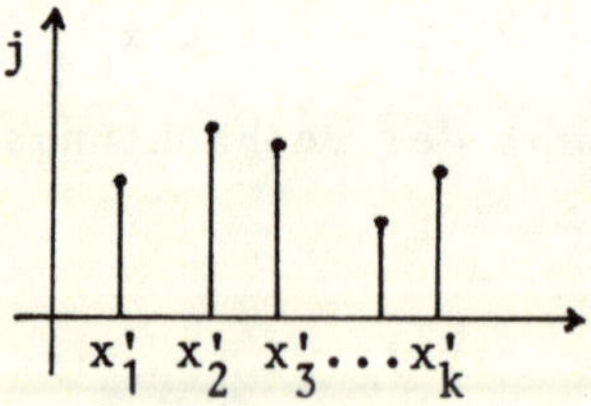

Stabdiagramm

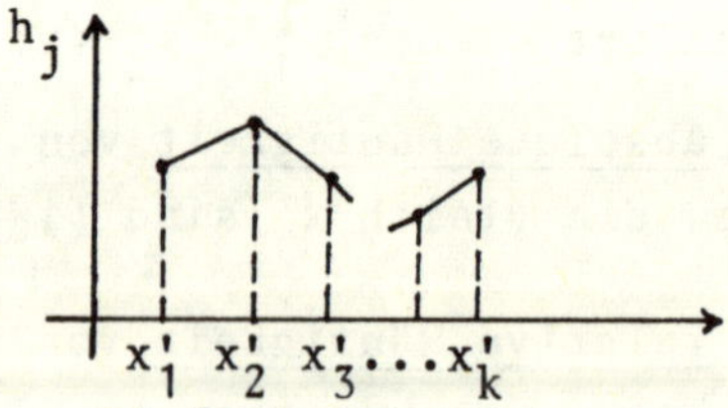

Häufigkeitspolygon

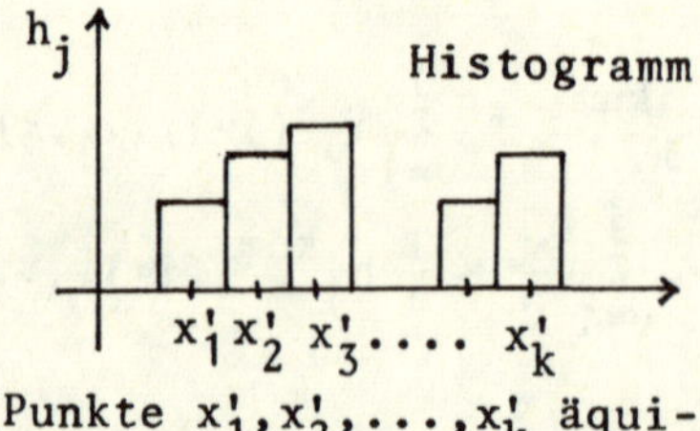

Histogramm

(Punkte $x'_1, x'_2, \ldots, x'_k$ äquidistant)

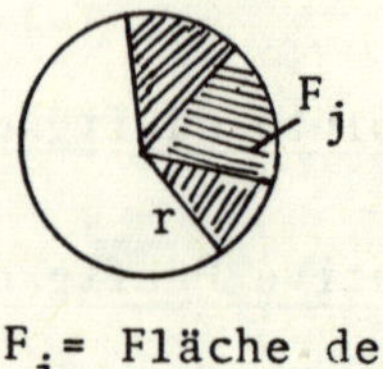

Flächendiagramm

F_j = Fläche des Kreisausschnitts

Es gilt $F_j : \pi r^2 = h_j : n$

---

1) $\hat{F}$ ist rechtsseitig stetig.

Ist $\alpha_j^{\,o}$ die Größe des Öffnungswinkels, der zu dem Sektor der Fläche F_j gehört, so ist

$$\frac{\alpha_j^{\,o}}{360^o} = \frac{h_j}{n}.$$

Nach der Form des Häufigkeitspolygons unterscheidet man verschiedene Arten von Häufigkeitsverteilungen:

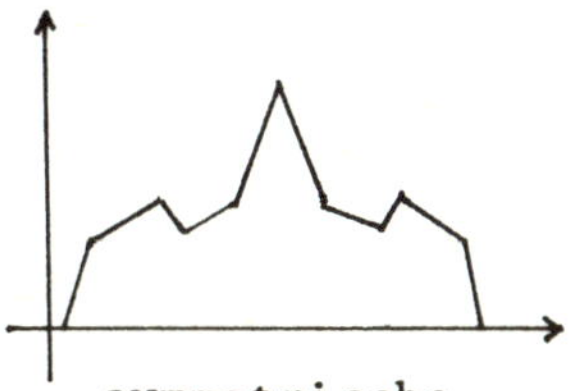

symmetrische Verteilung

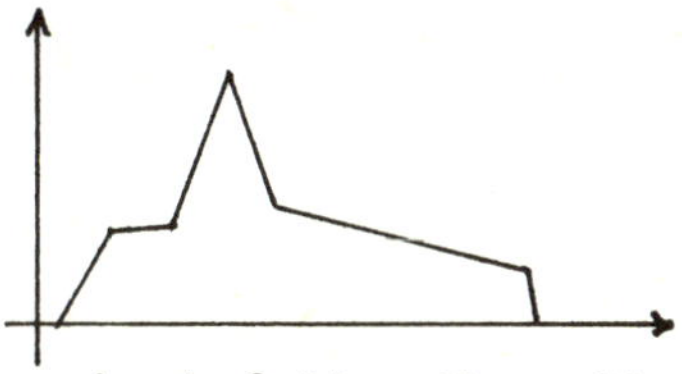

eingipfelige Verteilung (unimodal)

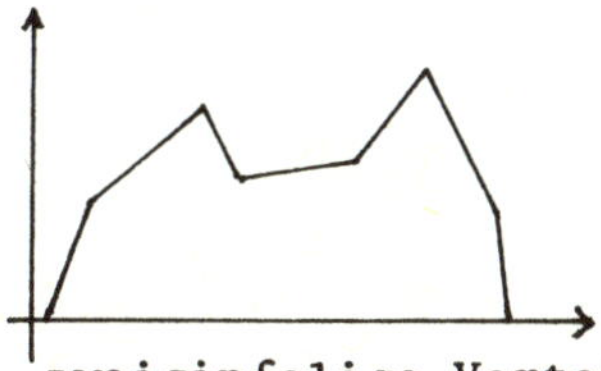

zweigipfelige Verteilung (bimodal)

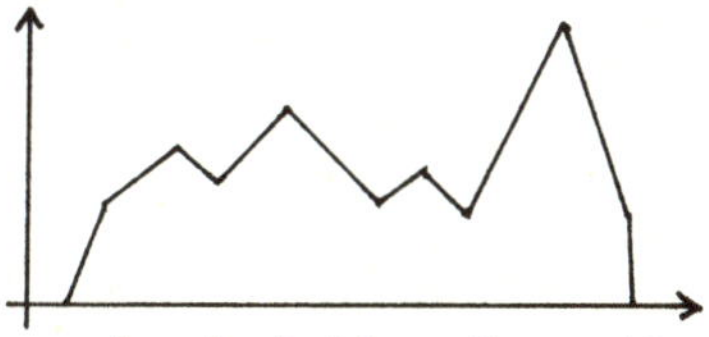

mehrgipfelige Verteilung (multimodal)

1.1.2. Parameter (Kennzahlen) einer eindimensionalen Häufigkeitsverteilung

1.1.2.1. Lageparameter (= Positionsparameter)

(1) Arithmetisches Mittel = Mittelwert

$$\bar{x} := \frac{1}{n} \sum_{i=1}^{n} x_i = \frac{1}{n} \sum_{j=1}^{k} h_j x_j'.$$

Es gilt $\min(x_1,\dots,x_n) \leq \bar{x} \leq \max(x_1,\dots,x_n)$.

Gewogenes arithmetisches Mittel

$$\bar{x}_g := \frac{\sum_{i=1}^{n} g_i x_i}{\sum_{i=1}^{n} g_i}$$ (die Gewichte $g_i \geq 0$ sind beliebig wählbar mit $\sum_{i=1}^{n} g_i > 0$).

Lineare Transformation: Wenn $u_i = cx_i + x_o$ $(i=1,\ldots,n)$, dann gilt für die betreffenden Mittelwerte $\bar{x}$ und $\bar{u}$ bzw. $\bar{x}_g$ und $\bar{u}_g$

$\bar{u} = c\bar{x} + x_o$ bzw. $\bar{u}_g = c\bar{x}_g + x_o$ (bei gleichen Gewichten g_i).

(2) Empirischer Median

$$q := \begin{cases} x_{(\frac{n}{2})} & \text{für n gerade} \\ x_{(\frac{n+1}{2})} & \text{für n ungerade.} \end{cases}$$

q ist also einer der Beobachtungswerte.

(3) Sei $0 < \alpha < 1$. Empirisches α-Quantil (α-Perzentil)

$$q_\alpha := x_{(\nu)} \text{ mit } \nu = \begin{cases} n\alpha, \text{ falls } n\alpha \text{ ganzzahlig} \\ \text{die auf } n\alpha \text{ folgende ganze Zahl, falls } n\alpha \text{ nicht ganzzahlig}^{1)} \end{cases}.$$

q_α ist also einer der Beobachtungswerte.

Für $\alpha = \frac{1}{2}$ erhält man den Median.

$q_{0,25}$ heißt unteres, $q_{0,75}$ oberes empirisches Quartil;

$q_{0,75} - q_{0,25}$ heißt Quartilsabstand.

$q_{0,1}$ heißt unteres, $q_{0,9}$ oberes empirisches Dezil.

Manchmal wird das empirische α-Quantil auch mit Hilfe der empirischen Verteilungsfunktion $\hat{F}$ eingeführt: $x_{(\nu)}$ ist α-Quantil, wenn gilt

1) ν ist also die kleinste ganze Zahl $\geq n\alpha$; d.h. es ist $\nu = \langle n\alpha \rangle$ $(= -[-n\alpha])$.

$\hat{F}(x_{(\nu-1)}) < \alpha \leq \hat{F}(x_{(\nu)})$.

(4) Zentralwert

$$z: = \begin{cases} \frac{1}{2}(x_{(\frac{n}{2})} + x_{(\frac{n}{2}+1)}) & \text{für n gerade} \\ x_{(\frac{n+1}{2})} & \text{für n ungerade.} \end{cases}$$

(5) Häufigster Wert = Modalwert (= Modus)

d: = x'_ν, wobei ν durch $h_\nu = \max(h_j | j=1,\ldots,k)$ bestimmt ist [1].

(6) Geometrisches Mittel

$$g: = \sqrt[n]{x_1 \ldots x_n} = \sqrt[n]{\prod_{i=1}^{n} x_i} \quad (x_i \geq 0 \ (i=1,\ldots,n))$$

$$= \sqrt[n]{x_1'^{h_1} \ldots x_k'^{h_k}} = \sqrt[n]{\prod_{j=1}^{k} x_j'^{h_j}}.$$

Für g > 0 gilt $\log g = \frac{1}{n} \sum_{i=1}^{n} \log x_i = \frac{1}{n} \sum_{j=1}^{k} h_j \log x'_j$.

Gewogenes geometrisches Mittel

$$= \sqrt[\sum_{i=1}^{n} g_i]{\prod_{i=1}^{n} x_i^{g_i}}$$ (die Gewichte $g_i \geq 0$ sind beliebig wählbar mit $\sum_{i=1}^{n} g_i > 0$).

(7) Harmonisches Mittel

$$h: = \frac{n}{\sum_{i=1}^{n} \frac{1}{x_i}} \quad (x_i \neq 0 \ (i=1,\ldots,n); \ \sum_{i=1}^{n} \frac{1}{x_i} \neq 0).$$

1) d braucht nicht eindeutig bestimmt zu sein.

Gewogenes harmonisches Mittel

$$= \frac{\sum_{i=1}^{n} g_i}{\sum_{i=1}^{n} \frac{g_i}{x_i}}$$ (die Gewichte $g_i \geq 0$ sind beliebig wählbar mit $\sum_{i=1}^{n} \frac{g_i}{x_i} \neq 0$).

Es gilt $h \leq g \leq \bar{x}$; das Zeichen = steht genau dann, wenn $x_1 = x_2 = \ldots = x_n$ (d.h. es ist dann $h = g = \bar{x}$; empirische Einpunktverteilung). Außerdem ist $x_{(1)} \leq h$ und $\bar{x} \leq x_{(n)}$.

Wird ein Intervall der reellen Achse, das den Streubereich $\{x_{(1)} \leq x \leq x_{(n)}\} = [x_{(1)}, x_{(n)}]$ enthält, in K Klassen eingeteilt [1], so seien für die Klasse Nr. j die Grenzen s_j^u und s_j^o (s_j^u = untere, s_j^o = obere Klassengrenze); dabei ist also $s_j^o = s_{j+1}^u$ für $j=1,\ldots,K-1$; für die Klasse Nr. j ist die Klassenbreite $b_j := s_j^o - s_j^u$ und die Klassenmitte $t_j := \frac{1}{2}(s_j^u + s_j^o)$ $(j=1,\ldots,K)$. Jeder Beobachtungswert x_i soll dabei genau einer Klasse angehören.

Absolute Klassenhäufigkeit (Besetzungszahl) der j-ten Klasse = H_j;

relative Klassenhäufigkeit = $\frac{H_j}{n}$.

Es gilt $\sum_{j=1}^{K} H_j = n$ und $\sum_{j=1}^{K} \frac{H_j}{n} = 1$.

Besetzungsdichte der j-ten Klasse = $\frac{H_j}{b_j}$;

Häufigkeitsdichte = $\frac{H_j}{nb_j}$ $(j=1,\ldots,K)$.

Seien $x_{j1}, x_{j2}, \ldots, x_{jH_j}$ die Beobachtungswerte in der j-ten Klasse $(j=1,\ldots,K)$;

das arithmetische Mittel in der j-ten Klasse ist dann

1) D.h. in K Teilintervalle zerlegt. - Es wird vorgeschlagen, $K \approx \sqrt{n}$ zu wählen, jedoch soll auch $5 \leq K \leq 25$ sein.

$$\overline{x}_j := \frac{1}{H_j} \sum_{\nu=1}^{H_j} x_{j\nu}.$$

Dann gilt $\overline{x} = \frac{1}{n} \sum_{j=1}^{K} H_j \overline{x}_j$ und als Näherungswert $\overline{x} \approx \frac{1}{n} \sum_{j=1}^{K} H_j t_j$.

1.1.2.2. Streuungsparameter (= Dispersionsparameter)

(1) Spannweite $w := x_{(n)} - x_{(1)}$.

(2) Streubereich ist das Intervall $\{x_{(1)} \leq x \leq x_{(n)}\} = [x_{(1)}, x_{(n)}]$.

(3) Mittlere absolute Abweichung

a) bezüglich x_0: $\frac{1}{n} \sum_{i=1}^{n} |x_i - x_0| = \frac{1}{n} \sum_{j=1}^{k} h_j |x_j' - x_0|$ $(x_0 \in \mathbb{R})$;

b) bezüglich $\overline{x}$: $\frac{1}{n} \sum_{i=1}^{n} |x_i - \overline{x}| = \frac{1}{n} \sum_{j=1}^{k} h_j |x_j' - \overline{x}|$.

(4) Mittlere quadratische Abweichung bezüglich x_0 $(x_0 \in \mathbb{R})$

$$s^2(x_0) := \frac{1}{n} \sum_{i=1}^{n} (x_i - x_0)^2 = \frac{1}{n} \sum_{j=1}^{k} h_j (x_j' - x_0)^2.$$

(5) Empirische Varianz = mittlere quadratische Abweichung bezüglich $\overline{x}$

$$s^2 := s^2(\overline{x}) = \frac{1}{n} \sum_{i=1}^{n} (x_i - \overline{x})^2 = \frac{1}{n} \sum_{j=1}^{k} h_j (x_j' - \overline{x})^2.$$

Es gilt

$$s^2 = \frac{1}{n}\left[\sum_{i=1}^{n} x_i^2 - \frac{1}{n}\left(\sum_{i=1}^{n} x_i \right)^2 \right] = \frac{1}{n} \sum_{i=1}^{n} x_i^2 - \overline{x}^2 =$$

$$= \frac{1}{n}\left[\sum_{j=1}^{k} h_j x_j'^2 - \frac{1}{n}\left(\sum_{j=1}^{k} h_j x_j' \right)^2 \right].$$

(6) $s^2 := \frac{1}{n-1} \sum_{i=1}^{n} (x_i - \bar{x})^2 = \frac{1}{n-1} \sum_{j=1}^{k} h_j (x'_j - \bar{x})^2 = \frac{n}{n-1} S^2 \quad (n > 1).$

Manchmal wird s^2 auch als korrigierte Varianz bezeichnet.

(7) Empirische Standardabweichung $S := \sqrt{S^2}$.

Es gilt $S^2(x_o) \geq 0$, $S^2 \geq 0$, $s^2 \geq 0$ sowie

$S^2 = S^2(x_o) - (\bar{x} - x_o)^2$.

Es gilt ferner die folgende Minimaleigenschaft:

$$\min_{x \in \mathbb{R}} \{ \sum_{i=1}^{n} (x_i - x)^2 \} = \sum_{i=1}^{n} (x_i - \bar{x})^2 .$$

Lineare Transformation: Wenn $u_i = cx_i + x_o$ $(i=1,\ldots,n)$, dann gilt für die betreffenden empirischen Varianzen S_u^2 und S_x^2 bzw. die betreffenden korrigierten Varianzen s_u^2 und s_x^2

$$S_u^2 = c^2 S_x^2 \quad \text{bzw.} \quad s_u^2 = c^2 s_x^2 \quad (x_o \in \mathbb{R}).$$

(8) Quartilsabstand: $= q_{0,75} - q_{0,25}$.

1.1.2.3. Momente

(1) Empirisches r-tes Moment $(r \in \mathbb{N})$

$$m_r := \frac{1}{n} \sum_{i=1}^{n} x_i^r = \frac{1}{n} \sum_{j=1}^{k} h_j x_j'^r .$$

$r = 1$ liefert das arithmetische Mittel $\bar{x}$.

(2) Empirisches r-tes zentrales Moment $(r \in \mathbb{N})$

$$m_r(\bar{x}) := \frac{1}{n} \sum_{i=1}^{n} (x_i - \bar{x})^r = \frac{1}{n} \sum_{j=1}^{k} h_j (x'_j - \bar{x})^r .$$

Speziell ist also $m_2(\bar{x}) = S^2$ (empirische Varianz).

(3) Empirisches r-tes Moment bezüglich x_0 ($r \in \mathbb{N}$; $x_0 \in \mathbb{R}$)

$$m_r(x_0) := \frac{1}{n} \sum_{i=1}^{n} (x_i - x_0)^r = \frac{1}{n} \sum_{j=1}^{k} h_j (x_j' - x_0)^r.$$

Es gilt: $m_1(\bar{x}) = 0$;

$m_2(\bar{x}) = m_2 - \bar{x}^2$;

allgemeiner: $m_2(\bar{x}) = m_2(x_0) - (m_1(x_0))^2$ (Steinerscher Satz);

$m_3(\bar{x}) = m_3 - 3\,\bar{x}m_2 + 2\,\bar{x}^3$;

$m_4(\bar{x}) = m_4 - 4\,\bar{x}m_3 + 6\,\bar{x}^2 m_2 - 3\,\bar{x}^4$;

allgemein

$$m_r(\bar{x}) = \sum_{j=0}^{r} (-1)^{r-j} \binom{r}{j} m_j \bar{x}^{r-j} \quad (m_0 = 1 \text{ gesetzt}).$$

1.1.2.4. Weitere Kennzahlen einer empirischen Häufigkeitsverteilung

(1) Empirischer Variationskoeffizient: $= \frac{S}{\bar{x}}$ ($\bar{x} \neq 0$);

(2) Empirische Schiefe:

a) nach Pearson: $\frac{\bar{x} - d}{S}$;

b) nach Charlier: $= \frac{m_3(\bar{x})}{S^3}$;

(3) Empirische Wölbung (= empirische Kurtosis) $= \frac{m_4(\bar{x})}{S^4}$;

(4) Empirische Steilheit (= empirischer Exzeß): $= \frac{m_4(\bar{x})}{S^4} - 3$ ($S \neq 0$).

Bei positiver empirischer Steilheit nennt man die Häufigkeitsverteilung auch leptokurtisch (steilgipfelig), bei negativer empirischer Steilheit platykurtisch (flachgipfelig) und, wenn die empirische Steilheit = 0 ist, mesokurtisch.

1.1.2.5. Konzentrationsmaße

Das <u>Herfindahl-Maß</u> K_H ist definiert durch

$$K_H := \sum_{j=1}^{k} \left(\frac{h_j}{n}\right)^2 = \frac{1}{n^2} \sum_{j=1}^{k} h_j^2.$$

Es gilt $\frac{1}{k} \leq K_H \leq 1$; und zwar ist $K_H = 1$ genau dann, wenn $x_1 = x_2 = \ldots = x_n$ ist (d.h. empirische Einpunktverteilung);

$K_H = \frac{1}{k}$ genau dann, wenn $h_1 = h_2 = \ldots = h_k = \frac{n}{k}$ (empirische Gleichverteilung).

Der Anteil der Merkmalsausprägung x_ν an der Gesamtsumme der Merkmalsausprägungen ist $\frac{x_\nu}{\sum_{i=1}^{n} x_i}$ $(\sum_{i=1}^{n} x_i \neq 0)$.

Das <u>meßwertabhängige Herfindahl-Maß</u> wird definiert als

$$K_H^* := \sum_{\nu=1}^{n} \left(\frac{x_\nu}{\sum_{i=1}^{n} x_i}\right)^2 = \frac{\sum_{\nu=1}^{n} x_\nu^2}{\left(\sum_{i=1}^{n} x_i\right)^2},$$ wobei hier alle $x_i \geq 0$ sein sollen $(\sum_{i=1}^{n} x_i \neq 0)$.

Es ist hier $\frac{1}{n} \leq K_H^* \leq 1$; und zwar ist $K_H^* = 1$ genau dann, wenn ein $x_i \neq 0$ ist, alle anderen = 0 sind;

$K_H^* = \frac{1}{n}$, wenn $x_1 = x_2 = \ldots = x_n$.

1.1.2.6. Maße der relativen Konzentration - Lorenzkurve und Gini-Maß

Sei $0 < x_1' < x_2' < \ldots < x_k'$.

Dann ist der bis x kumulierte Anteil der Merkmalssumme ($x \in \mathbb{R}$)

$$MS(x) := \sum_{\substack{j \\ x_j' \leq x}} \frac{h_j x_j'}{n\bar{x}}; \quad \text{speziell also } MS(x_\nu') = \frac{\sum_{j=1}^{\nu} h_j x_j'}{n\bar{x}} \quad (\nu=1,\ldots,k).$$

<u>Def.</u>: Die <u>Lorenzkurve</u> ist die stückweise lineare Verbindung der Punkte mit den Koordinaten

$(0;0);(\hat{F}(x_1');MS(x_1'));(\hat{F}(x_2');MS(x_2'));\ldots;(\hat{F}(x_k');MS(x_k')) = (1;1)$.

(Dabei ist $\hat{F}$ die empirische Verteilungsfunktion.) [1]

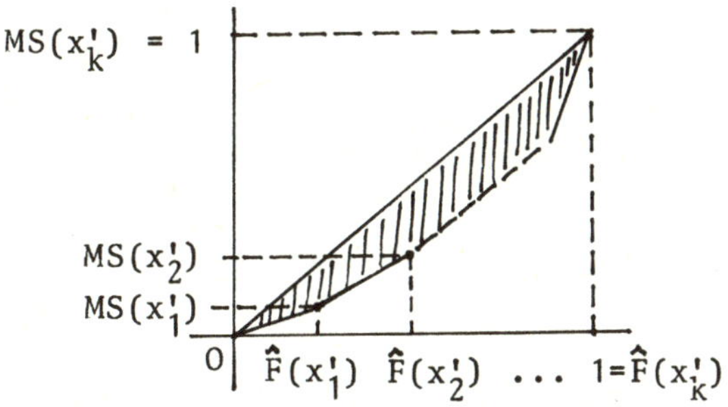

Es gilt stets $MS(x_\nu') < MS(x_{\nu+1}')$;

$MS(x) \leq \hat{F}(x)$; das Zeichen = steht genau dann, wenn k=1 und damit $h_1=n$ (empirische Einpunktverteilung);

$$\frac{MS(x_\nu')}{\hat{F}(x_\nu')} \leq \frac{MS(x_{\nu+1}')}{\hat{F}(x_{\nu+1}')} \quad (\nu=1,\ldots,k-1).$$

---

1) Also aller Punkte $(\hat{F}(x);\ MS(x))$.

Def.: Das Gini-Maß

GM: = 2·(Fläche zwischen der Strecke, welche die Punkte (0;0); (1;1) verbindet und der Lorenzkurve).

(Fläche in der Figur schraffiert.)

Es gilt $0 \leq GM \leq 1$;
$G = 0$ genau dann, wenn $\hat{F}(x'_\nu) = MS(x'_\nu)$ für $\nu = 1,\ldots,k$;
$G = 1$ genau dann, wenn $k = 1$ und damit $h_1 = n$ (empirische Einpunktverteilung).

1.2. Indexzahlen

Sei p_{it} = Preis des Gutes i in der Periode t
q_{it} = Menge des Gutes i in der Periode t
$(i=1,\ldots,m;\ t=0,1,2,\ldots)$;

$\{q_{1t},q_{2t},\ldots,q_{mt}\}$ = Warenkorb in der Periode t.

0 = Basisperiode (= Bezugsperiode), t = Berichtsperiode.

Preisindizes

Def.: Preisindex von Laspeyres

$$I_L^P = \frac{\sum_{i=1}^{m} p_{it}q_{i0}}{\sum_{i=1}^{m} p_{i0}q_{i0}}$$ (also Warenkorb in der Periode 0).

Def.: Preisindex von Paasche

$$I_P^P = \frac{\sum_{i=1}^{m} p_{it}q_{it}}{\sum_{i=1}^{m} p_{i0}q_{it}}$$ (also Warenkorb in der Periode t).

Def.: Preisindex von Drobisch =

$= \frac{1}{2}\cdot$(Preisindex von Laspeyres + Preisindex von Paasche).

Def.: Preisindex von Fisher =

$$= \sqrt{(\text{Preisindex von Laspeyres})\cdot(\text{Preisindex von Paasche})}.$$

Def.: Preisindex von Marshall-Edgeworth

a) bei arithmetischer Mittelung der Gewichte =

$$= \frac{\sum_{i=1}^{m} p_{it}(q_{i0} + q_{it})}{\sum_{i=1}^{m} p_{i0}(q_{i0} + q_{it})} ;$$

b) bei geometrischer Mittelung der Gewichte =

$$= \frac{\sum_{i=1}^{m} p_{it} \sqrt{q_{i0}q_{it}}}{\sum_{i=1}^{m} p_{i0} \sqrt{q_{i0}q_{it}}} .$$

Def.: Sei $\bar{q}_{it} := \frac{1}{t+1} \sum_{\tau=0}^{t} q_{i\tau}$;

$$\text{Preisindex von Lowe} = \frac{\sum_{i=1}^{m} p_{it}\bar{q}_{it}}{\sum_{i=1}^{m} p_{i0}\bar{q}_{it}} .$$

Mengenindizes

Def.: Mengenindex von Laspeyres $I_L^M = \frac{\sum_{i=1}^{m} q_{it}p_{i0}}{\sum_{i=1}^{m} q_{i0}p_{i0}}$.

Def.: Mengenindex von Paasche $I_P^M = \frac{\sum_{i=1}^{m} q_{it}p_{it}}{\sum_{i=1}^{m} q_{i0}p_{it}}$.

Def.: Mengenindex von Fisher =

$$= \sqrt{(\text{Mengenindex von Laspeyres})\cdot(\text{Mengenindex von Paasche})}.$$

Def.: Sei $\bar{p}_{it} := \frac{1}{t+1} \sum_{\tau=0}^{t} p_{i\tau}$;

$$\text{Mengenindex von Lowe} = \frac{\sum_{i=1}^{m} q_{it}\bar{p}_{it}}{\sum_{i=1}^{m} q_{i0}\bar{p}_{it}}.$$

Def.: Wertindex $I^W = \frac{\sum_{i=1}^{m} p_{it}q_{it}}{\sum_{i=1}^{m} p_{i0}q_{i0}}$ 1).

Es gilt $I^W = I_L^P I_P^M = I_L^M I_P^P$.

1.3. Mehrdimensionale empirische Häufigkeitsverteilungen 2)

1.3.1. Bezeichnungen (vgl. auch 1.1.1)

Bei der Untersuchung von zwei Merkmalen an den Merkmalsträgern seien $(x_1,y_1), (x_2,y_2), \ldots, (x_n,y_n)$ die Beobachtungen in der Erhebung vom Umfang n (Paare von Merkmalsausprägungen);

allgemeines Element (x_i,y_i); $i=1,\ldots,n$; $x_i,y_i \in \mathbb{R}$;

der Beobachtungswert x_i ist die Ausprägung des ersten Merkmals, der Beobachtungswert y_i die Ausprägung des zweiten Merkmals bei der i-ten Beobachtung.

1) Die Indizes werden oft mit 100 multipliziert und als Prozentwerte angegeben.

2) Die Skalen der Häufigkeitsverteilungen der einzelnen Merkmale sollen durch die reellen Zahlen gegeben sein.

Man erhält eine zweidimensionale empirische Häufigkeitsverteilung.

Sei k_1 = Anzahl der verschiedenen Beobachtungswerte x_i;

k_2 = Anzahl der verschiedenen Beobachtungswerte y_i;

seien $x'_1, x'_2, \ldots, x'_{k_1}$ die verschiedenen Beobachtungswerte x_i (allgemeines Element x'_{j_1}; $j_1 = 1, \ldots, k_1$);

dabei soll vorausgesetzt werden $x'_1 < x'_2 < \ldots < x'_{j_1} < < x'_{j_1+1} < \ldots < x'_{k_1}$;

seien $y'_1, y'_2, \ldots, y'_{k_2}$ die verschiedenen Beobachtungswerte y_i (allgemeines Element y'_{j_2}; $j_2 = 1, \ldots, k_2$);

dabei soll vorausgesetzt werden $y'_1 < y'_2 < \ldots < y'_{j_2} < < y'_{j_2+1} < \ldots < y'_{k_2}$;

$h_{j_1 j_2}$ = <u>absolute Häufigkeit</u> von (x'_{j_1}, y'_{j_2}) = Anzahl der Paare von Beobachtungswerten, die gleich (x'_{j_1}, y'_{j_2}) sind $(j_1 = 1, \ldots, k_1;\ j_2 = 1, \ldots, k_2)$;

$\frac{h_{j_1 j_2}}{n}$ = <u>relative Häufigkeit</u> von (x'_{j_1}, y'_{j_2}) $(j_1 = 1, \ldots, k_1;$ $j_2 = 1, \ldots, k_2)$;

es gilt $0 \leq h_{j_1 j_2} \leq n$ und $\sum_{j_1=1}^{k_1} \sum_{j_2=1}^{k_2} h_{j_1 j_2} = n$.

Anordnung der absoluten Häufigkeiten in einer Tabelle (Kontingenztafel):

	y'_1	y'_2 ...	y'_{j_2} ...	y'_{k_2}	Zeilensummen
x'_1	h_{11}	h_{12}	$\vdots$	h_{1k_2}	$h_{1.}$
x'_2	h_{21}	h_{22}	$\vdots$	h_{2k_2}	$h_{2.}$
$\vdots$			$\vdots$	$\vdots$	$\vdots$
x'_{j_1}	....		$h_{j_1j_2}$	$\vdots$	$h_{j_1.}$
$\vdots$				$\vdots$	$\vdots$
x'_{k_1}	h_{k_11}	h_{k_12}	....	$h_{k_1k_2}$	$h_{k_1.}$
Spalten-summen	$h_{.1}$	$h_{.2}$...	$h_{.j_2}$ ...	$h_{.k_2}$	

Seien $x,y \in \mathbb{R}$. Dann heißt die Funktion $\hat{F}: \mathbb{R}^2 \to \mathbb{R}$ mit

$\hat{F}(x,y) = \frac{1}{n} \Sigma\, h_{j_1j_2}$, wobei über alle Indizes j_1 mit $x_{j_1} \leq x$ und alle Indizes j_2 mit $y_{j_2} \leq y$ zu summieren ist, (gemeinsame) <u>empirische Verteilungsfunktion</u>.

Die Summen in den Zeilen

$$h_{j_1.} := \sum_{j_2=1}^{k_2} h_{j_1j_2} \qquad (j_1=1,\ldots,k_1)$$

bzw. Spalten

$$h_{.j_2} := \sum_{j_1=1}^{k_1} h_{j_1j_2} \qquad (j_2=1,\ldots,k_2)$$

obiger Tabelle sind die absoluten Häufigkeiten der (eindimensionalen) <u>empirischen Randverteilungen</u> (<u>Randhäufigkeiten</u>). An der Stelle des Index, über den summiert wird, steht also ein Punkt.

Es gilt $\sum_{j_1=1}^{k_1} h_{j_1\cdot} = \sum_{j_2=1}^{k_2} h_{\cdot j_2} = n.$

Eine entsprechende Tabelle wie oben läßt sich für die relativen Häufigkeiten aufstellen. Durch die Zeilensummen bzw. Spaltensummen erhält man dann die relativen Häufigkeiten der empirischen Randverteilungen.

Bei empirischen Häufigkeitsverteilungen der Dimension $r > 2$ hat man entsprechende Bezeichnungen: Werden bei jeder Beobachtung r Merkmale an den Merkmalsträgern untersucht, so erhält man in der Erhebung vom Umfang n die Beobachtungsvektoren [1] $\underline{x}_1' = (x_{11}, x_{21}, \ldots, x_{r1})$, $\underline{x}_2' = (x_{12}, x_{22}, \ldots, x_{r2})$, $\ldots, \underline{x}_n' = (x_{1n}, x_{2n}, \ldots, x_{rn})$ (r-tupel von Merkmalsausprägungen); allgemeines Element $\underline{x}_i' = (x_{1i}, x_{2i}, \ldots, x_{ri})$; $i = 1, \ldots, n$; $x_{1i}, x_{2i}, \ldots, x_{ri} \in \mathbb{R}$;
der Beobachtungswert $x_{\nu i}$ ist die Ausprägung des ν-ten Merkmals bei der i-ten Beobachtung.

Es werden die Beobachtungswerte in Form einer (r,n)-Matrix

$$\underline{X} = (\underline{x}_1, \underline{x}_2, \ldots, \underline{x}_n) = \begin{pmatrix} x_{11} & x_{12} & \cdots & x_{1n} \\ x_{21} & x_{22} & \cdots & x_{2n} \\ \cdots & \cdots & \cdots & \cdots \\ x_{r1} & x_{r2} & \cdots & x_{rn} \end{pmatrix}$$

angeordnet (Matrix der Beobachtungswerte).

Im übrigen kann man entsprechend wie oben im Fall $r = 2$ absolute Häufigkeiten, relative Häufigkeiten, Verteilungsfunktion und Randhäufigkeiten einführen.

---

1) Die Vektoren $\underline{x}_1, \ldots, \underline{x}_n$ werden hier als Spaltenvektoren geschrieben; $\underline{x}_1', \ldots, \underline{x}_n'$ sind dann die transponierten Vektoren.

1.3.2. Parameter einer zweidimensionalen Häufigkeitsverteilung

Mit $\bar{x} = \frac{1}{n} \sum_{i=1}^{n} x_i$; $S_x^2 = \frac{1}{n} \sum_{i=1}^{n} (x_i - \bar{x})^2$; $s_x^2 = \frac{n}{n-1} S_x^2$;

$\bar{y} = \frac{1}{n} \sum_{i=1}^{n} y_i$; $S_y^2 = \frac{1}{n} \sum_{i=1}^{n} (y_i - \bar{y})^2$; $s_y^2 = \frac{n}{n-1} S_y^2$

definiert man als Maße des Zusammenhangs zwischen den x- und den y-Werten:

(1) Empirische Kovarianz $S_{xy} := \frac{1}{n} \sum_{i=1}^{n} (x_i - \bar{x})(y_i - \bar{y})$;

korrigierte Kovarianz $s_{xy} := \frac{n}{n-1} S_{xy} = \frac{1}{n-1} \sum_{i=1}^{n} (x_i - \bar{x})(y_i - \bar{y})$

Es gilt $S_{xy} = \frac{1}{n} \sum_{i=1}^{n} x_i y_i - \bar{x}\,\bar{y}$.

(2) Bestimmtheitsmaß $B_{xy} := \frac{S_{xy}^2}{S_x^2 S_y^2} = \frac{s_{xy}^2}{s_x^2 s_y^2}$.

(3) Empirischer Korrelationskoeffizient (nach Bravais-Pearson)

$$r_{xy} := \frac{S_{xy}}{S_x S_y} = \frac{s_{xy}}{s_x s_y} = \frac{\sum_{i=1}^{n} (x_i - \bar{x})(y_i - \bar{y})}{\sqrt{\sum_{i=1}^{n} (x_i - \bar{x})^2 \sum_{i=1}^{n} (y_i - \bar{y})^2}}.$$

Durch Umformung erhält man

$$r_{xy} = \frac{n \sum_{i=1}^{n} x_i y_i - (\sum_{i=1}^{n} x_i)(\sum_{i=1}^{n} y_i)}{\sqrt{(n \sum_{i=1}^{n} x_i^2 - (\sum_{i=1}^{n} x_i)^2)(n \sum_{i=1}^{n} y_i^2 - (\sum_{i=1}^{n} y_i)^2)}} =$$

$$= \frac{\sum_{i=1}^{n} x_i y_i - n\,\bar{x}\,\bar{y}}{\sqrt{(\sum_{i=1}^{n} x_i^2 - n\bar{x}^2)(\sum_{i=1}^{n} y_i^2 - n\bar{y}^2)}} .$$

Offenbar ist $B_{xy} = B_{yx}$ und $r_{xy} = r_{yx}$ sowie $r_{xy}^2 = B_{xy}$.
Ferner gilt $-1 \leq r_{xy} \leq 1$, also $|r_{xy}| \leq 1$.

Damit ist gleichbedeutend $0 \leq B_{xy} \leq 1$.
Weiter ist $|r_{xy}| \geq B_{xy}$.

(4) <u>Rangkorrelationskoeffizient</u> von Spearman

Sei $r_1(x_i) :=$ Anzahl der Beobachtungswerte $x_\nu \leq x_i$ und

$r_2(y_i) :=$ Anzahl der Beobachtungswerte $y_\nu \leq y_i$ $(i=1,\ldots,n)$.

$r_1(x_i)$ heißt auch <u>Rangzahl</u> von x_i und $r_2(y_i)$ Rangzahl von y_i.

Offenbar gilt $1 \leq r_1(x_i) \leq n$ und $1 \leq r_2(y_i) \leq n$.

Sei $d_i := r_1(x_i) - r_2(y_i)$.
Dann ist der Rangkorrelationskoeffizient definiert als

$$r_{S;xy} := 1 - \frac{6 \sum_{i=1}^{n} d_i^2}{n(n^2-1)}.$$

Es gilt $-1 \leq r_{S;xy} \leq 1$, also $|r_{S;xy}| \leq 1$.

(5) <u>Korrelationskoeffizient</u> von Fechner:

Sei $A :=$ Anzahl der i mit $(x_i-\bar{x})(y_i-\bar{y}) > 0$;

$B :=$ Anzahl der i mit $(x_i-\bar{x})(y_i-\bar{y}) < 0$; dann ist

$$r_{F;xy} := \frac{A - B}{A + B}$$

der Korrelationskoeffizient von Fechner.

Es gilt $-1 \leq r_{F;xy} \leq 1$, also $|r_{F;xy}| \leq 1$.

Def.: Zwei Paare von Beobachtungswerten (x_α, y_α) und (x_β, y_β) $(\alpha, \beta \in \{1,\ldots,n\})$ heißen

konkordant (gleichsinnig), wenn gilt $x_\alpha < x_\beta$ und $y_\alpha < y_\beta$ oder $x_\alpha > x_\beta$ und $y_\alpha > y_\beta$

$(\Longleftrightarrow (x_\alpha - x_\beta)(y_\alpha - y_\beta) > 0)$;

diskordant (gegensinnig), wenn gilt $x_\alpha < x_\beta$ und $y_\alpha > y_\beta$ oder $x_\alpha > x_\beta$ und $y_\alpha < y_\beta$

$(\Longleftrightarrow (x_\alpha - x_\beta)(y_\alpha - y_\beta) < 0)$.

Es wird nun vorausgesetzt, daß $(x_\alpha - x_\beta)(y_\alpha - y_\beta) \neq 0$ ist.

Sei $n_c :=$ Anzahl der konkordanten Paare und

$n_d :=$ Anzahl der diskordanten Paare der n Beobachtungen.

Dann ist $n_c + n_d = \frac{n(n-1)}{2}$ (= Gesamtanzahl).

(6) Def.: Der Rangkorrelationskoeffizient von Kendall ist

$$\tau := \frac{2(n_c - n_d)}{n(n-1)} \quad (n \geq 2).$$

Es gilt $|\tau| \leq 1$.

Als Maß der Abhängigkeit der y-Werte von den x-Werten bzw. der x-Werte von den y-Werten definiert man:

(7) Empirischer Regressionskoeffizient

$$b_{xy} := \frac{S_{xy}}{S_x^2} = \frac{s_{xy}}{s_x^2};$$

$$b_{yx} := \frac{S_{xy}}{S_y^2} = \frac{s_{xy}}{s_y^2}.$$

Ausgeschrieben bedeutet dies im ersten Fall

$$b_{xy} = \frac{n \sum_{i=1}^{n} x_i y_i - (\sum_{i=1}^{n} x_i)(\sum_{i=1}^{n} y_i)}{n \sum_{i=1}^{n} x_i^2 - (\sum_{i=1}^{n} x_i)^2} = \frac{\sum_{i=1}^{n} x_i y_i - n \bar{x} \bar{y}}{\sum_{i=1}^{n} x_i^2 - n \bar{x}^2}.$$

Es gilt $b_{xy} b_{yx} = r_{xy}^2 = B_{xy}$ sowie

$$b_{xy} = r_{xy} \frac{S_y}{S_x} = r_{xy} \frac{s_y}{s_x} \quad \text{und} \quad b_{yx} = r_{xy} \frac{S_x}{S_y} = r_{xy} \frac{s_x}{s_y}.$$

Lineare Transformation: Wenn $u_i = cx_i + x_o$, $v_i = dy_i + y_o$ $(i=1,\ldots,n)$, dann gilt für die betreffenden Parameter

$S_{uv} = c\ d\ S_{xy}$; $s_{uv} = c\ d\ s_{xy}$;

$B_{uv} = B_{xy}$;

$|r_{uv}| = |r_{xy}|$;

$b_{uv} = \frac{d}{c} b_{xy}$.

Weitere Maßzahlen:

(8) Sei $k_1 = k_2 = 2$, dann ist der <u>Assoziationskoeffizient von Yule</u> (vgl. Kontingenztafel; 1.3.1)

$$= \frac{h_{11}h_{22} - h_{12}h_{21}}{h_{11}h_{22} + h_{12}h_{21}}.$$

Es gilt $-1 \leq \frac{h_{11}h_{22} - h_{12}h_{21}}{h_{11}h_{22} + h_{12}h_{21}} \leq 1$.

(9) <u>Tschuprow-Maß</u>

Mit den absoluten Häufigkeiten $h_{j_1 .}$ und $h_{. j_2}$ der empirischen Randverteilungen sei

$$w_{j_1 j_2} := \frac{h_{j_1 .} \cdot h_{. j_2}}{n}.$$

Dann heißt

$$\chi^2 := \sum_{j_1=1}^{k_1} \sum_{j_2=1}^{k_2} \frac{(h_{j_1 j_2} - w_{j_1 j_2})^2}{w_{j_1 j_2}}$$ quadratische Kontingenz.

Es gilt $0 \leq \chi^2 \leq n \cdot \min(k_1 - 1,\ k_2 - 1)$.

$\frac{\chi^2}{n}$ heißt mittlere quadratische Kontingenz

und

$$T := \frac{\chi^2}{n\sqrt{(k_1-1)(k_2-1)}}$$ Tschuprow-Maß ($k_i \geq 2$ ($i=1,2$)).

Es gilt $0 \leq T \leq 1$.

(10) $V := \sqrt{\frac{\chi^2}{n \cdot \min(k_1-1, k_2-1)}}$ heißt Maß von Cramér ($k_i \geq 2$ ($i=1,$

Es gilt $0 \leq V \leq 1$.

1.3.3. Parameter einer r-dimensionalen Häufigkeitsverteilung

(vgl. 1.3.1)

Seien $\underline{x}_1' = (x_{11}, x_{21}, \ldots, x_{r1})$, $\underline{x}_2' = (x_{12}, x_{22}, \ldots, x_{r2}), \ldots, \underline{x}_n' =$ $= (x_{1n}, x_{2n}, \ldots, x_{rn})$ die Beobachtungen in der Erhebung;

$$\underline{X} = (\underline{x}_1, \underline{x}_2, \ldots, \underline{x}_n) = \begin{pmatrix} x_{11} & x_{12} & \cdots & x_{1n} \\ x_{21} & x_{22} & \cdots & x_{2n} \\ \cdots & \cdots & \cdots & \cdots \\ x_{r1} & x_{r2} & \cdots & x_{rn} \end{pmatrix}$$

die Matrix der Beobachtungswerte (vgl. 1.3.1).

Seien $\bar{x}_1 = \frac{1}{n} \sum_{i=1}^{n} x_{1i}$; $\bar{x}_2 = \frac{1}{n} \sum_{i=1}^{n} x_{2i}; \ldots,$ $\bar{x}_r = \frac{1}{n} \sum_{i=1}^{n} x_{ri}$ die Mittelwerte.

Def.: Mittelwertvektor $\underline{\bar{x}}$: = $(\bar{x}_1,\bar{x}_2,\ldots,\bar{x}_r) = \frac{1}{n}\sum_{i=1}^{n}\underline{x}_i'$.

Def.: Sei $m_{\alpha\beta}: = \frac{1}{n}\sum_{i=1}^{n} x_{\alpha i}x_{\beta i} \quad (\alpha,\beta=1,\ldots,r)$ [1].

Es ist $m_{\alpha\beta} = m_{\beta\alpha}$.

Die (r,r)-Matrix

$$\underline{M} = \begin{pmatrix} m_{11} & m_{12} & \cdots & m_{1r} \\ m_{21} & m_{22} & \cdots & m_{2r} \\ \cdots & \cdots & \cdots & \cdots \\ m_{r1} & m_{r2} & \cdots & m_{rr} \end{pmatrix}$$

heißt Momentenmatrix der Beobachtungswerte.

Es gilt:

$$\underline{M} = \frac{1}{n}\underline{X}\,\underline{X}'.$$

Def.: Sei $S_{\alpha\beta}: = \frac{1}{n}\sum_{i=1}^{n}(x_{\alpha i}-\bar{x}_\alpha)(x_{\beta i}-\bar{x}_\beta) \quad (\alpha,\beta=1,\ldots,r)$ [2].

Es ist $S_{\alpha\beta} = m_{\alpha\beta} - \bar{x}_\alpha\bar{x}_\beta$.

Die (r,r)-Matrix

$$\begin{pmatrix} S_{11} & S_{12} & \cdots & S_{1r} \\ S_{21} & S_{22} & \cdots & S_{2r} \\ \cdots & \cdots & \cdots & \cdots \\ S_{r1} & S_{r2} & \cdots & S_{rr} \end{pmatrix} = (S_{\alpha\beta})_{\alpha=1,\ldots,r;\ \beta=1,\ldots,r}$$

heißt Kovarianzmatrix [3] der Beobachtungswerte.

---

1) Die Werte $m_{\alpha\beta}$ sind nichtzentrale (zweite) Produktmomente.

2) Die Werte $S_{\alpha\beta}$ sind die Kovarianzen (zentrale (zweite) Produktmomente); für $\alpha = \beta$ erhält man die Varianzen $S_{\alpha\alpha} = S_\alpha^2$.

3) Manchmal auch Varianz-Kovarianzmatrix.

Def.: Die (r,r)-Matrix mit den Elementen

$$\begin{cases} \dfrac{s_{\alpha\beta}}{\sqrt{s_{\alpha\alpha} s_{\beta\beta}}} & \text{für } \alpha \neq \beta \\ 1 & \text{für } \alpha = \beta \end{cases}$$

heißt Korrelationsmatrix der Beobachtungswerte.

Die drei genannten Matrizen sind symmetrisch und positiv semidefinit.

Bemerkung: Zur Berechnung der Varianzen s_α^2 $(\alpha=1,\ldots,r)$ hat man also (vgl. 1.1.2.2)

$$s_\alpha^2 = \frac{1}{n} \sum_{i=1}^{n} x_{\alpha i}^2 - \bar{x}_\alpha^{\,2}.$$

1.3.4. Lineare Regression im $\mathbb{R}^2$

Eine Kurve eines gewissen Typs "möglichst günstig" in ein Punktefeld $(P_i = (x_i;y_i) \mid i=1,\ldots,n)$ im $\mathbb{R}^2$ einzupassen, geschieht meistens nach der Methode der kleinsten Quadrate [1]:
Für die vertikalen Abstände u_i der Punkte P_i von der Kurve soll $\sum_{i=1}^{n} u_i^2$ minimal werden (Regression von y bezüglich x).

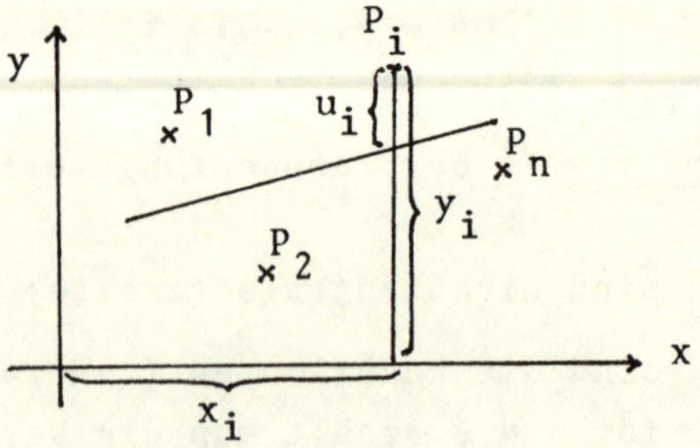

u_i $(i=1,\ldots,n)$ werden Residuen genannt.

Bei der linearen Regression von y bzgl. x soll $\sum_{i=1}^{n} (y_i-a-bx_i)^2$

1) KQ-Methode = LS-Methode (least squares).

als Funktion von a und b ein Minimum werden. Für die Gleichung der Regressionsgerade $\hat{y} = a + bx$ erhält man a und b aus den Normalgleichungen [1])

$$\begin{cases} n\,a + b \sum_{i=1}^{n} x_i = \sum_{i=1}^{n} y_i \\ a \sum_{i=1}^{n} x_i + b \sum_{i=1}^{n} x_i^2 = \sum_{i=1}^{n} x_i y_i . \end{cases}$$

b ist gleich dem Regressionskoeffizienten

$$b_{xy} = \frac{S_{xy}}{S_x^2} = \frac{n \sum_{i=1}^{n} x_i y_i - (\sum_{i=1}^{n} x_i)(\sum_{i=1}^{n} y_i)}{n \sum_{i=1}^{n} x_i^2 - (\sum_{i=1}^{n} x_i)^2} \qquad (S_x^2 \neq 0)$$

und $a = \bar{y} - b\bar{x}$,

wobei $\bar{x} = \frac{1}{n} \sum_{i=1}^{n} x_i$ und $\bar{y} = \frac{1}{n} \sum_{i=1}^{n} y_i$ (arithmetische Mittel).

Die Gleichung der Regressionsgerade läßt sich dann auch in der Form $\hat{y} = \bar{y} + b_{xy}(x-\bar{x})$ schreiben.

Die Regressionsgerade geht durch den Punkt $(\bar{x};\bar{y})$.

Die Punkte $P_i = (x_i;y_i)$ des Punktefeldes liegen genau dann alle exakt auf der Regressionsgerade, wenn $S_{xy}{}^2 = S_x^2 S_y^2$ ist.

Dies ist gleichbedeutend mit $|r_{xy}| = 1$ (r_{xy} Korrelationskoeffizient (vgl. 1.3.2)).

Ein Maß für die Streuung der Punkte des Punktefeldes um die Regressionsgerade ist $|r_{xy}|$ bzw. das Bestimmtheitsmaß B_{xy}.

Bei der linearen Regression von x bezüglich y hat man als Gleichung der Regressionsgerade

$\hat{x} = \bar{x} + b^*(y-\bar{y})$,

1) a und b sind in der Geradengleichung noch freie Parameter.

wobei b* der Regressionskoeffizient $b_{yx} = \frac{S_{xy}}{S_y^2}$ ist ($S_y^2 \neq 0$).

Auch diese Regressionsgerade geht durch den Punkt $(\bar{x};\bar{y})$.

Der Winkel φ, unter dem sich die beiden Regressionsgeraden schneiden ($0 \leq \varphi \leq 90^o = \frac{\pi}{2}$), ist gegeben durch

$$\tan \varphi = \frac{1-r_{xy}^2}{|r_{xy}|} \frac{S_x S_y}{S_x^2+S_y^2} \quad (r_{xy} \neq 0).$$

Die beiden Geraden fallen also zusammen genau dann, wenn $r_{xy} = \pm 1$.

Ist $r_{xy} = 0$, so stehen die Regressionsgeraden senkrecht aufeinander.

Setzt man $\hat{y}_i := a + bx_i$ (i=1,...,n), so gilt

$$(1) \quad \sum_{i=1}^{n} (y_i - \bar{y})^2 = \sum_{i=1}^{n} (\hat{y}_i - \bar{y})^2 + \sum_{i=1}^{n} (y_i - \hat{y}_i)^2.$$

Diese Gleichung (1) läßt sich (nach Multiplikation mit einem geeigneten Faktor) auch so interpretieren, daß

die Gesamtvarianz gleich ist der Summe aus

der durch die Regressionsgerade erklärten Varianz (erste Summe auf der rechten Seite) und

der nicht erklärten Varianz (zweite Summe auf der rechten Seite).

Schreibt man (1) in der Form

$$1 = \frac{\sum_{i=1}^{n} (\hat{y}_i-\bar{y})^2}{\sum_{i=1}^{n} (y_i-\bar{y})^2} + \frac{\sum_{i=1}^{n} (y_i-\hat{y}_i)^2}{\sum_{i=1}^{n} (y_i-\bar{y})^2} \quad (\sum_{i=1}^{n} (y_i - \bar{y})^2 \neq 0),$$

so läßt sich der erste Bruch der rechten Seite wegen $\hat{y}_i = \bar{y} + b(x_i - \bar{x})$ umformen zu

$$\frac{\left(\sum_{i=1}^{n} (x_i - \bar{x})(y_i - \bar{y})\right)^2}{\left(\sum_{i=1}^{n} (x_i - \bar{x})^2\right)\left(\sum_{i=1}^{n} (y_i - \bar{y})^2\right)}.$$

Dies ist das Bestimmtheitsmaß B_{xy} und weiter ist

$$B_{xy} = b_{xy} b_{yx} = bb^* =$$

$$= r_{xy}^2 \quad (r_{xy} \text{ Korrelationskoeffizient}).$$

1.3.5. Nichtlineare Regression im $\mathbb{R}^2$

Bei der parabolischen Regression 2. Grades von y bzgl. x hat man bei Anwendung der Methode der kleinsten Quadrate $\sum_{i=1}^{n} (y_i - a - bx_i - cx_i^2)^2$ zu minimieren.

Für die Gleichung der Regressionsparabel $\hat{y} = a + bx + cx^2$ erhält man a, b und c aus den Normalgleichungen [1)]

$$\begin{cases} n\,a + b\,\Sigma x_i + c\,\Sigma x_i^2 = \Sigma y_i \\ a\,\Sigma x_i + b\,\Sigma x_i^2 + c\,\Sigma x_i^3 = \Sigma x_i y_i \\ a\,\Sigma x_i^2 + b\,\Sigma x_i^3 + c\,\Sigma x_i^4 = \Sigma x_i^2 y_i \end{cases} \quad (\text{jeweils } \sum_{i=1}^{n}).$$

Bemerkung: Soll als Regressionskurve der Graph der Funktion f mit $f(x) = \hat{y} = a\,b^x$ $(a,b \in \mathbb{R}^+)$ dienen, so geht man zu den Logarithmen über und wendet die lineare Regression auf die Funktion g mit

$$g(x) = \hat{v} = \log a + x \log b \text{ mit } \hat{v} = \log \hat{y}$$

an.

1) a,b und c sind in der Parabelgleichung noch freie Parameter.

1.3.6. Lineare Regression im $\mathbb{R}^3$

Eine Fläche eines gewissen Typs "möglichst günstig" in ein Punktefeld $(P_i = (x_{1i};x_{2i};y_i)|i=1,\dots,n)$ im $\mathbb{R}^3$ einzupassen, geschieht meistens nach der Methode der kleinsten Quadrate:

Für die vertikalen Abstände u_i der Punkte P_i von der Fläche soll $\sum_{i=1}^{n} u_i^2$ minimal werden (Regression von y bzgl. x_1 und x_2

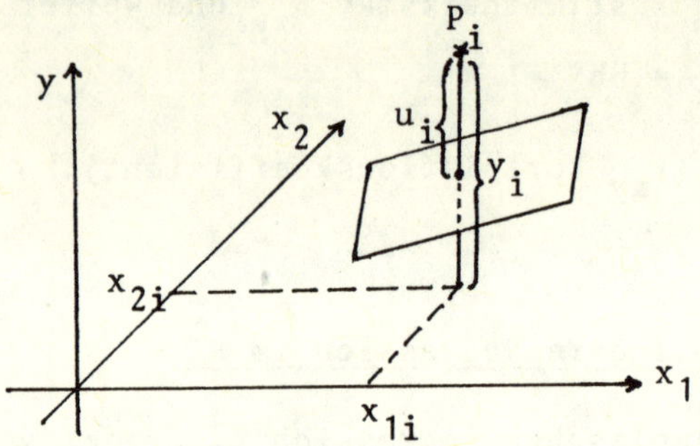

Bei der linearen Regression hat man

$$\sum_{i=1}^{n} (y_i - a - b_1x_{1i} - b_2x_{2i})^2 \text{ zu minimieren.}$$

Für die Gleichung der Regressionsebene $\hat{y} = a + b_1x_1 + b_2x_2$ erhält man die Parameter a, b_1 und b_2 aus den Normalgleichungen [1)]

$$\begin{cases} n\,a + b_1\,\Sigma x_{1i} + b_2\,\Sigma x_{2i} = \Sigma y_i \\ a\,\Sigma x_{1i} + b_1\,\Sigma x_{1i}^2 + b_2\,\Sigma x_{1i}x_{2i} = \Sigma x_{1i}y_i \\ a\,\Sigma x_{2i} + b_1\,\Sigma x_{1i}x_{2i} + b_2\,\Sigma x_{2i}^2 = \Sigma x_{2i}y_i \end{cases} \quad (\text{jeweils } \sum_{i=1}^{n}).$$

Falls das Gleichungssystem eindeutig lösbar ist ($S_{x_1}^2 S_{x_2}^2 - S_{x_1x_2}^2 \neq 0$), erhält man für die Regressionskoeffizienten

$$b_1 = \frac{S_{x_1y}S_{x_2}^2 - S_{x_1x_2}S_{x_2y}}{S_{x_1}^2 S_{x_2}^2 - S_{x_1x_2}^2} = \frac{S_y}{S_{x_1}}\,\frac{r_{x_1y} - r_{x_2y}r_{x_1x_2}}{1 - r_{x_1x_2}^2};$$

1) a,b_1 und b_2 sind in der Ebenengleichung noch freie Paramet

$$b_2 = \frac{s_{x_2y}s_{x_1}^2 - s_{x_1x_2}s_{x_1y}}{s_{x_1}^2 s_{x_2}^2 - s_{x_1x_2}^2} = \frac{s_y}{s_{x_2}} \frac{r_{x_2y} - r_{x_1y}r_{x_1x_2}}{1 - r_{x_1x_2}^2}$$

sowie $a = \bar{y} - b_1\bar{x}_1 - b_2\bar{x}_2$. ($s_{x_i}^2$ sind die Varianzen; $s_{x_1x_2}$, s_{x_1y} usw. die Kovarianzen; $r_{x_1x_2}$, r_{x_1y} usw. die Korrelationskoeffizienten.)

Die Regressionsebene geht durch den Punkt $(\bar{x}_1,\bar{x}_2,\bar{y})$.

1.4. Zeitreihen

Eine Zeitreihe ist eine (zeitliche) Folge von Beobachtungswerten y_t (Zeit $t=1,2,3,\ldots,T$) [1]. Dabei darf auch $T = \infty$ sein.

Man nimmt meistens an, daß sich y_t zusammensetzt aus

einer glatten Komponente (Trend) g_t,

einer periodischen (saisonalen) Komponente s_t,

einer irregulären (zufallsbedingten) Komponente u_t

und dem Einfluß etwaiger singulärer Ereignisse.

Weiterhin nimmt man für den Zusammenhang zwischen den Komponenten meistens an $y_t = g_t + s_t + u_t$ (additives Modell) oder $y_t = g_t s_t u_t$ (multiplikatives Modell) $(t=1,2,\ldots,T)$.

Glättung einer Zeitreihe mit additiver Verknüpfung durch Bildung gleitender Durchschnitte y_t^*:

<u>Def.</u>: $$y^*_t := \frac{y_{t-q} + \ldots + y_{t-1} + y_t + y_{t+1} + \ldots + y_{t+p}}{p + q + 1}$$

1) Folgen von Beobachtungen $\underline{y}_t = (y_{1t}, y_{2t}, \ldots, y_{nt})$ (Folgen von Beobachtungsvektoren) sollen hier nicht betrachtet werden.

heißt <u>gleitender Durchschnitt</u> über dem Stützbereich $[t-q, t+p]$ $(t-q \geq 1;\ t+p \leq T)$.

Sonderfälle: Sei $k \in \mathbb{N}$; $t \in \mathbb{N}$; $k+1 \leq t \leq T-k$.

<u>Def.</u>: (2k+1)-gliedrige gleitende Durchschnitte

$$y^*_t := \frac{y_{t-k} + \ldots + y_{t-1} + y_t + y_{t+1} + \ldots + y_{t+k}}{2k+1};$$

2k-gliedrige gleitende Durchschnitte

$$y^*_t := \frac{0{,}5y_{t-k} + y_{t-k+1} + \ldots + y_{t-1} + y_t + y_{t+1} + \ldots + y_{t+k-1} + 0{,}5y_t}{2k}$$

Es gelten die Rekursionsformeln

für (2k+1)-gliedrige gleitende Durchschnitte

$$y^*_{t+1} = y^*_t + \frac{1}{2k+1}(y_{t+k+1} - y_{t-k});$$

für 2k-gliedrige gleitende Durchschnitte

$$y^*_{t+1} = y^*_t + \frac{1}{4k}(y_{t+k} + y_{t+k+1} - y_{t-k} - y_{t-k+1}).$$

Ein 2k-gliedriger gleitender Durchschnitt bedeutet also die Bildung eines gewogenen arithmetischen Mittels mit den Gewichten $\frac{1}{2}, 1, \ldots, 1, \frac{1}{2}$. Allgemeinere gleitende Durchschnitte erhält man, wenn man mit fest gewählten Gewichten g_i gewogene arithmetische Mittel bildet.

Auf Zeitreihen lassen sich natürlich auch die Methoden der Regression anwenden (Regression der y-Werte bezüglich t).

Wird der Zusammenhang $y_t = g_t s_t u_t$ zu Grunde gelegt, dann betrachtet man für $g_t, s_t, u_t \in \mathbb{R}^+$ die Beziehung $\log y_t = \log g_t + \log s_t + \log u_t$ und wendet die Betrachtungen wie im additiven Modell an.

Bildet man zu einer endlichen Zeitreihe y_t $(t=1,\ldots,T)$ die Folge der (2k+1)-gliedrigen bzw. 2k-gliedrigen gleitenden Durchschnitte y^*_t, so ist die Folge der y^*_t am Anfang und am Ende jeweils um k Glieder kürzer als die Folge der y_t. Um die Folge der gleitenden Durchschnitte bis zum Anfang der Zeitreihe fortzusetzen, d.h. um die Folge der y^*_t auch für $t=1,\ldots,k$ zu definieren, benutzt man bei Monatsdaten y_t

$$y^*_t = \sum_{j=-k}^{k} \left(\frac{1}{2k+1} + \frac{12(t-k-1)j}{2k(2k+1)(2k+2)}\right) y_{k+1+j};$$

entsprechend benutzt man zur Definition der y_t^* für $t = T - k + 1,\ldots,T$

$$y^*_t = \sum_{j=-k}^{k} \left(\frac{1}{2k+1} + \frac{12(t-T+k)j}{2k(2k+1)(2k+2)}\right) y_{T-k+j}.$$

2. Wahrscheinlichkeitsrechnung

2.1. Grundbegriffe

2.1.1. Ereignisse

Ereignisse A, B, ... sind die Teilmengen einer Menge Ω (Ω = Ereignisraum). Die Elemente $\omega \in \Omega$ heißen Elementarereignisse (Ergebnisse, Ausgänge) [1].

Ω heißt sicheres Ereignis =: E und { } = $\emptyset$ unmögliches Ereignis. Man sagt auch, daß Ereignisse "eintreten".

Relationen und Verknüpfungen zwischen Ereignissen A,B (Teilmengen $\subseteq \Omega$) werden analog wie bei Mengen erklärt:

Def.: (1) Wenn $A \subseteq B$, heißt A Teilereignis von B.

(2) Wenn $A \subseteq B$ und $B \subseteq A$, heißen die Ereignisse A und B gleich: A = B.

(3) $\bar{A} := \{\omega \in \Omega | \omega \notin A\}$ heißt Komplementärereignis (oder Gegenereignis) von A [2].

$\bar{A}$ tritt also genau dann ein, wenn A nicht eintritt.

(4) $A \cup B := \{\omega \in \Omega | \omega \in A \text{ oder } \omega \in B\}$ heißt Vereinigungsereignis (oder Summenereignis) von A und B [3].

$A \cup B$ tritt also genau dann ein, wenn entweder A oder B oder beide eintreten.

---

1) Ω soll nicht leer sein. - Die Menge aller Ereignisse ist also die Potenzmenge $\mathfrak{P}(\Omega)$ von Ω. Die Elemente ω werden mit den Ereignissen $\{\omega\}$ (= einelementige Teilmengen von Ω) identifiziert.

2) Manchmal auch geschrieben A^C oder $\complement A$.

3) Manchmal auch geschrieben A + B.

(5) $A \cap B := \{\omega \in \Omega | \omega \in A$ und $\omega \in B\}$ heißt <u>Durchschnittsereignis</u> (oder Produktereignis) von A und B [1].

$A \cap B$ tritt also genau dann ein, wenn sowohl A als auch B eintreten.

Analog definiert man für n Ereignisse $A_1, A_2, A_3, \ldots, A_n$ $(n > 2)$:

(4') $\bigcup_{j=1}^{n} A_j := \{\omega \in \Omega | \omega \in A_j$ für mindestens ein $j\}$ (<u>Vereinigungsereignis</u>);

(5') $\bigcap_{j=1}^{n} A_j := \{\omega \in \Omega | \omega \in A_j$ für jedes $j\}$ (<u>Durchschnittsereignis</u>).

Entsprechend für unendlich viele Ereignisse (siehe auch 5.1.1.).

(6) $A \setminus B := \{\omega \in \Omega | \omega \in A$ und $\omega \notin B\}$ heißt <u>Differenzereignis</u> von A und B.

$A \setminus B$ tritt also genau dann ein, wenn zwar A, aber nicht B eintritt. Somit $A \setminus B = A \cap \overline{B}$.

(7) $A \circ B := (A \setminus B) \cup (B \setminus A)$ heißt <u>symmetrische Differenz</u> von A und B.

$A \circ B$ tritt also genau dann ein, wenn entweder A oder B eintritt, aber nicht A und B gleichzeitig.

Einige Regeln (A,B,C Ereignisse):

Kommutativgesetze:

$A \cup B = B \cup A$; $A \cap B = B \cap A$;

Assoziativgesetze:

$A \cup (B \cup C) = (A \cup B) \cup C = A \cup B \cup C$;

$A \cap (B \cap C) = (A \cap B) \cap C = A \cap B \cap C$;

1) Manchmal auch geschrieben $A \cdot B$.

Distributivgesetze:

$A \cap (B \cup C) = (A \cap B) \cup (A \cap C);$

$A \cup (B \cap C) = (A \cup B) \cap (A \cup C);$

Regeln von de Morgan:

$\overline{A \cup B} = \overline{A} \cap \overline{B}; \quad \overline{A \cap B} = \overline{A} \cup \overline{B}.$

Diese Regeln gelten analog auch für n Ereignisse (n > 2) sowie für unendlich viele Ereignisse.

Weiter gilt:

$A \cup \emptyset = A; \quad A \cap \emptyset = \emptyset;$

$A \cup A = A; \quad A \cap A = A;$

$\overline{\overline{A}} = \overline{(\overline{A})} = A; \quad A \subseteq B \iff \overline{B} \supseteq \overline{A};$

$(A \setminus B) \cap C = (A \cap C) \setminus (B \cap C);$

$(A \setminus B) \cup (A \cap B) = A.$

Absorptionsgesetze:

$A \cap (A \cup B) = A; \quad A \cup (A \cap B) = A;$

Def.: Die Ereignisse A und B heißen unvereinbar (disjunkt), wenn $A \cap B = \emptyset$. Andernfalls heißen A und B vereinbar.

Def.: Eine Menge $\{A_1, A_2, \ldots, A_n\}$ von Ereignissen heißt vollständiges System von Ereignissen für Ω, wenn

(i) $\bigcup_{j=1}^{n} A_j = E;$

(ii) $A_i \cap A_j = \emptyset$ für alle $i,j = 1,\ldots,n;\ i \neq j;$

(iii) $A_j \neq \emptyset$ für alle $j = 1,\ldots,n.$

Das vollständige System darf auch aus unendlich vielen Ereignissen bestehen.

Def.: Eine Menge $\mathfrak{A}$ von Ereignissen (Mengen) heißt Ereignisalgebra (Mengenalgebra) über Ω, wenn gilt

(i) $\Omega \in \mathfrak{A}$;

(ii) $A \cup B \in \mathfrak{A}$ für alle $A, B \in \mathfrak{A}$;

(iii) $\bar{A} \in \mathfrak{A}$ für alle $A \in \mathfrak{A}$ ($\bar{A}$ Komplementärereignis (-menge) von $\mathfrak{A}$ bzgl. Ω) [1].

Dann gilt, daß für $A \in \mathfrak{A}$ und $B \in \mathfrak{A}$ auch $A \cap B \in \mathfrak{A}$. Ebenso gilt für $n > 2$ Ereignisse (Mengen) $\in \mathfrak{A}$, daß deren Vereinigung und Durchschnitt $\in \mathfrak{A}$ sind.

Def.: Eine Ereignisalgebra (Mengenalgebra) $\mathfrak{A}$ über Ω heißt σ-Algebra, wenn für abzählbar unendlich viele Ereignisse (Mengen) $A_j \in \mathfrak{A}$ $(j=1,2,\ldots)$ stets gilt $\bigcup_{j=1}^{\infty} A_j \in \mathfrak{A}$.

Für abzählbar unendlich viele Ereignisse (Mengen) $A_1, A_2, \ldots$ $\ldots \in \mathfrak{A}$ gilt hier stets $\bigcap_{j=1}^{\infty} A_j \in \mathfrak{A}$.

Die "kleinste" σ-Algebra von Teilmengen aus $\mathbb{R}$, die alle Intervalle enthält [2], heißt σ-Algebra $\mathcal{B}$ der Borel-Mengen von $\mathbb{R}$. Analog wird die σ-Algebra $\mathcal{B}^n$ der Borel-Mengen des $\mathbb{R}^n$ eingeführt; an Stelle der Intervalle in $\mathbb{R}$ sind im $\mathbb{R}^2$ Rechtecksbereiche mit achsenparallelen Seiten, allgemein im $\mathbb{R}^n$ n-dimensionale Quader mit achsenparallelen Seiten zu nehmen.

1) Es kann Ereignisse geben, die nicht zu $\mathfrak{A}$ gehören.

2) D. h. keine echte Teilmenge davon hat die genannten Eigenschaften.

2.1.2. Wahrscheinlichkeit

Der klassische Wahrscheinlichkeitsbegriff (Laplace):

Besitzt eine Zufallserscheinung nur endlich viele Ereignisse d.h. ist der Ereignisraum Ω endlich (also $|\Omega| < \infty$), und haben alle Elementarereignisse die gleiche Wahrscheinlichkeit, dann ist die Wahrscheinlichkeit eines Ereignisses A dieser Zufallserscheinung

$$P(A) = \frac{\text{Anzahl der für A günstigen Fälle}}{\text{Anzahl der möglichen Fälle}} = \frac{|A|}{|\Omega|}.$$

Axiomatische Einführung der Wahrscheinlichkeit (Kolmogorov):

Sei $\mathfrak{A}$ σ-Algebra über Ω. Eine Funktion $P: \mathfrak{A} \to \mathbb{R}$ (also $P(A) \in \mathbb{R}$ für alle $A \in \mathfrak{A}$) heißt Wahrscheinlichkeitsmaß, wenn gilt

(i) $0 \leq P(A)$ für alle $A \in \mathfrak{A}$;

(ii) $P(\Omega) = 1$;

(iii) $P(\bigcup_{j=1,2,\ldots} A_j) = \sum_{j=1,2,\ldots} P(A_j)$ für jede (endliche oder abzählbar unendliche) Menge paarweise unvereinbarer Ereignisse $A_1, A_2, \ldots \in \mathfrak{A}$ (d.h. für je zwei dieser Ereignisse A_i und A_j $(i \neq j)$ gilt $A_i \cap A_j = \emptyset$).

Für zwei unvereinbare Ereignisse $A_1, A_2 \in \mathfrak{A}$ (d.h. $A_1 \cap A_2 = \emptyset$) besagt also (iii), daß

$$P(A_1 \cup A_2) = P(A_1) + P(A_2)$$

gilt.

$[\Omega, \mathfrak{A}, P]$ heißt Wahrscheinlichkeitsraum. Der Funktionswert P(A) heißt Wahrscheinlichkeit von A.

Ist speziell Ω eine endliche oder abzählbar unendliche Menge, also $\Omega = \{\omega_1, \omega_2, \ldots, \omega_j, \ldots\}$, dann kann als σ-Algebra, auf der ein Wahrscheinlichkeitsmaß definiert werden kann, die Potenzmenge $\mathfrak{P}(\Omega)$ genommen werden.

Setzt man $P(\omega_j) =: p_j$ $(j=1,2,\ldots)$ mit $p_j \geq 0$ und $\sum_j p_j = 1$, so ist für ein Ereignis $A = \{\omega_\alpha, \omega_\beta, \ldots, \omega_\nu, \ldots\} \subseteq \Omega$ die Wahrscheinlichkeit $P(A) = \sum_{j=\alpha,\beta,\ldots,\nu,\ldots} p_j$.

Die Axiome (i) bis (iii) für ein Wahrscheinlichkeitsmaß sind offenbar erfüllt.

Allgemeine Eigenschaften von Wahrscheinlichkeiten $(A,B,C,A_1,A_2,\ldots \in \mathfrak{A}$ beliebig):

$P(A) + P(\bar{A}) = 1$ ($\bar{A}$ Komplementärereignis von A);

$0 \leq P(A) \leq 1$;

$P(\emptyset) = 0$;

$P(A \cup B) = P(A) + P(B) - P(A \cap B)$;

$$P(A \cup B \cup C) = P(A) + P(B) + P(C) - P(A \cap B) - P(A \cap C) - P(B \cap C) + P(A \cap B \cap C);$$

allgemein:

$$P\left(\bigcup_{j=1}^{n} A_j\right) = \sum_{j=1}^{n} P(A_j) - \sum_{\substack{j_1,j_2=1\\ j_1<j_2}}^{n} P(A_{j_1} \cap A_{j_2}) + \sum_{\substack{j_1,j_2,j_3=1\\ j_1<j_2<j_3}}^{n} P(A_{j_1} \cap A_{j_2} \cap A_{j_3}) - + \ldots + (-1)^{n-1} P(A_1 \cap A_2 \cap \ldots \cap A_n)$$

(Formel von Poincaré);

$P(A_1 \cup A_2 \cup A_3 \cup \ldots) \leq P(A_1) + P(A_2) + P(A_3) + \ldots$
(Subadditivität);

$P(A) \leq P(B)$, wenn A Teilereignis von B ist (also wenn $A \subseteq B$)

$$P\left(\bigcap_{j=1}^{n} A_j\right) \geq 1 - \sum_{j=1}^{n} P(\bar{A}_j)$$ (Ungleichung von Bonferroni);

diese Aussage gilt auch für unendlich viele Ereignisse;

daraus folgt:

Sei $A_1,\ldots,A_j,\ldots = (A_j)_{j=1,2,\ldots}$ eine Folge von Ereignissen und $P(A_j) = 1$ $(j=1,\ldots)$. Dann gilt

$$P\left(\bigcap_{j=1,2,\ldots} A_j\right) = 1.$$

$$P(A \setminus B) = P(A) - P(A \cap B);$$

$$P(A \circ B) = P(A) + P(B) - 2\,P(A \cap B).$$

2.1.3. Bedingte Wahrscheinlichkeit - Unabhängigkeit [1)]

Def.: Die bedingte Wahrscheinlichkeit von A unter der Bedingung B ($P(B) \neq 0$) ist $P(A|B) := \frac{P(A \cap B)}{P(B)}$.

Diese Definition genügt den Wahrscheinlichkeitsaxiomen (i) bis (iii) in 2.1.2 [2)].

Damit gilt insbesondere

$$P(A|A) = 1;$$

$$(A \cap B) = \emptyset \implies P(A|B) = 0;$$

$$P(\bar{A}|B) = 1 - P(A|B);$$

$$P(A_1 \cup A_2|B) = P(A_1|B) + P(A_2|B) - P(A_1 \cap A_2|B).$$

---

1) Dabei sei $[\Omega, \mathfrak{A}, P]$ ein Wahrscheinlichkeitsraum und $A,B,C \ldots \in \mathfrak{A}$.

2) $[\Omega, \mathfrak{A}, P(.|B)]$ bzw. $[B, \{A \cap B | A \in \mathfrak{A}\}, P(.|B)]$ ist ein Wahrscheinlichkeitsraum.

Weiter hat man den

Multiplikationssatz: $P(A \cap B) = P(B)P(A|B) = P(A)P(B|A)$;

allgemein: $P(A_1 \cap A_2 \cap \ldots \cap A_n) = P(A_1)P(A_2|A_1)(P(A_3|A_1 \cap A_2) \ldots$
$\ldots P(A_n|A_1 \cap A_2 \cap \ldots \cap A_{n-1})$.

Es gilt

$$P(A|B) \geq \frac{P(A) + P(B) - 1}{P(B)} \quad (P(B) > 0);$$

$P(A \cap B|C) = P(A|B \cap C)P(B|C)$, falls $P(C) > 0$.

Def.: Zwei Ereignisse A und B heißen unabhängig, wenn $P(A \cap B) = P(A)P(B)$ ist.

Andernfalls heißen die Ereignisse A und B abhängig.

Dies ist für $P(B) \neq 0$ gleichwertig mit $P(A|B) = P(A)$ und für $P(A) \neq 0$ gleichwertig mit $P(B|A) = P(B)$ [1].

Allgemein: Def.: Die n Ereignisse $A_1, A_2, \ldots, A_n$ heißen (insgesamt) unabhängig, wenn für jede Indexkombination [2] $\{\alpha, \beta, \ldots, \rho\}$ aus der Indexmenge $\{1, 2, \ldots, n\}$ gilt

$P(A_\alpha \cap A_\beta \cap \ldots \cap A_\rho) = P(A_\alpha)P(A_\beta)\ldots P(A_\rho)$.

Dies liefert insgesamt $2^n - n - 1$ Gleichungen.

Für drei Ereignisse A,B und C bedeutet diese Definition der Unabhängigkeit, daß folgende Gleichungen gelten müssen:

$P(A \cap B) = P(A)P(B)$;

$P(A \cap C) = P(A)P(C)$;

$P(B \cap C) = P(B)P(C)$;

$P(A \cap B \cap C) = P(A)P(B)P(C)$.

1) Falls $P(A|B) > P(A)$ sagt man auch, A und B sind positiv korreliert, falls $P(A|B) < P(A)$ sagt man, A und B sind negativ korreliert.
2) Ohne Wiederholung.

Def.: Eine beliebige (unendliche) Menge von Ereignissen heißt unabhängig, wenn jede endliche Teilmenge dieser Ereignisse unabhängig ist.

Es gilt:

Sind A und B unabhängig, so gilt dies auch für $\overline{A}$ und B, A und $\overline{B}$ sowie $\overline{A}$ und $\overline{B}$. Entsprechend für mehr als zwei Ereignisse.

Seien A und B zwei Ereignisse mit $P(A)P(B) > 0$; dann gilt

a) A und B unvereinbar $\Longrightarrow$ A und B abhängig;

b) A und B unabhängig $\Longrightarrow$ A und B vereinbar (d.h. $A \cap B \neq \emptyset$

Wenn A, B und C unabhängig sind, so auch $A \cup B$ und C sowie $A \cap B$ und C.

Ebenso ist für n unabhängige Ereignisse die Vereinigung von j dieser Ereignisse ($2 \leq j < n$) von den restlichen n-j Ereignissen unabhängig; entsprechend für den Durchschnitt.

Def.: Die n Ereignisse $A_1, A_2, \ldots, A_n$ heißen paarweise unabhängig, wenn je zwei dieser Ereignisse unabhängig sind.

Entsprechend für unendliche Mengen von Ereignissen.

Wenn die Ereignisse $A_1, A_2, \ldots, A_n$ insgesamt unabhängig sind, sind sie natürlich auch paarweise unabhängig, aber nicht umgekehrt.

Sind die Ereignisse $A_1, A_2, \ldots, A_n$ (insgesamt) unabhängig, so gilt

$$P\left(\bigcup_{j=1}^{n} A_j\right) = 1 - \prod_{j=1}^{n} (1 - P(A_j)) = 1 - \prod_{j=1}^{n} P(\overline{A}_j).$$

Formel der totalen Wahrscheinlichkeit: Bilden $\{A_1, A_2, \ldots, A_n\}$

ein vollständiges System von Ereignissen für Ω und ist A ein beliebiges Ereignis, dann ist

$$P(A) = \sum_{j=1}^{n} P(A_j)P(A|A_j).$$

Entsprechend für unendliche Mengen von Ereignissen.

Mit Zufallsvariablen formuliert, bedeutet dieser Satz z.B. ($x_o \in \mathbb{R}$ beliebig)

$$P(a < X \leq b) = P(a < X \leq b | X \geq x_o)P(X \geq x_o) + P(a < X \leq b | X < x_o)P(X < x_o).$$

Formeln von Bayes: Bilden $\{A_1, A_2, \ldots, A_n\}$ ein vollständiges System von Ereignissen für Ω und ist A ein beliebiges Ereignis, dann ist

$$P(A_i|A) = \frac{P(A_i)P(A|A_i)}{\sum_{j=1}^{n} P(A_j)P(A|A_j)}, \text{ falls } P(A) \neq 0 \ (i=1,\ldots,n).$$

Entsprechend für unendliche Mengen von Ereignissen.

2.2. Eindimensionale Wahrscheinlichkeitsverteilungen

2.2.1. Zufallsvariable [1] - Verteilungsfunktion - Dichte

Def.: Sei $[\Omega, \mathfrak{A}, P]$ ein Wahrscheinlichkeitsraum. Eine Funk-

1) Manchmal auch Zufallsgröße genannt. Wir beschränken uns zunächst auf reellwertige Zufallsvariablen und damit auf reelle Verteilungen.

tion X: $\Omega \to \mathbb{R}$ (also $X(\omega) \in \mathbb{R}$ für alle $\omega \in \Omega$) heißt Zufallsvariable; dabei soll noch $\{\omega \in \Omega | X(\omega) \leq x\} \in \mathfrak{A}$ für alle $x \in \mathbb{R}$ gelten [1].

Die Funktionswerte $X(\omega)$ von X heißen die Realisationen von X. Die Menge der Realisationen von X ist also $\{x \in \mathbb{R} | X(\omega) = x$ für ein $\omega \in \Omega\}$.

Wir vereinbaren folgende Schreibweisen ($x,a,b \in \mathbb{R}$):

$P(X \leq x) := P(\{\omega \in \Omega | X(\omega) \leq x\})$;

$P(X = x) := P(\{\omega \in \Omega | X(\omega) = x\})$;

$P(X > X) := P(\{\omega \in \Omega | X(\omega) > x\})$;

$P(a < X \leq b) := P(\{\omega \in \Omega | a < X(\omega) \leq b\})$ usw.

$P(X \in M) := P(X^{-1}(M)) = P(\{\omega \in \Omega | X(\omega) \in M\})$ für $M \subseteq \mathbb{R}$.

Es gilt $P(X \leq x) + P(X > x) = 1$.

Def.: Zwei Zufallsvariablen $X: \Omega \to \mathbb{R}$ und $Y: \Omega \to \mathbb{R}$ heißen gleich, wenn gilt $X(\omega) = Y(\omega)$ für alle $\omega \in \Omega$; sie heißen fast sicher gleich (gleich mit Wahrscheinlichkeit 1), wenn gilt $P(\{\omega \in \Omega | X(\omega) = Y(\omega)\}) = 1$.

Def.: Jede Vorschrift, durch welche die Wahrscheinlichkeit, daß die Realisationen einer Zufallsvariablen X in bestimmte Bereiche fallen, eindeutig charakterisiert wird, heißt eine Wahrscheinlichkeitsverteilung, kurz Verteilung [2] von X.

1) Die Funktion X heißt dann meßbar. Dieser Sachverhalt ist meistens erfüllt.

2) Genauer: Sei X eine Zufallsvariable, $\mathcal{B}$ die σ-Algebra der Borel-Mengen von $\mathbb{R}$. Dann heißt das Wahrscheinlichkeitsmaß $P^X: \mathcal{B} \to \mathbb{R}$, das durch $P^X(M) = P(X \in M)$ definiert ist ($M \in \mathcal{B}$), eine Verteilung von X. Also $[\mathbb{R}, \mathcal{B}, P^X]$ ist ein Wahrscheinlichkeitsraum.

Def.: Die Verteilungsfunktion einer Zufallsvariablen X ist die Funktion $F: \mathbb{R} \to [0,1]$ mit $F(x) = P(X \leq x)$.

Man spricht dann auch von der Verteilungsfunktion F einer Verteilung. - Bisweilen schreibt man kurz $X \sim F$.

Charakteristische Eigenschaften einer Verteilungsfunktion F:

(1) F ist eine monoton nicht-fallende Funktion; d.h.

$x < x^* \Longrightarrow F(x) \leq F(x^*)$ für alle $x, x^* \in \mathbb{R}$;

(2) $\lim\limits_{x\to\infty} F(x) = 1$; $\lim\limits_{x\to-\infty} F(x) = 0$;

(3) F ist rechtsseitig stetig; d.h. $\lim\limits_{x\to x_0^+} F(x) = F(x_0)$ für alle $x_0 \in \mathbb{R}$.

Es gilt also

$$F(x_0) - \lim_{x\to 0^-} F(x) = P(X = x_0)$$

und damit

$$F \text{ stetig in } x_0 \Longleftrightarrow P(X = x_0) = 0.$$

Die Menge der Punkte $x \in \mathbb{R}$, in denen eine Verteilungsfunktion F nicht stetig ist, kann höchstens abzählbar unendlich sein.

Jede Funktion F mit den Eigenschaften (1) bis (3) bestimmt eindeutig die Verteilung einer Zufallsvariablen X.

Es ist

$P(X > x) = 1 - F(x)$;

$P(a < X \leq b) = F(b) - F(a)$;

$P(a \leq X \leq b) = F(b) - F(a) + P(X = a)$;

$P(a < X < b) = F(b) - F(a) - P(X = b)$; usw.

Def.: Eine Zufallsvariable X heißt diskret, wenn die Menge $\{x_1, x_2, \ldots, x_j, \ldots\}$ der Realisationen von X endlich oder abzählbar unendlich ist [1]. Man spricht dann auch von diskreten Verteilungen.

Die Verteilung einer diskreten Zufallsvariablen X ist charakterisiert durch ihre Wahrscheinlichkeitsfunktion $f\colon \mathbb{R} \to [0,1]$ mit

$$f(x) := \begin{cases} P(X = x_j) =: p_j & \text{für } x = x_j \ (j=1,2,\ldots) \\ 0 \text{ sonst.} \end{cases}$$

Es gilt $\sum\limits_{j=1,2,\ldots} p_j = 1.$

Allgemein genügt es, für die Wahrscheinlichkeitsfunktion f nur die positiven Werte $f(x_j) = P(X = x_j) = p_j$ $(j=1,2,\ldots)$ anzugeben.

Für eine diskrete Zufallsvariable X ist die Verteilungsfunktion F gegeben durch $F(x) = \sum\limits_{\substack{j \\ x_j \leq x}} p_j$,

wobei also über alle Indizes j, für die $x_j \leq x$ gilt, zu summieren ist.

Mit der Sprungfunktion $D\colon \mathbb{R} \to \{0,1\}$, wobei

$$D(t) := \begin{cases} 0 & \text{für } t < 0 \\ 1 & \text{für } t \geq 0 \end{cases}$$

ist, läßt sich für eine diskrete Zufallsvariable X die Verteilungsfunktion darstellen als

$$F(x) = \sum_{j=1,2,\ldots} p_j\, D(x-x_j).$$

---

1) Also $P(X \in \{x_1,\ldots,x_j,\ldots\}) = 1$.

Die Verteilungsfunktion einer diskreten Zufallsvariablen ist eine Treppenfunktion. Die Sprunghöhe an der Stelle x_j ist $p_j = P(X=x_j)$ (Fig.).

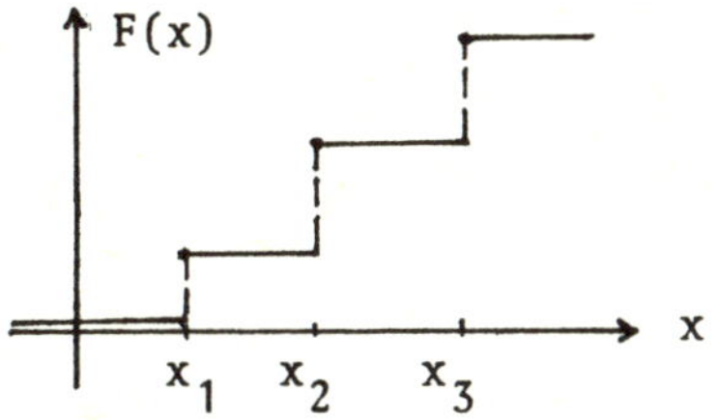

Def.: Eine Zufallsvariable X heißt stetig, wenn die zugehörige Verteilungsfunktion F für alle $x \in \mathbb{R}$ stetig ist [1]. Man spricht dann auch von stetigen Verteilungen.

Wir setzen im folgenden für stetige Zufallsvariablen die Existenz einer Dichte voraus:

Def.: Sei F die Verteilungsfunktion einer stetigen Zufallsvariablen X. Eine Funktion $f: \mathbb{R} \to \mathbb{R}_0^+$ (also $f(t) \geq 0$ für alle $t \in \mathbb{R}$) mit

$$F(x) = \int_{-\infty}^{x} f(t)dt \text{ für alle } x \in \mathbb{R}$$

1) Andere Fälle von Zufallsvariablen X außer den oben definierten diskreten und stetigen Zufallsvariablen wollen wir hier beiseite lassen.
Solche Zufallsvariablen X besitzen eine Verteilungsfunktion F, die zwischen zwei Sprungstellen zwar stetig, aber nicht konstant sein muß (vgl. Fig.). Die Verteilungsfunktion F ist also stückweise stetig.

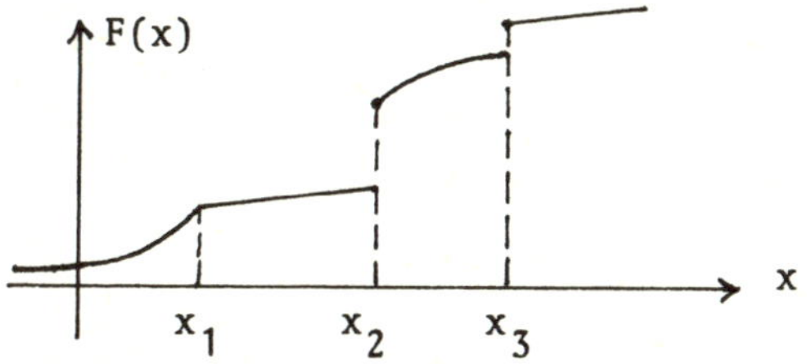

Die charakteristischen Eigenschaften (1) bis (3) für Verteilungsfunktionen gelten natürlich allgemein auch für diese Fälle.

heißt Dichtefunktion oder Dichte [1] von X bzw. von F.

Man spricht dann auch von der Dichte der Verteilung.

Es gilt $F'(x) = f(x)$ für alle x, für die f stetig ist.
Den geometrischen Zusammenhang zwischen f und F gibt Fig.

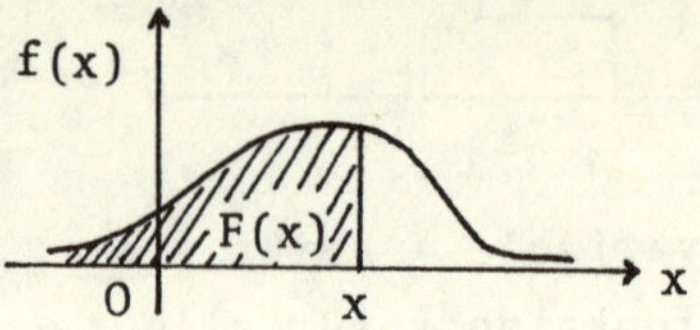

Es gilt $\int_{-\infty}^{+\infty} f(x)dx = 1$ und

$$P(a \leq X \leq b) = \int_a^b f(x)dx.$$

Diese Beziehung gilt auch für $P(a < X \leq b)$, $P(a \leq X < b)$ sowie für $P(a < X < b)$; a darf auch $-\infty$, b gleich $+\infty$ sein.

Def.: Eine Verteilung (Zufallsvariable X) heißt symmetrisch bzgl. $x_0 \in \mathbb{R}$, wenn gilt $P(X \geq x_0 + t) = P(X \leq x_0 - t)$ für alle $t \in \mathbb{R}$.

Dies bedeutet für die Verteilungsfunktion F, daß $F(x_0+t) - P(X=x_0+t) = 1 - F(x_0-t)$ ist für alle $t \in \mathbb{R}$; für stetige Verteilungen wird daraus $F(x_0+t) = 1 - F(x_0-t)$ und für die Dichte f gilt, daß $f(x_0+t) = f(x_0-t)$ ist[2].

Def.: Eine Zahl $x \in \mathbb{R}$ heißt Wachstumspunkt einer Verteilung, wenn für beliebige $a,b \in \mathbb{R}$ mit $a < x < b$ für die Verteilungsfunktion F gilt $F(b) > F(a)$.

Def.: Eine Verteilung heißt arithmetisch, wenn ein $\lambda \in \mathbb{R}_0^+$ existiert, so daß genau jeder Wachstumspunkt der Verteilung

Fußnoten nächste Seite.

durch $n\lambda$ ($n \in \mathbb{N}$ oder $n \in \mathbb{Z}$) dargestellt werden kann. Falls ein solches λ nicht existiert, heißt f <u>nichtarithmetisch</u>.

Eine Zufallsvariable X mit arithmetischer Verteilung nimmt nur Werte der Gestalt $n\lambda$ (mit Wahrscheinlichkeit > 0) an.

<u>Def.</u>: Für eine stetige Zufallsvariable X mit der Verteilungsfunktion F und der Dichte f heißt die Funktion h mit

$$h(x) := \frac{f(x)}{1-F(x)} \quad (F(x) < 1)$$

<u>Sterbe-Intensität</u> (<u>Ausfall-Intensität</u>, <u>Hazard-Funktion</u>).

Fußnoten von vorhergehender Seite:

1) f ist nicht eindeutig bestimmt; man darf f für endlich viele x oder für abzählbar unendlich viele x (auf einer "Menge vom Maß 0") abändern.
Nicht jede stetige Verteilung besitzt eine Dichte. Wenn weiterhin stetige Verteilungen betrachtet werden, setzen wir immer die Existenz einer Dichte f voraus (Verteilung mit Dichte).
Eine stetige Verteilung besitzt genau dann eine Dichte, wenn die zugehörige Verteilungsfunktion (in $\mathbb{R}$) absolut stetig ist.

"Absolut stetig" ist folgendermaßen definiert:

<u>Def.</u>: Die Funktion $f\colon D_f \to \mathbb{R}$ mit $D_f \subseteq \mathbb{R}$ heißt <u>absolut stetig</u> im Intervall $I \subseteq D_f$, wenn zu jedem $\varepsilon > 0$ ein $\delta > 0$ existiert, so daß für alle endlichen Systeme von Teilintervallen $I_j =]x_{j-1}, x_j[\subseteq I$ $(j=1,\ldots,n)$ mit $I_j \cap I_k = \emptyset$ für $j \neq k$ und $\sum_{j=1}^{n} (x_j - x_{j-1}) < \delta$ gilt

(1) $\left| \sum_{j=1}^{n} (f(x_j) - f(x_{j-1})) \right| < \varepsilon.$

Für die Bedingung (1) darf man auch setzen

$$\sum_{j=1}^{n} |f(x_j) - f(x_{j-1})| < \varepsilon.$$

Es gilt: Ist f absolut stetig in I, dann ist f auch stetig in I.

2) Für alle $t \in \mathbb{R}$ bis auf eine "Menge vom Maß 0".
$f(x_0+t) = f(x_0-t)$ gilt für alle $t \in \mathbb{R}$, für die x_0+t und x_0-t Stetigkeitspunkte von f sind.

Es gilt $h(x) = - \frac{d \ln(1-F(x))}{dx}$.

Manchmal wird auch $\frac{f(x)}{F(x)}$ $(F(x) > 0)$ als Sterbe-Intensität bezeichnet.

Die <u>kumulierte Sterbe-Intensität</u> ist

$$\int_{-\infty}^{x} \frac{f(t)}{1-F(t)}\, dt = -\ln(1-F(x)).$$

<u>Def.</u>: Sei F die Verteilungsfunktion einer Verteilung und $A, B \in \mathbb{R}$ mit $A < B$ (oder $A = -\infty$, $B \in \mathbb{R}$; oder $A \in \mathbb{R}$; $B = +\infty$) und $F(A) \neq F(B)$. Dann ist die zur ursprünglichen Verteilung gehörige <u>gestutzte Verteilung</u> mit den Stutzungspunkten A und B gegeben durch die Verteilungsfunktion $F_{A;B}$ mit

$$F_{A;B}(x) = \begin{cases} 0 & \text{für } x \leq A \\ \frac{F(x)-F(A)}{F(B)-F(A)} & \text{für } A < x \leq B \\ 1 & \text{für } x > B. \end{cases}$$

Der Punkt A heißt unterer, der Punkt B oberer Stutzungspunkt.

Für $A = -\infty$ hat man

$$F_{-\infty;B}(x) = \begin{cases} \frac{F(x)}{F(B)} & \text{für } x \leq B \\ 1 & \text{für } x > B \end{cases}$$

und für $B = +\infty$

$$F_{A;+\infty}(x) = \begin{cases} 0 & \text{für } x \leq A \\ \frac{F(x)-F(A)}{1-F(A)} & \text{für } A < x. \end{cases}$$

Für $-\infty < A < B < +\infty$ ist die Verteilung zweifach gestutzt,

für $-\infty = A < B < +\infty$ einseitig nach oben gestutzt,

für $-\infty < A < B = +\infty$ einseitig nach unten gestutzt [1].

Ist die ursprüngliche Verteilung stetig mit der Dichte f, so ist auch die gestutzte Verteilung stetig mit der Dichte $f_{A;B}$, wobei

$$f_{A;B}(x) = \begin{cases} \frac{f(x)}{F(B)-F(A)} & \text{für } A < x \leq B \\ 0 & \text{sonst;} \end{cases}$$

im Spezialfall $A = -\infty$ ist

$$f_{-\infty;B}(x) = \begin{cases} \frac{f(x)}{F(B)} & \text{für } x \leq B \\ 0 & \text{sonst} \end{cases}$$

und für $B = +\infty$ ist

$$f_{A;+\infty}(x) = \begin{cases} \frac{f(x)}{1-F(A)} & \text{für } A < x \\ 0 & \text{sonst.} \end{cases}$$

2.2.2. Funktionen einer Zufallsvariablen X

Sei $\varphi: \mathbb{R} \to \mathbb{R}$ eine reelle Funktion einer reellen Variablen[2] und X eine Zufallsvariable. Dann ist $Y := \varphi(X)$ ebenfalls eine Zufallsvariable.

1) $A = -\infty$ und $B = +\infty$ liefert die ursprüngliche Verteilung.

2) φ soll meßbar sein; meistens kann man sich auf stetige Funktionen φ beschränken. Die Forderung der Meßbarkeit ist für stetige Funktionen φ immer und sonst meistens erfüllt.

Das bedeutet also $Y: \Omega \to \mathbb{R}$ mit $Y(\omega) = \varphi(X(\omega))$ $(\omega \in \Omega)$ [1].

Sei F_X die Verteilungsfunktion von X und, falls X stetig ist, f_X die Dichte von X; sei F_Y die Verteilungsfunktion von Y und, falls Y stetig ist, f_Y die Dichte von Y. Dann gilt der

Satz 1: A. Sei X diskret mit den Realisationen $x_1,\ldots,x_j,\ldots$

Dann ist

$P(Y=y) = \sum_j P(X=x_j)$, wobei die Summe über alle Indizes j mit $\varphi(x_j) = y$ zu erstrecken ist;

$F_Y(y) = \sum_j P(X=x_j)$, wobei die Summe über alle Indizes j mit $\varphi(x_j) \leq y$ zu erstrecken ist.

B. Für X stetig ist

$F_Y(y) = \int_M f_X(t)dt$, wobei der Integrationsbereich $M = \{x \in \mathbb{R} \mid \varphi(x) \leq y\}$ ist.

Sei die Funktion φ streng monoton ($\Longrightarrow$ die Umkehrfunktion φ^{-1} existiert). Dann gilt

$$(1)\quad F_Y(y) = \begin{cases} F_X(\varphi^{-1}(y)) & \text{für } \varphi \text{ monoton wachsend} \\ 1 - F_X(\varphi^{-1}(y)) + P(X = \varphi^{-1}(y)) & \text{für } \varphi \text{ monoton fallend.} \end{cases}$$

Für X stetig ist $P(X = \varphi^{-1}(y)) = 0$ und (1) reduziert sich für φ monoton fallend auf $F_Y(y) = 1 - F_X(\varphi^{-1}(y))$. Ist φ außerdem differenzierbar, so ist die Dichte

1) φ kann damit selbst als Zufallsvariable aufgefaßt werden, wobei der Wahrscheinlichkeitsraum $[\mathbb{R}, \mathfrak{B}, P^X]$ ist.

$$f_Y(y) = f_X(\varphi^{-1}(y)) \cdot |(\varphi^{-1})'(y)| = f_X(\varphi^{-1}(y)) \cdot |\varphi'(\varphi^{-1}(y))|^{-1}.$$

Spezialfälle:

Satz 2: Für $Y = a + bX$ $(b \neq 0)$ gilt

$$(2)\quad F_Y(y) = \begin{cases} F_X(\frac{y-a}{b}) & \text{für } b > 0 \\ 1 - F_X(\frac{y-a}{b}) + P(X = \frac{y-a}{b}) & \text{für } b < 0. \end{cases}$$

Für X stetig ist $P(X = \frac{y-a}{b}) = 0$ und (2) reduziert sich für $b < 0$ auf $F_Y(y) = 1 - F_X(\frac{y-a}{b})$; ferner ist die Dichte

$$f_Y(y) = \frac{1}{|b|} f_X(\frac{y-a}{b}).$$

Satz 3: a) Für $Y = X^r$ $(r \in \mathbb{N}$ ungerade) gilt

$$F_Y(y) = F_X(\sqrt[r]{y});$$

für X stetig ist die Dichte

$$f_Y(y) = \frac{1}{r} y^{\frac{1}{r}-1} f_X(\sqrt[r]{y}).$$

b) für $Y = X^r$ $(r \in \mathbb{N}$ gerade) gilt

$$(3)\quad F_Y(y) = \begin{cases} 0 & \text{für } y < 0 \\ F_X(\sqrt[r]{y}) - F_X(-\sqrt[r]{y}) + P(X = -\sqrt[r]{y}) & \text{für } y \geq 0. \end{cases}$$

Für X stetig ist $P(X = -\sqrt[r]{y}) = 0$ und (3) reduziert sich für $y \geq 0$ auf $F_Y(y) = F_X(\sqrt[r]{y}) - F_X(-\sqrt[r]{y})$; ferner ist die Dichte

$$f_Y(y) = \begin{cases} 0 & \text{für } y \leq 0 \\ \frac{1}{r}\, y^{\frac{1}{r}-1} \left(f_X(\sqrt[r]{y}) + f_X(-\sqrt[r]{y})\right) & \text{für } y > 0. \end{cases}$$

Satz 4: Für $Y = \sqrt{X}$ mit $P(X < 0) = 0$ gilt

$$F_Y(y) = F_X(y^2).$$

Für X stetig ist die Dichte

$$f_Y(y) = 2\, y\, f_X(y^2).$$

Satz 5: Für $Y = |X|$ gilt

$$(4)\quad F_Y(y) = \begin{cases} 0 & \text{für } y < 0 \\ F_X(y) - F_X(-y) + P(X = -y) & \text{für } y \geq 0. \end{cases}$$

Für X stetig ist $P(X = -y) = 0$ und (4) reduziert sich für $y \geq 0$ auf $F_Y(y) = F_X(y) - F_X(-y)$; ferner ist die Dichte

$$f_Y(y) = \begin{cases} 0 & \text{für } y \leq 0 \\ f_X(y) + f_X(-y) & \text{für } y > 0. \end{cases}$$

Satz 6: Für $Y = \frac{1}{X}$ mit $P(X = 0) = 0$ gilt

$$(5)\quad F_Y(y) = \begin{cases} F_X(0) - F_X(\frac{1}{y}) + P(X = \frac{1}{y}) & \text{für } y < 0 \\ 1 - F_X(\frac{1}{y}) + F_X(0) + P(X = \frac{1}{y}) & \text{für } y > 0. \end{cases}$$

Für X stetig ist $P(X = \frac{1}{y}) = 0$ und (5) reduziert sich auf

$$F_Y(y) = \begin{cases} F_X(0) - F_X(\frac{1}{y}) & \text{für } y < 0 \\ 1 - F_X(\frac{1}{y}) + F_X(0) & \text{für } y > 0; \end{cases}$$

ferner ist die Dichte

$$f_Y(y) = \frac{1}{y^2} f_X(\frac{1}{y}) \quad (y \neq 0).$$

2.2.3. Erwartungswert - Momente - Kennzahlen einer Zufallsvariablen X bzw. der Verteilung von X

Def.: Der Erwartungswert (Mittelwert) von X ist

$$E[X] := \begin{cases} \sum\limits_{j=1,2,\ldots} x_j p_j & \text{für X diskret } (x_1,\ldots,x_j,\ldots \text{ sind die Realisationen von X; } p_j = P(X=x_j)) \\ \int\limits_{-\infty}^{+\infty} x f(x)\,dx & \text{für X stetig (f Dichte von X)} \end{cases}$$ [1].

1) Man verlangt, daß auch $\sum\limits_j |x_j| p_j$ bzw. $\int\limits_{-\infty}^{+\infty} |x| f(x)dx$ konvergiert, also daß $\sum\limits_j$ bzw. $\int\limits_{-\infty}^{+\infty}$ auch absolut konvergiert; andernfalls existiert E[X] nicht. -

(Fortsetzung nächste Seite)

$E[X]$ wird oft mit μ bezeichnet.

Ist F die Verteilungsfunktion der Zufallsvariablen X, so gilt (falls $E[X]$ existiert)

$$E[X] = \int_0^\infty (1 - F(x))dx - \int_{-\infty}^0 F(x)dx = \int_0^\infty (1-F(x) - F(-x))dx.$$

Geometrische Interpretation:

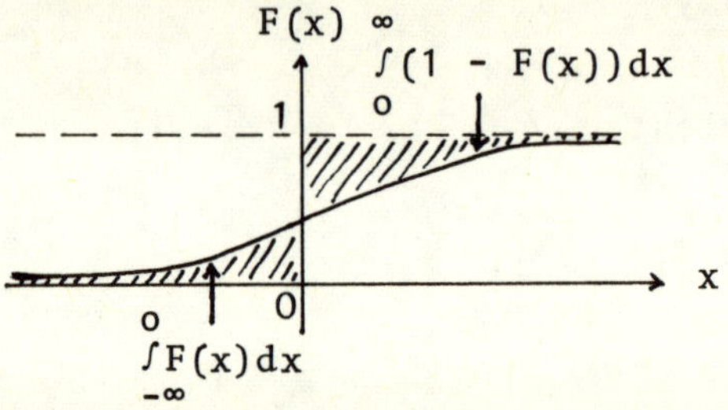

Man definiert allgemeiner:

<u>Def.</u>: Sei $\varphi: \mathbb{R} \to \mathbb{R}$ eine Funktion (vgl. 2.2.2).

Der Erwartungswert von $Y: = \varphi(X)$ ist

Fortsetzung der Fußnote der vorangehenden Seite:

Zum Beispiel ist für X mit den Realisationen $x_j = (-1)^j \frac{2^j}{j}$ $(j=1,\dots)$ und $p_j = P(X=x_j) = \frac{1}{2^j}$ die Reihe $\sum_{j=1}^\infty x_j p_j = \sum_{j=1}^\infty (-1)^j$ $= -\ln 2$ konvergent, aber $\sum_{j=1}^\infty |x_j| p_j = \sum_{j=1}^\infty \frac{1}{j}$ ist divergent (harmonische Reihe). Also existiert $E[X]$ nicht.

$$E[Y] = E[\varphi(X)] := \begin{cases} \sum\limits_{j=1,2,\ldots} \varphi(x_j)p_j & \text{für } X \text{ diskret} \\ \int\limits_{-\infty}^{+\infty} \varphi(x)f(x)\,dx & \text{für } X \text{ stetig}\ ^{1)}. \end{cases}$$

Def.: Die Varianz von X ist

$$\operatorname{var}[X] := E[(X-\mu)^2] = \begin{cases} \sum\limits_j (x_j-\mu)^2 p_j & \text{für } X \text{ diskret} \\ \int\limits_{-\infty}^{+\infty} (x-\mu)^2 f(x)\,dx & \text{für } X \text{ stetig} \\ & (\mu = E[X])\ ^{2)}. \end{cases}$$

$\operatorname{var}[X]$ wird oft mit σ^2 bezeichnet [3].

Def.: $\sqrt{\operatorname{var}[X]} = \sqrt{\sigma^2} =: \sigma$ heißt Standardabweichung von X.

Def.: Eine Zufallsvariable X mit $E[X] = \mu = 0$ und $\operatorname{var}[X] = \sigma^2 = 1$ heißt standardisiert.

Def.: $E[X^r]$ heißt r-tes Moment ($r \in \mathbb{N}$) von X; also

$$E[X^r] = \begin{cases} \sum\limits_j x_j^r p_j & \text{für } X \text{ diskret} \\ \int\limits_{-\infty}^{+\infty} x^r f(x)\,dx & \text{für } X \text{ stetig}\ ^{4)}. \end{cases}$$

---

1) Wenn $\sum\limits_j$ bzw. $\int\limits_{-\infty}^{+\infty}$ auch absolut konvergiert. - Natürlich kann $E[Y]$ auch mit der Verteilung von Y berechnet werden.- φ kann selbst als Zufallsvariable aufgefaßt werden (vgl. 2.2.2). Es gilt $E[\varphi] = E[\varphi(X)]$.

2) Wenn $\sum\limits_j$ bzw. $\int\limits_{-\infty}^{+\infty}$ konvergiert.

3) Für $\operatorname{var}[X]$ wird auch $V[X]$ oder $D^2[X]$ geschrieben.

4) Wenn $\sum\limits_j$ bzw. $\int\limits_{-\infty}^{+\infty}$ auch absolut konvergiert.

Def.: $E[(X-\mu)^r]$ heißt r-tes zentrales Moment ($r \in \mathbb{N}$) von X; also

$$E[(X-\mu)^r] = \begin{cases} \sum_j (x_j-\mu)^r p_j & \text{für X diskret} \\ \int_{-\infty}^{+\infty} (x-\mu)^r f(x)dx & \text{für X stetig } (\mu = E[X]) \end{cases}$$ [1].

Def.: $E[(X-x_o)^r]$ heißt r-tes Moment bezüglich x_o ($r \in \mathbb{N}$; $x_o \in \mathbb{R}$) von X; also

$$E[(X-x_o)^r] = \begin{cases} \sum_j (x_j-x_o)^r p_j & \text{für X diskret} \\ \int_{-\infty}^{+\infty} (x-x_o)^r f(x)dx & \text{für X stetig} \end{cases}$$ [1].

Wenn $E[X^r]$ existiert, so existiert auch $E[X^s]$ für alle $s < r$ sowie das r-te zentrale und das r-te Moment bzgl. x_o.

Einige Aussagen über Erwartungswerte, Varianzen und Momente:

Es gilt [2] (a,b Konstanten; $\mu = E[X]$; $\sigma^2 = \text{var}[X]$)

(1) $E[a\,\varphi(X)] = a\,E[\varphi(X)]$; speziell $E[aX] = a\,E[X]$;

(2) $E[\varphi(X) + \psi(X)] = E[\varphi(X)] + E[\psi(X)]$ [3];

aus (1) und (2) folgt speziell

(3) $E[a + bX] = a + b\,E[X]$ sowie $E[-X] = -E[X]$ und

1) Wenn $\sum_j$ bzw. $\int_{-\infty}^{+\infty}$ auch absolut konvergiert.

2) Falls die betreffenden Erwartungswerte auf der rechten Seite existieren ($\varphi: \mathbb{R} \to \mathbb{R}$; $\psi: \mathbb{R} \to \mathbb{R}$).

3) Siehe auch $E[X_1 + X_2]$ (2.3.7).

(3') $E[X-\mu] = 0$; $E[a] = a$;

(4) $\sigma^2 = \mathrm{var}[X] = E[X^2] - (E[X])^2 = E[X^2] - \mu^2$ (Steinerscher Satz);

(5) $\mathrm{var}[X] = E[(X-\mu)^2] < E[(X-x_o)^2]$ für alle $x_o \neq \mu$;

(6) $\mathrm{var}[a + bX] = b^2\mathrm{var}[X]$.

Sei $Y := \frac{X-\mu}{\sigma}$ ($\mu = E[X]$ und $\sigma^2 = \mathrm{var}[X] > 0$); dann folgt aus (3) und (6) speziell

(6') $E[Y] = 0$; $\mathrm{var}[Y] = 1$.

Y heißt die zu X <u>standardisierte Zufallsvariable</u>.

(7) Ist die Verteilung einer Zufallsvariablen X symmetrisch bzgl. x_o (d.h. es ist $P(X \geq x_o + t) = P(X \leq x_o - t)$ für alle $t \in \mathbb{R}$; vgl. 2.2.1) und existiert $E[X]$, so gilt $E[X] = x_o$.

(8) Ist die Verteilung von X symmetrisch bzgl. $x_o = \mu = E[X]$ und existiert das 3. zentrale Moment $E[(X-\mu)^3]$, so ist $E[(X-\mu)^3] = 0$.

Ebenso gilt $E[(X-\mu)^r] = 0$ für alle ungeraden r.

Es gilt (mit $\mu = E[X]$; $\sigma^2 = \mathrm{var}[X]$)

(9) $E[(X-\mu)^3] = E[X^3] - 3\mu\, E[X^2] + 2\mu^3$;

(10) $E[(X-\mu)^4] = E[X^4] - 4\mu\, E[X^3] + 6\mu^2\, E[X^2] - 3\mu^4$;

allgemein gilt

(11) $E[(X-\mu)^r] = \sum_{j=0}^{r} (-1)^{r-j}\binom{r}{j}\, E[X^j]\, \mu^{r-j}$.

Weiter ist

(12) $\sigma^2 = E[(X-\mu)^2] = E[(X-x_o)^2] - (E[X-x_o])^2$ (Verallgemeinerung von (4))

$= E[(X-x_o)^2] - (\mu - x_o)^2$ Verschiebungssat

(13) $E[(X-\mu)^3] = E[(X-x_o)^3] - 3E[X-x_o]E[(X-x_o)^2] + 2(E[X-x_o])^3$

(Verallgemeinerung von (9))

$= E[(X-x_o)^3] - 3(E[X]-x_o)E[(X-x_o)^2] + 2(E[X]-x_o$

allgemein

(14) $E[(X-\mu)^r] = \sum_{j=0}^{r} (-1)^{r-j}\binom{r}{j}E[(X-x_o)^j](E[X-x_o])^{r-j} =$

$= \sum_{j=0}^{r} (-1)^{r-j}\binom{r}{j}E[(X-x_o)^j](E[X]-x_o)^{r-j}.$

(15) Ist X eine Zufallsvariable und $Y := a + bX$, so gilt für die r-ten zentralen Momente

$E[(Y-\mu_Y)^r] = b^r E[(X-\mu_X)^r]$ (wobei $\mu_X = E[X]$ und $\mu_Y = E[Y]$).

Für b = 1 sind also die zentralen Momente gleich.

<u>Def.</u>: $E[|X|^r]$ heißt <u>r-tes absolutes Moment</u> $(r \in \mathbb{R}^+)$ von X;

also

$$E[|X|^r] = \begin{cases} \sum_j |x_j|^r p_j & \text{für X diskret} \\ \int_{-\infty}^{+\infty} |x|^r f(x)dx & \text{für X stetig}^{1)}; \end{cases}$$

$E[|X-x_o|^r]$ heißt <u>r-tes absolutes Moment bzgl. x_o</u> von X $(x_o \in \mathbb{R}^+)$; also

$$E[|X-x_o|^r] = \begin{cases} \sum_j |x_j-x_o|^r p_j & \text{für X diskret} \\ \int_{-\infty}^{+\infty} |x-x_o|^r f(x)dx & \text{für X stetig}^{1)}. \end{cases}$$

Wenn $E[|X|^r]$ $(r \in \mathbb{N})$ existiert, so existiert auch $E[X^r]$.

---

1) Falls $\sum_j$ bzw. $\int_{-\infty}^{+\infty}$ konvergent.

Existiert $E[X^r]$, dann existiert wegen der vorausgesetzten absoluten Konvergenz umgekehrt auch $E[|X|^r]$.

Entsprechendes gilt für $E[|X-x_0|^r]$.

Existiert das r-te absolute Moment $E[|X|^r]$, dann gilt für $s = 1,2,\ldots,r-1$

$$\sqrt[s]{E[|X|^s]} \leq \sqrt[s+1]{E[|X|^{s+1}]}.$$

Weiter hat man den folgenden

<u>Satz</u>: Existieren für eine Zufallsvariable X alle Momente $E[X^r]$ $(r = 1,2,\ldots)$ und konvergiert die Reihe $\sum_{r=1}^{\infty} E[X^r]\frac{s^r}{r!}$ mit einem beliebigen $s \in \mathbb{R}^+$ absolut, dann ist durch die Folge der Momente $E[X^r]$ die Verteilungsfunktion F von X und damit auch die Verteilung von X eindeutig bestimmt.

Diese Aussage gilt insbesondere, wenn $|E[X^r]| < C^r$ mit einer Konstanten C.

<u>Def.</u>: $E[X(X-1)\ldots(X-r+1)]$ heißt <u>r-tes faktorielles Moment</u> $(r \in \mathbb{N})$ von X; also

$$E[X(X-1)\ldots(X-r+1)] = \begin{cases} \sum_j x_j(x_j-1)\ldots(x_j-r+1)p_j & \text{für X diskret} \\ \int_{-\infty}^{+\infty} x(x-1)\ldots(x-r+1)f(x)\,dx & \text{für X stetig [1)]}. \end{cases}$$

Es gilt

$$E[X(X-1)] = E[X^2] - E[X];$$

$$E[X^2] = E[X(X-1)] + E[X];$$

$$E[X(X-1)(X-2)] = E[X^3] - 3E[X^2] + 2E[X];$$

$$E[X^3] = E[X(X-1)(X-2)] + 3E[X(X-1)] + E[X];$$

$$E[X(X-1)(X-2)(X-3)] = E[X^4] - 6E[X^3] + 11E[X^2] - 6E[X];$$

---

1) Falls $\sum_j$ bzw. $\int_{-\infty}^{+\infty}$ auch absolut konvergent.

$$E[X^4] = E[X(X-1)(X-2)(X-3)]+6E[X(X-1)(X-2)]+7E[X(X-1)]+E[X].$$

Mit Hilfe des Stieltjes-Integrals läßt sich darstellen (F Verteilungsfunktion von X)

$$E[X] = \int_{-\infty}^{+\infty} x \, dF(x);$$

$$E[\varphi(X)] = \int_{-\infty}^{+\infty} \varphi(x) \, dF(x);$$

$$var[X] = \int_{-\infty}^{+\infty} (x-\mu)^2 \, dF(x);$$

$$E[X^r] = \int_{-\infty}^{+\infty} x^r \, dF(x);$$

$$E[(X-x_0)^r] = \int_{-\infty}^{+\infty} (x-x_0)^r \, dF(x);$$

$$E[|X|^r] = \int_{-\infty}^{+\infty} |x|^r \, dF(x);$$

$$E[|X-x_0|^r] = \int_{-\infty}^{+\infty} |x-x_0|^r \, dF(x);$$

$$E[X(X-1)\ldots(X-r+1)] = \int_{-\infty}^{+\infty} x(x-1)\ldots(x-r+1) \, dF(x).$$

Weitere Kennzahlen der Verteilung einer Zufallsvariablen X ($\mu = E[X]$; $\sigma^2 = var[X]$):

Def.: Variationskoeffizient: $= \frac{\sigma}{\mu}$ $(\mu \neq 0)$;

Schiefe (nach Charlier): $= \frac{1}{\sigma^3} E[(X-\mu)^3]$

Wölbung (= Kurtosis): $= \frac{1}{\sigma^4} E[(X-\mu)^4]$

Steilheit (= Exzeß): $= \frac{1}{\sigma^4} E[(X-\mu)^4] - 3$

} Gestaltsparameter $(\sigma^2 > 0)$.

Eine Verteilung mit Schiefe > 0 heißt linkssteil (= rechtsschief), ist die Schiefe < 0, so heißt die Verteilung rechts steil (= linksschief).

Für eine symmetrische Verteilung ist die Schiefe 0.

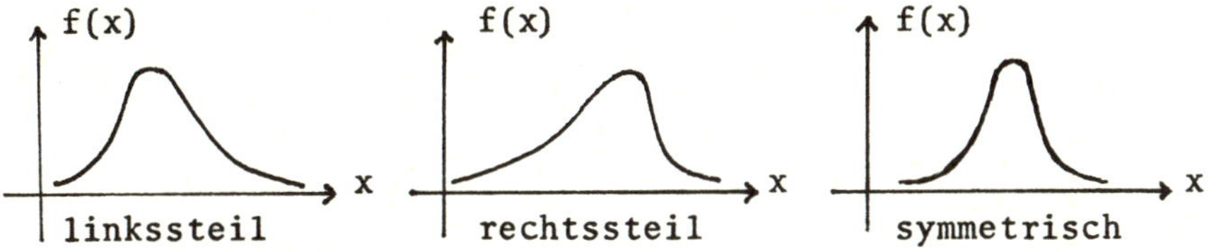

Bei positiver Steilheit nennt man die Wahrscheinlichkeitsverteilung auch leptokurtisch (steilgipfelig), bei negativer Steilheit platykurtisch (flachgipfelig) und, wenn die Steilheit 0 ist, mesokurtisch.

X und Y: = a + bX haben

a) für b > 0 gleiche Schiefe,
für b < 0 bis auf das Vorzeichen gleiche Schiefe;

b) gleiche Wölbung.

<u>Def.</u>: Sei F die Verteilungsfunktion von X und $\alpha \in \mathbb{R}$ mit $0 < \alpha < 1$. Dann heißt die Zahl z_α mit

$$F(x) \begin{cases} < \alpha & \text{für } x < z_\alpha \\ \geq \alpha & \text{für } x = z_\alpha \end{cases}$$

<u>α-Quantil</u> oder $100 \cdot \alpha$ %-Punkt von X oder von F.

Ist X stetig, so bedeutet dies $F(z_\alpha) = \alpha$.

$z_{0,5}$ heißt <u>Median</u> oder <u>Zentralwert</u>.

Falls die Verteilung von X symmetrisch ist und der Erwartungswert E[X] existiert, ist E[X] der Median von X.

<u>Def.</u>: <u>Modalwert</u> (= Modus)

<u>A</u>. Sei X diskrete Zufallsvariable mit den Realisationen $x_1, x_2, \ldots, x_j, \ldots$ und $P(X=x_j) = p_j$. Alle x_k, für welche für die nächst kleinere Realisation x_k- und die nächst größere Realisation x_k+ gilt $P(X=x_k-) < P(X=x_k) > P(X=x_k+)$, heißen Modalwert von X.

B. Sei X stetige Zufallsvariable mit der Dichte f. Dann heißen alle x, für die f stetig ist und ein lokales Maximum hat, Modalwert von X.[1]

Entsprechend der Anzahl ihrer Modalwerte heißt die Verteilung einer Zufallsvariablen uni-, bi- oder multimodal.

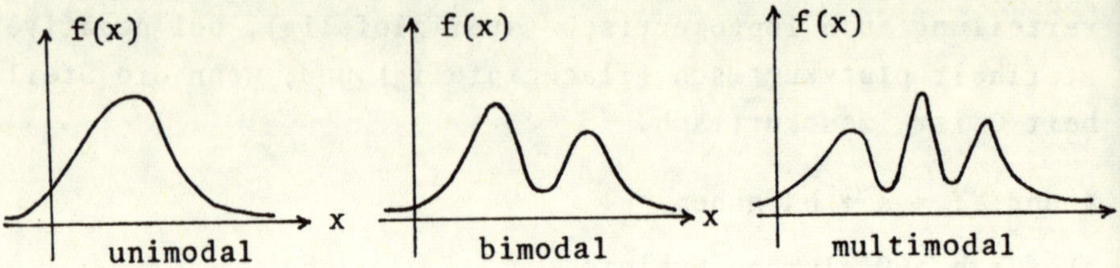

Def.: A. Sei X diskrete Zufallsvariable mit $P(X = x_j) = p_j$ $(j=1,2,\ldots)$; dann heißt

$$I := -\sum_{j=1,2,\ldots} p_j \operatorname{ld} p_j$$

Information[2] von X (dabei bedeutet ld den Logarithmus zur Basis 2).

Wegen $\ln x = (\operatorname{ld} x)(\ln 2)$ folgt

$$I = \frac{-1}{\ln 2} \sum_{j=1,2,\ldots} p_j \ln p_j .$$

B. Sei X stetige Zufallsvariable mit der Dichte f. Dann heißt

$$I := -\int_{-\infty}^{+\infty} f(x) \operatorname{ld} f(x)\, dx$$

die Information von X; hierbei ist das Produkt $f(x)\operatorname{ld}f(x) = 0$ zu setzen für alle x mit $f(x) = 0$.

Def.: Sei X diskrete Zufallsvariable mit $P(X = x_j) = p_j$ $(j=1,\ldots,n)$ und X_o diskrete Zufallsvariable mit $P(X_o = x_j) =$ $(j=1,\ldots,n)$; es sei I die Information von X und I_o die In-

1) Entsprechend bei einseitiger Stetigkeit von f.
2) Die Information wird manchmal auch Entropie genannt.

formation von X_o; dann heißt

$R = 1 - \frac{I}{I_o}$ die <u>Redundanz</u> von X.

Damit $R = 1 - \frac{I}{\mathrm{ld}\, n}$.

2.2.4. Momenterzeugende, charakteristische und wahrscheinlichkeitserzeugende Funktion einer Zufallsvariablen X bzw. der Verteilung von X

<u>Def.</u>: Die Funktion G mit $G(t) = E[e^{tX}]$ heißt <u>momenterzeugende Funktion</u> und die Funktion H mit $H(t) = E[e^{itX}]$ <u>charakteristische Funktion</u> von X ($i^2 = -1$; $t \in \mathbb{R}$).

Es ist also

$$G(t) = E[e^{tX}] = \begin{cases} \sum\limits_{j=1,2,\ldots} p_j e^{tx_j} & \text{für X diskret } (x_1,\ldots,x_j,\ldots \text{ sind die Realisationen von X; } P(X = x_j) = p_j) \\ \int\limits_{-\infty}^{+\infty} e^{tx} f(x)\,dx & \text{für X stetig (f Dichte von X)}^{1)2)}; \end{cases}$$

$$H(t) = E[e^{itx}] = \begin{cases} \sum\limits_{j=1,2,\ldots} p_j e^{itx_j} & \text{für X diskret} \\ \int\limits_{-\infty}^{+\infty} e^{itx} f(x)\,dx & \text{für X stetig}^{2)}. \end{cases}$$

Es ist $G(0) = H(0) = 1$ und $|H(t)| \leq 1$ für alle $t \in \mathbb{R}$. Außerdem ist $H(-t) = \overline{H(t)}$ ($\overline{H(t)}$ konjugiert komplexe Zahl von H(t)).

Die Verteilung einer Zufallsvariablen X ist durch ihre charakteristische Funktion eindeutig bestimmt. Ist X stetig, so gilt für die Dichte f von X

---

1) Wenn $\sum\limits_j$ bzw. $\int\limits_{-\infty}^{+\infty}$ konvergent.

2) Mit dem Stieltjes-Integral kann man schreiben $G(t) = \int\limits_{-\infty}^{+\infty} e^{tx} dF(x)$ und $H(t) = \int\limits_{-\infty}^{+\infty} e^{itx} dF(x)$.
Vgl. auch 5.4.5 Laplace-Transformation.

$$f(x) = \frac{1}{2\pi} \int_{-\infty}^{+\infty} e^{-itx} H(t)dt.$$

Weiter gilt der

Satz: $E[X^r] = G^{(r)}(0) = \left.\frac{d^r G(t)}{dt^r}\right|_{t=0}$ und $E[X^r] = \frac{H^{(r)}(0)}{i^r}$ [1];

speziell ist $\mu = E[X] = G'(0)$ und $E[X] = i^{-1} H'(0) = -i H'(0)$

Ferner der

Satz: Seien X und Y Zufallsvariablen mit $Y = a + bX$ und G_Y bzw. G_X die zugehörigen momenterzeugenden Funktionen. Dann gilt $G_Y(t) = e^{ta} G_X(bt)$. Entsprechend ist $H_Y(t) = e^{ita} H_X(bt)$.

Speziell mit $b = 1$, $a = -\mu = -E[X]$ wird $G_Y(t) = e^{-t\mu} G_X(t)$.

Diese Gleichung kann zur Berechnung zentraler Momente benutzt werden, denn

$$E[Y^r] = E[(X-\mu)^r] = \left.\frac{d^r G_Y(t)}{dt^r}\right|_{t=0} = G_Y^{(r)}(0).$$

Weiter gilt der

Satz: Seien X_1 und X_2 unabhängige Zufallsvariablen und $Y := X_1 + X_2$ sowie G_{X_1}, G_{X_2} und G_Y die zugehörigen momenterzeugenden Funktionen.

Dann gilt $G_Y(t) = G_{X_1}(t)\, G_{X_2}(t)$.

Entsprechendes gilt für eine Summe von mehr als zwei Zufallsvariablen sowie für die charakteristischen Funktionen (vgl. auch 2.5.2).

Def.: Sei X diskrete Zufallsvariable mit den Realisationen $0,1,2,\ldots,j,\ldots$ und $P(X=j) = p_j$ $(j=0,1,2,\ldots)$.
Dann heißt die Funktion w mit $w(s) = E[s^X]$, also

1) Falls das r-te Moment existiert.

$w(s) := \sum_{j=0,1,2,...} p_j s^j$ $(s \in \mathbb{R}$ oder $\in \mathbb{C})$

wahrscheinlichkeitserzeugende Funktion von X.

Die Reihe ist absolut konvergent für $|s| \leq 1$, und es ist $w(1) = 1$. Es gilt mit den Ableitungen [1] der Funktion w

$E[X] = w'(1)$;
$E[X^2] = w''(1) + w'(1)$ und damit $var[X] = w''(1) + w'(1) - (w'(1))^2$;
$E[X(X-1) \ldots (X-r+1)] = w^{(r)}(1)$ (r-tes faktorielles Moment).

Weiter gilt der

Satz: Seien X_1 und X_2 unabhängige Zufallsvariablen und $Y := X_1 + X_2$ sowie w_{X_1}, w_{X_2} und w_Y die zugehörigen wahrscheinlichkeitserzeugenden Funktionen.
Dann gilt $w_Y(s) = w_{X_1}(s)\, w_{X_2}(s)$.
Entsprechendes gilt für eine Summe von mehr als zwei Zufallsvariablen.

Tabelle der momenterzeugenden Funktionen G und der charakteristischen Funktionen H für einige Verteilungen [2]:

Einpunktverteilung $P(X = x_1) = 1$;

$G(t) = e^{tx_1}$; $H(t) = e^{itx_1}$.

Zweipunktverteilung $P(X = x_1) = p$; $P(X = x_2) = 1-p$;

$G(t) = pe^{tx_1} + (1-p)e^{tx_2}$; $H(t) = pe^{itx_1} + (1-p)e^{itx_2}$.

Diskrete gleichmäßige Verteilung auf $\{x_1,\ldots,x_n\}$; $P(X=x_j) = \frac{1}{n}$;

$G(t) = \frac{1}{n} \sum_{j=1}^{n} e^{tx_j}$; $H(t) = \frac{1}{n} \sum_{j=1}^{n} e^{itx_j}$.

Im Spezialfall $x_1 = a$, $x_2 = a + d, \ldots, x_n = a + (n-1)d$ hat man für $t \neq 0$

$G(t) = \frac{1}{n} e^{at} \frac{\exp(ndt) - 1}{\exp(dt) - 1}$; $H(t) = \frac{1}{n} e^{iat} \frac{\exp(indt) - 1}{\exp(idt) - 1}$.

1) Eigentlich ist $\lim_{s \to 1^-} w'(s)$, $\lim_{s \to 1^-} w''(s)$ usw. zu betrachten.

2) Siehe auch 2.4.

Binomialverteilung Bi(n;p) (q=1-p);

$$G(t) = (pe^t + q)^n = (1-p(1-e^t))^n;$$

$$H(t) = (pe^{it} + q)^n = (1-p(1-e^{it}))^n.$$

Negative Binomialverteilung mit den Parametern p und α;

$$G(t) = \left(\frac{1-p}{1-pe^t}\right)^\alpha; \; H(t) = \left(\frac{1-p}{1-pe^{it}}\right)^\alpha.$$

Geometrische Verteilung mit dem Parameter p;

$$G(t) = \frac{1-p}{1-pe^t} \quad (t < -\ln p); \; H(t) = \frac{1-p}{1-pe^{it}}.$$

Poisson-Verteilung Po(λ);

$$G(t) = e^{-\lambda}\exp(\lambda e^t) = \exp(\lambda(e^t-1));$$

$$H(t) = e^{-\lambda}\exp(\lambda e^{it}) = \exp(\lambda(e^{it}-1)).$$

Rechtecksverteilung über]a,b];

$$G(t) = \begin{cases} \dfrac{e^{bt} - e^{at}}{(b-a)t} & \text{für } t \neq 0 \\ 1 & \text{für } t = 0; \end{cases} \qquad H(t) = \begin{cases} \dfrac{e^{ibt} - e^{iat}}{(b-a)it} & \text{für } t \neq 0 \\ 1 & \text{für } t = 0; \end{cases}$$

für a = -b kann man für $t \neq 0$ schreiben

$$G(t) = \frac{1}{bt}\sinh(bt); \; H(t) = \frac{1}{bt}\sin bt.$$

Normalverteilung $N(\mu;\sigma^2)$;

$$G(t) = \exp(\mu t + \tfrac{1}{2}\sigma^2 t^2); \; H(t) = \exp(i\mu t - \tfrac{1}{2}\sigma^2 t^2).$$

Lognormalverteilung mit den Parametern α und β;

$$G(t) = \exp(\alpha t + \frac{\beta^2}{2} t^2); \; H(t) = \exp(i\alpha t - \frac{\beta^2}{2} t^2).$$

Dreiecksverteilung mit den Parametern a und b;

$$G(t) = \begin{cases} \dfrac{4}{(b-a)^2 t^2} \left(e^{t\frac{b}{2}} - e^{t\frac{a}{2}}\right)^2 & \text{für } t \neq 0 \\ 1 & \text{für } t = 0; \end{cases}$$

G ist stetig für t = 0;

$$H(t) = \begin{cases} -\dfrac{4}{(b-a)^2 t^2} \left(e^{it\frac{b}{2}} - e^{it\frac{a}{2}}\right)^2 & \text{für } t \neq 0 \\ 1 & \text{für } t = 0. \end{cases}$$

Laplace-Verteilung mit den Parametern a und μ;

$$G(t) = \frac{a^2 e^{\mu t}}{a^2 - t^2} \quad (|t| < a);$$

$$H(t) = \frac{a^2 e^{i\mu t}}{a^2 + t^2}.$$

Exponentialverteilung mit den Parametern a und b;

$$G(t) = \frac{a}{a-t} \exp(\tfrac{b}{a}t) \quad (t \neq a);$$

$$H(t) = \frac{a}{a-it} \exp(i\tfrac{b}{a}t);$$

für $b = 0 \implies G(t) = \frac{a}{a-t}$; $H(t) = \frac{a}{a-it}$.

Doppelte Exponentialverteilung mit den Parametern a und b;

$$G(t) = \Gamma(1-bt)\, e^{at};$$

$$H(t) = \Gamma(1-ibt)\, e^{iat}.$$

Erlang-Verteilung mit den Parametern a und k;

$$G(t) = (1 - \tfrac{t}{a})^{-k} \quad (t < a)$$

$$H(t) = (1 - \tfrac{it}{a})^{-k}.$$

χ^2-Verteilung mit n Freiheitsgraden;

$$G(t) = (1-2t)^{-\frac{n}{2}} \quad (t < \tfrac{1}{2});$$

$$H(t) = (1-2it)^{-\frac{n}{2}}.$$

Z-Verteilung mit (m,n) Freiheitsgraden;

$$G(t) = (\tfrac{n}{m})^{\frac{t}{2}} \frac{\Gamma(\frac{n-t}{2})\ \Gamma(\frac{m+t}{2})}{\Gamma(\frac{m}{2})\ \Gamma(\frac{n}{2})};$$

$$H(t) = (\tfrac{n}{m})^{\frac{it}{2}} \frac{\Gamma(\frac{n-it}{2})\ \Gamma(\frac{m+it}{2})}{\Gamma(\frac{m}{2})\ \Gamma(\frac{n}{2})}.$$

Cauchy-Verteilung mit den Parametern a und m;

$G(t) = \exp(mt-a|t|)$; $H(t) = \exp(imt-a|t|)$.

Gammaverteilung mit den Parametern a und p;

$G(t) = (1 - \frac{t}{a})^{-p}$ $(t < a)$; $H(t) = (1 - \frac{it}{a})^{-p}$.

2.2.5. Die Tschebyschevsche Ungleichung und weitere Ungleichungen

Sei X eine Zufallsvariable mit $E[X] = \mu$ und $var[X] = \sigma^2 > 0$

Dann gilt die Tschebyschevsche Ungleichung

(1) $P(|X-\mu| \geq a) \leq \frac{\sigma^2}{a^2}$ für alle $a \in \mathbb{R}^+$.

Bemerkungen: 1) Mit (1) sind äquivalent

$$P(X \geq \mu + a) + P(X \leq \mu - a) \leq \frac{\sigma^2}{a^2} \text{ und}$$

$$P(|X-\mu| < a) = P(\mu - a < X < \mu + a) \geq 1 - \frac{\sigma^2}{a^2};$$

ferner $P((X-\mu)^2 \geq a^2) \leq \frac{\sigma^2}{a^2}$ und $P((X-\mu)^2 < a^2) \geq 1 - \frac{\sigma^2}{a^2}$.

2) Analog zu (1) gilt

$P(|X-\mu| > a) < \frac{\sigma^2}{a^2}$ für alle $a \in \mathbb{R}^+$;

$(\Longleftrightarrow P(|X-\mu| \leq a) > 1 - \frac{\sigma^2}{a^2})$.

(3) Mit $a = k\sigma$ erhält man aus (1)

$P(|X-\mu| \geq k\sigma) \leq \frac{1}{k^2}$ für alle $k \in \mathbb{R}^+$ $(\Longleftrightarrow P(|X-\mu| < k\sigma) \geq 1 - \frac{1}{k^2})$.

Ebenso gilt natürlich

$P(|X-\mu| > k\sigma) < \frac{1}{k^2}$ $(\Longleftrightarrow P(|X-\mu| \leq k\sigma) > 1 - \frac{1}{k^2})$.

Damit wird

$P(\mu - 2\sigma \leq X \leq \mu + 2\sigma) > \frac{3}{4} = 75\%$;

$P(\mu - 3\sigma \leq X \leq \mu + 3\sigma) > \frac{8}{9} \approx 88{,}9\%$;

$P(\mu - 4\sigma \leq X \leq \mu + 4\sigma) > \frac{15}{16} \approx 93{,}8\%$;

Allgemeiner als (1) gilt

$P(|X-x_0| \geq a) \leq \frac{1}{a^2} E[(X-x_0)^2]$ für alle $a \in \mathbb{R}^+$ und alle $x_0 \in \mathbb{R}$.

Die Markovsche Ungleichung:

Sei X eine Zufallsvariable mit nur positiven Realisationen

(d.h. $P(X \in \mathbb{R}^+) = 1$) und $E[X] = \mu$ existiere. Dann gilt

$$P(X > a\mu) \leq \frac{1}{a} \quad \text{für alle } a \in \mathbb{R}^+.$$

Die <u>Jensensche Ungleichung</u>:

Sei $I \subseteq \mathbb{R}$ ein Intervall und X eine Zufallsvariable mit $P(X \in I) = 1$; es existiere $E[X]$ und die Funktion $\varphi: I \to \mathbb{R}$ sei konvex über I. Dann ist $E[\varphi(X)] \geq \varphi(E[X])$ (falls auch $E[\varphi(X)]$ existiert).

Ist entsprechend φ konkav über I, so ist $E[\varphi(X)] \leq \varphi(E[X])$.

Spezialfälle: Für $I = \mathbb{R}^+$ und $\varphi: \mathbb{R}^+ \to \mathbb{R}$ mit $\varphi(x) = \ln x$ erhält man $E[\ln X] \leq \ln E[X]$;

für $I = \mathbb{R}^+$ und $\varphi: \mathbb{R}^+ \to \mathbb{R}$ mit $\varphi(x) = \frac{1}{x}$ erhält man $E[X^{-1}] \geq (E[X])^{-1}$;

allgemeiner: für $I = \mathbb{R}^+$ und $\varphi: \mathbb{R}^+ \to \mathbb{R}$ mit $\varphi(x) = x^\alpha$ $(\alpha \in \mathbb{R})$ erhält man:

$E[X^\alpha] \leq (E[X])^\alpha$ für $0 \leq \alpha < 1$;

$E[X^\alpha] \geq (E[X])^\alpha$ für $\alpha \in \mathbb{R} \setminus [0,1[$.

Die <u>Kolmogorov'sche Ungleichung</u>:

Seien $X_1,\dots,X_n$ unabhängige Zufallsvariablen; $E[X_j] = \mu_j$; $\operatorname{var}[X_j] = \sigma_j^2$ $(j=1,\dots,n)$. Dann ist

$$P\left(\left|\sum_{j=1}^{k}(X_j - \mu_j)\right| \geq a\right) \leq \frac{1}{a^2}\sum_{j=1}^{n}\sigma_j^2 \quad \text{für alle } k=1,\dots,n; \quad \text{bzw.}$$

$$P\left(\max_{1 \leq k \leq n}\left|\sum_{j=1}^{k}(X_j - \mu_j)\right| \geq a\right) \leq \frac{1}{a^2}\sum_{j=1}^{n}\sigma_j^2.$$

2.2.6. Folgen von Zufallsvariablen und Konvergenzarten

Das Lemma von Borel-Cantelli: Sei $A_1, A_2, \ldots, A_n, \ldots$ eine Folge von Ereignissen, wofür wir kurz schreiben $(A_n)_{n=1}^{\infty}$; sei $0 < P(A_n) < 1$ für $n = 1,2,\ldots$ Dann gilt:

a) Ist $\sum_{n=1}^{\infty} P(A_n) < \infty$, so treten mit Wahrscheinlichkeit 1 höchstens endlich viele dieser Ereignisse A_n zusammen ein, d.h. $P(\bigcap_{j=1}^{\infty} \bigcup_{n=j}^{\infty} A_n) = 0$.

b) Sind die Ereignisse $A_1, \ldots, A_n, \ldots$ unabhängig und gilt $\sum_{n=1}^{\infty} P(A_n) = \infty$, so treten mit Wahrscheinlichkeit 1 unendlich viele dieser Ereignisse A_n zusammen ein, d.h. $P(\bigcap_{j=1}^{\infty} \bigcup_{n=j}^{\infty} A_n) = 1$.

Sei $X_1, X_2, \ldots, X_n, \ldots$ eine Folge von Zufallsvariablen, wofür wir kurz schreiben $(X_n)_{n=1}^{\infty}$, sowie Y eine Zufallsvariable [1].

(1) Def.: Die Folge $(X_n)_{n=1}^{\infty}$ heißt fast sicher konvergent oder konvergent mit Wahrscheinlichkeit 1 gegen die Zufallsvariable Y, wenn gilt

$$P(\{\omega \in \Omega \mid \lim_{n\to\infty} X_n(\omega) = Y(\omega)\}) = P(\lim_{n\to\infty} X_n = Y) = 1.$$

Schreibweise: $X_n \underset{f.s.}{\to} Y$.

(2) Def.: Die Folge $(X_n)_{n=1}^{\infty}$ heißt konvergent in Wahrscheinlichkeit oder stochastisch konvergent gegen die Zufallsvariable Y, wenn für jedes $\varepsilon > 0$ gilt

$$\lim_{n\to\infty} P(\{\omega \in \Omega \mid |X_n(\omega) - Y(\omega)| > \varepsilon\}) = \lim_{n\to\infty} P(|X_n - Y| > \varepsilon) = 0$$

$$(\iff \lim_{n\to\infty} P(|X_n - Y| \leq \varepsilon) = 1).$$

1) Über dem gemeinsamen Wahrscheinlichkeitsraum $[\Omega, \mathfrak{A}, P]$.
Y darf auch eine einpunktverteilte Zufallsvariable, also eine reelle Zahl sein.

Schreibweise: $\text{P-}\lim_{n\to\infty} X_n = Y$ oder $X_n \overset{P}{\to} Y$ für $n \to \infty$.

Y heißt der stochastische Limes der Folge $(X_n)_{n=1}^{\infty}$.

Andere Formulierung: $\text{P-}\lim_{n\to\infty} X_n = Y$, wenn es zu jedem $\varepsilon > 0$ und jedem $\delta > 0$ ein N gibt, so daß $P(|X_n - Y| > \varepsilon) < \delta$ für alle $n \geq N$.

(3) <u>Def.</u>: Die Folge $(X_n)_{n=1}^{\infty}$ heißt im <u>quadratischen Mittel konvergent</u> gegen die Zufallsvariable Y, wenn gilt
$\lim_{n\to\infty} E[(X_n - Y)^2] = 0$;

(3a) die Folge heißt im <u>r-ten Mittel</u> ($1 \leq r \in \mathbb{R}$) <u>konvergent</u> gegen Y, wenn gilt [1] $\lim_{n\to\infty} E[|X_n - Y|^r] = 0$.

Es gilt: (1) $\Longrightarrow$ (2); ferner (3) $\Longrightarrow$ (2).

<u>Def.</u>: Sei $(X_n)_{n=1}^{\infty}$ eine Folge von Zufallsvariablen mit $E[X_n] = \mu_n$ $(n=1,2,\ldots)$.

Existiert $\lim_{n\to\infty} \mu_n =: \mu$, dann heißt μ <u>asymptotische Erwartung</u> der Folge $(X_n)_{n=1}^{\infty}$.

Man schreibt $\mu = E[(X_n)_{n=1}^{\infty}]$.

(4) <u>Def.</u>: Die Folge $(X_n)_{n=1}$ heißt <u>konvergent in Verteilung</u> gegen die Zufallsvariable Y, wenn für die zugehörigen Verteilungsfunktionen F_n und F gilt

$\lim_{n\to\infty} F_n(x) = F(x)$ für alle $x \in \mathbb{R}$, in denen F stetig ist.

1) Die Folge der betreffenden Erwartungswerte soll existiere

F heißt Grenzverteilungsfunktion.

Falls für eine Folge von Verteilungsfunktionen F_n (n=1,2,...) und eine Verteilungsfunktion F gilt $\lim_{n\to\infty} F_n(x) = F(x)$ für alle $x \in \mathbb{R}$, in denen F stetig ist, so heißt die Folge (F_n) schwach konvergent gegen F.

Die Folge der Wahrscheinlichkeitsverteilungen mit der Folge der Verteilungsfunktionen F_n heißt dann schwach konvergent gegen die Wahrscheinlichkeitsverteilung mit der Verteilungsfunktion F.

Es gilt: (2) $\Longrightarrow$ (4).

Für Zufallsvektoren $\underline{X}$ (2.3.1) hat man ähnliche Definitionen.

Für die stochastische Konvergenz seien folgende Aussagen formuliert:

Sei $\text{P-}\lim_{n\to\infty} X_n = Y$, dann ist $\text{P-}\lim_{n\to\infty} (a + bX_n) = a + bY$;

allgemeiner: Sei $\text{P-}\lim_{n\to\infty} X_n = Y$ und $\varphi: \mathbb{R} \to \mathbb{R}$ eine stetige Funktion, dann ist $\text{P-}\lim_{n\to\infty} \varphi(X_n) = \varphi(Y)$.

Sei $\text{P-}\lim_{n\to\infty} X_n^{(1)} = Y_1$ und $\text{P-}\lim_{n\to\infty} X_n^{(2)} = Y_2$, dann ist $\text{P-}\lim_{n\to\infty} (X_n^{(1)} + X_n^{(2)}) = Y_1 + Y_2$;

allgemeiner: Sei $\text{P-}\lim_{n\to\infty} X_n^{(1)} = Y_1$ und $\text{P-}\lim_{n\to\infty} X_n^{(2)} = Y_2$ sowie $\varphi: \mathbb{R}^2 \to \mathbb{R}$ eine stetige Funktion, dann ist $\text{P-}\lim_{n\to\infty} \varphi(X_n^{(1)}, X_n^{(2)}) = \varphi(Y_1, Y_2)$ (Satz von Slutsky).

Seien $(X_n)_{n=1}^{\infty}$ und $(Y_n)_{n=1}^{\infty}$ Folgen von Zufallsvariablen [1].

(1') Def.: Die Folge $(X_n)_{n=1}^{\infty}$ heißt fast sicher konvergent

1) Über dem gemeinsamen Wahrscheinlichkeitsraum $[\Omega, \mathfrak{A}, P]$.

oder <u>konvergent mit Wahrscheinlichkeit 1</u> gegen die Folge $(Y_n)_{n=1}^{\infty}$, wenn gilt

$$P(\{\omega \in \Omega | \lim_{n\to\infty} (X_n(\omega) - Y_n(\omega)) = 0\}) = P(\lim_{n\to\infty} (X_n - Y_n) = 0) = 1$$

$(\Longleftrightarrow X_n - Y_n \underset{f.s.}{\to} 0)$.

(2') Die Folge $(X_n)_{n=1}^{\infty}$ heißt <u>konvergent in Wahrscheinlichkeit</u> oder <u>stochastisch konvergent</u> gegen die Folge $(Y_n)_{n=1}^{\infty}$, wenn für jedes $\varepsilon > 0$ gilt

$$\lim_{n\to\infty} P(\{\omega \in \mathbb{R} | |X_n(\omega) - Y_n(\omega)| > \varepsilon\}) = \lim_{n\to\infty} P(|X_n - Y_n| > \varepsilon) = 0$$

$(\Longleftrightarrow X_n - Y_n \overset{P}{\to} 0)$.

(3') Die Folge $(X_n)_{n=1}^{\infty}$ heißt <u>im r-ten Mittel</u> $(1 \leq r \in \mathbb{R})$ <u>konvergent</u> gegen die Folge $(Y_n)_{n=1}^{\infty}$, wenn gilt [1)]

$$\lim_{n\to\infty} E[|X_n - Y_n|^r] = 0.$$

<u>2.2.7. Gesetze der großen Zahlen</u>

Sei $r_n(A)$ die relative Häufigkeit für das Eintreten eines Ereignisses A bei n unabhängigen Beobachtungen einer Zufallserscheinung und $P(A) = p$. Dann sagt das

<u>schwache Gesetz der großen Zahlen</u>: Für jedes $0 < \varepsilon \in \mathbb{R}$ gilt

$$\lim_{n\to\infty} P(|r_n(A) - p| \leq \varepsilon) = 1.$$

Also ist die Folge der Zufallsvariablen $r_n(A)$ stochastisch konvergent gegen p; d.h. $P\text{-}\lim_{n\to\infty} r_n(A) = p$.

<u>Starkes Gesetz der großen Zahlen</u> (Borel-Cantelli):

$$P(\lim_{n\to\infty} r_n(A) = p) = 1.$$

Allgemeinere Formulierung:

---

1) Die Folge der betreffenden Erwartungswerte soll existieren

Sei $(X_j)_{j=1}^{\infty}$ eine Folge von unabhängigen Zufallsvariablen mit den Erwartungswerten $E[X_j] = \mu$ und den Varianzen $\mathrm{var}[X_j] = \sigma^2$; sei $Y_n := \frac{1}{n} \sum_{j=1}^{n} X_j$. Dann gilt

$$\lim_{n\to\infty} P(|Y_n - \mu| \leq \varepsilon) = 1$$

(d.h. $P\text{-}\lim_{n\to\infty} Y_n = \mu$) (schwaches Gesetz der großen Zahlen)

und

$$P(\lim_{n\to\infty} Y_n = \mu) = 1$$

(d.h. $Y_n \underset{f.s.}{\to} \mu$) (starkes Gesetz der großen Zahlen) [1].

Chintschinsches Gesetz der großen Zahlen: Sei $(X_j)_{j=1}^{\infty}$ eine Folge von unabhängigen Zufallsvariablen mit derselben Verteilung und dem Erwartungswert $E[X_j] = \mu$ $(j=1,2,\dots)$. Dann gilt für die Folge der Zufallsvariablen $Y_n := \frac{1}{n} \sum_{j=1}^{n} X_j$ $(n=1,2,\dots)$

$$P\text{-}\lim_{n\to\infty} Y_n = \mu.$$

Satz von Gliwenko: Die Zufallsvariable X besitze die Verteilungsfunktion F. Zu n unabhängigen Beobachtungen (Realisationen) von X gehört die empirische Verteilungsfunktion $\hat{F}_n$ $(n=1,2,\dots)$ [2]. Sei weiter die Zufallsvariable

$$D_n := \sup_{x \in \mathbb{R}} (|\hat{F}_n(x) - F(x)|) \quad (n=1,2,\dots).$$

Dann gilt

$$P(\lim_{n\to\infty} D_n = 0) = 1 \quad (\text{also } D_n \underset{f.s.}{\to} 0 \text{ (vgl. 2.2.6)}).$$

1) Die Gesetze gelten in noch allgemeinerer Form.

2) $\hat{F}_n$ ist also die Verteilungsfunktion einer einfachen Zufallsstichprobe vom Umfang n.

Mit $D_n^+ := \sup_{x \in \mathbb{R}} (\hat{F}_n(x) - F(x))$ und $D_n^- := \sup_{x \in \mathbb{R}} (F(x) - \hat{F}_n(x))$ $(n=1,2,\ldots)$ und F stetig gilt ferner der

<u>Satz</u> (Gliwenko/Kolmogorov):

$$\lim_{n\to\infty} P(\sqrt{n}\, D_n \leq z) = \begin{cases} \sum_{k=-\infty}^{\infty} (-1)^k \exp(-2k^2 z^2) & \text{für alle } z > 0 \\ 0 & \text{für alle } z \leq 0; \end{cases}$$

$$\lim_{n\to\infty} P(\sqrt{n}\, D_n^+ \leq z) = \lim_{n\to\infty} P(\sqrt{n}\, D_n^- \leq z) = \begin{cases} 1-e^{-2z} & \text{für alle } z > 0 \\ 0 & \text{für alle } z \leq 0 \end{cases}$$

<u>Zwei-Stichprobensatz von Smirnov</u>: Zu n unabhängigen Beobachtungen (Realisationen) einer stetigen Zufallsvariablen X gehöre die empirische Verteilungsfunktion $\hat{F}_n$ und zu weiteren m unabhängigen Beobachtungen von X gehöre die empirische Verteilungsfunktion $\hat{G}_m$ 1). Dann gilt

$$\lim_{n,m\to\infty} P\left(\sqrt{\frac{n\, m}{n+m}} \sup_{x \in \mathbb{R}} (\hat{F}_n(x) - \hat{G}_m(x)) \leq z\right) = \begin{cases} 1-e^{-2z^2} & \text{für alle } z \\ 0 & \text{für alle } z \end{cases}$$

2.3. Mehrdimensionale Wahrscheinlichkeitsverteilungen

<u>2.3.1. Zufallsvariable - Verteilungsfunktion - Dichte</u>

<u>Def.</u>: Sei $[\Omega, \mathfrak{A}, P]$ ein Wahrscheinlichkeitsraum. Eine Funktion $\underline{X}: \Omega \to \mathbb{R}^n$ (also $\underline{X}(\omega) \in \mathbb{R}^n$ für alle $\omega \in \Omega$) heißt

---

1) $\hat{F}_n$ ist also die Verteilungsfunktion einer einfachen Zufallsstichprobe vom Umfang n und $\hat{G}_m$ die Verteilungsfunktion einer einfachen Zufallsstichprobe vom Umfang m bei der gleichen Verteilung.

n-dimensionale Zufallsvariable oder Zufallsvektor [1].

Man schreibt $\underline{X} = (X_1,\ldots,X_n)$; somit ist $\underline{X}(\omega) =$
$= (X_1(\omega),\ldots,X_n(\omega)) =: \underline{x} = (x_1,\ldots,x_n) \in \mathbb{R}^n$ für alle $\omega \in \Omega$.

Die Funktionswerte $\underline{x} = (x_1,\ldots,x_n)$ von $\underline{X} = (X_1,\ldots,X_n)$ heißen die Realisationen von $\underline{X} = (X_1,\ldots,X_n)$.

Weitgehend Beschränkung auf $n = 2$ (für $n > 2$ analog).

$\underline{X} = (X_1,X_2)$ ist dann eine Abbildung von Ω in $\mathbb{R}^2$, also
$\underline{X} = (X_1,X_2)\colon \Omega \to \mathbb{R}^2$; Realisationen $\underline{x} = (x_1,x_2)$.

Schreibweisen: $P(X_1 \leq x_1;\ X_2 \leq x_2) =: P(\underline{X} \leq \underline{x})$;

$P(a_1 < X_1 \leq b_1;\ a_2 < X_2 \leq b_2) =: P(\underline{a} < \underline{X} \leq \underline{b})$ usw. wie in 2.2.1 [2] $(x_1,x_2,a_1,a_2,b_1,b_2 \in \mathbb{R})$;

$P(X_1 \leq X_2) = P(\{\omega \in \Omega | X_1(\omega) \leq X_2(\omega)\})$.

Eine Verteilung wird entsprechend wie in 2.2.1 definiert.

Def.: Die Verteilungsfunktion von $\underline{X} = (X_1,X_2)$ ist die Funktion $F\colon \mathbb{R}^2 \to [0,1]$ mit $F(\underline{x}) = F(x_1,x_2) = P(X_1 \leq x_1; X_2 \leq x_2) =$
$= P(\underline{X} \leq \underline{x})$.

Eigenschaften:

(1) F ist in allen Variablen eine monoton nicht-fallende Funktion; d.h. $x_1 < x_1^* \Longrightarrow F(x_1,x_2) \leq F(x_1^*,x_2)$ und
$x_2 < x_2^* \Longrightarrow F(x_1,x_2) \leq F(x_1,x_2^*)$ für alle $x_1,x_1^*,x_2,x_2^* \in \mathbb{R}$.

(2) $\lim\limits_{x_i \to -\infty} F(x_1,x_2) = 0 \ (i=1,2)$; $\lim\limits_{\substack{x_1 \to \infty \\ x_2 \to \infty}} F(x_1,x_2) = 1$.

---

1) Die Funktion $\underline{X}$ soll meßbar sein (vgl. 2.2.1); es soll also $\{\omega \in \Omega | X_1(\omega) \leq x_1,\ldots,X_n(\omega) \leq x_n\} \in \mathfrak{A}$ sein für alle $x_1,\ldots,x_n \in \mathbb{R}$.

2) Man verwendet z.B. für $P(X_1 \leq x_1; X_2 \leq x_2)$ auch die Schreibweise $P(X_1 \leq x_1 \wedge X_2 \leq x_2)$!

(3) F ist rechtsseitig stetig; d.h. $\lim_{\varepsilon \to 0} F(x_1+\varepsilon_1, x_2+\varepsilon_2) =$
$= F(x_1, x_2)$ für alle $x_1, x_2 \in \mathbb{R}$, wobei $\varepsilon_1, \varepsilon_2 \in \mathbb{R}^+$ und $\varepsilon = \max(\varepsilon_1, \varepsilon_2)$.

Nicht jede Funktion mit den Eigenschaften (1) bis (3) bestimmt (anders als im Fall n=1) die Verteilung einer Zufallsvariablen $\underline{X}$.

(4) Es gilt $P(a < X_1 \leq b;\ c < X_2 \leq d) = F(b,d) - F(a,d) - F(b,c) + F(a,c)$.

(4') Für eine dreidimensionale Zufallsvariable (X_1, X_2, X_3) hat man

$$P(a_1 < X_1 \leq b_1; a_2 < X_2 \leq b_2;\ a_3 < X_3 \leq b_3) =$$
$$= F(b_1,b_2,b_3) - F(a_1,b_2,b_3) - F(b_1,a_2,b_3) - F(b_1,b_2,a_3) +$$
$$+ F(a_1,a_2,b_3) + F(a_1,b_2,a_3) + F(b_1,a_2,a_3) - F(a_1,a_2,a_3).$$

Def.: $\underline{X} = (X_1, X_2)$ heißt diskret (stetig), wenn X_1 und X_2 diskret (stetig) sind [1].

Im diskreten Fall seien $x_{11}, x_{12}, \ldots, x_{1i}, \ldots$ die Realisationen von X_1 und $x_{21}, x_{22}, \ldots, x_{2j}, \ldots$ die Realisationen von X_2 [2].

Die Verteilung einer diskreten Zufallsvariablen $\underline{X} = (X_1, X_2)$ ist charakterisiert durch ihre Wahrscheinlichkeitsfunktion $f: \mathbb{R}^2 \to [0,1]$ mit

$$f(x_1,x_2) = \begin{cases} P(X_1 = x_{1i};\ X_2 = x_{2j}) =: p_{ij} & \text{für } x_1 = x_{1i}; x_2 = x_{2j} \\ & (i=1,2,\ldots;\ j=1,2,\ldots) \\ 0 \quad \text{sonst.} & \end{cases}$$

Es gilt $\sum_{i=1,\ldots} \sum_{j=1,\ldots} p_{ij} = 1$.

1) Andere Fälle von Zufallsvariablen $\underline{X}$ werden hier nicht betrachtet.

2) X_1 (X_2) können endlich viele oder abzählbar unendlich viel[e] Realisationen haben.

Allgemein genügt es, für die Wahrscheinlichkeitsfunktion f nur die positiven Werte $f(x_{1i},x_{2j}) = P(X_1 = x_{1i};\ X_2 = x_{2j}) = p_{ij}$ $(i=1,2,\ldots;\ j=1,2,\ldots)$ anzugeben.

Für eine diskrete Zufallsvariable $\underline{X} = (X_1,X_2)$ ist die Verteilungsfunktion

$$F(x_1,x_2) = \sum_{\substack{i \\ x_{1i}\leq x_1}} \sum_{\substack{j \\ x_{2j}\leq x_2}} p_{ij};$$

dabei ist also über alle Indizes i mit $x_{1i} \leq x_1$ und alle Indizes j mit $x_{2j} \leq x_2$ zu summieren.

Def.: Sei F die Verteilungsfunktion einer stetigen Zufallsvariablen $\underline{X} = (X_1,X_2)$. Eine Funktion $f\colon \mathbb{R}^2 \to \mathbb{R}_0^+$ (also $f(t_1,t_2) \geq 0$ für alle $t_1,t_2 \in \mathbb{R}$) mit

$$F(\underline{x}) = F(x_1,x_2) = \int_{-\infty}^{x_1} \int_{-\infty}^{x_2} f(t_1,t_2)dt_2dt_1 \quad \text{für alle } x_1,x_2 \in \mathbb{R}$$

heißt Dichte [1)] von $\underline{X}$ bzw. von F.

Es gilt $\dfrac{\partial^2 F(x_1,x_2)}{\partial x_1 \partial x_2} = f(x_1,x_2)$ für alle (x_1,x_2), für die f stetig ist;

ferner

$$\int_{-\infty}^{+\infty} \int_{-\infty}^{+\infty} f(x_1,x_2)dx_2dx_1 = 1;$$

$$P(a \leq X_1 \leq b;\ c \leq X_2 \leq d) = \int_a^b \int_c^d f(x_1,x_2)dx_2dx_1;$$

1) Das Integral bedeutet also ausführlich geschrieben

$$\int_{t_1=-\infty}^{t_1=x_1} \int_{t_2=-\infty}^{t_2=x_2} f(t_1,t_2)dt_2dt_1.$$

Nicht jede stetige Verteilung besitzt eine Dichte. Wenn weiterhin stetige Verteilungen betrachtet werden, setzen wir immer die Existenz einer Dichte f voraus. Damit besitzen auch X_1 und X_2 einzeln je eine Dichte.

Aus der Existenz der Dichten von X_1 und von X_2 kann man nicht auf die Existenz der (gemeinsamen) Dichte von $\underline{X} = (X_1,X_2)$ schließen.

dies gilt auch, wenn einige oder alle Zeichen $\leq$ durch $<$ ersetzt werden; a oder/und c dürfen auch $-\infty$, b oder/und d auch $+\infty$ sein.

Gegenüberstellung von entsprechenden Begriffen und Formeln für ein-, zwei- und n-dimensionale Verteilungen

Eindimensionale Verteilung	Zweidimensionale Verteilung	n-dimensionale Verteilung
Zufallsvariable X	Zufallsvektor $\underline{X} = (X_1, X_2)$	$\underline{X} = (X_1, \ldots, X_n)$
Verteilungsfunktion $F(x) =$ $= P(X \leq x)$	$F(x_1, x_2) = F(\underline{x}) =$ $= P(X_1 \leq x_1;\ X_2 \leq x_2)$	$F(x_1, \ldots, x_n) = F(\underline{x}) =$ $= P(X_1 \leq x_1; \ldots; X_n \leq x_n)$
$\lim\limits_{x \to \infty} F(x) = 1$	$\lim\limits_{\begin{cases} x_1 \to \infty \\ x_2 \to \infty \end{cases}} F(x_1, x_2) = 1$	$\lim\limits_{x_i \to \infty} F(x_1, \ldots, x_n) = 1$ für alle $i = 1, \ldots, n$
$\lim\limits_{x \to -\infty} F(x) = 0$	$\lim\limits_{x_i \to -\infty} F(x_1, x_2) = 0 \quad (i=1,2)$	$\lim\limits_{x_i \to -\infty} F(x_1, \ldots, x_n) = 0$ mit beliebigem $i \in \{1, \ldots, n\}$
$P(a < X \leq b) = F(b) - F(a)$	$P(a_1 < X_1 \leq b_1;\ a_2 < X_2 \leq b_2) =$ $= F(b_1, b_2) - F(a_1, b_2) -$ $- F(b_1, a_2) + F(a_1, a_2)$	

Für diskrete Zufallsvariable:

Realisationen x_j	(x_{1i}, x_{2j})	$(x_{1j_1}, x_{2j_2}, \ldots, x_{nj_n})$
Wahrscheinlichkeiten $P(X=x_j) = p_j$	$P(X_1=x_{1i};\ X_2=x_{2j}) =$ $= p_{ij}$	$P(X_1=x_{1j_1}; \ldots; X_n=x_{nj_n}) =$ $= p_{j_1 j_2 \ldots j_n}$

Für stetige Zufallsvariable:

Dichte $f(x)$	$f(x_1,x_2) = f(\underline{x})$	$f(x_1,\dots,x_n) = f(\underline{x})$
$F(x) = \int_{-\infty}^{x} f(t)dt$	$F(x_1,x_2) = \int_{-\infty}^{x_1}\int_{-\infty}^{x_2} f(t_1,t_2)dt_2dt_1$	$F(x_1,\dots,x_n) = \underbrace{\int_{-\infty}^{x_1}\dots\int_{-\infty}^{x_n}}_{} f(t_1,\dots,t_n)dt_n\dots dt_1$ n-faches Integral
$\int_{-\infty}^{+\infty} f(x)dx = 1$	$\int_{-\infty}^{+\infty}\int_{-\infty}^{+\infty} f(x_1,x_2)dx_1dx_2 = 1$	$\int_{-\infty}^{+\infty}\dots\int_{-\infty}^{+\infty} f(x_1,\dots,x_n)dx_1\dots dx_n=1$
$\frac{dF(x)}{dx} = f(x)$ für alle x, für die f stetig ist	$\frac{\partial^2 F(x_1,x_2)}{\partial x_1\partial x_2} = f(x_1,x_2)$ für alle (x_1,x_2), für die f stetig ist	$\frac{\partial^n F(x_1,\dots,x_n)}{\partial x_1\partial x_2\dots\partial x_n} = f(x_1,\dots,x_n)$ für alle $(x_1,\dots,x_n)$, für die f stetig ist
$P(a \leq X \leq b) = \int_a^b f(x)dx$	$P(a_1 \leq X_1 \leq b_1;\ a_2 \leq X_2 \leq b_2) = \int_{a_1}^{b_1}\int_{a_2}^{b_2} f(x_1,x_2)dx_2dx_1$	$P(a_1 \leq X_1 \leq b_1;\dots;a_n \leq X_n \leq b_n) = \int_{a_1}^{b_1}\dots\int_{a_n}^{b_n} f(x_1,\dots,x_n)dx_n\dots dx_1$

2.3.2. Randverteilungen

Def.: Sei $\underline{X} = (X_1,X_2)$ zweidimensionale Zufallsvariable. Die (eindimensionale) Verteilung von

$$\begin{cases} X_1 \text{ heißt } \underline{\text{Randverteilung}} \text{ von } X_1 \text{ (ohne Beachtung von } X_2\text{);} \\ X_2 \text{ heißt Randverteilung von } X_2 \text{ (ohne Beachtung von } X_1\text{).} \end{cases}$$

Die Verteilung von $\underline{X} = (X_1,X_2)$ heißt dann auch gemeinsame Verteilung von $\underline{X} = (X_1,X_2)$.

Für die zur Randverteilung von X_1 gehörige Verteilungsfunktion F_1 ist $F_1(x_1) = F(x_1,\infty) := \lim\limits_{x_2\to\infty} F(x_1,x_2)$ $(x_1 \in \mathbb{R})$; für die zur Randverteilung von X_2 gehörige Verteilungsfunktion F_2 ist entsprechend $F_2(x_2) = F(\infty,x_2) := \lim\limits_{x_1\to\infty} F(x_1,x_2)$ $(x_2 \in \mathbb{R})$.

Die Randverteilungen errechnen sich aus der gemeinsamen Verteilung folgendermaßen:

A. Sei $\underline{X} = (X_1,X_2)$ diskret $(P(X_1 = x_{1i};\ X_2 = x_{2j}) = p_{ij})$; dann ist die Randverteilung von X_1 eine diskrete Verteilung, welche die Wahrscheinlichkeitsfunktion f_1 mit

$$f_1(x_{1i}) = \sum_{j=1,2,\ldots} p_{ij} =: p_{i.} \quad (i=1,2,\ldots)$$

hat. An der Stelle des Index, über den summiert wird, steht also ein Punkt.

Es gilt natürlich $\sum\limits_{i=1,2,\ldots} p_{i.} = 1$ und es ist $F_1(x_1) = \sum\limits_{i} p_{i.}$, wobei über alle Indizes i mit $x_{1i} \leq x_1$ zu summieren ist.

Analog ist die Wahrscheinlichkeitsfunktion f_2 der Randverteilung von X_2 gegeben durch

$$f_2(x_{2j}) = \sum_{i=1,2,\ldots} p_{ij} =: p_{.j} \quad (j=1,2,\ldots).$$

Es gilt natürlich $\sum_{j=1,2,\ldots} p_{.j} = 1$ und es ist $F_2(x_2) = \sum_j p_{.j}$ wobei über alle Indizes j mit $x_{2j} \leq x_2$ zu summieren ist.

B. Sei $\underline{X} = (X_1,X_2)$ stetig mit der Dichte f; dann ist die Randverteilung von X_1 eine stetige Verteilung, welche die Dichte f_1 mit

$$f_1(x_1) = \int_{-\infty}^{+\infty} f(x_1,x_2)dx_2$$

hat.

Es gilt natürlich $\int_{-\infty}^{+\infty} f_1(x_1)dx_1 = 1$.

Analog ist die Dichte f_2 der Randverteilung von X_2 gegeben durch

$$f_2(x_2) = \int_{-\infty}^{+\infty} f(x_1,x_2)dx_1.$$

Es gilt entsprechend $\int_{-\infty}^{+\infty} f_2(x_2)dx_2 = 1$.

Für die zugehörigen Verteilungsfunktionen F_1 und F_2 mit

$$F_1(x_1) = F(x_1,\infty) = \int_{-\infty}^{x_1} \int_{-\infty}^{+\infty} f(t_1,t_2)dt_2dt_1 = \int_{-\infty}^{x_1} f_1(t_1)dt_1 \text{ und}$$

$$F_2(x_2) = F(\infty,x_2) = \int_{-\infty}^{x_2} \int_{-\infty}^{+\infty} f(t_1,t_2)dt_1dt_2 = \int_{-\infty}^{x_2} f_2(t_2)dt_2 \quad (x_1,x_2 \in$$

gilt

$$\frac{dF_1(x_1)}{dx_1} = f_1(x_1) \text{ und } \frac{dF_2(x_2)}{dx_2} = f_2(x_2)$$

für alle $x_1,x_2 \in \mathbb{R}$, für die f_1 bzw. f_2 stetig ist.

Für eine n-dimensionale Zufallsvariable $\underline{X} = (X_1,\ldots,X_n)$ hat man n eindimensionale Randverteilungen.

A. Für $\underline{X}$ diskret ist die <u>Wahrscheinlichkeitsfunktion f_r der Randverteilung</u> von X_r $(r=1,\ldots,n)$ gegeben durch

$$f_r(x_{ri_r}) = \underbrace{\sum_{\substack{i_\nu \\ \nu \neq r}}}_{\substack{(n-1)\text{-fache} \\ \text{Summe}}} P(X_1 = x_{1i_1},\ldots,X_{\nu i_\nu} = x_{\nu i_\nu},\ldots,X_n = x_{ni_n}) \qquad (i_r=1,2,\ldots);$$

B. für $\underline{X}$ stetig mit der Dichte f ist die Dichte f_r der Randverteilung von X_r $(r=1,\ldots,n)$ gegeben durch

$$f_r(x_r) = \underbrace{\int_{-\infty}^{+\infty} \cdots \int_{-\infty}^{+\infty}}_{\substack{(n-1)\text{-faches} \\ \text{Integral}}} f(x_1,\ldots,x_n)\,dx_1\ldots dx_{r-1}dx_{r+1}\ldots dx_n.$$

Die Verteilungsfunktion F_r der Randverteilung von X_r $(r=1,\ldots,n)$ ist bestimmt durch

$$F_r(x_r) = F(\infty,\ldots,\infty,x_r,\infty,\ldots,\infty) =$$

$$= \lim F(x_1,\ldots,x_n), \text{ wobei bei dem Grenzübergang}$$

$x_1 \to \infty,\ldots,x_{r-1} \to \infty, x_{r+1} \to \infty,\ldots,x_n \to \infty$ gehen.

Ist $\underline{X}$ stetig, so hat man

$$F_r(x_r) = \int_{-\infty}^{x_r} f_r(t_r)\,dt_r;$$

ferner $\dfrac{df_r(x_r)}{dx_r} = F_r(x_r)$ für alle Punkte, für die f_r stetig ist.

Für die s-dimensionalen Randverteilungen $(1 \leq s \leq n-1)$ von $\underline{X} = (X_1,\ldots,X_n)$ (d.h. der Verteilungen der s-dimensionalen Teilvektoren von $\underline{X}$) erhält man die Verteilungsfunktionen, indem man in der Verteilungsfunktion F von den n Variablen die betreffenden s Variablen läßt und die restlichen n-s Variablen ∞ setzt. Es gibt $\binom{n}{s}$ s-dimensionale Randverteilungen einer n-dimensionalen Zufallsvariable.

Ist $\underline{X} = (X_1,\ldots,X_n)$ stetiger n-dimensionaler Zufallsvektor mit der Dichte f, dann ist die Dichte des s-dimensionalen Teilvektors $(X_1,\ldots,X_s)$ oder die Dichte der Randverteilung von $(X_1,\ldots,X_s)$ $(1 \leq s \leq n-1)$ gegeben durch

$$f_{1,\ldots,s}(x_1,\ldots,x_s) =$$

$$= \underbrace{\int_{-\infty}^{+\infty} \ldots \int_{-\infty}^{+\infty}}_{\substack{(n-s)\text{-faches} \\ \text{Integral}}} f(x_1,\ldots,x_s,x_{s+1},\ldots,x_n)\,dx_{s+1}\ldots dx_n .$$

Analog erhält man die Dichte eines beliebigen Teilvektors.

Sei $\underline{X} = (X_1,\ldots,X_n)$ n-dimensionale Zufallsvariable.

Der <u>unbedingte Erwartungswert</u> von X_r $(r=1,\ldots,n)$ ist

$$E[X_r] = \begin{cases} \sum\limits_{i_r} x_{ri_r} f_r(x_{ri_r}) & \text{für } \underline{X} \text{ diskret} \\ \int\limits_{-\infty}^{+\infty} x_r f_r(x_r)\,dx_r = \\ \underbrace{\int\limits_{-\infty}^{+\infty} \ldots \int\limits_{-\infty}^{+\infty}}_{\substack{n\text{-faches} \\ \text{Integral}}} x_r f(x_1,\ldots,x_n)\,dx_1\ldots dx_n & \text{für } \underline{X} \text{ stetig.} \end{cases}$$

Im Fall n = 2 benutzt man für die gemeinsame Verteilung und für die Randverteilungen häufig folgende tabellarische Darstellung (in $\underline{\underline{A}}$ sind die betreffenden Wahrscheinlichkeiten, in $\underline{\underline{B}}$ die betreffenden Dichten eingetragen):

A. $\underline{X} = (X_1, X_2)$ diskret:

X_1 \ X_2	x_{21}	x_{22}	...	x_{2j}	...	Randverteilung von X_1
x_{11}	p_{11}	p_{12}	...	p_{1j}	...	$p_{1.} = f_1(x_{11})$
x_{12}	p_{21}	p_{22}	...	p_{2j}	...	$p_{2.} = f_1(x_{12})$
⋮	⋮	⋮		⋮		⋮
x_{1i}	p_{i1}	p_{i2}	...	p_{ij}	...	$p_{i.} = f_1(x_{1i})$
⋮	⋮	⋮		⋮		⋮
Randverteilung von X_2	$p_{.1} = f_2(x_{21})$	$p_{.2} = f_2(x_{22})$	...	$p_{.j} = f_2(x_{2j})$		

B. $\underline{X} = (X_1, X_2)$ stetig:

X_1 \ X_2	x_2	Randverteilung von X_1
x_1	$f(x_1, x_2)$	$f_1(x_1)$
Randverteilung von X_2	$f_2(x_2)$	

2.3.3. Unabhängigkeit

Def.: Sei $\underline{X} = (X_1, X_2)$. Die Zufallsvariablen X_1 und X_2 heißen unabhängig, wenn mit der gemeinsamen Verteilungsfunktion F und den Verteilungsfunktionen F_1 und F_2 der Randverteilungen gilt $F(x_1,x_2) = F_1(x_1)F_2(x_2)$ für alle $x_1,x_2 \in \mathbb{R}$. Andernfall heißen X_1 und X_2 <u>abhängig</u> [1].

Die Zufallsvariablen X_1 und X_2 sind genau dann unabhängig, wenn gilt

$P(a < X_1 \leq b;\ c < X_2 \leq d) = P(a < X_1 \leq b)P(c < X_2 \leq d)$ für alle $a,b,c,d \in \mathbb{R}$.

Diskrete Zufallsvariablen X_1,X_2 (X_1 hat die Realisationen x_{1i} $(i=1,2,\ldots)$ und X_2 die Realisationen x_{2j} $(j=1,2,\ldots)$) sind genau dann unabhängig, wenn für alle x_{1i} und alle x_{2j} gilt

$P(X_1 = x_{1i};\ X_2 = x_{2j}) = P(X_1 = x_{1i})P(X_2 = x_{2j})$;

also kurz $p_{ij} = p_{i.}p_{.j}$ für alle i,j.

Stetige Zufallsvariablen X_1,X_2 mit der gemeinsamen Dichte f und den Dichten f_1 und f_2 der Randverteilungen sind genau dann unabhängig, wenn gilt

$f(x_1,x_2) = f_1(x_1)f_2(x_2)$ für alle $x_1,x_2 \in \mathbb{R}$ (für die die Dic ten stetig sind).

Mit den bedingten Verteilungsfunktionen läßt sich die Unabhängigkeit auch ausdrücken durch

$$\left.\begin{array}{l} F(x_1|X_2=x_{2j}) = F_1(x_1) \\ F(x_2|X_1=x_{1i}) = F_2(x_2) \end{array}\right\} \text{ bzw. } \left.\begin{array}{l} F(x_1|X_2=x_2) = F_1(x_1) \\ F(x_2|X_1=x_1) = F_2(x_2) \end{array}\right\} \begin{array}{l}\text{für all} \\ x_1,x_2 \in \end{array}$$

und mit den bedingten Wahrscheinlichkeiten bzw. bedingten Dichten durch

$$\left.\begin{array}{l} p^{(1)}_{i|j} = p_{i.} \\ p^{(2)}_{j|i} = p_{.j} \end{array}\right\} \text{für alle } i,j \text{ bzw. } \left.\begin{array}{l} f(x_1|X_2=x_2) = f_1(x_1) \\ f(x_2|X_1=x_1) = f_2(x_2) \end{array}\right\} \begin{array}{l}\text{für a} \\ x_1,x_2 \end{array}$$

---

1) Statt unabhängig (abhängig) spricht man auch von stochastisch unabhängig (abhängig).

Insbesondere sind jede Zufallsvariable X_1 und jede einpunktverteilte Zufallsvariable X_2 (d.h. jede Konstante) unabhängig.

Entsprechend definiert man die Unabhängigkeit für n Zufallsvariablen $X_1,...,X_n$ durch $F(x_1,...,x_n) = F_1(x_1)...F_n(x_n)$ für alle $x_1,...,x_n \in \mathbb{R}$. Im stetigen Fall gilt

$$f(x_1,...,x_n) = f_1(x_1)...f_n(x_n) \quad \text{für alle } x_1,...,x_n \in \mathbb{R}.$$

Es gilt:

Seien $X_1,...,X_n$ unabhängig. Dann ist auch jede Teilmenge dieser Zufallsvariablen unabhängig.

Seien $X_1,...,X_n$ unabhängig und $\varphi_j: \mathbb{R} \to \mathbb{R}$ $(j=1,...,n)$ stetige Funktionen. Dann sind auch die Zufallsvariablen $Y_1,...,Y_n$ mit $Y_j := \varphi_j(X_j)$ $(j=1,...,n)$ unabhängig.

Seien $X_1,...,X_n$ unabhängig und $\varphi: \mathbb{R}^m \to \mathbb{R}$ eine stetige Funktion von m Variablen $(m < n)$. Dann sind auch $Y, X_{m+1},...,X_n$ unabhängig, wobei $Y := \varphi(X_1,...,X_m)$.

Insbesondere sind also $X_1 + ... + X_m, X_{m+1}$ unabhängig.

<u>Def.</u>: Eine Folge $X_1, X_2,...,X_j,... = (X_j)_{j=1}^{\infty}$ von Zufallsvariablen heißt unabhängig, wenn jede endliche Teilfolge dieser Zufallsvariablen unabhängig ist.

<u>Def.</u>: Die Zufallsvariablen $X_1,...,X_n$ heißen <u>paarweise unabhängig</u>, wenn je zwei dieser Zufallsvariablen unabhängig sind.

Aus der Unabhängigkeit insgesamt folgt die paarweise Unabhängigkeit, aber nicht umgekehrt.

Unabhängigkeit von mehrdimensionalen Zufallsvariablen (Zufallsvektoren).

Def.: Seien $\underline{X}_1 = (X_{11},\dots,X_{1r})$, $\underline{X}_2 = (X_{21},\dots,X_{2s})$ Zufallsvektoren mit r bzw. s Komponenten. Sei

F die Verteilungsfunktion von $(X_{11},\dots,X_{1r}, X_{21},\dots,X_{2s}) =: (\underline{X}_1,\underline{X}_2)$;

F_1 die Verteilungsfunktion von $\underline{X}_1 = (X_{11},\dots,X_{1r})$;

F_2 die Verteilungsfunktion von $\underline{X}_2 = (X_{21},\dots,X_{2s})$.

Die Zufallsvektoren $\underline{X}_1$ und $\underline{X}_2$ heißen unabhängig, wenn gilt

$$F(x_{11},\dots,x_{1r},x_{21},\dots,x_{2s}) = F_1(x_{11},\dots,x_{1r})\ F_2(x_{21},\dots,x_{2s})$$

für alle $x_{11},\dots,x_{1r},x_{21},\dots,x_{2s} \in \mathbb{R}$.

Bemerkung: Aus der Unabhängigkeit der Zufallsvektoren $\underline{X}_1$ und $\underline{X}_2$ folgt nicht die Unabhängigkeit der einzelnen Komponenten $X_{11},\dots, X_{1r}, X_{21},\dots,X_{2s}$.

Die Zufallsvektoren $\underline{X}_1$ und $\underline{X}_2$ sind genau dann unabhängig, wenn gilt

$$P(\underline{a} < \underline{X}_1 \leq \underline{b};\ \underline{c} < \underline{X}_2 \leq \underline{d}) = P(\underline{a} < \underline{X}_1 \leq \underline{b})\ P(\underline{c} < \underline{X}_2 \leq \underline{d})$$

für alle Vektoren $\underline{a},\underline{b} \in \mathbb{R}^r$; $\underline{c},\underline{d} \in \mathbb{R}^s$.

Entsprechend definiert man die Unabhängigkeit für n Zufallsvektoren $\underline{X}_1,\dots,\underline{X}_n$ (die natürlich nicht alle die gleiche Anzahl von Komponenten haben müssen) sowie für Folgen von Zufallsvektoren.

Im übrigen gelten analoge Aussagen wie für unabhängige Zufallsvariablen.

2.3.4. Bedingte Verteilungen

Def.: A. Sei $\underline{X} = (X_1,X_2)$ diskrete zweidimensionale Zufallsvariable. Die (eindimensionale) Verteilung von

- X_1 unter der Bedingung, daß X_2 einen bestimmten Wert x_{2j} annimmt, heißt bedingte Verteilung von X_1 unter der Bedingung $X_2 = x_{2j}$;
- X_2 unter der Bedingung, daß X_1 einen bestimmten Wert x_{1i} annimmt, heißt bedingte Verteilung von X_2 unter der Bedingung $X_1 = x_{1i}$.

B. Sei $\underline{X} = (X_1,X_2)$ stetige zweidimensionale Zufallsvariable. Die (eindimensionale) Verteilung von

- X_1 unter der Bedingung, daß X_2 einen bestimmten Wert x_2 annimmt, heißt bedingte Verteilung von X_1 unter der Bedingung $X_2 = x_2$;
- X_2 unter der Bedingung, daß X_1 einen bestimmten Wert x_1 annimmt, heißt bedingte Verteilung von X_2 unter der Bedingung $X_1 = x_1$.

Diese Verteilungen errechnen sich folgendermaßen:

A. Sei $\underline{X} = (X_1,X_2)$ diskret; dann ist die bedingte Verteilung von X_1 unter der Bedingung $X_2 = x_{2j}$ eine diskrete Verteilung, welche die Wahrscheinlichkeitsfunktion $f(.|X_2 = x_{2j})$ mit

$$p_{i|j}^{(1)} = f(x_{1i}|X_2=x_{2j}) = \frac{f(x_{1i},x_{2j})}{f_2(x_{2j})} = \frac{p_{ij}}{p_{.j}} \quad (f_2(x_{2j}) = p_{.j} \neq 0)$$

besitzt; die Wahrscheinlichkeitsfunktion $f(.|X_2 = x_{2j})$ heißt auch bedingte Wahrscheinlichkeitsfunktion von X_1 unter der Bedingung $X_2 = x_{2j}$;

entsprechend ist $f(.|X_1 = x_{1i})$ mit

$$p_{j|i}^{(2)} = f(x_{2j}|X_1= x_{1i}) = \frac{f(x_{1i},x_{2j})}{f_1(x_{1i})} = \frac{p_{ij}}{p_{i.}} \quad (f_1(x_{1i}) = p_{i.} \neq 0)$$

die bedingte Wahrscheinlichkeitsfunktion von X_2 unter der Bedingung $X_1 = x_{1i}$.

Es gilt $\sum_i p^{(1)}_{i|j} = 1$ und $\sum_j p^{(2)}_{j|i} = 1$.

B. Sei $\underline{X} = (X_1, X_2)$ stetig; dann ist die bedingte Verteilung von X_1 unter der Bedingung $X_2 = x_2$ eine stetige Verteilung, welche die Dichte $f(.|X_2=x_2)$ mit

$$f(x_1|X_2=x_2) = \frac{f(x_1,x_2)}{f_2(x_2)} \quad (f_2(x_2) \neq 0)$$

besitzt; die Dichte $f(.|X_2=x_2)$ heißt auch <u>bedingte Dichte</u> von X_1 unter der Bedingung $X_2 = x_2$;

entsprechend ist $f(.|X_1=x_1)$ mit

$$f(x_2|X_1=x_1) = \frac{f(x_1,x_2)}{f_1(x_1)} \quad (f_1(x_1) \neq 0)$$

die bedingte Dichte von X_2 unter der Bedingung $X_1 = x_1$.

Es gilt $\int_{-\infty}^{+\infty} f(x_1|X_2=x_2)dx_1 = 1$ und $\int_{-\infty}^{+\infty} f(x_2|X_1=x_1)dx_2 = 1$.

Die zugehörigen Verteilungsfunktionen lauten im stetigen Fal

$$F(x_1|X_2=x_2) = P(X_1 \leq x_1|X_2 = x_2) = \int_{-\infty}^{x_1} f(t_1|X_2=x_2)dt_1 \quad \text{und}$$

$$F(x_2|X_1=x_1) = P(X_2 \leq x_2|X_1 = x_1) = \int_{-\infty}^{x_2} f(t_2|X_1=x_1)dt_2.$$

Es gilt damit $\frac{d}{dx_1} F(x_1|X_2=x_2) = f(x_1|X_2=x_2)$ und

$\frac{d}{dx_2} F(x_2|X_1=x_1) = f(x_2|X_1=x_1)$ (vgl. 2.2.1).

Sind X_1 und X_2 unabhängig, so gilt $p^{(1)}_{i|j} = p_{i.}$ bzw.

$f(x_1|X_2=x_2) = f_1(x_1)$ und $p^{(2)}_{j|i} = p_{.j}$ bzw. $f(x_2|X_1=x_1) = f_2(x_2$

(f_1, f_2 Dichten der Randverteilungen).

Es gilt der Multiplikationssatz (vgl. 2.1.3)

$$p_{ij} = p_{i|j}^{(1)} \cdot p_{.j} = p_{j|i}^{(2)} \cdot p_{i.} \text{ bzw.}$$

$$f(x_1,x_2) = f(x_1|X_2=x_2) \cdot f_2(x_2) = f(x_2|X_1=x_1) \cdot f_1(x_1)$$

und die Formel für die totale Wahrscheinlichkeit (vgl. 2.1.3)

$$p_{i.} = \sum_j p_{.j} \cdot p_{i|j}^{(1)}; \quad p_{.j} = \sum_i p_{i.} \cdot p_{j|i}^{(2)} \text{ bzw.}$$

$$f_1(x_1) = \int_{-\infty}^{+\infty} f_2(x_2) f(x_1|X_2=x_2)dx_2; \quad f_2(x_2) = \int_{-\infty}^{+\infty} f_1(x_1) f(x_2|X_1=x_1)dx_1.$$

2.3.5. Bedingte Erwartung - bedingte Varianz

Def.: Die bedingte Erwartung $E[X_1|X_2]$ von X_1 unter der Bedingung X_2 ist die Zufallsvariable, welche die Werte $E[X_1|X_2=x_{2j}]$ bzw. $E[X_1|X_2=x_2]$ annimmt, wenn X_2 die Realisation x_{2j} im diskreten Fall bzw. x_2 im stetigen Fall annimmt [1)].

Analog die bedingte Erwartung $E[X_2|X_1]$.

Die Erwartungswerte der bedingten Verteilungen sind dabei:

A. Ist $\underline{X} = (X_1,X_2)$ diskret; dann ist

$$E[X_1|X_2=x_{2j}] := \sum_i x_{1i} \, p_{i|j}^{(1)} = \frac{\sum_i x_{1i} \, p_{ij}}{p_{.j}} = \frac{\sum_i x_{1i} \, p_{ij}}{\sum_i p_{ij}}$$

der bedingte Erwartungswert von X_1 unter der Bedingung $X_2 = x_{2j}$ bzw. der Erwartungswert der bedingten Verteilung von X_1 unter der Bedingung $X_2 = x_{2j}$.

1) Dies bedeutet $E[X_1|X_2]: \Omega \to \mathbb{R}$, wobei $E[X_1|X_2](\omega) = E[X_1|X_2=x_{2j}]$ bzw. $E[X_1|X_2=x_2]$, wenn $X_2(\omega) = x_{2j}$ bzw. $X_2(\omega) = x_2$ $(\omega \in \Omega)$.

B. Ist $\underline{X} = (X_1,X_2)$ stetig; dann ist

$$E[X_1|X_2=x_2]: = \int_{-\infty}^{+\infty} x_1 f(x_1|X_2=x_2)dx_1 = \frac{\int_{-\infty}^{+\infty} x_1 f(x_1,x_2)dx_1}{f_2(x_2)} = $$

$$= \frac{\int_{-\infty}^{+\infty} x_1 f(x_1,x_2)dx_1}{\int_{-\infty}^{+\infty} f(x_1,x_2)dx_2}$$

der bedingte Erwartungswert von X_1 unter der Bedingung $X_2 = x_2$ bzw. der Erwartungswert der bedingten Verteilung von X_2 unter der Bedingung $X_1 = x_1$.

Entsprechend werden $E[X_2|X_1=x_{1i}]$ und $E[X_2|X_1=x_1]$ eingeführt.

Für eine n-dimensionale Zufallsvariable $\underline{X} = (X_1,\ldots,X_n)$ definiert man analog:

A. Für $\underline{X}$ diskret ist die bedingte Wahrscheinlichkeitsfunkti[on] von X_r $(r=1,\ldots,n)$ gegeben durch

$$P^{(r)}_{i_r|i_1,\ldots,i_{r-1},i_{r+1},\ldots,i_n} =$$

$$= \frac{P(X_1=x_{1i_1},\ X_2=x_{2i_2},\ \ldots,\ X_r=x_{ri_r},\ldots,\ X_n=x_{ni_n})}{f_r(x_{ri_r})} \quad (f_r(x_{ri_r})$$

B. für $\underline{X}$ stetig ist die bedingte Dichte von X_r $(r=1,\ldots,n)$ gegeben durch

$$f(x_r|X_1=x_1,\ldots,X_{r-1}=x_{r-1},X_{r+1} = x_{r+1},\ldots,X_n=x_n) =$$

$$= \frac{f(x_1,\ldots,x_r,\ldots,x_n)}{f_r(x_r)} \quad (f_r(x_r) \neq 0).$$

Der bedingte Erwartungswert von X_r $(r=1,\ldots,n)$ ist

A. für $\underline{X}$ diskret

$$E[X_r | X_1 = x_{1i_1}, \ldots, X_{r-1} = x_{r-1,i_{r-1}}, X_{r+1} = x_{r+1,i_{r+1}}, \ldots, X_n = x_{ni_n}] =$$

$$= \sum_{i_r} x_{ri_r} p^{(r)}_{i_r | i_1, \ldots, i_{r-1}, i_{r+1}, \ldots, i_n};$$

B. für $\underline{X}$ stetig

$$E[X_r | X_1 = x_1, \ldots, X_{r-1} = x_{r-1}, X_{r+1} = x_{r+1}, \ldots, X_n = x_n] =$$

$$= \int_{-\infty}^{+\infty} x_r f(x_r | X_1 = x_1, \ldots, X_{r-1} = x_{r-1}, X_{r+1} = x_{r+1}, \ldots, X_n = x_n) dx_r.$$

Ist $(X_1, \ldots, X_s)$ ein s-dimensionaler Teilvektor von $\underline{X} = (X_1, \ldots, X_n)$, dann ist im stetigen Fall die <u>bedingte Dichte des Teilvektors</u> $(X_1, \ldots, X_s)$ unter der Bedingung $X_{s+1} = x_{s+1}, \ldots, X_n = x_n$ (<u>Dichte der bedingten Verteilung</u>) gegeben durch

$$f_{1,\ldots,s}(x_1, \ldots, x_s | X_{s+1} = x_{s+1}, \ldots, X_n = x_n) :=$$

$$= \frac{f(x_1, \ldots, x_n)}{f_{s+1,\ldots,n}(x_{s+1}, \ldots, x_n)} \qquad (f \text{ Dichte von } \underline{X}).$$

Es gilt

$$f(x_1, x_2, \ldots, x_n) = f_1(x_1) f_2(x_2 | X_1 = x_1) f_3(x_3 | X_1 = x_1; X_2 = x_2) \ldots$$
$$\ldots f_n(x_n | X_1 = x_1; \ldots; X_{n-1} = x_{n-1}).$$

Im diskreten Fall analog.

Setzt man $Y := a_1 X_1 + \ldots + a_{n-1} X_{n-1}$, so ist für stetige Zufallsvariablen

$$E[Y | X_n = x_n] = \sum_{j=1}^{n-1} a_j E[X_j | X_n = x_n] \qquad (a_j \; (j=1, \ldots, n-1) \text{ Konstanten});$$

für diskrete Zufallsvariablen entsprechend.

Sind X_1 und X_2 unabhängig, so ist $E[X_1 | X_2 = x_2] = E[X_1 | X_2] =$

$= E[X_1]$ und $E[X_2|X_1=x_1] = E[X_2|X_1] = E[X_2]$ (im diskreten Fall entsprechend zu formulieren).

Falls X_2 eine Dichte hat und $X_1 = \varphi(X_2)$ ist [1], gilt

$E[X_1|X_2=x_2] = \varphi(x_2) = x_1$ $(E[X_1|X_2] = \varphi(X_2) = X_1)$;

entsprechend für $X_2 = \psi(X_1)$ und im diskreten Fall.

Weiter hat man stets

$E[E[X_1|X_2]] = E[X_1]$ (falls $E[X_1]$ existiert)

und, wenn Z eine Funktion von X_2 ist,

$E[E[X_1|X_2]|Z=z] = E[X_1|Z=z]$,

$(E[E[X_1|X_2]|Z] = E[X_1|Z] = E[E[X_1|Z]|X_2])$.

Es gilt

$$E[X_1] = E[E[X_1|X_2]] = \begin{cases} \sum_j E[X_1|X_2=x_{2j}]p_{.j} & \text{für } \underline{X} \text{ diskret} \\ \int_{-\infty}^{+\infty} E[X_1|X_2=x_2]f_2(x_2)dx_2 & \text{für } \underline{X} \text{ stetig} \end{cases}$$

$$E[X_2] = E[E[X_2|X_2]] = \begin{cases} \sum_i E[X_2|X_1=x_{1i}]p_{i.} & \text{für } \underline{X} \text{ diskret} \\ \int_{-\infty}^{+\infty} E[X_2|X_1=x_1]f_1(x_1)dx_1 & \text{für } \underline{X} \text{ stetig} \end{cases}$$

und, wenn f_Z die Dichte von Z ist,

$E[E[X_1|X_2]|Z=z] = \int_M E[X_1|X_2=x_2] \frac{f_2(x_2)}{f_Z(z)} dx_2$, wobei über M mit

$M = \{x_2 \in \mathbb{R} | \varphi(x_2) = z\}$ zu integrieren ist.

<u>Def.</u>: Die <u>bedingte Varianz</u> $var[X_1|X_2]$ von X_1 unter der Bedingung X_2 ist die Zufallsvariable, welche die Werte

1) Eine gemeinsame Dichte existiert nicht; die Verteilung ist auf einer eindimensionalen "Kurve" konzentriert.

$\text{var}[X_1|X_2=x_{2j}]$ bzw. $\text{var}[X_1|X_2=x_2]$ annimmt, wenn X_2 die Realisationen x_{2j} bzw. x_2 durchläuft.

Dabei ist $\text{var}[X_1|X_2=x_{2j}]$ die Varianz der bedingten Verteilung von X_1 unter der Bedingung $X_2 = x_{2j}$.

Es gilt
$$\text{var}[X_1|X_2] = E[(X_1 - E[X_1|X_2])^2|X_2] = E[X_1^2|X_2] - (E[X_1|X_2])^2.$$

Analog die bedingte Varianz $\text{var}[X_2|X_1]$.

Es ist

$$\text{var}[X_1] = E[\text{var}[X_1|X_2]] + \text{var}[E[X_1|X_2]].$$

Mit $E[\text{var}[X_1|X_2]] = \sigma_w^2(X_1) :=$

$$= \begin{cases} \sum\limits_j (\sum\limits_i x_{1i}^2 p_{i|j}^{(1)} - (E[X_1|X_2=x_{2j}])^2 p_{.j} & \text{für } \underline{X} \text{ diskret} \\ \int\limits_{-\infty}^{+\infty} (\int\limits_{-\infty}^{+\infty} x_1^2 f(x_1|X_2=x_2)\,dx_1 - (E[X_1|X_2=x_2])^2) f_2(x_2)\,dx_2 & \text{für } \underline{X} \text{ stetig} \end{cases}$$

und

$\text{var}[E[X_1|X_2]] = \sigma_b^2(X_1) :=$

$$= \begin{cases} \sum\limits_j (\sum\limits_i x_{1i} p_{i|j}^{(1)} - E[X_1])^2 p_{.j} & \text{für } \underline{X} \text{ diskret} \\ \int\limits_{-\infty}^{+\infty} (\int\limits_{-\infty}^{+\infty} x_1 f(x_1|X_2=x_2)\,dx_1 - E[X_1])^2 f_2(x_2)\,dx_2 & \text{für } \underline{X} \text{ stetig} \end{cases}$$

ist

$\text{var}[X_1] = \sigma_w^2(X_1) + \sigma_b^2(X_1)$ (Varianzzerlegung).

$\sigma_w^2(X_1)$ heißt interne Varianz (durch X_2 nicht-erklärte Varianz), $\sigma_b^2(X_1)$ externe Varianz (durch X_2 erklärte Varianz).

Entsprechendes gilt für $\text{var}[X_2]$.

Zusammenstellung: Sei $\underline{X} = (X_1, X_2)$ zweidimensionale Zufallsvariable mit der Verteilungsfunktion $F(.,.)$ und

für $\underline{X}$ diskret sei $P(X_1 = x_{1i};\ X_2 = x_{2j}) = p_{ij}$; für $\underline{X}$ stetig sei $f(.,.)$ die Dichte

	X_1	X_2
$\underline{X}$ diskret; Wahrscheinlichkeitsfunktion der Randverteilung von	$p_{i.} = f_1(x_{1i}) = \sum_j p_{ij} = \sum_j P(X_1 = x_{1i};\ X_2 = x_{2j})$	$p_{.j} = f_2(x_{2j}) = \sum_i p_{ij} = \sum_i P(X_1 = x_{1i};\ X_2 = x_{2j})$
$\underline{X}$ stetig; Dichte der Randverteilung von	$f_1(x_1) = \int_{-\infty}^{+\infty} f(x_1, x_2)dx_2$	$f_2(x_2) = \int_{-\infty}^{+\infty} f(x_1, x_2)dx_1$
Verteilungsfunktion der Randverteilung von	$F_1(x_1) = \lim_{x_2 \to \infty} F(x_1, x_2) = \sum_{\{x_{1i} \leq x_1\}} p_{i.}$ für $\underline{X}$ diskret; $= \int_{-\infty}^{x_1} f_1(t_1)dt_1$ für $\underline{X}$ stetig	$F_2(x_2) = \lim_{x_1 \to \infty} F(x_1, x_2) = \sum_{\{x_{2j} \leq x_2\}} p_{.j}$ für $\underline{X}$ diskret; $= \int_{-\infty}^{x_2} f_2(t_2)dt_2$ für $\underline{X}$ stetig

	X_1	X_2
(unbedingter) Erwartungswert von	$E[X_1] = \sum_i \sum_j x_{1i} p_{ij} = \sum_i x_{1i} p_{i.}$	$E[X_2] = \sum_i \sum_j x_{2j} p_{ij} = \sum_j x_{2j} p_{.j}$
	für $\underline{X}$ diskret	
	$= \int_{-\infty}^{+\infty} \int_{-\infty}^{+\infty} x_1 f(x_1, x_2) dx_1 dx_2 =$ $= \int_{-\infty}^{+\infty} x_1 f_1(x_1) dx_1$	$= \int_{-\infty}^{+\infty} \int_{-\infty}^{+\infty} x_2 f(x_1, x_2) dx_1 dx_2 =$ $= \int_{-\infty}^{+\infty} x_2 f_2(x_2) dx_2$
	für $\underline{X}$ stetig	
(unbedingte) Varianz von	$var[X_1] = \sum_i x_{1i}^2 p_{i.} - (E[X_1])^2$	$var[X_2] = \sum_j x_{2j}^2 p_{.j} - (E[X_2])^2$
	für $\underline{X}$ diskret	
	$= \int_{-\infty}^{+\infty} x_1^2 f_1(x_1) dx_1 - (E[X_1])^2$	$= \int_{-\infty}^{+\infty} x_2^2 f_2(x_2) dx_2 - (E[X_2])^2$
	für $\underline{X}$ stetig	
$\underline{X}$ diskret; bedingte Wahrscheinlichkeitsfunktion von	$p_{i\|j}^{(1)} = \frac{p_{ij}}{p_{.j}}$	$p_{j\|i}^{(2)} = \frac{p_{ij}}{p_{i.}}$
$\underline{X}$ stetig; bedingte Dichte von	$f(x_1 \| X_2 = x_2) = \frac{f(x_1, x_2)}{f_2(x_2)}$	$f(x_2 \| X_1 = x_1) = \frac{f(x_1, x_2)}{f_1(x_1)}$

	X_1	X_2
bedingte Verteilungsfunktion	$F(x_1 \| X_2=x_{2j}) =$ $= P(X_1 \leq x_1 \| X_2=x_{2j}) = \sum\limits_{\substack{i \\ \{x_{1i} \leq x_1\}}} p^{(1)}_{i\|j}$	$F(x_2 \| X_1=x_{1i}) =$ $= P(X_2 \leq x_2 \| X_1=x_{1i}) = \sum\limits_{\substack{j \\ \{x_{2j} \leq x_2\}}} p^{(2)}_{j\|i}$
	für $\underline{X}$ diskret	
	$F(x_1 \| X_2=x_2) =$ $= P(X_1 \leq x_1 \| X_2=x_2) =$ $= \int\limits_{-\infty}^{x_1} f(t_1 \| X_2=x_2)dt_1$	$F(x_2 \| X_1=x_1) =$ $= P(X_2 \leq x_2 \| X_1=x_1) =$ $= \int\limits_{-\infty}^{x_2} f(t_2 \| X_1=x_1)dt_2$
	für $\underline{X}$ stetig	
bedingter Erwartungswert von	$E[X_1 \| X_2=x_{2j}] = \sum\limits_i x_{1i} p^{(1)}_{i\|j}$	$E[X_2 \| X_1=x_{1i}] = \sum\limits_j x_{2j} p^{(2)}_{j\|i}$
	für $\underline{X}$ diskret	
	$E[X_1 \| X_2=x_2] =$ $= \int\limits_{-\infty}^{+\infty} x_1 f(x_1 \| X_2=x_2)dx_1$	$E[X_2 \| X_2=x_1] =$ $= \int\limits_{-\infty}^{+\infty} x_2 f(x_2 \| X_1=x_1)dx_2$
	für $\underline{X}$ stetig	

	X_1	X_2
bedingte Varianz von	$\mathrm{var}[X_1 \mid X_2=x_{2j}] =$ $= E[(X_1-E[X_1 \mid X_2=x_{2j}])^2 \mid X_2=x_{2j}] =$ $= \sum_i x_{1i}^2 p_{i\mid j}^{(1)} - (E[X_1 \mid X_2=x_{2j}])^2$	$\mathrm{var}[X_2 \mid X_1=x_{1i}] =$ $= E[(X_2-E[X_2 \mid X_1=x_{1i}])^2 \mid X_1=x_{1i}] =$ $= \sum_j x_{2j}^2 p_{j\mid i}^{(2)} - (E[X_2 \mid X_1=x_{1i}])^2$
	für $\underline{X}$ diskret	
	$\mathrm{var}[X_1 \mid X_2=x_2] =$ $= E[(X_1-E[X_1 \mid X_2=x_2])^2 \mid X_2=x_2] =$ $= \int_{-\infty}^{+\infty} x_1^2 f(x_1 \mid X_2=x_2)dx_1 -$ $- (E[X_1 \mid X_2=x_2])^2$	$\mathrm{var}[X_2 \mid X_1=x_1] =$ $= E[(X_2-E[X_2 \mid X_1=x_1])^2 \mid X_1=x_1] =$ $= \int_{-\infty}^{+\infty} x_2^2 f(x_2 \mid X_1=x_1)dx_2 -$ $- (E[X_2 \mid X_1=x_1])^2$
	für $\underline{X}$ stetig	

Eine analoge Zusammenstellung läßt sich für n-dimensionale Zufallsvariablen $\underline{X} = (X_1,\dots,X_n)$ aufstellen. Im diskreten Fall hat man die Wahrscheinlichkeiten (Wahrscheinlichkeitsfunktion)

$$P(X_1=x_{1i_1};\ X_2=x_{2i_2};\dots;\ X_n=x_{ni_n})\quad (i_\nu=1,2,\dots;\ \nu=1,\dots,n)$$

und im stetigen Fall die Dichte $f(.\ ,\dots,\ .)$ als Funktion von n Variablen zu benutzen. Summen bzw. Integrale werden dann zu mehrfachen Summen bzw. zu mehrfachen Integralen. Besteht bei der Bildung einer bedingten Verteilung die Bedingung aus einem s-dimensionalen Vektor $(s < n)$, so ist die bedingte Verteilung eine (n-s)-dimensionale Verteilung.

2.3.6. Funktionen von mehreren Zufallsvariablen

Def.: Sei $\varphi: \mathbb{R}^2 \to \mathbb{R}$ eine Funktion von zwei Variablen [1] und $\underline{X} = (X_1,X_2)$ eine zweidimensionale Zufallsvariable. Dann ist $Y := \varphi(\underline{X}) = \varphi(X_1,X_2): \Omega \to \mathbb{R}$ eine eindimensionale Zufallsvariable.
Ist entsprechend $\varphi: \mathbb{R}^n \to \mathbb{R}$ eine Funktion von n Variablen [1] und $\underline{X} = (X_1,\dots,X_n)$ eine n-dimensionale Zufallsvariable, dann ist $Y := \varphi(\underline{X}) = \varphi(X_1,\dots,X_n): \Omega \to \mathbb{R}$ eine eindimensionale Zufallsvariable [2].

Im wesentlichen werden wir uns weiterhin auf den Fall $n = 2$ beschränken.

Sei F_j die Verteilungsfunktion von X_j;
f_j die Dichte von X_j, falls X_j stetig $(j=1,2)$;
F die gemeinsame Verteilungsfunktion von $\underline{X} = (X_1,X_2)$;
f die gemeinsame Dichte von $\underline{X} = (X_1,X_2)$, falls

1) φ soll meßbar sein; meistens kann man sich auf stetige Funktionen φ beschränken. Die Forderung der Meßbarkeit ist für stetige Funktionen φ immer und sonst meistens erfüllt.
2) φ kann damit selbst als Zufallsvariable aufgefaßt werden, wobei der Wahrscheinlichkeitsraum $[\mathbb{R}^n, \mathcal{B}^n, P^{\underline{X}}]$ ist.

$\underline{X} = (X_1, X_2)$ stetig;

F_Y die Verteilungsfunktion von $Y = \varphi(X_1, X_2)$;

f_Y die Dichte von $Y = \varphi(X_1, X_2)$, falls Y stetig.

Dann gilt

<u>Satz 1</u>: A. Für (X_1, X_2) diskret mit den Realisationen $x_{11}, x_{12}, \dots, x_{1i}, \dots$ von X_1 und $x_{21}, x_{22}, \dots, x_{2j}, \dots$ von X_2 ist

$P(Y=y) = \sum_{i,j} P(X_1 = x_{1i}; X_2 = x_{2j})$, wobei die Doppelsumme über alle Indexpaare (i,j) mit $\varphi(x_{1i}, x_{2j}) = y$ zu erstrecken ist;

$F_Y(y) = \sum_{i,j} P(X_1 = x_{1i}; X_2 = x_{2j})$, wobei die Doppelsumme über alle Indexpaare (i,j) mit $\varphi(x_{1i}, x_{2j}) \leq y$ zu erstrecken ist;

B. für (X_1, X_2) stetig ist

$F_Y(y) = \int\int_M f(x_1, x_2)\,dx_2\,dx_1$, wobei der Integrationsbereich M durch $\varphi(x_1, x_2) \leq y$ bestimmt ist, also

$M = \{(x_1, x_2) \in \mathbb{R}^2 \mid \varphi(x_1, x_2) \leq y\}$.

<u>Satz 1'</u>: Sind X_1 und X_2 unabhängig, so gilt:

A. Für (X_1, X_2) diskret ist

$P(Y=y) = \sum_{i,j} P(X_1 = x_{1i}) P(X_2 = x_{2j})$ und

$F_Y(y) = \sum_{i,j} P(X_1 = x_{1i}) P(X_2 = x_{2j})$ mit den Summationsbedingungen wie oben;

B. für (X_1, X_2) stetig ist

$F_Y(y) = \int_{-\infty} \int_{-\infty} f_1(x_1) f_2(x_2)\,dx_2\,dx_1$ mit den Integrationsbedingungen wie oben.

Spezialfälle:

Satz 2: Für $Y = X_1 + X_2$ gilt:

A. Für (X_1,X_2) diskret ist

$$P(Y=y) = \sum_{i=1,2,\dots} P(X_1=x_{1i};X_2=y-x_{1i}) = \sum_{j=1,2,\dots} P(X_1=y-x_{2j};X_2=x_{2j})$$

B. für (X_1,X_2) stetig ist

$$F_Y(y) = \int_{-\infty}^{+\infty}\int_{-\infty}^{y-x_1} f(x_1,x_2)dx_2dx_1 = \int_{-\infty}^{+\infty}\int_{-\infty}^{y-x_2} f(x_1,x_2)dx_1dx_2 =$$

$$= \int_{-\infty}^{+\infty}\int_{-\infty}^{y} f(x_1,x_2-x_1)dx_2dx_1 = \int_{-\infty}^{+\infty}\int_{-\infty}^{y} f(x_1-x_2,x_2)dx_1dx_2$$

und

$$f_Y(y) = \int_{-\infty}^{+\infty} f(x_1,y-x_1)dx_1 = \int_{-\infty}^{+\infty} f(y-x_2,x_2)dx_2.$$

Satz 2': Sind X_1 und X_2 unabhängig, so gilt:

A. Für (X_1,X_2) diskret ist

$$P(Y=y) = \sum_{i=1,2,\dots} P(X_1=x_{1i})P(X_2=y-x_{1i}) =$$

$$= \sum_{j=1,2,\dots} P(X_1=y-x_{2j})P(X_2=x_{2j}) =$$

$$= \sum_{x_{1i}+x_{2j}=y} P(X_1=x_{1i})P(X_2=x_{2j});$$

$$F_Y(y) = \sum_{x_{1i}+x_{2j}\le y} P(X_1=x_{1i})P(X_2=x_{2j});$$

B. für (X_1,X_2) stetig ist

$$F_Y(y) = \int_{-\infty}^{+\infty} f_1(x_1)F_2(y-x_1)dx_1 = \int_{-\infty}^{+\infty} f_2(x_2)F_1(y-x_2)dx_2$$

und

$$f_Y(y) = \int_{-\infty}^{+\infty} f_1(x_1)f_2(y-x_1)dx_1 = \int_{-\infty}^{+\infty} f_1(y-x_2)f_2(x_2)dx_2.$$

Satz 2' wird auch Faltungssatz genannt [1].

Die Verteilung von $Y = X_1 + X_2$ bei unabhängigen X_1,X_2 heißt die Faltung der Verteilungen von X_1 und X_2.
Man schreibt bei der Faltung von X_1 und X_2 auch $F_Y = F_1 * F_2$.

Es gilt $F_1 * F_2 = F_2 * F_1$ sowie
$(F_1 * F_2) * F_3 = F_1 * (F_2 * F_3)$.

Allgemeiner hat man

Satz 3: Für $Y = a_0 + a_1X_1 + a_2X_2$ gilt:

A. Für (X_1,X_2) diskret ist

$$P(Y=y) = \sum_{i=1,2,\dots} P(X_1=x_{1i};\ X_2 = \frac{1}{a_2}(y - a_1x_{1i} - a_0))\quad (a_2 \neq 0)$$

$$= \sum_{j=1,2,\dots} P(X_1 = \frac{1}{a_1}(y - a_2x_{2j} - a_0);\ X_2=x_{2j})\quad (a_1 \neq 0);$$

1) Mit dem Stieltjes-Integral kann man schreiben

$$F_Y(y) = \int_{-\infty}^{+\infty} F_2(y-x_1)dF_1(x_1) = \int_{-\infty}^{+\infty} F_1(y-x_2)dF_2(x_2) \text{ und}$$

$$f_Y(y) = \int_{-\infty}^{+\infty} f_2(y-x_1)dF_1(x_1) = \int_{-\infty}^{+\infty} f_1(y-x_2)dF_2(x_2).$$

B. für (X_1,X_2) stetig ist

$$F_Y(y) = \int_{-\infty}^{+\infty} \int f(x_1,x_2)dx_2dx_1,$$ wobei das innere Integral für $a_2 > 0$ von $-\infty$ bis $\frac{1}{a_2}(y - a_1x_1 - a_0)$ und für $a_2 < 0$ von $\frac{1}{a_2}(y - a_1x_1 - a_0)$ bis $+\infty$ zu nehmen ist;

$$F_Y(y) = \int_{-\infty}^{+\infty} \int f(x_1,x_2)dx_1dx_2,$$ wobei das innere Integral für $a_1 > 0$ von $-\infty$ bis $\frac{1}{a_1}(y - a_2x_2 - a_0)$ und für $a_1 < 0$ von $\frac{1}{a_1}(y - a_2x_2 - a_0)$ bis $+\infty$ zu nehmen ist;

$$f_Y(y) = \frac{1}{|a_2|} \int_{-\infty}^{+\infty} f(x_1, \frac{1}{a_2}(y - a_1x_1 - a_0))dx_1 \quad (a_2 \neq 0)$$

$$= \frac{1}{|a_1|} \int_{-\infty}^{+\infty} f(\frac{1}{a_1}(y - a_2x_2 - a_0),x_2)dx_2 \quad (a_1 \neq 0).$$

Hieraus erhält man als Spezialfall für $Y = X_1 - X_2$:

A. Für (X_1,X_2) diskret ist

$$P(Y=y) = \sum_{i=1,2,...} P(X_1=x_{1i};\ X_2=-y+x_{1i}) =$$

$$= \sum_{j=1,2,...} P(X_1=y+x_{2j};\ X_2=x_{2j});$$

B. für (X_1,X_2) stetig ist

$$F_Y(y) = \int_{-\infty}^{+\infty} \int_{-y+x_1}^{+\infty} f(x_1,x_2)dx_2dx_1 =$$

$$= \int_{-\infty}^{+\infty} \int_{-\infty}^{y+x_2} f(x_1,x_2)dx_1dx_2 \text{ und}$$

$$f_Y(y) = \int_{-\infty}^{+\infty} f(x_1, -y+x_1)dx_1 =$$

$$= \int_{-\infty}^{+\infty} f(y+x_2,x_2)dx_2.$$

Weitere Funktionen von Zufallsvariablen:

Satz 4: Für $Y: = X_1X_2$ gilt:

A. Für (X_1,X_2) diskret ist

$$P(Y=y) = \sum_{i=1,2,...} P(X_1=x_{1i};X_2=\frac{y}{x_{1i}}) = \sum_{j=1,2,...} P(X_1=\frac{y}{x_{2j}};X_2=x_{2j});$$

B. für (X_1,X_2) stetig ist

$$F_Y(y) = \int_{0}^{+\infty} \int_{-\infty}^{y/x_1} f(x_1,x_2)dx_2dx_1 + \int_{-\infty}^{0} \int_{y/x_1}^{\infty} f(x_1,x_2)dx_2dx_1 =$$

$$= \int_{0}^{+\infty} \int_{-\infty}^{y/x_2} f(x_1,x_2)dx_1dx_2 + \int_{-\infty}^{0} \int_{y/x_2}^{+\infty} f(x_1,x_2)dx_1dx_2;$$

$$f_Y(y) = \int_{0}^{+\infty} f(x_1,\frac{y}{x_1}) \frac{1}{x_1} dx_1 - \int_{-\infty}^{0} f(x_1,\frac{y}{x_1}) \frac{1}{x_1} dx_1 =$$

$$= \int_{-\infty}^{+\infty} f(x_1,\frac{y}{x_1}) \frac{1}{|x_1|} dx_1 =$$

$$= \int_{0}^{+\infty} f(\frac{y}{x_2},x_2)\ \frac{1}{x_2}\ dx_2 - \int_{-\infty}^{0} f(\frac{y}{x_2},x_2)\ \frac{1}{x_2}\ dx_2 =$$

$$= \int_{-\infty}^{+\infty} f(\frac{y}{x_2},x_2)\ \frac{1}{|x_2|}\ dx_2 .$$

<u>Satz 5</u>: Für $Y: = \frac{X_1}{X_2}$ $(P(X_2=0) = 0)$ gilt:

A. Für (X_1,X_2) diskret ist

$$P(Y=y) = \sum_{i=1,2,...} P(X_1=x_{1i};\ X_2=\frac{x_{1i}}{y}) = \sum_{j=1,2,...} P(X_1=yx_{2j};\ X_2=x_{2j})$$

B. für (X_1,X_2) stetig ist

$$F_Y(y) = \int_{0}^{\infty}\int_{-\infty}^{yx_2} f(x_1,x_2)dx_1dx_2 + \int_{-\infty}^{0}\int_{yx_2}^{\infty} f(x_1,x_2)dx_1dx_2;$$

$$f_Y(y) = \int_{0}^{\infty} x_1 f(x_1y,x_1)dx_1 - \int_{-\infty}^{0} x_1 f(x_1y,x_1)dx_1 = \int_{-\infty}^{+\infty} |x_1| f(x_1y,x_1)$$

<u>Satz 6:</u> Ist Y das Maximum von X_1 und X_2, also $Y: = \max(X_1,X$
dann gilt

$$F_Y(y) = F(y,y)$$

und für (X_1,X_2) stetig $f_Y(y) = \int_{-\infty}^{y} f(y,x_2)dx_2 + \int_{-\infty}^{y} f(x_1,y)dx_1 .$

<u>Satz 7</u>: Ist Y das Minimum von X_1 und X_2, also $Y: = \min(X_1,X_2$
dann gilt

1) $Y = \max(X_1,X_2)$ ist also zu verstehen als die Zufallsvariable Y mit $Y(\omega) = \max(X_1(\omega),X_2(\omega))$. Entsprechend $\min(X_1,X_2)$ und für n Zufallsvariablen $X_1,...,X_n$.

$F_Y(y) = F_1(y) + F_2(y) - F(y,y)$

und für (X_1,X_2) stetig

$$f_Y(y) = f_1(y) + f_2(y) - \int_{-\infty}^{y} f(y,x_2)dx_2 - \int_{-\infty}^{y} f(x_1,y)dx_1.$$

<u>Satz 6'</u>: Wenn X_1,X_2 unabhängig sind, gilt für $Y = \max(X_1,X_2)$

$F_Y(y) = F_1(y)F_2(y)$

und für (X_1,X_2) stetig

$f_Y(y) = f_1(y)F_2(y) + f_2(y)F_1(y)$.

Wenn außerdem X_1 und X_2 identisch verteilt sind, also

$F_1 = F_2 =: F_o$ und $f_1 = f_2 =: f_o$, ist

$F_Y(y) = (F_o(y))^2$ und $f_Y(y) = 2f_o(y)F_o(y)$.

<u>Satz 7'</u>: Wenn X_1,X_2 unabhängig sind, gilt für $Y = \min(X_1,X_2)$

$F_Y(y) = F_1(y) + F_2(y) - F_1(y)F_2(y) = 1 - (1-F_1(y))(1-F_2(y))$

und für (X_1,X_2) stetig

$f_Y(y) = f_1(y)(1-F_2(y)) + f_2(y)(1-F_1(y))$.

Wenn außerdem X_1 und X_2 identisch verteilt sind, also

$F_1 = F_2 =: F_o$ und $f_1 = f_2 =: f_o$, ist

$F_Y(y) = 2F_o(y) - (F_o(y))^2$ und $f_Y(y) = 2f_o(y)(1-F_o(y))$.

Hat man eine n-dimensionale Zufallsvariable $\underline{X} = (X_1,\ldots,X_n)$ mit den eindimensionalen Randverteilungsfunktionen F_j und, falls $\underline{X}$ stetig, den Randdichten f_j $(j=1,\ldots,n)$, dann gilt im Fall der Unabhängigkeit der X_j: Für $Y := \max(X_1,\ldots,X_n)$ ist

$$F_Y(y) = \prod_{j=1}^{n} F_j(y)$$

und, falls $(X_1,\ldots,X_n)$ stetig, $f_Y(y) = \sum_{j=1}^{n} \frac{f_j(y)}{F_j(y)} \prod_{i=1}^{n} F_i(y)$;

für Y: = min$(X_1,\dots,X_n)$ ist

$$F_Y(y) = 1 - \prod_{j=1}^{n} (1-F_j(y))$$

und, falls $(X_1,\dots,X_n)$ stetig, $f_Y(y) = \sum_{j=1}^{n} \frac{f_j(y)}{1-F_j(y)} \prod_{i=1}^{n} (1-F_i$

Wenn außerdem $X_1,\dots,X_n$ identisch verteilt sind, also
$F_1 =\dots= F_n =: F_o$ und $f_1 =\dots= f_n =: f_o$,
gilt für $Y = \max(X_1,\dots,X_n)$

$F_Y(y) = (F_o(y))^n$ und

$f_Y(y) = nf_o(y)(F_o(y))^{n-1}$;

und für $Y = \min(X_1,\dots,X_n)$

$F_Y(y) = 1 - (1-F_o(y))^n$ und

$f_Y(y) = nf_o(y)(1-F_o(y))^{n-1}$.

Sei $\varphi: \mathbb{R}^2 \to \mathbb{R}^2$ eine eindeutig umkehrbare Funktion und
$\underline{X} = (X_1,X_2)$ eine zweidimensionale Zufallsvariable. Dann ist
$\underline{Y} = (Y_1,Y_2) := \varphi(\underline{X}) = \varphi(X_1,X_2)$ mit

$$\begin{cases} Y_1 = \varphi_1(X_1,X_2) \\ Y_2 = \varphi_2(X_1,X_2) \end{cases} \quad \text{(Transformationsgleichungen)}$$

ebenfalls eine zweidimensionale Zufallsvariable.

Für die Funktionen φ_1 und φ_2 sollen die partiellen Ableitung
existieren; die Umkehrfunktion sei $\varphi^{-1} = ((\varphi^{-1})_1, \ (\varphi^{-1})_2)$.

Sei $f_{\underline{X}}$ die gemeinsame Dichte von $\underline{X} = (X_1,X_2)$
und $f_{\underline{Y}}$ die gemeinsame Dichte von $\underline{Y} = (Y_1,Y_2)$, falls $\underline{X}$ und $\underline{Y}$
stetig. Dann gilt

$$f_{\underline{Y}}(y_1,y_2) = f_{\underline{Y}}(\varphi_1(x_1,x_2), \ \varphi_2(x_1,x_2)) =$$
$$= f_{\underline{X}}((\varphi^{-1})_1(y_1,y_2), \ (\varphi^{-1})_2(y_1,y_2)) \cdot |\det \underline{J}|,$$

wobei

$$\underline{J} = \underline{J}_{\varphi^{-1}}(y_1,y_2) = \begin{bmatrix} \frac{\partial(\varphi^{-1})_1(y_1,y_2)}{\partial y_1} & \frac{\partial(\varphi^{-1})_1(y_1,y_2)}{\partial y_2} \\ \frac{\partial(\varphi^{-1})_2(y_1,y_2)}{\partial y_1} & \frac{\partial(\varphi^{-1})_2(y_1,y_2)}{\partial y_2} \end{bmatrix}$$

die Jacobische Funktionalmatrix ist.

2.3.7. Erwartungswerte - Momente

Def.: Sei $\underline{X} = (X_1,\dots,X_n)$ eine n-dimensionale Zufallsvarible. Der Vektor $E[\underline{X}] := (E[X_1],\dots,E[X_n])$ heißt Erwartungswertvektor von $\underline{X}$.

Def.: Sei $\varphi: \mathbb{R}^2 \to \mathbb{R}$ eine Funktion von zwei Variablen und $\underline{X} = (X_1,X_2)$ eine zweidimensionale Zufallsvariable. Dann ist der Erwartungswert von $\varphi(\underline{X}) = \varphi(X_1,X_2)$

$E[\varphi(\underline{X})] = E[\varphi(X_1,X_2)] :=$

$$= \begin{cases} \sum\limits_{i,j=1,2,\dots} \varphi(x_{1i},x_{2j})p_{ij} & \text{für } (X_1,X_2) \text{ diskret} \\ & (x_{11},\dots,x_{1i},\dots \text{ sind die Realisationen von } X_1; \\ & x_{21},\dots,x_{2j},\dots \text{ sind die Realisationen von } X_2; \\ & p_{ij} = P(X_1 = x_{1i};\ X_2 = x_{2j})) \\ \int\limits_{-\infty}^{+\infty}\int\limits_{-\infty}^{+\infty} \varphi(x_1,x_2)f(x_1,x_2)\,dx_1dx_2 & \text{für } (X_1,X_2) \text{ stetig} \\ & (f \text{ Dichte von } (X_1,X_2)) \end{cases}$$ [1].

---

1) Wenn $\sum\limits_{i,j}$ bzw. $\int\limits_{-\infty}^{+\infty}\int\limits_{-\infty}^{+\infty}$ absolut konvergent.

Im übrigen vgl. 2.2.3.

Im Fall $\underline{X} = (X_1,\ldots,X_n)$ hat man analog eine n-fache Summe bzw. ein n-faches Integral zu bilden.

Spezialfall $\varphi(X_1,X_2) = {X_1}^r{X_2}^s$ $(r,s \in \mathbb{N}_o)$:

<u>Def.</u>:

$$E[X_1^r\, X_2^s] = \begin{cases} \sum\limits_{i,j} x_{1i}^r x_{2j}^s p_{ij} & \text{für } (X_1,X_2) \text{ diskret} \\ \int\limits_{-\infty}^{+\infty}\int\limits_{-\infty}^{+\infty} x_1^r x_2^s\, f(x_1,x_2)dx_1 dx_2 & \text{für } (X_1,X_2) \text{ stetig} \end{cases}$$

heißt <u>Produktmoment</u> der Ordnung (r,s).

Erwartungswerte sind Produktmomente:

$\mu_{X_1} := E[X_1]$ = Produktmoment der Ordnung (1,0);

$\mu_{X_2} := E[X_2]$ = Produktmoment der Ordnung (0,1).

<u>Def.</u>: $E[(X_1 - E[X_1])^r(X_2 - E[X_2])^s]$ heißt <u>zentrales Produktmoment</u> der Ordnung (r,s).

Varianzen sind zentrale Produktmomente:

${\sigma^2}_{X_1} := var[X_1]$ = zentrales Produktmoment der Ordnung (2,0);

${\sigma^2}_{X_2} := var[X_2]$ = zentrales Produktmoment der Ordnung (0,2).

Sätze über Erwartungswerte

Additionssatz für Erwartungswerte [1]:

(1) $E[X_1 + X_2] = E[X_1] + E[X_2]$;

allgemeiner:

(1') $E[a_0 + a_1X_1 + a_2X_2] = a_o + a_1E[X_1] + a_2E[X_2]$.

---

1) Falls die betreffenden Erwartungswerte auf der rechten Seite existieren.

Analog für $a_0 + a_1X_1 + \ldots + a_nX_n$:

$$E[a_0 + a_1X_1 + \ldots + a_nX_n] = a_0 + \sum_{j=1}^{n} a_jE[X_j].$$

Multiplikationssatz für Erwartungswerte: Sind X_1 und X_2 unabhängig, dann gilt [1)]

(2) $E[X_1X_2] = E[X_1]E[X_2]$.

Analog für $X_1 \ldots X_n$, wenn $X_1,\ldots,X_n$ insgesamt unabhängig.

(2') Für beliebige Zufallsvariablen X_1 und X_2 gilt

a) $(E[X_1X_2])^2 \leq E[X_1{}^2]E[X_2{}^2]$ (Schwarzsche Ungleichung) [2)];

das Gleichheitszeichen gilt genau dann, wenn entweder $P(X_1 = 0) = 1$ oder $P(X_2 = 0) = 1$ oder $P(X_1 = aX_2) = 1$ (a Konstante) ist;

b) $\sqrt{E[(X_1+X_2)^2]} \leq \sqrt{E[X_1{}^2]} + \sqrt{E[X_2{}^2]}$ (Dreiecksungleichung).

Additionssatz für Varianzen: Sind X_1 und X_2 unabhängig, dann gilt [1)]

(3) $var[X_1 + X_2] = var[X_1] + var[X_2]$;

allgemeiner

(3') $var[a_0 + a_1X_1 + a_2X_2] = a_1^2\ var[X_1] + a_2^2\ var[X_2]$.

Analog für $a_0 + a_1X_1 + \ldots + a_nX_n$, falls die Zufallsvariablen $X_1,\ldots,X_n$ paarweise unabhängig sind:

$$var[a_0 + a_1X_1 + \ldots + a_nX_n] = \sum_{j=1}^{n} a_j^2\ var[X_j].$$

<u>Def.</u>: $cov[X_1,X_2] := E[X_1X_2] - E[X_1]\ E[X_2]$ heißt <u>Kovarianz</u> von X_1 und X_2.

$cov[X_1,X_2]$ wird oft mit $\sigma_{X_1X_2}$ bezeichnet.

---

1) Falls die betreffenden Größen auf der rechten Seite existieren.

2) Dies ist gleichbedeutend mit
$E[X_1X_2] \leq |E[X_1X_2]| \leq \sqrt{E[X_1^2]}\cdot\sqrt{E[X_2^2]}$.

Es gilt

(4) $\mathrm{cov}[X_1,X_2] = \mathrm{cov}[X_2,X_1]$;

(5) $\mathrm{cov}[X_1,X_2] = E[(X_1 - E[X_1])(X_2 - E[X_2])]$
$= $ zentrales Produktmoment der Ordnung (1,1);

(6) $\mathrm{cov}[X_1,X_1] = \mathrm{var}[X_1]$; $\mathrm{cov}[X_2,X_2] = \mathrm{var}[X_2]$;

(7) $\mathrm{cov}[a_1 + b_1X_1,\; a_2 + b_2X_2] = b_1b_2\,\mathrm{cov}[X_1,X_2]$;

(8) $\mathrm{cov}[X_1 + X_1^*,\, X_2] = \mathrm{cov}[X_1,X_2] + \mathrm{cov}[X_1^*,\, X_2]$;
$\mathrm{cov}[X_1,\, X_2 + X_2^*] = \mathrm{cov}[X_1,X_2] + \mathrm{cov}[X_1,\, X_2^*]$;

(9) $|\mathrm{cov}[X_1,X_2]| \leq \sqrt{\mathrm{var}[X_1]\;\mathrm{var}[X_2]}$.

Ferner gilt [1] für beliebige Zufallsvariablen $X_1,X_2,\ldots,X_n$

(10) $\mathrm{var}[X_1+X_2] = \mathrm{var}[X_1] + \mathrm{var}[X_2] + 2\,\mathrm{cov}[X_1,X_2]$;

allgemeiner:

(10') $\mathrm{var}[\sum_{j=1}^{n} X_j] = \sum_{j=1}^{n} \mathrm{var}[X_j] + 2 \sum_{1\leq i<j\leq n} \mathrm{cov}[X_i,X_j]$

sowie

$$\mathrm{var}[a_0+a_1X_1+a_2X_2] = a_1^2\mathrm{var}[X_1] + a_2^2\mathrm{var}[X_2] + 2a_1a_2\mathrm{cov}[X_1,X_2]$$

und

$$\mathrm{var}[a_0+a_1X_1+\ldots+a_nX_n] = \sum_{j=1}^{n} a_j^2\mathrm{var}[X_j] + 2 \sum_{1\leq i<j\leq n} a_ia_j\mathrm{cov}[X_i,X_j]$$

Spezialfall aus (1') und (3'): Setze $\frac{1}{n}\,[X_1+\ldots+X_n] =: \overline{X}$;
gilt $E[X_1] = \ldots = E[X_n] =: \mu$ und $\mathrm{var}[X_1] = \ldots = \mathrm{var}[X_n] =:$
dann ist

(11) $E[\overline{X}] = \mu$

und, falls $X_1,\ldots,X_n$ paarweise unabhängig,

(12) $\mathrm{var}[\overline{X}] = \frac{\sigma^2}{n}$ sowie $E[\frac{1}{n} \sum_{j=1}^{n} (X_j-\overline{X})^2] = \frac{n-1}{n}\,\sigma^2$.

---

1) Falls die betreffenden Größen auf der rechten Seite existieren.

Spezialfall von (10'):

(13) Gilt $\text{cov}[X_i,X_j] = a\sigma^2$ für alle $i \neq j$ $(i,j=1,\ldots,n)$,

dann ist

$$\text{var}[\bar{X}] = \frac{1}{n^2}\sum_{j=1}^{n}\text{var}[X_j] + \frac{n-1}{n}a^2\sigma^2.$$

<u>Def.</u>: Ist $\text{cov}[X_1,X_2] = 0$, dann heißen X_1 und X_2 <u>unkorreliert</u>.

Eine Folge $X_1,X_2,\ldots,X_j,\ldots$ von Zufallsvariablen heißt unkorreliert, wenn je zwei dieser Zufallsvariablen X_i,X_j $(i \neq j)$ unkorreliert sind.

Es gilt

(14) X_1 und X_2 unabhängig $\Longrightarrow$ X_1 und X_2 unkorreliert (Umkehrung gilt nicht!);

<u>Def.</u>: $\text{kor}[X_1,X_2] := \dfrac{\text{cov}[X_1,X_2]}{\sqrt{\text{var}[X_1]\text{var}[X_2]}} = \dfrac{\sigma_{X_1X_2}}{\sigma_{X_1}\sigma_{X_2}}$

heißt <u>Korrelationskoeffizient</u> von X_1 und X_2 (falls $\sigma_{X_1}\sigma_{X_2} \neq 0$). $\text{kor}[X_1,X_2]$ wird oft mit $\rho_{X_1X_2}$ bezeichnet.

Es gilt

(15) $\text{kor}[X_1,X_2] = \text{kor}[X_2,X_1]$;

(16) $|\text{kor}[X_1,X_2]| \leq 1$ (folgt unmittelbar aus (9));

(17) $\text{kor}[X_1,X_2] = 0 \Longleftrightarrow X_1$ und X_2 unkorreliert;

(18) X_1 und X_2 unabhängig $\Longrightarrow \text{kor}[X_1,X_2] = 0$ (Umkehrung gilt nicht!);

(19) Sei $\underline{X} = (X_1,X_2)$ zweidimensional normalverteilt. Dann gilt X_1 und X_2 unabhängig $\Longleftrightarrow \text{kor}[X_1,X_2] = 0$;

(20) $\text{kor}[a_1 + b_1X_1,\ a_2 + b_2X_2] = \text{kor}[X_1,X_2]$.

<u>Def.</u>: $\beta := \dfrac{\text{cov}[X_1,X_2]}{\text{var}[X_1]}$ heißt <u>Regressionskoeffizient</u> von X_2

bzgl. X_1 ($\text{var}[X_1] \neq 0$);

$\beta^* := \dfrac{\text{cov}[X_1,X_2]}{\text{var}[X_2]}$ heißt Regressionskoeffizient von X_1 bzgl. X_2

($\text{var}[X_2] \neq 0$).

Es gilt offenbar

(21a) $\beta = \text{kor}[X_1,X_2]\dfrac{\sqrt{\text{var}[X_2]}}{\sqrt{\text{var}[X_1]}}$ und

(21b) $\beta^* = \text{kor}[X_1,X_2]\dfrac{\sqrt{\text{var}[X_1]}}{\sqrt{\text{var}[X_2]}}$;

daraus folgt

(22) $\beta\beta^* = (\text{kor}[X_1,X_2])^2$.

Ferner hat man

(23) $|\text{kor}[X_1,X_2]| = 1 \iff P(X_2 = \beta X_1 + \alpha) = 1$ ($\iff$ $P(X_1 = \beta^* X_2 + \alpha^*) = 1$).

Weiter ist $\alpha = E[X_2] - \beta E[X_1]$ und

$\alpha^* = E[X_1] - \beta^* E[X_2]$.

$E[X_2|X_1] = \beta\ X_1 + \alpha$ heißt <u>Regressionsgerade</u> von X_2 bzgl. X_1[1]

$E[X_1|X_2] = \beta^* X_2 + \alpha^*$ " " " X_1 " X_2

---

1) $E[X_2|X_1]$ ist die bedingte Erwartung von X_2 unter der Bedingung X_1 und $E[X_1|X_2]$ die bedingte Erwartung von X_1 unter der Bedingung X_2 (vgl. 2.3.5).

Für $(\text{kor}[X_1,X_2])^2 = 1$ fallen die Regressionsgeraden zusammen.

Sei $\underline{X} = (X_1,\ldots,X_n)$.

<u>Def.:</u> Die (n,n)-Matrix $\underline{C} := (c_{jk})$ mit

$$c_{jk} = \begin{cases} \text{var}[X_j] & \text{für } j = k \\ \text{cov}[X_j,X_k] & \text{für } j \neq k \end{cases}$$

heißt <u>Kovarianzmatrix</u> [1] von $\underline{X}$.

$\underline{C}$ ist eine symmetrische Matrix und positiv semidefinit.

Genau dann besteht (mit der Wahrscheinlichkeit 1) unter den Zufallsvariablen $X_1,\ldots,X_n$ eine lineare Beziehung, wenn $\det \underline{C} = 0$ ist.

Sei $\underline{X} = (X_1,\ldots,X_n)$ ein Zufallsvektor mit dem Erwartungswertvektor $E[\underline{X}] = (E[X_1],\ldots,E[X_n])$ und der (n,n)-Kovarianzmatrix $\underline{C}_{\underline{X}}$ sowie $\underline{A}$ eine (m,n)-Matrix mit reellen Einträgen.

Dann ist $\underline{Y} = (Y_1,\ldots,Y_m)$ mit $\underline{Y}' = \underline{A}\,\underline{X}'$ ebenfalls ein Zufallsvektor und es gilt für den Erwartungswertvektor von $\underline{Y}$

$E[\underline{Y}] = (E[Y_1],\ldots,E[Y_m]) = \underline{A}\,E[\underline{X}]$;

ferner gilt für die (m,m)-Kovarianzmatrix $\underline{C}_{\underline{Y}}$ von $\underline{Y}$

$\underline{C}_{\underline{Y}} = \underline{A}\,\underline{C}_{\underline{X}}\,\underline{A}'$.

<u>Def.:</u> Die (n,n)-Matrix $\underline{D} := (d_{jk})$ mit

$$d_{jk} = \begin{cases} 1 & \text{für } j = k \\ \text{kor}[X_j,X_k] & \text{für } j \neq k \end{cases}$$

heißt <u>Korrelationsmatrix</u> von $\underline{X}$.

1) Manchmal auch Varianz-Kovarianzmatrix.

$\underline{D}$ ist eine symmetrische Matrix und positiv semidefinit.

Es gilt det $\underline{C}$ = (var$[X_1]$)...(var$[X_n]$) det $\underline{D}$. Ferner ist $0 \leq \det \underline{D} \leq 1$.

Def.: $\sqrt{\det \underline{D}}$ heißt Dispersionskoeffizient.

2.4. Einige spezielle Wahrscheinlichkeitsverteilungen

2.4.1. Diskrete Verteilungen

2.4.1.1. Def.: Eine diskrete Zufallsvariable X besitzt eine Einpunktverteilung [1] auf x_1, wenn sie die Wahrscheinlichkeitsfunktion

$$P(X=x_1) = 1 \quad (x_1 \in \mathbb{R})$$

hat. Die Verteilungsfuktion lautet

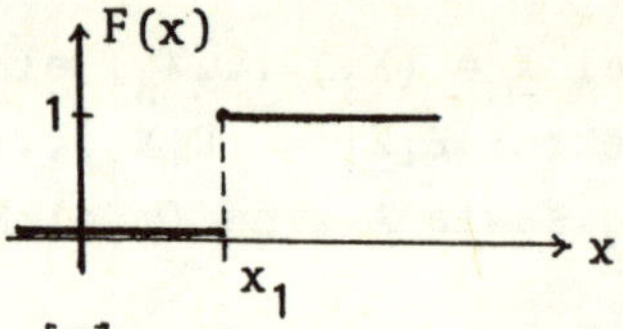

$$F(x) = \begin{cases} 0 & \text{für } x < x_1 \\ 1 & \text{für } x \geq x_1. \end{cases}$$

Erwartungswert $E[X] = x_1$; Varianz $\mathrm{var}[X] = 0$;

umgekehrt aus $\mathrm{var}[X] = 0$ folgt X ist einpunktverteilt;

r-tes Moment $E[X^r] = x_1^{\,r}$;

r-tes zentrales Moment $E[(X-\mu)^r] = 0$;

Median = Modalwert = x_1;

momenterzeugende Funktion $G(t) = e^{tx_1}$;

charakteristische Funktion $H(t) = e^{itx_1}$.

1) = ausgeartete, entartete, uneigentliche Verteilung.
Die Zufallsvariable X heißt dann fast sicher konstant.

2.4.1.2. Def.: Eine diskrete Zufallsvariable X besitzt eine Zweipunktverteilung auf $\{x_1, x_2\}$, wenn sie die Wahrscheinlichkeitsfunktion

$$P(X=x_1) = p = 1 - P(X=x_2) \qquad (x_1, x_2 \in \mathbb{R})$$

hat.

Für $x_1 < x_2$ lautet die Verteilungsfunktion

$$F(x) = \begin{cases} 0 & \text{für } x < x_1 \\ p & \text{für } x_1 \leq x < x_2 \\ 1 & \text{für } x \geq x_2 \end{cases}$$

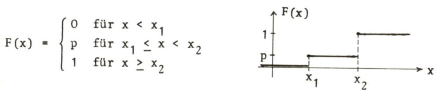

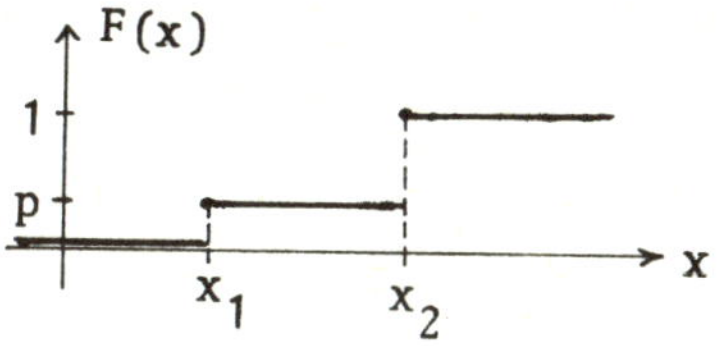

Man setzt $1 - P(X=x_1) = P(X=x_2) =: q$.

Erwartungswert $E[X] = p\,x_1 + q\,x_2$;

Varianz $var[X] = (x_1 - x_2)^2\,pq$;

r-tes Moment $E[X^r] = p\,x_1{}^r + q\,x_2{}^r$;

r-tes zentrales Moment $E[(X-\mu)^r] = (x_1-x_2)^r q^r p + (x_2-x_1)^r p^r q$;

$$\text{Schiefe} = \frac{(x_1-x_2)^3 q^3 p + (x_2-x_1)^3 p^3 q}{\sqrt[3]{(x_1-x_2)^2\,pq}};$$

momenterzeugende Funktion $G(t) = p\,e^{tx_1} + (1-p)\,e^{tx_2}$;

charakteristische Funktion $H(t) = p\,e^{itx_1} + (1-p)\,e^{itx_2}$.

Im Fall $x_1 = 1$, $x_2 = 0$ spricht man speziell von 0-1-Verteilung oder Bernoulli-Verteilung. In diesem Fall ist

Erwartungswert $E[X] = p$;

Varianz $var[X] = pq$;

r-tes Moment $E[X^r] = p$

3-tes zentrales Moment $E[(X-\mu)^3] = pq(1-2p)$;

4-tes zentrales Moment $E[(X-\mu)^4] = pq(1-3pq)$;

r-tes zentrales Moment $E[(X-\mu)^r] = pq(q^{r-1}+(-1)^r p^{r-1})$;

Schiefe $= \frac{1-2p}{\sqrt{pq}}$;

Wölbung $= \frac{1-3pq}{pq}$;

r-tes faktorielles Moment $E[X(X-1)\ldots(X-r+1)] = 0$ für $r \geq 2$;

wahrscheinlichkeitserzeugende Funktion $w(s) = 1 - p + ps$.

Seien die Zufallsvariablen $X_1,\ldots,X_n$ unabhängig und 0-1-vert mit $P(X_j=1) = p$; $P(X_j=0) = 1 - p$ $(j=1,\ldots,n)$. Dann ist

$Y := \sum_{j=1}^{n} X_j$ binomialverteilt mit den Parametern n und p.

2.4.1.3. Def.: Eine diskrete Zufallsvariable X besitzt eine diskrete gleichmäßige Verteilung [1] auf $\{x_1,x_2,\ldots,x_n\}$, wenn sie die Wahrscheinlichkeitsfunktion

$$P(X=x_j) = \frac{1}{n} \quad (j=1,\ldots,n;\ x_j \in \mathbb{R})$$

hat.

Für $x_1 < \ldots < x_n$ lautet die Verteilungsfunktion

$$F(x) = \begin{cases} 0 & \text{für } x < x_1 \\ \frac{j}{n} & \text{für } x_j \leq x < x_{j+1} \quad (j=1,2,\ldots,n-1) \\ 1 & \text{für } x \geq x_n. \end{cases}$$

Erwartungswert $E[X] = \frac{1}{n}\sum_{j=1}^{n} x_j$;

Varianz $\mathrm{var}[X] = \frac{1}{n}\sum_{j=1}^{n} x_j^2 - (\frac{1}{n}\sum_{j=1}^{n} x_j)^2$;

r-tes Moment $E[X^r] = \frac{1}{n}\sum_{j=1}^{n} x_j^r$;

1) Gleichverteilung, uniforme Verteilung

momenterzeugende Funktion $G(t) = \frac{1}{n} \sum_{j=1}^{n} e^{tx_j}$;

charakteristische Funktion $H(t) = \frac{1}{n} \sum_{j=1}^{n} e^{itx_j}$.

Im Spezialfall $x_1 = a$, $x_2 = a+d, \ldots, x_j = a+(j-1)d, \ldots x_n = a+(n-1)d$ ($a \in \mathbb{R}$; $d \in \mathbb{R}^+$) hat man

Erwartungswert $E[X] = a + \frac{n-1}{2} d$;

Varianz $\mathrm{var}[X] = d^2 \frac{n^2-1}{12}$;

2-tes Moment $E[X^2] = a^2 + ad(n-1) + d^2 \frac{(n-1)(2n-1)}{6}$;

r-tes zentrales Moment $E[(X-\mu)^r] = 0$ für r ungerade;

4-tes zentrales Moment $E[(X-\mu)^4] = \frac{d^4}{240}(n^2-1)(3n^2-7)$;

2-tes faktorielles Moment $E[X(X-1)] = a(a-1) + d(n-1)(a-\frac{1}{2}) +$

$$+ d^2 \frac{(n-1)(2n-1)}{6};$$

momenterzeugende Funktion $G(t) = \frac{1}{n} e^{at} \frac{\exp(ndt) - 1}{\exp(dt) - 1}$ $(t \neq 0)$;

charakteristische Funktion $H(t) = \frac{1}{n} e^{iat} \frac{\exp(indt) - 1}{\exp(idt) - 1}$ $(t \neq 0)$.

2.4.1.4. <u>Def.</u>: Eine diskrete Zufallsvariable X besitzt eine <u>Binomialverteilung</u> mit den Parametern n und p, wenn sie die Wahrscheinlichkeitsfunktion

(1) $P(X=k) := \binom{n}{k} p^k (1-p)^{n-k}$ $\quad (n \in \mathbb{N};\ 0 < p < 1;\ k \in \{0,1,\ldots,n\})$

hat. Man schreibt dann $X \sim Bi(n;p)$.

Sei A ein Ereignis mit $P(A) = p$. Dann gibt (1) die Wahrscheinlichkeit, mit der A bei n unabhängigen Beobachtungen einer Zufallserscheinung genau k-mal eintritt; in den übrigen (n-k) Fällen das Gegenereignis $\overline{A}$ (Ziehen mit Zurücklegen ; Bernoullisches Versuchsschema). Also bei n Versuchen k-mal "Erfolg A" und (n-k)-mal "Mißerfolg $\bar{A}$".

Setzt man $1 - p =: q$, so erhält (1) die Form $P(X=k) = \binom{n}{k}p^k q^{n-k}$.

Die Verteilungsfunktion lautet

$$F(x) = \begin{cases} 0 & \text{für } x < 0 \\ \sum\limits_{k \leq x} \binom{n}{k} p^k q^{n-k} & \text{für } x \geq 0. \end{cases}$$

Erwartungswert $E[X] = np$; Varianz $\mathrm{var}[X] = npq$;

2-tes Moment $E[X^2] = n(n-1)p^2 + np = np(np+q)$;

3-tes Moment $E[X^3] = n(n-1)(n-2)p^3 + 3n(n-1)p^2 + np$;

4-tes Moment $E[X^4] = n(n-1)(n-2)(n-3)p^4 + 6n(n-1)(n-2)p^3 + 7n(n-1)p^2 + np$;

r-tes Moment $E[X^r] = \sum\limits_{j=0}^{r} \binom{n}{j} p^j \left(\sum\limits_{i=0}^{j} \binom{j}{i} (-1)^i (j-i)^r \right)$;

3-tes zentrales Moment $E[(X-\mu)^3] = npq(q-p)$;

4-tes zentrales Moment $E[(X-\mu)^4] = 3(npq)^2 + npq(1 - 6pq)$;

Schiefe $= \dfrac{1-2p}{\sqrt{npq}} = \dfrac{q-p}{\sqrt{npq}}$; Steilheit $= \dfrac{1-6pq}{npq}$;

2-tes faktorielles Moment $E[X(X-1)] = n(n-1)p^2$;

3-tes faktorielles Moment $E[X(X-1)(X-2)] = n(n-1)(n-2)p^3$;

r-tes faktorielles Moment $E[X(X-1)(X-2) \ldots (X-r+1)] = n(n-1)(n-2) \ldots (n-r+1)p^r$;

momenterzeugende Funktion $G(t) = (pe^t+q)^n = (1-p(1-e^t))^n$;

charakteristische Funktion $H(t) = (pe^{it}+q)^n = (1-p(1-e^{it}))^n$;

wahrscheinlichkeitserzeugende Funktion $w(s) = (ps+q)^n$.

Es gilt $\dfrac{P(X=k+1)}{P(X=k)} = \dfrac{n-k}{k+1} \dfrac{p}{q}$ $(k=0,\ldots,n-1)$.

Spezialfall: Für $n = 1 \implies$ 0-1-Verteilung.

Seien X_1 und X_2 unabhängig und $X_1 \sim Bi(n_1;p)$-binomialverteilt und $X_2 \sim Bi(n_2;p)$-binomialverteilt. Dann ist $Y: = X_1 + X_2 \sim Bi(n_1 + n_2;p)$-binomialverteilt.

Entsprechend für m unabhängige Zufallsvariablen X_j mit $X_j \sim Bi(n_j;p)$-binomialverteilt $(j=1,\dots,m)$; dann ist $Y: = X_1 +\dots+ X_m \sim Bi(n_1+\dots+n_m;p)$-binomialverteilt.

Jede $Bi(n;p)$-binomialverteilte Zufallsvariable X läßt sich darstellen als $X = \sum_{j=1}^{n} X_j$, wobei die Zufallsvariablen X_j unabhängig und 0-1-verteilt sind mit $P(X_j=0) = 1-p$; $P(X_j=1) = p$ $(j=1,\dots,n)$.

Bemerkung: Ferner gilt

$$\sum_{j=k}^{n} \binom{n}{j} p^j q^{n-j} = \frac{1}{B(k,n-k+1)} \int_0^p t^{k-1}(1-t)^{n-k}dt;$$

dabei bedeutet $B(.,.)$ die Betafunktion $B(x,y) = \int_0^1 t^{x-1}(1-t)^{y-1}dt$

und es gilt $B(x,y) = \frac{\Gamma(x)\Gamma(y)}{\Gamma(x+y)}$.

Wegen $\Gamma(k) = (k-1)!$, $\Gamma(n-k+1) = (n-k)!$ und $\Gamma(n+1) = n!$ ist

$$\frac{1}{B(k,n-k+1)} = \frac{n!}{(k-1)!(n-k)!} = k\binom{n}{k}.$$

2.4.1.5. <u>Def.</u>: Seien die Zufallsvariablen $X_1,\dots,X_n$ unabhängig 0-1-verteilt mit $P(X_j=0) = 1 - p_j$; $P(X_j=1) = p_j$ $(0 < p_j < 1;\ j=1,\dots,n)$.

Dann besitzt die Zufallsvariable $X: = \sum_{j=1}^{n} X_j$ eine <u>verallgemeinerte Binomialverteilung</u> mit den Parametern n und $p_1,\dots,p_n$.

Erwartungswert $E[X] = \sum_{j=1}^{n} p_j$;

Varianz $var[X] = \sum_{j=1}^{n} p_j (1-p_j)$.

2.4.1.6. <u>Def.</u>: Eine diskrete Zufallsvariable X besitzt eine <u>negative Binomialverteilung</u> mit den Parametern p und α, wenn sie die Wahrscheinlichkeitsfunktion

$$P(X=k) = \binom{-\alpha}{k}(-p)^k(1-p)^\alpha = \binom{\alpha+k-1}{k}p^k(1-p)^\alpha \quad (0 < p < 1;\ \alpha \in \mathbb{R}^+;\ k \in \mathbb{N}_0)$$

hat. Man schreibt $X \sim NBi(p;\alpha)$.

Erwartungswert $E[X] = \frac{\alpha p}{1-p}$;

Varianz $var[X] = \frac{\alpha p}{(1-p)^2}$;

2-tes Moment $E[X^2] = \frac{\alpha p(1+\alpha p)}{(1-p)^2}$;

3-tes Moment $E[X^3] = \frac{\alpha p}{(1-p)^3}(1 + 3\alpha p + p + \alpha^2 p^2)$;

4-tes Moment $E[X^4] = \frac{\alpha p}{(1-p)^4}(1 + 7\alpha p + 4p + 6\alpha^2 p^2 + 4\alpha p^2 + p^2 + \ldots$

für die r-ten Momente gilt die Rekursionsformel

$$E[X^r] = p(1-p)^\alpha \frac{d}{dp} \frac{E[X^{r-1}]}{(1-p)^\alpha} \quad (r > 1).$$

3-tes zentrales Moment $E[(X-\mu)^3] = \frac{\alpha p(1+p)}{(1-p)^3}$;

4-tes zentrales Moment $E[(X-\mu)^4] = \frac{\alpha p}{(1-p)^4}(1 + 3\alpha p + 4p + p^2)$;

Schiefe $= \frac{1 + p}{\sqrt{\alpha p}}$;

Steilheit $= \frac{1 + 4p + p^2}{\alpha p}$;

r-tes faktorielles Moment $E[X(X-1)\dots(X-r+1)] = \alpha(\alpha+1)\dots(\alpha+r-1)(\frac{p}{1-p})^r$;

momenterzeugende Funktion $G(t) = (\frac{1-p}{1-pe^t})^\alpha$;

charakteristische Funktion $H(t) = (\frac{1-p}{1-pe^{it}})^\alpha$;

wahrscheinlichkeitserzeugende Funktion $w(s) = (\frac{1-p}{1-ps})^\alpha$.

Es gilt $\frac{P(X=k+1)}{P(X=k)} = \frac{\alpha+k}{k+1}\, p$.

Spezialfall: Für $\alpha = 1 \Longrightarrow$ geometrische Verteilung mit dem Parameter p.

Seien X_1 und X_2 unabhängig und $X_1 \sim NBi(p;\alpha_1)$-negativ binomialverteilt und $X_2 \sim NBi(p;\alpha_2)$-negativ binomialverteilt. Dann ist $Y := X_1 + X_2 \sim NBi(p;\alpha_1+\alpha_2)$-negativ binomialverteilt.

Für $\alpha \in \mathbb{N}$ spricht man von einer Pascal-Verteilung.

2.4.1.7. Def.: Eine diskrete Zufallsvariable X besitzt eine geometrische Verteilung mit dem Parameter p, wenn sie die Wahrscheinlichkeitsfunktion

(1) $P(X=k) = (1-p)p^k \quad (0 < p < 1;\ k \in \mathbb{N}_0)$

hat.

Sei A ein Ereignis mit $P(A) = p$. Dann gibt (1) die Wahrscheinlichkeit, mit der A bei einer Folge von unabhängigen Beobachtungen einer Zufallserscheinung genau k-mal hintereinander eintritt, bei der (k+1)-ten Beobachtung aber das Gegenereignis $\bar{A}$. (k-mal "Erfolg", das (k+1)-te Mal "Mißerfolg".)

Die Verteilungsfunktion lautet

$$F(x) = \begin{cases} 0 & \text{für } x < 0 \\ (1-p)\sum_{k=0}^{x} p^k = 1 - p^{[x]+1} & \text{für } x \geq 0. \end{cases}$$

Erwartungswert $E[X] = \frac{p}{1-p}$; Varianz $var[X] = \frac{p}{(1-p)^2}$;

für die r-ten Momente gilt die Rekursionsformel $E[X^r] = p(1-p)\frac{d}{dp}\left(\frac{E[X^{r-1}]}{1-p}\right)$;

insbesondere ist

2-tes Moment $E[X^2] = \frac{p(1+p)}{(1-p)^2}$;

3-tes Moment $E[X^3] = \frac{p}{(1-p)^3}(1 + 4p + p^2)$;

4-tes Moment $E[X^4] = \frac{p}{(1-p)^4}(1 + 11p + 11p^2 + p^3)$;

3-tes zentrales Moment $E[(X-\mu)^3] = \frac{p(1+p)}{(1-p)^3}$;

4-tes zentrales Moment $E[(X-\mu)^4] = \frac{p}{(1-p)^4}(1 + 7p + p^2)$;

Schiefe $= \frac{1+p}{\sqrt{p}}$;

Steilheit $= \frac{1 + 4p + p^2}{p}$;

Modalwert = 0;

r-tes faktorielles Moment $E[X(X-1)\ldots(X-r+1)] = r!\left(\frac{p}{1-p}\right)^r$;

momenterzeugende Funktion $G(t) = \frac{1-p}{1-pe^t}$ $(t < -\ln p)$;

charakteristische Funktion $H(t) = \frac{1-p}{1-pe^{it}}$;

wahrscheinlichkeitserzeugende Funktion $w(s) = \frac{1-p}{1-ps}$.

Seien $X_1,\ldots,X_n$ unabhängige und mit dem Parameter p geometrisch verteilte Zufallsvariablen. Dann ist $Y := X_1+\ldots+X_n$ negativ binomialverteilt mit den Parametern p und $\alpha = n$, also ist Y Pascal-verteilt.

In der Ökonometrie wird die geometrische Verteilung bisweilen Koyck-Verteilung genannt.

2.4.1.8. Def.: Eine diskrete Zufallsvariable X besitzt eine Poisson-Verteilung mit dem Parameter λ, wenn sie die Wahrscheinlichkeitsfunktion

$$P(X=k) := \frac{\lambda^k}{k!} e^{-\lambda} \qquad (\lambda \in \mathbb{R}^+;\ k \in \mathbb{N}_0;\ e = 2{,}718281...)$$

hat. Man schreibt $X \sim Po(\lambda)$.

Die Verteilungsfunktion lautet

$$F(x) = \begin{cases} 0 & \text{für } x < 0 \\ \sum_{k \leq x} \frac{\lambda^k e^{-\lambda}}{k!} & \text{für } x \geq 0. \end{cases}$$

Erwartungswert $E[X] = \lambda$; Varianz $var[X] = \lambda$;

2-tes Moment $E[X^2] = \lambda + \lambda^2$;

3-tes Moment $E[X^3] = \lambda + 3\lambda^2 + \lambda^3$;

4-tes Moment $E[X^4] = \lambda + 7\lambda^2 + 6\lambda^3 + \lambda^4$;

3-tes zentrales Moment $E[(X-\mu)^3] = \lambda$;

4-tes zentrales Moment $E[(X-\mu)^4] = \lambda + 3\lambda^2$;

Schiefe $= \frac{1}{\sqrt{\lambda}}$; Steilheit $= \frac{1}{\lambda}$;

r-tes faktorielles Moment $E[X(X-1)\ldots(X-r+1)] = \lambda^r$;

momenterzeugende Funktion $G(t) = e^{-\lambda}\exp(\lambda e^t) = \exp(\lambda(e^t-1))$;

charakteristische Funktion $H(t) = e^{-\lambda}\exp(\lambda e^{it}) = \exp(\lambda(e^{it}-1))$;

wahrscheinlichkeitserzeugende Funktion $w(s) = e^{\lambda s-\lambda}$.

Es gilt $\frac{P(X=k+1)}{P(X=k)} = \frac{\lambda}{k+1}$.

Seien X_1 und X_2 unabhängig und $X_1 \sim Po(\lambda_1)$ Poisson-verteilt und $X_2 \sim Po(\lambda_2)$ Poisson-verteilt. Dann ist $Y := X_1 + X_2 \sim Po(\lambda_1+\lambda_2)$ Poisson-verteilt.

Entsprechend für m unabhängige Poisson-verteilte Zufallsvariablen X_j $(j=1,\ldots,m)$.

Sind umgekehrt X_1 und X_2 unabhängig und ist $Y: = X_1 + X_2$ Poisson-verteilt, so sind auch X_1 und X_2 Poisson-verteilt.

Ist $X \sim Po(\lambda)$ Poisson-verteilt, dann gilt für die Verteilungsfunktion F_X für alle $x \in \mathbb{N}$

$F_X(x) = P(Y_x > 2\lambda) = 1 - F_{Y_x}(2\lambda)$,

wobei Y_x eine mit $2(1+x)$ Freiheitsgraden χ^2-verteilte Zufallsvariable ist und F_{Y_x} die zugehörige Verteilungsfunktion.

2.4.1.9. <u>Def.</u>: Eine diskrete Zufallsvariable X besitzt eine <u>hypergeometrische Verteilung</u> mit den Parametern N, K und n, wenn sie die Wahrscheinlichkeitsfunktion

$$P(X=k) = \frac{\binom{K}{k}\binom{N-K}{n-k}}{\binom{N}{n}} \qquad (N,K,n \in \mathbb{N}; K < N; n \leq N; k \in \mathbb{N}_0 \text{ mit } \max(0; n-N+K) \leq k \leq \min(n,K))$$

hat. Man schreibt $X \sim Hy(N;K;n)$.

Die hypergeometrische Verteilung läßt sich an einem Modell folgendermaßen interpretieren: Eine Urne enthalte K weiße und N-K schwarze Kugeln; n Kugeln werden zufällig aus der Urne gezogen (Ziehen ohne Zurücklegen). Dann gibt (1) die Wahrscheinlichkeit dafür, daß unter diesen n Kugeln genau k weiße und n-k schwarze sind.

Die Verteilungsfunktion lautet

$$F(x) = \begin{cases} 0 & \text{für } x < 0 \\ \sum\limits_{k \leq x} \frac{\binom{K}{k}\binom{N-K}{n-k}}{\binom{N}{n}} & \text{für } x \geq 0. \end{cases}$$

Erwartungswert $E[X] = n\frac{K}{N}$; Varianz $var[X] = \frac{n\,K(N-K)(N-n)}{N^2(N-1)}$;

3-tes zentrales Moment $E[(X-\mu)^3] = \frac{nK(N-K)(N-2K)(N-n)(N-2n)}{N^3(N-1)(N-2)}$;

4-tes zentrales Moment $E[(X-\mu)^4] =$

$$= \frac{nK(N-K)(N-n)\{N^3(N+1) - 6nN^2(N-n) + 3k(N-K)\cdot(n(N-n)(N+6) - 2N^2)\}}{N^4(N-1)(N-2)(N-3)};$$

$$\text{Schiefe} = \frac{(N-2K)(N-2n)\sqrt{N-1}}{\sqrt{nK(N-K)(N-n)}\,(N-2)}.$$

Es gilt $\frac{Hy(X=k+1)}{Hy(X=k)} = \frac{(K-k)(n-k)}{(k+1)(N-K-n+k+1)}$ und $Hy(N;K;n) = Hy(N;n;K)$.

2.4.1.10. Def.: Eine diskrete Zufallsvariable X besitzt eine Pólya-Verteilung (= Markovsche Verteilung = Ansteckungsverteilung) mit den Parametern N, K, n und s, wenn sie die Wahrscheinlichkeitsfunktion

$$(1)\quad P(X=k) = \binom{n}{k}\frac{K(K+s)\ldots(K+(k-1)s)(N-K)(N-K+s)\ldots(N-K+(n-k-1)s)}{N(N+s)\ldots(N+(n-1)s)}$$

($N,K,n \in \mathbb{N}$; $K < N$; $-1 \leq s \in \mathbb{Z}$; für $s = -1$ sei $n \leq N$;

$$k \in \begin{cases} \{0,1,\ldots,n\} & \text{für } s \geq 0 \\ \{\max\{0,n-N+K\},\ldots,\min\{K,n\}\} & \text{für } s = -1) \end{cases}$$

hat.

Die Pólya-Verteilung läßt sich an einem Modell folgendermaßen interpretieren: Eine Urne enthält K weiße und N-K schwarze Kugeln; eine Kugel wird zufällig entnommen und dann zusammen mit s weiteren Kugeln derselben Farbe in die Urne zurückgelegt; dieser Vorgang wird insgesamt n-mal durchgeführt. Dann gibt (1) die Wahrscheinlichkeit dafür, daß sich unter den n entnommenen Kugeln genau k weiße und n-k schwarze befinden.

Setzt man $\frac{K}{N} =: p$; $\frac{N-K}{N} =: q$ und $\frac{s}{N} =: a$, so folgt aus (1)

$$(1')\; P(X=k) = \binom{n}{k} \frac{p(p+a)\ldots(p+(k-1)a)q(q+a)\ldots(q+(n-k-1)a)}{1(1+a)\ldots(1+(n-1)a)}$$

mit $p + q = 1$

$(n \in \mathbb{N};\; p \in \mathbb{R}^+;\; a \in \mathbb{R};\; 0 < p < 1;\; a \geq -\frac{1}{2})$.

Erwartungswert $E[X] = np = n\frac{K}{N}$;

Varianz $\operatorname{var}[X] = npq\,\frac{1+an}{1+a} = n\,\frac{K(N-K)}{N^2}\,\frac{N+sn}{N+s}$.

Spezialfälle: Für $a = 0$ in (1') $\Longrightarrow$ Binomialverteilung mit den Parametern n und $p = \frac{K}{N}$;

für $s = -1$ in (1) $\Longrightarrow$ hypergeometrische Verteilung mit den Parametern N, K und n.

2.4.2. Stetige Verteilungen

2.4.2.1. Def.: Eine stetige Zufallsvariable X besitzt eine Rechtecksverteilung [1] über $]a,b]$ [2], wenn sie die Dichte

$$f(x) = \begin{cases} \frac{1}{b-a} & \text{für } a < x \leq b \\ 0 & \text{sonst } (a,b \in \mathbb{R}) \end{cases}$$

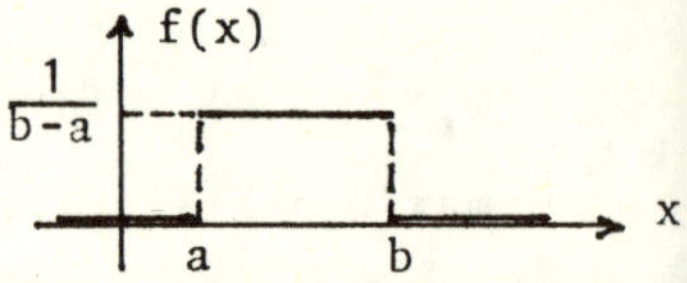

hat.

Die Verteilungsfunktion lautet

$$F(x) = \begin{cases} 0 & \text{für } x \leq a \\ \frac{x-a}{b-a} & \text{für } a < x \leq b \\ 1 & \text{für } x > b. \end{cases}$$

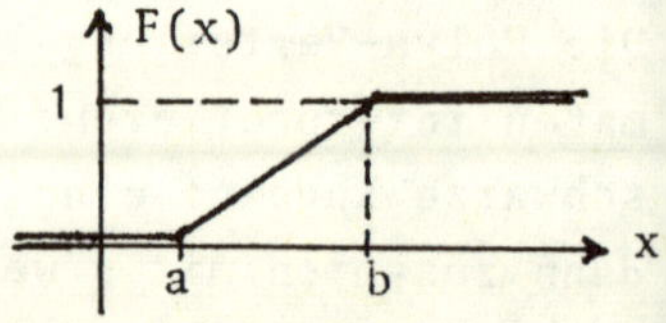

1) stetige gleichmäßige Verteilung, Gleichverteilung, uniforme Verteilung.

2) Mit den Parametern a und b (a < b). Man kann ebenso das Intervall $[a,b]$ oder $]a,b[$ nehmen; dies führt zur gleichen Verteilung.

Erwartungswert $E[X] = \frac{a+b}{2}$; Varianz $var[X] = \frac{(b-a)^2}{12}$;

r-tes Moment $E[X^r] = \frac{b^{r+1} - a^{r+1}}{(b-a)(r+1)}$;

r-tes zentrales Moment $E[(X-\mu)^r] = \begin{cases} \frac{(b-a)^r}{(r+1)2^r} & \text{für } r \text{ gerade} \\ 0 & \text{für } r \text{ ungerade}^{1)} \end{cases}$;

Schiefe = 0; Steilheit = -1,2; Median = $\frac{a+b}{2}$;

q-Quantil = $(1-q)a + qb$;

momenterzeugende Funktion

$$G(t) = \begin{cases} \frac{e^{bt} - e^{at}}{(b-a)t} & \text{für } t \neq 0 \\ 0 & \text{für } t = 0; \end{cases}$$

charakteristische Funktion

$$H(t) = \begin{cases} \frac{e^{ibt} - e^{iat}}{(b-a)it} & \text{für } t \neq 0 \\ 1 & \text{für } t = 0. \end{cases}$$

Für $a = -b$ kann man für $t \neq 0$ schreiben

$G(t) = \frac{1}{bt}\sinh(bt)$; $H(t) = \frac{1}{bt}\sin bt$.

Seien X_1 und X_2 unabhängige über $]a,b]$ rechtecksverteilte Zufallsvariablen. Dann ist $Y := X_1 + X_2$ dreiecksverteilt mit den Parametern 2a und 2b.

Seien X_1 und X_2 unabhängig und X_1 über $]a_1,b_1]$ und X_2 über $]a_2,b_2]$ rechtecksverteilt. Dann hat man für die Verteilungsfunktion F_Y von $Y := X_1 + X_2$ folgende Tabelle:

1) Man kann für alle $r \in \mathbb{N}$ auch schreiben

$$E[(X-\mu)^r] = \frac{(b-a)^{r+1} - (a-b)^{r+1}}{2^{r+1}(r+1)(b-a)}.$$

	$y \le a_1+a_2$	$a_1 + a_2 < y \le \min(a_1+b_2;\ a_2+b_1)$	$\min(a_1+b_2;\ a_2+b_1) <$ $< y \le \max(a_1+b_2;\ a_2+b_1)$	$\max(a_1+b_2;\ a_2+b_1) <$ $< y \le b_1+b_2$	$y > b_1+b_2$
$F_Y(y)$	0	$\frac{(y-a_1-a_2)^2}{2(b_1-a_1)(b_2-a_2)}$	$\frac{2y-a_2-b_2}{2(b_1-a_1)}$ für $b_2 \le b_1$ $\frac{2y-a_1-b_1}{2(b_2-a_2)}$ für $b_1 \le b_2$	$1 - \frac{(y-b_1-b_2)^2}{2(b_1-a_1)(b_2-a_2)}$	1

2.4.2.2. Def.: Eine stetige Zufallsvariable X besitzt eine Normalverteilung mit den Parametern μ und σ^2, wenn sie die Dichte

$$f(x) = \frac{1}{\sigma\sqrt{2\pi}} \exp\left(-\frac{(x-\mu)^2}{2\sigma^2}\right) \quad (\mu \in \mathbb{R};\ \sigma \in \mathbb{R}^+)$$

hat. Man schreibt $X \sim N(\mu;\sigma^2)$.

f ist symmetrisch zu $x = \mu$ (d.h. $f(\mu-x) = f(\mu+x)$) und hat e Maximum für $x = \mu$ und Wendepunkte für $x = \mu \pm \sigma$ (Fig. 1); es gilt ferner $\sigma^2 f'(x) = -(x-\mu)f(x)$.

Die zugehörige Verteilungsfunktion

$$F_{\mu;\sigma^2}(x) = \frac{1}{\sigma\sqrt{2\pi}} \int_{-\infty}^{x} \exp\left(-\frac{(t-\mu)^2}{2\sigma^2}\right) dt$$

hat in $(\mu;1/2)$ einen Wendepunkt (Fig. 2), und es gilt

$F(\mu+x) = 1 - F(\mu-x)$ für alle $x \in \mathbb{R}$.

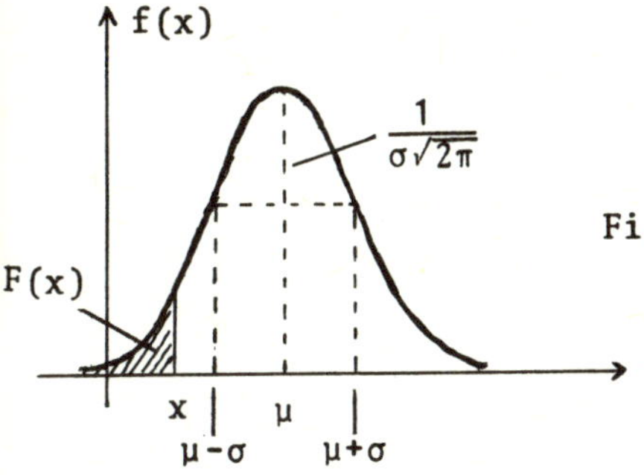

Fig.1

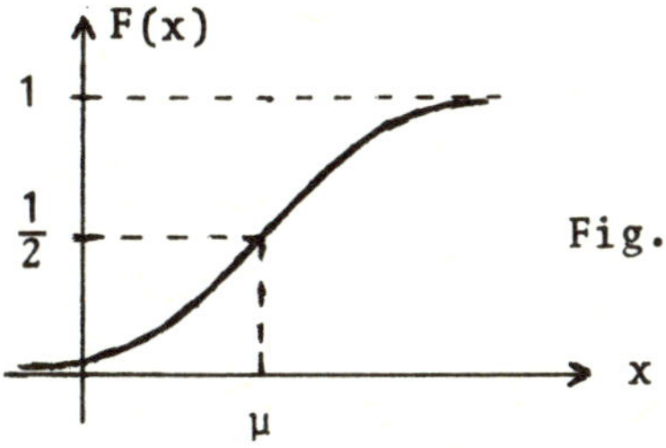

Fig.2

Gaußsche Glockenkurve

Erwartungswert $E[X] = \mu$; Varianz $var[X] = \sigma^2$;

2-tes Moment $E[X^2] = \mu^2 + \sigma^2$;

3-tes Moment $E[X^3] = \mu^3 + 3\mu\sigma^2$;

4-tes Moment $E[X^4] = \mu^4 + 6\mu^2\sigma^2 + 3\sigma^4$;

3-tes zentrales Moment $E[(X-\mu)^3] = 0$;

4-tes zentrales Moment $E[(X-\mu)^4] = 3\sigma^4$;

allgemein gilt für $r > 1$

$$E[(X-\mu)^r] = \begin{cases} 0 & \text{für } r \text{ ungerade} \\ 1\cdot 3 \dots (r-1)\,\sigma^r = \dfrac{\sigma^r r!}{2^{\frac{r}{2}}(\frac{r}{2})!} & \text{für } r \text{ gerade;} \end{cases}$$

Schiefe = 0; Steilheit = 0;

Median = μ; Modalwert = μ;

$$\text{q-Quantil} = \begin{cases} \mu - 0{,}67\,\sigma & \text{für } q = \frac{1}{4} \\ \mu + 0{,}67\,\sigma & \text{für } q = \frac{3}{4} \end{cases}$$

momenterzeugende Funktion $G(t) = \exp(\mu t + \frac{1}{2}\sigma^2 t^2)$;

charakteristische Funktion $H(t) = \exp(i\mu t - \frac{1}{2}\sigma^2 t^2)$.

Für eine $N(\mu;\sigma^2)$-normalverteilte Zufallsvariable X gilt

$P(|X-\mu| \leq \sigma) = P(\mu - \sigma \leq X \leq \mu + \sigma) =$

$= F_{\mu;\sigma^2}(\mu+\sigma) - F_{\mu;\sigma^2}(\mu-\sigma) = 0{,}682;$

$P(|X-\mu| \leq 2\sigma) = 0{,}955;$

$P(|X-\mu| \leq 3\sigma) = 0{,}998$ (auf drei Dezimalstellen gerundet);

ferner $P(|X-\mu| \leq 1{,}96\ \sigma) = 0{,}95;$

$P(|X-\mu| \leq 2{,}58\ \sigma) = 0{,}99;$

$P(|X-\mu| \leq 3{,}29\ \sigma) = 0{,}999.$

Ist $X \sim N(\mu;\sigma^2)$-normalverteilt, dann ist $Y = a + bX \sim$ $\sim N(a+b\mu;\ b^2\sigma^2)$-normalverteilt ($b \neq 0$). Insbesondere ist dann $Y = \frac{X-\mu}{\sigma} \sim N(0;1)$-normalverteilt (standardnormalverteilt

<u>Def.</u>: Die Normalverteilung mit $\mu = 0$, $\sigma^2 = 1$ heißt <u>Standar</u> <u>Normalverteilung</u> [1]; Verteilungsfunktion $F_{0;1}(x) =: \phi(x)$.

Ihre Dichte ist $\varphi(x) = \frac{1}{\sqrt{2\pi}} \exp(-\frac{x^2}{2})$.

<u>Def.</u>: $\phi^*(x) := \phi(x) - 1/2; \iff \phi^*(x) = \frac{1}{\sqrt{2\pi}} \int_0^x \exp(-\frac{t^2}{2})dt.$

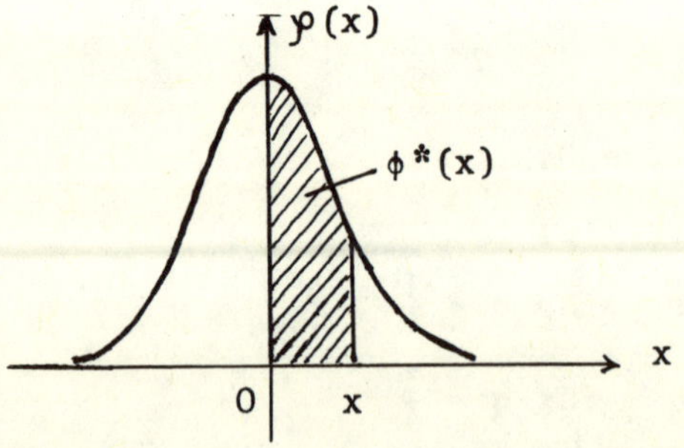

Es gilt:

$F_{\mu;\sigma^2}(x) = \phi(\frac{x-\mu}{\sigma});$

$\phi(-x) = 1 - \phi(x); \quad \phi^*(-x) = -\phi^*(x);$

1) Standardisierte Normalverteilung.

daher genügt es, die Funktion $x \to \Phi^*(x)$ nur für positive x zu tabellieren.

Seien die Zufallsvariablen X_1 und X_2 unabhängig, $X_1 \sim N(\mu_1; \sigma_1^2)$-normalverteilt und $X_2 \sim N(\mu_2; \sigma_2^2)$-normalverteilt, dann ist $Y: = X_1 + X_2 \sim N(\mu_1 + \mu_2; \sigma_1^2 + \sigma_2^2)$-normalverteilt.

Allgemein: Seien $X_1, \ldots, X_m$ unabhängige Zufallsvariablen und $X_j \sim N(\mu_j; \sigma_j^2)$-normalverteilt $(j=1,\ldots,m)$. Dann ist $Y: =$ $= a_0 + a_1 X_1 + \ldots + a_m X_m \sim N(a_0 + \sum_{j=1}^{m} a_j \mu_j; \sum_{j=1}^{m} a_j^2 \sigma_j^2)$-normalverteilt $((a_1,\ldots,a_m) \neq (0,\ldots,0))$ (vgl. auch 2.5.1).

Seien umgekehrt X_1 und X_2 unabhängig mit positiven Varianzen und sei $Y: = X_1 + X_2$ normalverteilt. Dann sind auch X_1 und X_2 normalverteilt.

Seien die Zufallsvariablen X_1 und X_2 unabhängig und $N(0;1)$-normalverteilt, dann ist $Y: = \frac{X_1}{X_2}$ Cauchy-verteilt mit den Parametern $a = 1$ und $b = 0$.

2.4.2.3. Def.: Eine stetige Zufallsvariable X besitzt eine gestutzte Normalverteilung mit den Parametern μ und σ^2 und dem unteren Stutzungspunkt A und dem oberen Stutzungspunkt B, wenn sie die Dichte

$$f(x) = \frac{1}{\sigma\sqrt{2\pi}} \exp(-\frac{(x-\mu)^2}{2\sigma^2}) \left[\frac{1}{\sigma\sqrt{2\pi}} \int_A^B \exp(-\frac{(t-\mu)^2}{2\sigma^2})\, dt\right]^{-1} =$$

$$= \frac{1}{\sigma\sqrt{2\pi}} \exp(-\frac{(x-\mu)^2}{2\sigma^2}) \left[\Phi(\frac{B-\mu}{\sigma}) - \Phi(\frac{A-\mu}{\sigma})\right]^{-1} \quad \text{für } A < x \leq B$$

$$f(x) = 0 \text{ sonst} \quad (\mu \in \mathbb{R}; \sigma \in \mathbb{R}^+; -\infty \leq A < B \leq +\infty)$$

hat.

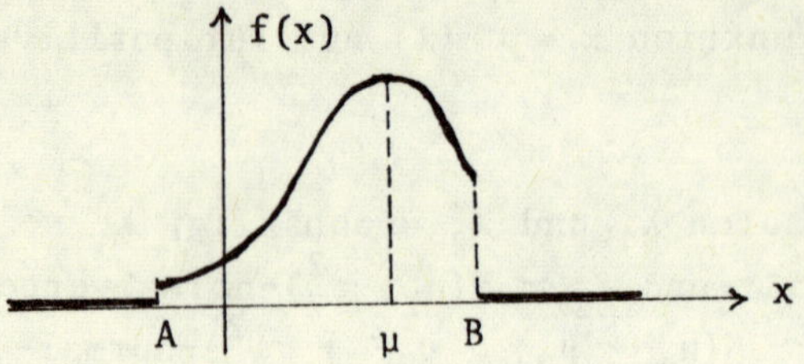

$$E[X] = \mu + \frac{1}{\sqrt{2\pi}} \frac{\exp(-\frac{(A-\mu)^2}{2\sigma^2}) - \exp(-\frac{(B-\mu)^2}{2\sigma^2})}{\phi(\frac{B-\mu}{\sigma}) - \phi(\frac{A-\mu}{\sigma})}\sigma =$$

$$= \mu + \frac{1}{\sqrt{2\pi}} \frac{\exp((\frac{A-\mu}{B-\mu})^2)}{\phi(\frac{B-\mu}{\sigma}) - \phi(\frac{A-\mu}{\sigma})}\sigma;$$

für $\mu - A = B - \mu$ **ist** $E[X] = \mu$.

$$\mathrm{var}[X] = \sigma^2(1 + \frac{\frac{A-\mu}{\sigma}\frac{1}{\sqrt{2\pi}}\exp(-\frac{(A-\mu)^2}{2\sigma^2}) - \frac{B-\mu}{\sigma}\frac{1}{\sqrt{2\pi}}\exp(-\frac{(B-\mu}{2\sigma^2}}{\phi(\frac{B-\mu}{\sigma}) - \phi(\frac{A-\mu}{\sigma})}$$

$$- (\frac{\frac{1}{\sqrt{2\pi}}\exp(-\frac{(A-\mu)^2}{2\sigma^2}) - \frac{1}{\sqrt{2\pi}}\exp(-\frac{(B-\mu)^2}{2\sigma^2})}{\phi(\frac{B-\mu}{\sigma}) - \phi(\frac{A-\mu}{\sigma})})^2).$$

2.1.2.4. Def.: Eine stetige Zufallsvariable X besitzt eine Lognormalverteilung (= logarithmische Normalverteilung) mit den Parametern α und β, wenn sie die Dichte

$$f(x) = \begin{cases} 0 & \text{für } x \leq 0 \\ \frac{1}{x\beta\sqrt{2\pi}}\exp(-\frac{(\ln x - \alpha)^2}{2\beta^2}) & \text{für } x > 0 \ (\alpha \in \mathbb{R};\ \beta \in \mathbb{R}^+) \end{cases}$$

hat.

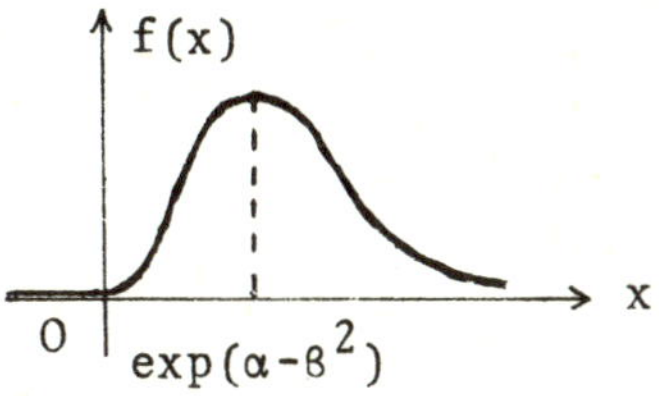

Die Dichte f ist für alle $x \in \mathbb{R}$ stetig differenzierbar.

Die Verteilungsfunktion F bestimmt sich mit Hilfe der Verteilungsfunktion ϕ der standardisierten Normalverteilung als $F(x) = \phi(\frac{\ln x-\alpha}{\beta})$.

Erwartungswert $E[X] = \exp(\alpha + \frac{\beta^2}{2})$;

Varianz $\operatorname{var}[X] = \exp(2\alpha + \beta^2)(\exp(\beta^2) - 1)$;

r-tes Moment $E[X^r] = \exp(r\alpha + \frac{r^2\beta^2}{2})$;

Schiefe $= (e^{\beta^2} + 2)\sqrt{e^{\beta^2} - 1}$; Steilheit $= e^{4\beta^2} + 2e^{3\beta^2} + 3e^{2\beta^2}$;

Median $= e^{\alpha}$; Modalwert $= \exp(\alpha - \beta^2)$;

momenterzeugende Funktion $G(t) = \exp(\alpha t + \frac{\beta^2}{2} t^2)$;

charakteristische Funktion $H(t) = \exp(i\alpha t - \frac{\beta^2}{2} t^2)$.

Es gilt: Ist $X \sim N(\mu;\sigma^2)$-normalverteilt, dann ist $Y: = e^X$ lognormalverteilt mit den Parametern $\alpha = \mu$ und $\beta = \sigma$.

Seien $X_1,\ldots,X_n$ unabhängige Zufallsvariablen und X_j lognormalverteilt mit den Parametern α_j und β_j $(j=1,\ldots,n)$. Dann ist $Y: = a_0 X_1^{b_1} \ldots X_n^{b_n}$ lognormalverteilt mit den Parametern

$$\ln a_0 + \sum_{j=1}^{n} b_j\alpha_j \quad \text{und} \quad \sum_{j=1}^{n} b_j^2\beta_j^2.$$

Allgemeine Lognormalverteilung:

Def.: Eine stetige Zufallsvariable X besitzt eine Lognormalverteilung mit den Parametern α, β und x_0, wenn sie die Dichte

$$f(x) = \begin{cases} 0 & \text{für } x \le x_o \\ \dfrac{1}{\beta\sqrt{2\pi}\,(x-x_o)} \exp\left(-\dfrac{(\ln(x-x_o)-\alpha)^2}{2\beta^2}\right) & \text{für } x > x_o \end{cases}$$

$(\alpha, x_o \in \mathbb{R};\ \beta \in \mathbb{R}^+$

hat.

2.4.2.5. <u>Def.</u>: Eine stetige Zufallsvariable X besitzt eine <u>Dreiecksverteilung</u> (<u>Simpson-Verteilung</u>) mit den Parametern a und b $(a < b)$[1], wenn sie die Dichte

$$f(x) = \begin{cases} \dfrac{4(x-a)}{(b-a)^2} & \text{für } a < x \le \dfrac{a+b}{2} \\ \dfrac{4(b-x)}{(b-a)^2} & \text{für } \dfrac{a+b}{2} < x \le b \\ 0 & \text{sonst} \end{cases}$$

hat.

$$\Longleftrightarrow f(x) = \begin{cases} \dfrac{2}{b-a}\left(1 - \dfrac{2}{b-a}\left|x - \dfrac{a+b}{2}\right|\right) & \text{für } a < x \le b \\ 0 \quad \text{sonst} & (a,b \in \mathbb{R}). \end{cases}$$

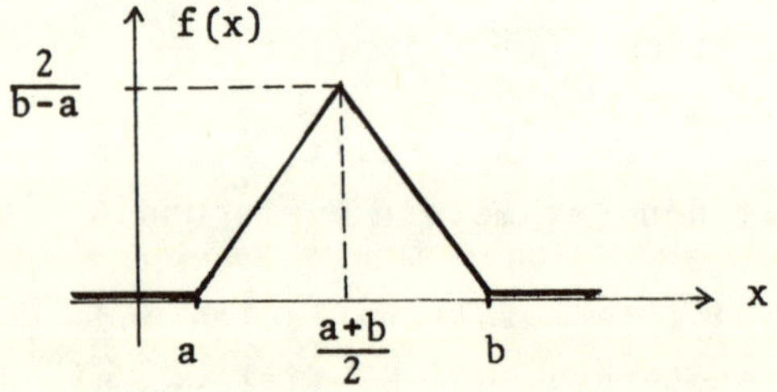

Die Verteilungsfunktion lautet

$$F(x) = \begin{cases} 0 & \text{für } x \le a \\ \dfrac{2}{(b-a)^2}(x-a)^2 & \text{für } a < x \le \dfrac{a+b}{2} \\ 1 - \dfrac{2}{(b-a)^2}(x-b)^2 & \text{für } \dfrac{a+b}{2} < x \le b \\ 1 & \text{für } x > b. \end{cases}$$

1) X ist dreiecksverteilt über dem Intervall]a,b].

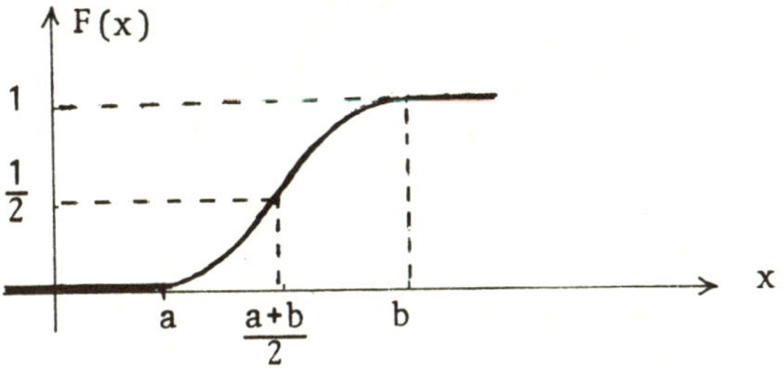

Erwartungswert $E[X] = \frac{a+b}{2}$; Varianz $\operatorname{var}[X] = \frac{1}{24}(b-a)^2$;

r-tes Moment $E[X^r] = \frac{4}{(b-a)^2(r+2)(r+1)}\left(a^{r+2} + b^{r+2} - \frac{(a+b)^{r+2}}{2^{r+1}}\right)$;

r-tes zentrales Moment $E[(X-\mu)^r] = \begin{cases} \frac{(b-a)^r}{2^{r-1}(r+2)(r+1)} & \text{für } r \text{ gerade} \\ 0 & \text{für } r \text{ ungerade;} \end{cases}$

Schiefe = 0; Steilheit = -0,6;

Median = $\frac{a+b}{2}$; Modalwert = $\frac{a+b}{2}$;

momenterzeugende Funktion $G(t) = \begin{cases} \frac{4}{(b-a)^2 t^2}\left(e^{t\frac{b}{2}} - e^{t\frac{a}{2}}\right) & \text{für } t \neq 0 \\ 1 & \text{für } t = 0; \end{cases}$

G ist stetig für t = 0;

charakteristische Funktion $H(t) = \begin{cases} \frac{-4}{(b-a)^2 t^2}\left(e^{it\frac{b}{2}} - e^{it\frac{a}{2}}\right)^2 & \text{für } t \neq 0 \\ 1 & \text{für } t = 0. \end{cases}$

Ist X dreiecksverteilt mit den Parametern a und b, so läßt sich X als Summe zweier unabhängiger Zufallsvariablen X_1 und X_2 darstellen, die beide mit den Parametern $\frac{a}{2}$ und $\frac{b}{2}$ rechtecksverteilt sind.

2.4.2.6. Def.: Eine stetige Zufallsvariable X besitzt eine Laplace-Verteilung mit den Parametern a und μ, wenn sie die Dichte

$$f(x) = \frac{a}{2}\, e^{-a|x-\mu|} = \begin{cases} \frac{a}{2}\, e^{a(x-\mu)} & \text{für } x \leq \mu \\ \frac{a}{2}\, e^{-a(x-\mu)} & \text{für } x > \mu \end{cases} \qquad (a \in \mathbb{R}^+;\ \mu \in \mathbb{R})$$

hat.

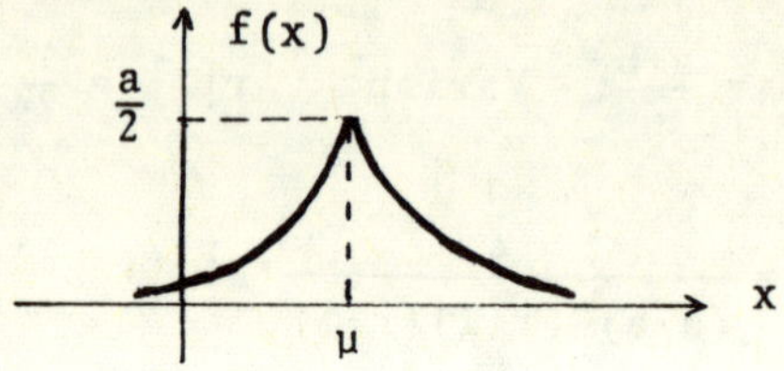

Die Verteilungsfunktion lautet

$$F(x) = \begin{cases} \frac{1}{2}\, e^{a(x-\mu)} & \text{für } x \leq \mu \\ 1 - \frac{1}{2}\, e^{-a(x-\mu)} & \text{für } x > \mu. \end{cases}$$

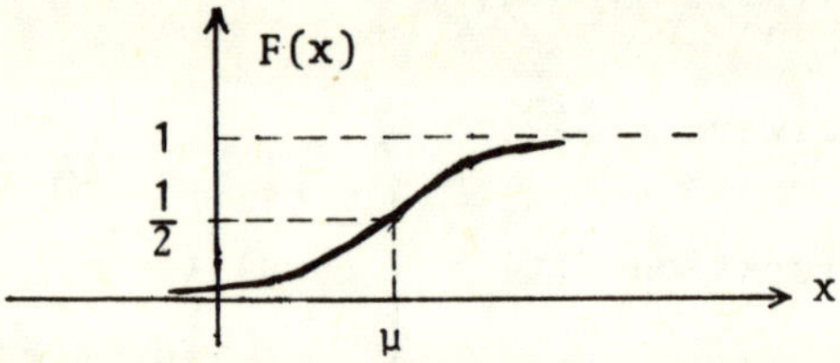

Erwartungswert $E[X] = \mu$; Varianz $\operatorname{var}[X] = \frac{2}{a^2}$;

2-tes Moment $E[X^2] = \mu^2 + \frac{2}{a^2}$;

3-tes Moment $E[X^3] = \mu^3 + \frac{6\mu}{a^2}$;

4-tes Moment $E[X^4] = \mu^4 + \frac{12\mu^3}{a^2} + \frac{24}{a^4}$;

3-tes zentrales Moment $E[(X-\mu)^3] = 0$;

4-tes zentrales Moment $E[(X-\mu)^4] = \frac{24}{a^4}$;

allgemein gilt für das r-te zentrale Moment

$$E[(X-\mu)^r] = \begin{cases} 0 & \text{für r ungerade} \\ \frac{r!}{a^r} & \text{für r gerade;} \end{cases}$$

Schiefe = 0; Steilheit = 3;

Median = μ; Modalwert = μ;

momenterzeugende Funktion $G(t) = \frac{a^2 e^{\mu t}}{a^2 - t^2}$ $(|t| < a)$;

charakteristische Funktion $H(t) = \frac{a^2 e^{i\mu t}}{a^2 + t^2}$.

2.4.2.7. Def.: Eine stetige Zufallsvariable X besitzt eine Exponentialverteilung mit den Parametern a und b, wenn sie die Dichte

$$f(x) = \begin{cases} 0 & \text{für } x \leq \frac{b}{a} \\ ae^{-ax+b} & \text{für } x > \frac{b}{a} \quad (a \in \mathbb{R}^+;\ b \in \mathbb{R}) \end{cases}$$

hat.

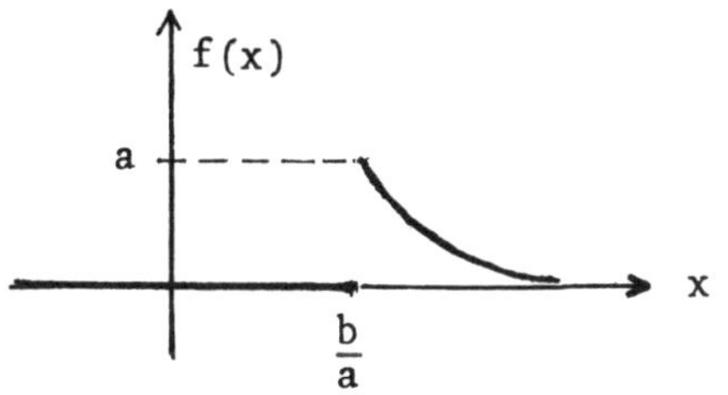

Die Verteilungsfunktion lautet

$$F(x) = \begin{cases} 0 & \text{für } x \leq \frac{b}{a} \\ 1-e^{-ax+b} & \text{für } x > \frac{b}{a}. \end{cases}$$

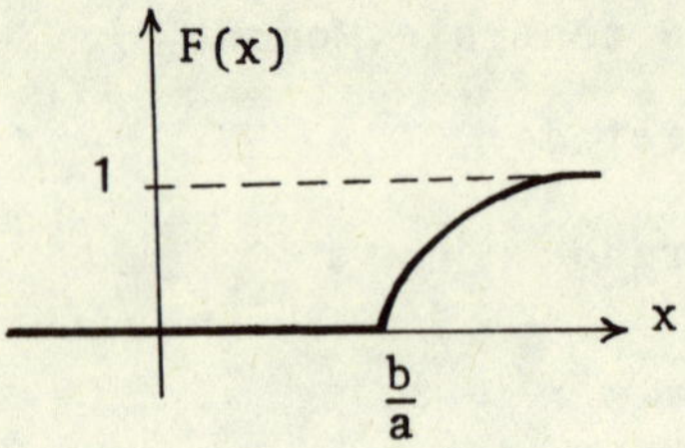

Erwartungswert $E[X] = \frac{b+1}{a}$; Varianz $var[X] = \frac{1}{a^2}$;

für das r-te Moment $E[X^r]$ gilt die Rekursionsformel

$$E[X^r] = (\frac{b}{a})^r + \frac{r}{a} E[X^{r-1}] \quad (r > 1);$$

insbesondere ist $E[X^2] = \frac{(b+1)^2+1}{a^2}$;

$$E[X^3] = \frac{1}{a^3} (b^3 + 3b^2 + 6b + 6);$$

$$E[X^4] = \frac{1}{a^4} (b^4 + 4b^3 + 12b^2 + 24b + 24);$$

3-tes zentrales Moment $E[(x-\mu)^3] = \frac{2}{a^3}$;

4-tes zentrales Moment $E[(X-\mu)^4] = \frac{9}{a^4}$;

Schiefe = 2; Steilheit = 6;

Median = $\frac{b+\ln 2}{a}$;

momenterzeugende Funktion $G(t) = \frac{a}{a-t} \exp(\frac{b}{a}t) \quad (t \neq a)$;

charakteristische Funktion $H(t) = \frac{a}{a-it} \exp(i \frac{b}{a} t)$.

In den Anwendungen tritt häufig die Exponentialverteilung m
b = 0 auf. In diesem Spezialfall ist

$$E[X^r] = \frac{r!}{a^r} \quad (r \geq 1)$$

und das r-te zentrale Moment

$$E[(X-\mu)^r] = \sum_{j=0}^{r} \binom{r}{j} (-1)^j (r-j)!\,a^{-r};$$

$$\text{q-Quantil} = -\frac{\ln(1-q)}{a}.$$

Seien X_1 und X_2 unabhängige Zufallsvariablen und exponentialverteilt mit dem gleichen Parameter a und b = 0. Dann gilt:

$X_1 + X_2$ ist Erlang-verteilt mit den Parametern a und k = 2;
$X_1 - X_2$ ist Laplace-verteilt mit den Parametern a und m = 0.

Seien X_1 und X_2 unabhängige Zufallsvariablen und X_1 exponentialverteilt mit den Parametern a_1 und b = 0 und X_2 exponentialverteilt mit den Parametern a_2 und b = 0. Dann ist Y: = $\min(X_1, X_2)$ exponentialverteilt mit den Parametern $a_1 + a_2$ und b = 0.

Allgemein: Seien $X_1, \ldots, X_n$ unabhängige Zufallsvariablen und exponentialverteilt mit dem gleichen Parameter a und b = 0. Dann ist $X_1 + \ldots + X_n$ Erlang-verteilt mit den Parametern a und k = n.

Seien $X_1, \ldots, X_n$ unabhängige Zufallsvariablen und X_j exponentialverteilt mit den Parametern a_j und b = 0 (j=1,...,n). Dann ist Y: = $\min(X_1, \ldots, X_n)$ exponentialverteilt mit den Parametern $a_1 + \ldots + a_n$ und b = 0.

2.4.2.8. Def.: Eine stetige Zufallsvariable X besitzt eine doppelte Exponentialverteilung mit den Parametern a und b, wenn sie die Dichte

$$f(x) = \frac{1}{b} \exp\left(-\frac{x-a}{b}\right) \cdot \exp\left(-\exp\left(-\frac{x-a}{b}\right)\right) \quad (a \in \mathbb{R};\ b \in \mathbb{R}^+)$$

hat.

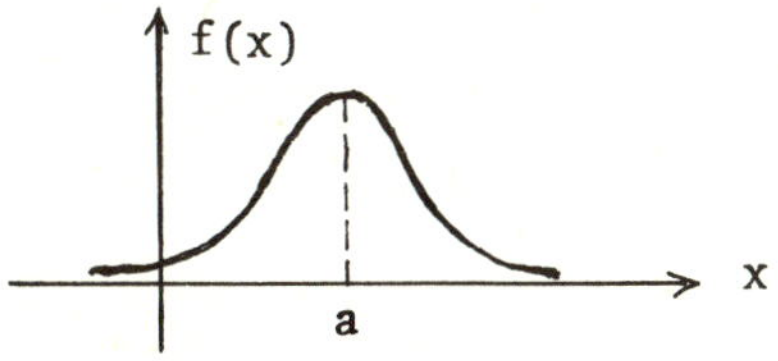

Die Verteilungsfunktion lautet

$$F(x) = \exp(-\exp(-\frac{x-a}{b})).$$

Erwartungswert $E[X] = bC + a$ mit $C = 0,57721...$ (Eulersche Konstante)

Varianz $var[X] = b^2 \frac{\pi^2}{6}$;

Schiefe $\approx 1,1395$; Steilheit $= 2,4$;

Median $= -b \ln \ln 2 + a \approx 0,3665\, b + a$;

Modalwert $= a$;

momenterzeugende Funktion $G(t) = \Gamma(1-bt)e^{at}$;

charakteristische Funktion $H(t) = \Gamma(1-ibt)e^{iat}$.

2.4.2.9. <u>Def.</u>: Eine stetige Zufallsvariable X besitzt eine <u>Erlang-Verteilung</u> mit den Parametern a und k, wenn sie die Dichte

$$f(x) = \begin{cases} 0 & \text{für } x \leq 0 \\ \frac{a^k x^{k-1} e^{-ax}}{(k-1)!} & \text{für } x > 0 \quad (a \in \mathbb{R}^+;\ k \in \mathbb{N}) \end{cases}$$

hat.

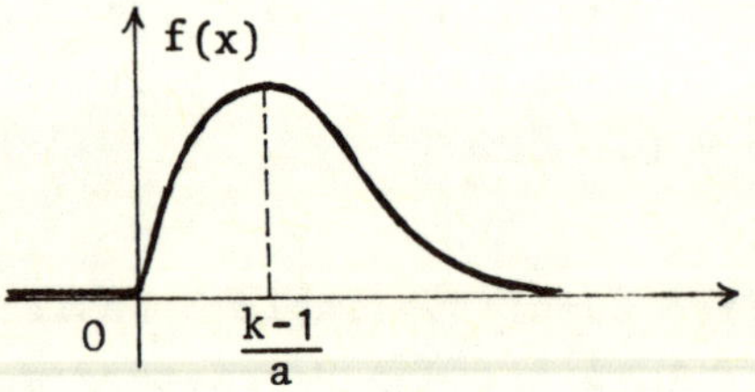

(k $\geq$ 2)

f hat für $k \geq 2$ ein Maximum für $x = \frac{k-1}{a}$ und einen Wendepunkt

$$\text{für } x = \begin{cases} \frac{2}{a} & \text{für } k = 2 \\ \frac{k-1 \pm \sqrt{k-1}}{a} & \text{für } k > 2. \end{cases}$$

Die Verteilungsfunktion lautet

$$F(x) = \begin{cases} 0 & \text{für } x \leq 0 \\ 1-e^{-ax} \sum\limits_{j=0}^{k-1} \frac{(ax)^j}{j!} & \text{für } x > 0. \end{cases}$$

Erwartungswert $E[X] = \frac{k}{a}$; Varianz $var[X] = \frac{k}{a^2}$;

r-tes Moment $E[X^r] = \frac{1}{a^r} \prod\limits_{j=0}^{r-1} (k+j) = \frac{k(k+1)\ldots(k+r-1)}{a^r}$;

3-tes zentrales Moment $E[(X-\mu)^3] = \frac{2k}{a^3}$;

4-tes zentrales Moment $E[(X-\mu)^4] = \frac{3k^2+6k}{a^4}$;

Schiefe = $\frac{2}{\sqrt{k}}$; Steilheit = $\frac{6}{k}$;

Modalwert = $\frac{k-1}{a}$ für $k > 1$;

momenterzeugende Funktion $G(t) = (1 - \frac{t}{a})^{-k}$ $(t < a)$;

charakteristische Funktion $H(t) = (1 - \frac{it}{a})^{-k}$.

Spezialfall: $k = 1 \Longrightarrow$ Exponentialverteilung mit den Parametern $b = 0$ und a.

Seien X_1 und X_2 unabhängige Zufallsvariablen und exponentialverteilt mit den Parametern a und $b = 0$. Dann besitzt $X_1 + X_2$ eine Erlang-Verteilung mit den Parametern a und $k = 2$.

2.4.2.10. Def.: Eine stetige Zufallsvariable X besitzt eine verallgemeinerte Erlang-Verteilung mit den Parametern $a_1,\ldots,a_n$, wenn sie die Dichte

$$f(x) = \begin{cases} 0 & \text{für } x \leq 0 \\ (-1)^{n-1} \prod_{i=1}^{n} a_i \sum_{j=1}^{n} \dfrac{e^{-a_j x}}{\prod_{\substack{j,k=1 \\ j \neq k}}^{n} (a_j - a_k)} & \text{für } x > 0 \end{cases}$$

$(a_1, \ldots, a_n \in \mathbb{R}^+;\ a_j \neq a_k$ für $j \neq k)$

hat.

Im Fall $n = 2$ wird dies zu

$$f(x) = \begin{cases} 0 & \text{für } x \leq 0 \\ \dfrac{a_1\, a_2}{a_2 - a_1}(e^{-a_1 x} - e^{-a_2 x}) & \text{für } x > 0 \quad (a_1 \neq a_2); \end{cases}$$

die zugehörige Verteilungsfunktion ist dann

$$F(x) = \begin{cases} 0 & \text{für } x \leq 0 \\ 1 - \dfrac{a_2 \exp(-a_1 x) - a_1 \exp(-a_2 x)}{a_2 - a_1} & \text{für } x > 0. \end{cases}$$

Seien X_1 und X_2 unabhängige Zufallsvariablen und X_1 exponentialverteilt mit den Parametern a_1 und $b = 0$, X_2 exponentialverteilt mit den Parametern a_2 und $b = 0$. Dann besitzt $X_1 + X_2$ eine verallgemeinerte Erlang-Verteilung mit den Parametern a_1 und a_2.

2.4.2.11. Def.: Seien $X_1, \ldots, X_n$ $(n \in \mathbb{N})$ unabhängige Zufallsvariablen und $N(0;1)$-normalverteilt. Die stetige Zufallsvariable $X := X_1^2 + \ldots + X_n^2$ besitzt dann eine χ^2-Verteilung (zentrale χ^2-Verteilung) mit n Freiheitsgraden.
Die zugehörige Dichte ist

$$f_n(x) = \begin{cases} 0 & \text{für } x \leq 0 \\ K_n x^{\frac{n-2}{2}} e^{-\frac{x}{2}} & \text{für } x > 0 \end{cases}$$

mit $K_n = (2^{\frac{n}{2}} \Gamma(\frac{n}{2}))^{-1}$. (Dabei ist $\Gamma(.)$ die Gammafunktion mit $\Gamma(x) = \int_0^\infty t^{x-1} e^{-t} dt$.)

In der Figur ist der Graph von f_n für verschiedene n skizziert.

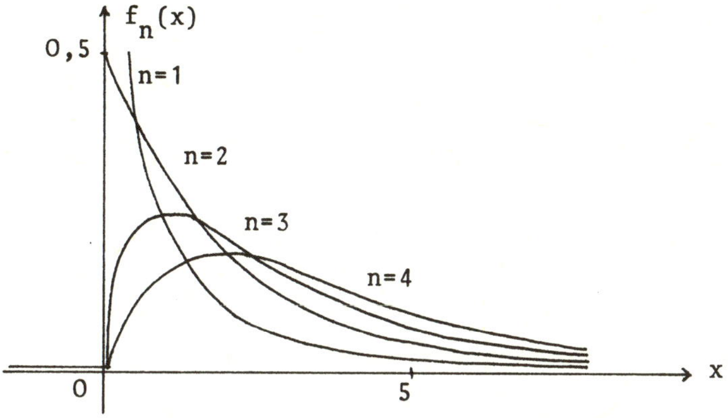

f_n ist für n > 2 auch in x = 0 stetig; f_n ist für n > 4 auch in x = 0 differenzierbar;

es gilt

$\lim_{x \to 0^+} f_1(x) = \infty$; $\lim_{x \to 0^+} f_2(x) = \frac{1}{2}$; $\lim_{x \to 0^+} f_2'(x) = -1$; $\lim_{x \to 0^+} f_3'(x) = \infty$;

$\lim_{x \to 0^+} f_4'(x) = K_4 = \frac{1}{4}$;

f_n hat für x = n - 2 ein Maximum, falls n > 2 ist; der Maximalwert von f_n ist damit gleich $K_n (\frac{n-2}{e})^{\frac{n-2}{2}}$. Für f_4 ist der Maximalwert $\frac{1}{2e}$.

Die Verteilungsfunktion lautet

$$F_n(x) = \begin{cases} 0 & \text{für } x \leq 0 \\ K_n \int_0^x t^{\frac{n-2}{2}} e^{-\frac{t}{2}} dt & \text{für } x > 0. \end{cases}$$

Erwartungswert $E[X] = n$; Varianz $var[X] = 2n$;

r-tes Moment $E[X^r] = n(n+2)(n+4)\ldots(n+2(r-1)) = 2^r \frac{\Gamma(r+\frac{n}{2})}{\Gamma(\frac{n}{2})} = 2^r \prod_{j=0}^{r-1} (j+\frac{n}{2})$

insbesondere

2-tes Moment $E[X^2] = n^2 + 2n = n(n+2)$;

3-tes Moment $E[X^3] = n^3 + 6n^2 + 8n = n(n+2)(n+4)$;

4-tes Moment $E[X^4] = n^4 + 12n^3 + 44n^2 + 48n = n(n+2)(n+4)(n+6)$;

es gilt die Rekursionsformel

$$E[X^{r+1}] = (n+2r)E[X^r] \quad (r \geq 1);$$

3-tes zentrales Moment $E[(X-\mu)^3] = 8n$;

4-tes zentrales Moment $E[(X-\mu)^4] = 12n^2 + 48n$;

für die zentralen Momente gilt die Rekursionsformel

$$E[(X-\mu)^{r+1}] = 2r(E[X^r] + nE[X^{r-1}]);$$

Schiefe $= \frac{2\sqrt{2}}{\sqrt{n}}$; Steilheit $= \frac{12}{n}$;

$$\text{Modalwert} = \begin{cases} 0 & \text{für } n = 2 \\ n-2 & \text{für } n > 2; \end{cases}$$

für $n = 1$ existiert der Modalwert nicht;

momenterzeugende Funktion $G(t) = (1-2t)^{-\frac{n}{2}}$ $(t < \frac{1}{2})$;

charakteristische Funktion $H(t) = (1-2it)^{-\frac{n}{2}}$.

Spezialfall: $n = 2 \implies$ Exponentialverteilung mit den Parametern $a = \frac{1}{2}$ und $b = 0$.

Sind X_1 und X_2 unabhängige χ^2-verteilte Zufallsvariablen mit n bzw. m Freiheitsgraden, dann ist $X_1 + X_2$ χ^2-verteilt mit n+m Freiheitsgraden.

Es gilt weiter: Seien $X_1,\dots,X_n$ $(n \geq 2)$ unabhängige Zufallsvariablen und $N(\mu;\sigma^2)$-normalverteilt, ferner $\overline{X} := \frac{1}{n} \sum_{j=1}^{n} X_j$.

Dann ist $X := \frac{1}{\sigma^2} \sum_{j=1}^{n} (X_j - \overline{X})^2$ χ^2-verteilt mit n-1 Freiheitsgraden.

Bemerkung: Wenn $X_1,\dots,X_n$ $(n \in \mathbb{N})$ unabhängige Zufallsvariablen sind und $N(0;\sigma^2)$-normalverteilt, dann nennt man die Verteilung der stetigen Zufallsvariablen $X := X_1^2 + \dots + X_n^2$ χ^2-Verteilung mit n Freiheitsgraden und dem Parameter σ^2 $(\sigma \in \mathbb{R}^+)$.

Die zugehörige Dichte ist

$$f_n^*(x) = \begin{cases} 0 & \text{für } x \leq 0 \\ K_n^* \, x^{\frac{n-2}{2}} \, e^{-\frac{x}{2\sigma^2}} & \text{für } x > 0 \end{cases}$$

mit $K_n^* = (2^{\frac{n}{2}} \sigma^n \Gamma(\frac{n}{2}))^{-1}$.

Für die Verteilungsfunktionen F_n und F_n^* gilt

$F_n(x) = F_n^*(\sigma^2 x)$ für alle $x \in \mathbb{R}$.

Erwartungswert $E[X] = n\sigma^2$;

Varianz $\mathrm{var}[X] = 2n\sigma^4$.

2.4.2.12. Def.: Seien $X_1,\ldots,X_n$ ($n \in \mathbb{N}$) unabhängige Zufalls variablen und $N(0;1)$-normalverteilt. Die stetige Zufallsvariable $X := \sqrt{X_1^2+\ldots+X_n^2}$ besitzt dann eine χ-Verteilung mit n Freiheitsgraden.

Die zugehörige Dichte ist

$$f_n(x) = \begin{cases} 0 & \text{für } x \leq 0 \\ L_n x^{n-1} e^{-\frac{x^2}{2}} & \text{für } x > 0 \end{cases}$$

mit $L_n = (2^{\frac{n}{2}-1}\Gamma(\frac{n}{2}))^{-1}$.

Erwartungswert $E[X] = \sqrt{2}\,\frac{\Gamma(\frac{n+1}{2})}{\Gamma(\frac{n}{2})}$; Varianz $\operatorname{var}[X] = n - 2\frac{\Gamma^2(\frac{n}{}}{\Gamma^2(}$

Ist X χ-verteilt, so ist X^2 χ^2-verteilt.

Spezialfälle: $n = 2 \Longrightarrow$ Rayleigh-Verteilung mit $\lambda = 2$ bzw. Weibull-Verteilung mit $p = 2$, $a =$

$n = 3 \Longrightarrow$ Maxwell-Verteilung mit $a = 1$.

2.4.2.13. Def.: Seien $X_1,\ldots,X_n$ ($n \in \mathbb{N}$) unabhängige Zufalls variablen, und sei $X_j \sim N(\mu_j;1)$-normalverteilt ($j=1,\ldots,n$).

Die stetige Zufallsvariable $X := \sum_{j=1}^{n} X_j^2$ besitzt dann eine nichtzentrale χ^2-Verteilung mit n Freiheitsgraden und dem Nichtzentralitätsparameter $\delta^2 := \sum_{j=1}^{n} \mu_j^2$.

Sind also $X_j \sim N(0;1)$-normalverteilt und $a_j \in \mathbb{R}$ ($j=1,\ldots,n$) dann ist $X := \sum_{j=1}^{n} (X_j+a_j)^2$ nichtzentral χ^2-verteilt mit n Freiheitsgraden und dem Nichtzentralitätsparameter $\delta^2 = \sum_{j=1}^{n}$

Im Spezialfall $\delta^2 = 0 \Longrightarrow$ gewöhnliche (zentrale) χ^2-Verteilung.

2.4.2.14. Def.: Seien X_1 und X_2 unabhängige Zufallsvariablen; sei $X_1 \sim N(0;1)$-normalverteilt, X_2 χ^2-verteilt mit n Freiheitsgraden. Die stetige Zufallsvariable $X := \frac{X_1}{\sqrt{X_2}} \sqrt{n}$ besitzt dann eine (zentrale) t-Verteilung (Student-Verteilung) mit n Freiheitsgraden.

Die zugehörige Dichte ist

$$f_n(x) = \frac{\Gamma(\frac{n+1}{2})}{\sqrt{n\pi}\,\Gamma(\frac{n}{2})} \left(1 + \frac{x^2}{n}\right)^{-\frac{n+1}{2}}.$$

(Dabei ist $\Gamma(.)$ die Gammafunktion mit $\Gamma(x) = \int_0^\infty t^{x-1} e^{-t} dt$.)

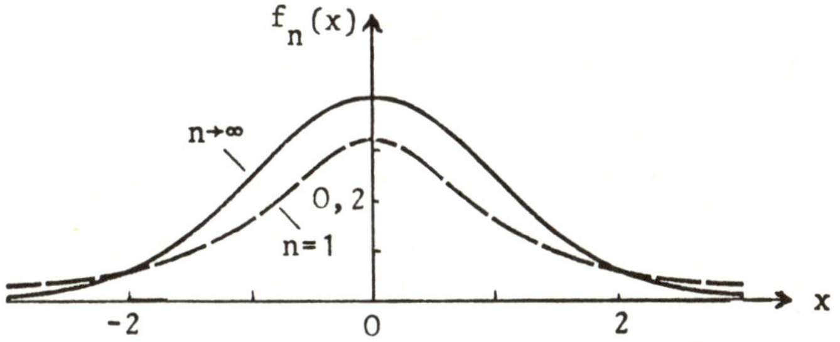

f_n ist zu $x = 0$ symmetrisch.

Erwartungswert $E[X]$ existiert für $n \geq 2$ und es ist $E[X] = 0$;

Varianz $var[X]$ existiert für $n \geq 3$ und es ist $var[X] = \frac{n}{n-2}$;

$$\text{r-tes Moment } E[X^r] = \begin{cases} n^{\frac{r}{2}} \frac{1 \cdot 3 \ldots (r-1)}{(n-2)(n-4)\ldots(n-r)} & \text{für } r \leq n-1 \text{ gerade} \\ 0 \quad \text{für } r \leq n-1 \text{ ungerade;} \end{cases}$$

Schiefe = 0 für $n \geq 4$; Steilheit $= \frac{6}{n-4}$ für $n \geq 5$;

Median = 0; Modalwert = 0.

Spezialfall: Für $n = 1 \Longrightarrow$ Cauchy-Verteilung mit den Parametern $m = 0$ und $a = 1$.

Ist X t-verteilt mit n Freiheitsgraden, dann ist $Y := X^2$ F-verteilt mit $(m=1,n)$ Freiheitsgraden.

2.4.2.15. Seien X_1 und X_2 unabhängige Zufallsvariablen; sei $X_1 \sim N(\mu;1)$-normalverteilt und X_2 χ^2-verteilt mit n Freiheitsgraden. Die stetige Zufallsvariable $X := \frac{X_1}{\sqrt{X_2}}\sqrt{n}$ besitzt dann eine <u>nichtzentrale t-Verteilung</u> mit n Freiheitsgraden und dem Nichtzentralitätsparameter μ.

Für $\mu = 0 \implies$ gewöhnliche t-Verteilung.

2.4.2.16. <u>Def.</u>: Seien X_1 und X_2 unabhängige Zufallsvariable sei X_1 mit m Freiheitsgraden, X_2 mit n Freiheitsgraden χ^2-verteilt. Die stetige Zufallsvariable $X := \frac{nX_1}{mX_2}$ besitzt dann eine <u>F-Verteilung</u> mit (m,n) Freiheitsgraden.

Die zugehörige Dichte ist

$$f_{m,n}(x) = \begin{cases} 0 & \text{für } x \leq 0 \\ K_{m,n} x^{\frac{m}{2}-1} \left(1 + \frac{m}{n} x\right)^{-\frac{m+n}{2}} & \text{für } x > 0 \end{cases}$$

mit $K_{m,n} = (\frac{m}{n})^{\frac{m}{2}} (B(\frac{m}{2},\frac{n}{2}))^{-1}$. (Dabei ist $B(.,.)$ die Betafunktion mit $B(x,y) = \int_0^1 t^{x-1}(1-t)^{y-t} dt$).

Die Konstante $K_{m,n}$ läßt sich auch schreiben als

$K_{m,n} = (\frac{m}{n})^{\frac{m}{2}} \frac{\Gamma(\frac{m+n}{2})}{\Gamma(\frac{m}{2})\Gamma(\frac{n}{2})}$ ($\Gamma(.)$ ist die Gammafunktion mit $\Gamma(x) = \int_0^\infty t^{x-1} e^{-t} dt$.)

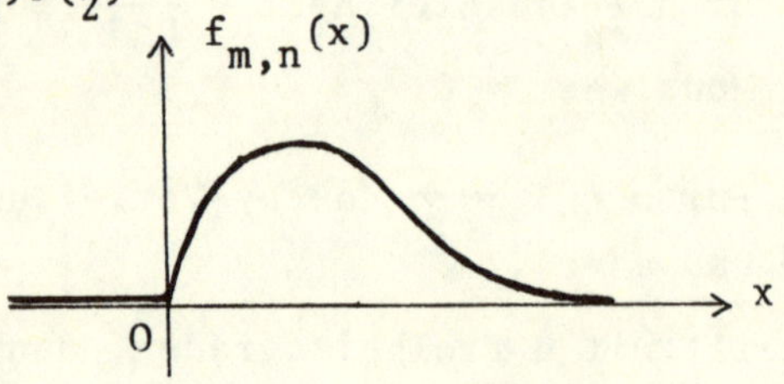

Erwartungswert $E[X]$ existiert für $n > 2$ und es ist $E[X] = \frac{n}{n-2}$; Varianz $\mathrm{var}[X]$ existiert für $n > 4$ und es ist $\mathrm{var}[X] = \frac{2n^2(m+n-2)}{m(n-2)^2(n-4)}$;

r-tes Moment $E[X^r] = \frac{\Gamma(\frac{m}{2}+r)\Gamma(\frac{n}{2}-r)}{\Gamma(\frac{m}{2})\Gamma(\frac{n}{2})}(\frac{n}{m})^r = (\frac{n}{m})^r \frac{m(m+2)\ldots(m+2(r-1))}{(n-2)(n-4)\ldots(n-2r)}$

für $n > 2r$;

insbesondere

2-tes Moment $E[X^2] = \frac{(m+2)n^2}{m(n-2)(n-4)}$ für $n > 4$;

3-tes Moment $E[X^3] = \frac{(m+2)(m+4)n^3}{m^2(n-2)(n-4)(n-6)}$ für $n > 6$;

4-tes Moment $E[X^4] = \frac{m(m+2)(m+4)(m+6)n^4}{m^3(n-2)(n-4)(n-6)(n-8)}$ für $n > 8$;

Schiefe $= \frac{2m+n-2}{n-6}\sqrt{\frac{8(n-4)}{m+n-2}}$ für $n > 6$;

Steilheit $= \frac{12(n-2)^2(n-4) + m(m+n-2)(5n-22)}{m(n-6)(n-8)(m+n-2)}$ für $n > 8$;

Modalwert $= \frac{n(m-2)}{m(n+2)}$ für $m \geq 2$; für $m = 1$ existiert der Modalwert nicht.

Wenn X F-verteilt ist mit (m,n) Freiheitsgraden, dann ist $\frac{1}{X}$ F-verteilt mit (n,m) Freiheitsgraden.

Ist X F-verteilt mit (m,n) Freiheitsgraden, dann ist $Y := \frac{n}{n+mX}$ betaverteilt mit den Parametern $\frac{n}{2}$ und $\frac{m}{2}$.

2.4.2.17. Def.: Seien X_1 und X_2 unabhängige Zufallsvariablen; sei X_1 nichtzentral χ^2-verteilt mit m Freiheitsgraden und dem Nichtzentralitätsparameter δ^2 und X_2 nichtzentral χ^2-verteilt mit n Freiheitsgraden und dem Nichtzentralitätsparameter ε^2. Die stetige Zufallsvariable $X: = \frac{nX_1}{mX_2}$ besitzt dann eine <u>doppelt nichtzentrale F-Verteilung</u> mit (m,n) Freiheitsgraden und den Nichtzentralitätsparametern $(\delta^2, \varepsilon^2)$.

Im Fall $\varepsilon^2 = 0$ spricht man von einer einfach nichtzentralen F-Verteilung.

Im Spezialfall $\delta^2 = \varepsilon^2 = 0 \Longrightarrow$ gewöhnliche (zentrale) F-Verteilung.

2.4.2.18. <u>Def.</u>: Eine stetige Zufallsvariable X besitzt eine <u>Z-Verteilung</u> mit (m,n) Freiheitsgraden, wenn sie die Dichte

$$f_{m,n}(x) = \frac{2m^{\frac{m}{2}}n^{\frac{n}{2}}}{B(\frac{m}{2},\frac{n}{2})} e^{mx}(n+me^{2x})^{-\frac{m+n}{2}} \qquad (m,n \in \mathbb{N})$$

hat. (B(.,.) ist die Betafunktion mit $B(x,y) = \int_0^1 t^{x-1}(1-t)^{y-1}dt.$)

Modalwert = 0;

momenterzeugende Funktion $G(t) = (\frac{n}{m})^{\frac{t}{2}} \dfrac{\Gamma(\frac{n-t}{2})\Gamma(\frac{m+t}{2})}{\Gamma(\frac{m}{2})\Gamma(\frac{n}{2})}$;

charakteristische Funktion $H(t) = (\frac{n}{m})^{\frac{it}{2}} \dfrac{\Gamma(\frac{n-it}{2})\Gamma(\frac{m+it}{2})}{\Gamma(\frac{m}{2})\Gamma(\frac{n}{2})}$.

Ist X Z-verteilt mit (m,n) Freiheitsgraden, dann ist Y: = F-verteilt mit (m,n) Freiheitsgraden.

2.4.2.19. <u>Def.</u>: Eine stetige Zufallsvariable X besitzt eine <u>Cauchy-Verteilung</u> mit den Parametern a und m, wenn sie die Dichte

$$f(x) = \frac{1}{\pi} \frac{a}{a^2+(x-m)^2} \qquad (a \in \mathbb{R}^+;\ m \in \mathbb{R})$$

hat.

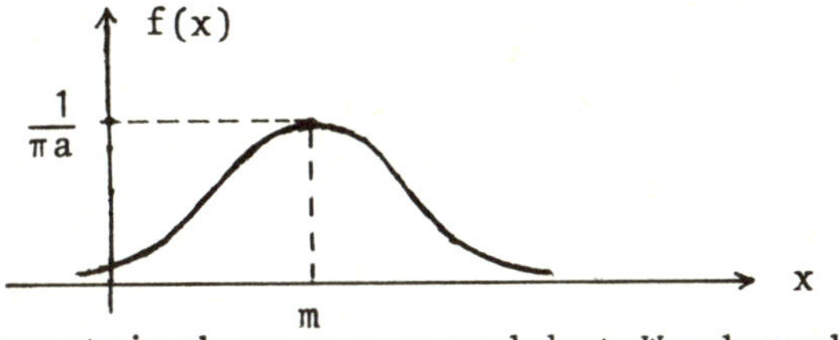

f ist symmetrisch zu $x = m$ und hat Wendepunkte für $x = m \pm a$.

Die Verteilungsfunktion lautet

$$F(x) = \frac{1}{2} + \frac{1}{\pi} \arctan \frac{x-m}{a} \quad (-\frac{\pi}{2} < \arctan \frac{x-m}{a} < \frac{\pi}{2}).$$

Erwartungswert $E[X]$ existiert nicht; damit existieren auch die Varianz und die Momente höherer Ordnung nicht;

Median = m; Modalwert = m;

erstes Quartil = m - a; drittes Quartil = m + a;

momenterzeugende Funktion $G(t) = \exp(mt-a|t|)$;

charakteristische Funktion $H(t) = \exp(imt-a|t|)$.

Spezialfall: Für $a = 1$ und $m = 0$ $\longrightarrow$ t-Verteilung mit einem Freiheitsgrad.

Seien X_1 und X_2 unabhängige Zufallsvariablen; sei X_1 mit den Parametern a_1 und m_1 und X_2 mit den Parametern a_2 und m_2 Cauchy-verteilt. Dann ist $Y := X_1 + X_2$ Cauchy-verteilt mit den Parametern $a_1 + a_2$ und $m_1 + m_2$.

Die Aussage des zentralen Grenzwertsatzes für Folgen unabhängiger Cauchy-verteilter Zufallsvariablen gilt nicht.

Weiter gilt, daß das arithmetische Mittel $\bar{X} = \frac{1}{n} \sum_{j=1}^{n} X_j$ von n unabhängigen mit den Parametern a und m Cauchy-verteilten Zufallsvariablen X_j ebenfalls mit den Parametern a und m Cauchy-verteilt ist.

Seien X_1 und X_2 unabhängige Zufallsvariablen; sei $X_1 \sim N(0;\sigma$ normalverteilt und $X_2 \sim N(0;1)$-normalverteilt. Dann ist $Y := m + \frac{X_1}{X_2}$ Cauchy-verteilt mit den Parametern $a = \sigma$ und m.

2.4.2.20. Def.: Eine stetige Zufallsvariable X besitzt eine Gammaverteilung mit den Parametern a und p, wenn sie die Dichte

$$f(x) = \begin{cases} 0 & \text{für } x \leq 0 \\ \frac{a^p}{\Gamma(p)} x^{p-1} e^{-ax} & \text{für } x > 0 \quad (a,p \in \mathbb{R}^+) \end{cases}$$

hat. (Dabei ist $\Gamma(.)$ die Gammafunktion $\Gamma(x) = \int_0^\infty t^{x-1} e^{-t} dt$.)

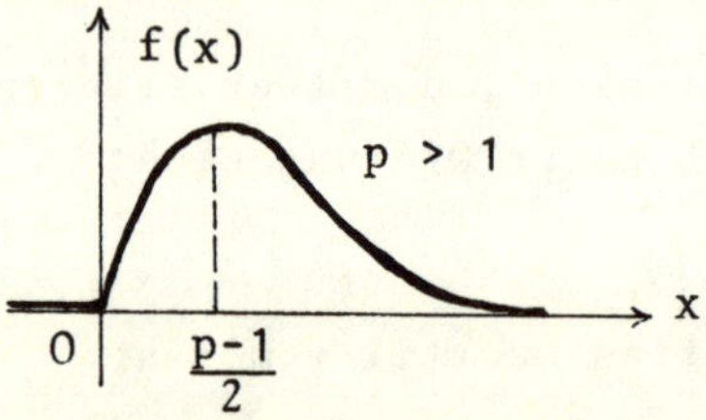

Die Verteilungsfunktion lautet

$$F(x) = \begin{cases} 0 & \text{für } x \leq 0 \\ \frac{a^p}{\Gamma(p)} \int_0^x t^{p-1} e^{-at} dt & \text{für } x > 0. \end{cases}$$

Erwartungswert $E[X] = \frac{p}{a}$; Varianz $var[X] = \frac{p}{a^2}$;

r-tes Moment $E[X^r] = \frac{\Gamma(r+p)}{a^r \Gamma(p)} = \frac{1}{a^r} \prod_{j=0}^{r-1} (p+j) = \frac{p(p+1)\ldots(p+r-1)}{a^r}$

3-tes zentrales Moment $E[(X-\mu)^3] = \frac{2p}{a^3}$;

4-tes zentrales Moment $E[(X-\mu)^4] = \frac{3p^2+6p}{a^4}$;

Schiefe $= \frac{2}{\sqrt{p}}$; Steilheit $= \frac{6}{p}$;

Modalwert = $\frac{p-1}{a}$ für $p > 1$;

momenterzeugende Funktion $G(t) = (1 - \frac{t}{a})^{-p}$ $(t < a)$;

charakteristische Funktion $H(t) = (1 - \frac{it}{a})^{-p}$.

Spezialfälle: $p = 1 \Longrightarrow$ Exponentialverteilung mit den Parametern $b = 0$ und a;
$p = k \Longrightarrow$ Erlang-Verteilung mit den Parametern k und a;
$p = \frac{n}{2}$, $a = \frac{1}{2} \Longrightarrow \chi^2$-Verteilung mit n Freiheitsgraden.

Seien X_1 und X_2 unabhängige Zufallsvariablen und X_1 gammaverteilt mit den Parametern a und p_1 und X_2 gammaverteilt mit den Parametern a und p_2. Dann gilt:

$X_1 + X_2$ ist gammaverteilt mit den Parametern a und $p_1 + p_2$;

$\frac{X_1}{X_1+X_2}$ ist betaverteilt von 1. Art über $]0,1[$ mit den Parametern p_1 und p_2;

$\frac{X_1}{X_2}$ ist betaverteilt von 2. Art mit den Parametern p_1 und p_2.

2.4.2.21. <u>Def.</u>: Eine stetige Zufallsvariable X besitzt eine <u>verallgemeinerte Gammaverteilung</u> mit den Parametern a, p, α, wenn sie die Dichte

$$f(x) = \begin{cases} 0 & \text{für } x \leq 0 \\ \alpha a^{\frac{p}{\alpha}} (\Gamma(\frac{p}{\alpha}))^{-1} x^{p-1} \exp(-a x^{\alpha}) & \text{für } x > 0 \quad (a, p, \alpha \in \mathbb{R}^+) \end{cases}$$

hat.

Spezialfälle: $\alpha = 1 \Longrightarrow$ Gammaverteilung;
$\alpha = 1$, $p = \frac{n}{2}$, $a = \frac{1}{2} \Longrightarrow \chi^2$-Verteilung mit n Freiheitsgraden;

$\alpha = p \Longrightarrow$ Weibull-Verteilung;

$\alpha = 2,\ p = n,\ a = \frac{1}{2} \Longrightarrow \chi$-Verteilung;

$\alpha = 2,\ p = 3,\ a = \frac{1}{2\hat{a}^2} \Longrightarrow$ Maxwell-Verteilung;

$\alpha = 2,\ p = 2,\ a = \frac{1}{\lambda} \Longrightarrow$ Rayleigh-Verteilung.

2.4.2.22. Def.: Eine stetige Zufallsvariable X besitzt ein Betaverteilung 1. Art mit den Parametern p und q, wenn sie die Dichte

$$f(x) = \begin{cases} \frac{1}{B(p,q)} x^{p-1}(1-x)^{q-1} & \text{für } 0 < x < 1 \\ 0 \quad \text{sonst} & (p,q \in \mathbb{R}^+) \end{cases}$$

hat. (Dabei bedeutet B(.,.) die Betafunktion mit $B(x,y) = \int_0^1 t^{x-1}(1-t)^{y-1}dt$ und es gilt $B(x,y) = \frac{\Gamma(x)\Gamma(y)}{\Gamma(x+y)}$.)

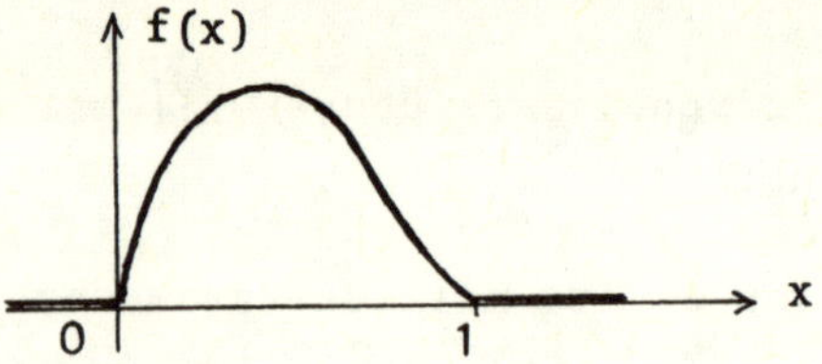

Für p = q = 0,5 ist symmetrisch zu x = 0

Die Verteilungsfunktion lautet

$$F(x) = \begin{cases} 0 \quad \text{für } x \leq 0 \\ \frac{1}{B(p,q)} \int_0^x t^{p-1}(1-t)^{q-1}dt \quad \text{für } 0 < x < 1 \\ 1 \quad \text{für } x \geq 1. \end{cases}$$

Erwartungswert $E[X] = \frac{p}{p+q}$;

Varianz $\text{var}[X] = \frac{pq}{(p+q)^2(p+q+1)}$;

r-tes Moment $E[X^r] = \frac{B(r+p,q)}{B(p,q)} = \frac{p(p+1)\ldots(p+r-1)}{(p+q)(p+q+1)\ldots(p+q+r-1)} =$

$$= \frac{\binom{p+r-1}{r}}{\binom{p+q+r-1}{r}};$$

3-tes zentrales Moment $E[(X-\mu)^3] = \frac{2pq(q-p)}{(p+q)^3(p+q+1)(p+q+2)}$;

Schiefe $= \frac{2(q-p)}{p+q+2}\sqrt{\frac{p+q+1}{pq}}$;

Steilheit $= 6\,\frac{p(p+1)(p-2q) + q(q+1)(q-2p)}{pq(p+q+2)(p+q+3)}$;

Modalwert $= \frac{1-p}{2-p-q}$ für $p < 1$, $q < 1$ oder $p > 1$, $q > 1$.

Wenn insbesondere $p,q \in \mathbb{N}$, wird die Dichte der Betaverteilung 1. Art zu

$$f(x) = \begin{cases} \frac{(p+q-1)!}{(p-1)!(q-1)!}\, x^{p-1}(1-x)^{q-1} & \text{für } 0 < x < 1 \\ 0 & \text{sonst.} \end{cases}$$

Spezialfälle: $q = 1 \implies$ Potenzverteilung mit dem Parameter p;

$p = q = 1 \implies$ Gleichverteilung über $]0,1[$;

$p = q = \frac{1}{2} \implies$ Arcus-Sinus-Verteilung.

Diese hat die Dichte

$$f(x) = \begin{cases} \frac{1}{\pi\sqrt{x(1-x)}} & \text{für } 0 < x < 1 \\ 0 & \text{sonst} \end{cases}$$

und die Verteilungsfunktion

$$F(x) = \begin{cases} 0 & \text{für } x \leq 0 \\ \frac{2}{\pi}\arcsin\sqrt{x} & \text{für } 0 < x \leq 1 \\ 0 & \text{für } x > 1. \end{cases}$$

2.4.2.23. Verallgemeinerung:

Def.: Eine stetige Zufallsvariable X besitzt über dem Intervall $]a,b[$ eine Betaverteilung 1. Art mit den Parametern p und q, wenn sie die Dichte

$$f(x) = \begin{cases} \frac{(b-a)^{1-p-q}}{B(p,q)} (x-a)^{p-1} (b-x)^{q-1} & \text{für } a < x < b \\ 0 \quad \text{sonst} & (p,q \in \mathbb{R}^+) \end{cases}$$

hat.

Erwartungswert $E[X] = a + (b-a) \frac{p}{p+q}$;

Varianz $var[X] = \frac{(b-a)^2 pq}{(p+q)^2 (p+q+1)}$;

r-tes Moment $E[X^r] = (b-a)^r \frac{B(k+p,q)}{B(p,q)} =$

$$= (b-a)^r \frac{p(p+1)\dots(p+k-1)}{(p+q)(p+q+1)\dots(p+q+r-1)};$$

Modalwert $= a + (b-a) \frac{1-p}{2-p-q}$ für $p \geq 1$, $q \geq 1$, $pq > 1$.

Spezialfälle: $p = q = 1 \Longrightarrow$ stetige Gleichverteilung (Rechtecksverteilung) über $]a,b[$;

$p = 1$, $q = 2 \Longrightarrow$ "linkssteile Dreiecksverteilung" über $]a,b[$

$p = 2$, $q = 1 \Longrightarrow$ "rechtssteile Dreiecksverteilung" über $]a,b$

Durch die Transformation $Y: = \frac{X-a}{b-a}$ erhält man aus der Betaverteilung 1. Art über $]a,b[$ eine Betaverteilung 1. Art über $]0,1[$.

2.4.2.24. Def.: Eine stetige Zufallsvariable X besitzt eine Betaverteilung 2. Art mit den Parametern p und q, wenn sie die Dichte

$$f(x) = \begin{cases} \frac{1}{B(p,q)} x^{p-1} (1+x)^{-p-q} & \text{für } x > 0 \\ 0 \quad \text{sonst} & (p,q \in \mathbb{R}^+) \end{cases}$$

hat. (Dabei bedeutet B(.,.) die Betafunktion mit $B(x,y) = \int_0^1 t^{x-1}(t-1)^{y-1}dt$ und es gilt $B(x,y) = \frac{\Gamma(x)\Gamma(y)}{\Gamma(x+y)}$.)

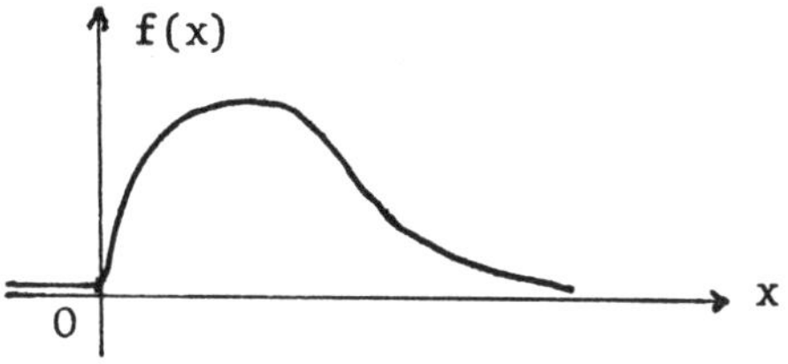

Die Verteilungsfunktion lautet

$$F(x) = \begin{cases} 0 & \text{für } x \leq 0 \\ \frac{1}{B(p,q)} \int_0^x t^{p-1}(1+t)^{-p-q}dt & \text{für } x > 0. \end{cases}$$

Erwartungswert $E[X] = \frac{p}{q-1}$ für $q > 1$;

für $q \leq 1$ existiert $E[X]$ nicht;

Varianz $\text{var}[X] = \frac{p(p+q-1)}{(q-1)^2(q-2)}$ für $q > 2$;

für $q \leq 2$ existiert $\text{var}[X]$ nicht;

r-tes Moment $E[X^r] = \frac{B(r+p,q-r)}{B(p,q)} =$

$$= \frac{p(p+1)\ldots(p+r-1)}{(q-1)(q-2)\ldots(q-r)} = \frac{\binom{p+r-1}{r}}{\binom{q-1}{r}} \quad (q > r);$$

für $q \leq r$ existiert $E[X^r]$ nicht;

Modalwert $\frac{p-1}{1+q}$ für $p > 1$.

Ist X betaverteilt von 2. Art mit den Parametern p und q ($p,q \in \mathbb{N}$), so ist $\frac{q}{p}X$ F-verteilt mit (p,q) Freiheitsgraden.

Ist X betaverteilt von 2. Art mit den Parametern p und q, so ist $\frac{1}{X}$ betaverteilt von 2. Art und $\frac{1}{1+X}$ betaverteilt von 1. Art über $]0,1[$ und zwar jeweils mit den Parametern q und p.

2.4.2.25. Def.: Eine stetige Zufallsvariable X besitzt eine Rayleigh-Verteilung mit dem Parameter λ, wenn sie die Dicht

$$f(x) = \begin{cases} 0 & \text{für } x \leq 0 \\ \frac{2x}{\lambda} \exp(-\frac{x^2}{\lambda}) & \text{für } x > 0 \quad (\lambda \in \mathbb{R}^+) \end{cases}$$

hat.

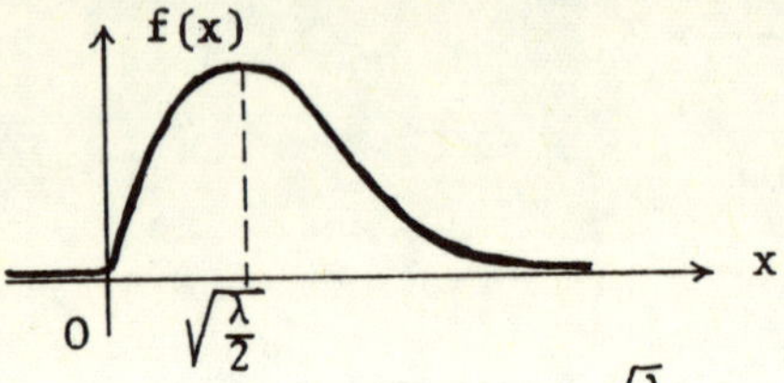

f hat ein Maximum für $x = \sqrt{\frac{\lambda}{2}}$ und einen Wendepunkt für $x = \sqrt{\cdot}$

Die Verteilungsfunktion lautet

$$F(x) = \begin{cases} 0 & \text{für } x \leq 0 \\ 1-\exp(-\frac{x^2}{\lambda}) & \text{für } x > 0. \end{cases}$$

Erwartungswert $E[X] = \frac{1}{2}\sqrt{\lambda\pi} \approx 0{,}886227\sqrt{\lambda}$;

Varianz $var[X] = (1 - \frac{\pi}{4})\,\lambda \approx 0{,}214602\,\lambda$;

r-tes Moment $E[X^r] = \lambda^{\frac{r}{2}}\,\Gamma(\frac{r}{2} + 1)$;

insbesondere 2-tes Moment $E[X^2] = \lambda$;

3-tes Moment $E[X^3] = \frac{3}{4}\sqrt{\pi}\,\lambda^{\frac{3}{2}} \approx 1{,}329340\,\lambda^{\frac{3}{2}}$;

4-tes Moment $E[X^4] = 2\,\lambda^2$;

3-tes zentrales Moment $E[(x-\mu)^3] = \frac{\sqrt{\pi}}{4}(\pi-3)\,\lambda^{\frac{3}{2}} \approx 0{,}062742\,\lambda^{\frac{3}{2}}$;

4-tes zentrales Moment $E[(X-\mu)^4] = (2 - \frac{3}{16}\pi^2)\,\lambda^2 \approx 0{,}14944$

Schiefe = $\frac{\sqrt{\pi}}{4}(\pi-3)(1-\frac{\pi}{4})^{-\frac{3}{2}} \approx 0,631111$;

Steilheit = $(2-\frac{3}{16}\pi^2)(1-\frac{\pi}{4})^{-2} \approx 0,245089$;

Median = $\sqrt{\lambda \ln 2} \approx 0,832555\sqrt{\lambda}$;

Modalwert = $\sqrt{\frac{\lambda}{2}} \approx 0,707107\sqrt{\lambda}$.

2.4.2.26. <u>Def.</u>: Eine stetige Zufallsvariable X besitzt eine <u>Weibull-Verteilung</u> mit den Parametern a und p, wenn sie die Dichte

$$f(x) = \begin{cases} 0 & \text{für } x \leq 0 \\ apx^{p-1}\exp(-ax^p) & \text{für } x > 0 \quad (a,p \in \mathbb{R}^+) \end{cases}$$

hat.

Die Verteilungsfunktion lautet

$$F(x) = \begin{cases} 0 & \text{für } x \leq 0 \\ 1-\exp(-ax^p) & \text{für } x > 0. \end{cases}$$

Erwartungswert $E[X] = a^{-\frac{1}{p}}\Gamma(1+\frac{1}{p})$;

Varianz $var[X] = a^{-\frac{2}{p}}(\Gamma(1+\frac{2}{p}) - \Gamma^2(1+\frac{1}{p}))$;

r-tes Moment $E[X^r] = a^{-\frac{r}{p}}\Gamma(1+\frac{r}{p})$;

Median = $(\frac{\ln 2}{a})^{\frac{1}{p}}$;

Modalwert = $(\frac{1-\frac{1}{p}}{a})^{\frac{1}{p}}$ für $p \geq 1$.

Spezialfälle: $p = 1 \Longrightarrow$ Exponentialverteilung mit den Parametern a und b = 0;

$p = 2 \Longrightarrow$ Rayleigh-Verteilung mit dem Parameter $\lambda = \frac{1}{a}$.

2.4.2.27. <u>Def.</u>: Eine stetige Zufallsvariable X besitzt eine <u>Weibull-Verteilung</u> mit den Parametern a, b und p, wenn sie die Dichte

$$f(x) = \begin{cases} 0 & \text{für } x \leq \frac{b}{a} \\ ap(ax+b)^{p-1}\exp(-(ax+b)^p) & \text{für } x > \frac{b}{a} \end{cases} \qquad (a,p \in \mathbb{R}^+;\ b \in \mathbb{R})$$

hat.

Die Verteilungsfunktion lautet

$$F(x) = \begin{cases} 0 & \text{für } x \leq \frac{b}{a} \\ 1 - \exp(-(ax+b)^p) & \text{für } x > \frac{b}{a}. \end{cases}$$

2.4.2.28. <u>Def.</u>: Eine stetige Zufallsvariable X besitzt eine <u>Kolmogorov-Verteilung</u>, wenn sie die Verteilungsfunktion

$$F(x) = \begin{cases} 0 & \text{für } x \leq 0 \\ \sum\limits_{j=-\infty}^{\infty} (-1)^j \exp(-2j^2x^2) = 1 + 2\sum\limits_{j=1}^{\infty} (-1)^j \exp(-2j^2x^2) & \text{für } x > 0 \end{cases}$$

hat.

2.4.2.29. <u>Def.</u>: Eine stetige Zufallsvariable X besitzt eine <u>Maxwell-Verteilung</u> mit dem Parameter a, wenn sie die Dichte

$$f(x) = \begin{cases} 0 & \text{für } x \leq 0 \\ \frac{2}{a^3\sqrt{2\pi}}\, x^2 \exp(-\frac{x^2}{2a^2}) & \text{für } x > 0 \end{cases} \qquad (a \in \mathbb{R}^+)$$

hat.

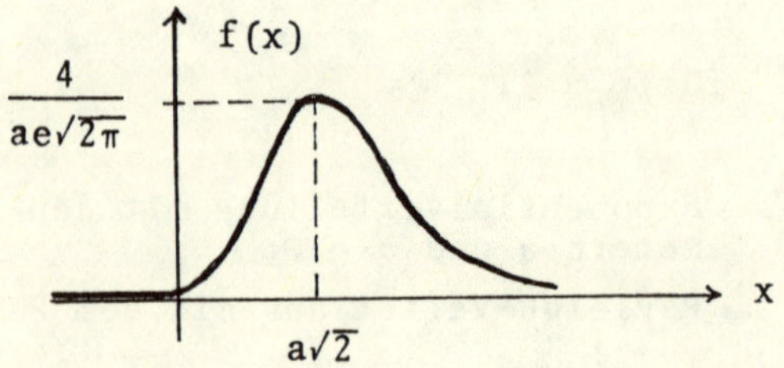

f ist stetig differenzierbar in x = 0, aber f'' ist nicht mehr stetig in x = 0.

f hat ein Maximum für $x = a\sqrt{2}$ und Wendepunkte für $x = \frac{a}{\sqrt{2}}\sqrt{5 \pm \sqrt{17}}$.

Erwartungswert $E[X] = \frac{2\sqrt{2}a}{\sqrt{\pi}} \approx 1{,}5958\ a$;

Varianz $\text{var}[X] = (3 - \frac{8}{\pi})\ a^2 \approx 0{,}4535\ a^2$;

r-tes Moment

$$E[X^r] = \begin{cases} 1 \cdot 3 \ldots (r+1)a^r & \text{für } r \text{ gerade} \\ \dfrac{2^{r+2}(\frac{r+1}{2})!\ a^r}{\sqrt{2\pi}} & \text{für } r \text{ ungerade;} \end{cases}$$

Schiefe $\approx 0{,}4857$; Steilheit $\approx 0{,}1082$;

Median $\approx 1{,}5382\ a$; Modalwert $= a\sqrt{2} \approx 1{,}4142\ a$.

Ist X Maxwell-verteilt mit dem Parameter a, so ist $\frac{X^2}{a^2}$ χ^2-verteilt mit drei Freiheitsgraden.

2.4.2.30. Def.: Eine stetige Zufallsvariable X besitzt eine logistische Verteilung mit den Parametern a und μ, wenn sie die Verteilungsfunktion

$$F(x) = (1+\exp(-\frac{x-\mu}{a}))^{-1} \qquad (a \in \mathbb{R}^+;\ \mu \in \mathbb{R})$$

hat.

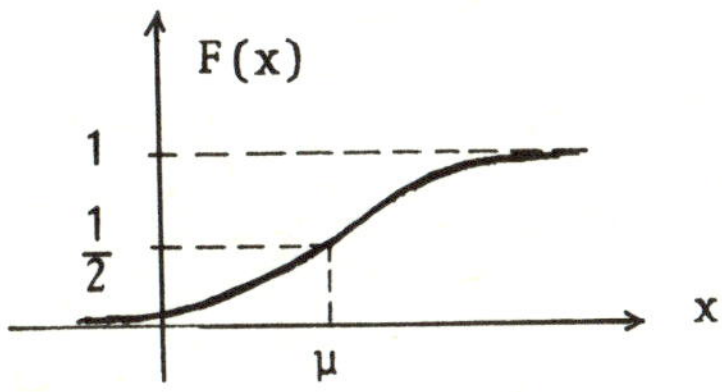

F hat einen Wendepunkt für $x = \mu$ und ist symmetrisch zu $(\mu;\frac{1}{2})$.

Es gilt $F'(x) = \frac{1}{a} F(x)(1-F(x))$.

Die Dichte ist

$$f(x) = \frac{\exp(-\frac{x-\mu}{a})}{a(1+\exp(-\frac{x-\mu}{a}))^2};$$

f ist symmetrisch zu $x = \mu$ und hat dort ein Maximum.

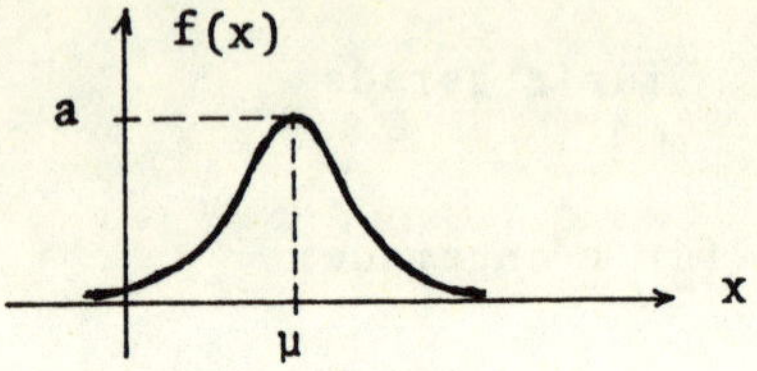

Erwartungswert $E[X] = \mu$;

Varianz $\mathrm{var}[X] = \frac{a^2\pi^2}{3}$;

2-tes Moment $E[X^2] = \frac{a^2\pi^2}{3} + \mu^2$;

3-tes zentrales Moment $E[(X-\mu)^3] = 0$;

Schiefe = 0; Steilheit = $\frac{6}{5}$;

Median = μ; Modalwert = μ.

Bemerkung: Setzt man $a = \frac{\sigma\sqrt{3}}{\pi}$, so erhält die Verteilungsfunktion die Form

$$F(x) = (1 + \exp(-\frac{\pi}{\sqrt{3}} \frac{x-\mu}{\sigma}))^{-1}.$$

In diesem Fall wird die Varianz $\mathrm{var}[X] = \sigma^2$, der Erwartungswert bleibt $E[X] = \mu$.

2.4.2.31. Def.: Eine stetige Zufallsvariable X besitzt eine Pareto-Verteilung mit den Parametern x_o und a, wenn sie die Dichte

$$f(x) = \begin{cases} 0 & \text{für } x \leq x_o \\ \frac{a}{x_o}\left(\frac{x_o}{x}\right)^{a-1} & \text{für } x > x_o \quad (x_o, a \in \mathbb{R}^+) \end{cases}$$

hat.

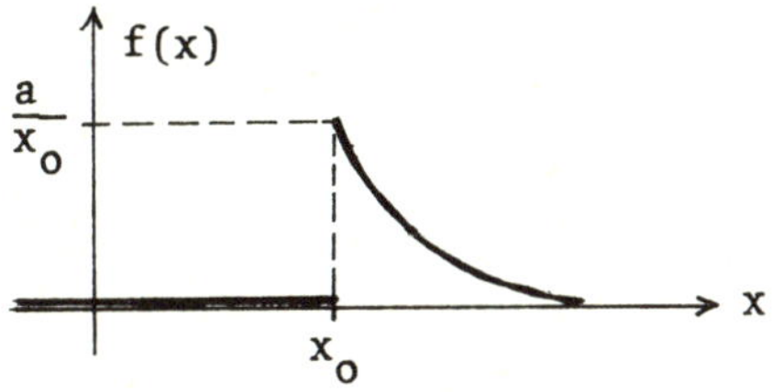

Die Verteilungsfunktion lautet

$$F(x) = \begin{cases} 0 & \text{für } x \leq x_o \\ 1 - \left(\frac{x_o}{x}\right)^{a} & \text{für } x > x_o. \end{cases}$$

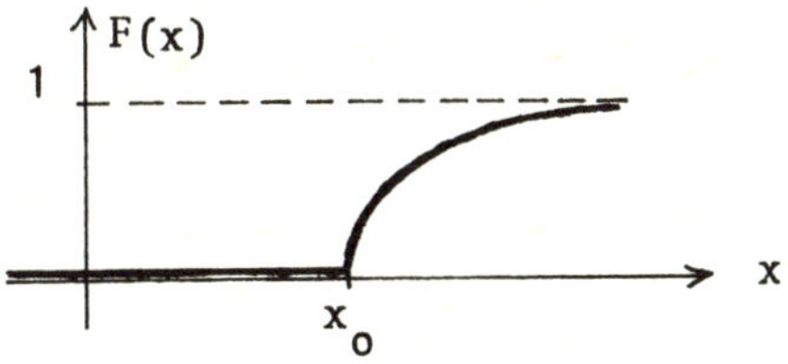

Erwartungswert $E[X] = \frac{a}{a-1} x_o$ für $a > 1$;
für $a \leq 1$ existiert $E[X]$ nicht;

Varianz $\text{var}[X] = \frac{a}{(a-2)(a-1)^2} x_o^2$ für $a > 2$;
für $a \leq 2$ existiert $\text{var}[X]$ nicht;

r-tes Moment $E[X^r] = \frac{a}{a-r} x_o^r$ für $a > r$;

für $a \leq r$ existiert $E[X^r]$ nicht;

3-tes zentrales Moment $E[(X-\mu)^3] = \frac{2(a+1)a}{(a-3)(a-2)(a-1)^3} x_o^3$;

Schiefe $= \frac{2(a+1)\sqrt{a-2}}{(a-3)\sqrt{a}}$ für $a > 3$;

Steilheit $= \frac{6(a^3+a^2-6a-2)}{a(a-3)(a-4)}$ für $a > 4$;

Median $= 2^{\frac{1}{a}} x_o$; Modalwert $= x_o$.

Seien $X_1, \ldots, X_n$ unabhängige Zufallsvariablen und X_j Pareto-verteilt mit den Parametern $x_o = 1$ und a $(j=1,\ldots,n)$. Dann ist $Y := \sum_{j=1}^{n} \ln X_j$ gammaverteilt mit den Parametern $\frac{1}{a}$ und n.

2.4.2.32. <u>Def.</u>: Eine stetige Zufallsvariable X besitzt eine <u>Potenzverteilung</u> mit dem Parameter a, wenn sie die Dichte

$$f(x) = \begin{cases} ax^{a-1} & \text{für } 0 < x \leq 1 \\ 0 & \text{sonst} \quad (a \in \mathbb{R}^+) \end{cases}$$

hat.

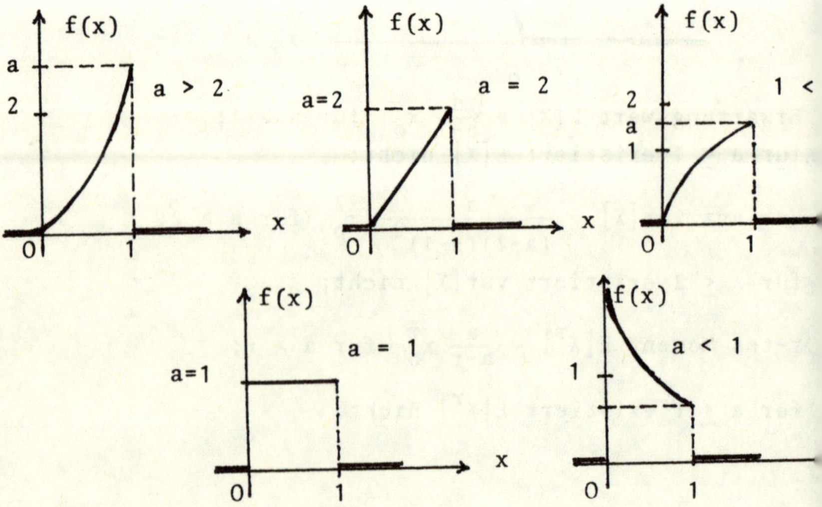

Die Verteilungsfunktion lautet

$$F(x) = \begin{cases} 0 & \text{für } x \leq 0 \\ x^a & \text{für } 0 < x \leq 1 \\ 1 & \text{für } x > 1. \end{cases}$$

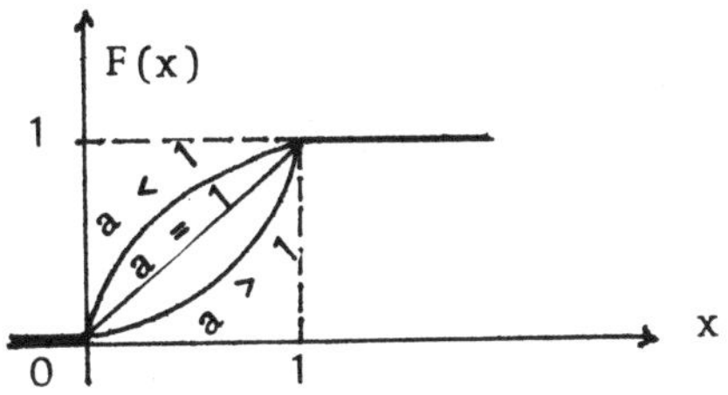

Erwartungswert $E[X] = \frac{a}{1+a}$;

Varianz $\text{var}[X] = \frac{a}{(1+a)^2(2+a)}$; Modalwert = a für a > 1.

Allgemeiner:

<u>Def.</u>: Eine stetige Zufallsvariable X besitzt eine Potenzverteilung mit den Parametern a und b, wenn sie die Dichte

$$f(x) = \begin{cases} \frac{a}{b}\left(\frac{x}{b}\right)^{a-1} & \text{für } 0 < x \leq b \\ 0 & \text{sonst} \quad (a,b \in \mathbb{R}^+) \end{cases}$$

hat.

Die Verteilungsfunktion lautet

$$F(x) = \begin{cases} 0 & \text{für } x \leq 0 \\ \left(\frac{x}{b}\right)^a & \text{für } 0 < x \leq b \\ 1 & \text{für } x > 1. \end{cases}$$

Erwartungswert $E[X] = \frac{a\ b}{1+a}$;

Varianz $\text{var}[X] = \frac{ab^2}{(1+a)^2(2+a)}$;

r-tes Moment $E[X^r] = \frac{ab^r}{r+a}$;

3-tes zentrales Moment $E[(X-\mu)^3] = \frac{2a(1-a)b^3}{(1+a)^3(2+a)(3+a)}$;

4-tes zentrales Moment $E[(X-\mu)^4] = \frac{3a(2-a+3a^2)b^4}{(1+a)^4(2+a)(3+a)(4+a)}$;

Schiefe = $\frac{2(1-a)}{3+a}\sqrt{\frac{2+a}{a}}$;

Steilheit = $\frac{3(2+a)(2-a+3a^2)}{a(3+a)(4+a)} - 3$; Median = $b(\frac{1}{2})^{\frac{1}{a}}$.

Spezialfall: b = 1 $\Longrightarrow$ Beta-Verteilung 1. Art mit den Parametern p = a und q = 1.

2.4.2.33. Def.: Stetige Wahrscheinlichkeitsverteilungen, deren Dichte f für alle $x \in \mathbb{R}$, für die f differenzierbar ist, einer Differentialgleichung

$$f'(x) = \frac{a+x}{b_0+b_1x+b_2x^2}\, f(x) \quad (a, b_0, b_1, b_2 \text{ Parameter } \in \mathbb{R})$$

genügen, heißen Pearsonsche Verteilungen.

Normalverteilung, χ^2-Verteilung, t-Verteilung, F-Verteilung, Gammaverteilung, Betaverteilung, Exponentialverteilung, Pareto-Verteilung sind Pearsonsche Verteilungen.

2.4.2.34. Exponentialfamilien

Def.: Sei f die Wahrscheinlichkeitsfunktion bzw. Dichte einer Verteilung. Die Menge M mit $M: = \{x \in \mathbb{R} | f(x) > 0\}$ heißt Träger der Verteilung.

Def.: Sei T eine Indexmenge (T ist meist als Parameterraum aufzufassen) 1).

Eine Menge von Wahrscheinlichkeitsverteilungen mit den Wahrscheinlichkeitsfunktionen bzw. Dichten f_t $(t \in T)$ und dem Träger M bildet eine m-parametrige Exponentialfamilie, wenn es ein $m \in \mathbb{N}$ und Funktionen $p_j: T \to \mathbb{R}$ sowie Funktionen $q_j: \mathbb{R} \to \mathbb{R}$ $(j=0,1,\ldots,m)$ gibt, so daß für alle $t \in T$ gilt

$$f_t(x) = \begin{cases} \exp(\sum_{j=1}^{m} p_j(t)q_j(x) + p_0(t) + q_0(x)) & \text{für } x \in M \\ 0 \quad \text{sonst.} \end{cases}$$

Äquivalent damit sind folgende Definitionen:

Def.: Sei f die Wahrscheinlichkeitsfunktion bzw. Dichte einer Verteilung. Die Funktion $I: \mathbb{R} \to \{0,1\}$ mit

$$I(x) = \begin{cases} 1 & \text{für alle } x \in \mathbb{R} \text{ mit } f(x) > 0 \\ 0 & \text{sonst} \end{cases}$$

heißt Indikatorfunktion der Verteilung.

Def.: Sei T eine Indexmenge.

Eine Menge von Wahrscheinlichkeitsverteilungen mit den Wahrscheinlichkeitsfunktionen bzw. Dichten f_t $(t \in T)$ und der Indikatorfunktion I bildet eine m-parametrige Exponentialfamilie, wenn es ein $m \in \mathbb{N}$ und Funktionen $p_j: T \to \mathbb{R}$ sowie Funktionen $q_j: \mathbb{R} \to \mathbb{R}$ $(j=0,1,\ldots,m)$ gibt, so daß für alle $t \in T$ gilt

$$f_t(x) = \exp(\sum_{j=1}^{m} p_j(t)q_j(x) + p_0(t) + q_0(x))\, I(x)$$

$$(x \in \mathbb{R}).$$

1) T kann auch eine Menge von Vektoren sein.

Entsprechend werden Exponentialfamilien für n-dimensionale Verteilungen eingeführt; der Träger M ist dann $M \subseteq \mathbb{R}^n$ bzw. die Indikatorfunktion eine Funktion $I: \mathbb{R}^n \to \{0,1\}$.

Beispiele für Exponentialfamilien gibt folgende Tabelle (dabei ist für die Normalverteilung $M = \mathbb{R}$, für die Exponentialverteilung (mit $b = 0$) und für die χ^2-Verteilung sowie für die Gammaverteilung $M = \mathbb{R}^+$, für die Betaverteilun 1. Art $M = [0,1]$ und für die Betaverteilung 2. Art $M = \mathbb{R}^+$; für die Binomialverteilung ist $M = \{0,1,\ldots,n\}$):

Verteilung	m	$p_0(t)$	$p_1(t)$	$p_2(t)$	$q_0(x)$	$q_1(x)$	$q_2(x)$
Normalverteilung mit den Parametern μ und σ	2	$-\frac{\mu^2}{2\sigma^2} - \ln\sigma - \frac{1}{2}\ln 2\pi$	$\frac{\mu}{\sigma^2}$	$-\frac{1}{2\sigma^2}$	0	x	x^2
Exponentialverteilung mit den Parametern b = 0 und a	1	ln a	-a	–	0	x	–
χ^2-Verteilung mit n Freiheitsgraden	1	$-\frac{n}{2}\ln 2 - \ln\Gamma(\frac{n}{2})$	$\frac{n}{2} - 1$	–	$-\frac{x^2}{2}$	ln x	–
Gammaverteilung mit den Parametern a und p	2	$p \ln a - \ln\Gamma(p)$	-a	p - 1	0	x	ln x
Betaverteilung 1. Art mit den Parametern p und q	2	$-\ln B(p,q)$	p - 1	q - 1	0	ln x	ln(1-x)
Betaverteilung 2. Art mit den Parametern p und q	2	$-\ln B(p,q)$	p - 1	-(p+q)	0	ln x	ln(1+x)

Verteilung	m	$p_0(t)$	$p_1(t)$	$p_2(t)$	$q_0(x)$	$q_1(x)$	$q_2(x)$
Binomialverteilung mit den Parametern n und p ($0 < p < 1$)	1	$n \ln(1-p)$	$\ln(\frac{p}{1-p})$	-	$\ln\binom{n}{x}$	x	-

Keine Exponentialfamilie bilden die Weibull-Verteilungen, die Rechtecksverteilungen und die Cauchy-Verteilung; außerdem alle Verteilungsfamilien mit nicht-konstantem Träger M.

2.4.2.35. Extremwertverteilungen

Sei $X_1, X_2, \ldots, X_j, \ldots = (X_j)_{j=1}^{\infty}$, eine Folge von unabhängigen Zufallsvariablen, die alle die gleiche Verteilungsfunktion F besitzen; sei $Y_n := \max(X_1, \ldots, X_n)$ sowie $(a_n)_{n=1}^{\infty}$ und $(b_n)_{n=1}^{\infty}$ Zahlenfolgen mit $a_n \in \mathbb{R}$ und $b_n \in \mathbb{R}^+$ $(n=1,2,\ldots)$;

sei schließlich $Z_n := \dfrac{Y_n - a_n}{b_n}$ $(n=1,2,\ldots)$.

Dann gilt: Konvergiert die Folge $(Z_n)_{n=1}^{\infty}$ schwach gegen die Zufallsvariable W (W besitze keine Einpunktverteilung), so kann W nur einem der folgenden drei Verteilungstypen angehören, die durch ihre Verteilungsfunktionen folgendermaßen charakterisiert sind:

Verteilungsfunktion	Extremwertverteilung vom Typ
1) $\exp(-e^{-x})$	I
2) $\begin{cases} 0 & \text{für } x \leq 0 \\ \exp(-x^{-\alpha}) & \text{für } x > 0 \quad (\alpha \in \mathbb{R}^+) \end{cases}$	II
3) $\begin{cases} \exp(-(-x)^{\alpha}) & \text{für } x \leq 0 \quad (\alpha \in \mathbb{R}^+) \\ 1 & \text{für } x > 0 \end{cases}$	III

Der Verteilungstyp der Extremwertverteilung ändert sich nicht, wenn man nur andere Zahlenfolgen (a_n) und (b_n) benutzt.

Für $Y'_n := \min(X_1, \ldots, X_n)$ betrachte man $Y_n = -\max(-X_1, \ldots, -X_n)$.

2.4.3. Diskrete mehrdimensionale Verteilungen

2.4.3.1. Def.: Eine diskrete r-dimensionale Zufallsvariable $\underline{X} = (X_1,\ldots,X_r)$ besitzt eine Multinomialverteilung (Polynomialverteilung) mit den Parametern $n, p_1,\ldots,p_r$, wenn sie die Wahrscheinlichkeitsfunktion

$$(1)\quad P(X_1=k_1, X_2=k_2,\ldots,X_r=k_r) = \frac{n!}{k_1!k_2!\ldots k_r!}\, p_1^{k_1}\, p_2^{k_2}\ldots p_r^{k}$$

$$(n \in \mathbb{N};\ 0 < p_j < 1;\ \sum_{j=1}^{r} p_j = 1;\ k_j \in \{0,\ldots,n\};\ \sum_{j=1}^{r} k_j =$$

hat. Man schreibt $\underline{X} \sim Mu\ (n;p_1,\ldots,p_r)$.

Sei A_1 ein Ereignis mit $P(A_1) = p_1$, A_2 ein Ereignis mit $P(A_2) = p_2,\ldots,$ A_r ein Ereignis mit $P(A_r) = p_r$.
Dann gibt (1) die Wahrscheinlichkeit, mit der bei n unabhängigen Beobachtungen A_1 genau k_1-mal eintritt; A_2 genau k_2-mal eintritt;...; A_r genau k_r-mal eintritt und bei jeder Beobachtung genau eines der Ereignisse $A_1,\ldots,A_r$ eintritt ($\sum_{j=1}^{r} p_j = 1;\ \sum_{j=1}^{r} k_r = n$).

$Mu(n;\ p_1,p_2,\ldots,p_r)$ ist eine (r-1)-dimensionale Verteilung.

Es gilt $(j=1,\ldots,r)$

Erwartungswert $E[X_j] = n\, p_j$;

Varianz $var[X_j] = n\, p_j(1-p_j)$;

Kovarianz $cov[X_i,X_j] = -n\, p_i p_j \quad (i \neq j)$;

Korrelationskoeffizient $kor[X_i,X_j] = -\sqrt{\dfrac{p_i p_j}{(1-p_i)(1-p_j)}} \quad (i \neq j)$;

bedingter Erwartungswert $E[X_i | X_1=k_1,\ldots,X_{i-1}=k_{i-1}, X_{i+1}=k_{i+1}$

$\ldots,X_r=k_r] = n - \sum_{\substack{j=1\\ j\neq i}}^{r} k_j$;

bedingte Varianz $var[X_i | X_1=k_1,...,X_{i-1}=k_{i-1}, X_{i+1}=k_{i+1},..., X_r=k_r] = 0$, da es sich hier um eine (r-1)-dimensionale Verteilung handelt.

Spezialfall: $r = 2 \Longrightarrow$ Binomialverteilung mit den Parametern n und $p = p_1$.

2.4.3.2. <u>Def.</u>: Eine diskrete r-dimensionale Zufallsvariable $\underline{X} = (X_1,...,X_r)$ besitzt eine <u>mehrdimensionale hypergeometrische Verteilung</u> [1] mit den Parametern $N, K_1,...,K_r, n$, wenn sie die Wahrscheinlichkeitsfunktion

$$P(X_1 = k_1, X_2 = k_2,..., X_r = k_r) = \frac{\binom{K_1}{k_1}\binom{K_2}{k_2}\cdots\binom{K_r}{k_r}}{\binom{N}{n}}$$

$(N, K_1,...,K_r, n \in \mathbb{N};\ n \leq N;\ \sum_{j=1}^{r} K_j = N;\ k_j \leq \min(n, K_j);$

$\sum_{j=1}^{r} k_j = n;\ \max(0; n-N+K_1 + ... + K_{r-1}) \leq k_1 + ... + k_{r-1})$

hat.

Man schreibt $\underline{X} \sim mHy\ (N; K_1,...,K_r; n)$.

$mHy\ (N; K_1,...,K_r; n)$ ist eine (r-1)-dimensionale Verteilung.

Es ist $(j=1,...,r)$

Erwartungswert $E[X_j] = n \frac{K_j}{N}$;

Varianz $var[X_j] = n \frac{K_j(N-K_j)(N-n)}{N^2(N-1)}$;

Kovarianz $cov[X_i, X_j] = -n \frac{K_i}{N} \frac{K_j}{N} \frac{N-n}{N-1}$ $(i \neq j)$.

Spezialfall: $r = 2 \Longrightarrow$ hypergeometrische Verteilung mit den Parametern N, $K = K_1$, n.

1) Polyhypergeometrische Verteilung.

2.4.4. Stetige mehrdimensionale Verteilungen

2.4.4.1. Def.: Eine stetige zweidimensionale Zufallsvariabl $\underline{X} = (X_1, X_2)$ besitzt eine Gleichverteilung über dem Gebiet G der (x_1, x_2)-Ebene, wenn sie die Dichte

$$f(x_1,x_2) = \begin{cases} \frac{1}{|G|} & \text{für } (x_1,x_2) \in G \\ 0 & \text{sonst} \end{cases}$$

hat, wobei $|G|$ den Flächeninhalt des Gebiets G bedeutet.

Ist speziell G ein Rechteck mit den Eckpunkten $(a_1;a_2),(b_1;$ $(a_1;b_2),(b_1;b_2)(a_1 < b_1;a_2 < b_2)$, also $G = \{(x_1;x_2)|a_1 \leq x_1$ $a_2 \leq x_2 \leq b_2\}$, so ist

$$f(x_1,x_2) = \begin{cases} \frac{1}{(b_1-a_1)(b_2-a_2)} & \text{für } (x_1;x_2) \in G \\ 0 & \text{sonst.} \end{cases}$$

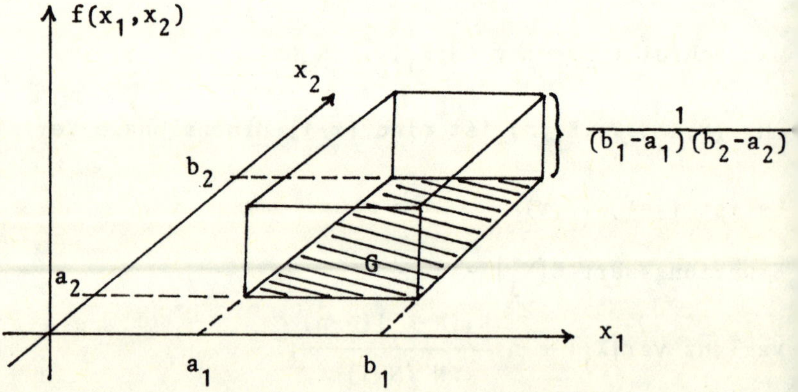

Die Verteilungsfunktion $F(x_1,x_2)$ ist durch folgende Tabelle gegeben:

x_1 \ x_2	$x_2 \le a_2$	$a_2 < x_2 \le b_2$	$b_2 < x_2$
$x_1 \le a_1$	0	0	0
$a_1 < x_1 \le b_1$	0	$\frac{(x_1-a_1)(x_2-a_2)}{(b_1-a_1)(b_2-a_2)}$	$\frac{x_1-a_1}{b_1-a_1}$
$b_1 < x_1$	0	$\frac{x_2-a_2}{b_2-a_2}$	1

Die Randverteilungen sind stetige Gleichverteilungen über $]a_1,b_1]$ bzw. $]a_2,b_2]$.

Die Verteilungsfunktionen der Randverteilungen lauten daher

$$F_j(x_j) = \begin{cases} 0 & \text{für } x_j \le a_j \\ \frac{x_j-a_j}{b_j-a_j} & \text{für } a_j < x_j \le b_j \quad (j=1,2); \\ 1 & \text{für } x_j > b_j \end{cases}$$

die Dichten der Randverteilungen sind

$$f_j(x_j) = \begin{cases} \frac{1}{b_j-a_j} & \text{für } a_j < x_j \le b_j \\ 0 & \text{sonst.} \end{cases}$$

2.4.4.2. Def.: Eine stetige zweidimensionale Zufallsvariable $\underline{X} = (X_1,X_2)$ besitzt eine zweidimensionale Normalverteilung [1] mit den Parametern μ_1, μ_2, σ_1^2, σ_2^2 und ρ, wenn sie die Dichte

$$(1)\quad f(x_1,x_2) = \frac{1}{2\pi\sigma_1\sigma_2\sqrt{1-\rho^2}} \exp\left(-\frac{1}{2(1-\rho^2)}\left(\frac{(x_1-\mu_1)^2}{\sigma_1^2} - 2\rho\frac{(x_1-\mu_1)(x_2-\mu_2)}{\sigma_1\sigma_2} + \frac{(x_2-\mu_2)^2}{\sigma_2^2}\right)\right)$$

$(\mu_1,\mu_2,\sigma_1,\sigma_2,\rho \in \mathbb{R};\ \sigma_1,\sigma_2 > 0;\ |\rho| < 1)$ hat.

1) Bivariate Normalverteilung.

$f(x_1,x_2)$ hat ein Maximum für $(x_1;x_2) = (\mu_1;\mu_2)$.

ρ ist der Korrelationskoeffizient $kor[X_1,X_2]$ der zweidimensionalen Zufallsvariablen (X_1,X_2).

Bild einer zweidimensionalen Normalverteilung:

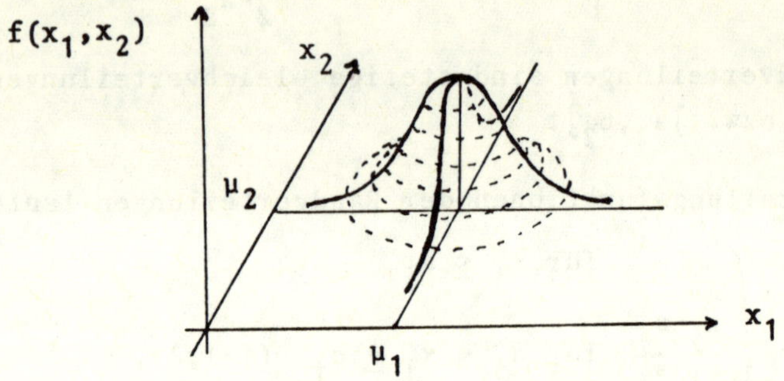

Die Punkte $(x_1;x_2)$, für die in (1) die Dichte $f(x_1,x_2)$ konstant ist, liegen auf Ellipsen mit dem Mittelpunkt $(\mu_1;\mu_2)$ (Streuungsellipsen).

Für $\rho = 0$ erhält man Kreise.

Die zu (1) gehörigen Randverteilungen sind Normalverteilungen und haben die Dichten

$$f_1(x_1) = \frac{1}{\sigma_1\sqrt{2\pi}} \exp\left(-\frac{1}{2}\left(\frac{x-\mu_1}{\sigma_1}\right)^2\right) \quad \text{und}$$

$$f_2(x_2) = \frac{1}{\sigma_2\sqrt{2\pi}} \exp\left(-\frac{1}{2}\left(\frac{x-\mu_2}{\sigma_2}\right)^2\right).$$

Man kann aber nicht folgern, daß, wenn die Randverteilungen einer zweidimensionalen Zufallsvariablen (X_1,X_2) Normalverteilungen sind, (X_1,X_2) zweidimensional normalverteilt ist

Sind X_1 und X_2 unabhängig, so ist $\rho = 0$ und (1) wird zu

$$(1')\quad f(x_1,x_2) = \frac{1}{2\pi\sigma_1\sigma_1} \exp\left(-\left(\frac{(x_1-\mu_1)^2}{2\sigma_1^2} + \frac{(x_2-\mu_2)^2}{2\sigma_2^2}\right)\right) =$$

$$= \frac{1}{\sigma_1\sqrt{2\pi}} \exp\left(- \frac{(x_1-\mu_1)^2}{2\sigma_1^2}\right) \frac{1}{\sigma_2\sqrt{2\pi}} \exp\left(- \frac{(x_2-\mu_2)^2}{2\sigma_2^2}\right);$$

Umgekehrt folgt aus $\rho = 0$ auch die Unabhängigkeit von X_1 und X_2.

Bemerkung: Aus X_1, X_2 einzeln normalverteilt und $\text{kor}[X_1,X_2] = 0$ folgt nicht X_1 und X_2 unabhängig.

Weiter hat man für (1) und (1'):

Erwartungswert $E[X_1] = \mu_1$;
Erwartungswert $E[X_2] = \mu_2$;

Varianz $\text{var}[X_1] = \sigma_1^2$;
Varianz $\text{var}[X_2] = \sigma_2^2$;

Kovarianz $\text{cov}[X_1,X_2] = \rho\sigma_1\sigma_2$.

Die Kovarianzmatrix lautet also allgemein

$$\underline{\Sigma} := \begin{bmatrix} \sigma_1^2 & \rho\sigma_1\sigma_2 \\ \rho\sigma_1\sigma_2 & \sigma_2^2 \end{bmatrix}$$

und im Fall (1') speziell

$$\underline{\Sigma}^* := \begin{bmatrix} \sigma_1^2 & 0 \\ 0 & \sigma_2^2 \end{bmatrix} = (\sigma_1^2,\ \sigma_2^2)\ \underline{I} \quad (\underline{I} = \text{Einheitsmatrix}).$$

Setzt man noch $\underline{\mu} := (\mu_1,\mu_2)$, so schreibt man im Fall (1)

$\underline{X} \sim N(\underline{\mu};\underline{\Sigma})$ und im Fall (1')

$\underline{X} \sim N(\underline{\mu};\underline{\Sigma}^*) = N(\underline{\mu};\underline{\sigma}^2\underline{I})$, wobei $\underline{\sigma}^2 := (\sigma_1^2,\ \sigma_2^2)$ gesetzt ist.

Die Inversen der Kovarianzmatrizen existieren; es ist

$$\underline{\Sigma}^{-1} = \frac{1}{\sigma_1{}^2\sigma_2{}^2(1-\rho^2)} \begin{pmatrix} \sigma_2{}^2 & -\rho\sigma_1\sigma_2 \\ -\rho\sigma_1\sigma_2 & \sigma_1{}^2 \end{pmatrix}$$

bzw.

$$\underline{\Sigma}^{*-1} = \frac{1}{\sigma_1{}^2\sigma_2{}^2} \begin{pmatrix} \sigma_2{}^2 & 0 \\ 0 & \sigma_1{}^2 \end{pmatrix} = \begin{pmatrix} \sigma_1{}^{-2} & 0 \\ 0 & \sigma_2{}^{-2} \end{pmatrix} = (\sigma_1{}^{-2},\sigma_2{}^{-2})\ \underline{I}.$$

Die Dichten (1) bzw. (1') lassen sich damit schreiben in der Form

$$(1)\quad f(x_1,x_2) = \frac{1}{2\pi\sigma_1\sigma_2\sqrt{1-\rho^2}} \exp(-\tfrac{1}{2}(x_1-\mu_1,x_2-\mu_2)(\underline{\Sigma}^{-1})(x_1-\mu_1,x_2$$

$$= \frac{1}{2\pi\sigma_1\sigma_2\sqrt{1-\rho^2}} \exp(-\tfrac{1}{2}(\underline{x}-\underline{\mu})(\underline{\Sigma}^{-1})(\underline{x}-\underline{\mu})')$$

bzw.

$$(1')\quad f(x_1,x_2) = \frac{1}{2\pi\sigma_1\sigma_2} \exp(-\tfrac{1}{2}(\underline{x}-\underline{\mu})(\underline{\Sigma}^{*-1})(\underline{x}-\underline{\mu})') =$$

$$= \frac{1}{2\pi\sigma_1\sigma_2} \exp(-\tfrac{1}{2}(\underline{x}-\underline{\mu})(\sigma_1{}^{-2},\sigma_2{}^{-2})\ \underline{I}(\underline{x}-\underline{\mu})').$$

Der Spezialfall $\underline{\mu} = (\mu_1,\mu_2) = (0,0)$ und $\sigma_1 = \sigma_2 = 1$ liefert aus (1')

$$(1'')\quad f(x_1,x_2) = \frac{1}{2\pi} \exp(-\tfrac{1}{2}\ \underline{x}\ \underline{x}') =$$

$$= \frac{1}{2\pi} \exp(-\tfrac{1}{2}(x_1{}^2 + x_2{}^2)).$$

Momenterzeugende Funktion der Verteilung (1):

$$G(t_1,t_2) = \exp(\mu_1 t_1 + \mu_2 t_2 + \tfrac{1}{2}(\sigma_1^2 t_1^2 + 2\rho\sigma_1\sigma_2 t_1 t_2 + \sigma_2^2 t_2^2)).$$

Die bedingten Verteilungen sind Normalverteilungen mit den Dichten

$$f(x_1|X_2=x_2) = \frac{1}{\sigma_{X_1|X_2=x_2}\sqrt{2\pi}} \exp(-\frac{(x_1-\mu_{X_1|X_2=x_2})^2}{2\sigma^2_{X_1|X_2=x_2}})$$

und

$$f(x_2|X_1=x_1) = \frac{1}{\sigma_{X_2|X_1=x_1}\sqrt{2\pi}} \exp(-\frac{(x_2-\mu_{X_2|X_1=x_1})^2}{2\sigma^2_{X_2|X_1=x_1}}),$$

wobei $\left.\begin{array}{l}\mu_{X_1|X_2=x_2} = E[X_1|X_2=x_2] \\ \mu_{X_2|X_1=x_1} = E[X_2|X_1=x_1]\end{array}\right\}$ bedingte Erwartungswerte;

$\left.\begin{array}{l}\sigma^2_{X_1|X_2=x_2} = \mathrm{var}[X_1|X_2=x_2] \\ \sigma^2_{X_2|X_1=x_1} = \mathrm{var}[X_2|X_1=x_1]\end{array}\right\}$ bedingte Varianzen.

Es gilt

$$\mu_{X_1|X_2=x_2} = \mu_1 + \rho \frac{\sigma_1}{\sigma_2} (x_2-\mu_2);$$

$$\mu_{X_2|X_1=x_1} = \mu_2 + \rho \frac{\sigma_2}{\sigma_1} (x_1-\mu_1);$$

$$\sigma^2_{X_1|X_2=x_2} = \sigma_1^2(1-\rho);$$

$$\sigma^2_{X_2|X_1=x_1} = \sigma_2^2(1-\rho).$$

2.4.4.3. <u>Def.</u>: Eine stetige r-dimensionale Zufallsvariable $\underline{X} = (X_1,\ldots,X_r)$ besitzt eine <u>r-dimensionale Normalverteilung</u>, wenn sie die Dichte

$$f(x_1,\ldots,x_r) = C \cdot \exp(-\frac{1}{2} Q(x_1,\ldots,x_r))$$

hat, wobei Q die positiv definite quadratische Form

$(x_1 - \mu_1,\ldots,x_r - \mu_r)(\underline{\Sigma}^{-1})(x_1 - \mu_1,\ldots,x_r - \mu_r)' =$

$= (\underline{x} - \underline{\mu})(\underline{\Sigma}^{-1})(\underline{x} - \underline{\mu})'$

in $x_1 - \mu_1,\ldots,x_r - \mu_r$ $(\mu_1,\ldots,\mu_r \in \mathbb{R})$ ist; dabei ist $\underline{\mu} := (\mu_1,\ldots,\mu_r)$ der Erwartungswertvektor und $\underline{\Sigma}$ die Kovarianzmatrix; die Konstante C ist durch die Bedingung

$\int\limits_{-\infty}^{+\infty} \ldots \int\limits_{-\infty}^{+\infty} f(x_1,\ldots,x_r)dx_1\ldots dx_r = 1$ festgelegt und es ist

$C = (2\pi)^{-\frac{n}{2}}(\det \underline{\Sigma})^{-\frac{1}{2}}.$

Man schreibt $\underline{X} \sim N(\underline{\mu};\underline{\Sigma})$.

Die s-dimensionalen Randverteilungen einer r-dimensionalen Normalverteilung $(1 \leq s < r)$ sind s-dimensionale Normalverteilungen.

Ist $\underline{X} = (X_1,\ldots,X_r)$ r-dimensional normalverteilt, dann ist die paarweise Unabhängigkeit je zweier X_i, X_j gleichbedeutend mit der Unabhängigkeit insgesamt.

2.4.4.4. Def.: Eine stetige r-dimensionale Zufallsvariable $\underline{X} = (X_1,\ldots,X_r)$ besitzt eine Dirichlet-Verteilung mit den Parametern $p_1,\ldots,p_{r+1}$ $(p_j \in \mathbb{R}^+$ für $j=1,\ldots,r+1)$, wenn sie die Dichte

$$f(x_1,\ldots,x_r) = \begin{cases} \frac{\Gamma(p_1+\ldots+p_{r+1})}{\Gamma(p_1)\ldots\Gamma(p_{r+1})} x_1^{p_1-1}\ldots x_r^{p_r-1}\cdot(1-x_1\ldots x_r)^{p} & \text{für } \underline{x} = (x_1,\ldots,x_r) \in S \\ 0 & \text{sonst} \end{cases}$$

hat; dabei bedeutet $\Gamma(.)$ die Gammafunktion und

$S_r := \{(x_1,\ldots,x_r) | x_j \in \mathbb{R}^+ \text{ für } j=1,\ldots,r;\ \sum\limits_{j=1}^{r} x_j < 1\}.$

Setzt man $p_1 + \ldots + p_{r+1} =: q$, so gilt

Erwartungswerte $E[X_j] = \frac{p_j}{q}$ $(j=1,\ldots,r)$;

Varianzen $\mathrm{var}[X_j] = \dfrac{p_j(r-p_j)}{q^2(q+1)}$ $(j=1,\dots,r)$;

Kovarianzen $\mathrm{cov}[X_j,X_k] = \dfrac{p_jp_k}{q^2(q+1)}$ $(j,k=1,\dots,r;\ j \neq k)$;

also sind die Elemente der Kovarianzmatrix $\underline{C}$

$$c_{jk} = \begin{cases} \dfrac{p_j(r-p_j)}{q^2(q+1)} & \text{für } j = k \\ \dfrac{p_jp_k}{q^2(q+1)} & \text{für } j \neq k \end{cases} \qquad (j,k=1,\dots,r).$$

Spezialfall: Für $r = 1 \Longrightarrow$ Betaverteilung 1. Art mit den Parametern $p = p_1$ und $q = p_2$.

Seien $X_1,\dots,X_m$ unabhängig und gammaverteilt. Dann ist $\underline{Y} = (Y_1,\dots,Y_r)$ mit $Y_j := \dfrac{X_j}{\sum\limits_i X_i}$ und $r < m$ Dirichlet-verteilt.

Die (eindimensionalen) Randverteilungen einer Dirichlet-Verteilung sind Betaverteilungen; die mehrdimensionalen Randverteilungen sind wieder Dirichlet-Verteilungen.

2.5. Die Verteilung von Summen von Zufallsvariablen

2.5.1. Aussagen für spezielle Verteilungen

(1) Seien die Zufallsvariablen X_j unabhängig und binomialverteilt mit dem gleichen Parameter p, also $X_j \sim Bi(n_j;p)$ $(j=1,\dots,m)$. Dann ist $Y := X_1+\dots+X_m \sim Bi(n_1+\dots+n_m;p)$-binomialverteilt.

(2) Seien die Zufallsvariablen X_j unabhängig und $X_j \sim Po(\lambda_j)$-Poisson-verteilt $(j=1,\dots,m)$. Dann ist $Y := X_1 +\dots+ X_m \sim$ $\sim Po(\lambda_1 +\dots+ \lambda_m)$-Poisson-verteilt.

(3) Seien die Zufallsvariablen X_j unabhängig und $X_j \sim N(\mu_j;\sigma$ normalverteilt (j=1,...,m). Dann ist $Y: = X_1+\ldots+X_m \sim N(\mu_1+\ldots$ $\sigma_1^2+\ldots+\sigma_m^2)$-normalverteilt.

(3') Allgemeiner gilt, daß $Y: = a_0 + a_1X_1 +\ldots+ a_mX_m \sim$ $\sim N(a_0+ a_1\mu_1 +\ldots+ a_m\mu_m;\ a_1^2\sigma_1^2 +\ldots+ a_m^2\sigma_m^2)$-normalverteilt is $((a_1,\ldots,a_m) \neq (0,\ldots,0))$.

Spezialfall hiervon:

Seien die Zufallsvariablen X_j unabhängig und $X_j \sim N(\mu;\sigma^2)$-normalverteilt (j=1,...,m). Dann ist $\overline{X}: = \frac{1}{m}(X_1+\ldots+X_m) \sim$ $\sim N(\mu;\frac{\sigma^2}{m})$-normalverteilt.

Hieraus folgt

Die Zufallsvariable $Y: = \frac{\overline{X}-\mu}{\sigma}\sqrt{m}$ ist $N(0;1)$-normalverteilt.

Bemerkung: Läßt man in (3) die Voraussetzung X_j normalverteilt fallen, so gibt der zentrale Grenzwertsatz eine entsprechende asymptotische Aussage.

(4) Seien die Zufallsvariablen X_j unabhängig und $X_j \sim N(\mu;\sigma^2$ normalverteilt (j=1,...,m) sowie $\overline{X}: = \frac{1}{m}\sum_{j=1}^{m} X_j$ und $s: =$ $= \sqrt{\frac{1}{m-1}\sum_{j=1}^{m}(X_j-\overline{X})^2}$.

Dann ist

$Y: = \frac{(\overline{X}-\mu)\sqrt{m}}{s}$ t-verteilt mit m-1 Freiheitsgraden.

(5) Sei die Zufallsvariable $\underline{X} = (X_1,\ldots,X_m)$ m-dimensional normalverteilt, also $\underline{X} \sim N(\underline{\mu};\underline{\Sigma})$-normalverteilt [1].

1) Unabhängigkeit wird jetzt nicht vorausgesetzt.

Dann ist $Y := X_1 + \ldots + X_m \sim$
$N(\mu_1 + \ldots + \mu_m;\ \sigma_1^2 + \ldots + \sigma_m^2 + 2 \sum_{i<j} \mathrm{kor}[X_i, X_j]\sigma_i\sigma_j)$-normalverteilt.

(5') Allgemeiner gilt, daß $Y := a_0 + a_1X_1 + \ldots + a_mX_m \sim$
$N(a_0 + a_1\mu_1 + \ldots + a_m\mu_m;\ a_1^2\sigma_1^2 + \ldots + a_m^2\sigma_m^2 + 2 \sum_{i<j} a_ia_j \mathrm{kor}[X_iX_j]\sigma_i\sigma_j)$-normalverteilt ist.

($\mathrm{kor}[X_i, X_j]$ ist der Korrelationskoeffizient von X_i und X_j).

Für den Spezialfall m = 2 erhält man also aus (5), daß $Y := X_1 + X_2 \sim N(\mu_1 + \mu_2;\ \sigma_1^2 + \sigma_2^2 + 2\ \mathrm{kor}[X_1, X_2]\sigma_1\sigma_2)$-normalverteilt ist.

Sei (X_1, X_2, Y_1, Y_2)-vierdimensional normalverteilt mit den Parametern $\underline{\mu} = (\mu_{X_1}, \mu_{X_2}, \mu_{Y_1}, \mu_{Y_2})$ und

$$\underline{\Sigma} = \begin{pmatrix} \sigma_{X_1}^2 & \rho_{\underline{X}}\sigma_{X_1}\sigma_{X_2} & 0 & 0 \\ \rho_{\underline{X}}\sigma_{X_1}\sigma_{X_2} & \sigma_{X_2}^2 & 0 & 0 \\ 0 & 0 & \sigma_{Y_1}^2 & \rho_{\underline{Y}}\sigma_{Y_1}\sigma_{Y_2} \\ 0 & 0 & \rho_{\underline{Y}}\sigma_{Y_1}\sigma_{Y_2} & \sigma_{Y_2}^2 \end{pmatrix},$$

d.h. auch X_i von Y_j $(i,j=1,2)$ unabhängig.

Dann ist der Vektor $\underline{Z} := (X_1+Y_1,\ X_2+Y_2)$ zweidimensional normalverteilt mit den Parametern

$$\underline{\mu}_{\underline{Z}} = (\mu_{X_1} + \mu_{Y_1},\ \mu_{X_2} + \mu_{Y_2});\quad \underline{\sigma}^2_{\underline{Z}} = (\sigma_{X_1}^2 + \sigma_{Y_1}^2,\ \sigma_{X_2}^2 + \sigma_{Y_2}^2)$$

und

$$\rho_{\underline{Z}} = \frac{\mathrm{kor}[X_1, Y_1]\sigma_{X_1}\sigma_{Y_1} + \mathrm{kor}[X_2, Y_2]\sigma_{X_2}\sigma_{Y_2}}{\sqrt{(\sigma_{X_1}^2 + \sigma_{Y_1}^2)(\sigma_{X_2}^2 + \sigma_{Y_2}^2)}}.$$

2.5.2. Allgemeine Aussagen (vgl. auch 2.3.6)

Sei $\underline{X} = (X_1,\ldots,X_m)$ eine m-dimensionale Zufallsvariable; dann ist $Y: = X_1 + \ldots + X_m$ eine eindimensionale Zufallsvariable.

Sei F_j die Verteilungsfunktion von X_j;
f_j die Dichte von X_j, falls X_j stetig $(j=1,\ldots,m)$;
f die gemeinsame Dichte von $\underline{X} = (X_1,\ldots,X_m)$, falls $\underline{X}$ stetig;
F_Y die Verteilungsfunktion von $Y = X_1 + \ldots + X_m$;
f_Y die Dichte von $Y = X_1 + \ldots + X_m$, falls Y stetig.

Dann gilt

Satz 1: A. Für $(X_1,\ldots,X_m)$ diskret ist

$P(Y=y) = \Sigma P(X_1=x_{1j_1};\ldots; X_m=x_{mj_m})$ mit der Summationsbedingung $x_{1j_1} + \ldots + x_{mj_m} = y$ (x_{1j_1} durchläuft die Realisationen von $X_1;\ldots;$ x_{mj_m} durchläuft die Realisationen von X_m);

für $F_Y(y)$ hat man in der Summationsbedingung = durch $\leq$ zu ersetzen;

B. für $(X_1,\ldots,X_m)$ stetig ist

$F_Y(y) = \int\limits_M\ldots\int f(x_1,\ldots,x_m)dx_1\ldots dx_m$, wobei der Integrationsbereich M durch $x_1 + \ldots + x_m \leq y$ bestimmt ist, also $M = \{(x_1,\ldots,x_m) \in \mathbb{R}^m | x_1 + \ldots + x_m \leq y\}$.

Satz 1' (Faltungssatz): Sind $X_1,\ldots,X_m$ unabhängig, so gilt:

A. Für $(X_1,\ldots,X_m)$ diskret ist (Summationsbedingung entsprechend wie in Satz 1)

$P(Y=y) = \Sigma P(X_1=x_{1j_1})\ldots P(X_m=x_{mj_m})$;

B. für $(X_1,\dots,X_m)$ stetig (Integrationsbereich M wie in Satz 1)

$$F_Y(y) = \int\limits_M\dots\int f_1(x_1)\dots f_m(x_m)\,dx_1\dots dx_m.$$

Sei H_j die charakteristische Funktion der Zufallsvariablen X_j $(j=1,\dots,m)$, also $H_j(t) = E[e^{itX_j}]$;

H_Y die charakteristische Funktion der Zufallsvariablen $Y = X_1 + \dots + X_m$, also $H_Y(t) = E[e^{itY}]$.

Dann gilt (vgl. auch 2.2.4)

Satz 2: Seien X_1 und X_2 unabhängige Zufallsvariablen und $Y = X_1 + X_2$. Dann ist die charakteristische Funktion H_Y gleich dem Produkt der charakteristischen Funktionen von X_1 und X_2; also

$$H_Y(t) = H_1(t)H_2(t) = E[e^{it(X_1+X_2)}] = E[e^{itX_1}]\cdot E[e^{itX_2}].$$

Es gilt auch die Umkehrung hiervon: Aus der Gültigkeit der Gleichung folgt die Unabhängigkeit von X_1 und X_2.

Allgemeiner hat man

Satz 2': Sei für die Zufallsvariablen $X_1,\dots,X_m$ die Summe $X_1 + \dots + X_j$ für jedes $j \in \{1,\dots,m-1\}$ unabhängig von der Zufallsvariablen X_{j+1}. Dann ist die charakteristische Funktion H_Y von $Y = X_1 + \dots + X_m$ gleich dem Produkt der charakteristischen Funktionen von $X_1,\dots,$ von X_m; also

$$H_Y(t) = H_1(t)\dots H_m(t) = E[e^{it(X_1+\dots+X_m)}] = E[e^{itX_1}]\dots E[e^{itX_m}].$$

Satz 2' gilt insbesondere, wenn $X_1,\dots,X_m$ insgesamt unabhängig sind.

Ähnliche Aussagen gelten auch für momenterzeugende Funktionen G und wahrscheinlichkeitserzeugende Funktionen w.

Auch für mehrdimensionale Zufallsvariablen werden momenterzeugende und charakteristische Funktionen erklärt:

Def.: Sei $\underline{X} = (X_1, X_2)$. Die Funktion G mit $G(t_1,t_2) = E[e^{t_1X_1 + t_2X_2}]$ heißt momenterzeugende Funktion und die Funktion H mit $H(t_1,t_2) = E[e^{i(t_1X_1 + t_2X_2)}]$ charakteristische Funktion von $\underline{X}$ $(t_1, t_2 \in \mathbb{R})$.

Es ist also

$$G(t_1,t_2) = \begin{cases} \sum_i \sum_j p_{ij}\, e^{t_1x_{1i} + t_2x_{2j}} & \text{für } \underline{X} \text{ diskret } (x_{1i} \text{ sind die Realisationen von } X_1, x_{2j} \text{ die von } X_2;\ p_{ij} = P(X_1=x_{1i};\ X_2=x_{2j})) \\ \int_{-\infty}^{+\infty}\int_{-\infty}^{+\infty} e^{t_1x_1 + t_2x_2} f(x_1,x_2)\,dx_1 dx_2 & \text{für } \underline{X} \text{ stetig (f Dichte von } \underline{X}) \end{cases}$$

entsprechend für $H(t_1,t_2)$.

Es ist $G(0,0) = H(0,0) = 1$ und $|H(t_1,t_2)| \leq 1$ für alle $t_1, t_2 \in \mathbb{R}$. Außerdem ist $H(-t_1,-t_2) = \overline{H(t_1,t_2)}$ ($\overline{H(t_1,t_2)}$ konjugiert komplexe Zahl von $H(t_1,t_2)$).

Entsprechende Definitionen hat man allgemein für r-dimensionale Zufallsvariablen.

Die Funktionen G und H können zur Berechnung von Momenten dienen.

So ist das Produktmoment [1] der Ordnung (r,s)

$$E[X_1^r\, X_2^s] = \left(\frac{\partial^{r+s} G(t_1,t_2)}{\partial t_1^r\ \partial t_2^s}\right)_{\substack{t_1=0\\ t_2=0}} = \frac{1}{i^{r+s}} \left(\frac{\partial^{r+s} H(t_1,t_2)}{\partial t_1^r\ \partial t_2^s}\right)_{\substack{t_1=0\\ t_2=0}}.$$

1) Falls es existiert.

Mischungen von Verteilungen:

Seien $X_1,\dots,X_n$ Zufallsvariablen mit den Verteilungsfunktionen $F_1,\dots,F_n$. Dann heißt die Verteilung der Zufallsvariablen Y mit der Verteilungsfunktion F_Y, wobei

$$F_Y(x) = \sum_{j=1}^{n} \lambda_j F_j(x) \quad (\lambda_j \in \mathbb{R}^+; \ \sum_{j=1}^{n} \lambda_j = 1)$$

ist, die <u>Mischung</u> der Verteilungen von $X_1,\dots,X_n$ mit den Parametern $\lambda_1,\dots,\lambda_n$.

Für die Wahrscheinlichkeitsfunktionen (Dichten) f_j von X_j $(j=1,\dots,n)$ bzw. f_Y von Y bedeutet dies

$$f_Y(x) = \sum_{j=1}^{n} \lambda_j f_j(x).$$

Entsprechend für Zufallsvektoren $\underline{X}_1,\dots,\underline{X}_n$.

2.6. Grenzwertsätze

2.6.1. Spezielle Grenzwertsätze

Der <u>Poisson'sche Grenzwertsatz</u>: Die Folge der Wahrscheinlichkeitsfunktionen einer Folge von Binomialverteilungen $Bi(n;p_n)$ strebt beim Grenzübergang $n \to \infty$ unter der Bedingung $n\,p_n \to \lambda$ gegen die Wahrscheinlichkeitsfunktion der Poisson-Verteilung $Po(\lambda)$ mit dem Parameter λ [1]; also

$$\lim_{\substack{n\to\infty \\ np_n\to\lambda}} \binom{n}{k} p_n{}^k (1-p_n)^{n-k} = \frac{\lambda^k}{k!} e^{-\lambda}.$$

In der Praxis wird für $n > 50$ und $np < 5$ die Poisson-Verteilung $Po(np)$ als Approximation der Binomialverteilung $Bi(n;p)$

1) Die Poisson-Verteilung heißt daher auch Verteilung der seltenen Ereignisse.

benutzt [1].

Für $\lambda > 9$ wird die Poisson-Verteilung $Po(\lambda)$ approximativ durch die Normalverteilung $N(\lambda;\lambda)$ ersetzt.

Für eine Folge von negativen Binomialverteilungen $NBi(p_n;\alpha_n)$ mit den Parametern p_n und α_n gilt

$$\lim_{\substack{\alpha_n \to \infty \\ p_n \to 0 \\ \frac{\alpha_n p_n}{1-p_n} \to \lambda}} P(X_n=k) = \frac{\lambda^k}{k!} e^{-\lambda} \qquad (P(X_n=k) = \binom{-\alpha_n}{k}(-p_n)^k(1-p_n)^{\alpha_n} = \binom{\alpha_n+k-1}{k} p^{k_n}(1-p)^{\alpha_n}).$$

Die Folge der Wahrscheinlichkeitsfunktionen einer Folge von hypergeometrischen Verteilungen $Hy(N;k;n)$ strebt beim Grenzübergang $N \to \infty$ mit $\frac{K}{N} \to p$ und n,k konstant gegen die Wahrscheinlichkeitsfunktion der Binomialverteilung $Bi(n;p)$; also

$$\lim_{\substack{N \to \infty \\ \frac{K}{N} \to p}} \frac{\binom{K}{k}\binom{N-K}{n-k}}{\binom{N}{n}} = \binom{n}{k} p^k (1-p)^{n-k}.$$

---

1) Man hat die Abschätzung

$$(1 - \frac{\lambda}{n})^{\lambda-k}(1 - \frac{k-1}{n})^{k-1} < \frac{\binom{n}{k}p^k(1-p)^{n-k}}{\frac{\lambda^k}{k!}e^{-\lambda}} < (1 - \frac{\lambda}{n})^{-k}.$$

Für die Verteilungsfunktionen von Binomial- und Poisson-Verteilung gilt folgende Abschätzung:

$$\sup_{x \in \mathbb{R}} \left| \sum_{k=0}^{x} \binom{n}{k} p^k (1-p)^{n-k} - \sum_{k=0}^{x} \frac{\lambda^k}{k!} e^{-\lambda} \right| \leq \frac{C}{\sqrt{n}},$$

wobei C eine Konstante ist mit $C \leq 3\sqrt{\lambda}$.

Nach 2.2.6. bedeutet dies die schwache Konvergenz.

In der Praxis wird für $\frac{n}{N} < 0{,}05$ die Binomialverteilung $Bi(n;\frac{K}{N})$ als Approximation der hypergeometrischen Verteilung $Hy(N;K;n)$ benutzt.

Für $\frac{n}{N} < 0{,}05$ und $n\,\frac{K}{N}\,\frac{N-K}{N} > 9$ wird die hypergeometrische Verteilung $Hy(N;K;n)$ approximativ durch die Normalverteilung $N(n\,\frac{K}{N};\ (n\,\frac{K}{N}\,\frac{N-K}{N})^2)$ ersetzt.

Für die Folge der Wahrscheinlichkeitsfunktionen einer Folge von Pólya-Verteilungen mit den Parametern N,K,n und s gilt

$$\lim_{N\to\infty} P(X=k) = \binom{n}{k} p^k (1-p)^{n-k}, \text{ falls}$$

$$\frac{K}{N} = p = \text{const. und } \lim_{N\to\infty} \frac{s}{N} = 0.$$

Der <u>lokale Grenzwertsatz von de Moivre-Laplace</u>: Die Folge der Wahrscheinlichkeitsfunktionen einer Folge von Binomialverteilungen $Bi(n;p)$ strebt beim Grenzübergang $n \to \infty$ und konstantem p $(0 < p < 1)$ gegen die Dichte einer Normalverteilung;

also mit $x = \frac{k - np}{\sqrt{np(1-p)}}$ gilt

$$\lim_{n\to\infty} \left(\binom{n}{k} p^k (1-p)^{n-k} \Big/ \frac{1}{\sqrt{2\pi}\ \sqrt{np(1-p)}} \exp\left(-\frac{x^2}{2}\right) \right) = 1 \text{ für alle } k,$$

für die $x \in [\alpha,\beta] \subset \mathbb{R}$ $(\alpha,\beta$ beliebig$)$.

Aus den Bedingungen des Grenzübergangs folgt $k \to \infty$ und $n-k \to \infty$.

Der <u>Integralgrenzwertsatz von de Moivre-Laplace</u>: Für die Wahrscheinlichkeiten einer Binomialverteilung $Bi(n;p)$ gilt für $a,b \in \mathbb{N}_0$, $0 < p < 1$ und große Werte von n

$$\sum_{k=a}^{b} \binom{n}{k} p^k (1-p)^{n-k} \approx \Phi(v) - \Phi(u),$$

wobei $v = \frac{b-np+0{,}5}{\sqrt{np(1-p)}}$; $u = \frac{a-np-0{,}5}{\sqrt{np(1-p)}}$.

Anders ausgedrückt heißt dies:

Ist $X_1, X_2, \ldots, X_n, \ldots = (X_n)_{n=1}^{\infty}$ eine Folge von Zufallsvariab mit $X_n \sim Bi(n;p)$-binomialverteilt ($n=1,2,\ldots$), so gilt für $a,b \in \mathbb{N}_0$, $0 < p < 1$ und große Werte von n

$$P(a \leq X_n \leq b) \approx \phi(v) - \phi(u).$$

Für die Folge der Verteilungsfunktionen F_n der Folge $(X_n)_{n}$ heißt das

$$F_n(b) - F_n(a-1) \approx \phi(v) - \phi(u)$$ [1].

In der Praxis wird für $npq > 9$ die Summe der Wahrscheinlich-keiten $\sum_{k=a}^{b} \binom{n}{k} p^k (1-p)^{n-k} = P(a \leq X_n \leq b) = F_n(b) - F_n(a-1)$ approximativ durch $\phi(v) - \phi(u)$ ersetzt.

Bisweilen wird statt $npq > 9$ auch die Bedingung $np \geq 5$ und $nq = n(1-p) \geq 5$ verlangt (diese ist schwächer als die erst genannte).

Es gilt für die Verteilungsfunktion F_n einer mit n Freiheit graden χ^2-verteilten Zufallsvariablen X für große n näherun weise $F_n(x) \approx \phi(\frac{x-n}{\sqrt{2n}})$;

also $\lim_{n\to\infty} (F_n(x)/\phi(\frac{x-n}{\sqrt{2n}})) = 1$.

---

1) Für $n \to \infty$ geht der Fehler gegen 0.
Für die Verteilungsfunktionen F_n und für ϕ gilt folgende Abschätzung:

$$\sup_x |F_n(\frac{x-np}{\sqrt{npq}}) - \phi(x)| \leq C \frac{1}{\sqrt{n}},$$

wobei C eine Konstante ist mit $C \leq \frac{p^2+q^2}{\sqrt{pq}}$.

Für die Verteilungsfunktion F_n der Zufallsvariablen $Y = \sqrt{2X}$, wobei X χ^2-verteilt ist mit n Freiheitsgraden, gilt für große n näherungsweise $F_n(x) \approx \phi(\sqrt{2X} - \sqrt{2n-1})$.

Für die Verteilungsfunktion F_n einer mit n Freiheitsgraden t-verteilten Zufallsvariablen X gilt

$$\lim_{n\to\infty} F_n(x) = \phi(x).$$

Ist X F-verteilt mit (m,n) Freiheitsgraden, so konvergiert für $n \to \infty$ die Verteilungsfunktion von mX gegen die Verteilungsfunktion der χ^2-Verteilung mit m Freiheitsgraden.

Sei X gammaverteilt mit den Parametern a und p. Dann wird für große Werte von p die Gammaverteilung approximativ ersetzt durch die Normalverteilung $N(\frac{p}{a}; \frac{p}{a^2})$.

2.6.2. Der zentrale Grenzwertsatz (Satz von Ljapunov):

Sei $X_1, X_2, \ldots, X_j, \ldots = (X_j)_{j=1}^{\infty}$ eine Folge von beliebigen unabhängigen Zufallsvariablen mit den Erwartungswerten [1] $E[X_j] = \mu_j$ und den Varianzen $var[X_j] = \sigma_j^2 > 0$; sei

$$Z_n := \frac{\sum_{j=1}^{n} X_j - \sum_{j=1}^{n} \mu_j}{\sqrt{\sum_{j=1}^{n} \sigma_j^2}} \quad (n=1,2,\ldots)$$

und $(F_n)_{n=1}^{\infty}$ die Folge der zu $(Z_n)_{n=1}^{\infty}$ gehörigen Verteilungsfunktionen.

1) Die Erwartungswerte und Varianzen sollen alle existieren.

Dann gilt (unter einer Zusatzvoraussetzung zum Beispiel übe[r] gewisse Momente von X_j)[1)]

$\lim_{n\to\infty} F_n(z) = \phi(z)$ gleichmäßig für jedes $z \in \mathbb{R}$.

Anders ausgedrückt bedeutet dies, daß für $D_n(z) := \sup_{z \in \mathbb{R}} |F_n(z) - \phi(z)|$ $(n=1,2,\ldots)$ gilt $\lim_{n\to\infty} D_n(z) = 0$ gleichmäßig für alle $z \in \mathbb{R}$ [2)].

---

1) Sei $2 < \eta \in \mathbb{R}$, und es sollen die absoluten zentralen Mo[-]mente $E[|X_j - \mu_j|^\eta]$ für alle $j \in \mathbb{N}$ existieren. Dann heiß[t]

$$L_n(\eta) := \frac{\sum_{j=1}^{n} E[|X_j - \mu_j|^\eta]}{\left(\sqrt{\sum_{j=1}^{n} \sigma_j^2}\right)^\eta}$$

Ljapunov-Bruch der Ordnung η.
Unter der Bedingung $\lim_{n\to\infty} L_n(\eta) = 0$ (Ljapunov-Bedingung) gilt dann der zentrale Grenzwertsatz. - Es läßt sich zeigen, daß der zentrale Grenzwertsatz auch noch unter schwächeren Bedingungen gilt.
So lautet für stetige Zufallsvariablen X_j mit den Dichte[n] f_j und den Erwartungswerten $E[X_j] = \mu_j$ sowie mit den Varianzen $\mathrm{var}[X_j] = \sigma_j^2$ die allgemeine Bedingung, unter de[r] der zentrale Grenzwertsatz gilt, (Lindeberg-Bedingung)

$$\lim_{n\to\infty} \frac{1}{B_n^2} \sum_{j=1}^{n} \int_M (x-\mu_j)^2 f_j(x)\,dx = 0 \quad \text{für jedes } \varepsilon > 0,$$

wobei $B_n^2 := \sum_{j=1}^{n} \sigma_j^2$ und $M = \{x \in \mathbb{R} \mid |x-\mu_j| > \varepsilon B_n\}$.

2) Also zu jedem $\varepsilon > 0$ gibt es ein N, so daß $|D_N(z)| < \varepsilon$ fü[r] alle $n \geq N$ und alle $z \in \mathbb{R}$.

Nach 2.2.6 bedeutet dies die schwache Konvergenz.

D.h. die Folge der zu Z_n gehörigen Verteilungen nähert sich für $n \to \infty$ global der standardisierten Normalverteilung; man sagt, Z_n ist asymptotisch standard-normalverteilt.

Spezialfall des zentralen Grenzwertsatzes (Satz von Lindeberg-Lévy): Wenn die X_j unabhängig sind und alle dieselbe Verteilung besitzen mit $E[X_j] = \mu_j =: \mu$ und $var[X_j] = \sigma_j^2 =: \sigma^2 > 0$, dann ist also

$$Z_n := \frac{\sum_{j=1}^{n} X_j - n\mu}{\sigma\sqrt{n}} = \frac{\sum_{j=1}^{n} (X_j - \mu)}{\sigma\sqrt{n}},$$

und es gilt (ohne Zusatzvoraussetzung) $\lim_{n\to\infty} F_n(z) = \phi(z)$ [1].

Also ist Z_n asymptotisch standard-normalverteilt.

Andere Formulierung: Sei $(X_j)_{j=1}^{\infty}$ eine Folge von unabhängigen Zufallsvariablen, welche dieselbe Verteilung besitzen mit $E[X_j] = \mu$ und $var[X_j] = \sigma^2 > 0$ $(j=1,2,\ldots)$, sowie $\overline{X}_n := \frac{1}{n} \sum_{j=1}^{n} X_j$ ($\overline{X}_n$ ist das arithmetische Mittel von $X_1,\ldots,X_n$).

Dann gilt:

$$Z_n := \frac{\overline{X}_n - \mu}{\sigma} \sqrt{n}$$ ist asymptotisch standard-normalverteilt.

1) Es gilt der Satz von Berry-Esséen: Da die Zufallsvariablen X_j dieselbe Verteilung besitzen, ist $E[|X_j - \mu|^3]$ für alle j gleich; dann gilt

$$\sup_{z\in\mathbb{R}} |F_n(z) - \phi(z)| \leq C \frac{E[|X_j - \mu|^3]}{\sqrt{n}\,\sigma^3}$$

mit einer Konstanten C $(0{,}4097 \leq C \leq 0{,}7975)$.

Übersicht über die Approximationsmöglichkeiten bei einigen Verteilungen mit Richtwerten für die Zulässigkeit der Approximation

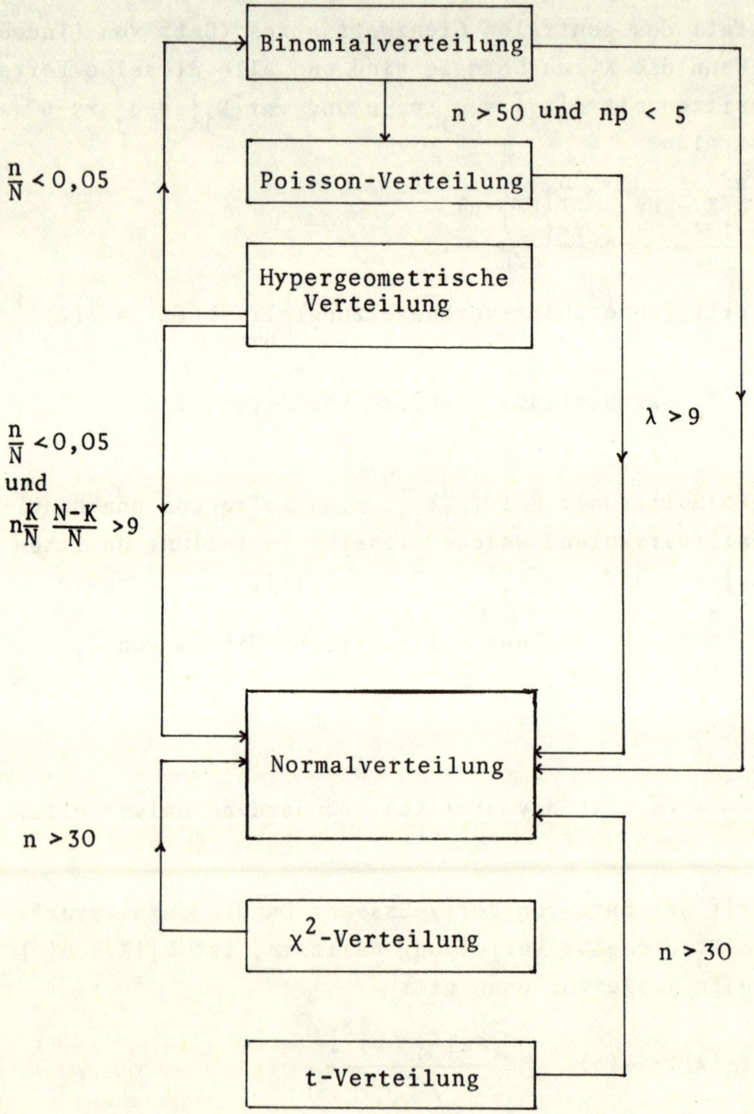

Übersicht über Approximationen von Verteilungen

Verteilung	durch die Verteilung	erlaubt für (Faustregeln)
Bi(n;p)	Po(λ)	n > 50 und np < 5
Po(λ)	N(λ;λ)	λ > 9
Hy(N;K;n)	Bi(n;p)	n < 0,05 N
Hy(N;K;n)	$N(n \frac{K}{N};\ (n \frac{K}{N} \frac{N-K}{N})^2)$	$n < 0{,}05\ N$ und $n \frac{K}{N} \frac{N-K}{N} > 9$
$\sum_{k=a}^{b} \binom{n}{k} p^k (1-p)^{n-k}$ $(a,b \in \mathbb{N}_0)$ Binomialverteilung	$\phi(v) - \phi(u)$ mit $u = \frac{a-np-0{,}5}{\sqrt{npq}};\ v = \frac{b-np+0{,}5}{\sqrt{npq}}$ (Integralgrenzwertsatz)	$npq > 9$ bzw. $np \geq 5$ und $nq \geq 5$
χ^2 mit n Freiheitsgraden	N(n;2n)	n > 30
t mit n Freiheitsgraden	N(0;1)	n > 30

3. Stochastische Prozesse und Markov-Ketten

3.1. Stochastische Prozesse

3.1.1. Grundbegriffe

Def.: Sei $[\Omega, \mathfrak{A}, P]$ ein Wahrscheinlichkeitsraum und $T \subseteq \mathbb{R}$ eine beliebige Indexmenge [1]. Eine Funktion X, die $\Omega \times T$ in $\mathbb{R}$ abbildet, also $X: \Omega \times T \to \mathbb{R}$, heißt (eindimensionaler) stochastischer Prozeß [2]. (Also $X(\omega,t) \in \mathbb{R}$ $(\omega \in \Omega,\ t \in T)$.)

Für festes $t \in T$ erhält man eine Zufallsvariable $X(.,t)$; f festes $\omega \in \Omega$ erhält man eine reellwertige Funktion $X(\omega,.)$ der reellen Variablen t; diese Funktion heißt ein Pfad (Realisation) des stochastischen Prozesses. Ein stochastische Prozeß heißt daher auch zufällige Funktion.

Die Menge $\{X(\omega,t) \mid \omega \in \Omega, t \in T\}$ ist der Zustandsraum des Prozesses, die Elemente dieser Menge sind die Zustände (Phase

Statt $X(.,t)$ schreiben wir kurz $X(t)$ und für den Prozeß $(X(t) \mid t \in T)$. Also ist $(X(t))(\omega) \in \mathbb{R}$ $(\omega \in \Omega,\ t \in T)$.

Wenn speziell die Indexmenge eine abzählbare Menge $T = \{t_0, t_1, t_2, \ldots\}$ ist, wird der stochastische Prozeß zu einer Folge von Zufallsvariablen. In diesem Fall betrachtet man meistens $T = \mathbb{Z}$ (oder $\mathbb{N}$) und spricht von einem diskrete Prozeß [3] oder einer Zeitreihe. Man schreibt dann auch $(X_t \mid t \in T)$.

Seien $t_1, \ldots, t_n \in T$ und $x_1, \ldots, x_n \in \mathbb{R}$. Man bildet die Verteilungsfunktionen des Prozesses

1) T wird häufig als die Zeit interpretiert, $t \in T$ kann ein diskrete oder eine kontinuierliche Variable sein ($T \neq \emptyset$
2) Die Funktionen $X(.,t)$ sollen für jedes $t \in T$ reellwertig Zufallsvariablen sein. - Ein stochastischer Prozeß ist somit eine Familie von Zufallsvariablen.
3) Stochastische Folge, stochastische Kette.

$F(x_1;t_1) := P(X(t_1) \leq x_1)$;

$F(x_1,x_2;\ t_1,t_2) := P(X(t_1) \leq x_1;\ X(t_2) \leq x_2)$; allgemein

$F(x_1,\ldots,x_n;\ t_1,\ldots,t_n) := P(X(t_1) \leq x_1;\ldots;X(t_n) \leq x_n)$ $(n \in \mathbb{N})$.

Für $m < n$ ist somit

$$F(x_1,\ldots,x_m,\ \infty,\ldots,\infty;\ t_1,\ldots,t_m,\ldots,t_n) = F(x_1,\ldots,x_m;\ t_1,\ldots,t_m).$$

Diese beschreiben die endlichdimensionalen Verteilungen des Prozesses; so also $F(x_1,\ldots,x_n;\ t_1,\ldots,t_n)$ die Verteilung von $(X(t_1),\ldots,X(t_n))$.

Sind die Zufallsvariablen $X(t)$ $(t \in T)$ unabhängig, so gilt

$$F(x_1,\ldots,x_n;\ t_1,\ldots,t_n) = F(x_1;\ t_1)\ \ldots\ F(x_n;\ t_n).$$

3.1.2. Erwartungswerte - Momente

Sei $(X(t) \mid t \in T)$ ein stochastischer Prozeß, bei dem für alle Zufallsvariablen $X(t)$ $(t \in T)$ die benötigten Momente wie Erwartungswerte $E[X(t)]$ bzw. Varianzen $var[X(t)]$ existieren sollen.

Def.: Die Funktion $E[X(t)]$ der Variablen t $(t \in T)$ heißt Erwartungswert des Prozesses $(X(t) \mid t \in T)$[1];

die Funktion $var[X(t)]$ der Variablen t $(t \in T)$ heißt Varianz des Prozesses $(X(t) \mid t \in T)$;

die Funktion

1) Genauer wäre die Funktion zu schreiben $E[X(.)]: T \to \mathbb{R}$, also $t \to E[X(t)]$ für alle $t \in T$.

$$\text{cov}[X(t_1),X(t_2)] := E[(X(t_1) - E[X(t_1)])(X(t_2) - E[X(t_2)])]$$
$$= E[X(t_1)X(t_2)] - E[X(t_1)]E[X(t_2)]$$

der zwei Variablen t_1 und t_2 ($t_1, t_2 \in T$) heißt <u>Kovarianzfunktion</u> [1] des Prozesses $(X(t) | t \in T)$.

Für $t_1 = t_2 = t$ ist $\text{cov}[X(t),X(t)] = \text{var}[X(t)]$.

Die Funktion $\text{kor}[X(t_1),X(t_2)] := \dfrac{\text{cov}[X(t_1),X(t_2)]}{\sqrt{\text{var}[X(t_1)]\text{var}[X(t_2)]}}$ der zwei Variablen t_1 und t_2 ($t_1, t_2 \in T$) heißt <u>Korrelationsfunktion</u> [2] des Prozesses $(X(t) | t \in T)$.

Für $t_1 = t_2 = t$ ist $\text{kor}[X(t),X(t)] = 1$.

Eigenschaften:

Seien $a_i: T \to \mathbb{R}$ und $b_i: T \to \mathbb{R}$ beliebige Funktionen $(i=0,1)$. Dann gilt, da für festes t die betreffenden Regeln für Zufallsvariablen anzuwenden sind (vgl. 2.3.7),

$$E[a_0(t) + a_1(t)X(t)] = a_0(t) + a_1(t)E[X(t)];$$

$$\text{cov}[X(t_1),X(t_2)] = \text{cov}[X(t_2),X(t_1)];$$

$$\text{cov}[a_0(t_1) + a_1(t_1)X(t_1),\ b_0(t_2) + b_1(t_2)X(t_2)] =$$
$$= a_1(t_1)b_1(t_2)\text{cov}[X(t_1),X(t_2)];$$

---

1) Manchmal auch <u>Autokovarianzfunktion</u>.

2) Manchmal auch <u>Autokorrelationsfunktion</u>.

$|\mathrm{cov}[X(t_1),X(t_2)]| \leq \sqrt{\mathrm{var}[X(t_1)] \cdot \mathrm{var}[X(t_2)]}$;

$\mathrm{kor}[X(t_1),X(t_2)] = \mathrm{kor}[X(t_2),X(t_1)]$;

$|\mathrm{kor}[X(t_1),X(t_2)]| \leq 1$.

3.1.3. Mehrdimensionale stochastische Prozesse

Def.: Seien $(X_1(t)|t \in T)$ und $(X_2(t)|t \in T)$ zwei stochastische Prozesse mit der gleichen Indexmenge T. Dann heißt $(X_1(t_1),X_2(t_2)|t_1,t_2 \in T)$ zweidimensionaler stochastischer Prozeß.

Für feste $t_1,t_2 \in T$ erhält man eine zweidimensionale Zufallsvariable.

Entsprechend ist ein n-dimensionaler stochastischer Prozeß $(\underline{X}(t)|t \in T)$ ($\underline{X}$ n-dimensionaler Zufallsvektor) zu verstehen.

Sei $(X_1(t_1),X_2(t_2)|t_1,t_2 \in T)$ ein zweidimensionaler stochastischer Prozeß.

Def.: Die Funktion

$$\begin{aligned}\mathrm{cov}[X_1(t_1),X_2(t_2)] :&= E[(X_1(t_1) - E[X_1(t_1)])(X_2(t_2)-E[X_2(t_2)])] = \\ &= E[X_1(t_1)X_2(t_2)] - E[X_1(t_1)]E[X_2(t_2)]\end{aligned}$$

der zwei Variablen t_1 und t_2 $(t_1,t_2 \in T)$ heißt gemeinsame Kovarianzfunktion des Prozesses $(X_1(t_1),X_2(t_2)|t_1,t_2 \in T)$.

Es gilt $\mathrm{cov}[X_1(t_1),X_2(t_2)] = \mathrm{cov}[X_2(t_2),X_1(t_1)]$.

Def.: Die Funktion

$$\mathrm{kor}[X_1(t_1),X_2(t_2)] := \frac{\mathrm{cov}[X_1(t_1),X_2(t_2)]}{\sqrt{\mathrm{var}[X_1(t_1)]\mathrm{var}[X_2(t_2)]}}$$

der zwei Variablen t_1 und t_2 ($t_1, t_2 \in T$) heißt gemeinsame Korrelationsfunktion des Prozesses $(X_1(t_1), X_2(t_2) | t_1, t_2 \in T)$

Es gilt $kor[X_1(t_1), X_2(t_2)] = kor[X_2(t_2), X_1(t_1)]$.

Def.: Wenn $kor[X_1(t_1), X_2(t_2)] = 0$ für alle $t_1, t_2 \in T$, dann heißen die beiden Prozesse unkorreliert.

Def.: Sei $\varphi: \mathbb{R}^2 \to \mathbb{R}$ eine Funktion von zwei Variablen [1] und $(X_1(t_1), X_2(t_2) | t_1, t_2 \in T)$ ein zweidimensionaler stochastischer Prozeß.

Dann setzen wir $(\varphi(X_1(t), X_2(t)) | t \in T) =: (Y(t) | t \in T)$.

$(Y(t) | t \in T)$ ist also ein eindimensionaler stochastischer Prozeß.

Sei speziell $(Y(t) | t \in T) = (X_1(t) + X_2(t) | t \in T)$.
Dann gilt

$$E[Y(t)] = E[X_1(t)] + E[X_2(t)];$$

$$var[Y(t)] = var[X_1(t)] + var[X_2(t)] + 2\ cov[X_1(t), X_2(t)];$$

$$cov[Y(t_1), Y(t_2)] = cov[X_1(t_1), X_1(t_2)] + cov[X_2(t_1), X_2(t_2)] + cov[X_1(t_1), X_2(t_2)] + cov[X_1(t_2), X_2(t_1)];$$

$(X_1(t_1) | t_1 \in T)$ und $(X_2(t_2) | t_2 \in T)$ unkorreliert $\Longrightarrow$

$$cov[Y(t_1), Y(t_2)] = cov[X_1(t_1), X_1(t_2)] + cov[X_2(t_1), X_2(t_2)].$$

Analoges gilt für $(Y(t) | t \in T) = (X_1(t) + \ldots + X_n(t) | t \in T)$.

1) φ soll meßbar sein; meistens kann man sich auf stetige Funktionen φ beschränken. Die Forderung der Meßbarkeit ist für stetige Funktionen φ immer und sonst meistens erfüllt.

3.1.4. Komplexe Zufallsvariablen und komplexe stochastische Prozesse

Def.: Seien X,Y (reelle) Zufallsvariablen. Dann heißt $Z: = X + i Y$ $(i^2 = -1)$ komplexe Zufallsvariable.

Def.: Erwartungswert $E[Z]: = E[X] + i E[Y]$;

Varianz $var[Z]: = E[|Z - E[Z]|^2]$;

sind Z_1, Z_2 komplexe Zufallsvariablen, so ist [1)] ihre Kovarianz $cov[Z_1,Z_2]: = E[(Z_1 - E[Z_1])\overline{(Z_2 - E[Z_2])}]$.

Es gilt:

$var[Z] = var[X] + var[Y]$;

$cov[Z_1,Z_2] = E[Z_1\overline{Z}_2] - E[Z_1]\overline{E[Z_2]}$.

Analog werden komplexe stochastische Prozesse eingeführt:

Def.: Seien $(X_1(t_1)|t_1 \in T)$ und $(X_2(t_2)|t_2 \in T)$ reelle stochastische Prozesse. Dann heißt $(Z(t)|t \in T): = (X_1(t) + iX_2(t)|t \in T)$ komplexer stochastischer Prozeß.

Def.: $E[Z(t)]: = E[X_1(t)] + iE[X_2(t)]$ heißt Erwartungswert;
$var[Z(t)]: = E[|Z(t) - E[Z(t)]|^2]$ heißt Varianz von $(Z(t)|t \in T)$;

die Kovarianzfunktion eines komplexen stochastischen Prozesses $(Z(t)|t \in T)$ ist [1)]

$$cov[Z(t_1),Z(t_2)]: = E[(Z(t_1) - E[Z(t_1)])\overline{(Z(t_2) - E[Z(t_2)])}] = E[Z(t_1)\overline{Z(t_2)}] - E[Z(t_1)]\,\overline{E[Z(t_2)]}.$$

1) Zu einer komplexen Zahl $z = x + iy$ bedeutet $\overline{z}$ die konjugiert komplexe Zahl $\overline{z} = x - iy$.

3.1.5. Kanonische Zerlegung

Def.: Besitzt ein (reeller oder komplexer) stochastischer Prozeß $(X(t) | t \in T)$ eine Darstellung

$$(1)\quad X(t) = E[X(t)] + \sum_{j=0}^{\infty} V_j \varphi_j(t),$$

wobei V_j paarweise unkorrelierte reelle Zufallsvariablen mit $E[V_j] = 0$, den Varianzen $var[V_j] = \sigma_j$ und $\varphi_j: T \to \mathbb{R}$ (oder $\varphi_j: T \to \mathbb{C}$) geeignete (reelle oder komplexe) Funktionen sind $(j=0,1,\ldots)$, so nennt man (1) kanonische Zerlegung des Prozesses.

Die Zufallsvariablen V_j heißen Koeffizienten und die Funktionen φ_j die Basisfunktionen der Zerlegung.

Sind die Funktionen φ_j reell, also $\varphi_j: = T \to \mathbb{R}$, so ist die Kovarianzfunktion

$$(2)\quad cov[X(t_1),X(t_2)] = \sum_{j=0}^{\infty} \sigma_j \varphi_j(t_1)\, \varphi_j(t_2);$$

im Fall komplexer φ_j, also $\varphi_j: T \to \mathbb{C}$, hat man

$$(2')\quad cov[X(t_1),X(t_2)] = \sum_{j=0}^{\infty} \sigma_j\, \varphi_j(t_1)\, \overline{\varphi_j(t_2)}.$$

Umgekehrt läßt sich aus der Existenz der Zerlegung (2) bzw (2') auf die Existenz der Zerlegung (1) schließen.

3.1.6. Stationäre stochastische Prozesse

Def.: Ein stochastischer Prozeß $(X(t) | t \in \mathbb{Z})$ heißt streng stationär, wenn gilt (F Verteilungsfunktion; vgl. 3.1.1)

$F(x_1,\ldots,x_n;\ t_1,\ldots,t_n) = F(x_1,\ldots,x_n;\ t_1 + \tau,\ldots,t_n + \tau)$
für alle $x_1,\ldots,x_n \in \mathbb{R}$ (n beliebig) und alle $t_1,\ldots,t_n \in \mathbb{Z}$
und alle $\tau \in \mathbb{Z}$ (Verschiebungsinvarianz).

Def.: Ein stochastischer Prozeß $(X(t)\,|\,t \in \mathbb{Z})$ heißt schwach stationär, wenn gilt

(i) der Erwartungswert $E[X(t)] = \mu = \text{const.}$ für alle $t \in \mathbb{Z}$;

(ii) die Kovarianzfunktion $\text{cov}[X(t_1),X(t_2)]$ ist für alle $t_1,t_2 \in \mathbb{Z}$ nur eine Funktion von $t_2 - t_1$; also mit $t_2 - t_1 =: \tau$ und $t_1 = t$ ist

$$\text{cov}[X(t_1),X(t_2)] = \text{cov}[X(t),X(t+\tau)] =: R(\tau) \text{ für alle } t \in \mathbb{Z}$$
und alle $\tau \in \mathbb{Z}$.

Entsprechend für einen Prozeß $(X(t)\,|\,t \in \mathbb{R})$. Der Begriff stationär läßt sich auch für beliebiges T geeignet einführen.

Ist ein Prozeß streng stationär, dann ist er auch schwach stationär.

Es ist $R(0) = \text{cov}[X(t),X(t)] = \text{var}[X(t)]$ konstant.

Weiter gilt wegen der Dreiecksungleichung

$$|R(\tau)| \leq R(0) = \text{var}[X(t)].$$

Für einen schwach stationären stochastischen Prozeß ist die Korrelationsfunktion [1)]

1) Manchmal auch Autokorrelationsfunktion.

$$r(\tau) := \frac{\operatorname{cov}[X(t), X(t+\tau)]}{\operatorname{var}[X(t)]} = \frac{R(\tau)}{R(0)} \quad (\tau \in \mathbb{N}_0 \text{ bzw. } \tau \in \mathbb{R}_0^+).$$

Es gilt:

$r(0) = 1$; $|r(\tau)| \leq 1$ für alle τ.

<u>Def.</u>: Für einen diskreten schwach stationären Prozeß heißt die Folge $(r(\tau))_{\tau=0}^{\infty}$ <u>Autokorrelogramm</u> des Prozesses.

Die (im allgemeinen unendliche) Matrix

$$\begin{pmatrix} 1 & r(1) & r(2) & \dots & r(k) & \dots \\ r(1) & 1 & r(1) & \dots & r(k-1) & \dots \\ \vdots & & & & & \\ r(k) & r(k-1) & r(k-2) & \dots & 1 & \dots \\ \dots & \dots & \dots & & \dots & \end{pmatrix}$$

heißt <u>Autokorrelationsmatrix</u>.

Sie ist eine symmetrische Matrix.

Es gilt für alle Hauptunterdeterminanten dieser Matrix ($k=1,2,\dots$)

$$\begin{vmatrix} 1 & r(1) & r(2) & \dots & r(k) \\ r(1) & 1 & r(1) & \dots & r(k-1) \\ \vdots & & & & \\ r(k) & r(k-1) & r(k-2) & \dots & 1 \end{vmatrix} \geq 0.$$

<u>Def.</u>: Besitzt ein stochastischer Prozeß $(X(t)|t \in T)$ eine Darstellung

(1) $X(t) = E[X(t)] + \sum_{j=0}^{\infty} (A_j \cos \lambda_j t + B_j \sin \lambda_j t),$

wobei A_j, B_j $(j=0,1,\ldots)$ unkorrelierte Zufallsvariablen mit den Varianzen $\mathrm{var}[A_j] = \mathrm{var}[B_j] = \sigma_j^2$ sind, so nennt man (1) die <u>Spektralzerlegung</u> des Prozesses. Die Zahlen λ_j heißen die <u>Frequenzen</u>.

Ein schwach stationärer stochastischer Prozeß besitzt eine Spektralzerlegung.

Dieser Spektralzerlegung entspricht die Zerlegung seiner Kovarianzfunktion

$$R(\tau) = \sum_{j=0}^{\infty} \sigma_j^2 \cos \lambda_j \tau.$$

$$\Longrightarrow R(0) = \mathrm{var}[X(T)] = \sum_{j=0}^{\infty} \sigma_j^2.$$

Im Fall $\lambda_0 = 0$ [1] kann man (1) in komplexer Form schreiben als

(1') $X(t) = E[X(t)] + \sum_{j=-\infty}^{+\infty} C_j \exp(i\lambda_j t),$

wobei $\lambda_{-j} := -\lambda_j$, $C_0 = A_0$, $C_j = \frac{A_j - iB_j}{2}$ und $C_{-j} = \frac{A_j + iB_j}{2}$ gesetzt wird $(j=1,2,\ldots)$.

<u>Def.</u>: Sei $(X(t)|t \in \mathbb{R})$ ein stationärer stochastischer Prozeß.

$$f(\lambda) := \frac{2}{\pi} \int_0^{\infty} R(\tau) \cos \lambda\tau d\tau$$

heißt die <u>Spektraldichte</u> des Prozesses.

Die Funktion f ist definiert auf $\mathbb{R}$.

Umgekehrt gilt auch $R(\tau) = \int_0^{\infty} f(\lambda) \cos \lambda\tau d\lambda.$

Hieraus folgt $\mathrm{var}[X(t)] = R(0) = \int_0^{\infty} f(\lambda) d\lambda.$

1) Dies läßt sich durch geeignete Umbenennung immer erreichen.

In komplexer From hat man die Darstellungen

$$f(\lambda) = \frac{1}{\pi} \int_{-\infty}^{\infty} R(\tau)\exp(-i\lambda\tau)d\tau \quad \text{und}$$

$$R(\tau) = \frac{1}{2} \int_{-\infty}^{+\infty} f(\lambda)\exp(i\lambda\tau)d\lambda.$$

Def.: $f^*(\lambda) := \frac{f(\lambda)}{R(0)}$

heißt normierte Spektraldichte.

3.1.7. Filter

Oft wird eine Zeitreihe $(X(t)|t \in \mathbb{Z})$ transformiert in eine Zeitreihe $(Y(t)|t \in \mathbb{Z})$, um bestimmte Aspekte hervorzuheben bzw. andere zu eliminieren (z.B. gleitende Durchschnitte zur Elimination von saisonalen Einflüssen).

Ein linearer zeitinvarianter Filter D transformiert eine Funktion [1] $x: \mathbb{Z} \to \mathbb{R}$ (bzw. $\mathbb{Z} \to \mathbb{R}^n$) in eine Funktion [2] $y: \mathbb{Z}$ (bzw. $\mathbb{Z} \to \mathbb{R}^n$) ($D(x) = y$ oder $D(x(.)) = y(.)$), so daß

(1) $D(ax_1 + bx_2) = aD(x_1) + bD(x_2)$ für alle $x_i: \mathbb{Z} \to \mathbb{R}$ (bzw. $\mathbb{Z} \to \mathbb{R}^n$), $i=1,2$, und alle $a,b \in \mathbb{R}$;

(Linearität; die Funktion $t \to ax_1(t) + bx_2(t)$ wird transfor in die Funktion $t \to ay_1(t) + by_2(t)$, wenn $D(x_i) = y_i$, $i=1,2$

(2) $D(x(.+\tau)) = (D(x))(.+\tau)$ für alle $x: \mathbb{Z} \to \mathbb{R}$ (bzw. $\mathbb{Z} \to \mathbb{R}$ und alle möglichen $\tau \in \mathbb{R}$.

(Zeitinvarianz; die Funktion $t \to x(t+\tau)$ wird transformiert die Funktion $t \to y(t+\tau)$, wenn $D(x) = y$).

Um Filter zu beschreiben, gibt man ihre Auswirkung auf die sog. (komplexe) Einheitsschwingung $x(t) = e^{i\lambda t}$ an:

1) Eingangsfunktion.
2) Ausgangsfunktion.

Für einen linearen, zeitinvarianten Filter D gilt stets $(D(x))(t) = y(t) = A(\lambda)e^{i\lambda t}$, wobei $A: \mathbb{R} \to \mathbb{C}$ die sog. Filterfunktion ist (Frequenz ändert sich nicht).

Mit $A(\lambda) = |A(\lambda)|e^{i\psi(\lambda)}$ gibt $|A(\lambda)|$ die Veränderung der Amplitude einer Schwingung mit (Kreis-)Frequenz λ, $\psi(\lambda)$ die auftretende Phasenverschiebung an.

$|A(\lambda)|^2: \mathbb{R} \to \mathbb{R}$ bezeichnet man als die Übertragungsfunktion des Filters.

Beispiel:

Sei $(X(t)|t \in \mathbb{Z})$ beschränkt (d.h. $|X(t)| < C$ für alle $t \in \mathbb{Z}$);

$(Y(t)|t \in \mathbb{Z})$ sei rekursiv definiert durch

$$Y(t) = a\, Y(t-1) + (1-a)\, X(t) \quad (0 < a < 1).$$

(Mittelung aus Wert zur Zeit t-1 und dem Wert von X(t)).

Durch Einsetzen folgt

$$Y(t) = (1-a) \sum_{j=0}^{\infty} a^j X(t-j).$$

D mit $D(x(.)) = (1-a) \sum_{j=0}^{\infty} a^j\, x(t-j)$ ist, wie man leicht nachprüft, ein linearer zeitinvarianter Filter.

Für $x(t) = e^{i\lambda t}$ gilt

$$y(t) = (1-a) \sum_{j=0}^{\infty} a^j e^{i\lambda(t-j)} = (1-a)\left[\sum_{j=0}^{\infty} (a\, e^{-i\lambda})^j\right] e^{i\lambda t} =$$

$$= \frac{1-a}{1-ae^{-i\lambda}}\, e^{i\lambda t};$$

$$\Longrightarrow A(\lambda) = \frac{1-a}{1-ae^{-i\lambda}}.$$

3.1.8. Beispiele stochastischer Prozesse

3.1.8.1. Def.: Ein stochastischer Prozeß $(U(t) | t \in T)$ hei
reiner Zufallsprozeß, wenn

(i) Erwartungswert $E[U(t)] = 0$ für alle $t \in T$;

(ii) Varianz $var[U(t)] = E[(U(t))^2] = var[(U(0)] = E[(U($
$= R(0) = \sigma^2 < \infty$ für alle $t \in T$;

(iii) $U(t_1)$, $U(t_2)$ sind unabhängig für alle $t_1, t_2 \in T$ $(t_1$
Die zugehörigen Verteilungsfunktionen $F(u;t_1)$ und $F(u;t_2)$ sind gleich $G(u)$; also

$F(u;t_1) = F(u;t_2) = G(u)$ für alle $u \in \mathbb{R}$; $t_1, t_2 \in T$.

Der reine Zufallsprozeß ($T = \mathbb{Z}$ oder $T = \mathbb{R}$) ist schwach stationär [1].

Es gilt für die Kovarianzfunktion

$$R(\tau) = E[U(t)U(t+\tau)] = \begin{cases} 0 & \text{für alle } \tau \neq 0 \\ var[U(0)] & \text{für } \tau = 0 \end{cases}$$

und die Korrelationsfunktion $r(0) = 1$; $r(\tau) = 0$ für $\tau \neq$

$(U(t) | t \in \mathbb{R})$ heißt auch weißes Rauschen und hat die Spektr
dichte $\frac{G}{2\pi}$ (die Konstante $G \in \mathbb{R}$ ist die Intensität des weiß
Rauschens).

3.1.8.2. Def.: Sei $(X(t) | t \in \mathbb{Z})$ ein stochastischer Prozeß.
Ein stochastischer Prozeß $(Y(t) | t \in \mathbb{Z})$ mit

$$Y(t) = \sum_{j=0}^{\infty} a_j X(t-j) \quad (a_j \in \mathbb{R};\ \sum_{j=0}^{\infty} a_j^2 < \infty)$$

1) Wenn in (iii) die Unabhängigkeit für je endlich viele $t_1, t_2, \ldots$ gilt, ist der Prozeß streng stationär.

heißt linearer Prozeß [1].

Ein linearer Prozeß ist schwach stationär.

Weiter gilt, wenn $(X(t)|t \in \mathbb{Z})$ ein reiner Zufallsprozeß $(U(t)|t \in \mathbb{Z})$ ist,

Erwartungswert $E[Y(t)] = 0$ für alle $t \in \mathbb{Z}$;

Varianz $var[Y(t)] = E[(Y(t))^2] = R(0) = var[U(0)] \sum_{j=0}^{\infty} a_j^2 < \infty$ für alle $t \in \mathbb{Z}$;

Kovarianzfunktion $R(\tau) = E[Y(t)Y(t+\tau)] = var[U(0)] \sum_{j=0}^{\infty} a_j a_{j+\tau} < \infty$ für alle $\tau \in \mathbb{N}$;

Korrelationsfunktion $r(\tau) = \dfrac{\sum_{j=0}^{\infty} a_j a_{j+\tau}}{\sum_{j=0}^{\infty} a_j^2}$ $(\tau \in \mathbb{N}_0)$.

Ferner gilt $\lim_{\tau \to \infty} r(\tau) = 0$.

3.1.8.3. Ist in einem linearen Prozeß aus 3.1.8.2 speziell $a_{n+1} = a_{n+2} = \ldots = 0$, $a_n \neq 0$, $a_0 \neq 0$, ist also

$$Y(t) = \sum_{j=0}^{n} a_j X(t-j),$$

so heißt dieser Prozeß Prozeß der gleitenden Durchschnitte (Moving-average-process) der Ordnung n über $(X(t)|t \in \mathbb{Z})$.

Ist hierbei speziell $(X(t)|t \in \mathbb{Z})$ ein reiner Zufallsprozeß, so ist die Korrelationsfunktion

$$r(\tau) = \begin{cases} \dfrac{\sum_{j=0}^{n-\tau} a_j a_{j+\tau}}{\sum_{j=0}^{n} a_j^2} & \text{für } 0 \leq \tau \leq n \\ 0 & \text{für } \tau > n \end{cases} \qquad (\tau \in \mathbb{N}_0).$$

1) Man könnte hier und weiterhin auch zulassen, daß die Koeffizienten a_j noch von t abhängen.

3.1.8.4. <u>Def.</u>: Sei $(U(t)|t \in \mathbb{Z})$ ein reiner Zufallsprozeß.

Ein stochastischer Prozeß $(X(t)|t \in \mathbb{Z})$ mit

$$\sum_{j=0}^{n} a_j X(t-j) = U(t) \quad (a_j \in \mathbb{R};\ a_0 = 1;\ a_n \neq 0;\ n \in \mathbb{N}_0)$$

heißt <u>autoregressiver Prozeß</u> n-ter Ordnung mit <u>diskreter Ze</u>
(<u>A</u>uto<u>r</u>egressive <u>m</u>oving-<u>a</u>verage-process = "Arma"-Prozeß) [1].

Der Prozeß ist schwach stationär, wenn für die Nullstellen z_p des Polynoms $\sum_{j=0}^{n} a_j z^j$ $(a_0 = 1)$ gilt $|z_p| > 1$, und er besitzt in diesem Fall die Spektraldichte

$$f(\lambda) = \frac{\sigma^2}{2\pi}\left|\sum_{j=0}^{n} a_j e^{i\lambda j}\right|^{-2} \quad (-\pi \leq \lambda < \pi),$$

wobei $\sigma^2 = \text{var}[U(t)] = \text{var}[U(0)]$ ist.

Spezialfälle: Ein autoregressiver Prozeß 1. Ordnung

$$X(t) + aX(t-1) = U(t)$$

ist ein <u>Markov-Prozeß</u>.

Sei nun $|a| < 1$. In diesem Fall ist

Erwartungswert $E[X(t)] = 0$ für alle $t \in \mathbb{Z}$;

Varianz $\text{var}[X(t)] = \dfrac{\text{var}[U(0)]}{1-a^2}$;

Kovarianzfunktion $R(\tau) = \dfrac{a^\tau}{1-a^2}\,\text{var}[U(0)]$;

Korrelationsfunktion $r(\tau) = a^\tau \quad (\tau \in \mathbb{N}_0)$.

1) Für n kann auch ∞ zugelassen werden. - Haben die Zufalls variablen X und U Einpunktverteilungen, so erhält man eine Differenzengleichung.

Für einen autoregressiven Prozeß 2. Ordnung

$$X(t) = aX(t-1) + bX(t-2) + U(t) \quad (a,b \in \mathbb{R};\quad b \neq 0)$$

erhält man die

Varianz $var[X(t)] = \dfrac{1 - b}{(1+b)(1-b)^2-a^2}\, var[U(0)]$.

3.1.8.5. Def.: Sei $(U(t)|t \in \mathbb{R})$ ein reiner Zufallsprozeß.

Ein stochastischer Prozeß $(X(t)|t \in \mathbb{R})$ mit

$$\frac{d^n}{dt^n} X(t) + a_1 \frac{d^{n-1}}{dt^{n-1}} X(t) + a_2 \frac{d^{n-2}}{dt^{n-2}} X(t) + \ldots + a_n X(t) = U(t)$$

$(a_j \in \mathbb{R};\quad a_n \neq 0;\quad n \in \mathbb{N}_0)$

heißt autoregressiver Prozeß n-ter Ordnung mit stetiger Zeit ("Arma"-Prozeß mit stetiger Zeit).

Der Prozeß ist schwach stationär, wenn für die Nullstellen z_p des Polynoms $\sum_{j=0}^{n} a_j z^j$ $(a_0 = 1)$ gilt Realteil $z_p < 0$, und er besitzt dann die Spektraldichte

$$f(\lambda) = \frac{\sigma^2}{2\pi}\left|\sum_{j=0}^{n} a_j (i\lambda)^j\right|^{-2} \quad (\lambda \in \mathbb{R}); \text{ dabei ist } \sigma^2 = var[U(t)].$$

3.1.8.6. Def.: Sei $(U(t)|t \in \mathbb{Z})$ ein reiner Zufallsprozeß.

Ein stochastischer Prozeß $(X(t)|t \in \mathbb{Z})$ mit

$$\sum_{j=0}^{n} a_j X(t-j) = \sum_{k=0}^{m} b_k U(t-k) \quad (a_j, b_k \in \mathbb{R};\quad a_0 = 1;\quad a_n \neq 0;\quad b_m \neq 0;\quad n,m \in \mathbb{N}_0)$$

heißt gemischter autoregressiver Prozeß (n,m)-ter Ordnung.

Der Prozeß ist schwach stationär, wenn für die Nullstellen z_p des Polynoms $\sum_{j=0}^{n} a_j z^j$ gilt $|z_p| > 1$, und er besitzt dann die Spektraldichte

$$f(\lambda) = \frac{\sigma^2}{2\pi} \frac{\left| \sum\limits_{j=0}^{m} b_j e^{i\lambda j} \right|^2}{\left| \sum\limits_{j=0}^{n} a_j e^{i\lambda j} \right|^2} \quad (-\pi \leq \lambda < \pi).$$

Der Prozeß kann in diesem Fall als gleitender Durchschnitt (etwa unendlicher Ordnung) dargestellt werden.

Gilt außerdem für die Nullstellen ζ_q des Polynoms $\sum\limits_{k=0}^{m} b_k \zeta^k$ die Ungleichung $|\zeta_q| < 1$, dann kann der Prozeß als autoregressiver Prozeß (etwa unendlicher Ordnung) aufgefaßt werden.

Im Spezialfall m = O erhält man den autoregressiven Prozeß n-ter Ordnung mit diskreter Zeit.

Ein gemischter autoregressiver Prozeß wird auch als "Arma"-(n,m)-Prozeß (<u>A</u>uto<u>r</u>egressive <u>m</u>oving-<u>a</u>verage-process) bezeichnet.

3.1.8.7. <u>Def.</u>: Seien A_j, B_j (j=1,...,n) Zufallsvariablen. Ein stochastischer Prozeß $(X(t)|t \in \mathbb{Z})$ mit

$$X(t) = \sum_{j=1}^{n} (A_j \cos \lambda_j t + B_j \sin \lambda_j t) \quad (\lambda_j \in \mathbb{R})$$

heißt <u>harmonischer Prozeß</u>.

3.1.8.8. <u>Def.</u>: Ein stochastischer Prozeß heißt <u>Gaußscher Prozeß</u>, wenn alle endlichdimensionalen Verteilungen des Prozesses Normalverteilungen sind [1].

---

1) Ein wichtiger Spezialfall ist der Wienersche Prozeß (Brownsche Bewegung).

3.1.8.9. Markovsche Prozesse

Sei $(X(t) | t \in T)$ ein stochastischer Prozeß und Z sein Zustandsraum.

Def.: Seien $n \in \mathbb{N}$ und $x_1 \in \mathbb{R}$ beliebig. $(X(t) | t \in T)$ heißt Markovscher Prozeß, wenn mit beliebigen $t_1 > t > t_{-1} > t_{-2} > \ldots > t_{-n} \in T$ und für alle $x_i, x_\alpha, x_\beta, \ldots, x_\nu \in Z$ für die bedingten Verteilungen die Markov-Bedingung

$$P(X(t_1) \leq x_1 | X(t)=x_i,\ X(t_{-1})=x_\alpha,\ X(t_{-2})=x_\beta, \ldots,\ X(t_{-n})=x_\nu) =$$
$$= P(X(t_1) \leq x_1 | X(t) = x_i)$$

gilt.

Dies bedeutet, daß die zukünftige Entwicklung des Systems nach dem "Zeitpunkt" t nicht von der Entwicklung des Systems vor dem "Zeitpunkt" t beeinflußt wird.

Ist speziell der Zustandsraum Z eine endliche oder abzählbar unendliche Menge $\{x_1, x_2, \ldots, x_j, \ldots\}$, so hat der Prozeß einen diskreten Zustandsraum Z, und man charakterisiert Z einfach durch die Indizes und schreibt $Z = \{1, 2, \ldots, j, \ldots\}$. Weiterhin wird nur dieser Fall betrachtet. Die Markov-Bedingung läßt sich nun schreiben $(x_j, x_i, x_\alpha, \ldots, x_\nu \in Z$ beliebig)

$$P(X(t_1)=x_j | X(t)=x_i, X(t_{-1})=x_\alpha, \ldots, X(t_{-n})=x_\nu) = P(X(t_1)=x_j | X(t)=x_i).$$

Def.: Die Wahrscheinlichkeiten $p_{ij}(t,t_1) :=$ $= P(X(t_1) = x_j | X(t)=x_i)$ $(t_1, t \in T;\ t_1 \geq t;\ x_i, x_j \in Z)$ heißen Übergangswahrscheinlichkeiten des Markovschen Prozesses.

Es gilt $p_{ij}(t,t_1) \geq 0$ für alle $t, t_1 \in T$ $(t_1 \geq t)$ und alle i,j;

$$\sum_{j=1,2,\ldots} p_{ij}(t,t_1) = 1 \text{ für alle } t, t_1 \in T\ (t_1 \geq t) \text{ und alle } i$$

sowie die Gleichungen von Chapman-Kolmogorov

$p_{ij}(t,t_1) = \sum_{\nu=1,2,...} p_{i\nu}(t,t^*)p_{\nu j}(t^*,t_1)$ für alle $t,t^*,t_1 \in$ $(t \leq t^* \leq t_1)$ und alle i,j.

Def.: Wenn für die Übergangswahrscheinlichkeiten gilt

$p_{ij}(t,t_1) = p_{ij}(t^*,t_1^*)$ für alle $t_1,t,t_1^*,t^* \in T$ mit $t_1 - t = t_1^* - t^*$ $(t_1 \geq t;\ t_1^* \geq t^*)$ und alle i,j,

heißt der Markovsche Prozeß homogen.

Meistens benutzt man $T = \mathbb{R}_0^+$ und setzt $t_1 - t =: \tau$ und schre in diesem Fall kurz

$p_{ij}(\tau) := p_{ij}(t,t+\tau) = P(X(t+\tau) = x_j | X(t) = x_i) \quad (\tau \in \mathbb{R}_0^+)$.

Es gilt $p_{ij}(\tau) \geq 0$ für alle $\tau \in \mathbb{R}_0^+$ und alle i,j;

$\sum_{j=1,2,...} p_{ij}(\tau) = 1$ für alle $\tau \in \mathbb{R}_0^+$ und alle i

sowie die Gleichungen von Chapman-Kolmogorov

$p_{ij}(\tau+\tau^*) = \sum_{\nu=1,2,...} p_{i\nu}(\tau)p_{\nu j}(\tau^*)$ für alle $\tau,\tau^* \in \mathbb{R}_0^+$ und alle i,j.

Def.: Die Ableitungen $\lambda_{ij} := p'_{ij}(0)$ heißen die Intensitäten des Prozesses.

Es gelten für die Ableitungen der Funktion $p_{ij}(\tau)$ die Kolmogorovschen Differentialgleichungen

$p'_{ij}(\tau) = \sum_{\nu} \lambda_{\nu j}\, p_{i\nu}(\tau)$ (Vorwärts-Differentialgleichungen),

$p'_{ij}(\tau) = \sum_{\nu} \lambda_{i\nu}\, p_{\nu j}(\tau)$ (Rückwärts-Differentialgleichungen).

Def.: Die Wahrscheinlichkeiten $w_j(t) := P(X(t) = x_j)$ (j=1,2, $t \in T$) heißen Zustandswahrscheinlichkeiten.

Es gilt $w_j(t) \geq 0$ für alle j=1,2,... und alle $t \in T$ und

$$\sum_{j=1,2,\ldots} w_j(t) = 1 \text{ für alle } t \in T.$$

Die Zustandswahrscheinlichkeiten $w_j(t)$ faßt man zusammen zu dem <u>Zustandsvektor</u> $\underline{w}(t) := (w_1(t), w_2(t), \ldots)$.

$\underline{w}(0) = (w_1(0), w_2(0), \ldots)$ heißt <u>Startvektor</u>.

Es gilt $w_j(t) = \sum_{i=1,2,\ldots} w_i(0) p_{ij}(t)$ für alle $t \in T$ und alle $j \in Z$.

Ist $T = \mathbb{N}_0$, so spricht man von einer <u>Markov-Kette</u>.

3.1.8.10. <u>Def.</u>: Ein homogener Markovscher Prozeß $(X(t) \mid t \in \mathbb{R}_0^+)$ heißt <u>Poisson-Prozeß</u> mit dem Parameter λ, wenn für die Übergangswahrscheinlichkeiten gilt

$$p_{ij}(\tau) = \begin{cases} \frac{(\lambda\tau)^{j-i}}{(j-i)!} e^{-\lambda\tau} & \text{für } j \geq i \\ 0 \quad \text{für } j < i \ (\lambda \in \mathbb{R}^+). \end{cases}$$

Die Zufallsvariable $X(t)$ genügt also einer Poisson-Verteilung

$$P(X(t) = j) = \frac{(\lambda t)^j}{j!} e^{-\lambda t}, \text{ falls } \underline{w}(0) = (1,0,0,\ldots).$$

Es gilt der

<u>Ergodensatz</u>: $\lim_{\tau \to \infty} p_{ij}(\tau) = 0$ für alle i,j.

3.1.8.11. <u>Def.</u>: Ein homogener Markovscher Prozeß $(X(t) \mid t \in \mathbb{R}_0^+)$ heißt <u>Geburtsprozeß</u>, wenn mit den Übergangswahrscheinlichkeiten gilt

$$\begin{cases} \lim_{\tau \to 0} \frac{p_{j,j+1}(\tau)}{\tau} =: \lambda_j \quad (\lambda_j \in \mathbb{R}^+); \\ \lim_{\tau \to 0} \frac{1 - p_{jj}(\tau) - p_{j,j+1}(\tau)}{\tau} = 0. \end{cases}$$

Gilt speziell $\lambda_j = \lambda j$, so spricht man von einem <u>Furry-Yuleschen Prozeß</u>.

Hierfür ist der Erwartungswert $E[X(t)] = E[X(0)] \cdot e^{\lambda t}$;

Varianz $var[X(t)] = E[X(0)](e^{2\lambda t} - e^{\lambda t}) = E[X(0)]e^{\lambda t}(e^{\lambda t} - 1$

3.1.8.12. Def. (diskreter Fall): Ein stochastischer Prozeß $(X(t)|t \in \mathbb{N})$ heißt Martingal, wenn für die bedingten Erwartungswerte gilt

$E[X(t+1)|X(t) = x_t, X(t-1) = x_{t-1}, \ldots, X(1) = x_1] = x_t$ für alle $t \geq 1$ (mit Wahrscheinlichkeit 1).

Def. (kontinuierlicher Fall): Ein stochastischer Prozeß $(X(t)|t \in T)$ heißt Martingal, wenn für die bedingten Erwartungswerte gilt

$E[X(t_{n+1})|X(t_n) = x_{t_n}, \ldots, X(t_1) = x_{t_1}] = x_{t_n}$ für beliebige $t_1 < t_2 < \ldots < t_n < t_{n+1} \in T$ (mit Wahrscheinlichkeit 1).

3.1.8.13. Def.: Ein stochastischer Prozeß $(X(t)|t \in T)$ heiß Prozeß mit unabhängigen Zuwächsen, wenn für alle $n \in \mathbb{N}$ (n > und beliebige $t_0 < t_1 < \ldots < t_n \in T$ die Zufallsvariablen $X(t_0)$, $X(t_1) - X(t_0)$, $X(t_2) - X(t_1), \ldots, X(t_n) - X(t_{n-1})$ unabhängig sind.

Es gilt:

Ein stochastischer Prozeß $(X(t)|t \in T)$ mit unabhängigen Zuwächsen ist ein Markov-Prozeß.

Es gilt (mit Wahrscheinlichkeit 1)

$$X(t_n) = X(t_0) + \sum_{j=1}^{n} (X(t_j) - X(t_{j-1})).$$

$X(t_n)$ ist also eine Summe von n+1 unabhängigen Zufallsvariablen.

Bemerkung: Die Umkehrung hiervon ist nicht richtig;

ein Markov-Prozeß braucht kein Prozeß mit unahängigen Zuwächsen zu sein.

Def.: Ein stochastischer Prozeß $(X(t) | t \in T)$ erfährt homogene Zuwächse, wenn für beliebige $t_1, t_2 \in T$ $(t_1 < t_2)$ die Wahrscheinlichkeitsverteilung der Zufallsvariablen $X(t_2) - X(t_1)$ nur von $t = t_2 - t_1$ abhängt.

Ein Poisson-Prozeß hat unabhängige und homogene Zuwächse.

3.2. Markov-Ketten[1]

3.2.1. Grundbegriffe

Die Ereignisse $A_1, A_2, \dots, A_j, \dots$ seien die möglichen Zustände (Phasen) [2] eines Systems; dabei soll gelten

$$\bigcup_{j=1,2,\dots} A_j = E \text{ (sicheres Ereignis)};$$

$A_i \cap A_j = \emptyset$ für alle $i,j=1,2,\dots$; $i \neq j$;
$A_j \neq \emptyset$ für alle $j=1,2,\dots$

(Die Menge $\{A_1, A_2, \dots, A_j, \dots\}$ ist also ein vollständiges System von Ereignissen; vgl. 2.1.1).

Def.: Die Menge $\{A_1, A_2, \dots, A_j, \dots\}$ heißt Zustandsraum Z des Systems; man charakterisiert Z manchmal auch einfach durch die Indexmenge und schreibt $Z = \{1, 2, \dots, j, \dots\}$.

Das System wird zu den Zeitpunkten $t = 0, 1, 2, \dots$ betrachtet. Zu jedem Zeitpunkt t trete genau einer der Zustände $A_1, A_2, \dots, A_j, \dots$ ein.

1) Für den Zusammenhang mit stochastischen Prozessen siehe 3.2.8.
2) Endlich viele oder abzählbar unendlich viele.

Es sei $A_i^{(t)}$ das Ereignis, daß das System zur Zeit t ($t \in \mathbb{N}$ im Zustand A_i ist; $P(A_j^{(t+1)} | A_i^{(t)})$ sei die Wahrscheinlichkeit, daß das System zur Zeit t+1 im Zustand A_j ist, falls es zur Zeit t im Zustand A_i war [1]. Entsprechend ist $P(A_j^{(s)} | A_i^{(t)};\ A_\alpha^{(u)};\ldots)$ zu verstehen ($s,t,u \in \mathbb{N}_o$; $s > t > u$ $i,j,\alpha,\ldots \in Z$).

Es gelte die Markov-Bedingung

$$P(A_j^{(t+1)} | A_i^{(t)}) = P(A_j^{(t+1)} | A_i^{(t)};\ A_\alpha^{(t-1)};\ A_\beta^{(t-2)};\ldots;A_\nu^{(0)})$$

für alle $t \in \mathbb{N}_o$ und alle $i,j,\alpha,\beta,\ldots,\nu \in Z$.

Def.: Die Wahrscheinlichkeiten $P(A_j^{(t+1)} | A_i^{(t)})$ ($t \in \mathbb{N}_o; i,j$ heißen (einstufige) Übergangswahrscheinlichkeiten.

Man schreibt auch $P(A_j^{(t+1)} | A_i^{(t)}) = P(A_i^{(t)} \rightarrow A_j^{(t+1)})$.

Def.: Der Zustandsraum Z zusammen mit den Übergangswahrscheinlichkeiten $P(A_j^{(t+1)} | A_i^{(t)})$ ($i,j \in Z$; $t \in \mathbb{N}_o$), welche die Markov-Bedingung erfüllen, heißt eine Markov-Kette.

Def.: Wenn die Übergangswahrscheinlichkeiten von der Zeit unabhängig sind, also wenn $P(A_j^{(t+1)} | A_i^{(t)}) = P(A_j^{(1)} | A_i^{(0)})$ gilt für alle $t \in \mathbb{N}$ und alle $i,j \in Z$, heißt die Markov-Ket homogen.

In diesem Fall schreibt man kurz

$$P(A_j^{(1)} | A_i^{(0)}) =: p_{ij} = P(A_i \rightarrow A_j) = P(i \rightarrow j).$$

Es gilt

$$p_{ij} \geq 0 \text{ für alle } i,j \in Z \text{ und } \sum_{j=1,2,\ldots} p_{ij} = 1 \text{ für alle } i \in Z$$

1) Es kann sein, daß $P(A_i^{(t)}) = 0$ ist. Dann kann die Definition aus 2.1.3 nicht benutzt werden.

Wir beschränken uns im weiteren auf homogene Markov-Ketten.

Def.: Die Wahrscheinlichkeiten $p_{ij}^{(n)} := P(A_j^{(n)} | A_i^{(0)})$ $(n \in \mathbb{N}_0;\ i,j \in Z)$ heißen n-stufige Übergangswahrscheinlichkeiten.

Man schreibt auch $p_{ij}^{(n)} =: P(A_i \overset{n}{\to} A_j) = P(i \overset{n}{\to} j)$,

und es ist $p_{ij}^{(1)} = p_{ij}$ sowie $p_{ii}^{(0)} = 1$ und $p_{ij}^{(0)} = 0$ für $i \neq j$.

Es gilt $P(A_j^{(t+n)} | A_i^{(t)}) = p_{ij}^{(n)}$ für alle $t \in \mathbb{N}_0$ (Homogenität)

sowie $p_{ij}^{(n)} \geq 0$ für alle $i,j \in Z$ und $\sum_{j=1,2,\ldots} p_{ij}^{(n)} = 1$

für alle $i \in Z$.

3.2.2. Endliche homogene Markov-Ketten - Übergangsmatrizen

Def.: Ist der Zustandsraum Z endlich, also $|Z| < \infty$, so hat man eine endliche Markov-Kette.

Weiterhin Beschränkung auf endliche homogene Markov-Ketten:
Sei der Zustandsraum $Z = \{A_1,\ldots,A_N\} = \{1,\ldots,N\}$ [1].

Def.: Die (N,N)-Matrix

$$\underline{M} := \begin{pmatrix} p_{11} & p_{12} & \cdots & p_{1N} \\ p_{21} & p_{22} & \cdots & p_{2N} \\ & \cdots\cdots & & \\ p_{N1} & p_{N2} & \cdots & p_{NN} \end{pmatrix} = (p_{ij})_{i,j=1,\ldots,N}$$

heißt Übergangsmatrix.

1) Eine ganze Reihe der folgenden Aussagen gilt auch für Markov-Ketten mit abzählbar unendlich vielen Zuständen.

Def.: Die (N,N)-Matrix $\underline{M}_n := (p_{ij}^{(n)})_{i,j=1,\ldots,N}$ heißt n-stufige Übergangsmatrix ($n \in \mathbb{N}_0$).

Damit wird die Übergangsmatrix $\underline{M} = \underline{M}_1$, und es ist $\underline{M}_0 = \underline{I}$.

Es gelten die Gleichungen von Markov (= Gleichungen von Chapman-Kolmogorov):

$$p_{ij}^{(n)} = \sum_{\nu=1}^{N} p_{i\nu}^{(m)} \, p_{\nu j}^{(n-m)} \qquad (i,j \in \{1,\ldots,N\};\ m,n \in \mathbb{N}_0;\ m \leq n).$$

Dies ist gleichbedeutend mit $\underline{M}_n = \underline{M}_m \, \underline{M}_{n-m}$.

Folgerung: $\underline{M}_n = \underline{M}^n$ für alle $n \in \mathbb{N}_0$.

3.2.3. Zustandsvektoren

Def.: Die Wahrscheinlichkeiten $P(A_j^{(0)}) =: w_j^{(0)}$ ($j=1,\ldots,N$) faßt man zusammen zu dem Startvektor (Anlaufvektor)

$\underline{w}^{(0)} := (w_1^{(0)}, w_2^{(0)}, \ldots, w_N^{(0)})$;

die Wahrscheinlichkeiten $P(A_j^{(t)}) =: w_j^{(t)}$ ($j=1,\ldots,N$; $t \in \mathbb{N}$ faßt man zusammen zu dem Zustandsvektor

$\underline{w}^{(t)} := (w_1^{(t)}, w_2^{(t)}, \ldots, w_N^{(t)})$.

Dieser beschreibt den Zustand des Systems zur Zeit t. Die Komponenten von $\underline{w}^{(t)}$ geben also für jedes t die Wahrschein lichkeitsverteilung der Zustände des Systems.

Es gilt offenbar $w_j^{(t)} \geq 0$ und $\sum_{j=1}^{N} w_j^{(t)} = 1$ für alle $t \in \mathbb{N}$

Es gilt weiter

$\underline{w}^{(1)} = \underline{w}^{(0)}\underline{M}$; allgemein $\underline{w}^{(t)} = \underline{w}^{(t-1)}\underline{M}$; ferner

$\underline{w}^{(t)} = \underline{w}^{(0)}\underline{M}_t = \underline{w}^{(0)}\underline{M}^t \quad (t \in \mathbb{N}_0)$.

Mit den Elementen der Zustandsvektoren ausgeschrieben bedeutet die letzte Gleichung

$w_j^{(t)} = \sum_{i=1}^{N} w_i^{(0)} \, p_{ij}^{(t)}$ ($p_{ij}^{(t)}$ t-stufige Übergangswahrscheinlichkeiten; $j=1,\dots,N$).

<u>Def.</u>: Eine Markov-Kette, für welche die Zustandsvektoren $\underline{w}^{(t)} = (w_1^{(t)}, \dots, w_N^{(t)})$ bei einem geeigneten Startvektor $\underline{w}^{(0)} = (w_1^{(0)}, \dots, w_N^{(0)})$ die Eigenschaft

$w_j^{(t)} = w_j^{(t^*)} =: w_j$ für alle $t \in \mathbb{N}_0$; $t \geq t^*$ und alle $j=1,\dots,N$

erfüllen, heißt <u>stationär</u>.

Der Vektor $\underline{w} := (w_1,\dots,w_N)$ heißt <u>Zustands-Fixvektor</u>; $\underline{w}$ gibt eine für $\underline{M}$ <u>stationäre Verteilung</u>.

Offenbar gilt $w_j \geq 0$ und $\sum_{j=1}^{N} w_j = 1$ sowie

$\underline{w} = \underline{w}\,\underline{M}$.

<u>3.2.4. Stochastische Matrizen</u>

<u>Def.</u>: Eine (n,n)-Matrix $\underline{A} = (a_{ij})$ heißt <u>stochastische Matrix</u>, wenn

(1) $a_{ij} \geq 0$ für alle $1 \leq i,j \leq n$;

(2) $\sum_{j=1}^{n} a_{ij} = 1$ für alle i=1,...,n (d.h. Zeilensummen = 1

Übergangsmatrizen sind stochastische Matrizen.

Es gilt:

Das Produkt zweier stochastischer (n,n)-Matrizen ist wiede eine stochastische Matrix. (Falls die Inverse einer stocha stischen Matrix existiert, braucht diese keine stochastisc Matrix zu sein.)

Der Grenzwert einer Folge stochastischer Matrizen ist, fal er existiert, wieder eine stochastische Matrix.

Stochastische Matrizen haben immer den Eigenwert 1; für al Eigenwerte λ einer stochastischen Matrix gilt $|\lambda| \leq 1$ [1].

<u>Def.</u>: Eine stochastische (n,n)-Matrix $\underline{A} = (a_{ij})$ heißt <u>doppelt-stochastisch</u> [2], wenn gilt

$\sum_{i=1}^{n} a_{ij} = 1$ für alle j=1,...,n (Spaltensummen = 1).

Es gilt:

Das Produkt zweier doppelt-stochastischer (n,n)-Matrizen ist wieder eine doppelt-stochastische Matrix. (Falls die Inverse einer doppelt-stochastischen Matrix existiert, braucht diese keine doppelt-stochastische Matrix zu sein.)

1) Ein Eigenvektor zum Eigenwert 1 der Matrix $\underline{A}$ ist also ein Fixvektor $\underline{w}$.

2) Bistochastisch.

Def.: Ein Vektor $\underline{w} = (w_1,\dots,w_n)$ heißt Fixvektor einer (n,n)-Matrix $\underline{A}$, wenn

$$\underline{w} = \underline{w}\,\underline{A}.$$

Diese Gleichung ist äquivalent mit dem homogenen Gleichungssystem $\underline{w}(\underline{A}-\underline{I}) = \underline{o}$ ($\underline{I}$ = Einheitsmatrix) [1].

Für einen Zustands-Fixvektor einer stochastischen (N,N)-Matrix gilt zusätzlich

$$w_j \geq 0 \quad (j=1,\dots,N) \quad \text{und} \quad \sum_{j=1}^{N} w_j = 1.$$

Ist eine (N,N)-Matrix doppelt stochastisch, dann ist $\underline{w} = (w_1,\dots,w_N)$ mit $w_1 = \dots = w_N = \frac{1}{N}$ Zustands-Fixvektor.

Def.: Eine stochastische Matrix $\underline{A}$ heißt potenz-regulär, wenn es ein $t \in \mathbb{N}$ gibt, so daß $\underline{A}^t$ nur positive Elemente enthält.

Wenn für die stochastische Matrix $\underline{A}$ die Matrix $\underline{A}^t$ nur positive Elemente enthält, dann hat auch jedes $\underline{A}^s$ mit $s > t$ nur positive Elemente.

3.2.5. Grenzverteilungen

Def.: Sei $\underline{Z}_1 = (z_{ij}^{(1)}),\dots,\underline{Z}_t = (z_{ij}^{(t)}),\dots$ eine Folge von (m,n)-Matrizen.

Falls die Grenzwerte $\lim_{t\to\infty} z_{ij}^{(t)} =: z_{ij}^{(\infty)}$ für alle $1 \leq i \leq m$, $1 \leq j \leq n$ existieren, heißt die (m,n)-Matrix $\underline{Z} := (z_{ij}^{(\infty)})$ Grenzwert der Matrizenfolge $(\underline{Z}_t)$.

Entsprechend für Folgen von Vektoren.

1) $\underline{w}$ ist also Eigenvektor zum Eigenwert 1 der Matrix $\underline{A}$.

Def.: Strebt bei einer Markov-Kette, ausgehend vom Startve $\underline{w}^{(0)}$, die Folge der Zustandsvektoren $\underline{w}^{(t)} = (w_1^{(t)},\dots,w_N^{(}$ für $t \to \infty$ gegen einen Grenzvektor $\underline{w}^{(\infty)} = (w_1^{(\infty)},\dots,w_N^{(\infty)})$, d.h. existieren Grenzwerte [1]

$$(1)\quad \lim_{t\to\infty} w_i^{(t)} = w_i^{(\infty)} \quad (i=1,\dots,N),$$

dann heißt $\underline{w}^{(\infty)}$ Grenzverteilungsvektor.

Das bedeutet also in Matrizenschreibweise $\underline{w}^{(\infty)} = \lim_{t\to\infty} \underline{w}^{(0)}\underline{M}$

$\underline{w}^{(\infty)} = (w_1^{(\infty)},\dots,w_N^{(\infty)})$ ist Zustands-Fixvektor der Übergan matrix $\underline{M}$.

Def.: Sind die Grenzwerte (1) unabhängig vom Startvektor $\underline{w}$ dann besitzt die Markov-Kette eine ergodische Verteilung, eindeutig bestimmt ist.

Es gilt: Ist $\underline{w}^{(\infty)}$ die ergodische Verteilung einer Markov-Kette mit der Übergangsmatrix $\underline{M} = (p_{ij})$, dann existieren d Grenzwerte $\lim_{n\to\infty} p_{ij}^{(n)}$ $(i,j=1,\dots,N)$, und es ist

$$\lim_{n\to\infty} p_{ij}^{(n)} = w_j^{(\infty)} \quad \text{(unabhängig von i).}$$

Beispiel: Für N = 2 gilt mit der Übergangsmatrix $\underline{M} = (\begin{smallmatrix} a & 1 \\ b & 1 \end{smallmatrix}$

$(0 < a,b < 1)$ für die Zustandsvektoren $\underline{w}^{(t)} = (w_1^{(t)},w_2^{(t)})$

$\lim_{t\to\infty} w_1^{(t)} = w_1^{(\infty)} = \frac{b}{1+b-a}$ und $\lim_{t\to\infty} w_2^{(t)} = \frac{1-a}{1+b-a}$ (unabhängig v

$\underline{w}^{(0)}$); die Markov-Kette besitzt also eine ergodische Verte

---

1) Die natürlich von $\underline{w}^{(0)}$ abhängen können.

Def.: Existieren die Grenzwerte

$$\lim_{n\to\infty} p_{ij}^{(n)} =: p_{ij}^{(\infty)} \quad (i,j=1,\ldots,N)$$

der Übergangswahrscheinlichkeiten, so heißen diese Grenzwahrscheinlichkeiten.

Die (N,N)-Matrix der Grenzwahrscheinlichkeiten ist $\underline{M}_\infty := (p_{ij}^{(\infty)})$.

Man schreibt auch $\underline{M}_\infty = \lim_{n\to\infty} \underline{M}_n$.

Es gilt der

Ergodensatz: Für die Übergangsmatrix $\underline{M} = (p_{ij})$ gebe es eine Zahl $s \in \mathbb{N}$, so daß in der Matrix $\underline{M}^s$ in mindestens einer Spalte kein Element 0 ist.

a) Dann besitzt die zugehörige Markov-Kette eine ergodische Verteilung, d.h. es existieren die Grenzwerte $\lim_{n\to\infty} p_{ij}^{(n)} =: w_j^{(\infty)}$ $(i,j=1,\ldots,N)$ und sind unabhängig von i, d.h. unabhängig vom Ausgangszustand.

b) Der Vektor $\underline{w}^{(\infty)} = (w_1^{(\infty)},\ldots,w_N^{(\infty)})$ ist die eindeutig bestimmte Lösung des homogenen Gleichungssystems $\underline{w} = \underline{w}\,\underline{M}$ ($\Longleftrightarrow$ $\underline{w}(\underline{I}-\underline{M}) = \underline{o}$) mit $w_1^{(\infty)} + \ldots + w_N^{(\infty)} = 1$.

c) Ist $\underline{M}$ doppelt-stochastisch, so liefert $w_1^{(\infty)} = w_2^{(\infty)} = \ldots = w_N^{(\infty)} = \frac{1}{N}$ die ergodische Verteilung.

3.2.6. Rekurrente und transiente Zustände

Def.: Ein Zustand A_i heißt rekurrent, wenn sich das System, ausgehend vom Zustand A_i, mit Wahrscheinlichkeit 1 unendlich oft in diesem Zustand befindet. (D.h. für endliches Z ist $\sum_{n=1}^{\infty} p_{ii}^{(n)} = \infty$.)

Dies bedeutet m.a.W.: Ein Zustand A_i heißt rekurrent, wenn von jedem Zustand A_j, der von A_i aus mit Wahrscheinlichkeit > 0 erreichbar ist, das System mit Wahrscheinlichkeit > 0 nach A_i zurückkehren kann.

<u>Def.</u>: Ein Zustand A_i heißt <u>transient</u> (= nichtrekurrent), wenn sich das System, ausgehend vom Zustand A_i, mit Wahrscheinlichkeit 1 nur endlich oft in diesem Zustand befindet

(D.h. $\sum_{n=1}^{\infty} p_{ii}^{(\infty)} < \infty$.)

Für endliches Z bedeutet dies m. a. W.: Ein Zustand A_i heißt transient, wenn es einen Zustand A_j gibt, der von A_i aus mit Wahrscheinlichkeit > 0 erreicht werden kann, von dem aus das System jedoch nicht mit Wahrscheinlichkeit > 0 in den Zustand A_i zurückkehren kann.

3.2.7. Absorbierende Markov-Ketten

<u>Def.</u>: Ein Zustand A_i einer Markov-Kette heißt <u>absorbierend</u>, wenn die Übergangswahrscheinlichkeit $p_{ii} = P(A_i \to A_i) = 1$ i ($\Longleftrightarrow p_{ij} = 0$ für $i \neq j$).

Ein Zustand A_i heißt <u>reflektierend</u>, wenn $p_{ii} = 0$ ist.

Eine Markov-Kette heißt <u>absorbierend</u>, wenn sie

1) mindestens einen absorbierenden Zustand besitzt und
2) wenn es möglich ist, von jedem nicht-absorbierenden Zustand in endlich vielen Schritten mit Wahrscheinlichkeit > 0 zu einem absorbierenden Zustand zu gelangen [1].

Die N Zustände des Zustandsraums Z seien so numeriert, daß

$A_1, \ldots, A_r$ absorbierende Zustände und

$A_{r+1}, \ldots, A_N$ nicht-absorbierende Zustände sind ($r \geq 1$).

Dann wird die Übergangsmatrix zur geordneten Übergangsmatri

---

1) Die nicht-absorbierenden Zustände werden auch <u>innere Zustände</u> genannt. Ist R die Menge der inneren Zustände, da bezeichnet man die Menge der absorbierenden Zustände, al $Z \setminus R$, auch als Rand von R.

$$\underline{\hat{M}} = \left(\begin{array}{c|c} \underline{I} & \underline{0} \\ \hline \underline{A} & \underline{B} \end{array}\right) \begin{array}{l} \} \text{ r Zeilen} \\ \} \text{ N-r Zeilen} \end{array} \qquad (\underline{I} = (r,r)\text{-Einheitsmatrix})\ ^{1)}.$$

$\underbrace{}_{r}$ $\underbrace{}_{N-r}$
Spalten Spalten

Es gilt für die t-stufigen Übergangsmatrizen $\underline{\hat{M}}_t = \underline{\hat{M}}^t$

$$\underline{\hat{M}}^t = \left(\begin{array}{c|c} \underline{I} & \underline{0} \\ \hline \underline{A}_t & \underline{B}^t \end{array}\right),$$ wobei $\underline{A}_t$ aus den Elementen von $\underline{\hat{M}}$ bestimmt ist.

Man hat nun für absorbierende Markov-Ketten folgende Aussagen:

(1) $\lim\limits_{t\to\infty} \underline{B}^t = \underline{0}$.

Folgerung: Die Zustandswahrscheinlichkeiten $w_i^{(t)}$ streben für $i = r+1,\ldots,N$ gegen 0 für $t \to \infty$; also

$$\lim_{t\to\infty} w_i^{(t)} = 0 \quad \text{für } i = r+1,\ldots,N.$$

D.h. das System gelangt mit Wahrscheinlichkeit 1 von jedem Ausgangszustand in einen absorbierenden Zustand.

(2) $\underline{A}_t = (\underline{I} + \underline{B} + \underline{B}^2 + \ldots + \underline{B}^{t-1})\ \underline{A} = (\sum\limits_{j=0}^{t-1} \underline{B}^j)\ \underline{A}$ (dabei ist $\underline{I}$ die $(N-r,N-r)$-Einheitsmatrix).

Es gilt die allgemeine Aussage (vgl. 5.7.10)

(3) Sei $\underline{Z}$ eine quadratische Matrix mit $\lim\limits_{t\to\infty} \underline{Z}^t = \underline{0}$;

dann existiert $(\underline{I} - \underline{Z})^{-1}$ ($\underline{I}$ Einheitsmatrix) und es ist

$$\sum_{t=0}^{\infty} \underline{Z}^t = \underline{I} + \underline{Z} + \underline{Z}^2 + \ldots + \underline{Z}^t + \ldots = (\underline{I} - \underline{Z})^{-1}.$$

Daraus folgt

1) Für die Blockdarstellung von Matrizen siehe 5.7.9.

(4) Es ist

$$\underline{A}_\infty := \lim_{t\to\infty} \underline{A}_t = (\underline{I} - \underline{B})^{-1}\underline{A}.$$

Hierdurch werden die Wahrscheinlichkeiten gegeben, mit der man auf lange Sicht von nicht-absorbierenden Ausgangszuständen in absorbierende Zustände gelangt.

Der Grenzwert $\lim_{t\to\infty} \hat{\underline{M}}^t =: \hat{\underline{M}}_\infty$ ist somit

$$\hat{\underline{M}}_\infty = \left(\begin{array}{c|c} \underline{I} & \underline{0} \\ \hline \underline{A}_\infty & \underline{0} \end{array}\right) = \left(\begin{array}{c|c} \underline{I} & \underline{0} \\ \hline (\underline{I}-\underline{B})^{-1}\underline{A} & \underline{0} \end{array}\right).$$

Def.: Zur Zeit t = 0 befinde sich das System in dem nicht-absorbierenden Zustand A_i. Dann sei u_{ij} die erwartete Anzahl der Zeitpunkte t, in denen sich das System vor der Absorption in dem nicht-absorbierenden Zustand A_j befindet $(i,j = r+1,\dots,N)$.

Dann hat man

(5) Für die (N-r,N-r)-Matrix $\underline{U} := (u_{ij})_{i,j=r+1,\dots,N}$ gilt $\underline{U} = (\underline{I} - \underline{B})^{-1}$ (dabei ist $\underline{I}$ die (N-r,N-r)-Einheitsmatrix).

Weiter liefert die Summe $\sum_{j=r+1}^{N} u_{ij}$ die erwartete mittlere Anzahl von Schritten, bis das System ausgehend vom Zustand A_i zur Zeit t = 0 in einen absorbierenden Zustand gelangt.

3.2.8. Beschreibung einer Markov-Kette als stochastischer Prozeß

Sei $X_0, X_1, \dots, X_t, \dots = (X_t)_{t=0,1,2,\dots}$ eine Folge von diskreten Zufallsvariablen, die alle über dem Wahrscheinlichkeitsraum $[\Omega, \mathfrak{A}, P]$ definiert sind. Jede dieser Zufallsvariablen X_t habe die Realisationen $x_1, x_2, \ldots, x_j, \ldots$ Die Werte x_j $(j=1,2,\ldots)$ entsprechen den Zuständen A_j des Systems, also der Zustandsraum ist $Z = \{x_1, \ldots, x_j, \ldots\}$ [1]. Oft wird einfach $Z = \{1,2,\ldots,j,\ldots\}$ geschrieben.

Wir haben somit einen stochastischen Prozeß $(X(t) \mid t \in T)$ mit der Indexmenge $T = \mathbb{N}_0$.

Die Markov-Bedingung lautet nun

$$P(X_{t+1} = x_j \mid X_t = x_i) =$$

$$= P(X_{t+1} = x_j \mid X_t = x_i;\ X_{t-1} = x_\alpha;\ X_{t-2} = x_\beta; \ldots;\ X_0 = x_\nu)$$

für alle $t \in \mathbb{N}_0$ und alle $i,j,\alpha,\beta,\ldots,\nu \in Z$.

<u>Def.</u>: Die Wahrscheinlichkeiten

$P(X_{t+1} = x_j \mid X_t = x_i)$ $(t \in \mathbb{N}_0;\ i,j \in Z)$ heißen (einstufige) <u>Übergangswahrscheinlichkeiten</u>.

<u>Def.</u>: Die Folge $(X_t)_{t=0,1,2,\ldots}$ von Zufallsvariablen mit dem Zustandsraum Z zusammen mit den Übergangswahrscheinlichkeiten, welche die Markov-Bedingung erfüllen, heißt eine <u>Markov-Kette</u>.

<u>Def.</u>: Wenn $P(X_{t+1} = x_j \mid X_t = x_i) = P(X_1 = x_j \mid X_0 = x_i)$ gilt für alle $t \in \mathbb{N}$ und alle $i,j \in Z$, dann heißt die Markov-Kette <u>homogen</u>. Man schreibt dann kurz $P(X_1 = x_j \mid X_0 = x_i) = p_{ij}$.

Bei homogenen Markov-Ketten sind

$$p_{ij}^{(n)} = P(X_n = x_j \mid X_0 = x_i)$$

die <u>n-stufigen Übergangswahrscheinlichkeiten</u> $(n \in \mathbb{N}_0; i,j \in Z)$.

1) Z kann endlich oder abzählbar unendlich sein.

Es gilt $P(X_{t+n} = x_j | X_t = x_i) = p_{ij}^{(n)}$ für alle $t \in \mathbb{N}_0$.

Ist der Zustandsraum Z eine endliche Menge, so liegt eine endliche Markov-Kette vor.

3.2.9. Bewertete Markov-Ketten

Def.: Wird jeder Übergang des Systems aus einem Zustand A_i in einen Zustand A_j $(i,j=1,\ldots,N)$ mit einer Bewertung $r_{ij} \in \mathbb{R}$ versehen, so faßt man die Zahlen r_{ij} zu der Bewertungsmatrix

$$\underline{R} := (r_{ij})_{i,j=1,\ldots,N}$$

zusammen [1].

Def.: Sei $P(A_i^{(0)}) = 1$; also das System ist zur Zeit $t = 0$ im Zustand A_i. Dann bezeichne $v_{i,\underline{R}}(t)$ den erwarteten Erlös, wenn das System mit der Bewertungsmatrix $\underline{R}$ den Zeitpunkt t erreicht.

Dann gilt

$$(1) \quad v_{i,\underline{R}}(t) = \sum_{j=1}^{N} p_{ij}(r_{ij} + v_{j,\underline{R}}(t-1)) \quad (t \in \mathbb{N}).$$

Def.: Die Summe $q_{i,\underline{R}} := \sum_{j=1}^{N} p_{ij} r_{ij}$ heißt unmittelbarer Erlös für den Zustand A_i $(i=1,\ldots,N)$.

Damit wird (1) zu

$$v_{i,\underline{R}}(t) = q_{i,\underline{R}} + \sum_{j=1}^{N} p_{ij} v_{j,\underline{R}}(t-1).$$

1) Die Bewertungen r_{ij} können als Erlöse bzw., wenn sie negativ sind, als Kosten interpretiert werden.

3.3. Grundbegriffe der Theorie der Warteschlangen

Die Theorie der Warteschlangen befaßt sich mit Phänomenen, die auftreten, wenn an einer Bedienungsstation (Service-Station) mit einer oder mehreren parallel arbeitenden Bedienungsstellen (Schaltern, Bedienungskanälen) eintreffende Forderungen (Kunden, Aufträge) bedient werden sollen.

Warteschlangen entstehen, wenn Forderungen an einer Bedienungsstation eintreffen und alle Bedienungsstellen besetzt sind. Je nachdem, welches Schicksal Forderungen haben, die bei ihrem Eintreffen an einer Bedienungsstation alle Bedienungsstellen besetzt (d.h. in Arbeit) vorfinden, unterscheidet man folgende Typen:

a) Verlustsysteme: Forderungen, die bei ihrem Eintreffen keine freie Bedienungsstelle vorfinden, gehen verloren.

b) Reine Wartesysteme: Es sind Wartemöglichkeiten für beliebig viele Forderungen, die nicht sofort bedient werden können, vorhanden; diese bilden eine Warteschlange, und es wird eine Abfertigungsregel (= Warteschlangendisziplin) festgelegt, die bestimmt, in welcher Reihenfolge die wartenden Forderungen aus der Warteschlange zur Bedienung ausgewählt werden.

Wichtige Abfertigungsregeln sind:

FIFO (first in - first out): die Forderungen werden in der Reihenfolge ihres Eintreffens bedient;

LIFO(last in - first out): jeweils die zuletzt eingetroffene Forderung wird zuerst bedient;

SIRO (service in random order; oder: selection in random order): Auswahl der nächsten zu bedienenden Forderung aus der Warteschlange "auf gut Glück" [1];

SO (<u>s</u>hortest <u>o</u>peration) = KOZ (<u>k</u>ürzeste <u>O</u>perations-<u>Z</u>eit):
nach der kürzesten Bearbeitungszeit;

LO (<u>l</u>ongest <u>o</u>peration): nach der längsten Bearbeitungszeit

c) Kombinierte Warte-Verlust-Systeme: Es können nur endlich viele Forderungen warten, deren maximale Anzahl d (d $\in \mathbb{N}_o$) durch die Anzahl von Warteplätzen bestimmt ist; weitere eintreffende und nicht sofort bedienbare Forderungen gehen verloren. Das kann auch dann eintreten, wenn die Warte- oder Verweilzeit einer Forderung eine bestimmte Schranke nicht überschreiten darf.

d) Prioritätssysteme: Die eintreffenden Forderungen besitzen unterschiedliche Dringlichkeiten. Findet eine eintreffende Forderung höherer Dringlichkeit sämtliche Bedienungsstellen besetzt vor, so besitzt sie Priorität und nimmt einen vorderen Platz in der Warteschlange ein oder kann sogar die Bedienung von Forderungen geringerer Dringlichkeit zeitweilig unterbrechen bzw. abbrechen. Diese verschiedenen Möglichkeiten werden durch die Prioritätsregel festgelegt.

Man unterscheidet zwei grundlegende Prioritätsregeln:

(i) absolute (= unterbrechende) Priorität (preemptive discipline), bei der eine Unterbrechung der Bedienung einer Forderung niederer Priorität erfolgt. Dabei treten die Fälle

absolute Priorität mit Verlust (preemptive loss discipline),

---

[1] Für alle zu bedienenden Forderungen ist die Auswahlwahrscheinlichkeit gleich groß.
Manchmal auch IRO (<u>i</u>n <u>r</u>andom <u>o</u>rder).

absolute Priorität mit Fortsetzung (preemptive resume discipline) und

absolute Priorität mit Neubeginn (preemptive repeat different discipline) auf;

(ii) relative Priorität (head of the line priority discipline), bei der keine Unterbrechungen von Bedienungen stattfinden, sondern jeweils die Forderung höherer Priorität den ersten Platz in der Warteschlange einnimmt.

Folgende Merkmale spielen für die Entstehung einer Warteschlange, deren Länge und die Wartezeiten der Forderungen eine wichtige Rolle:

1) der Ankunftsprozeß A der Forderungen, d.h. insbesondere die Wahrscheinlichkeitsverteilung der Ankunftszeiten der eintreffenden Forderungen;

2) der Bedienungsprozeß B, insbesondere die Wahrscheinlichkeitsverteilung der Bedienungszeiten;

3) die Anzahl n der Bedienungsstellen im System;

4) die maximal zulässige Zahl d an wartenden Forderungen, d.h. die maximal zulässige Länge d der Warteschlange; ($d = 0$ charakterisiert ein Verlustsystem, $d = \infty$ ein reines Wartesystem mit unendlich vielen Warteplätzen);

5) die Abfertigungsregel (auch Warteschlangendisziplin genannt).

Meistens wird vorausgesetzt, daß der Bedienungsprozeß vom Ankunftsprozeß der Forderungen unabhängig ist.

Man klassifiziert Warteschlangenprozesse häufig nach den

Merkmalen 1) bis 3) durch die Schreibweise A|B|n, wobei also A den Ankunftsprozeß, B den Bedienungsprozeß und n die Anzahl der Bedienungsstellen bedeutet.

Bisweilen wird die Klassifikation auch auf alle fünf genan ten Merkmale erweitert; man schreibt

A|B|n: (d|e),

wobei d die maximale zulässige Länge der Warteschlange und e die Abfertigungsregel bezeichnen.

Spezialfälle von Ankunftsprozessen A (Bedienungsprozessen

Man schreibt für A (B) speziell

M, wenn die Zeiten zwischen zwei aufeinander folgenden Ankünften (oder die Bedienungszeiten) exponentialverteilt sind;

E_k, wenn die Zeiten zwischen zwei aufeinander folgenden An künften (oder die Bedienungszeiten) Erlang-verteilt si mit dem Parameter k;

D, wenn die Zeiten zwischen zwei aufeinander folgenden Ankünften (oder die Bedienungszeiten) äquidistant sind (deterministisch);

G, wenn die Zeiten zwischen zwei aufeinander folgenden Ankünften (oder die Bedienungszeiten) einer allgemeinen Verteilung genügen (general).

Für viele einfache Warteschlangenprozesse ist das charakteristische Modell

M|M|1: (∞|FIFO).

4. Induktive Statistik

4.1. Allgemeine Bemerkungen

Grundlage der induktiven Statistik ist die Wahrscheinlichkeitsrechnung. Während in der Wahrscheinlichkeitsrechnung die beteiligten Wahrscheinlichkeiten und (Wahrscheinlichkeits-) Verteilungen bekannt sind (oder zumindest nicht als unbekannt angenommen werden), ist es eine Aufgabe der induktiven Statistik, unbekannte Wahrscheinlichkeiten und unbekannte Verteilungen zu erkennen. Weiterhin sind Entscheidungen in Situationen zu fällen, in denen die zugrunde liegende Verteilung unbekannt ist. Dabei stützen sich diese Entscheidungen auf Beobachtungen, die von den unbekannten Wahrscheinlichkeiten bzw. den unbekannten Verteilungen beeinflußt werden. Bei Anwendungen liegt eine Menge von Untersuchungseinheiten (Grundgesamtheit) vor und bestimmte Aspekte der Verteilung von Merkmalen in der Grundgesamtheit sind von Interesse.

4.1.1. Das klassische Modell und Bezeichnungen

Es liegt ein Wahrscheinlichkeitsraum $[\Omega, \mathfrak{A}, P]$ zugrunde. Beobachtbar ist eine Zufallsvariable $X\colon \Omega \to \mathfrak{X}$ (bzw. ein Zufallsvektor $\underline{X}\colon \Omega \to \mathfrak{X}$). $\mathfrak{X}$ heißt Beobachtungsraum ($\mathfrak{X} \subseteq \mathbb{R}$ bzw. $\mathfrak{X} \subseteq \mathbb{R}^n$). Die wirkliche Verteilung P^X von X ist unbekannt; bekannt ist nur, daß P^X einer Menge $\mathfrak{P}$ von möglichen Verteilungen angehört. Ω, $\mathfrak{A}$ und P bleiben dabei meist unspezifiziert. Von Interesse ist meist nur die wirkliche Verteilung P^X von X, d.h. Wahrscheinlichkeiten der Art $P^X(B) = P(X \in B)$ $(B \subseteq \mathfrak{X})$ [1]. (Entsprechend für $P^{\underline{X}}$ statt P^X).

Wenn $\mathfrak{X} \subseteq \mathbb{R}$, schreiben wir $x = X(\omega) \in \mathfrak{X}$ für die Realisation

1) Fußnote nächste Seite.

von X. Für $\mathcal{X} \subseteq \mathbb{R}^n$ gilt $\underline{X} = (X_1,\dots,X_n)$ mit Zufallsvariablen $X_i: \Omega \to \mathbb{R}$. Für die Realisationen von $\underline{X}$ schreiben wir

$$\underline{x} = (x_1,\dots,x_n) := \underline{X}(\omega) = (X_1(\omega),\dots,X_n(\omega)) \in \mathcal{X} \subseteq \mathbb{R}^n.$$

Die induktive Statistik läßt sich in einen <u>parametrischen</u> u einen <u>nichtparametrischen</u> Teil untergliedern. Parametrisch (im Unterschied zu nichtparametrisch) heißt dabei, daß die Menge $\mathcal{P}$ der möglichen Verteilungen von X eineindeutig param trisiert ist, also $\mathcal{P} = \{P_\theta^X | \theta \in \Theta\}$; dabei ist θ der Paramete ($\theta \in \mathbb{R}$ bzw. $\theta \in \mathbb{R}^2 \dots$) und Θ, der <u>Parameterraum</u>, ist die Menge der möglichen Parameter. Die zu P_θ^X gehörige Wahrscheinlichkeitsfunktion bzw. Dichte wird mit f_θ^X bezeichnet; f_θ^X ist di Wahrscheinlichkeitsfunktion bzw. Dichte (der Verteilung) vo X unter θ. Die Suche nach der wirklichen Verteilung $P^X \in \mathcal{P}$ heißt nun speziell die Suche nach dem wirklichen Parameter

Entsprechend hat man $f_\theta^{\underline{X}}$ statt f_θ^X für $\underline{X}$ statt X; dabei ist f die gemeinsame Wahrscheinlichkeitsfunktion bzw. Dichte von (vgl. 2.3.1). Für f_θ^X bzw. $f_\theta^{\underline{X}}$ wird kurz f_θ geschrieben.

In der Schreibweise beschränken wir uns weiterhin meist auf den Fall $\mathcal{X} \subseteq \mathbb{R}$; der Fall $\mathcal{X} \subseteq \mathbb{R}^n$ verläuft analog.

<u>4.1.2. Das Bayessche Modell</u>

Besonders in der parametrischen Statistik, die im folgenden im Vordergrund stehen wird, ist als weiteres Modell das Bayessche Modell von Bedeutung:

---

1) Fußnote von vorangehender Seite:
Genauer: Es existiert eine σ-Algebra $\tilde{\mathcal{X}}$ über $\mathcal{X}$, so daß $\{\omega \in \Omega | X(\omega) \in B\} \in \mathfrak{A}$ für alle $B \in \mathcal{X}$. Meist gilt mit $\mathcal{X} = \mathbb{R}$ ($\mathbb{R}^n$) auch $\tilde{\mathcal{X}} = \mathcal{B}$ ($\mathcal{B}^n$) σ-Algebra der Borel-Mengen über $\mathbb{R}$ ($\mathbb{R}^n$). Siehe auch 2.2.1 und 2.3.1. Damit wird $[\mathcal{X},\tilde{\mathcal{X}},P^X]$ zum Wahrscheinlichkeitsraum. Meist $[\mathcal{X},\tilde{\mathcal{X}},P^X] = [\mathbb{R},\mathcal{B},P^X]$ oder $[\mathcal{X},\tilde{\mathcal{X}},P^{\underline{X}}] = [\mathbb{R}^n,\mathcal{B}^n,P^{\underline{X}}]$.

Es liegt ein Wahrscheinlichkeitsraum $[\Omega, \mathfrak{A}, P]$ zugrunde. Beobachtbar ist wieder - wie oben - die Zufallsvariable $X: \Omega \to \mathfrak{X}$.

Zusätzlich hat man eine Zufallsvariable $\Pi: \Omega \to \Theta$ (Θ Parameterraum), die allerdings nicht zu beobachten ist. Bekannt ist die (Rand-)Verteilung der Zufallsvariablen Π (a priori-Verteilung) (d.h. $P(\Pi \in C)$ für sinnvolle $C \subseteq \Theta$) sowie die bedingte Verteilung von X gegeben $\Pi = \theta$ (d.h. die Wahrscheinlichkeiten $P(X \in B|\Pi = \theta)$ für sinnvolle $B \subseteq \mathfrak{X}$) für alle $\theta \in \Theta$. Damit ist auch die gemeinsame Verteilung von X und Π (d.h. die Wahrscheinlichkeiten $P((X,\Pi) \in D)$ für sinnvolle $D \subseteq \mathfrak{X} \times \Theta$) sowie die bedingte Verteilung von Π gegeben $X = x$ (d.h. die Wahrscheinlichkeiten $P(\Pi \in C|X = x)$ für sinnvolle $C \subseteq \Theta$) für alle $x \in \mathfrak{X}$ gegeben.

Unbekannt ist wieder der wirkliche Parameter $\theta \in \Theta$, d.h. die Realisation der unbeobachtbaren Zufallsvariablen Π.

Für $P(X \in B|\Pi = \theta)$ schreibt man auch $P_\theta(X \in B)$.

$P(X \in B|\Pi = \theta) = P_\theta(X \in B)$ kann sowohl im klassischen Modell als Wahrscheinlichkeit, daß X nach B fällt unter dem Parameter θ als auch im Bayesschen Modell als bedingte Wahrscheinlichkeit gedeutet werden. Damit ergibt sich ein Übergang zwischen den Interpretationen in beiden Modellen. Das klassische Modell bedeutet die bedingte Situation des Bayesschen Modells. Im Bayesschen Modell wird die zugrunde liegende Wahrscheinlichkeit P als in allen Aspekten bekannt angesehen, fraglich ist nur die unbeobachtbare Realisation θ von Π. Im klassischen Modell ist P nicht (vollständig) bekannt; $P(X \in B)$ ist i.a. unbekannt.

Diverse Erweiterungen dieser beiden Modelle sind in Spezialgebieten wie z.B. der sequentiellen Statistik nötig.

4.1.3. Entscheidung, Verlust und Risiko

Eine Antwort auf eine statistische Fragestellung bezeichnet man allgemein als Aktion oder Entscheidung e. Beispiele sind Ergebnisse von Tests oder Schätzungen. Die Menge der Entscheidungen, die bei einem Problem möglich sind, wird als Entscheidungsraum $\mathcal{E}$ bezeichnet. Zur Beurteilung der "Güte" einer Entscheidung benutzt man eine Verlustfunktion $L: \Theta \times \mathcal{E} \rightarrow \mathbb{R}$, d.h. jedem Paar (θ, e) von Parameter und Entscheidung wird eine reelle Zahl, der bei diesem Paar auftretende Verlust, zugeordnet [1].

Entscheidungen werden in der Regel in Abhängigkeit von Beobachtungen x bzw. $\underline{x}$ (Realisationen von X bzw. $\underline{X}$) getroffen Eine Funktion $\delta: \mathcal{X} \rightarrow \mathcal{E}$ heißt (nichtrandomisierte) Entscheidungsfunktion (Entscheidungsregel oder kurz Regel). Eine Entscheidungsregel ist eine Regel, die angibt, unter welchen Beobachtungen man eine gewisse der möglichen Entscheidungen zu treffen hat. Beispiele sind Tests und Schätzer. Die Menge der Entscheidungsregeln, die bei einem Problem möglich sind, wird mit D bezeichnet. Die Güte einer Entscheidungsregel δ läßt sich bei gegebener Verlustfunktion L mit Hilfe der Risikofunktion $R(., \delta): \Theta \rightarrow \mathbb{R}$, definiert durch $R(\theta, \delta) = E_\theta[L(\theta, \delta(X))]$, beschreiben, d. h. jedem Parameter wird das bei diesem Parameter auftretende Risiko (der erwartete Verlust) zugeordnet [2].

1) Die Verlustfunktion L bewertet also zahlenmäßig die Folgen (Konsequenzen) einer Entscheidung. Negative Werte von L sind als Gewinn zu deuten. Oft wird statt einer Verlustfunktion L eine Gewinnfunktion G (auch Auszahlungsfunktion, z.B. Spieltheorie) angenommen. Mittels L = -G ist stets ein Übergang von der einen zur anderen Sichtweise möglich. Die Funktion L soll meßbar sein. Da der wahre Parameter unbekannt ist, ist i.a. auch der bei einer Entscheidung wirklich auftretende Verlust unbekannt

2) Die Schreibseise E_θ soll hervorheben, daß der Erwartungswert unter dem Parameter θ gebildet wird; d.h. ist f_θ die

Fortsetzung siehe nächste Seite

an wird z.B. eine Entscheidungsregel δ_1, die bei allen mög-
ichen Parametern ein höheres Risiko hat als eine Entschei-
ungsregel δ_2, verwerfen.

<u>ef.</u>: a) Zwei Entscheidungsregeln δ_1, δ_2 heißen <u>R-äquivalent</u>, alls $R(\theta,\delta_1) = R(\theta,\delta_2)$ für alle $\theta \in \Theta$.

) Eine Entscheidungsregel δ_1 heißt <u>R-besser als</u> eine Regel $_2$, falls δ_1 und δ_2 nicht R-äquivalent sind und $R(\theta,\delta_1) \leq R(\theta,\delta_2)$ für alle $\theta \in \Theta$.

) Eine Entscheidungsregel heißt <u>unzulässig</u>, falls es eine -bessere Regel gibt; andernfalls zulässig.

) Sei D' eine Menge von Entscheidungsregeln. $\delta \in D'$ heißt <u>leichmäßig beste</u> Regel aus D', falls δ R-besser als oder -äquivalent zu jeder anderen Regel aus D' ist.

n der Menge D gibt es i.a. keine gleichmäßig beste Regel. ine Möglichkeit, sich trotzdem mittels Betrachtung von Ri- ikofunktionen für eine Regel zu entscheiden, besteht darin, ie Menge D von Regeln einzuschränken auf eine Teilmenge $' \subseteq D$ und eine gleichmäßig beste Regel in D' zu suchen. Vgl. entsprechende Bemerkungen bei UMVU-Schätzern bzw. ests auf Niveau α).

---

ortsetzung der Fußnote von vorhergehender Seite:

Wahrscheinlichkeitsfunktion bzw. Dichte der Verteilung P_θ^X von X unter θ, so ist $E_\theta[X] = \sum_j x_j f_\theta(x_j)$ im diskreten Fall und $E_\theta[X] = \int_{-\infty}^{+\infty} x f_\theta(x)dx$ im stetigen Fall; analog ist $E_\theta[\varphi(X)]$ und $E_\theta[\varphi(\underline{X})]$ ($\underline{X} = (X_1,\dots,X_n)$) zu verstehen.

$L(\theta, \delta(X))$ ist eine (für meßbare δ meßbare) Funktion von X und somit eine Zufallsvariable. Für $\delta(X)$ schreiben wir, wenn keine Mißverständnisse möglich sind, auch einfach δ. Wieder ist das bei Anwendung einer Entscheidungsregel auftretende Risiko unbekannt, da der wahre Parameter unbekannt ist.

R kann man als den durchschnittlichen Verlust bei Anwendung der Entscheidungsregel δ auffassen.

Andere Möglichkeiten sind das Minimax-Prinzip und das Bayes-Prinzip.

<u>Def.</u>: δ heißt <u>Minimax-Regel</u>, falls

$$\sup_{\theta\in\Theta} R(\theta,\delta) = \min_{\delta'\in D} \sup_{\theta\in\Theta} R(\theta,\delta');$$

δ heißt <u>Bayes-Regel</u>, falls

$$E[R(\Pi,\delta)] = \min_{\delta'\in D} E[R(\Pi,\delta')]$$ [1].

4.1.4. Grundlagen der nichtparametrischen Statistik

In der nichtparametrischen Statistik wird keine (eineindeutige) Parametrisierung der möglichen Verteilungen der Beobachtung vorausgesetzt. In der parametrischen Statistik besteht die Menge der möglichen Verteilungen einer (reellwertigen) Beobachtung z.B. aus allen Normalverteilungen (mit Parameterpaar $(\mu;\sigma^2) \in \mathbb{R} \times \mathbb{R}^+ = \Theta$). In der nichtparametrischen Statistik ist diese Menge in der Regel "größer" und besteht z.B. aus allen Verteilungen mit stetiger Verteilungsfunktion $F: \mathbb{R} \to [0,1]$.

Sei $F: \mathbb{R} \to [0,1]$ eine Verteilungsfunktion. Dann sei $F^{-1}:]0,1[\to \mathbb{R}$ definiert durch $F^{-1}(y) = \inf\{x \in \mathbb{R} | y \leq F(x)\}$. Wir schreiben $X \sim F$, falls die Zufallsvariable $X: \Omega \to \mathbb{R}$ die Verteilungsfunktion F hat.

Es gilt

a) $y \leq F(F^{-1}(y))$ und $y = F(F^{-1}(y))$ für F stetig;

1) $R(\Pi,\delta)$ ist eine (meßbare) Funktion von Π und somit eine Zufallsvariable; vgl. 4.1.2.

b) Y gleichverteilt über $[0,1]$ $\Longrightarrow$ $F^{-1}(Y) \sim F$;

c) $X \sim F$ $\Longrightarrow$ $F(X)$ gleichverteilt über $[0,1]$ für F stetig.

Sei $\underline{x} = (x_1,\dots,x_n) \in \mathbb{R}^n$. Dann heißt

a) $\underline{R}(\underline{x}) = (R_1(\underline{x}),\dots,R_n(\underline{x}))$ mit

$R_i(\underline{x}) = |\{j \in \{1,\dots,n\} | x_j \leq x_i\}|$

der <u>Rangvektor</u> von $\underline{x}$ und $R_i(\underline{x})$ der <u>Rang</u> von x_i $(i=1,\dots,n)$;

b) $(x_{(1)},\dots,x_{(n)})$ der <u>Vektor der geordneten Werte</u> von $\underline{x}$, wenn $(x_{(1)},\dots,x_{(n)})$ eine Umordnung (Permutation) von $(x_1,\dots,x_n)$ ist, so daß $x_{(1)} \leq \dots \leq x_{(n)}$ gilt.

Für $\underline{x} \in \mathbb{R}^n$ gilt $x_i = x_{(R_i(\underline{x}))}$ $(i=1,\dots,n)$, d.h. $\underline{x}$ ist aus $\underline{R}(\underline{x})$ und $(x_{(1)},\dots,x_{(n)})$ rekonstruierbar.

Weiter legen wir für $\underline{x} \in \mathbb{R}^n$ fest:

a) $\mathbb{R}^n_*: = \{\underline{x} \in \mathbb{R}^n | x_i \neq x_j \text{ für } i \neq j\}$;

b) $\mathcal{R}_n: = \{\underline{r} = (r_1,\dots,r_n) | \{r_1,\dots,r_n\} = \{1,\dots,n\}\}$;

c) $G_n: = \{\underline{x} \in \mathbb{R}^n | x_1 < \dots < x_n\} = \{\underline{x} \in \mathbb{R}^n_* | x_i = x_{[i]};\ i=1,\dots,n\}$.

Nun kann $\underline{x} = (x_1,\dots,x_n)$ als Realisation einer Zufallsvariablen $\underline{X} = (X_1,\dots,X_n)$ aufgefaßt werden [1]. Damit hat man dann auch $\underline{R}(\underline{X}) = (R_1(\underline{X}),\dots,R_n(\underline{X}))$; $(X_{(1)},\dots,X_{(n)})$ usw.

4.1.4.1. Ein-Stichproben-Probleme [2]

$\underline{X} = (X_1,\dots,X_n)$ sei eine einfache Stichprobe. X_i sei Zufalls-

1) Der Beobachtungsraum ist $\mathbb{R}^n$.
2) Für manche Bezeichnungen siehe auch 4.2.1.

variable mit der Verteilungsfunktion F und der Dichte f $(i=1,\ldots,n)$.

$\underline{R}(\underline{X})$ heißt <u>die Rangstatistik</u> und $(X_{(1)},\ldots,X_{(n)})$ <u>die Ordnungsstatistik</u> von $\underline{X}$.

Es gilt:

a) $\underline{R}(\underline{X})$ ist gleichverteilt über $\mathfrak{R}_n$, genauer $P(\underline{R}(\underline{X}) \in \mathfrak{R}_n) = 1$ und $P(\underline{R}(\underline{X}) = \underline{r}) = \frac{1}{n!}$ für $\underline{r} \in \mathfrak{R}_n$.

b) $P((X_{(1)},\ldots,X_{(n)}) \in G_n) = 1$ und $(X_{(1)},\ldots,X_{(n)})$ hat die Dichte $g\colon G_n \to \mathbb{R}_0^+$ mit $g(t_1,\ldots,t_n) = n! \prod_{i=1}^{n} f(t_i)$.

Für die Randverteilungen ergibt sich

a) $P(R_i(\underline{x}) = q) = \frac{1}{n}$ $(q,i=1,\ldots,n)$ und

$P(R_{i_j}(\underline{X}) = q_j, j=1,\ldots,m) = \frac{1}{n(n-1)\ldots(n-m+1)}$ für $i_j \neq i_{j'}$ und $q_j \neq q_{j'}$, falls $j \neq j'$;

b) $X_{(i)}$ hat die Dichte $g_i\colon \mathbb{R} \to \mathbb{R}_0^+$ mit

$$g_i(t) = \frac{n!}{(i-1)!(n-i)!} F(t)^{i-1}(1-F(t))^{n-i} f(t) \quad (i=1,\ldots,n)$$

und

$(X_{(i_1)},\ldots,X_{(i_m)})$ hat die Dichte $g_{i_1,\ldots,i_m}\colon G_m \to \mathbb{R}_0^+$ mit

$$g_{i_1,\ldots,i_m}(t_1,\ldots,t_m) =$$

$$= \frac{n!}{(i_1-1)!(i_2-i_1-1)!\ldots(n-i_m)!} F(t_1)^{i_1-1} [F(t_2)-F(t_1)]^{i_2-i_1-1}$$

$$\ldots[1-F(t_m)]^{n-i_m} \prod_{j=1}^{m} f(t_j).$$

Damit gilt auch $E[R_i(\underline{X})] = \frac{n+1}{2}$, $var[R_i(\underline{X})] = \frac{(n-1)(n+1)}{12}$
und $cov[R_i(\underline{X}), R_j(\underline{X})] = -\frac{n+1}{12}$ $(i \neq j;\ i,j=1,\ldots,n)$.

Seien $Y_1,\ldots,Y_n$ unabhängig und gleichverteilt über $[0,1]$ und $X_1,\ldots,X_n \sim F$, unabhängig. Dann hat $(F(X_{(1)}),\ldots,F(X_{(n)}))$ die gleiche Verteilung wie $(Y_{(1)},\ldots,Y_{(n)})$. Damit gilt insbesondere:

$Y_{(i)}$ und $F(X_{(i)})$ sind betaverteilt mit Parametern i und n-i+1 und $E[Y_{(i)}] = \frac{i}{n+1}$, $var[Y_{(i)}] = \frac{i(n-i+1)}{(n+1)^2(n+2)}$.

Sei $B \in \mathcal{B}$ ($\mathcal{B}$ Borelmengen $\subseteq \mathbb{R}$).

Sei $I_B: \mathbb{R} \to \{0,1\}$ definiert durch

$$I_B(x) = \begin{cases} 0 & x \notin B \\ 1 & x \in B. \end{cases}$$

Dann heißt jede Statistik S, die von der Beobachtung $\underline{x}$ nur über $(I_B(x_1),\ldots,I_B(x_n))$ abhängt, eine <u>Zählstatistik</u>.

Es gilt:

a) $I_B(X_1),\ldots,I_B(X_n) \sim Bi(1,p)$-binomialverteilt unabhängig mit $p = \int_B f(x)dx$.

b) Die Verteilung einer Zählstatistik hängt von der zugrundeliegenden Verteilungsfunktion F nur über p ab.

Beispiel: $B =]0,\infty[$, $S = \sum_{i=1}^{n} I_{]0,\infty[}(X_i)$ heißt <u>Vorzeichen-Statistik</u>.

Es gilt $S \sim Bi(n,p)$-binomialverteilt mit $p = P(X_i > 0)$.

Eine Statistik S, die von der Beobachtung $\underline{x}$ nur über $\underline{R}(\underline{x})$ abhängt, heißt Rangstatistik. Die Verteilung einer Rangstatistik hängt nicht von der zugrundeliegenden Verteilung ab. Rangstatistiken finden vor allem bei Zwei-Stichproben-Problemen Anwendung.

Beispiel: $S = \sum_{i=1}^{n} c_i a(R_i(\underline{X}))$ heißt lineare Rangstatistik, wenn $a(i), c_i \in \mathbb{R}$ $(i=1,\ldots,n)$ und weder alle $a(i)$ noch alle c_i gleich sind. Die $a(i)$ heißen scores, die c_i Regressionskonstanten $(i=1,\ldots,n)$.

Eine Statistik S, die von der Beobachtung $\underline{x}$ nur über $(x_{(1)},\ldots,x_{(n)})$ abhängt, heißt Ordnungsstatistik. $(X_{(1)}\ldots X$ ist suffizient [1] und auch vollständig [1], falls die Menge der möglichen Verteilungsfunktionen alle stetigen Verteilungsfunktionen enthält.

Beispiel: $S = \sum_{i=1}^{n} w_i X_{(i)}$ mit $\sum_{i=1}^{n} w_i = 1$ heißt L-Statistik (Linearkombination von Ordnungsstatistiken).
Etwa $w_1 = \ldots = w_m = w_{n-m+1} = w_{n-m+2} = \ldots = w_n = 0$

und $w_{m+1} = \ldots = w_{n-m} = \frac{1}{n-2m}$ $(m < \frac{n}{2})$.

Sei $I := I_{]0,\infty[}$. Für $\underline{x} \in \mathbb{R}^n$ ist

a) $\underline{R}^+(\underline{x}) = (R_1^+(\underline{x}),\ldots,R_n^+(\underline{x}))$ mit $R_i^+(\underline{x}) = R_i(|x_1|,\ldots,|x_n|)$ der Vektor der absoluten Ränge von $\underline{x}$, $R_i^+(\underline{x})$ der absolut Rang von x_i $(i=1,\ldots,n)$.

b) $\underline{I}\,\underline{R}^+(\underline{x}) = (I(x_1)R_1^+(\underline{x}),\ldots,I(x_n)R_n^+(\underline{x}))$ Vektor der signierten Ränge von $\underline{x}$ (signed ranks).

---

1) Eine analoge nichtparametrische Formulierung für diese Begriffe erhält man aus der in 4.2.3 und 4.3.3, wenn Θ durch $\mathcal{F}$ und θ durch F ersetzt werden, wobei f_F und g_F Wahrscheinlichkeitsfunktionen bzw. Dichten unter $F \in \mathcal{F}$ si

Es gilt:

a) $I(x_i)R_i^+(\underline{x}) = \begin{cases} R_i^+(\underline{x}) & \text{für } x_i > 0 \\ 0 & \text{für } x_i \leq 0. \end{cases}$

b) Falls F Verteilungsfunktion einer um 0 symmetrischen Verteilung (d.h. $P(X \geq x) = P(X \leq -x)$ für alle $x \in \mathbb{R}$) ist, so sind $I(X_1),\ldots,I(X_n)$, $\underline{R}^+(\underline{X})$ unabhängig und $I(X_i) \sim$ $\sim Bi(\frac{1}{2},1)$-binomialverteilt $(i=1,\ldots,n)$, $\underline{R}^+(\underline{x})$ gleichmäßig verteilt auf R_n.

Sei F die Verteilungsfunktion einer um 0 symmetrischen Verteilung. Dann ist die Verteilung einer Statistik S, die von $\underline{x}$ nur über $I(x_1),\ldots,I(x_n)$ und $R^+(\underline{x})$ abhängt, von weiteren Eigenschaften von F unabhängig. Eine Statistik, die von $\underline{x}$ nur über $\underline{I}\ \underline{R}^+(\underline{x})$ abhängt, heißt <u>Signierte-Ränge-Statistik.</u>

Beispiel: $W^+ = \sum_{i=1}^{n} I(x_i)R_i^+(\underline{X})$ - Wilcoxon-Signierte-Ränge-Statistik.

Es gilt (Symmetrie um 0):

$$P(W^+ = k) = \frac{c_n(k)}{2^n} \quad (k=0,1,\ldots,\ \frac{n(n+1)}{2})$$

mit $c_n(k)$ = Anzahl der Teilmengen von $\{1,\ldots,n\}$ mit Summe k;

$$E[W^+] = \frac{n(n+1)}{4};\quad var[W^+] = \frac{n(n+1)(2n+1)}{24}.$$

Sei $\mathcal{F}$ eine Menge von Verteilungsfunktionen und $\gamma: \mathcal{F} \to \mathbb{R}$ eine Funktion, die jeder Verteilungsfunktion aus $\mathcal{F}$ eine reelle Kennzahl (Parameter) zuordnet.

γ heißt unverfälscht schätzbar (u-schätzbar) (vom Grad r für $\mathcal{F}$), falls eine Funktion $h: \mathbb{R}^r \to \mathbb{R}$ existiert mit $E_F[h(X_1,\ldots,X_r)] = \gamma(F)$ für alle $F \in \mathcal{F}$ (und r minimal ist).

Dabei seien $X_1,\dots,X_r \sim F$ unabhängig und der Erwartungswert sei bezüglich der gemeinsamen Verteilung dieser Variablen gebildet. h heißt auch Kern von γ und kann o.B.d.A. als (permutations-) symmetrisch in seinen Argumenten angenommen werden.

Die U-Statistik (für das vom Grad r u-schätzbare $\gamma: \mathcal{F} \to \mathbb{R}$) mit symmetrischem Kern h ist

$$U(X_1,\dots,X_n) = \frac{1}{\binom{n}{r}} \sum_{\{i_1,\dots,i_r\}\subseteq\{1,\dots,n\}} h(X_{i_1},\dots,X_{i_r}).$$

Es gilt:

a) $E_F[U(X_1,\dots,X_n)] = \gamma(F) \quad (F \in \mathcal{F})$ und

b) $\operatorname{var}[U(X_1,\dots,X_n)] = \frac{1}{\binom{n}{r}} \sum_{c=1}^{r} \binom{r}{c}\binom{n-r}{r-c} \xi_c$ mit

$$\xi_c = \operatorname{cov}[h(X_{i_1},\dots,X_{i_r}),\ h(X_{j_1},\dots,X_{j_r})],$$

wobei $\{i_1,\dots,i_r\},\{j_1,\dots,j_r\} \subseteq \{1,\dots,n\}$ mit

$$|\{i_1,\dots,i_r\} \cap \{j_1,\dots,j_r\}| = c.$$

c) Falls $E[h^2(X_1,\dots,X_r)]$ existiert und $\xi_1 > 0$ gilt asymptotisch $\sqrt{n}(U(X_1,\dots,X_n) - \gamma) \sim N(0;r^2\xi_1)$-normalverteilt

Beispiele:

a) $\mathcal{F}$ = Menge aller Verteilungen mit existierendem Erwartungswert γ, d.h. $E_F[X_1] = \gamma(F)$.
Damit $r = 1$, $h(x) = x$ und $U(X_1,\dots,X_n) = \overline{X}$.

b) $\mathcal{F}$ = Menge aller Verteilungen mit existierender Varianz γ, d.h. $E_F[X_1^2 - X_1X_2] = \gamma(F)$. Also $r = 2$ ($r = 1$ auszuschliessen), $h(x_1,x_2) = \frac{1}{2}(x_1-x_2)^2$ und $U(X_1,\ldots,X_n) =$

$$= \frac{1}{n-1} \sum_{i=1}^{n} (X_i-\overline{X})^2 = S^2.$$

c) Es gilt $W^+ = n\, U_1(X_1,\ldots,X_n) + \binom{n}{2}\, U_2(X_1,\ldots,X_n)$,

wenn U_1 die U-Statistik für $\gamma_1(F) = P_F(X_1 > 0)$

und U_2 die U-Statistik für $\gamma_2(F) = P_F(X_1+X_2 > 0)$ ist.

Es gilt asymptotisch für Symmetrie der Verteilung um 0:

$\frac{W^+ - E[W^+]}{\sqrt{\mathrm{var}\,[W^+]}} \sim N(0,1)$-normalverteilt wegen der asymptotischen Normalität von U-Statistiken.

4.1.4.2. Zwei-Stichproben-Probleme

$\underline{X} = (X_1,\ldots,X_n)$ bzw. $\underline{Y} = (Y_1,\ldots,Y_m)$ seien unabhängige einfache Stichproben aus Verteilungen mit Verteilungsfunktionen F bzw. G.

Sei $\underline{Z} = (X_1,\ldots,X_n, Y_1,\ldots,Y_m)$. Dann ist

$$\underline{R}(\underline{Z}) = (R_{X_1}(\underline{Z}),\ldots,R_{X_n}(\underline{Z}), R_{Y_1}(\underline{Z}),\ldots,R_{Y_m}(\underline{Z})) =$$
$$= (R_1(\underline{Z}),\ldots,R_n(\underline{Z}), R_{n+1}(\underline{Z}),\ldots,R_{n+m}(\underline{Z})).$$

Passende lineare Rangstatistiken für Zwei-Stichproben-Probleme sind solche mit den Zwei-Stichproben-Regressionskonstanten

$$c_i = \begin{cases} 0 & i=1,\ldots,n \\ 1 & i=n+1,\ldots,n+m. \end{cases}$$

Mit $a(i) = i$ $(i=1,\dots n+m)$ erhalten wir die (Mann-Whitney-) Wilcoxon-Statistik

$$W = \sum_{j=1}^{m} R_{Y_j}(\underline{Z}) = \sum_{j=1}^{m} R_{m+j}(\underline{Z}).$$ Diese $a(i)$ heißen auch

Wilcoxon-scores.

Eine andere Statistik ergibt sich durch Wahl der Median-sc

$$a(i) = \begin{cases} 0 & i \leq \frac{n+m+1}{2} \\ 1 & i > \frac{n+m+1}{2} \end{cases};$$

dies führt zu $S = |\{j \mid Y_j > \text{med}(\underline{Z})\}|$, wenn med $\underline{Z}$ der entspr chende Median von $\underline{Z}$ ist.

Sei $\mathcal{F}$ eine Menge von Paaren von Verteilungsfunktionen und $\gamma: \mathcal{F} \to \mathbb{R}$ eine Funktion, die jedem Paar aus $\mathcal{F}$ eine reelle Kennzahl (Parameter) zuordnet. γ heißt u-schätzbar (vom Gr (r,s) für $\mathcal{F}$), falls eine Funktion $h: \mathbb{R}^r \times \mathbb{R}^s \to \mathbb{R}$ existiert mit

$$E_{(F,G)} h(X_1,\dots,X_r, Y_1,\dots,Y_s) = \gamma(F,G) \text{ für alle } (F,G) \in \mathcal{F}$$
(r und s minimal).

Dabei sind $X_1,\dots,X_r \sim F$, $Y_1,\dots,Y_s \sim G$ unabhängig. h heiß auch (Zwei-Stichproben-) Kern von γ und kann o.B.d.A. als symmetrisch zum einen in seinen X_i-Argumenten und zum anderen in seinen Y_i-Argumenten angenommen werden.

Die (Zwei-Stichproben-) U-Statistik (für das vom Grad (r,s) schätzbare $\gamma: \mathcal{F} \to \mathbb{R}$) mit (wie oben) symmetrischem Kern ist

$U(X_1,\ldots,X_n,\ Y_1,\ldots,Y_m) =$

$= \frac{1}{\binom{n}{r}\binom{m}{s}} \Sigma\ \Sigma\ h(X_{i_1},\ldots,X_{i_r},\ Y_{j_1},\ldots,Y_{j_s})$, wobei die Summationsbedingung für die erste Summe lautet $\{i_1,\ldots,i_r\} \subseteq \{1,\ldots,n\}$ und für die zweite Summe $\{j_1,\ldots,j_s\} \subseteq \{1,\ldots,m\}$.

$U(X_1,\ldots,X_n,\ Y_1,\ldots,Y_m)$ ist erwartungstreu und unter Regularitätsbedingungen asymptotisch normalverteilt.

Beispiel:

a) $\mathfrak{F}$ = Menge aller Paare von Verteilungsfunktionen (F,G) mit existierenden Erwartungswerten μ_X, μ_Y;

$E[Y_1 - X_1] = \mu_Y - \mu_X = \gamma(F,G)$. Damit $(r,s) = (1,1)$;

$h(X_1,Y_1) = Y_1 - X_1$ und $U(X_1,\ldots,X_n,\ Y_1,\ldots,Y_m) = \overline{Y} - \overline{X}$.

b) $\gamma(F,G) := P(X < Y)$ für $X \sim F$, $Y \sim G$ unabhängig;

$h(x,y) = I_{]0,\infty[}(y-x) \longrightarrow E[h(X,Y)] = P(X < Y)$;

$\longrightarrow U(X_1,\ldots,X_n,\ Y_1,\ldots,Y_m) = \frac{1}{n\ m} \sum_{j=1}^{m} \sum_{i=1}^{n} I_{]0,\infty[}(Y_j - X_i)$.

Es gilt $W = \sum_{j=1}^{m} R_{Y_j}(\underline{Z}) = n\ m\ U + \frac{n(n+1)}{2}$

(W = (Mann-Whitney-)Wilcoxon-Statistik).

4.2. Stichproben

Die Theorie der Stichproben beschäftigt sich mit den Auswirkungen von Erhebungsverfahren (Stichprobenverfahren) auf die Verteilung einer Zufallsvariablen X (bzw. eines Zufallsvektors $\underline{X}$), die beobachtet werden soll, um Informationen über die Verteilung eines oder mehrerer Merkmale in einer Grundgesamtheit (Grundmenge) G zu erhalten. Die Struktur der Grundgesamtheit spielt dabei eine Rolle.

4.2.1. Grundbegriffe [1]

Es werden endliche Grundgesamtheiten $G = \{g_1,\ldots,g_N\}$ betrachtet. Der Umfang der Grundgesamtheit G ist also mit N bezeichnet.

Unter einer Stichprobe vom Umfang n ($n \in \mathbb{N}$; $n \leq N$) aus G versteht man zunächst ein n-tupel $\underline{w} = (w_1,\ldots,w_n)$ von Elementen (Untersuchungseinheiten) aus G (d.h. $\underline{w} \in G^n =$ $= (G\times \ldots \times G)$. Fallen alle Elemente von G in die Stichprobe, so spricht man von einer Vollerhebung (Totalerhebung), andernfalls von einer Teilerhebung. Bei einer Vollerhebung ist also $n = N$.

Werden die Elemente der Stichprobe zufällig und unabhängig aus der ganzen Grundgesamtheit ausgewählt, d.h. jedes Element der Grundgesamtheit hat bei jedem "Zug" unabhängig von der sonstigen Auswahl die gleiche Wahrscheinlichkeit $\frac{1}{N}$, gezogen zu werden, so spricht man von einer Zufallsstichprobe und einer unbeschränkten Erhebung.

Besondere Möglichkeiten einer Stichprobenauswahl durch eine

1) Zu manchen Bezeichnungen vgl. auch 1.1.1.

eschränkte Erhebung sind "Schichtenauswahl" und "Klumpenuswahl". Diese sind zweistufige Auswahlverfahren. Bei der chichtenauswahl findet auf der ersten Stufe der Schichten ine Vollerhebung statt und auf der zweiten Stufe in jeder chicht eine Teilerhebung, bei der Klumpenauswahl nimmt man uf der ersten Stufe der Klumpen eine Teilerhebung vor und uf der zweiten Stufe in jedem Klumpen eine Vollerhebung.

ei der Schichtenauswahl sollen die einzelnen Schichten in ich bezüglich des untersuchten Merkmals möglichst homogen nd die Schichten gegeneinander möglichst heterogen sein.

st N_i der Umfang der Schicht Nr. i und n_i der Umfang der tichprobe aus dieser Schicht, so spricht man von proportioaler geschichteter Auswahl, wenn $\frac{N}{n} = \frac{N_i}{n_i}$ gilt für jede der chichten.

n den Elementen der Grundgesamtheit G werde ein Merkmal (bzw. mehrere) untersucht; die Ausprägung des Merkmals bei $g_j \in G$ sei s_j ($s_j \in \mathbb{R}$ bzw. $\mathbb{R}^2 \ldots$; $j=1,\ldots,N$). Die Beobachtung an dem i-ten Stichprobenelement ($i=1,\ldots,n$) werde durch die Zufallsvariable X_i (bzw. den Zufallsvektor $\underline{X}_i$) beschrieben. Die Zufallsvariablen $X_1,\ldots,X_n$ faßt man zusammen zu dem Zufallsvektor $\underline{X} = (X_1,\ldots,X_n)$ und bezeichnet schließlich $\underline{X}$ als Stichprobe (entsprechend $\underline{X} = (\underline{X}_1,\ldots,\underline{X}_n)$).

Der beobachtete Vektor $\underline{x} = (x_1,\ldots,x_n) := \underline{X}(\omega) = (X_1(\omega),\ldots,X_n(\omega)) \in \mathcal{X} \subseteq \mathbb{R}^n$ heißt eine Realisation der Stichprobe $\underline{X} = (X_1,\ldots,X_n)$ oder Vektor der Stichprobenmaßzahlen. $X_i(\omega) = x_i$ ist die Ausprägung des zu untersuchenden Merkmals bei w_i, dem i-ten Element der Auswahl $\underline{w}$. Also $x_i = s_j$, falls $w_i = g_j$ ist, d.h. falls das i-te Element in der Stichprobe g_j ist. Die Menge $\mathcal{X}$ heißt Beobachtungsraum und schließlich auch Stichprobenraum (meist $\mathcal{X} = \mathbb{R}$ oder $\mathbb{R}^n$).

Man spricht von einer einfachen Stichprobe, wenn die Zufallsvariablen $X_1,\ldots,X_n$ unabhängig sind und alle der glei chen Verteilung genügen; diese heißt dann auch die Verteilung der Grundgesamtheit (bezüglich des beobachteten Mermals) [1]; entsprechend für Zufallsvektoren $\underline{X}_1,\ldots,\underline{X}_n$.

Eine Funktion φ: $\mathfrak{X} \to \mathbb{R}$ (bzw. $\mathfrak{X} \to \mathbb{R}^m$) oder auch $Y = \varphi(\underline{X}) = \varphi(X_1,\ldots,X_n)$ heißt eine Stichprobenfunktion oder eine Statistik [2].

In Wirklichkeit sind Grundgesamtheiten immer endlich und d Verteilung eines Merkmals ist damit diskret. Da für große diskrete Verteilungen schwer zu handhaben sind, ersetzt ma diese bisweilen approximativ durch stetige Verteilungen. Dies impliziert den Übergang zu gedanklich unendlichen Gru gesamtheiten.

4.2.2. Stichprobenverteilungen

(Siehe auch 2.3.6 Funktionen von Zufallsvariablen und 2.5.1 Summen von Zufallsvariablen)

Sei $\underline{X} = (X_1,\ldots,X_n)$ eine einfache Stichprobe, d.h. $X_1,\ldots,X_n$ unabhängig und identisch verteilt.

4.2.2.1. Stichprobe aus einer Normalverteilung

Sei X_i normalverteilt mit den Parametern μ und σ^2 (also $X_i \sim N(\mu;\sigma^2)$-verteilt) $(i=1,\ldots,n)$; dann ist

1) Man schreibt $X_1,\ldots,X_n$ iid (independently identically distributed).

2) $Y = \varphi(\underline{X})$ soll eine Zufallsvariable sein; dies gilt, wen die Funktion φ meßbar ist. Dies ist z.B. für stetige Fu tionen φ der Fall. Vgl. 2.3.6. - In dem hier betrachtet Stichprobenmodell sind Aspekte der Falschbeobachtung un Falschbeantwortung (also etwa $x_i = s_j + \varepsilon_i$ mit einem Beo tungsfehler ε_i) nicht enthalten.

1) $\sum_{i=1}^{n} X_i \sim N(n\mu;n\sigma^2)$-verteilt;

2) $\overline{X} := \frac{1}{n} \sum_{i=1}^{n} X_i \sim N(\mu;\frac{\sigma^2}{n})$-verteilt ($\overline{X}$ arithmetisches Mittel);

2') $\frac{\overline{X}-\mu}{\sigma} \sqrt{n} \sim N(0;1)$-verteilt;

3) $\frac{1}{\sigma^2} \sum_{i=1}^{n} (X_i-\mu)^2 = \sum_{i=1}^{n} (\frac{X_i-\mu}{\sigma})^2$ χ^2-verteilt mit n Freiheitsgraden;

rwartungswert = n; Varianz = 2n;

3') $\frac{1}{n} \sum_{i=1}^{n} (X_i-\mu)^2$ ist damit χ^2-verteilt

mit n Freiheitsgraden und dem Parameter $\frac{\sigma^2}{n}$ [1];

rwartungswert = σ^2; Varianz = $\frac{2\sigma^4}{n}$;

3") $\sqrt{\frac{1}{\sigma^2} \sum_{i=1}^{n} (X_i-\mu)^2}$ χ-verteilt mit n Freiheitsgraden;

rwartungswert = $\sqrt{2} \frac{\Gamma(\frac{n+1}{2})}{\Gamma(\frac{n}{2})}$; Varianz = $n-2 \frac{\Gamma^2(\frac{n+1}{2})}{\Gamma^2(\frac{n}{2})}$;

3"') $\sqrt{\frac{1}{n\sigma^2} \sum_{i=1}^{n} (X_i-\mu)^2}$ hat die Dichte $\frac{\sqrt{2n}}{\Gamma(\frac{n}{2})} (\frac{x\sqrt{n}}{\sqrt{2}})^{n-1} e^{-\frac{nx^2}{2}}$;

rwartungswert = $\sqrt{\frac{2}{n}} \frac{\Gamma(\frac{n+1}{2})}{\Gamma(\frac{n}{2})}$; Varianz = $1 - \frac{2}{n} \frac{\Gamma^2(\frac{n+1}{2})}{\Gamma^2(\frac{n}{2})}$;

---

1) $\frac{\sigma^2}{n}$ ist ein Skalenparameter.

(4) $\frac{1}{\sigma^2} \sum_{i=1}^{n} (X_i - \overline{X})^2 = \sum_{i=1}^{n} \left(\frac{X_i - \overline{X}}{\sigma}\right)^2$ χ^2-verteilt mit n-1 Freiheitsgraden;

Erwartungswert = n-1; Varianz = 2(n-1);

(4') $S^2 := \frac{1}{n} \sum_{i=1}^{n} (X_i - \overline{X})^2$ ist damit χ^2-verteilt mit n-1 Frei-

heitsgraden und dem Parameter $\frac{\sigma^2}{n}$;

Erwartungswert = $\frac{n-1}{n} \sigma^2$; Varianz = $2 \frac{n-1}{n^2} \sigma^4$;

(4") $s^2 := \frac{n}{n-1} S^2$ ist damit χ^2-verteilt mit n-1 Freiheits-

graden und dem Parameter $\frac{\sigma^2}{n-1}$;

Erwartungswert = σ^2; Varianz = $\frac{2\sigma^4}{n-1}$;

(5) $\frac{\overline{X}-\mu}{S} \sqrt{n-1} = \frac{\overline{X}-\mu}{s} \sqrt{n}$ ($S = \sqrt{S^2}$; $s = \sqrt{s^2}$) t-verteilt mit n-

Freiheitsgraden;

Erwartungswert = 0 ($n \geq 3$); Varianz = $\frac{n-1}{n-3}$ ($n \geq 4$);

(5') $\frac{\overline{X}-x_o}{S} \sqrt{n-1}$ ($x_o \in \mathbb{R}$) nichtzentral t-verteilt mit n-1

Freiheitsgraden und dem Nichtzentralitätsparameter

$\mu - x_o$.

(6) Für eine Realisation $\underline{x} = (x_1, \ldots, x_n)$ von $\underline{X} = (X_1, \ldots, X$

seien (vgl. 1.1.1) $x_{(1)} \leq x_{(2)} \leq \ldots \leq x_{(n)}$ die geordn

Werte. Dann heißt (vgl. 1.1.2.1)

$$z = \begin{cases} \frac{1}{2}(x_{(\frac{n}{2})} + x_{(\frac{n}{2}+1)}) & \text{für n gerade} \\ x_{(\frac{n+1}{2})} & \text{für n ungerade} \end{cases}$$

der Zentralwert der Stichprobenwerte. z kann dann auch als Realisation einer Zufallsvariablen Z aufgefaßt werden; Z heißt der <u>Zentralwert</u> der Stichprobe $(X_1,\dots,X_n)$.

Weiter heißt (vgl. 1.1.2.2) $w = x_{(n)} - x_{(1)}$ Spannweite der Stichprobenwerte. w kann dann ebenfalls als Realisation einer Zufallsvariablen W aufgefaßt werden; W heißt die <u>Spannweite</u> der Stichprobe $(X_1,\dots,X_n)$.

Dann gilt:

Z ist näherungsweise $N(\mu;c_n^2\,\frac{\sigma^2}{n})$-normalverteilt mit c_n aus folgender Tabelle:

n	2	3	4	5	6	7	8	9
c_n	1,000	1,160	1,092	1,198	1,136	1,214	1,159	1,223

10	11	12	13	14	15	16	17
1,175	1,229	1,190	1,233	1,195	1,237	1,202	1,238

18	19	20
1,207	1,239	1,212

Es gilt $\lim\limits_{n\to\infty} c_n = \sqrt{\frac{\pi}{2}}$ und

asymptotisch $\sqrt{n}(Z-\mu) \sim N(0;\frac{\pi}{2}\,\sigma^2)$-normalverteilt.

Weiter hat die Verteilung von W den Erwartungswert $E[W] = d_n\sigma$ und die Varianz $\operatorname{var}[W] = e_n^2\,\sigma^2$ mit d_n und e_n aus folgender Tabelle:

n	2	3	4	5	6	7	8	9
d_n	1,128	1,693	2,059	2,326	2,534	2,704	2,847	2,97
e_n	0,853	0,888	0,880	0,864	0,848	0,833	0,820	0,80

n	10	11	12	13	14	15	16	17
d_n	3,078	3,173	3,258	3,336	3,407	3,472	3,532	3,58
e_n	0,797	0,787	0,778	0,770	0,762	0,755	0,749	0,74

n	18	19	20
d_n	3,640	3,689	3,735
e_n	0,738	0,733	0,729

(7) Es gilt:

$X_i \sim N(\mu;\sigma^2)$-verteilt $(i=1,\ldots,n) \Longleftrightarrow \bar{X}$ und S^2 unabhängi

4.2.2.2. Stichprobe aus einer 0-1-, Binomial- bzw. Poisson-Verteilung

Sei X_i 0-1-verteilt mit dem Parameter p (also $P(X_i = 1) =$ $P(X_i = 0) = 1-p)$ $(i=1,\ldots,n)$ $\Longrightarrow$

$\sum_{i=1}^{n} X_i \sim Bi(n;p)$-binomialverteilt.

Sei X_i binomialverteilt mit den Parametern m und p (also $X_i \sim Bi(m;p)$-verteilt) $(i=1,\ldots,n)$ $\Longrightarrow$

$\bar{X} := \frac{1}{n} \sum_{i=1}^{n} X_i$ verteilt nach einer modifizierten Binomialver teilung, welche die Realisationen $0, \frac{1}{n}, \frac{2}{n}, \ldots, \frac{m\,n}{n} = m$ mit den Wahrscheinlichkeiten $P(\bar{X} = \frac{k}{n}) = \binom{m\,n}{k} p^k q^{mn-k}$ hat $(k=0,1,\ldots,mn)$.

Sei X_i Poisson-verteilt mit dem Parameter λ (also $X_i \sim$ Po(verteilt) $(i=1,\ldots,n)$ $\Longrightarrow$

$\overline{X}: = \frac{1}{n} \sum_{i=1}^{n} X_i$ verteilt nach einer modifizierten Poisson-Verteilung, welche die Realisationen $0, \frac{1}{n}, \frac{2}{n}, \frac{3}{n}, \ldots$ mit den Wahrscheinlichkeiten $P(\overline{X}=\frac{k}{n}) = \frac{(n\lambda)^k}{k!} e^{-n\lambda}$ hat ($k=0,1,2,\ldots$).

4.2.2.3. Verteilung von empirischen Momenten

Es wird keine spezielle Verteilung der X_i vorausgesetzt.

Für die Verteilung von X_i ($i=1,\ldots,n$) existiere das 2r-te Moment $E[X_i^{2r}]$; dann ist $Y: = \frac{1}{\sqrt{n}} \sum_{i=1}^{n} X_i{}^r$ asymptotisch normalverteilt mit den Parametern $E[Y] = E[X_i^r]$ und $var[Y] = E[X_i^{2r}] - (E[X_i^r])^2$; also

asymptotisch $Y = \frac{1}{\sqrt{n}} \sum_{i=1}^{n} X_i^r \sim N(E[X_i^r]; E[X_i^{2r}] - (E[X_i^r])^2)$.

Spezialfall: $r = 1$:

asymptotisch $Y = \frac{1}{\sqrt{n}} \sum_{i=1}^{n} X_i \sim N(\mu;\sigma^2)$

mit $\mu = E[X_i]$; $\sigma^2 = var[X_i]$ ($i=1,\ldots,n$).

Siehe auch zentraler Grenzwertsatz 2.6.2.

4.2.2.4. Zwei Stichproben aus Normalverteilungen

Seien $\underline{X} = (X_1,\ldots,X_n)$ und $\underline{Y} = (Y_1,\ldots,Y_m)$ zwei unabhängige einfache Stichproben, d.h. X_i, Y_j ($i=1,\ldots,n$; $j=1,\ldots,m$) unabhängig [1];

$X_i \sim N(\mu;\sigma^2)$-normalverteilt ($i=1,\ldots,n$);

$Y_j \sim N(\mu;\sigma^2)$-normalverteilt ($j=1,\ldots,m$).

---

1) Die Umfänge n und m der Stichproben brauchen nicht gleich zu sein.

Sei $\overline{X} := \frac{1}{n} \sum_{i=1}^{n} X_i$; $\overline{Y} := \frac{1}{m} \sum_{j=1}^{m} Y_j$;

$S_X^2 := \frac{1}{n} \sum_{i=1}^{n} (X_i - \overline{X})^2$; $S_Y^2 := \frac{1}{m} \sum_{j=1}^{m} (Y_j - \overline{Y})^2$.

Dann ist

$\frac{\overline{X} - \overline{Y}}{\sqrt{nS_X^2 + mS_Y^2}} \sqrt{\frac{n\,m}{n+m}(n+m-2)}$ t-verteilt mit n+m-2 Freiheitsgraden

weiter ist

$\frac{S_X^2}{S_Y^2}$ F-verteilt mit (n-1,m-1) Freiheitsgraden.

4.2.2.5. Stichprobe aus einer zweidimensionalen Normalverteilung

Sei $\underline{X} = (\underline{X}_1,\ldots,\underline{X}_n) = ((X_{11},X_{21}),(X_{12},X_{22}),\ldots,(X_{1n},X_{2n}))$ eine einfache Stichprobe, d.h. $\underline{X}_1,\ldots,\underline{X}_n$ unabhängig und identisch verteilt. Dann gilt:

(X_{1i},X_{2i}) zweidimensional normalverteilt mit den Parametern $\mu_1,\mu_2,\sigma_1^2,\sigma_2^2$ und ρ $(i=1,\ldots,n)$ $\Longrightarrow$

(1) $(\overline{X}_1,\overline{X}_2) := (\frac{1}{n} \sum_{i=1}^{n} X_{1i}, \frac{1}{n} \sum_{i=1}^{n} X_{2i})$ zweidimensional normalverteilt mit den Parametern $\mu_1, \mu_2, \frac{\sigma_1^2}{n}, \frac{\sigma_2^2}{n}$ und ρ;

(2) $\frac{R}{\sqrt{1-R^2}} \sqrt{n-2}$ t-verteilt mit n-2 Freiheitgraden,

wobei $R := \frac{\sum_{i=1}^{n} (X_{1i} - \overline{X}_1)(X_{2i} - \overline{X}_2)}{nS_1S_2}$ mit

$\overline{X}_1 = \frac{1}{n}\sum_{i=1}^{n} X_{1i}$; $\overline{X}_2 = \frac{1}{n}\sum_{i=1}^{n} X_{2i}$;

$S_1^2 = \frac{1}{n}\sum_{i=1}^{n}(X_{1i} - \overline{X}_1)^2$; $S_2^2 = \frac{1}{n}\sum_{i=1}^{n}(X_{2i} - \overline{X}_2)^2$; $S_1 = \sqrt{S_1^2}$; $S_2 = \sqrt{S_2^2}$.

3) $\frac{S_1\sqrt{n-2}}{S_2\sqrt{1-R^2}}(A - \alpha)$ t-verteilt mit n-2 Freiheitsgraden,

wobei S_1, S_2, R wie oben und $A: = R\,\frac{S_2}{S_1}$ sowie $\alpha = \rho\,\frac{\sigma_2}{\sigma_1}$.

.2.3. Suffizienz

Def.: Eine Stichprobenfunktion (Statistik) $\varphi: \mathbb{R}^n \to \mathbb{R}$ (bzw. $\mathbb{R}^n \to \mathbb{R}^m$) mit $\varphi(\underline{X}) = \varphi(X_1,\ldots,X_n)$ heißt suffizient (erschöpfend) für $\theta \in \Theta$, wenn die bedingte Verteilung von $\underline{X}$ gegeben $\varphi(\underline{X}) = y$ für alle $y \in \mathbb{R}$ (bzw. $\mathbb{R}^m$) nicht von θ abhängt [1].

Sei $Y = \varphi(\underline{X})$; man spricht dann auch von der Suffizienz von Y.

Eine solche Funktion Y heißt somit suffizient für θ, wenn sie die gesamte Information beinhaltet, die aus der Stichprobe über θ gewonnen werden kann; keine andere Funktion dieser Stichprobe $\underline{X}$ kann irgendeine zusätzliche Information über θ hinzufügen.

Als Suffizienzkriterium hat man das

Faktorisierungskriterium von Neyman-Fisher:

Sei φ eine Stichprobenfunktion (also $Y = \varphi(\underline{X})$ eine Zufallsvariable); die (gemeinsame) Wahrscheinlichkeitsfunktion bzw. Dichte von $\underline{X}$ unter θ sei $f_\theta^{\underline{X}}$ (vgl. 2.3.1).

1) Θ Parameterraum.

Wenn gilt

$$f_\theta^{\underline{X}}(\underline{x}) = f_\theta^{\underline{X}}(x_1,\ldots,x_n) = u(\varphi(x_1,\ldots,x_n),\theta)\ v(x_1,\ldots,x_n)$$

mit geeigneten Funktionen u: $\mathbb{R}^2 \to \mathbb{R}$ (bzw. $\mathbb{R}^{m+1} \to \mathbb{R}$) und v: $\mathbb{R}^n \to \mathbb{R}$, dann ist φ bzw. Y suffizient für θ.

4.3. Schätztheorie

Die Theorie der Punktschätzungen befaßt sich mit dem Problem, geeignete Funktionen von Stichproben $\underline{X}$ zu bestimmen, um damit Schätzwerte für unbekannte Parameter θ der Verteilung eines Merkmals in der Grundgesamtheit zu erhalten.

4.3.1. Grundbegriffe

Die Menge $\mathfrak{X}$, in der alle möglichen Beobachtungen einer Erhebung (Stichprobe) $\underline{X}$ liegen, ist der Beobachtungsraum. Die Realisationen von $\underline{X}$ werden mit $\underline{x}$ bezeichnet. In den meisten Fällen liegt $\mathfrak{X}$ im n-dimensionalen Raum $\mathbb{R}^n$; dann ist $\underline{X} = (X_1,\ldots,X_n)$ und $\underline{x} = (x_1,\ldots,x_n)$.

Die Wahrscheinlichkeitsverteilung $P^{\underline{X}}$ von $\underline{X}$ auf $\mathfrak{X}$ [1] sei unbekannt. Sie stamme aus einer Menge $\mathcal{P}$ von möglichen Wahrscheinlichkeitsverteilungen. Jedem Element aus $\mathcal{P}$ sei ein Parameter $\theta \in \mathbb{R}$ (oder ein Parameterpaar $\theta \in \mathbb{R}^2 \ldots$) zugeordnet. Die Menge Θ der möglichen Parameter θ heißt <u>Parameterraum</u>. (Im allgemeinen $\Theta \subseteq \mathbb{R}$ oder $\Theta \subseteq \mathbb{R}^2 \ldots$). Der Parameter der wirklichen (wahren) Verteilung sei θ_* (θ_* unbekannt).

1) Dazu muß eine σ-Algebra aus Teilmengen von $\mathfrak{X}$ vorliegen (vgl. 2.1.1).

Zunächst Beschränkung auf den Spezialfall $\Theta \subseteq \mathbb{R}$.

Will man den unbekannten Parameter θ_* schätzen, so sucht man eine geeignete Funktion $S\colon \mathfrak{X} \to \Theta$ (bzw. $S\colon \mathbb{R}^n \to \Theta$), so daß

$$S(\underline{x}) = S(x_1,\ldots,x_n) =: s$$

als Schätzwert für den wirklichen (wahren) Parameter θ_* genommen werden kann.

S heißt Schätzfunktion (Schätzer) für den Parameter θ bzw. θ_*.

$s = S(\underline{x})$ kann man auch als Realisation der Zufallsvariablen $S(\underline{X}) = S(X_1,\ldots,X_n)$ auffassen [1]. Für $S(\underline{X})$ schreibt man oft kurz S.

$S = S(\underline{X})$ ist also eine eindimensionale Zufallsvariable, und eine Realisation von S ist Schätzwert für θ bzw. θ_*.

Auch $S = S(\underline{X})$ wird dann Schätzfunktion (Schätzer) genannt.

Allgemeiner Fall: Gegeben sei eine Funktion $q\colon \Theta \to q(\Theta)$ ($\Theta \subseteq \mathbb{R}, \mathbb{R}^2, \mathbb{R}^3,\ldots$).

Will man den Funktionswert $q_* = q(\theta_*)$ des unbekannten Parameters θ_* schätzen, so sucht man eine geeignete Funktion $S\colon \mathfrak{X} \to q(\Theta)$ (bzw. $S\colon \mathbb{R}^n \to q(\Theta)$), so daß

$$S(\underline{x}) = S(x_1,\ldots,x_n) =: s$$

1) Die Funktion S soll meßbar sein; damit ist S eine Zufallsvariable. Dies ist z.B. für stetige Funktionen S der Fall. Die Realisation der Zufallsvariablen S wäre genauer zu schreiben $S(\underline{x}) = (S(\underline{X}))(\omega) = S(X_1,\ldots,X_n)(\omega) = S(\underline{X}(\omega)) = S(X_1(\omega),\ldots,X_n(\omega)) = S(x_1,\ldots,x_n)$.

als Schätzwert für q_* genommen werden kann. Weiterhin ent
sprechend wie oben.

4.3.2. Eigenschaften von Schätzern [1]

4.3.2.1. Nicht-asymptotische Eigenschaften

Def.: Ein Schätzer S für einen Parameter θ heißt erwartun
treu (unverzerrt, unbiased), wenn gilt

$E[S] = \theta$ für alle $\theta \in \Theta$ $(\Longleftrightarrow E[S-\theta] = 0)$ [2].

S heißt erwartungstreu für $q(\theta)$, wenn gilt $E[S] = q(\theta)$ fü
alle $\theta \in \Theta$.

Bemerkung: Ist S erwartungstreuer Schätzer für θ, dann mu
nicht für jede Funktion q der Schätzer q(S) erwartungstre
für den Parameter $q(\theta)$ sein. Für lineare Funktionen q ble
die Erwartungstreue erhalten.

Def.: $B[S] := E[S] - \theta$ heißt Verzerrung (systematischer
Fehler, Bias) [3].

Def.: Ein Schätzer S für einen Parameter θ heißt mediantr
wenn gilt

$P(S < \theta) \leq 0{,}5 \leq P(S \leq \theta)$.

Def.: $E[(S-\theta)^2]$ heißt mittlerer quadratischer Fehler (mea
squared error [4]; MSE) des Schätzers S, kurz MSE[S].

$E[|S-\theta|]$ heißt mittlerer absoluter Fehler von S.

1) Beschränkung auf $\Theta \subseteq \mathbb{R}$.
2) Genauer geschrieben $E_\theta[S(\underline{X})] = \theta$. Siehe die betreffend
Fußnote in 4.1.3.
3) Diese Definition und die folgenden gelten analog für q
statt θ.
4) Manchmal auch mean square error.

Es gilt, falls $E[(S-\theta)^2]$ existiert,

$$MSE[S] = E[(S-\theta)^2] = E[(S-E[S])^2] + (E[S]-\theta)^2 =$$
$$= var[S] + (B[S])^2.$$

Ist S erwartungstreu, so ist $MSE[S] = E[(S-\theta)^2] = var[S]$.

Mit den Bezeichnungen aus 4.1.3 läßt sich der MSE folgendermaßen darstellen:

Die zu der quadratischen Verlustfunktion $L: \mathbb{R} \times \mathbb{R} \to \mathbb{R}$, definiert durch $L(\theta,e) = (e-\theta)^2$, gehörige Risikofunktion $R(\theta,S) = E_\theta[(S-\theta)^2]$ heißt MSE von S.

Mit $L(\theta,e) = |e-\theta|$ erhält man entsprechend den mittleren absoluten Fehler.

Def.: Ein Schätzer S für einen Parameter θ heißt gleichmäßig bester unter allen unverfälschten Schätzern, wenn S

(i) erwartungstreu ist,

(ii) unter allen erwartungstreuen Schätzern für alle $\theta \in \Theta$ die kleinste Varianz hat.

Man spricht dann von UMVU-Schätzern (uniformly minimal variance unbiased).

Def.: Ein Schätzer S für einen Parameter θ heißt BLU (bester linearer unverzerrter Schätzer), wenn S

(i) erwartungstreu ist,

(ii) eine lineare Funktion der Stichprobenvariablen $X_1,\dots,X_n$ ist (linearer Schätzer) [1],

(iii) unter allen erwartungstreuen linearen Schätzern für alle $\theta \in \Theta$ die kleinste Varianz hat.

1) Also $S = a_1X_1 + \dots + a_nX_n$.

Sei $\underline{X} = (X_1,\ldots,X_n)$ eine einfache Stichprobe und f_θ die Wahrscheinlichkeitsfunktion bzw. Dichte von X_i $(i=1,\ldots,n)$.

<u>Def.</u>: $$I_n(\theta) = E_\theta[(\frac{\partial}{\partial\theta} \ln \prod_{i=1}^{n} f_\theta(X_i))^2] = E_\theta[(\frac{\partial}{\partial\theta} \sum_{i=1}^{n} \ln f_\theta(X_i)$$
$$= n\, E_\theta[(\frac{\partial}{\partial\theta} \ln f_\theta(X_i))^2]$$

heißt die <u>Fisher-Information</u> von $\underline{X}$ an der Stelle $\theta \in \Theta$ [1].

Es ist

$$I_n(\theta) = \begin{cases} n \sum_j (\frac{\partial}{\partial\theta} \ln f_\theta(x_j))^2 f_\theta(x_j) & \text{für } X_i \text{ diskret } (x_j \text{ sir} \\ & \text{die Realisationen von} \\ n \int_{-\infty}^{+\infty} (\frac{\partial}{\partial\theta} \ln f_\theta(x))^2 f_\theta(x)dx & \text{für } X_i \text{ stetig } ^{1)}; \end{cases}$$

außerdem ist

$$I_n(\theta) = \mathrm{var}[\frac{\partial}{\partial\theta} \ln \prod_{i=1}^{n} f_\theta(X_i)] = \mathrm{var}[\frac{\partial}{\partial\theta} \sum_{i=1}^{n} \ln f_\theta(X_i)].$$

$$I_1(\theta) := E_\theta[(\frac{\partial}{\partial\theta} \ln f_\theta(X_i))^2]$$

heißt die Fisher-Information von X_i $(i=1,\ldots,n)$ an der Stelle $\theta \in \Theta$.

Es gilt also

$$I_n(\theta) = n\, I_1(\theta).$$

Es gilt die

---

1) Wobei $\frac{\partial}{\partial\theta} \ln f_\theta(x) = 0$ für $f_\theta(x) = 0$ gesetzt werden kann. Damit gilt stets $(\frac{\partial}{\partial\theta} \ln f_\theta(x))^2 f_\theta(x) = 0$ für alle x mit $f_\theta(x) = 0$.

Ungleichung von Rao und Cramér: Sei S ein Schätzer für den Parameter θ und $\underline{X} = (X_1,\ldots,X_n)$ eine einfache Stichprobe.

Dann gilt [1)]

$$\operatorname{var}[S] \geq \frac{(\frac{\partial}{\partial\theta} E_\theta[S])^2}{I_n(\theta)}.$$

Spezialfall: Ist S erwartungstreuer Schätzer für θ, so gilt

$$\operatorname{var}[S] \geq \frac{1}{I_n(\theta)}.$$

Weiter gilt für den mean squared error des Schätzers S für θ

$$MSE_\theta[S] = \operatorname{var}_\theta[S] + (B_\theta[S])^2 \geq \frac{(1 + \frac{\partial}{\partial\theta} B_\theta[S])^2}{I_n(\theta)} + (B_\theta[S])^2.$$

Def.: $\frac{(\frac{\partial}{\partial\theta} E_\theta[S])^2}{I_n(\theta)\operatorname{var}_\theta[S]} =: \operatorname{eff}_\theta[S]$ heißt Effizienzfunktion des Schätzers S für θ.

Def.: Ein erwartungstreuer Schätzer S für einen Parameter θ (für q(θ)) heißt (global) effizient [2)] für θ (für q(θ)), wenn

$$\operatorname{var}_\theta[S] = \frac{1}{I_n(\theta)} \quad (\operatorname{var}_\theta[S] = \frac{q'(\theta)^2}{I_n(\theta)}) \quad \text{für alle } \theta \in \Theta.$$

D.h. es gibt keinen anderen erwartungstreuen Schätzer S* für θ mit $\operatorname{var}_\theta[S] > \operatorname{var}_\theta[S^*]$.

1) Unter gewissen Voraussetzungen, die im allgemeinen erfüllt sind.

2) Absolut effizient, wirksamst.

Def.: Seien S und S* zwei erwartungstreue Schätzer für den Parameter θ.

S heißt effizienter (wirksamer) als S*, wenn gilt

var[S] < var[S*].

Der Quotient

$$E: = \frac{var[S]}{var[S^*]}$$

heißt relative Effizienz (Wirksamkeit, Wirkungsgrad) von S bezüglich S*.

Für E < 1 ist S effizienter als S*,

für E > 1 ist S* effizienter als S.

Def.: Ein erwartungstreuer Schätzer S* heißt effizient gegenüber einer Menge M von erwartungstreuen Schätzern S, wenn gilt var[S*] ≤ var[S] für alle S ∈ M.

4.3.2.2. Asymptotische Eigenschaften

Im folgenden sollen Eigenschaften von Folgen von Schätzfunktionen (Schätzern) dargestellt werden.

Sei $X_1, X_2, \ldots$ eine Folge von unabhängigen identisch verteilten (reellwertigen) Zufallsvariablen, d.h. für alle $n \in \mathbb{N}$ ist $\underline{X}_n = (X_1, \ldots, X_n): \Omega \to \mathfrak{X}_n \subseteq \mathbb{R}^n$ eine einfache Stichprobe vom Umfang n ($\mathfrak{X}_n$ Stichprobenraum der n-elementigen Stichproben). Sei $S_n: \mathfrak{X}_n \to \Theta$ (bzw. $S_n: \mathfrak{X}_n \to q(\Theta)$) ein Schätzer (n=1,2,...). Dann ist die Entwicklung der (Folge der) Schätzungen $S_n(\underline{X}_n)$ bzw. der (Folge der) Schätzer S_n mit wachsendem $n \in \mathbb{N}$ von Interesse.

Wir sprechen im weiteren oft von dem Schätzer S_n statt von der Folge der Schätzer S_n $(n=1,2,\ldots)$.

<u>Def.</u>: Ein Schätzer S_n für einen Parameter θ heißt <u>asymptotisch erwartungstreu</u>, wenn gilt

$$\lim_{n\to\infty} E[S_n] = \theta \quad (\Longleftrightarrow \lim_{n\to\infty} E[S_n - \theta] = 0)$$ [1].

Ein erwartungstreuer Schätzer ist natürlich auch asymptotisch erwartungstreu.

<u>Def.</u>: Ein Schätzer S_n für einen Parameter θ heißt (einfach) <u>konsistent</u>, wenn für jedes $\varepsilon \in \mathbb{R}^+$ gilt

$$\lim_{n\to\infty} P(|S_n - \theta| > \varepsilon) = 0$$

($\Longleftrightarrow$ S_n konvergiert in Wahrscheinlichkeit gegen θ $\Longleftrightarrow$

$\Longleftrightarrow$ $\operatorname{P-lim}_{n\to\infty} S_n = \theta$; siehe 2.2.6 Konvergenzarten von Zufallsvariablen).

<u>Def.</u>: Ein Schätzer S_n für einen Parameter θ heißt <u>konsistent im mittleren Fehlerquadrat</u>, wenn gilt

$$\lim_{n\to\infty} E[(S_n - \theta)^2] = 0.$$

Es gilt:

---

1) Die Definitionen gelten analog für $q(\theta)$ statt θ. - Manchmal wird für asymptotische Erwartungstreue gefordert

$$\lim_{n\to\infty} \frac{E[S_n] - \theta}{\sqrt{\operatorname{var}[S_n]}} = 0.$$

Ist S_n erwartungstreu (oder asymptotisch erwartungstreu) und gilt $\lim_{n\to\infty} var[S_n] = 0$, dann ist S_n konsistent im mittleren Fehlerquadrat.

Ferner:

S_n konsistent im mittleren Fehlerquadrat $\Longrightarrow$ S_n (einfach) konsistent.

Entsprechend wie oben definiert man:

<u>Def.</u>: Ein Schätzer S_n für einen Parameter θ heißt <u>konsistent im r-ten Mittel</u> ($1 \leq r \in \mathbb{R}$), wenn gilt

$$\lim_{n\to\infty} E[|S_n - \theta|^r] = 0.$$

<u>Def.</u>: Ein Schätzer S_n für einen Parameter θ heißt <u>gleichmäßig konsistent</u>, wenn für alle $\varepsilon \in \mathbb{R}^+$ gilt

$$\lim_{n\to\infty} P(\max|S_n - \theta| > \varepsilon) = 0$$

($\Longleftrightarrow$ $\max|S_n - \theta|$ konvergiert in Wahrscheinlichkeit gegen 0 $\Longleftrightarrow$ $\operatorname{P-lim}_{n\to\infty} (\max|S_n - \theta|) = 0$).

<u>Def.</u>: Ein Schätzer S_n für einen Parameter θ heißt <u>asymptotisch-normal</u>, wenn mit einer Funktion $v: \Theta \to \mathbb{R}^+$ gilt

$$\lim_{n\to\infty} P_\theta\left(\sqrt{n}\,\frac{S_n - \theta}{\sqrt{v(\theta)}} \leq z\right) = \phi(z) \text{ für alle } z \in \mathbb{R} \text{ und alle } \theta \in \Theta$$

(ϕ Verteilungsfunktion der Standard-Normalverteilung [1]).

---

1) Genauer $\lim_{n\to\infty} P_\theta\left(\sqrt{n}\,\frac{S_n(\underline{X}) - \theta}{\sqrt{v(\theta)}} \leq z\right) = \phi(z)$.

Die Funktion v heißt asymptotische Varianz von S_n.

Entsprechend definiert man asymptotisch-normal für $q(\theta)$ statt θ; man hat dann

$$\lim_{n\to\infty} P_\theta\left(\sqrt{n}\,\frac{S_n - q(\theta)}{\sqrt{v(\theta)}} \le z\right) = \phi(z).$$

Def.: Ein Schätzer S_n für einen Parameter θ heißt BAN ((gleichmäßig) bester asymptotisch-normaler Schätzer), wenn **S_n asymptotisch normal ist mit $v(\theta) = I_1^{-1}(\theta)$ (Fisher-Information)** [1]

$$\left(\Longleftrightarrow \lim_{n\to\infty} P_\theta\left(\frac{S_n - \theta}{\sqrt{I_1^{-1}(\theta)}} \le z\right) = \phi(z)\right).$$

Entsprechendes für $q(\theta)$.

Def.: Seien S_n und S_n^* zwei asymptotisch-normale Schätzer für einen Parameter θ (für $q(\theta)$) mit den asymptotischen Varianzen v und v*

$$\left(\text{d.h. } \lim_{n\to\infty} P_\theta\left(\sqrt{n}\,\frac{S_n - \theta}{\sqrt{v(\theta)}} \le z\right) = \lim_{n\to\infty} P_\theta\left(\sqrt{n}\,\frac{S_n^* - \theta}{\sqrt{v^*(\theta)}} \le z\right) = \phi(z)\right.$$

bzw.

$$\left.\lim_{n\to\infty} P_\theta\left(\sqrt{n}\,\frac{S_n - q(\theta)}{\sqrt{v(\theta)}} \le z\right) = \lim_{n\to\infty} P_\theta\left(\sqrt{n}\,\frac{S_n^* - q(\theta)}{\sqrt{v^*(\theta)}} \le z\right) = \phi(z)\right).$$

Dann heißt

$\frac{v(\theta)}{v^*(\theta)}$ die asymptotische (relative) Effizienz [2] (ARE) von S bezüglich S* (an der Stelle $\theta \in \Theta$).

---

1) BAN-Schätzer werden manchmal auch asymptotisch effizient genannt. Die Bezeichnungsweise ist nicht einheitlich.

2) Asymptotische Wirksamkeit.

4.3.3. Der Satz von Rao-Blackwell und beste Schätzer unter den unverfälschten (UMVU-Schätzer) [1)]

Es gilt der

Satz von Rao-Blackwell: Sei S Schätzer für θ und Y eine suffiziente Stichprobenfunktion für θ. Dann ist h(Y) mit $h(Y)(\underline{x}) = h(y) := E[S|Y=y]$ Schätzer für θ, dessen Varianz kleiner oder gleich der von S ist.

Dabei ist $E[h(Y)] = E[E[S|Y]] = E[S]$ (siehe bedingte Erwartung 2.3.5).

Def.: Sei $\underline{X} = (X_1,...,X_n)$ eine einfache Stichprobe.

A. X_i habe die Wahrscheinlichkeitsfunktion f_θ $(i=1,...,n)$. Sei $Y: \mathfrak{X} \to \mathbb{R}$ (bzw. $\mathfrak{X} \to \mathbb{R}^2$) $(Y = Y(\underline{X}))$ eine Stichprobenfunktion mit der Wahrscheinlichkeitsfunktion g_θ $(\theta \in \Theta)$.

Dann heißt Y vollständig, wenn für jede Funktion

$u: \mathbb{R} \to \mathbb{R}$ (bzw. $\mathbb{R}^2 \to \mathbb{R}$) mit $\sum_s u(s) g_\theta(s) = 0$ für alle $\theta \in \Theta$

gilt $u(s) = 0$ für alle $s \in \mathbb{R}$ $(s \in \mathbb{R}^2)$, für die $g_\theta(s) > 0$ fü

ein $\theta \in \Theta$ ist.

B. X_i habe die Dichte f_θ $(i=1,...,n)$.

Sei $Y: \mathfrak{X} \to \mathbb{R}$ (bzw. $\mathfrak{X} \to \mathbb{R}^2$) $(Y = Y(\underline{X}))$ eine Stichprobenfunktio mit der Dichte g_θ $(\theta \in \Theta)$.

Dann heißt Y vollständig, wenn für jede Funktion

1) Zur Definition UMVU-Schätzer siehe 4.3.2.1.
Ein UMVU-Schätzer ist der (die) gleichmäßig beste Schätz (Entscheidungsregel) unter allen Schätzern (Entscheidung regeln), die unverfälscht sind, wenn die quadratische Ve lustfunktion $L(\theta,e) = (e-\theta)^2$ zugrunde gelegt wird (vgl. 4.1.3).

: $\mathbb{R} \to \mathbb{R}$ (bzw. $\mathbb{R}^2 \to \mathbb{R}$) mit $\int_{-\infty}^{+\infty} u(s) g_\theta(s) ds = 0$ für alle $\theta \in \Theta$
ilt $u(s) = 0$ für alle $s \in \mathbb{R}$ ($s \in \mathbb{R}^2$), für die $g_\theta(s) > 0$
ir ein $\theta \in \Theta$ ist [1].

it dieser Definition läßt sich der Satz von Rao-Blackwell
ir erwartungstreue Schätzer verschärfen:

atz von Lehmann-Scheffé: Sei S erwartungstreuer Schätzer
ir θ und Y eine suffiziente und vollständige Stichproben-
unktion für θ. Dann ist h(Y) mit $h(Y)(\underline{x}) = h(y) := E[S|Y=y]$
rwartungstreuer Schätzer für θ, der effizient ist gegenüber
er Menge der erwartungstreuen Schätzer für θ.

$\iff$ die Varianz von h(Y) ist für alle $\theta \in \Theta$ minimal in
er Menge der Varianzen der erwartungstreuen Schätzer für θ,
lso h(Y) ist UMVU-Schätzer.)

MVU-Schätzer sind stets konsistent und - bis auf gewisse
usnahmen - BAN-Schätzer.

usammenstellung der UMVU-Schätzer für Parameter der ange-
ebenen Verteilungen ($\underline{X} = (X_1,\dots,X_n)$ einfache Stichprobe):

1) Zu schätzender Parameter $\theta = \mu$ für $X_i \sim N(\mu;\sigma^2)$-normal-
erteilt ($i=1,\dots,n$) (σ^2 bekannt);

MVU-Schätzer $S = \frac{1}{n} \sum_{i=1}^{n} X_i = \overline{X}$.

2) Zu schätzender Parameter $\theta = \sigma^2$ für $X_i \sim N(\mu;\sigma^2)$-normal-
erteilt ($i=1,\dots,n$) (μ bekannt);

MVU-Schätzer $S = \frac{1}{n} \sum_{i=1}^{n} (X_i - \mu)^2$.

) Bis auf eine "Menge vom Maß 0".

(3) Zu schätzender Parameter $\theta = \mu$ für $X_i \sim N(\mu;\sigma^2)$-norma verteilt (i=1,...,n) (σ^2 unbekannt) [1];

UMVU-Schätzer $S = \frac{1}{n} \sum_{i=1}^{n} X_i = \overline{X}$.

(4) Zu schätzender Parameter $\theta = \sigma^2$ für $X_i \sim N(\mu;\sigma^2)$-norm verteilt (i=1,...,n) (μ unbekannt) [2];

UMVU-Schätzer $S = \frac{1}{n-1} \sum_{i=1}^{n} (X_i - \overline{X})^2$.

(5) Zu schätzender Parameter $\theta = b$ für X_i gleichverteilt über $]0,b]$ (i=1,...,n);

UMVU-Schätzer $S = \frac{n+1}{n} \max(X_1,\ldots,X_n)$.

(6) Zu schätzender Parameter $\theta = a^{-1}$ für X_i exponentialve teilt mit den Parametern a und b = 0 (i=1,...,n);

UMVU-Schätzer $S = \frac{1}{n} \sum_{i=1}^{n} X_i = \overline{X}$.

(7) Zu schätzender Parameter $\theta = p$ für X_i 0-1-verteilt mi $P(X_i = 1) = p$; $P(X_i = 0) = 1-p$;

UMVU-Schätzer $S = \frac{K}{n}$ (K = Anzahl der Fälle mit $X_i = 1$).

(8) Zu schätzender Parameter $\theta = p$ für $X_i \sim Bi(m;p)$-binomi verteilt (i=1,...,n) (m bekannt);

UMVU-Schätzer $S = \frac{1}{n} \sum_{i=1}^{n} \frac{X_i}{m}$.

---

1) Also $\Theta = \{(\mu,\sigma^2) \mid \mu \in \mathbb{R};\ \sigma^2 \in \mathbb{R}^+\}$; $q: \mathbb{R} \times \mathbb{R}^+ \to \mathbb{R}$ mit $q(\mu,\sigma^2) = \mu$.

2) Also $\Theta = \{(\mu,\sigma^2) \mid \mu \in \mathbb{R};\ \sigma^2 \in \mathbb{R}^+\}$; $q: \mathbb{R} \times \mathbb{R}^+ \to \mathbb{R}$ mit $q(\mu,\sigma^2) = \sigma^2$.

9) Zu schätzender Parameter $\theta = \lambda$ für $X_i \sim Po(\lambda)$-Poisson-verteilt (i=1,...,n);

UMVU-Schätzer $S = \frac{1}{n} \sum_{i=1}^{n} X_i = \overline{X}$.

10) Zu schätzender Parameter $\theta = \frac{K}{N}$ für $X_i \sim Hy(N;K;m)$-hypergeometrisch verteilt (i=1,...,n);

UMVU-Schätzer $S = \frac{1}{n} \sum_{i=1}^{n} \frac{X_i}{m}$.

4.3.4. Konstruktionsverfahren für Schätzfunktionen (Schätzer)

Es liege eine einfache Stichprobe $\underline{X} = (X_1,...,X_n)$ vor;

$\underline{x} = (x_1,...,x_n)$ sei die beobachtete Realisation (vgl. 4.2.1).

4.3.4.1. Die Momentenmethode

Zur Schätzung des unbekannten Parameters θ einer Verteilung kann man folgendermaßen vorgehen: Unbekannte, von θ abhängende Momente $E[X_i^r]$ ($r \in \mathbb{N}$) der Verteilung von X_i (i=1,...,n) [1] werden durch die entsprechenden Momente $m_r = \frac{1}{n} \sum_{i=1}^{n} x_i^r$ der Stichprobenwerte geschätzt. Der Schätzer für $E[X_i^r]$ ist also

$$S^{(r)}(\underline{X}) = \frac{1}{n} \sum_{i=1}^{n} X_i^r .$$

1) Geanuer wäre statt $E[X_i^r]$ zu schreiben $E_\theta[X_i^r]$.

Aus dem funktionalen Zusammenhang zwischen dem Parameter θ und den Momenten $E[X_i^r]$ läßt sich auf den unbekannten Parameter zurückschließen.

Schätzer für einen Parameter θ, die nach der Momentenmethode gewonnen wurden, sind konsistent und meist asymptotisch normal; genauer gilt mit

$$m_j = m_j(\theta) := E[X_i^j] \quad (i=1,\dots,n),$$

$$g(m_1,\dots,m_r) = \theta \text{ für ein } r \in \mathbb{N},$$

$$S_n^{(j)} := S_n^{(j)}(\underline{X}) = \frac{1}{n} \sum_{i=1}^{n} X_i^j \text{ und}$$

$$T_n := g(S_n^{(1)},\dots,S_n^{(r)}), \text{daß}$$

1) T_n konsistent ist für θ;

2) falls $\frac{\partial}{\partial m_j} g(m_1,\dots,m_r)$ existiert und stetig ist sowie m_{2r} existiert, ist T_n asymptotisch-normal;

d.h. (vgl. 4.3.2)

$$\lim_{n\to\infty} P_\theta\left(\sqrt{n}\,\frac{T_n - \theta}{\sigma_g} \le z\right) = \phi(z) \text{ für alle } z \in \mathbb{R},$$

wobei $\sigma_g^2 = \mathrm{var}\left[\sum_{j=1}^{r} \frac{\partial}{\partial m_j} g(m_1,\dots,m_r)\, X_i^j\right] \quad (i=1,\dots,n)$ [1].

Ebenso kann man auch zentrale Momente zur Schätzung der Parameter benutzen.

Beispiele für Schätzfunktionen nach der Momentenmethode:

Zu schätzender Parameter $\theta = \mu = E[X_i] \quad (i=1,\dots,n)$;

---

1) Genauer: $\sigma_g^2 = \sigma_g^2(\theta) = \mathrm{var}_\theta\left[\sum_{j=1}^{r} \frac{\partial}{\partial m_j} g(m_1(\theta),\dots,m_r(\theta))\, X$

Schätzer $S = \frac{1}{n} \sum_{i=1}^{n} X_i = \overline{X}$.

Zu schätzender Parameter $\theta = \sigma^2 = \mathrm{var}[X_i]$ $(i=1,\ldots,n)$;

Schätzer $S = \frac{1}{n} \sum_{i=1}^{n} X_i^{\,2} - \overline{X}^2$.

Zu schätzender Parameter $\theta = b$ für X_i gleichverteilt über $]0,b]$ $(i=1,\ldots,n)$;

Schätzer $S = \frac{2}{n} \sum_{i=1}^{n} X_i$.

Zu schätzende Parameter $\theta_1 = a$ und $\theta_2 = b$ für X_i gleichverteilt über $]a,b]$ $(i=1,\ldots,n)$;

Schätzer $S_a = \overline{X} - \sqrt{3M_2 - 3\overline{X}^2}$ für a;

Schätzer $S_b = \overline{X} + \sqrt{3M_2 - 3\overline{X}^2}$ für b mit

$\overline{X} = \frac{1}{n} \sum_{i=1}^{n} X_i$; $M_2 = \frac{1}{n} \sum_{i=1}^{n} X_i^{\,2} = s^{(2)}(\underline{X})$.

Zu schätzender Parameter $\theta = a$ für X_i exponentialverteilt $(b = 0)$ $(i=1,\ldots,n)$;

Schätzer $S = \frac{1}{\overline{X}} = \frac{n}{\sum_{i=1}^{n} X_i}$.

Oft liefern andere Konstruktionsmethoden "bessere" Schätzer als die Momentenmethode.

4.3.4.2. Die Maximum-Likelihood-Methode

Sei θ der unbekannte Parameter einer Verteilung, Θ der Parameterraum.

Sei f_θ die Wahrscheinlichkeitsfunktion ($f_\theta(x_i) = P_\theta(X_i = x_i)$) bzw. die Dichte von X_i ($i=1,\ldots,n$) bei dem Parameter θ.

(I) Sei $\Theta \subseteq \mathbb{R}$.

Def.: Die Funktion $L: \mathbb{R}^{n+1} \to \mathbb{R}_0^+$ mit

$$L(\underline{x},\theta) = L(x_1,\ldots,x_n,\theta) = \prod_{i=1}^{n} f_\theta(x_i)$$

heißt Likelihood-Funktion der Stichprobe [1].

Jede Lösung s der Gleichung

$$L(\underline{x},s) = L(x_1,\ldots,x_n,s) = \max_{\theta\in\Theta} L(\underline{x},\theta) = \max_{\theta\in\Theta} L(x_1,\ldots,x_n,\theta)$$

heißt Maximum-Likelihood-Schätzwert (ML-Schätzwert) [2] für den unbekannten Parameter θ bei den Beobachtungswerten $(x_1,\ldots,x_n) = \underline{x}$ der Stichprobe $\underline{X} = (X_1,\ldots,X_n)$.

Eine Funktion $S: \mathbb{R}^n \to \mathbb{R}$, die jedem $\underline{x} = (x_1,\ldots,x_n)$ einen zugehörigen ML-Schätzwert s zuordnet, heißt Maximum-Likelihood-Schätzer (ML-Schätzer) [3].

Ist die Funktion L bzw. die Funktion ln L partiell differenzierbar nach θ für alle $\theta \in \Theta$, so kann die Lösung θ von

$$\frac{\partial L(\underline{x},\theta)}{\partial\theta} = \frac{\partial L(x_1,\ldots,x_n,\theta)}{\partial\theta} = 0 \text{ bzw.}$$

$$\frac{\partial \ln L(\underline{x},\theta)}{\partial\theta} = \frac{\partial \ln L(x_1,\ldots,x_n,\theta)}{\partial\theta} = 0$$

---

1) Allgemeiner $L: \mathfrak{X} \times \Theta \to \mathbb{R}_0^+$ und $L(\underline{x},\theta) = f_\theta^{\underline{X}}(\underline{x})$.

2) Ein ML-Schätzwert existiert nicht immer.

3) Allgemeiner $S: \mathfrak{X} \to \Theta$.

ML-Schätzwerte liefern [1].

(II) Sei nun $\Theta \subseteq \mathbb{R}^m$.

Hat man also mehrere unbekannte Parameter $\theta_1, \theta_2, \ldots, \theta_m$ der Verteilung (diese Parameter $\theta_1, \ldots, \theta_m$ können zu einem m-dimensionalen Parameter $\underline{\theta}$ zusammengefaßt werden), so benutzt man entsprechend die Likelihood-Funktion $L: \mathbb{R}^{n+m} \to \mathbb{R}_o^+$ mit

$$L(\underline{x}, \underline{\theta}) = L(x_1, \ldots, x_n, \theta_1, \ldots, \theta_m) := \prod_{i=1}^{n} f_{\underline{\theta}}(x_i) =$$

$$= \prod_{i=1}^{n} f_{\theta_1, \ldots, \theta_m}(x_i);$$

$f_{\underline{\theta}} = f_{\theta_1, \ldots, \theta_m}$ ist die Wahrscheinlichkeitsfunktion

($f_{\theta_1, \ldots, \theta_m}(x_i) = P_{\theta_1, \ldots, \theta_m}(X_i = x_i)$) bzw. die Dichte von

X_i $(i=1, \ldots, n)$ bei den Parametern $\theta_1, \ldots, \theta_m$.

Jede Lösung $\underline{s} = (s_1, \ldots, s_m)$ der Gleichung

$$L(\underline{x}, \underline{s}) = L(x_1, \ldots, x_n, s_1, \ldots, s_m) =$$

$$= \max_{\underline{\theta} \in \Theta} L(\underline{x}, \underline{\theta}) = \max_{\underline{\theta} \in \Theta} L(x_1, \ldots, x_n, \theta_1, \ldots, \theta_m)$$

heißt Maximum-Likelihood-Schätzwert für den unbekannten Parameter $\underline{\theta} = (\theta_1, \ldots, \theta_m)$ bei den Beobachtungswerten $(x_1, \ldots, x_n) = \underline{x}$ der Stichprobe $\underline{X} = (X_1, \ldots, X_n)$.

Eine Funktion $S: \mathbb{R}^n \to \mathbb{R}^m$, die jedem $\underline{x} = (x_1, \ldots, x_n)$ einen zugehörigen ML-Schätzwert $\underline{s}$ zuordnet, heißt Maximum-Likelihood-Schätzer.

---

1) Hinreichende Bedingungen für ein Maximum wären noch zu untersuchen.
ln L mit $\ln L(\underline{x}, \theta) = \ln L(x_1, \ldots, x_n, \theta) = \sum_{i=1}^{n} \ln f_\theta(x_i)$ heißt log-Likelihood-Funktion.

Ist die Funktion L bzw. die Funktion ln L partiell differenzierbar nach $\theta_1,\ldots,\theta_m$ für alle $(\theta_1,\ldots,\theta_m) \in \Theta$, so ka[nn] die Lösung $\underline{\theta} = (\theta_1,\ldots,\theta_m)$ von

$$\left\{\begin{array}{l} \frac{\partial L(\underline{x},\underline{\theta})}{\partial \theta_1} = 0 \\ \vdots \\ \frac{\partial L(\underline{x},\underline{\theta})}{\partial \theta_m} = 0 \end{array}\right. \quad \text{bzw.} \quad \left\{\begin{array}{l} \frac{\partial \ln L(\underline{x},\underline{\theta})}{\partial \theta_1} = 0 \\ \vdots \\ \frac{\partial \ln L(\underline{x},\underline{\theta})}{\partial \theta_m} = 0 \end{array}\right.$$

(die partiellen Ab[-]leitungen sind al[s] an der Stelle $x_1,\ldots,x_n$ zu nehm[en])

ML-Schätzwerte liefern [1].

Sollen nur einige dieser unbekannten Parameter $\theta_1,\ldots,\theta_m$ geschätzt werden, etwa $\theta_1,\ldots,\theta_p$, so ist $(s_1,\ldots,s_p)$ ML-Schätzwert für diese zu schätzenden Parameter ($(s_1,\ldots,$[…] ML-Schätzwert für $(\theta_1,\ldots,\theta_m)$).

ML-Schätzer sind in vielen Fällen asymptotisch erwartungst[reu], konsistent und BAN-Schätzer, aber nicht notwendig erwartun[gs]treu.

Falls eine suffiziente Statistik vorliegt und ML-Schätzer existieren, gibt es einen ML-Schätzer, der eine Funktion di[e]ser Statistik ist.

ML-Schätzer sind funktionalinvariant, d.h. ist S ein ML-Schätzer für θ, dann ist $q(S)$ ein ML-Schätzer für $q(\theta)$.

---

1) Hinreichende Bedingungen für ein Maximum wären noch zu untersuchen.

Zusammenstellung der Maximum-Likelihood-Schätzer für Parameter der angegebenen Verteilung (einige Eigenschaften der Schätzer sind angegeben):

(1) Zu schätzender Parameter $\theta = \mu$ für $X_i \sim N(\mu;\sigma^2)$-normalverteilt $(i=1,\dots,n)$ (σ^2 bekannt);

ML-Schätzer $S = \frac{1}{n} \sum_{i=1}^{n} X_i = \overline{X}$.

Eigenschaften: UMVU, effizient, konsistent.

(2) Zu schätzender Parameter $\theta = \sigma^2$ für $X_i \sim N(\mu;\sigma^2)$-normalverteilt $(i=1,\dots,n)$ (μ bekannt);

ML-Schätzer $S = \frac{1}{n} \sum_{i=1}^{n} (X_i - \mu)^2$.

Eigenschaften: UMVU, effizient, konsistent.

(3) Zu schätzende Parameter $\theta_1 = \mu$ und $\theta_2 = \sigma^2$ (d.h. das Parameterpaar $(\mu;\sigma^2)$) für $X_i \sim N(\mu;\sigma^2)$-normalverteilt $(i=1,\dots,n)$;

ML-Schätzer ist (S_μ, S_{σ^2}) mit $S_\mu = \frac{1}{n} \sum_{i=1}^{n} X_i = \overline{X}$;

$S_{\sigma^2} = \frac{1}{n} \sum_{i=1}^{n} (X_i - \overline{X})^2 = s^2$.

Eigenschaften: Asymptotisch erwartungstreu.

(4) Zu schätzender Parameter $\Theta = b$ für X_i gleichverteilt über $]0,b]$ $(i=1,\dots,n)$;

ML-Schätzer $S = \max(X_1,\dots,X_n)$.

Eigenschaften: Asymptotisch erwartungtreu, konsistent.

(5) Zu schätzender Parameter $\theta = a$ für X_i exponentialverteilt mit den Parametern a und b = 0 (i=1,...,n);

$$\text{ML-Schätzer } S = \frac{n}{\sum_{i=1}^{n} X_i} = \frac{1}{\overline{X}}.$$

(6) Zu schätzender Parameter $\theta = p$ für X_i 0-1-verteilt mit $P(X_i = 1) = p$; $P(X_i = 0) = 1-p$ (i = 1,...,n);

ML-Schätzer $S = \frac{K}{n}$ (K = Anzahl der Fälle mit $X_i = 1$).

(7) Zu schätzender Parameter $\theta = p$ für $X_i \sim Bi(m;p)$-binomialverteilt (i=1,...,n) (m bekannt);

$$\text{ML-Schätzer } S = \frac{1}{m\,n} \sum_{i=1}^{n} X_i = \frac{1}{m} \overline{X}.$$

(8) Zu schätzender Parameter $\theta = \lambda$ für $X_i \sim Po(\lambda)$-Poissonverteilt (i=1,...,n);

$$\text{ML-Schätzer } S = \frac{1}{n} \sum_{i=1}^{n} X_i = \overline{X}.$$

4.3.5. Schätzungen bei einfachen Stichproben

Es liege eine einfache Stichprobe $\underline{X} = (X_1,\ldots,X_n)$ vor.

Für die Schätzer siehe auch die Zusammenstellungen in 4.3. und 4.3.4.

Weitere Schätzer:

(1) Sei $X_i \sim N(\mu;\sigma^2)$-normalverteilt (i=1,...,n) (μ,σ^2 unbekannt).

Schätzung der Standardabweichung $\sigma = \sqrt{\sigma^2}$.

(a) σ wird durch $s = \sqrt{s^2}$ mit

$$s^2 = \frac{1}{n-1} \sum_{i=1}^{n} (X_i - \overline{X})^2 = \frac{1}{n-1} \left(\sum_{i=1}^{n} X_i^2 - n\overline{X}^2 \right)$$

geschätzt.

Es ist

Erwartungswert $E[s] = \gamma_n \sigma$ mit $\gamma_n = \sqrt{\frac{2}{n-1}} \frac{\Gamma(\frac{n}{2})}{\Gamma(\frac{n-1}{2})}$ 1).

Einige Werte von γ_n und γ_n^{-1} sind in der folgenden Tabelle zusammengestellt.

Tabelle für γ_n und $\frac{1}{\gamma_n}$ (auf drei Dezimalstellen gerundet):

n	γ_n	$\frac{1}{\gamma_n}$
2	0,798	1,253
3	0,887	1,128
4	0,922	1,085
5	0,940	1,064
6	0,951	1,051
7	0,960	1,042
8	0,965	1,036
9	0,969	1,032
10	0,973	1,028

Eigenschaften des Schätzers: Asymptotisch erwartungstreu.

(b) σ wird durch $s_1 := \frac{s}{\gamma_n}$ geschätzt.

---

1) Es gilt $\frac{2n-3}{2n-2} < \gamma_n^2 \leq \frac{2n-2}{2n-1}$ $(n = 2,3,\ldots)$.

Es ist

Erwartungswert $E[s_1] = \sigma$.

Eigenschaften des Schätzers: Erwartungstreu; UMVU-Schätzer

(c) σ wird durch $s_2 := \sqrt{\frac{1}{n} \sum_{i=1}^{n} (X_i - \overline{X})^2}$ geschätzt.

Es ist

Erwartungswert $E[s_2] = \gamma_n \sqrt{\frac{n-1}{n}}\, \sigma$.

Eigenschaften: ML-Schätzer; man erhält ihn bei der Momente methode.

(2) Sei X_i gleichverteilt über $]0,b]$ $(i=1,\ldots,n)$.

Schätzung von b.

(a) b wird durch $S_1 = 2\overline{X} = \frac{2}{n} \sum_{i=1}^{n} X_i$ geschätzt.

Es ist

Erwartungswert $E[S_1] = b$;

Varianz $\mathrm{var}[S_1] = \frac{b^2}{3n} = \mathrm{MSE}[S_1]$ (mean squared error).

Eigenschaften: Erwartungstreu, konsistent; man erhält S_1 bei der Momentenmethode.

(b) b wird durch $S_2 = \max(X_1,\ldots,X_n)$ geschätzt.

Es ist

Erwartungswert $E[S_2] = \frac{n}{n+1}\, b$;

Varianz $var[S_2] = \frac{n}{(n+1)^2(n+2)} b^2$;

mean squared error $MSE[S_2] = \frac{2}{(n+1)(n+2)} b^2$.

Eigenschaften: Asymptotisch erwartungstreu, konsistent; ML-Schätzer.

(c) b wird durch $S_3 = \frac{n+1}{n} \max(X_1,\dots,X_n)$ geschätzt.

Es ist

Erwartungswert $E[S_3] = b$;

Varianz $var[S_3] = \frac{1}{n(n+2)} b^2 = MSE[S_3]$ (mean squared error).

Eigenschaft: UMVU-Schätzer.

(d) b wird durch $S_4 = \frac{n+2}{n+1} \max(X_1,\dots,X_n)$ geschätzt.

Es ist

Erwartungswert $E[S_4] = \frac{n(n+2)}{(n+1)^2} b$;

Varianz $var[S_4] = \frac{n(n+2)}{(n+1)^4} b^2$;

mean squared error $MSE[S_4] = \frac{1}{(n+1)^2} b^2$;

dies ist der Schätzer, der unter allen Schätzern der Form $C \max(X_1,\dots,X_n)$ $(C \in \mathbb{R})$ den kleinsten MSE hat.

Es gilt für den MSE der einzelnen Schätzer:

$$\frac{b^2}{3n} \geq \frac{2}{(n+1)(n+2)} b^2 \geq \frac{1}{n(n+2)} b^2 > \frac{1}{(n+1)^2} b^2;$$

das erste Gleichheitszeichen von links gilt genau für n = 1,2; das zweite Gleichheitszeichen genau für n = 1.

Im Sinne von 4.1.3 ist für eine quadratische Verlustfunkti der Schätzer

S_4 R-besser als der Schätzer S_3;

S_3 R-besser als S_2 für $n \geq 2$, S_3 äquivalent zu S_2 für n =

S_2 R-besser als S_1 für $n \geq 3$, S_2 äquivalent zu S_1 für n=1,

Also sind in dieser Situation sowohl der UMVU-Schätzer als auch der ML-Schätzer unzulässig.

Der Schätzer S_4 ist der gleichmäßig beste Schätzer unter allen Schätzern der Form C $\max(X_1,\ldots,X_n)$ bezüglich quadra tischer Verlustfunktion.

(3) Sei X_i exponentialverteilt mit den Parametern a und b (i=1,...,n).

Schätzung von $\frac{1}{a} = E[X_i]$ (i=1,...,n).

$\frac{1}{a}$ wird durch $S = n \min(X_1,\ldots,X_n)$ geschätzt.

Es ist $E[S] = \frac{1}{a}$.

Eigenschaft: Erwartungstreu.

4.3.6. Schätzungen bei Verteilungen von endlichen Grundgesamtheiten

Für die Bezeichnungen siehe 4.2.1. Die Stichproben $\underline{X} = (X_1,\ldots,X_n)$ müssen hier nicht einfache Stichproben sein. Es gelte stets $X_i = s_j$, falls $w_i = g_j$. Beim Ziehen mit Zurücklegen hat man einfache Stichproben, sonst nicht (keine Unabhängigkeit).

(1) Mit den Merkmalsausprägungen s_j der Elemente der Grundgesamtheit gelte

$$\frac{1}{N}\sum_{j=1}^{N} s_j = \mu; \quad \frac{1}{N}\sum_{j=1}^{N}(s_j-\mu)^2 = \sigma^2 \quad \left(= \frac{1}{N}\sum_{j=1}^{N} s_j^2-\mu^2\right).$$

Schätzung des <u>Mittelwertes</u> μ.

(a) μ wird durch das arithmetische Mittel $\overline{X} = \frac{1}{n}\sum_{i=1}^{n} X_i$ geschätzt.

Es ist

Erwartungswert $E[\overline{X}] = \mu$;

$$\text{Varianz } var[\overline{X}] = \begin{cases} \dfrac{\sigma^2}{n} & \text{bei Ziehen mit Zurücklegen} \\ \dfrac{\sigma^2}{n}\,\dfrac{N-n}{N-1} & \text{bei Ziehen ohne Zurücklegen.} \end{cases}$$

Eigenschaften des Schätzers: Erwartungstreu.

(b) μ wird durch den Zentralwert Z geschätzt.

Es ist $E[Z] = \mu$.

Für den Grenzfall N groß und Normalverteilung siehe 4.2.2.1 (6).

Schätzung der <u>Varianz</u> σ^2.

(a) σ^2 wird durch $s^2 = \frac{1}{n-1}\sum_{i=1}^{n}(X_i-\overline{X})^2 = \frac{1}{n-1}\left(\sum_{i=1}^{n} X_i^2 - n\overline{X}^2\right)$ geschätzt.

Es ist

$$\text{Erwartungswert } E[s^2] = \begin{cases} \sigma^2 & \text{bei Ziehen mit Zurücklegen} \\ \frac{N}{N-1}\sigma^2 & \text{bei Ziehen ohne Zurücklege} \end{cases}$$

$$\text{Varianz } var[s^2] \begin{cases} = \frac{1}{n}\left(E[(X_i-\mu)^4] - \frac{n-3}{n-1}\sigma^4\right) & \text{bei Ziehen mit Z rücklegen } (n > 1 \\ \approx \left(\frac{1}{n} - \frac{1}{N}\right)\left(E[(X_i-\mu)^4]\right) - \sigma^4) & \text{bei Ziehen ohn Zurücklegen } (n < N; n,N \text{ gro} \end{cases}$$

Für den Grenzfall N groß und Normalverteilung siehe 4.2.2.1 (4").

Eigenschaften des Schätzers: Erwartungstreu bei Ziehen mit Zurücklegen.

(b) σ^2 wird durch $S^2 = \frac{1}{n}\sum_{i=1}^{n}(X_i-\overline{X})^2 = \frac{1}{n}\left(\sum_{i=1}^{n}X_i^{\ 2} - n\overline{X}^2\right)$

geschätzt.

Es ist

Erwartungswert $E[S^2] = \frac{n-1}{n} E[s^2]$ (siehe a)).

Varianz $var[S^2] = \frac{(n-1)^2}{n^2} var[s^2]$ (siehe a)).

(2) Für die Merkmalsausprägung s_j des Elements g_j der Grun gesamtheit G gelte $s_j \in \{0,1\}$ $(j=1,\ldots,N)$.

Sei $K := \sum_{j=1}^{N} s_j$ und $p := \frac{K}{N}$.

Schätzung des <u>Anteilswertes</u> p.

Sei also

$$X_i = \begin{cases} 0, & \text{wenn das i-te Element } w_i \text{ der Auswahl } \underline{w} \text{ die Ausprägung 0 hat} \\ 1, & \text{wenn das i-te Element } w_i \text{ der Auswahl } \underline{w} \text{ die Ausprägung 1 hat.} \end{cases}$$

Es gilt

$$\sum_{i=1}^{n} X_i \sim \begin{cases} Bi(n;p)\text{-binomialverteilt bei Ziehen mit Zurücklegen} \\ Hy(N;K;n)\text{-hypergeometrisch verteilt bei Ziehen ohne Zurücklegen.} \end{cases}$$

Es ist

Erwartungswert $E[\sum_{i=1}^{n} X_i] = np = n\frac{K}{N}$;

$$\text{Varianz } var[\sum_{i=1}^{n} X_i] = \begin{cases} np(1-p) & \text{bei Ziehen mit Zurücklegen} \\ np(1-p)\frac{N-n}{N-1} = \frac{n\,K(N-K)(N-n)}{N^2(N-1)} & \text{bei Ziehen ohne Zurücklegen.} \end{cases}$$

p wird durch $\overline{X} = \frac{1}{n}\sum_{i=1}^{n} X_i$ geschätzt.

Es ist

Erwartungswert $E[\overline{X}] = p = \frac{K}{N}$;

$$\text{Varianz } var[\overline{X}] = \begin{cases} \frac{p(1-p)}{n} & \text{bei Ziehen mit Zurücklegen} \\ \frac{p(1-p)(N-n)}{n(N-1)} = \frac{K(N-K)(N-n)}{nN^2(N-1)} & \text{bei Ziehen ohne Zurücklegen.} \end{cases}$$

Eigenschaften des Schätzers: Erwartungstreu.

(3) Für die Merkmalsausprägung s_j des Elements g_j der Grun-gesamtheit G gelte

$$s_j \in \{1,\dots,m\} \quad (j=1,\dots,N).$$

Sei K_r = Anzahl der g_j mit Merkmalsausprägung $s_j = r$;

$\underline{K} = (K_1,\dots,K_m)$ und $\underline{p} = (p_1,\dots,p_m) := \frac{\underline{K}}{N} = (\frac{K_1}{N},\dots,\frac{K_m}{N})$.

Schätzung des Vektors $\underline{p} = (p_1,\dots,p_m)$ der Anteilswerte.

Sei Y_r = Anzahl der Elemente der Auswahl $\underline{w}$ mit Ausprägung $\underline{Y} = (Y_1,\dots,Y_m)$.

Es gilt

$$\underline{Y} \sim \begin{cases} Mu(n;p_1,\dots,p_m)\text{-multinomialverteilt bei Ziehen mit Zurücklegen} \\ mHy(N;K_1,\dots,K_m;n)\text{-mehrdimensional hypergeometrisch verteilt bei Ziehen ohne Zurücklegen} \end{cases}$$

Es ist

Erwartungswertvektor $E[\underline{Y}] = (np_1,\dots,np_m) = (K_1,\dots,K_m)$.

$\underline{p}$ wird durch $\underline{\bar{Y}} := \frac{1}{n}\underline{Y}$ geschätzt.

Es ist

Erwartungswertvektor $E[\underline{\bar{Y}}] = \underline{p} = (\frac{K_1}{N},\dots,\frac{K_m}{N})$.

(4) Die Merkmalsausprägung bei dem Element $g_j \in G$ sei der Vektor $\underline{s}_j = (s_{1j},s_{2j}) \in \mathbb{R}^2$. Sei

$s_{12} := \frac{1}{N} \sum_{j=1}^{N} (s_{1j} - \bar{s}_1)(s_{2j} - \bar{s}_2)$, wobei

$\bar{s}_1 = \frac{1}{N} \sum_{j=1}^{N} s_{1j}; \quad \bar{s}_2 = \frac{1}{N} \sum_{j=1}^{N} s_{2j}.$

Schätzung der Kovarianz σ_{12}.

Die Stichprobe ist $(\underline{X}_1, \ldots, \underline{X}_n) =: \underline{X}$, wobei die einzelnen Elemente $\underline{X}_i$ der Stichprobe zweidimensionale Zufallsvektoren (X_{1i}, X_{2i}) sind $(i=1,\ldots,n)$.

σ_{12} wird durch $\hat{s}_{12} = \frac{1}{n-1} \sum_{i=1}^{n} (X_{1i} - \bar{X}_1)(X_{2i} - \bar{X}_2)$ geschätzt,

wobei $\bar{X}_1 = \frac{1}{n} \sum_{i=1}^{n} X_{1i}; \quad \bar{X}_2 = \frac{1}{n} \sum_{i=1}^{n} X_{2i}.$

Es ist

Erwartungswert $E[\hat{s}_{12}] = \sigma_{12}$ bei Ziehen mit Zurücklegen.

4.3.7. Schätzer in linearen Modellen

Bisher wurden Schätzer für Parameter von Verteilungen betrachtet, jetzt sollen Schätzer für Parameter eines Modells, das für ein oder mehrere Merkmale in der Grundgesamtheit zu Grunde gelegt wird, untersucht werden.

Es wird zunächst das einfache Regressionsmodell behandelt: In einer Grundgesamtheit mögen zwei Merkmale [1], die durch X und Y beschrieben werden, von Interesse sein. Es werde angenommen, daß sich an jedem Element der Grundgesamtheit

---

1) Die Ausprägungen der Merkmale an den Elementen der Grundgesamtheit sind reelle Zahlen.

die Ausprägung des einen Merkmals im wesentlichen, d.h. bi auf einen kleinen Fehler U, als Funktion der Ausprägung de anderen Merkmals darstellt, symbolisch geschrieben
$Y = g(X) + U$ mit einer Funktion $g: \mathbb{R} \to \mathbb{R}$.

Es interessiert nun eine Schätzung der Funktion g. Dies so so geschehen, daß möglichst wenig von der Variabilität von Y durch den Fehler U erklärt werden muß.

Y (Merkmal Y) heißt Regressand, X (Merkmal X) heißt Regres die Ausprägung des Fehlers U ist i.a. nicht beobachtbar [1]

Wir unterscheiden zwei Fälle: Zuerst nehmen wir an, daß di Beobachtungen von Y bei vorher festgelegten [2] X-Werten $x_1,\ldots,x_n \in \mathbb{R}$ vorgenommen werden. (Ein Experimentator kann etwa die Beobachtungen von Y bei vorher nach X-Werten ausgesuchten Elementen der Grundgesamtheit vornehmen.) Im zwe ten Fall nehmen wir an, daß X und Y gemeinsam an Elementen der Grundgesamtheit (meist an Elementen einer einfachen Stichprobe) beobachtet werden. Wir behandeln zuerst und vo allem den ersten Fall, viele Ergebnisse sind übertragbar.

4.3.7.1. Das klassische Regressionsmodell (Modell der Einfachregression) (vgl. 1.3.4)

Wir setzen nun voraus, daß g eine lineare Funktion ist, al $g(x) = a + \beta x$ $(x \in \mathbb{R})$. Damit wird $Y = a + \beta X + U$ $(a,\beta \in \mathbb{R})$

1) Statt von Merkmalen spricht man (besonders in diesem Zu sammenhang) auch von Variablen. Man beachte, daß dieser Begriff einer Variablen nicht mit dem einer Zufallsvari ablen, die als Beobachtung der Ausprägung eines Merkmal an einem Element der Grundgesamtheit interpretiert wird übereinstimmt. Es ist z.B. die Zufallsvariable Y_i die B obachtung des Merkmals (der Variable) Y am i-ten Stichprobenelement (vgl. 4.2.1).
U heißt auch latente Variable.

2) Deterministischen.

Wir haben dann a und β zu schätzen.

Das klassische Regressionsmodell hat nun die Gestalt

$Y_i = a + \beta x_i + U_i \quad (i=1,\dots,n)$

mit Zufallsvariablen Y_i und U_i. Ferner trifft man folgende Annahmen. Es seien

(i) Erwartungswerte $E[U_i] = 0 \quad (i=1,\dots,n)$;

daraus folgt

$E[Y_i] = a + \beta x_i \quad (i=1,\dots,n)$;

(ii) Varianzen $\operatorname{var}[U_i] = E[U_i^2] =: \sigma^2 > 0 \quad (i=1,\dots,n)$; diese Eigenschaft der Gleichheit der Varianzen wird <u>Homoskedastizität</u> der U_i genannt [1].

(iii) Kovarianz $\operatorname{cov}[U_i,U_j] = E[U_iU_j] = 0$ für alle $i,j=1,\dots,n$; $i \neq j$; d.h. keine Korrelation der latenten Variablen.

Daraus folgt

$\operatorname{cov}[Y_i,Y_j] = E[U_iU_j] = 0 \quad (i=1,\dots,n;\ i \neq j)$.

Sei nun $((x_1,Y_1),(x_2,Y_2),\dots,(x_n,Y_n))$ eine Stichprobe vom Umfang n aus der Grundgesamtheit. (Beim i-ten Stichprobenelement hat X die feste Ausprägung x_i, die Beobachtung von Y werde durch die Zufallsvariable Y_i beschrieben $(i=1,\dots,n)$.)

Die Schätzung der Parameter a und β kann man nach der Methode der kleinsten Quadrate (KQ-Methode) (vgl. 1.3.2) vornehmen. Man erhält als Schätzer (KQ-Schätzer) für a bzw. β

$$S_a := \frac{\left(\sum_{i=1}^{n} x_i^2\right)\left(\sum_{i=1}^{n} Y_i\right) - \left(\sum_{i=1}^{n} x_i\right)\left(\sum_{i=1}^{n} x_iY_i\right)}{n\sum_{i=1}^{n} x_i^2 - \left(\sum_{i=1}^{n} x_i\right)^2} = \overline{Y} - S_\beta \overline{x};$$

---

1) Andernfalls liegt Heteroskedastizität vor.

$$S_\beta := \frac{n \sum_{i=1}^{n} x_i Y_i - (\sum_{i=1}^{n} x_i)(\sum_{i=1}^{n} Y_i)}{n \sum_{i=1}^{n} x_i^2 - (\sum_{i=1}^{n} x_i)^2} \quad (\overline{x} = \frac{1}{n} \sum_{i=1}^{n} x_i;\ \overline{Y} = \frac{1}{n} \sum_{i=1}^{n} Y_i$$

Mit der Kovarianz

$$S_{xY} := \frac{1}{n} (\sum_{i=1}^{n} x_i Y_i - n\, \overline{x}\, \overline{Y}),$$

der Varianz der x_i

$$S_x^2 := \frac{1}{n} (\sum_{i=1}^{n} x_i^2 - n\, \overline{x}^2),$$

der Varianz der Y_i

$$S_Y^2 := \frac{1}{n} (\sum_{i=1}^{n} Y_i^2 - n\, \overline{Y}^2),$$

dem Korrelationskoeffizienten

$\rho := \frac{S_{xY}}{S_x S_Y}$ kann man schreiben

$$S_\beta = \frac{S_{xY}}{S_x^2} = \rho \frac{S_Y}{S_x}.$$

Die Schätzwerte erhält man, wenn die Zufallsvariablen durc
die entsprechenden Realisationen ersetzt werden.

Bemerkung: Statt S_{xY}, S_x^2 und S_Y^2 kann man auch nehmen $\frac{n}{n-1}$ S
$\frac{n}{n-1} S_x^2$ und $\frac{n}{n-1} S_Y^2$, also $\frac{n}{n-1} S_{xY} = \frac{1}{n-1} (\sum_{i=1}^{n} x_i Y_i - n\, \overline{x}\, \overline{Y})$ us

Eigenschaften dieser nach der KQ-Methode bestimmten Schätz

Erwartungswerte $E[S_a] = a$; $E[S_\beta] = \beta$ (Erwartungstreue);

Varianzen $\mathrm{var}[S_a] = \frac{\sigma^2}{n} \frac{\sum_{i=1}^{n} x_i^2}{\sum_{i=1}^{n} (x_i - \bar{x})^2}$;

$\mathrm{var}[S_\beta] = \sigma^2 \frac{1}{\sum_{i=1}^{n} (x_i - \bar{x})^2}$;

Kovarianz $\mathrm{cov}[S_a, S_\beta] = - \sigma^2 \frac{\bar{x}}{\sum_{i=1}^{n} (x_i - \bar{x})^2}$;

Korrelationskoeffizient $\mathrm{kor}[S_a, S_\beta] = - \frac{\sum_{i=1}^{n} x_i}{\sqrt{n \sum_{i=1}^{n} x_i^2}}$.

Weiter sind diese Schätzer S_a und S_β lineare Funktionen in Y_i $(i=1,\ldots,n)$.

Für den Parameter σ^2 hat man als erwartungstreuen Schätzer

$$S_\sigma^2 := \frac{1}{n-2} \sum_{i=1}^{n} (Y_i - S_a - S_\beta x_i)^2 = \frac{1}{n-2} \left(\sum_{i=1}^{n} Y_i^2 - S_a \sum_{i=1}^{n} Y_i - S_\beta \sum_{i=1}^{n} x_i Y_i \right)$$

(siehe 1.3.4 auch für Korrelationskoeffizient, Bestimmtheitsmaß).

Sind die Zufallsvariablen $U_i \sim N(0;\sigma^2)$-normalverteilt $(i=1,\ldots,n)$, so ist die Likelihood-Funktion L (vgl. 4.3.4.2) gegeben durch

$$L(y_1,\ldots,y_n,a,\beta,\sigma^2) = (2\pi\sigma^2)^{-\frac{n}{2}} \exp\left(-\frac{1}{2\sigma^2} \sum_{i=1}^{n} (y_i - a - \beta x_i)^2\right).$$

Die ML-Schätzer (vgl. 4.3.4.2), die man hieraus für a und β erhält, stimmen mit den Schätzern nach der KQ-Methode überein.

Andere Schreibweise für obige Ergebnisse:

$$\text{Sei } \underline{Y} = \begin{pmatrix} Y_1 \\ Y_2 \\ \vdots \\ Y_n \end{pmatrix}, \quad \underline{X} = \begin{pmatrix} 1 & x_1 \\ 1 & x_2 \\ \vdots & \vdots \\ 1 & x_n \end{pmatrix}, \quad \underline{\theta} = \begin{pmatrix} a \\ \beta \end{pmatrix} \text{ und } \underline{U} = \begin{pmatrix} U_1 \\ U_2 \\ \vdots \\ U_n \end{pmatrix};$$

dann ist

$Y_i = a + \beta x_i + U_i \quad (i=1,\dots,n)$

gleichbedeutend mit

$$\underline{Y} = \begin{pmatrix} Y_1 \\ \vdots \\ Y_n \end{pmatrix} = \begin{pmatrix} 1 & x_1 \\ \vdots & \vdots \\ 1 & x_n \end{pmatrix} \begin{pmatrix} a \\ \beta \end{pmatrix} + \underline{U} = \underline{X}\, \underline{\theta} + \underline{U}.$$

Setzt man in $\underline{\theta}$ für a und β die entsprechenden Kleinst-Quadrate-Schätzer S_a und S_β ein, also statt $\underline{\theta}$ nun $\underline{S_\theta} = \begin{pmatrix} S_a \\ S_\beta \end{pmatrix}$, so ergibt sich $\underline{X}'\underline{Y} = \underline{X}'\underline{X}\, \underline{S_\theta}$;

dies bedeutet ausgeschrieben

$$\begin{pmatrix} \Sigma Y_i \\ \Sigma x_i Y_i \end{pmatrix} = \begin{pmatrix} n & \Sigma x_i \\ \Sigma x_i & \Sigma x_i^2 \end{pmatrix} \begin{pmatrix} S_a \\ S_\beta \end{pmatrix} \quad (\Sigma \text{ jeweils } \sum_{i=1}^{n}).$$

Damit folgt

$$\underline{S_\theta} = (\underline{X}'\underline{X})^{-1}\underline{X}'\underline{Y}$$

($(\underline{X}'\underline{X})^{-1}$ existiert wegen $\det \underline{X}'\underline{X} = n\Sigma x_i^2 - (\Sigma x_i)^2 = n^2 S_x^2 \neq 0$, da nicht alle x_i gleich), also

$$S_a = \frac{1}{\begin{vmatrix} n & \Sigma x_i \\ \Sigma x_i & \Sigma x_i^2 \end{vmatrix}} (\Sigma x_i^2 \;\; -\Sigma x_i) \begin{pmatrix} \Sigma Y_i \\ \Sigma x_i Y_i \end{pmatrix};$$

$$S_\beta = \frac{1}{\begin{vmatrix} n & \Sigma x_i \\ \Sigma x_i & \Sigma x_i^2 \end{vmatrix}} \left(-\Sigma x_i \quad n\right) \begin{pmatrix} \Sigma Y_i \\ \Sigma x_i Y_i \end{pmatrix} \quad (\Sigma \text{ jeweils } \sum_{i=1}^{n}),$$

was nach dem Ausrechnen mit dem obigen Ergebnis übereinstimmt.

4.3.7.2. Das multiple Regressionsmodell

Wir verallgemeinern nun auf den Fall mehrerer Regressoren. Für r+1 Merkmale, beschrieben durch $X_1,\ldots,X_r$, Y werde folgender Zusammenhang angenommen:

$$Y = a + \beta_1 X_1 + \ldots + \beta_r X_r + U \quad (a, \beta_1, \ldots, \beta_r \in \mathbb{R})$$

mit einem Fehler U wie in 4.3.7.1 [1].

Sei $(x_{11}, x_{21}, \ldots, x_{r1}, Y_1), (x_{12}, x_{22}, \ldots, x_{r2}, Y_2), \ldots, (x_{1n}, x_{2n}, \ldots, x_{rn}, Y_n)$ eine Stichprobe vom Umfang n aus der Grundgesamtheit. (Beim i-ten Stichprobenelement hat X_r die feste Ausprägung x_{ri}, die Beobachtung von Y werde durch die Zufallsvariable Y_i beschrieben $(i=1,\ldots,n)$.)

Das multiple Regressionsmodell hat dann die Gestalt

$$(1) \quad Y_i = a + \beta_1 x_{1i} + \beta_2 x_{2i} + \ldots + \beta_r x_{ri} + U_i$$

mit Zufallsvariablen Y_i und U_i $(i=1,\ldots,n)$.

Man trifft nun analoge Annahmen wie in 4.3.7.1.

Setzt man analog zu 4.3.7.1

1) Allgemeiner ist ein Ansatz $Y = g(X_1,\ldots,X_r) + U$ mit einer Funktion $g: \mathbb{R}^r \to \mathbb{R}$.

$$\underline{Y} = \begin{pmatrix} Y_1 \\ Y_2 \\ \vdots \\ Y_n \end{pmatrix}, \quad \underline{X} = \begin{pmatrix} 1 & x_{11} & x_{21} & \dots & x_{r1} \\ 1 & x_{12} & x_{22} & \dots & x_{r2} \\ \vdots & & \dots\dots\dots & & \\ 1 & x_{1n} & x_{2n} & \dots & x_{rn} \end{pmatrix} = \begin{pmatrix} 1 \\ 1 \\ \vdots \\ 1 \end{pmatrix} \hat{\underline{X}}' \quad \text{mit}$$

$$\hat{\underline{X}} = \begin{pmatrix} x_{11} & x_{12} & \dots & x_{1n} \\ x_{21} & x_{22} & \dots & x_{2n} \\ & \dots\dots\dots & & \\ x_{r1} & x_{r2} & \dots & x_{rn} \end{pmatrix}, \quad \text{ferner} \quad \underline{\theta} = \begin{pmatrix} a \\ \beta_1 \\ \vdots \\ \beta_r \end{pmatrix} \quad \text{und} \quad \underline{U} = \begin{pmatrix} U_1 \\ U_2 \\ \vdots \\ U_n \end{pmatrix},$$

dann ist (1) gleichbedeutend mit

$\underline{Y} = \underline{X}\ \underline{\theta} + \underline{U}$.

Die Schätzer S_a und $S_{\beta_1},\dots,S_{\beta_r}$ für a und $\beta_1,\dots,\beta_r$ seien nach der Kleinst-Quadrate-Methode bestimmt. Setzt man in $\underline{\theta}$ für a und $\beta_1,\dots,\beta_r$ nun $S_a, S_{\beta_1},\dots,S_{\beta_r}$ ein, also statt $\underline{\theta}$

$$\underline{S_\theta} = \begin{pmatrix} S_a \\ S_{\beta_1} \\ \vdots \\ S_{\beta_r} \end{pmatrix}, \text{ so ergibt sich } \underline{X}'\underline{Y} = \underline{X}'\underline{X}\ \underline{S_\theta} \text{ und}$$

$\underline{S_\theta} = (\underline{X}'\underline{X})^{-1}(\underline{X}'\underline{Y})$, falls $(\underline{X}'\underline{X})^{-1}$ existiert.

Damit hat man eine Möglichkeit, die Schätzer zu berechnen.

Wählt man die $x_{\nu i}$ ($\nu=1,\dots,r$; $i=1,\dots,n$) so, daß die zugehörige Kovarianzmatrix (vgl. 1.3.3) regulär ist, so existiert $(\underline{X}'\underline{X})^{-1}$.

Es gilt das Gauß-Markov-Theorem: Unter den Voraussetzungen (i) - (iii) aus 4.7.3.1 ist der KQ-Schätzer $\underline{S_\theta}$ der lineare

Schätzer für $\underline{\theta}$ mit der kleinsten Varianz (für alle Komponenten von $\underline{\theta}$).

Hinweis: Tests für β siehe 4.4.10.13; Konfidenzintervall für β siehe 4.5.3.7.

4.3.7.3. Stochastische Regressoren

Bislang wurde von festen Regressorwerten ausgegangen. Wir wollen nun von einer einfachen Stichprobe $((X_1,Y_1),\ldots,(X_n,Y_n))$ (einfache Regression) bzw. $((X_{11},\ldots,X_{r1},Y_1),\ldots,(X_{1n},\ldots,X_{rn},Y_n))$ (multiple Regression) aus einer zweidimensional bzw. (r+1)-dimensional verteilten Grundgesamtheit ausgehen. (D.h. aus der Grundgesamtheit werden Stichprobenelemente durch einfache Zufallsauswahl und nicht wie oben nach ihren Regressorwerten ausgewählt. An den Stichprobenelementen werden alle Merkmale, beschrieben durch X,Y bzw. $X_1,\ldots,X_r,Y$, beobachtet.)

Die Regressionsmodelle haben dann die Form

$$Y_i = \alpha + \beta X_i + U_i \quad (i=1,\ldots,n) \text{ bzw.}$$

$$Y_i = \alpha + \beta_1 X_{1i} + \ldots + \beta_r X_{ri} + U_i \quad (i=1,\ldots,n)$$

mit Zufallsvariablen X_i,Y_i bzw. $X_{1i},\ldots,X_{ri},Y_i$ $(i=1,\ldots,n)$.

Man trifft nun analoge Annahmen wie in 4.3.7.1. Zusätzlich fordert man Unabhängigkeit aller Regressoren von den Fehlern und, daß die gemeinsame Verteilung der Regressoren nicht von $\underline{\theta}$ und σ^2 abhängt.

Sei $\underline{S}_\theta$ analog 4.3.7.1 bzw. 4.3.7.2 definiert. $\underline{S}_\theta$ ist dann auch eine Funktion der Zufallsvariablen X_i bzw. $X_{1i},\ldots,X_{ri}$ $(i=1,\ldots,n)$.

Im einfachen Regressionsmodell gilt dann

(1) $E[Y_i | X_i] = a + \beta X_i$ $(i=1,\ldots,n)$ und

wegen $E[\underline{S}_{\theta} | X_1,\ldots,X_n] = \underline{\theta}$

(2) $E[\underline{S}_{\theta}] = \underline{\theta}$.

Das Modell mit festen Regressoren entspricht der bedingten Situation des Modells mit stochastischen Regressoren.

Auch die anderen Ergebnisse aus 4.3.7.1 und 4.3.7.2 übertragen sich entsprechend. Insbesondere sind wieder der KQ- und der ML-Schätzer identisch.

Zusammenstellung von Schätzern

Schätzer für	Voraussetzungen über die Grundgesamtheit	behandelt in
Mittelwert μ	$N(\mu;\sigma^2)$-normalverteilt Varianz σ^2 bekannt	4.3.3 und 4.3.4.2
Mittelwert μ	$N(\mu;\sigma^2)$-normalverteilt	4.3.3
Mittelwert μ	———	4.3.4.1
Mittelwert μ	endlich mit N Elementen	4.3.6
Varianz σ^2	$N(\mu;\sigma^2)$-normalverteilt Mittelwert μ bekannt	4.3.3 und 4.3.4.2
Varianz σ^2	$N(\mu;\sigma^2)$-normalverteilt	4.3.3
Varianz σ^2	———	4.3.4.1
Varianz σ^2	endlich mit N Elementen	4.3.6
Standard-abweichung σ	$N(\mu;\sigma^2)$-normalverteilt	4.3.5
Mittelwert μ und Varianz σ^2	$N(\mu;\sigma^2)$-normalverteilt	4.3.4.2
Parameter b	gleichverteilt über $]0,b]$	4.3.3 und 4.3.4.1 und 4.3.4.2 und 4.3.5
Parameter a und b	gleichverteilt über $]a,b]$	4.3.4.1
Parameter a	exponentialverteilt mit den Parametern a und $b = 0$	4.3.4.1 und 4.3.4.2

Parameter $\frac{1}{a}$	exponentialverteilt mit den Parametern a und b = 0	4.3.3 und 4.3.5
Parameter p	0-1-verteilt mit $P(X_i = 1) = p$	4.3.3 und 4.3.4.2
Parameter p	Bi(m;p)-binomialverteilt m bekannt	4.3.3 und 4.3.4.2
Parameter λ	Po(λ) Poisson-verteilt	4.3.3 und 4.3.4.2
Parameter $\frac{K}{N}$	Hy(N;K;m)-hypergeometrisch verteilt	4.3.3
Anteilswert p	endlich mit N Elementen	4.3.6
Vektor $\underline{p} = (p_1,\ldots,p_m)$ der Anteilswerte	endlich mit N Elementen	4.3.6
Kovarianz σ_{12}	endlich mit N Elementen	4.3.6
Parameter im Regressionsmodell	siehe 4.3.7	4.3.7

4.4. Testtheorie

Die Testtheorie befaßt sich mit dem Problem, geeignete Funktionen von Stichproben $\underline{X}$ zu bestimmen, um sich damit für oder gegen eine Hypothese, welche die Grundgesamtheit betrifft, zu entscheiden. In der parametrischen Testtheorie sind die Hypothesen Aussagen über unbekannte Parameter θ der Verteilung eines Merkmals in der Grundgesamtheit.

4.4.1. Grundbegriffe der parametrischen Testtheorie

(vgl. 4.3.1)

Die Menge $\mathfrak{X}$, in der alle möglichen Beobachtungen einer Erhebung (Stichprobe) $\underline{X}$ liegen, ist der Beobachtungsraum. Die Realisationen von $\underline{X}$ werden mit $\underline{x}$ bezeichnet. In den meisten Fällen liegt $\mathfrak{X}$ im n-dimensionalen Raum $\mathbb{R}^n$; dann ist $\underline{X} = (X_1,\dots,X_n)$ und $\underline{x} = (x_1,\dots,x_n)$. Die Wahrscheinlichkeitsverteilung $P^{\underline{X}}$ von $\underline{X}$ auf $\mathfrak{X}$ [1] sei unbekannt. Sie stamme aus einer Menge $\mathcal{P}$ von möglichen Wahrscheinlichkeitsverteilungen.

Es wird nun angenommen, daß jede der möglichen Wahrscheinlichkeitsverteilungen durch einen Parameter $\theta \in \mathbb{R}$ (oder durch ein Parameterpaar $\theta \in \mathbb{R}^2,\dots$) charakterisiert ist. Die Menge Θ der möglichen Parameter θ heißt Parameterraum (im allgemeinen $\Theta \subseteq \mathbb{R}$ oder $\Theta \subseteq \mathbb{R}^2\dots$). Der Parameter der wirklichen (wahren) Verteilung sei θ_* (θ_* unbekannt).

Ein Testproblem liegt vor, wenn man zu entscheiden hat, in welcher von zwei Mengen Θ_0 und Θ_1 mit $\Theta = \Theta_0 \cup \Theta_1$ und $\Theta_0 \cap \Theta_1 = \emptyset$ der Parameter θ_* der wirklichen (wahren) Ver-

1) Dazu muß eine σ-Algebra aus Teilmengen von $\mathfrak{X}$ vorliegen (vgl. 2.1.1).

teilung liegt. Die Aussage $\theta_* \in \Theta_0$ heißt <u>Nullhypothese</u> [1] H_0, die Aussage $\theta_* \in \Theta_1$ heißt <u>Alternative</u> (<u>Gegenhypothese</u>) H_1.

Ein Test [2] ist ein Entscheidungsverfahren [3], das angibt, in welchen Fällen (für welche Beobachtungen) man sich für H_0 und in welchen für H_1 zu entscheiden hat.

Damit kann ein Test betrachtet werden als eine Funktion $\varphi: \mathfrak{X} \to \{0,1\}$, wobei sein soll ($\underline{x} = (x_1,\ldots,x_n) \in \mathfrak{X}$)

$$\varphi(\underline{x}) = \begin{cases} 0, & \text{wenn man sich bei der Beobachtung } \underline{x} \text{ für } H_0 \text{ entscheidet } (H_0 \text{ nicht ablehnt, nicht verwirft}), \\ 1 & \text{sonst (d.h. } H_0 \text{ ablehnt, verwirft).} \end{cases}$$

Den Test bezeichnet man dann auch mit φ.

Die Menge aller $\underline{x} = (x_1,\ldots,x_n) \in \mathfrak{X}$ mit $\varphi(\underline{x}) = 1$ bildet den <u>Ablehnungsbereich</u> (<u>Verwerfungsbereich</u>) A des Tests φ; die Menge aller $\underline{x} \in \mathfrak{X}$ mit $\varphi(\underline{x}) = 0$ bildet den Nichtablehnungsbereich ("Annahmebereich").

---

1) Manchmal auch kurz Hypothese.

2) Genauer: Nichtrandomisierter Test.

3) Allgemein ist eine Entscheidungsregel ein Verfahren, wie man sich unter mehreren Hypothesen (Annahmen, Behauptung entscheiden soll. Die Menge der einzelnen Entscheidungen bildet den Entscheidungsraum. Bei einem Test hat man sic nur unter zwei Hypothesen zu entscheiden, der Entscheidungsraum besteht also aus zwei Elementen (vgl. 4.1.4).

4.4.2. Fehler 1. und 2. Art

Die Ablehnung der Hypothese H_0 (d.h. $\varphi(\underline{x}) = 1$) ist nun die richtige Entscheidung, wenn der wirkliche Zustand "H_0 trifft nicht zu" (d.h. $\theta_* \in \Theta_1$) ist; wenn der wirkliche Zustand "H_0 trifft zu" (d.h. $\theta_* \in \Theta_0$) ist, ist die Ablehnung von H_0 die falsche Entscheidung. In diesem Fall begeht man einen sogenannten Fehler 1. Art.

Def.: φ ist ein Test auf Niveau [1] α $(\alpha \in [0,1])$, wenn

$P_\theta(\varphi(\underline{X}) = 1) \leq \alpha$ für alle $\theta \in \Theta_0$

(für die Wahrscheinlichkeit P_θ siehe 4.1.1)

$(\Longleftrightarrow P_\theta(H_0 \text{ ablehnen}) = P(H_0 \text{ ablehnen}|\theta) \leq \alpha$ für alle $\theta \in \Theta_0)$

ist.

Man sagt, der Test φ hat das (exakte) Niveau [2] α $(\alpha \in [0,1])$,

wenn $\sup\limits_{\theta \in \Theta_0} P_\theta(\varphi(\underline{X}) = 1) = \alpha$

$$(\Longleftrightarrow \sup_{\theta \in \Theta_0} P_\theta(H_0 \text{ ablehnen}) = \sup_{\theta \in \Theta_0} P(H_0 \text{ ablehnen}|\theta) =$$

$$= \min\{\alpha' | \varphi \text{ Test auf Niveau } \alpha'\} = \alpha)$$

ist.

Das (exakte) Niveau ist also die "maximale" Wahrscheinlichkeit, einen Fehler 1. Art zu begehen.
Man nennt einen Fehler 1. Art auch α-Fehler [3].

---

1) Signifikanzniveau; level of significance.

2) Exaktes Signifikanzniveau; size.

3) Der α-Fehler wird bisweilen auch Produzentenrisiko (Fabrikantenrisiko, Verkäuferrisiko) genannt. $1-\alpha$ wird auch als Sicherheitswahrscheinlichkeit bezeichnet.

Die Nichtablehnung ("Annahme") von H_o (d.h. $\varphi(\underline{x}) = 0$) ist die richtige Entscheidung, wenn der wirkliche Zustand "H_o trifft zu" (d.h. $\theta_* \in \Theta_o$) ist; wenn der wirkliche Zustand "H_o trifft nicht zu" (d.h. $\theta_* \in \Theta_1$) ist, ist die Nichtablehnung von H_o (d.h. $\varphi(\underline{x}) = 0$) die falsche Entscheidung. I diesem Fall begeht man einen sogenannten Fehler 2. Art. Ma nennt einen Fehler 2. Art auch β-Fehler [1].

Man hat somit folgendes Entscheidungsraster:

wahrer Zustand / Entscheidung	H_o trifft zu ($\theta_* \in \Theta_o$)	H_o trifft nicht ($\theta_* \in \Theta_1$)
H_o wird nicht abgelehnt ($\varphi(\underline{x}) = 0$)	richtige Entscheidung	Fehler 2. Art = = β-Fehler
H_o wird abgelehnt ($\varphi(\underline{x}) = 1$)	Fehler 1. Art = = α-Fehler	richtige Entscheidung

4.4.3. Güte, Operationscharakteristik und Unverfälschtheit

Def.: Die Funktion $g: \Theta \to [0,1]$ mit

$$g(\theta) = P_\theta(\varphi(\underline{X}) = 1)$$

heißt Güte (Gütefunktion = Macht = Power) des Tests.

Die Gütefunktion gibt in Abhängigkeit von $\theta \in \Theta_o$ die Wahrscheinlichkeit, einen Fehler 1. Art zu begehen und in Abhä gigkeit von $\theta \in \Theta_1$ die Wahrscheinlichkeit, richtig zu entscheiden.

1) Der β-Fehler wird bisweilen auch Konsumentenrisiko (Abnehmerrisiko, Käuferrisiko) genannt.

Def.: Die Funktion $OC := 1 - g: \Theta \to [0,1]$ heißt Operationscharakteristik. Ihr Graph heißt OC-Kurve [1] des Tests.

Die Operationscharakteristik gibt in Abhängigkeit von $\theta \in \Theta_1$ die Wahrscheinlichkeit, einen Fehler 2. Art zu begehen und in Abhängigkeit von $\theta \in \Theta_0$ die Wahrscheinlichkeit, richtig zu entscheiden.

Def.: Ein Test φ mit $\sup_{\theta \in \Theta_0} P_\theta(\varphi(\underline{X}) = 1) = \alpha$, d.h., daß φ das exakte Niveau α hat, heißt unverfälscht (unverzerrt; unbiased), wenn gilt

$P_\theta(\varphi(\underline{X}) = 1) \geq \alpha$ für alle $\theta \in \Theta_1$

$(\Longleftrightarrow P_\theta(H_0 \text{ ablehnen}) = P(H_0 \text{ ablehnen} | \theta) \geq \alpha$ für alle $\theta \in \Theta_1 \Longleftrightarrow$

$\Longleftrightarrow \inf_{\theta \in \Theta_1} g(\theta) \geq \alpha)$. - Andernfalls heißt φ verfälscht (verzerrt).

4.4.4. Test einer einfachen (einpunktigen) Hypothese gegen eine einfache (einpunktige) Alternative

Def.: Die Hypothese H_0 bzw. die Alternative H_1 heißt einfach (einpunktig), wenn Θ_0 bzw. Θ_1 jeweils nur ein Element (einen Punkt) θ_0 bzw. θ_1 enthält.

Andernfalls heißt die Hypothese bzw. die Alternative zusammengesetzt.

Def.: Ein Test φ auf Niveau α heißt bester (optimaler) Test auf Niveau α für die einfache Hypothese $H_0: \theta = \theta_0$ gegen die einfache Alternative $H_1: \theta = \theta_1$, wenn

1) Bisweilen auch Prüfplankurve.

$P_{\theta_1}(\psi(\underline{X}) = 1) \leq P_{\theta_1}(\varphi(\underline{X}) = 1)$ für alle Tests ψ auf Niveau α

<u>Def.</u>: Sei $f_\theta^{\underline{X}}$ die gemeinsame Wahrscheinlichkeitsfunktion [2] (gemeinsame Dichte) von $\underline{X} = (X_1,\ldots,X_n)$ bei dem Parameter θ, dann ergibt ($\underline{x} = (x_1,\ldots,x_n)$)

$$L(\underline{x},\theta_0,\theta_1) = L(x_1,\ldots,x_n,\theta_0,\theta_1) := \frac{f_{\theta_1}^{\underline{X}}(\underline{x})}{f_{\theta_0}^{\underline{X}}(\underline{x})} = \frac{f_{\theta_1}^{\underline{X}}(x_1,\ldots,x_n)}{f_{\theta_0}^{\underline{X}}(x_1,\ldots,x_n)}$$

den <u>Likelihood-Quotienten</u> (Dichtequotienten) für $\underline{X} = \underline{x}$ (an der Stelle θ_0,θ_1) [3].

Bei einfacher Stichprobe $\underline{X} = (X_1,\ldots,X_n)$, d.h. Unabhängigkeit der $X_1,\ldots,X_n$ und gleicher Verteilung, läßt sich schreiben

$f_{\theta_0}^{\underline{X}}(x_1,\ldots,x_n) = \prod_{i=1}^{n} f_{\theta_0}(x_i)$ (f_{θ_o} Wahrscheinlichkeitsfunktion bzw. Dichte von X_i bei dem Parameter θ_0);

entsprechend $f_{\theta_1}^{\underline{X}}(x_1,\ldots,x_n)$.

Der Likelihood-Quotient $L(\underline{x},\theta_0,\theta_1)$ kann als Funktion von $\underline{x}$ aufgefaßt werden. Damit ist $L(\underline{X},\theta_0,\theta_1)$ eine Funktion der Zufallsvariablen $\underline{X}$.

Falls eine suffiziente Statistik vorliegt, hängt der Likelihood-Quotient von $\underline{X}$ nur über diese ab.

---

1) Sei $\tilde{L}$ eine Verlustfunktion (vgl.4.1.3) mit $\tilde{L}(\theta_1,1) < \tilde{L}(\theta_1,0)$. Dann ist der Test φ genau dann bester Test zum Niveau α, wenn $R(\theta_1,\psi) \geq R(\theta_1,\varphi)$ für alle Tests ψ auf Niveau α (R Risikofunktion).

2) Vgl. 2.3.1.

3) Man setzt noch $\frac{f_{\theta_1}^{\underline{X}}(\underline{x})}{0} = \infty$; damit ist L für alle $\underline{x} \in \mathfrak{X}$ mit $f_{\theta_0}^{\underline{X}}(\underline{x}) \neq 0$ oder $f_{\theta_1}^{\underline{X}}(\underline{x}) \neq 0$ definiert.

Für die Formulierung des Lemmas von Neyman-Pearson benutzen wir folgende

<u>Def.</u>: Sei G_L die reellwertige Funktion mit

$$G_L(\lambda) = \begin{cases} 1 & \text{für } \lambda = -\infty \\ P_{\theta_o}(L(\underline{X},\theta_o,\theta_1) > \lambda) & \text{für } \lambda \in \mathbb{R} \\ 0 & \text{für } \lambda = \infty. \end{cases}$$

<u>Das Lemma von Neyman-Pearson</u>: Sei H_o: $\theta = \theta_o$ eine einfache Hypothese und H_1: $\theta = \theta_1$ eine einfache Alternative sowie $\alpha \in [0,1]$.

a) Falls ein $c_\alpha \in \mathbb{R} \cup \{\infty\}$ existiert, so daß $G_L(c_\alpha) = \alpha$, so ist φ mit

$$\varphi(\underline{x}) = \begin{cases} 1 & \text{für } L(\underline{x},\theta_o,\theta_1) > c_\alpha \\ 0 & \text{für } L(\underline{x},\theta_o,\theta_1) \leq c_\alpha \end{cases}$$

(c_α Konstante, die durch $P_{\theta_o}(\varphi(\underline{X})=1) = \alpha$ bestimmt ist) ein bester Test auf Niveau α. Es gilt $P_{\theta_o}(\varphi(\underline{X})=1) = \alpha$[1].

b) Ein Test φ der Form

$$\varphi(\underline{x}) = \begin{cases} 1 & \text{für } L(\underline{x},\theta_o,\theta_1) > c \\ 0 & \text{für } L(\underline{x},\theta_o,\theta_1) \leq c \end{cases} \qquad \text{für ein } c \in \mathbb{R}$$

ist bester Test auf seinem exakten Niveau[2].

Bei gegebener Stichprobe (gegebenem Stichprobenumfang n) gilt:

Geht man von einem Niveau α zu einem kleineren Niveau α' über, so gilt für alle Tests ψ auf dem Niveau α', daß der Fehler 2. Art von ψ nicht kleiner ist als der Fehler 2. Art des besten Tests φ auf dem Niveau α.

---

1) Der Test aus dem Satz ist unverfälscht. - Das Lemma von Neyman-Pearson läßt sich noch allgemeiner formulieren.

2) Die Aussage gilt auch, wenn in der Definition und im Lemma alle ">"-Zeichen durch "≥" und alle "≤"-Zeichen durch "<" ersetzt werden.

Für einfache Stichproben [1] $\underline{X} = (X_1,\ldots,X_n)$ können Fehler 1. und 2. Art gleichzeitig nur verkleinert werden, wenn de Stichprobenumfang n erhöht wird.

4.4.5. Tests für zusammengesetzte Hypothesen oder Alternat

Def.: Ein Test φ auf Niveau α heißt gleichmäßig bester Tes auf Niveau α für die Hypothese $H_0: \theta \in \Theta_0$ gegen die Alternative $H_1: \theta \in \Theta_1$, wenn

$P_{\theta_1}(\psi(\underline{X}) = 1) \leq P_{\theta_1}(\varphi(\underline{X}) = 1)$ für alle $\theta_1 \in \Theta_1$ und alle

Tests ψ auf Niveau α.

Sind H_0 und H_1 einfach, so fällt diese Definition mit der 4.4.4 zusammen.

Sei L eine Verlustfunktion (vgl. 4.1.3) mit $L(\theta,1) < L(\theta,0$ für alle $\theta \in \Theta_1$. Dann ist der Test φ genau dann gleichmäßi bester Test auf Niveau α, wenn $R(\theta,\psi) \geq R(\theta,\varphi)$ für alle $\theta \in \Theta_1$ und alle Tests ψ auf Niveau α (R Risikofunktion).

Weiterhin sei der Parameterraum $\Theta = \Theta_0 \cup \Theta_1 \subseteq \mathbb{R}$.

Def.: Ein einseitiges Testproblem liegt vor, wenn gilt

$\theta_0 < \theta_1$ für alle $\theta_0 \in \Theta_0$ und alle $\theta_1 \in \Theta_1$ oder

$\theta_0 > \theta_1$ für alle $\theta_0 \in \Theta_0$ und alle $\theta_1 \in \Theta_1$.

---

1) D.h. $X_1,\ldots,X_n$ sind unabhängig und besitzen die gleiche Verteilung.

2) Man sagt auch: trennscharfer Test oder auf der gesamten Alternative bester Test oder UMP-Test (uniformly most powerful).

Graphische Darstellung:

<u>Def.</u>: Ein Test φ heißt <u>einseitiger Test</u>, wenn φ von der Form

$$\varphi(\underline{x}) = \begin{cases} 1 & \text{für } T(\underline{x}) > c \\ 1 \text{ oder } 0 & \text{für } T(\underline{x}) = c \\ 0 & \text{für } T(\underline{x}) < c \end{cases}$$

für eine Funktion $T: \mathfrak{X} \to \mathbb{R}$ ($\underline{x} = (x_1,\ldots,x_n)$) und ein $c \in \mathbb{R}$ ist [1].

<u>Def.</u>: Ein zweiseitiges Testproblem liegt vor, wenn es ein Intervall $[\theta',\theta''] \subset \mathbb{R}$ gibt, so daß

$\Theta_0 \subseteq [\theta',\theta'']$,

$\Theta_1 \subset]-\infty,\theta'] \cup [\theta'',\infty[$,

$\Theta_1 \cap]-\infty,\theta'] \neq \emptyset$ und $\Theta_1 \cap [\theta'',\infty[\neq \emptyset$.

Graphische Darstellung:

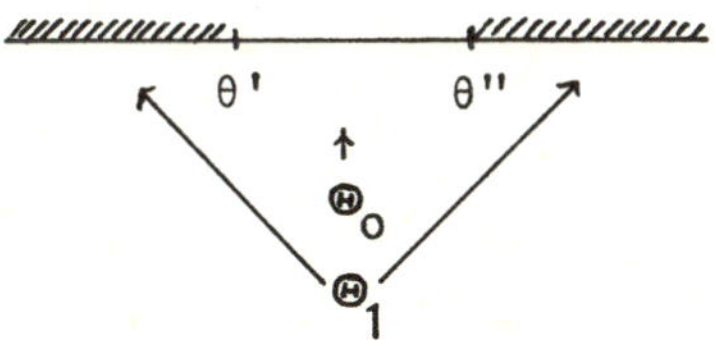

Θ_0 und Θ_1 dürfen ihre Rollen vertauschen.

1) Auch wenn $1-\varphi$ die angegebene Form hat, liegt ein einseitiger Test vor.

Graphische Darstellung:

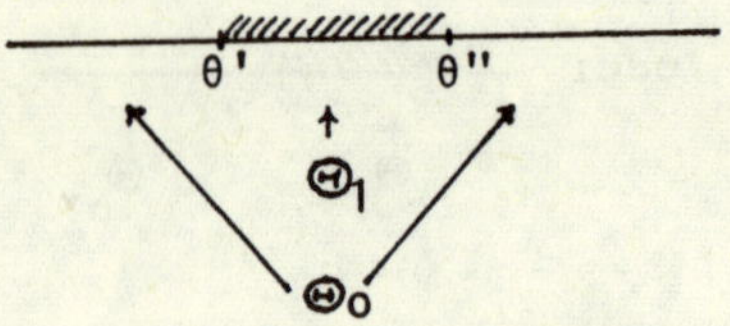

Def.: Ein Test φ heißt zweiseitiger Test, wenn φ von der F

$$\varphi(\underline{x}) = \begin{cases} 1 & \text{für } c_1 < T(\underline{x}) < c_2 \\ 0 \text{ oder } 1 & \text{für } T(\underline{x}) = c_1 \text{ oder } T(\underline{x}) = c_2 \\ 0 & \text{für } T(\underline{x}) < c_1 \text{ oder } T(\underline{x}) > c_2 \end{cases}$$

für eine Funktion $T: \mathfrak{X} \to \mathbb{R}$ ($\underline{x} = (x_1,\ldots,x_n)$) ist [1] und $c_1, c_2 \in \mathbb{R}$.

4.4.6. Gleichmäßig beste Tests für einseitige Testprobleme

Def.: Sei $f_\theta^{\underline{X}}$ die gemeinsame Wahrscheinlichkeitsfunktion bz gemeinsame Dichte [2] von $\underline{X} = (X_1,\ldots,X_n)$ bei dem Parameter sei weiter $T: \mathfrak{X} \to \mathbb{R}$ eine Funktion.

$\underline{X} = (X_1,\ldots,X_n)$ hat monoton steigende (fallende) Likelihoo Quotienten (Dichtequotienten) [3] in T, falls für alle $\theta < \theta$ die Verteilung von $\underline{X}$ bei den Parametern θ und θ' verschied und der Likelihood-Quotient $L(\underline{x},\theta,\theta')$ eine monoton

1) Auch wenn $1 - \varphi$ die angegebene Form hat, liegt ein zwei seitiger Test vor.

2) Vgl. 2.3.1.

3) MLQ; MLR (monotone likelihood ratio).

steigende (fallende) Funktion von $T(\underline{x})$ ist [1].

Es gilt der folgende

<u>Satz</u>: Sei H_o: $\theta \leq \theta_o$ [2] und H_1: $\theta > \theta_o$ sowie $\alpha \in [0,1]$.

$\underline{X}$ habe monoton steigende Likelihood-Quotienten in T.

a) Falls ein $d_\alpha \in \mathbb{R}$ existiert mit $P_{\theta_o}(T(\underline{X}) > d_\alpha) = \alpha$, ist der Test φ mit

$$\varphi(\underline{x}) = \begin{cases} 1 & \text{für } T(\underline{x}) > d_\alpha \\ 0 & \text{für } T(\underline{x}) \leq d_\alpha \end{cases}$$

(d_α Konstante, die durch $P_{\theta_o}(\varphi(\underline{X}) = 1) = \alpha$ bestimmt ist)

ein gleichmäßig bester Test auf Niveau α. Es gilt

$P_{\theta_o}(\varphi(\underline{X}) = 1) = \alpha$.

b) Ein Test φ der Form

$$\varphi(\underline{x}) = \begin{cases} 1 & \text{für } T(\underline{x}) > d \\ 0 & \text{für } T(\underline{x}) \leq d \end{cases} \quad \text{für ein } d \in \mathbb{R}$$

ist gleichmäßig bester Test auf seinem exakten Niveau [3].

Es gilt weiter:

Der Test φ aus dem obigen Satz

---

1) Genauer heißt dies $T(\underline{x}_1) < T(\underline{x}_2) \implies L(\underline{x}_1,\theta,\theta') \leq (\geq)$ $L(\underline{x}_2,\theta,\theta')$ auf der Menge $\{\underline{x} \in \mathfrak{X} \mid f_\theta^{\underline{X}}(\underline{x}) \neq 0$ oder $f_{\theta'}^{\underline{X}}(\underline{x}) \neq 0\}$.
2) **Dies ist so zu verstehen, daß $\Theta_o = \{\theta \in \mathbb{R} \mid \theta \leq \theta_o\}$; entsprechend die Schreibweise H_o: $\theta > \theta_o$ usw.**
3) **Die Aussage gilt auch, wenn alle ">"-Zeichen durch "$\geq$" und alle "$\leq$"-Zeichen durch "<" ersetzt werden.**

ist unverfälscht und hat wachsende Güte;

minimiert auch die Wahrscheinlichkeit eines Fehlers 1. Art gleichmäßig unter allen Tests ψ, die das (exakte) Niveau α haben.

Bemerkung: Entsprechendes für den Fall $H_o: \theta \geq \theta_o$ gegen $H_1: \theta < \theta_o$ sowie für $H_o: \theta < \theta_o$ gegen $H_1: \theta \geq \theta_o$ bei stetiger Abhängigkeit der Verteilung von $T(\underline{X})$ vom Parameter [1] sowie für monoton fallende Likelihood-Quotienten.

Analoge Aussagen gelten für das allgemeine einseitige Testproblem.

4.4.7. Gleichmäßig beste Tests für zweiseitige Testproblem

Es wird vorausgesetzt, daß die Verteilungen von $\underline{X}$ eine einparametrige Exponentialfamilie (vgl. 2.4.2.34; q_1 wird nun mit T bezeichnet) parametrisiert durch θ, bilden; also

$$f_\theta^{\underline{X}}(\underline{x}) = \begin{cases} \exp\,(p_1(\theta)\ T(\underline{x}) + p_o(\theta) + q_o(\underline{x})) & \text{für } \underline{x} \in M \subseteq \mathfrak{X} \\ 0 \quad \text{sonst.} \end{cases}$$

Es gilt:

Ist $p_1: \Theta \to \mathbb{R}$ eine streng monoton wachsende (fallende) Funktion, so hat $\underline{X} = (X_1,\ldots,X_n)$ monoton wachsende (fallende) Likelihood-Quotienten in T.

Weiterhin sei p_1 streng monoton wachsend.

<u>Satz</u>: Sei $H_o: \theta \notin\,]\theta_1,\theta_2[$ und $H_1: \theta \in\,]\theta_1,\theta_2[$ sowie $\alpha \in\,]0$
Falls $c_1, c_2 \in \mathbb{R}$ existieren mit

1) D.h. die Verteilung von $T(\underline{X})$ unter θ_n konvergiert (für alle Folgen $\theta_n \to \theta$) schwach gegen die Verteilung von $T(\underline{X})$ unter θ.

$P_{\theta_1}(c_1 < T(\underline{X}) \leq c_2) = \alpha$ und

$P_{\theta_2}(c_1 < T(\underline{X}) \leq c_2) = \alpha$,

ist der Test φ mit

$$\varphi(\underline{x}) = \begin{cases} 1 & \text{für } c_1 < T(\underline{x}) \leq c_2 \\ 0 & \text{sonst} \end{cases}$$

(c_1, c_2 Konstanten, die durch $P_{\theta_1}(\varphi(\underline{X}) = 1) = P_{\theta_2}(\varphi(\underline{X}) = 1) = \alpha$ bestimmt sind)

ein gleichmäßig bester Test auf Niveau α [1].

Es gilt weiter:

φ minimiert auch die Wahrscheinlichkeit eines Fehlers 1. Art gleichmäßig unter allen Tests ψ, die das Niveau α haben.

Für H_0: $\theta \in [\theta_1, \theta_2]$ und H_1: $\notin [\theta_1, \theta_2]$ gibt es i.a. keinen gleichmäßig besten Test.

Jedoch gilt unter den oben genannten Voraussetzungen der

<u>Satz</u>: Sei H_0: $\theta \in [\theta_1, \theta_2]$ und H_1: $\theta \notin [\theta_1, \theta_2]$ sowie $\alpha \in [0,1]$.

Falls $c_1^*, c_2^* \in \mathbb{R}$ existieren mit

$P_{\theta_1}(T(\underline{X}) \leq c_1^*$ oder $T(\underline{X}) > c_2^*) = \alpha$ und

$P_{\theta_2}(T(\underline{X}) \leq c_1^*$ oder $T(\underline{X}) > c_2^*) = \alpha$

ist der Test φ mit

1) Die Aussage gilt auch, wenn alle "$\leq$"-Zeichen durch "<" und alle "<"-Zeichen durch "$\leq$" ersetzt werden.

$$\varphi(\underline{x}) = \begin{cases} 0 & \text{für } c_1^* < T(\underline{x}) \leq c_2^* \\ 1 & \text{sonst} \end{cases}$$

(c_1^*, c_2^* Konstanten, die durch $P_{\theta_1}(\varphi(\underline{X})=1) = P_{\theta_2}(\varphi(\underline{X})=1) = \alpha$ bestimmt sind)

ein gleichmäßig bester Test unter allen unverfälschten Tes auf Niveau α (UMPU-Test) [1].

Der letzte Satz (innenliegendes H_0) gilt auch für den Fall $\theta_1 = \theta_2 = \theta_0$; ebenso der vorletzte Satz für $H_1 = \theta_0$ (innen liegendes H_1) bei stetiger Abhängigkeit der Verteilung von $T(\underline{X})$ vom Parameter. c_1 und c_2 (c_1^* und c_2^*) werden in diesen Fällen durch

$$P_{\theta_0}(\varphi(\underline{X})=1) = \alpha \text{ und } \frac{d}{d\varphi} P_\theta(\varphi(\underline{X})=1)_{\theta=\theta_0} = 0 \text{ bestimmt.}$$

4.4.8. Weitere Beschreibung eines Testverfahrens

Grundgedanke eines Tests der Hypothese H_0: $\theta \in \Theta_0$ gegen di Alternative H_1: $\theta \in \Theta_1$:

Will man sich zwischen H_0 und H_1 entscheiden, so nimmt man eine Aufteilung des Beobachtungsraums $\mathfrak{X}$ in zwei Teilmengen $\mathfrak{X}_0$ und $\mathfrak{X}_1$ ($\mathfrak{X}_0 \cap \mathfrak{X}_1 = \emptyset$) bzw. von $T(\mathfrak{X})$ in $T(\mathfrak{X})_0$ und $T(\mathfrak{X})_1$ ($T(\mathfrak{X})_0 \cap T(\mathfrak{X})_1 = \emptyset$) vor, wobei T eine geeignete Abbildung (Funktion) von $\mathfrak{X}$ in $\mathbb{R}$ ($\mathbb{R}^2$...) ist. T heißt <u>Testgröße</u> (Test statistik, Prüfgröße) und die Verteilung von T (bzw. $T(\underline{X})$) <u>Testverteilung</u> (Prüfverteilung). Für die Zufallsvariable $T(\underline{X})$ wird auch kurz T geschrieben.

---

1) UMPU-Test (<u>u</u>niformly <u>m</u>ost <u>p</u>owerfull <u>u</u>nbiased).
Die Aussage gilt auch, wenn alle "$\leq$"-Zeichen durch "<", alle ">"-Zeichen durch "$\geq$" und alle "<"-Zeichen durch "$\leq$" ersetzt werden.

Man entscheidet sich nun für H_0, wenn die beobachtete Realisation $\underline{x}$ der Stichprobe $\underline{X}$ nach $\mathfrak{X}_0$ bzw. die Realisation $t = T(\underline{x})$ der Prüfgröße $T(\underline{X})$ nach $T(\mathfrak{X})_0$ fällt, andernfalls für H_1.

Dabei fordert man, daß die Wahrscheinlichkeit $P_\theta(\underline{X} \in \mathfrak{X}_1) \leq \alpha$ ist für alle $\theta \in \Theta_0$ und für ein vorgegebenes Niveau α $(0 \leq \alpha \leq 1;$ meist $\alpha = 0{,}05$ oder $\alpha = 0{,}01)$ und $P_\theta(\underline{X} \in \mathfrak{X}_1)$ möglichst groß wird für alle $\theta \in \Theta_1$ (bzw. $P_\theta(T(\underline{X}) \in T(\mathfrak{X})_1) \leq \alpha$ für alle $\theta \in \Theta_0$ und $P_\theta(T(\underline{X}) \in T(\mathfrak{X})_1)$ für alle $\theta \in \Theta_1$ möglichst groß).

$\mathfrak{X}_1$ bzw. $T(\mathfrak{X})_1$ =: A heißt <u>Ablehnungsbereich</u> (Verwerfungsbereich, kritischer Bereich) [1].

Bei der Anwendung eines Tests hat man also

1. eine geeignete Teststatistik T und die Testverteilung zu bestimmen;

2. mit Hilfe der Testverteilung einen geeigneten kritischen Bereich (Ablehnungsbereich) $T(\mathfrak{X})_1$ = A zum Niveau α zu bestimmen;

3. zu prüfen, ob der aus der Stichprobe erhaltene Wert t der Prüfgröße (Realisation von T) in den Ablehnungs- oder Nichtablehnungsbereich fällt.

Fällt die Realisation t von T in den Ablehnungsbereich A, so wird die Hypothese H_0 abgelehnt, andernfalls nicht.

Fällt t in den Ablehnungsbereich, so spricht man von einer <u>signifikanten</u> Abweichung von der Hypothese H_0.

---

1) $\mathfrak{X}_0$ bzw. $T(\mathfrak{X})_0$ heißt Nichtablehnungsbereich ("Annahmebereich").

Sei im folgenden $\Theta = \mathbb{R}$.

Liegt bei dem einseitigen Testproblem $H_o: \theta \leq \theta_o$ ($\Longleftrightarrow H_o: \theta \in \Theta_o =]-\infty, \theta_o]$) gegen die Alternative $H_1: \theta > \theta_o$ eine Statistik $T: \mathfrak{X} \to \mathbb{R}$ vor, so daß $\underline{X}$ steigende MLQ in T hat, so gibt folgende Figur eine Veranschaulichung:

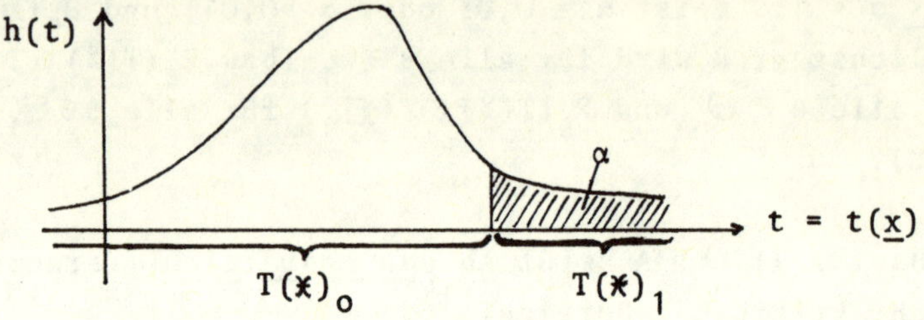

h ist die Dichte der Verteilung von $T = T(\underline{X})$ unter θ_o. Entsprechend für den Fall $H_o: \theta \geq \theta_o$ mit der Alternative $H_1: \theta < \theta_o$.

Liegt bei dem zweiseitigen Testproblem $H_o: \theta = \theta_o$ gegen die Alternative $H_1: \theta \neq \theta_o$ eine Statistik $T: \mathfrak{X} \to \mathbb{R}$ vor, so daß die Verteilungen von $\underline{X}$ eine einparametrige Exponentialfamilie (vgl. 4.4.7) mit streng monoton wachsendem p_1 und T bilden, so gibt folgende Figur eine Veranschaulichung:

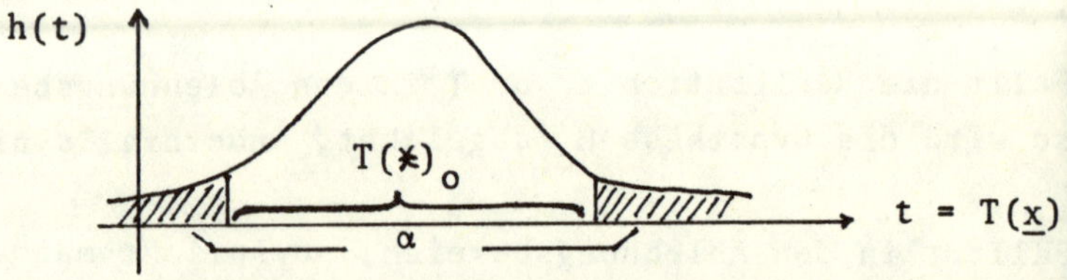

h sei wieder die Dichte der Verteilung von $T = T(\underline{X})$ unter θ

Die oben genannten Voraussetzungen für ein- und zweiseitige Testprobleme sollen weiterhin zutreffen.

Bei wie oben formulierten einseitigen Testproblemen bestimmt man aus $P_\theta(T > z_\alpha) = \alpha$ den kritischen Punkt z_α, der den Ablehnungsbereich $]z_\alpha,\infty[$ vom Nichtablehnungsbereich $]-\infty,z_\alpha]$ trennt.

Für ein zweiseitiges Testproblem bestimmt man bei "innenliegendem" $\Theta_0 = [\theta_1,\theta_2]$ durch $P_{\theta_1}(z_\alpha^u < T \leq z_\alpha^o) =$

$= P_{\theta_2}(z_\alpha^u < T \leq z_\alpha^o) = 1 - \alpha$ zwei kritische Punkte z_α^u und z_α^o $(z_\alpha^u < z_\alpha^o)$, die den Nichtablehnungsbereich $[z_\alpha^u, z_\alpha^o]$ einschließen.

Für $\theta_1 = \theta_2 = \theta_0$ und stetige Abhängigkeit der Verteilung von T vom Parameter bestimmt man z_α^u, z_α^o durch $P_{\theta_0}(z_\alpha^u < T \leq z_\alpha^o) =$

$= 1 - \alpha$ und $\frac{d}{d\theta} P_{\theta_0}(z_\alpha^u < T < z_\alpha^o) = 0$. Daraus ergibt sich

$P_{\theta_0}(T \leq z_\alpha^u) \leq \lambda a$, $P_{\theta_0}(T > z_\alpha^o) \leq (1-\lambda)\alpha$ für ein $\lambda \in [0,1]$.

Oft hat man $\lambda = \frac{1}{2}$.

Man bestimmt bei "innenliegendem" $\Theta_1 = [\theta_1,\theta_2]$ durch $P_{\theta_1}(z_\alpha^u < T \leq z_\alpha^o) = P_{\theta_2}(z_\alpha^u < T \leq z_\alpha^o) = \alpha$ zwei kritische Punkte z_α^u und z_α^o $(z_\alpha^u < z_\alpha^o)$, die den Ablehnungsbereich $[z_\alpha^u,z_\alpha^o]$ einschließen.

Für $\theta_1 = \theta_2 = \theta_0$ und stetige Abhängigkeit der Verteilung von T

vom Parameter bestimmt man z_α^u, z_α^o durch $P_{\theta_o}(z_\alpha^u < T \leq z_\alpha^o) =$
$= \alpha$ und $\frac{d}{d\theta} P_{\theta_o}(z_\alpha^u < T \leq z_\alpha^o) = 0$. Daraus ergibt sich

$$P_{\theta_o}(T \leq z_\alpha^u) \leq \lambda(1-\alpha), \quad P_{\theta_o}(T > z_\alpha^o) \leq (1-\lambda)(1-\alpha).$$

Oft hat man $\lambda = \frac{1}{2}$.

Graphische Darstellung:

Einseitiger Test:

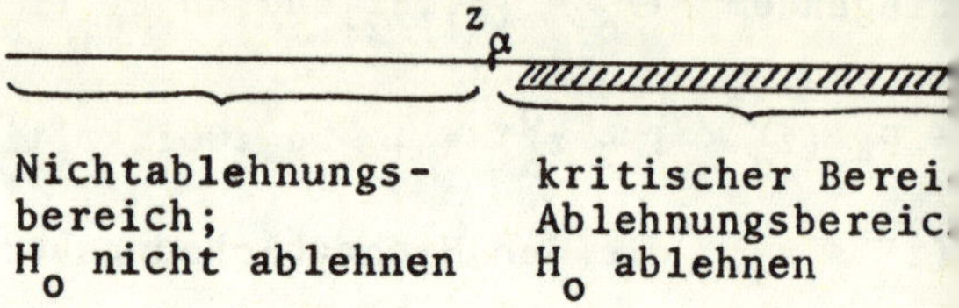

beziehungsweise

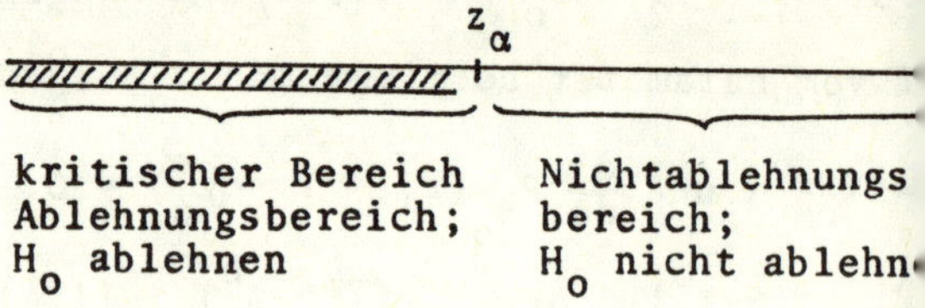

Zweiseitiger Test (H_o "innenliegend"):

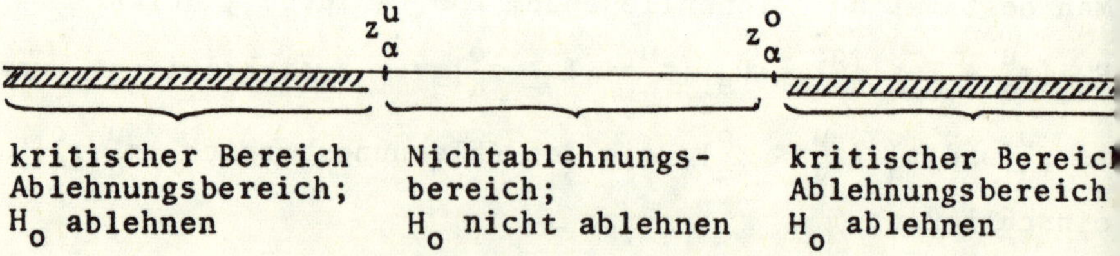

ür die Operationscharakteristik (siehe 4.4.4) hat man für
inen einseitigen Test in der Regel folgende Bilder:

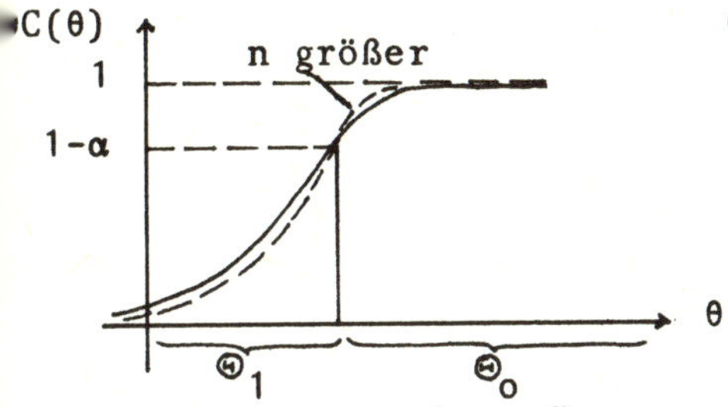

ritischer Bereich $]z_\alpha,\infty[$

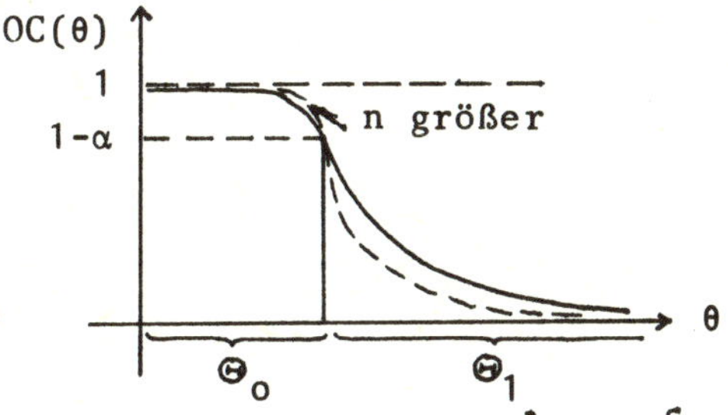

kritischer Bereich $]-\infty,z_\alpha[$

ür einen zweiseitigen Test hat man bei "innenliegendem" Θ_o
n der Regel folgendes Bild:

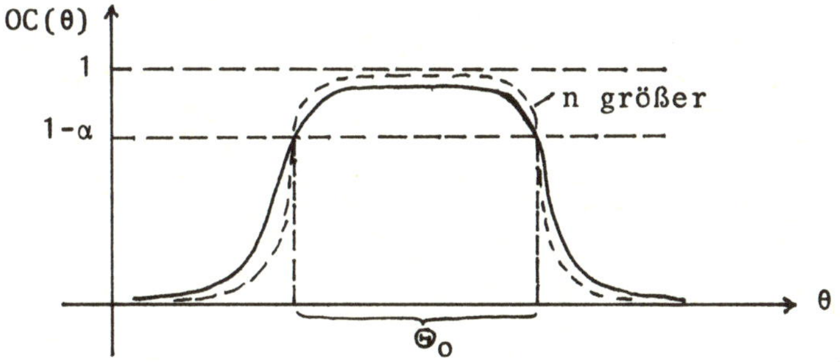

st speziell $\Theta_0 = \{\theta_0\}$ (einpunktige Hypothese), so hat man

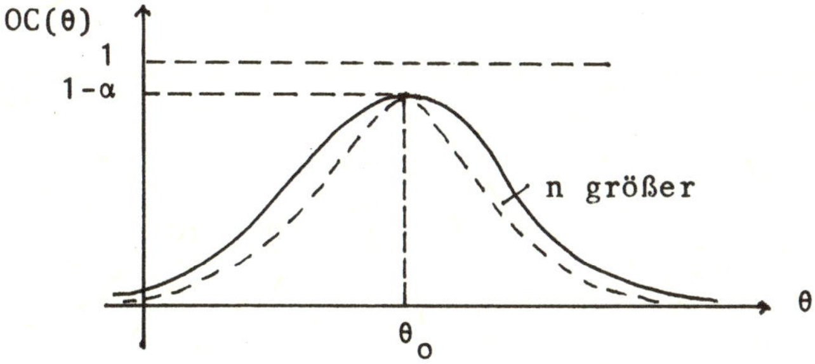

ür einen unverfälschten Test liegt das Maximum bei θ_o.
Vegen Gütefunktion g = 1 - OC

erhält man analog folgende Figuren für die Güte g:

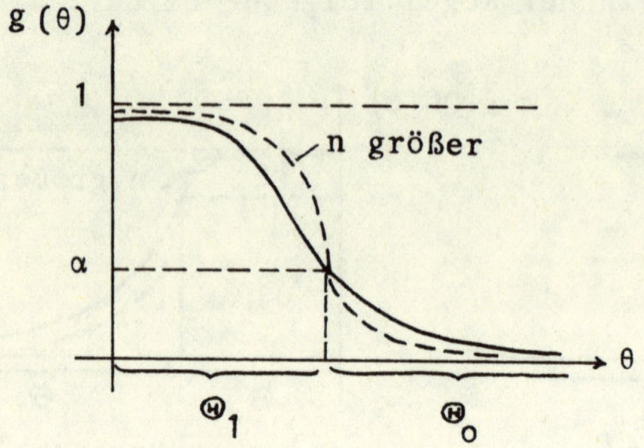

kritischer Bereich $]z_\alpha,\infty[$

bzw.

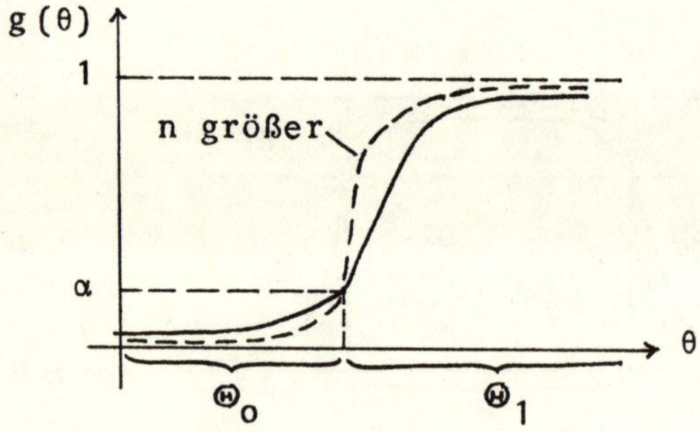

kritischer Bereich $]-\infty,z_\alpha[$

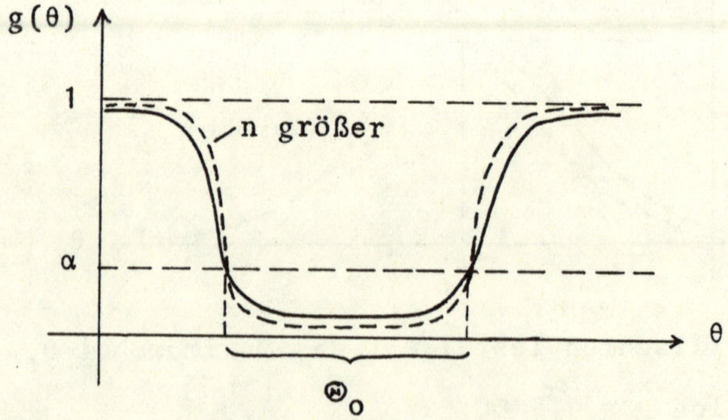

für $\Theta_o = \{\theta_o\}$

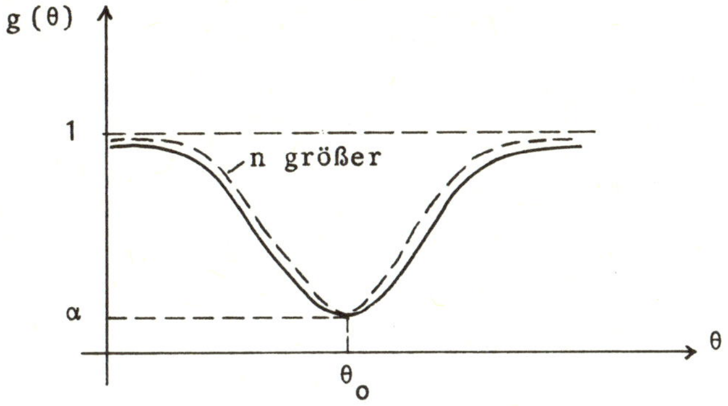

Für einen unverfälschten Test liegt das Minimum bei θ_o.

Über die Testgröße T und den Ablehnungsbereich A ist die Gütefunktion indirekt auch vom Stichprobenumfang n abhängig.

4.4.9. Nichtparametrische Tests

Wie im parametrischen Fall (4.4.1) stamme die Wahrscheinlichkeitsverteilung $P^{\underline{X}}$ einer Stichprobe $\underline{X}$ aus einer Menge $\mathcal{P}$ von möglichen Verteilungen. Im Unterschied zum parametrischen ist im nichtparametrische Fall i. a. nicht jede der möglichen Wahrscheinlichkeitsverteilungen eindeutig durch einen Parameter $\theta \in \mathbb{R}$ ($\theta \in \mathbb{R}^2$...) festgelegt.

Ein Testproblem liegt vor, wenn man zu entscheiden hat, in welcher von zwei Mengen $\mathcal{P}_0$ und $\mathcal{P}_1$ mit $\mathcal{P}_0 \cup \mathcal{P}_1 = \mathcal{P}$ und $\mathcal{P}_0 \cap \mathcal{P}_1 = \emptyset$ die wirkliche (wahre) Verteilung liegt. Die Aussage $P^{\underline{X}} \in \mathcal{P}_0$ heißt auch Nullhypothese, die Aussage $P^{\underline{X}} \in \mathcal{P}_1$ Alternative.

Die Begriffe Test, Niveau, Fehler 1. und 2. Art, Unverfälschtheit, bester Test, gleichmäßig bester Test usw. sind analog dem parametrischen Fall zu definieren. Stets ist da bei θ durch $P^{\underline{X}}$, Θ_0 durch $\mathcal{P}_0$, Θ_1 durch $\mathcal{P}_1$ zu ersetzen. Nich direkt übertragbar sind erst die Begriffe ein- und zweisei tiges Testproblem (da zwischen den Elementen aus $\mathcal{P}$ i. a. keine Ordnungsrelation wie zwischen reellen Parametern vor liegt).

Zusammenstellung der behandelten Testverfahren

Test für	Voraussetzung über die Grundgesamtheit (en)	behandelt in
Mittelwert μ	normalverteilt; Varianz σ^2 bekannt	4.4.10.1
Mittelwert μ	normalverteilt (bei σ^2 bekannt ist 4.4.10.1 besser)	4.4.10.2 Ein-Stichproben-t-Test
Varianz σ^2	normalverteilt; Mittelwert μ bekannt	4.4.10.3
Varianz σ^2	normalverteilt (bei μ bekannnt ist 4.4.10.3 besser)	4.4.10.4
Parameter p	0-1-Verteilung	4.4.10.5
Vergleich der Mittelwerte μ_1, μ_2	normalverteilt; Varianzen σ_1^2, σ_2^2 bekannt	4.4.10.6
Vergleich der Mittelwerte μ_1, μ_2	normalverteilt; beide Varianzen gleich σ^2(bei σ_1^2, σ_2^2 bekannt ist 4.4.10.6 besser)	4.4.10.7 Zwei-Stichproben-t-Test
Gleichheit der Mittelwerte $\mu_1, \ldots, \mu_r$	normalverteilt; alle Varianzen gleich σ^2	4.4.10.10 Einfache Varianzanalyse
Wirkung zweier Faktoren (Ursachen) A und B auf die Mittelwerte	normalverteilt; alle Varianzen gleich σ^2	4.4.10.11 Doppelte Varianzanalyse
Vergleich der Varianzen σ_1^2, σ_2^2	normalverteilt; Mittelwerte μ_1, μ_2 bekannt	4.4.10.8

Vergleich der Varianzen σ_1^2, σ_2^2	normalverteilt (bei μ_1, μ_2 bekannt ist 4.4.10.8 besser)	4.4.10.9 F-Test
Korrelationskoeffizient ρ	zweidimensional normalverteilt	4.4.10.12
Regressionskoeffizient β	bedingte Verteilung ist Normalverteilung	4.4.10.13
Median	-------	4.4.11.1 Vorzeichentest
Mittelwert μ	symmetrisch verteilt (wenn Normalverteilung vorliegt, sind 4.4.10.1 und 4.4.10.2 besser)	4.4.11.1 Vorzeichentest
Vergleich der Mediane zweier Verteilungen	-------	wie 4.4.11.2 Vorzeichentest
Vergleich der Mittelwerte μ_1, μ_2	symmetrisch verteilt (wenn Normalverteilung vorliegt, sind 4.4.10.6 und 4.4.10.7 besser)	4.4.11.2 Vorzeichentest
Vorliegen einer bestimmten Verteilung	-------	4.4.11.3 χ^2-Test (Anpassungstest)
Vorliegen einer bestimmten Verteilung	stetig verteilt	4.4.11.4 Kolmogorov-Test (Anpassungstest)
Vergleich zweier Verteilungen	-------	4.4.11.5 Kolmogorov-Smirnov-Test
Vergleich zweier Verteilungen	-------	4.4.11.6 Wilcoxon-Mann-Whitney-Test = U-Test
Unabhängigkeit	diskret verteilt	4.4.11.7 χ^2-Unabhägigkeitstest

4.4.10. Verteilungsabhängige Testverfahren

Ein-Stichproben-Parametertests bei eindimensionalen Verteilungen

Bei den folgenden Verfahren sollen einfache Stichproben $\underline{X} = (X_1,\ldots,X_n)$ aus der Grundgesamtheit vorliegen, d.h. $X_1,\ldots,X_n$ unabhängig und identisch verteilt; die beobachtete Realisation von $\underline{X}$ sei $\underline{x} = (x_1,\ldots,x_n)$ (vgl. 4.2.1).

4.4.10.1. Tests für den Mittelwert (Erwartungswert) μ einer Normalverteilung bei bekannter Varianz σ^2

Sei $X_i \sim N(\mu;\sigma^2)$-normalverteilt $(i=1,\ldots,n)$ mit μ unbekannt und σ^2 bekannt [1]; d.h. das betrachtete Merkmal in der Grundgesamtheit ist normalverteilt mit unbekanntem μ und bekanntem σ^2.

a) Test der Hypothese H_0: $\mu = \mu_0$ (μ_0 vorgegebener Wert) gegen die Alternative H_1: $\mu \neq \mu_0$ auf Niveau α.

Mit $\overline{X} = \frac{1}{n} \sum_{i=1}^{n} X_i$ (arithmetisches Mittel der Stichprobe) wird als Testgröße $T = \frac{\overline{X}-\mu_0}{\sigma} \sqrt{n}$ benutzt;

$$T \sim N(\frac{\mu-\mu_0}{\sigma} \sqrt{n};\ 1)\text{-normalverteilt.}$$

Unter der Nullhypothese H_0: $\mu = \mu_0$ ist $T \sim N(0;1)$-normalverteilt, also T standard-normalverteilt.

Aus $P_{\mu_0}(T \leq z_{\frac{\alpha}{2}}) = \frac{\alpha}{2}$ $(\Longleftrightarrow \phi(z_{\frac{\alpha}{2}}) = \frac{\alpha}{2} \Longleftrightarrow \phi^*(-z_{\frac{\alpha}{2}}) = \frac{1-\alpha}{2})$

bestimmt man aus der Tabelle der Verteilungsfunktion der

1) Also Parameterraum $\Theta = \mathbb{R}$.

Standard-Normalverteilung $z_{\frac{\alpha}{2}}$, das $\frac{\alpha}{2}$ -Quantil der Standard-Normalverteilung [1]. Als kritischen Bereich nimmt man [2]

$$A =]-\infty, z_{\frac{\alpha}{2}}[\cup]- z_{\frac{\alpha}{2}}, \infty[=]-\infty, z_{\frac{\alpha}{2}}[\cup]z_{1-\frac{\alpha}{2}}, \infty[.$$

Gilt also für die Realisation

$$t = \frac{\bar{x}-\mu_o}{\sigma}\sqrt{n} \quad (\bar{x} = \frac{1}{n}\sum_{i=1}^{n} x_i)$$

der Testgröße T, daß $|t| > |z_{\frac{\alpha}{2}}|$ ist, so wird die Hypothese H_o abgelehnt.

Der Test ist UMPU-Test (vgl. 4.4.7).

b) Test der Hypothese H_o: $\mu \geq \mu_o$ gegen
die Alternative H_1: $\mu < \mu_o$ auf Niveau α.

Testgröße wie in a). Unter $\mu = \mu_o$ ist $T \sim N(0;1)$-normalverteilt.

Aus $P_{\mu_o}(T \leq z_\alpha) = \alpha$ ($\Longleftrightarrow \phi(z_\alpha) = \alpha$) bestimmt man aus der Tabelle der Verteilungsfunktion der Standard-Normalverteilung z_α, das α-Quantil der Standard-Normalverteilung [3]. Als kritischen Bereich nimmt man $A =]-\infty, z_\alpha[$.

Gilt also für die Realisation

$$t = \frac{\bar{x}-\mu_o}{\sigma}\sqrt{n} \quad (\bar{x} = \frac{1}{n}\sum_{i=1}^{n} x_i)$$

der Testgröße T, daß $t < z_\alpha$ ist, so wird die Hypothese H_o

1) $z_{\frac{\alpha}{2}} < 0$ für alle $\alpha < 1$.

2) $z_{1-\frac{\alpha}{2}}$ ist das $(1 - \frac{\alpha}{2})$-Quantil der Standard-Normalvertei

3) $z_\alpha < 0$ für alle $\alpha < 0{,}5$.

abgelehnt.

Der Test ist UMP-Test (vgl. 4.4.5).

c) Test der Hypothese $H_0: \mu \leq \mu_0$ gegen
die Alternative $H_1: \mu > \mu_0$ auf Niveau α.

Testgröße wie in a). Unter $\mu = \mu_0$ ist $T \sim N(0;1)$-normalverteilt.

Aus $P_{\mu_0}(T > y_\alpha) = \alpha \quad (\Longleftrightarrow P_{\mu_0}(T \leq y_\alpha) = 1 - \alpha$

$\Longleftrightarrow \phi(y_\alpha) = 1 - \alpha \Longleftrightarrow \phi^*(y_\alpha) = \frac{1}{2} - \alpha)$ bestimmt man aus der Tabelle der Verteilungsfunktion der Standard-Normalverteilung $y_\alpha = z_{1-\alpha} = -z_\alpha$, das $(1-\alpha)$-Quantil der Standard-Normalverteilung [1]. Als kritischen Bereich nimmt man $A =]z_{1-\alpha}, \infty[$. Gilt also für die Realisation

$$t = \frac{\bar{x}-\mu_0}{\sigma}\sqrt{n} \quad (\bar{x} = \frac{1}{n}\sum_{i=1}^{n} x_i)$$

der Testgröße T, daß $t > y_\alpha = z_{1-\alpha}$ ist, so wird die Hypothese H_0 abgelehnt.

Der Test ist UMP-Test (vgl. 4.4.5).

d) Test der Hypothese $H_0: \mu = \mu_0$ gegen
die Alternative $H_1: \mu = \mu_1$ (μ_0, μ_1 vorgegebene Werte)
auf Niveau α.

Für $\mu_1 < \mu_0$ verwende man Fall b),
für $\mu_1 > \mu_0$ verwende man Fall c).

Diese Tests sind beste Tests (vgl. 4.4.4).

---
1) $y_\alpha = z_{1-\alpha} > 0$ für alle $\alpha < 0{,}5$.

4.4.10.2. Tests für den Mittelwert (Erwartungswert) μ eine Normalverteilung (Ein-Stichproben-t-Test)

Sei $X_i \sim N(\mu;\sigma^2)$-normalverteilt ($i=1,\ldots,n$) mit μ unbekann d.h. das betrachtete Merkmal in der Grundgesamtheit ist no malverteilt mit unbekanntem μ (σ^2 braucht nicht bekannt zu sein) [1].

a) Test der Hypothese H_0: $\mu = \mu_0$ (μ_0 vorgegebener Wert) ge die Alternative H_1: $\mu \neq \mu_0$ auf Niveau α.

Mit $\overline{X} = \frac{1}{n} \sum_{i=1}^{n} X_i$ (arithmetisches Mittel der Stichprobe)

und $s^2 = \frac{1}{n-1} \sum_{i=1}^{n} (X_i - \overline{X})^2$ wird als Testgröße

$T = \frac{\overline{X}-\mu_0}{s} \sqrt{n}$ benutzt ($s = \sqrt{s^2}$).

T ist nichtzentral t-verteilt mit n-1 Freiheitsgraden und Nichtzentralitätsparameter $\mu - \mu_0$.

Unter der Nullhypothese H_0: $\mu = \mu_0$ ist T t-verteilt mit n- Freiheitsgraden.

Aus $P_{\mu_0}(T \leq z_{\frac{\alpha}{2}}) = \frac{\alpha}{2}$ bestimmt man aus der Tabelle der Verteilungsfunktion der t-Verteilung $z_{\frac{\alpha}{2}}$, das $\frac{\alpha}{2}$ -Quantil der t-Verteilung mit n-1 Freiheitsgraden [2]. Als kritischen Bereich nimmt man

$$A = \,]-\infty, z_{\frac{\alpha}{2}}[\, \cup \,]-z_{\frac{\alpha}{2}},\infty[\, = \,]-\infty, z_{\frac{\alpha}{2}}[\, \cup \,]z_{1-\frac{\alpha}{2}},\infty[.$$

1) Also Parameterraum $\Theta = \mathbb{R}$ bzw. $\Theta = \mathbb{R} \times \mathbb{R}^+$.
2) $z_{\frac{\alpha}{2}} < 0$ für alle $\alpha < 1$.

Gilt also für die Realisation

$$t = \frac{\bar{x} - \mu_0}{\sqrt{\frac{1}{n-1} \sum_{i=1}^{n} (x_i - \bar{x})^2}} \sqrt{n} \quad (\bar{x} = \frac{1}{n} \sum_{i=1}^{n} x_i)$$

der Testgröße [1] T, daß $|t| > |z_{\frac{\alpha}{2}}|$ ist, so wird die Hypothese H_0 abgelehnt.

Dieser Test ist UMPU-Test, falls σ^2 unbekannt. Bei σ^2 bekannt ist 4.4.10.1 besser.

b) Test der Hypothese H_0: $\mu \geq \mu_0$ gegen die Alternative H_1: $\mu < \mu_0$ auf Niveau α.

Testgröße wie in a). Unter $\mu = \mu_0$ ist T t-verteilt mit n-1 Freiheitsgraden.

Aus $P_{\mu_0}(T \leq z_\alpha) = \alpha$ bestimmt man aus der Tabelle der Verteilungsfunktion der t-Verteilung z_α, das α-Quantil der t-Verteilung mit n-1 Freiheitsgraden [2]. Als kritischen Bereich nimmt man $A =]-\infty, z_\alpha[$.

Gilt also für die Realisation t der Testgröße T (siehe a)), daß $t < z_\alpha$ ist, so wird die Hypothese H_0 abgelehnt.

Dieser Test ist UMPU-Test, falls σ^2 unbekannt. Bei σ^2 bekannt ist 4.4.10.1 besser.

c) Test der Hypothese H_0: $\mu \leq \mu_0$ gegen die Alternative H_1: $\mu > \mu_0$ auf Niveau α.

Testgröße wie in a). Unter $\mu = \mu_0$ ist T t-verteilt mit n-1 Freiheitsgraden.

1) Der Radikand im Nenner ist die korrigierte empirische Varianz (vgl. 1.1.2.2).

2) $z_\alpha < 0$ für alle $\alpha < 0{,}5$.

Aus $P_{\mu_o}(T > y_\alpha) = \alpha$ ($\Longleftrightarrow P_{\mu_o}(T \leq y_\alpha) = 1-\alpha$) bestimmt man aus der Tabelle der Verteilungsfunktion der t-Verteilung $y_\alpha = z_{1-\alpha} = -z_\alpha$, das $(1-\alpha)$-Quantil der t-Verteilung mit n-Freiheitsgraden. Als kritischen Bereich nimmt man $A =]z_{1-\alpha},\infty[$.

Gilt also für die Realisation t der Testgröße T (siehe a)) daß $t > z_{1-\alpha}$ ist, so wird die Hypothese H_o abgelehnt.

Bemerkung: Für n > 30 liefert die Standard-Normalverteilung eine gute Approximation für die t-Verteilung.

Dieser Test ist UMPU-Test, falls σ^2 unbekannt. Bei σ^2 bekannt ist 4.4.10.1 besser.

4.4.10.3. Tests für die <u>Varianz</u> σ^2 einer Normalverteilung bei bekanntem Mittelwert μ

Sei $X_i \sim N(\mu;\sigma^2)$-normalverteilt $(i=1,\dots,n)$ mit μ bekannt und σ^2 unbekannt [1]; d.h. das betrachtete Merkmal in der Grundgesamtheit ist normalverteilt mit bekanntem μ und unbekanntem σ^2.

a) Test der Hypothese H_o: $\sigma^2 = \sigma_o^2$ (σ_o^2 vorgegebener Wert) g
die Alternative H_1: $\sigma^2 \neq \sigma_o^2$ auf Niveau α.

Als Testgröße wird benutzt

$$T = \frac{1}{\sigma_o^2} \sum_{i=1}^{n} (X_i-\mu)^2.$$

T ist χ^2-verteilt mit n Freiheitsgraden und dem Skalenparameter $\frac{\sigma^2}{\sigma_o^2}$.

1) Also Parameterraum $\Theta = \mathbb{R}^+$.

nter der Nullhypothese H_0: $\sigma^2 = \sigma_0^2$ ist T χ^2-verteilt mit
. Freiheitsgraden.

us $P_{\sigma_0^2}(T \leq z_{\frac{\alpha}{2}}) = \frac{\alpha}{2}$ bestimmt man aus der Tabelle der Vertei-
ungsfunktion der χ^2-Verteilung $z_{\frac{\alpha}{2}}$, das $\frac{\alpha}{2}$ -Quantil der
^{2}-Verteilung mit n Freiheitsgraden sowie aus $P_{\sigma_0^2}(T > y_{\frac{\alpha}{2}}) = \frac{\alpha}{2}$
$\Longleftrightarrow P_{\sigma_0^2}(T \leq y_{\frac{\alpha}{2}}) = 1 - \frac{\alpha}{2}$) den Wert $y_{\frac{\alpha}{2}} = z_{1 - \frac{\alpha}{2}}$, das
$1 - \frac{\alpha}{2}$)-Quantil der χ^2-Verteilung mit n Freiheitsgraden. Als
ritischen Bereich nimmt man

$$=]-\infty, z_{\frac{\alpha}{2}}[\cup]z_{1 - \frac{\alpha}{2}}, \infty[.$$

ilt also für die Realisation

$$= \frac{1}{\sigma_0^2} \sum_{i=1}^{n} (x_i - \mu)^2$$

er Testgröße T, daß $t \in A$ ist, so wird die Hypothese H_0 ab-
elehnt.

ieser Test ist UMPU-Test.

) Test der Hypothese H_0: $\sigma^2 \geq \sigma_0^2$ gegen
die Alternative H_1: $\sigma^2 < \sigma_0^2$ auf Niveau α.

estgröße wie in a). Unter $\sigma^2 = \sigma_0^2$ ist T χ^2-verteilt mit n
reiheitsgraden.

us $P_{\sigma_0^2}(T \leq z_\alpha) = \alpha$ bestimmt man z_α, das α-Quantil der
χ^2-Verteilung mit n Freiheitsgraden. Als kritischen Bereich

nimmt man $A =]-\infty, z_\alpha[$.

Gilt also für die Realisation t der Testgröße T (siehe a)) daß $t < z_\alpha$ ist, so wird die Hypothese H_o abgelehnt.

Dieser Test ist UMP-Test.

c) Test der Hypothese $H_o: \sigma^2 \leq \sigma_o^2$ gegen
die Alternative $H_1: \sigma^2 > \sigma_o^2$ auf Niveau α.

Testgröße wie in a). Unter $\sigma^2 = \sigma_o^2$ ist T χ^2-verteilt mit Freiheitsgraden.

Aus $P_{\sigma_o^2}(T > y_\alpha) = \alpha$ $(\Longleftrightarrow P_{\sigma_o^2}(T \leq y_\alpha) = 1-\alpha)$ bestimmt man $y_\alpha = z_{1-\alpha}$, das (1-α)-Quantil der χ^2-Verteilung mit n Freiheitsgraden. Als kritischen Bereich nimmt man $A =]z_{1-\alpha}, \infty[$

Gilt also für die Realisation t der Testgröße T (siehe a)) daß $t > z_{1-\alpha}$ ist, so wird die Hypothese H_o abgelehnt.

Dieser Test ist UMP-Test.

4.4.10.4. Tests für die Varianz σ^2 einer Normalverteilung

Sei $X_i \sim N(\mu;\sigma^2)$-normalverteilt (i=1,...,n) mit σ^2 unbekannt; d.h. das betrachtete Merkmal in der Grundgesamtheit ist normalverteilt mit unbekanntem σ^2 (μ braucht nicht bekannt zu sein) [1].

a) Test der Hypothese $H_o: \sigma^2 = \sigma_o^2$ (σ_o^2 vorgegebener Wert) g
die Alternative $H_1: \sigma^2 \neq \sigma_o^2$ auf Niveau α.

1) Also Parameterraum $\Theta = \mathbb{R}^+$ bzw. $\mathbb{R} \times \mathbb{R}^+$.

it $\overline{X} = \frac{1}{n} \sum_{i=1}^{n} X_i$ und $s^2 = \frac{1}{n-1} \sum_{i=1}^{n} (X_i - \overline{X})^2$ wird als Test-

röße $T = (n-1) \frac{s^2}{\sigma_o^2} = \frac{1}{\sigma_o^2} \sum_{i=1}^{n} (X_i - \overline{X})^2$ benutzt.

ist χ^2-verteilt mit n-1 Freiheitsgraden und dem Skalenpa-
ameter $\frac{\sigma^2}{\sigma_o^2}$.

nter der Nullhypothese H_o: $\sigma^2 = \sigma_o^2$ ist T χ^2-verteilt mit
-1 Freiheitsgraden.

us $P_{\sigma_o^2}(T \leq z_{\frac{\alpha}{2}}) = \frac{\alpha}{2}$ bestimmt man aus der Tabelle der Vertei-
ungsfunktion der χ^2-Verteilung $z_{\frac{\alpha}{2}}$, das $\frac{\alpha}{2}$ -Quantil der χ^2-
erteilung mit n-1 Freiheitsgraden sowie aus $P_{\sigma_o^2}(T > y_{\frac{\alpha}{2}}) = \frac{\alpha}{2}$
$\iff$ $P_{\sigma_o^2}(T \leq y_{\frac{\alpha}{2}}) = 1 - \frac{\alpha}{2}$) den Wert $y_{\frac{\alpha}{2}} = z_{1 - \frac{\alpha}{2}}$, das
1 - $\frac{\alpha}{2}$)-Quantil der χ^2-Verteilung mit n-1 Freiheitsgraden.

ls kritischen Bereich nimmt man $A =]-\infty, z_{\frac{\alpha}{2}}[\cup]z_{1-\frac{\alpha}{2}}, \infty[$.

ilt also für die Realisation

$$t = \frac{\sum_{i=1}^{n} (x_i - \overline{x})^2}{\sigma_o^2} \qquad (\overline{x} = \frac{1}{n} \sum_{i=1}^{n} x_i)$$

er Testgröße T, daß $t \in A$ ist, so wird die Hypothese H_o
bgelehnt.

ieser Test ist UMPU-Test, falls μ unbekannt. Bei μ bekannt
st 4.4.10.3 besser.

b) Test der Hypothese $H_o: \sigma^2 \geq \sigma_o^2$ gegen
die Alternative $H_1: \sigma^2 < \sigma_o^2$ auf Niveau α.

Testgröße wie in a). Unter $\sigma^2 = \sigma_o^2$ ist T χ^2-verteilt mit n-1 Freiheitsgraden.

Aus $P_{\sigma_o^2}(T \leq z_\alpha) = \alpha$ bestimmt man z_α, das α-Quantil der χ^2-Verteilung mit n-1 Freiheitsgraden. Als kritischen Bereich nimmt man $A =]-\infty, z_\alpha[$.

Gilt also für die Realisation t der Testgröße T (siehe a)) daß $t < z_\alpha$ ist, so wird die Hypothese H_o abgelehnt.

Dieser Test ist UMPU-Test, falls μ unbekannt. Bei μ bekann ist 4.4.10.3 besser.

c) Test der Hypothese $H_o: \sigma^2 \leq \sigma_o^2$ gegen
die Alternative $H_1: \sigma^2 > \sigma_o^2$ auf Niveau α.

Testgröße wie in a). Unter $\sigma^2 = \sigma_o^2$ ist T χ^2-verteilt mit n-1 Freiheitsgraden.

Aus $P_{\sigma_o^2}(T > y_\alpha) = \alpha$ ($\Longleftrightarrow$ $P_{\sigma_o^2}(T \leq y_\alpha) = 1-\alpha$) bestimmt man

$y_\alpha = z_{1-\alpha}$, das $(1-\alpha)$-Quantil der χ^2-Verteilung mit n-1 Fre heitsgraden. Als kritischen Bereich nimmt man $A =]z_{1-\alpha}, \infty[$

Gilt also für die Realisation t der Testgröße T (siehe a)) daß $t > z_{1-\alpha}$ ist, so wird die Hypothese H_o abgelehnt.

Dieser Test ist UMP-Test, falls μ unbekannt. Bei μ bekannt ist 4.4.10.3 besser.

4.4.10.5. Tests für den Parameter p einer 0-1-Verteilung

Sei X_i 0-1-verteilt (i=1,...,n) mit dem Parameter p, d.h. an jedem einzelnen Element der Grundgesamtheit sind zwei Merkmalsausprägungen möglich, die durch 0 und 1 charakteri-

iert werden und es sei $P(X_i = 1) = p$ und $P(X_i = 0) = 1-p$.
er Parameter (die Wahrscheinlichkeit) p ist unbekannt [1].

.) Test der Hypothese H_o: $p = p_o$ (p_o vorgegebener Wert) gegen die Alternative H_1: $p \neq p_o$ auf Niveau α.

$= \sum_{i=1}^{n} X_i$ ist eine binomialverteilte Zufallsvariable mit
len Realisationen 0,1,...,n und dem Parameter p; also
$\sim$ Bi(n;p)-binomialverteilt [2].

ür "kleine" n (siehe 2.6.1; etwa $n\, p_o(1-p_o) \leq 9$) wird T
ls Testgröße benutzt. Unter der Nullhypothese H_o: $p = p_o$
st $T \sim Bi(n;p_o)$-binomialverteilt.

Man bestimmt $z_{\frac{\alpha}{2}}$, das $\frac{\alpha}{2}$-Quantil und $z_{1-\frac{\alpha}{2}}$, das $(1 - \frac{\alpha}{2})$-Quantil der Binomialverteilung mit den Parametern n und p_o.

Als kritischen Bereich nimmt man $A =]-\infty, z_{\frac{\alpha}{2}}[\cup]z_{1-\frac{\alpha}{2}}, \infty[$.

Gilt also für die Realisation $t = \sum_{i=1}^{n} x_i$ der Testgröße T, daß
$t \in A$ ist, so wird die Hypothese H_o abgelehnt.

Der Test ist UMPU-Test.

Für "große" n ist unter der Nullhypothese H_o: $p = p_o$ die
Größe $T^* = \frac{T - n\, p_o}{\sqrt{np_o(1-p_o)}}$ approximativ N(0;1)-normalverteilt.

1) Also Parameterraum $\Theta = [0,1]$.

2) T bedeutet also die Anzahl der Fälle, in denen bei der Stichprobe vom Umfang n gilt $X_i = 1$ (absolute Häufigkeit).

Aus $P_{p_0}(T^* \leq z_{\frac{\alpha}{2}}) = \frac{\alpha}{2}$ ($\Longleftrightarrow \phi(z_{\frac{\alpha}{2}}) = \frac{\alpha}{2} \Longleftrightarrow \phi^*(-z_{\frac{\alpha}{2}}) = \frac{1-\alpha}{2}$)

bestimmt man aus der Tabelle der Verteilungsfunktion der Standard-Normalverteilung $z_{\frac{\alpha}{2}}$, das $\frac{\alpha}{2}$ -Quantil der Standard-Normalverteilung [1]. Als kritischen Bereich nimmt man

$A =]-\infty, z_{\frac{\alpha}{2}}[\cup]-z_{\frac{\alpha}{2}}, \infty[=]-\infty, z_{\frac{\alpha}{2}}[\cup]z_{1-\frac{\alpha}{2}}, \infty[$.

Gilt also für die Realisation $t^* = \frac{t - n\,p_0}{\sqrt{np_0(1-p_0)}}$ der Testgröß

daß $|t^*| > |z_{\frac{\alpha}{2}}|$ ist, so wird die Hypothese H_0 abgelehnt.

b) Die Tests für

die Hypothese H_0: $p \geq p_0$ gegen die
Alternative H_1: $p < p_0$ auf Niveau α

und

die Hypothese H_0: $p \leq p_0$ gegen die
Alternative H_1: $p > p_0$ auf Niveau α

verlaufen sinngemäß wie in 4.4.10.1 (4.4.10.2) für die ent-sprechenden Fälle. Die Tests für "kleine" n sind UMP-Tests

Zwei-Stichproben-Parameter-Tests bei Paaren eindimensional Verteilungen

Bei den folgenden Verfahren sollen einfache Stichproben $\underline{X} = (X_1,\ldots,X_n)$ aus einer ersten Grundgesamtheit und $\underline{Y} = (Y_1,\ldots,Y_m)$ aus einer zweiten Grundgesamtheit vorliege d.h. $X_1,\ldots,X_n$ unabhängig und identisch verteilt und

1) $z_{\frac{\alpha}{2}} < 0$ für alle $\alpha < 1$.

2) Die Umfänge n und m der Stichproben brauchen nicht glei zu sein.

$_1,\ldots,Y_m$ unabhängig und identisch verteilt. Außerdem sollen
und $\underline{Y}$ unabhängig sein. Die beobachtete Realisation von $\underline{X}$
ei $\underline{x} = (x_1,\ldots,x_n)$ und die von $\underline{Y}$ sei $\underline{y} = (y_1,\ldots,y_m)$
vgl. 4.2.1).

.4.10.6. Tests zum Vergleich der Mittelwerte (Erwartungserte) μ_1 und μ_2 zweier Normalverteilungen bei bekannten arianzen σ_1^2 und σ_2^2

ei $X_i \sim N(\mu_1;\sigma_1^2)$-normalverteilt (i=1,...,n) mit μ_1 unbekannt nd σ_1^2 bekannt;

ei $Y_j \sim N(\mu_2;\sigma_2^2)$-normalverteilt (j=1,...,m) mit μ_2 unbeannt und σ_2^2 bekannt [1]; d.h. das betrachtete Merkmal ist n der ersten Grundgesamtheit normalverteilt mit unbekannem μ_1 und bekanntem σ_1^2 und in der zweiten Grundgesamtheit ormalverteilt mit unbekanntem μ_2 und bekanntem σ_2^2.

.) Test der Hypothese H_0: $\mu_1 = \mu_2$ gegen die
Alternative H_1: $\mu_1 \neq \mu_2$ auf Niveau α.

Iit $\overline{X} = \frac{1}{n}\sum_{i=1}^{n} X_i$ und $\overline{Y} = \frac{1}{m}\sum_{j=1}^{m} Y_j$ (arithmetische Mittel der tichproben) wird als Testgröße

$$T = \frac{\overline{X} - \overline{Y}}{\sqrt{\frac{\sigma_1^2}{n} + \frac{\sigma_2^2}{m}}} \text{ benutzt;}$$

$$T \sim N\left(\frac{\mu_1 - \mu_2}{\sqrt{\frac{\sigma_1^2}{n} + \frac{\sigma_2^2}{m}}};\ 1\right)\text{-normalverteilt.}$$

1) Also Parameterraum $\Theta = \mathbb{R}^2$.

Unter der Nullhypothese $H_0: \mu_1 = \mu_2$ ist $T \sim N(0;1)$-normalverteilt, also T standard-normalverteilt.

Aus $P_{H_0}(T \leq z_{\frac{\alpha}{2}}) = \frac{\alpha}{2}$ $(\Longleftrightarrow \phi(z_{\frac{\alpha}{2}}) = \frac{\alpha}{2} \Longleftrightarrow \phi^*(-z_{\frac{\alpha}{2}}) = \frac{1-\alpha}{2})$

bestimmt man aus der Tabelle der Verteilungsfunktion der Standard-Normalverteilung $z_{\frac{\alpha}{2}}$, das $\frac{\alpha}{2}$ -Quantil der Standard-Normalverteilung [1]. Als kritischen Bereich nimmt man

$A =]-\infty, z_{\frac{\alpha}{2}}[\cup]-z_{\frac{\alpha}{2}}, \infty[=]-\infty, z_{\frac{\alpha}{2}}[\cup]z_{1-\frac{\alpha}{2}}, \infty[.$

Gilt also für die Realisation

$$t = \frac{\bar{x} - \bar{y}}{\sqrt{\frac{\sigma_1^2}{n} + \frac{\sigma_2^2}{m}}} \qquad (\bar{x} = \frac{1}{n}\sum_{i=1}^{n} x_i; \quad \bar{y} = \frac{1}{m}\sum_{j=1}^{m} y_j)$$

der Testgröße T, daß $|t| > |z_{\frac{\alpha}{2}}|$ ist, so wird die Hypothese H_0 abgelehnt.

Dieser Test ist UMPU-Test.

b) Test der Hypothese $H_0: \mu_1 \geq \mu_2$ gegen
die Alternative $H_1: \mu_1 < \mu_2$ auf Niveau α.

Testgröße wie in a). Unter der Voraussetzung $\mu_1 = \mu_2$ ist $T \sim N(0;1)$-normalverteilt, also T standard-normalverteilt.

Aus $P_{H_0}(T \leq z_{\alpha}) = \alpha$ $(\Longleftrightarrow \phi(z_{\alpha}) = \alpha)$

1) $z_{\frac{\alpha}{2}} < 0$ für alle $\alpha < 1$.

bestimmt man aus der Tabelle der Verteilungsfunktion der Standard-Normalverteilung z_α, das α-Quantil der Standard-Normalverteilung [1]. Als kritischen Bereich nimmt man $A =]-\infty, z_\alpha[$.

Gilt also für die Realisation t der Testgröße T (siehe a)), daß $t < z_\alpha$ ist, so wird die Hypothese H_o abgelehnt.

Dieser Test ist UMP-Test.

4.4.10.7. Tests zum Vergleich der Mittelwerte (Erwartungswerte) μ_1 und μ_2 zweier Normalverteilungen bei gleicher Varianz σ^2 (Zwei-Stichproben-t-Test).

Sei $X_i \sim N(\mu_1,\sigma^2)$-normalverteilt $(i=1,\ldots,n)$ mit μ_1 unbekannt und σ^2;

sei $Y_j \sim N(\mu_2,\sigma^2)$-normalverteilt $(j=1,\ldots,m)$ mit μ_2 unbekannt und σ^2; d.h. das betrachtete Merkmal ist in der ersten Grundgesamtheit normalverteilt mit unbekanntem μ_1 und σ^2 und in der zweiten Grundgesamtheit normalverteilt mit unbekanntem μ_2 und σ^2 (σ^2 nicht notwendigerweise bekannt) [2].

a) Test der Hypothese H_o: $\mu_1 = \mu_2$ gegen
die Alternative H_1: $\mu_1 \neq \mu_2$ auf Niveau α.

Mit $\overline{X} = \frac{1}{n}\sum_{i=1}^{n} X_i$ und $\overline{Y} = \frac{1}{m}\sum_{j=1}^{m} Y_j$ (arithmetische Mittel der Stichproben) sowie

$$s_1^2 = \frac{1}{n-1}\sum_{i=1}^{n}(X_i - \overline{X})^2 \quad \text{und} \quad s_2^2 = \frac{1}{m-1}\sum_{j=1}^{m}(Y_j - \overline{Y})^2$$

wird als Testgröße

1) $z_\alpha < 0$ für alle $\alpha < 0{,}5$.

2) Also Parameterraum $\Theta = \mathbb{R}^2$ bzw. $\mathbb{R}^2 \times \mathbb{R}^+$.

$$T = \sqrt{\frac{nm(n+m-2)}{n+m}} \frac{\overline{X} - \overline{Y}}{\sqrt{(n-1)s_1^2 + (m-1)s_2^2}}$$ benutzt.

Unter der Hypothese H_0: $\mu_1 = \mu_2$ ist T t-verteilt mit n+m-2 Freiheitsgraden.

Aus $P_{H_0}(T \leq z_{\frac{\alpha}{2}}) = \frac{\alpha}{2}$ bestimmt man aus der Tabelle der Verte lungsfunktion der t-Verteilung mit n+m-2 Freiheitsgraden z das $\frac{\alpha}{2}$ -Quantil der t-Verteilung [1]. Als kritischen Bereich nimmt man

$$A =]-\infty, z_{\frac{\alpha}{2}}[\cup]-z_{\frac{\alpha}{2}}, \infty[=]-\infty, z_{\frac{\alpha}{2}}[\cup]z_{1-\frac{\alpha}{2}}, \infty[.$$

Gilt also für die Realisation

$$t = \sqrt{\frac{nm(n+m-2)}{n+m}} \frac{\overline{x} - \overline{y}}{\sqrt{(n-1)\hat{s}_1^2 + (m-1)\hat{s}_2^2}}$$

$$(\overline{x} = \frac{1}{n} \sum_{i=1}^{n} x_i; \quad \overline{y} = \frac{1}{m} \sum_{j=1}^{m} y_j; \quad \hat{s}_1^2 = \frac{1}{n-1} \sum_{i=1}^{n} (x_i - \overline{x})^2;$$

$$\hat{s}_2^2 = \frac{1}{m-1} \sum_{j=1}^{m} (y_j - \overline{y})^2)$$

der Testgröße T, daß $|t| > |z_{\frac{\alpha}{2}}|$ ist, so wird die Hypothese H_0 abgelehnt.

Dieser Test ist UMPU-Test, falls σ^2 unbekannt. Bei σ^2 bekannt ist 4.4.10.6 besser.

Bemerkungen: 1) Der t-Test ist gegenüber der Voraussetzung "Normalverteilung der Grundgesamtheiten" ziemlich unempfin lich. Man kann ihn auch anwenden, wenn die Häufigkeitsvert lungen der Realisationen der beiden Stichproben nicht mehr gipfelig und nicht allzu schief sind.

---

1) $z_{\frac{\alpha}{2}} < 0$ für alle $\alpha < 1$.

2) Für n > 30 und m > 30 liefert die Standard-Normalverteilung eine gute Approximation für die t-Verteilung.

3) Für den Fall n = m, also gleiche Stichprobenumfänge, reduziert sich die Testgröße auf

$$T = \sqrt{n}\,\frac{\overline{X} - \overline{Y}}{\sqrt{S_1^2 + S_2^2}}$$

und damit die Realisation der Testgröße auf

$$t = \sqrt{n}\,\frac{\overline{x} - \overline{y}}{\sqrt{\hat{s}_1^2 + \hat{s}_2^2}}.$$

4) Ist n sehr groß gegenüber m, so läßt sich die Testgröße T approximativ ersetzen durch die Testgröße $T^* = \sqrt{m}\,\frac{\overline{X} - \overline{Y}}{S_1}$;

ihre Realisation ist dann $t^* = \sqrt{m}\,\frac{\overline{x} - \overline{y}}{\hat{s}_1}$.

T* ist unter H_o approximativ standard-normalverteilt.

b) Test der Hypothese H_o: $\mu_1 \geq \mu_2$ gegen
die Alternative H_1: $\mu_1 < \mu_2$ auf Niveau α.

Testgröße wie in a). Unter der Voraussetzung $\mu_1 = \mu_2$ ist T t-verteilt mit n+m-2 Freiheitsgraden.

Aus $P_{H_o}(T \leq z_\alpha) = \alpha$ bestimmt man aus der Tabelle der Verteilungsfunktion der t-Verteilung mit n+m-2 Freiheitsgraden z_α, das α-Quantil der t-Verteilung [1]. Als kritischen Bereich nimmt man $A =]-\infty, z_\alpha[$.

Gilt also für die Realisation t der Testgröße T (siehe a)), daß $t < z_\alpha$ ist, so wird die Hypothese H_o abgelehnt.

1) $z_\alpha < 0$ für alle $\alpha < 0{,}5$.

Dieser Test ist UMPU-Test, falls σ^2 unbekannt. Bei σ^2 bekannt ist 4.4.10.6 besser.

4.4.10.8. Tests zum Vergleich der Varianzen σ_1^2 und σ_2^2 zwei Normalverteilungen bei bekannten Mittelwerten μ_1 und μ_2

Sei $X_i \sim N(\mu_1;\sigma_1^2)$-normalverteilt $(i=1,\dots,n)$ mit μ_1 bekann σ_1^2 unbekannt;

sei $Y_j \sim N(\mu_2;\sigma_2^2)$-normalverteilt $(j=1,\dots,m)$ mit μ_2 bekann σ_2^2 unbekannt [1]; d.h. das betrachtete Merkmal ist in der ersten Grundgesamtheit normalverteilt mit bekanntem μ_1 und unbekanntem σ_1^2 und in der zweiten Grundgesamtheit normalverteilt mit bekanntem μ_2 und unbekanntem σ_2^2.

a) Test der Hypothese H_0: $\sigma_1^2 = \sigma_2^2$ gegen
die Alternative H_1: $\sigma_1^2 \neq \sigma_2^2$ auf Niveau α.

Als Testgröße wird $T = \dfrac{\frac{1}{n}\sum\limits_{i=1}^{n}(X_i - \mu_1)^2}{\frac{1}{m}\sum\limits_{j=1}^{m}(Y_j - \mu_2)^2}$ benutzt.

Unter der Nullhypothese H_0: $\sigma_1^2 = \sigma_2^2$ ist T F-verteilt mit (n,m) Freiheitsgraden.

Aus $P_{H_0}(T \leq z_{\frac{\alpha}{2}}) = \frac{\alpha}{2}$ und aus $P_{H_0}(T > y_{\frac{\alpha}{2}}) = \frac{\alpha}{2}$ ($\Longleftrightarrow P_{H_0}(T \leq y_{\frac{\alpha}{2}}) = 1 - \frac{\alpha}{2}$) bestimmt man aus der Tabelle der Verteilungsfunkt der F-Verteilung $z_{\frac{\alpha}{2}}$ und $y_{\frac{\alpha}{2}} = z_{1-\frac{\alpha}{2}}$, das $\frac{\alpha}{2}$ - und das $(1-\frac{\alpha}{2})$-Quantil der F-Verteilung. Als kritischen Bereich nimmt man

1) Also Parameterraum $\Theta = \mathbb{R}^+ \times \mathbb{R}^+$.

$A =]-\infty, z_{\frac{\alpha}{2}}[\cup]z_{1-\frac{\alpha}{2}}, \infty[$.

Gilt also für die Realisation

$$t = \frac{\frac{1}{n} \sum_{i=1}^{n} (x_i - \mu_1)^2}{\frac{1}{m} \sum_{j=1}^{m} (y_j - \mu_2)^2}$$

der Testgröße T, daß $t \in A$, so wird die Hypothese H_o abgelehnt.

Dieser Test ist UMPU-Test.

b) Test der Hypothese H_o: $\sigma_1^2 \leq \sigma_2^2$ gegen
die Alternative H_1: $\sigma_1^2 > \sigma_2^2$ auf Niveau α.

Testgröße wie in a). Unter der Voraussetzung $\sigma_1^2 = \sigma_2^2$ ist T F-verteilt mit (n,m) Freiheitsgraden.

Aus $P(T > z_{1-\alpha}) = \alpha$ unter $\sigma_1^2 = \sigma_2^2$, d.h. $P(T \leq z_{1-\alpha}) = 1 - \alpha$, bestimmt man aus der Tabelle der Verteilungsfunktion der F-Verteilung mit (n,m) Freiheitsgraden $z_{1-\alpha}$, das $(1-\alpha)$-Quantil der F-Verteilung. Als kritischen Bereich nimmt man

$A =]-\infty, z_{1-\alpha}[$.

Gilt also für die Realisation t der Testgröße T (siehe a)), daß $t > z_{1-\alpha}$ ist, so wird die Hypothese H_o abgelehnt.

Dieser Test ist UMPU-Test.

4.4.10.9. Tests zum Vergleich der Varianzen σ_1^2 und σ_2^2 zweier Normalverteilungen (F-Test).

Sei $X_i \sim N(\mu_1;\sigma_1^2)$-normalverteilt $(i=1,\ldots,n)$ mit σ_1^2 unbekannt und $Y_j \sim N(\mu_2;\sigma_2^2)$-normalverteilt $(j=1,\ldots,m)$ mit σ_2^2 unbekannt; d.h. das betrachtete Merkmal ist in der ersten Grundgesamtheit normalverteilt mit μ_1 und σ_1^2 und in der zweiten Grundgesamtheit normalverteilt mit μ_2 und σ_2^2 (σ_1^2 und σ_2^2 unbekannt, μ_1,μ_2 nicht notwendigerweise bekannt

a) Test der Hypothese H_o: $\sigma_1^2 = \sigma_2^2$ gegen
die Alternative H_1: $\sigma_1^2 \neq \sigma_2^2$ auf Niveau α.

Mit $\bar{X} = \frac{1}{n} \sum_{i=1}^{n} X_i$ und $\bar{Y} = \frac{1}{m} \sum_{j=1}^{m} Y_j$ (arithmetische Mittel der Stichproben) sowie

$$s_1^2 = \frac{1}{n-1} \sum_{i=1}^{n} (X_i - \bar{X})^2 \quad \text{und} \quad s_2^2 = \frac{1}{m-1} \sum_{j=1}^{m} (Y_j - \bar{Y})^2$$

wird als Testgröße

$$T = \frac{s_1^2}{s_2^2} \text{ benutzt.}$$

Unter der Nullhypothese H_o: $\sigma_1^2 = \sigma_2^2$ ist T F-verteilt mit (n-1,m-1) Freiheitsgraden.

Aus $P_{H_o}(T \leq z_{\frac{\alpha}{2}}) = \frac{\alpha}{2}$ und $P_{H_o}(T \leq z_{1-\frac{\alpha}{2}}) = 1 - \frac{\alpha}{2}$ bestimmt man aus der Tabelle der Verteilungsfunktion der F-Verteil[ung] mit (n-1,m-1) Freiheitsgraden $z_{\frac{\alpha}{2}}$ und $z_{1-\frac{\alpha}{2}}$, das $\frac{\alpha}{2}$ - und d[as] $(1-\frac{\alpha}{2})$-Quantil der F-Verteilung.
Als kritischen Bereich nimmt man $A =]-\infty, z_{\frac{\alpha}{2}}[\cup]z_{1-\frac{\alpha}{2}}, \infty[$.

Gilt also für die Realisation

1) Also Parameterraum $\Theta = \mathbb{R}^+ \times \mathbb{R}^+$ bzw. ... bzw. $(\mathbb{R} \times \mathbb{R}^+)^2$

$$t = \frac{\frac{1}{n-1} \sum_{i=1}^{n} (x_i - \bar{x})^2}{\frac{1}{m-1} \sum_{j=1}^{m} (y_j - \bar{y})^2}$$

$$(\bar{x} = \frac{1}{n} \sum_{i=1}^{n} x_i; \quad \bar{y} = \frac{1}{m} \sum_{j=1}^{m} y_j)$$

der Testgröße T, daß $t \in A$ ist, so wird die Hypothese H_o abgelehnt.

Dieser Test ist UMPU-Test, falls μ_1, μ_2 unbekannt. Bei μ_1, μ_2 bekannt ist 4.4.10.8 besser.

b) Test der Hypothese H_o: $\sigma_1^2 \leq \sigma_2^2$ gegen
die Alternative H_1: $\sigma_1^2 > \sigma_2^2$ auf Niveau α.

Testgröße wie in a). Unter der Voraussetzung $\sigma_1^2 = \sigma_2^2$ ist T F-verteilt mit (n-1,m-1) Freiheitsgraden.

Aus $P(T > z_{1-\alpha}) = \alpha$ unter $\sigma_1^2 = \sigma_2^2$, d.h. $P(T \leq z_{1-\alpha}) = 1-\alpha$, bestimmt man aus der Tabelle der Verteilungsfunktion der F-Verteilung mit (n-1,m-1) Freiheitsgraden $z_{1-\alpha}$, das $(1-\alpha)$-Quantil der F-Verteilung. Als kritischen Bereich nimmt man $A =]-\infty, z_{1-\alpha}[$.

Gilt also für die Realisation t der Testgröße T (siehe a)), daß $t > z_{1-\alpha}$ ist, so wird die Hypothese H_o abgelehnt.

Dieser Test ist UMPU-Test, falls μ_1, μ_2 unbekannt. Bei μ_1, μ_2 bekannt ist 4.4.10.8 besser.

4.4.10.10. Test für die Gleichheit der Mittelwerte (Erwartungswerte) $\mu_1,\dots,\mu_r$ mehrerer Normalverteilungen bei gleicher Varianz σ^2 (Einfache Varianzanalyse)

Bei dem folgenden Verfahren sollen die einfachen Stichprob

$\underline{X}_1 = (X_{11},X_{12},\dots,X_{1n_1})$ aus einer 1. Grundgesamtheit;

$\underline{X}_2 = (X_{21},X_{22},\dots,X_{2n_2})$ aus einer 2. Grundgesamtheit;

....

$\underline{X}_r = (X_{r1},X_{r2},\dots,X_{rn_r})$ aus einer r-ten Grundgesamtheit

vorliegen [1], d.h.

$X_{11},X_{12},\dots,X_{1n_1}$ unabhängig und identisch verteilt;

$X_{21},X_{22},\dots,X_{2n_2}$ " " " " ;

....

$X_{r1},X_{r2},\dots,X_{rn_r}$ " " " " .

Außerdem sollen $\underline{X}_1,\underline{X}_2,\dots,\underline{X}_r$ unabhängig sein.

Es wird $n_1 + n_2 + \dots + n_r =: n$ gesetzt [1].

Die beobachtete Realisation von $\underline{X}_1$ sei $\underline{x}_1 = (x_{11},x_{12},\dots,x$ die von $\underline{X}_2$ sei $\underline{x}_2 = (x_{21},x_{22},\dots,x_{2n_2}),\dots$, die von $\underline{X}_r$ sei $\underline{x}_r = (x_{r1},x_{r2},\dots,x_{rn_r})$ (vgl. 4.2.1).

1) Die Umfänge $n_1,n_2,\dots,n_r$ der Stichproben brauchen nicht gleich zu sein; sie sind aber fest und bekannt.

ˌei $X_{1i} \sim N(\mu_1;\sigma^2)$-normalverteilt $(i=1,...,n_1)$,
$X_{2i} \sim N(\mu_2;\sigma^2)$-normalverteilt $(i=1,...,n_2),...,X_{ri} \sim N(\mu_r;\sigma^2)$-normalverteilt $(i=1,...,n_r)$ $(\mu_1,\mu_2,...,\mu_r$ unbekannt, σ^2 nicht notwendigerweise bekannt) [1];

also das betrachtete Merkmal ist in jeder der r Grundgesamtheiten normalverteilt mit unbekannten Mittelwerten $\mu_1,...,\mu_r$ und gleicher (nicht notwendig bekannter) Varianz σ^2.

Test der Hypothese H_o: $\mu_1 = \mu_2 = ... = \mu_r$ gegen
die Alternative H_1: mindestens zwei dieser μ_j sind voneinander verschieden
auf Niveau α.

Mit $\bar{X}_j = \bar{X}_{j.} := \frac{1}{n_j} \sum_{i=1}^{n_j} X_{ji}$ $(j=1,...,r)$ ("Zeilenmittel" = "Gruppenmittel") und

$\bar{X} = \bar{X}_{..} = \frac{1}{n} \sum_{j=1}^{r} \sum_{i=1}^{n_j} X_{ji} = \frac{1}{n} \sum_{j=1}^{r} n_j \bar{X}_j$ ("Geamtmittel") und

$Q_1 = \sum_{j=1}^{r} n_j(\bar{X}_j - \bar{X})^2$; $\quad Q_2 = \sum_{j=1}^{r} \sum_{i=1}^{n_j} (X_{ji} - \bar{X}_j)^2$

wird als Testgröße

$T = \frac{Q_1(n-r)}{Q_2(r-1)}$ benutzt [2].

---

1) Also Parameterraum $\Theta = \mathbb{R}^n$ bzw. $\mathbb{R}^n \times \mathbb{R}^+$.

2) Man bezeichnet Q_1 auch mit SSB (sum of squares between the groups),
Q_2 auch mit SSW (sum of squares within the groups).
Oft definiert man noch
$Q = \sum_{j=1}^{r} \sum_{i=1}^{n_j} (X_{ji} - \bar{X})^2$ =: SST (sum of squares total) =
= SQT (Summe der Quadrate der Abweichungen total) =
= SQG (Summe der Quadrate der Abweichungen gesamt)
und es gilt $Q = Q_1 + Q_2$.

T ist unter der Nullhypothese $H_o: \mu_1 = \mu_2 = \ldots = \mu_r$ F-verteilt mit (r-1,n-r) Freiheitsgraden.

Aus $P_{H_o}(T > y_\alpha) = \alpha$ $(\Longleftrightarrow P_{H_o}(T \leq y_\alpha) = 1-\alpha)$ bestimmt man aus der Tabelle der Verteilungsfunktion der F-Verteilung mit (r-1,n-r) Freiheitsgraden $y_\alpha = z_{1-\alpha}$, das $(1-\alpha)$-Quantil der F-Verteilung. Als kritischen Bereich nimmt man $A =]z_{1-\alpha},\infty$

Gilt also für die Realisation $t = \frac{q_1(n-r)}{q_2(r-1)}$

$$(q_1 = \sum_{j=1}^{r} n_j(\bar{x}_j - \bar{x})^2; \quad q_2 = \sum_{j=1}^{r} \sum_{i=1}^{n_j} (x_{ji} - \bar{x}_j)^2;$$

$$\bar{x}_j = \bar{x}_{j.} = \frac{1}{n_j} \sum_{i=1}^{n_j} x_{ji} \quad (j=1,\ldots,r);$$

$$\bar{x} = \frac{1}{n} \sum_{j=1}^{r} \sum_{i=1}^{n_j} x_{ji} = \frac{1}{n} \sum_{j=1}^{r} n_j \bar{x}_j \quad \text{(arithmetische Mittel))}$$

der Testgröße T, daß $t > z_{1-\alpha}$ ist, so wird die Hypothese H abgelehnt.

Bemerkung: Es gibt noch allgemeinere Modelle der einfachen Varianzanalyse.

.4.10.11. Test für die Wirkung zweier Faktoren (Ursachen) A und B auf die <u>Mittelwerte</u> (<u>Erwartungswerte</u>) mehrerer Normalverteilungen bei gleicher Varianz σ^2 (<u>Doppelte Varianzanalyse</u>; <u>Zweifachklassifikation</u>)

Bei dem folgenden Verfahren sollen die unabhängigen Zufallsvariablen X_{ij} $(i=1,\dots,n; j=1,\dots,m)$ vorliegen. Die beobachtete Realisation von X_{ij} sei x_{ij} $(i=1,\dots,n; j=1,\dots,m)$.

Sei $X_{ij} \sim N(\mu_{ij};\sigma^2)$-normalverteilt mit μ_{ij} unbekannt und σ^2 nicht notwendigerweise bekannt, aber in allen Normalverteilungen gleich $(i=1,\dots,n; j=1,\dots,m)$;

also das betrachtete Merkmal ist bei jeder der nm Beobachtungen normalverteilt mit unbekannten Mittelwerten μ_{ij} $(i=1,\dots,n; j=1,\dots,m)$ und gleicher (nicht notwendig bekannter) Varianz σ^2.

Sei $\mu_{i.} := \frac{1}{m} \sum_{j=1}^{m} \mu_{ij} \quad (i=1,\dots,n)$ [1];

$$\mu_{.j} := \frac{1}{n} \sum_{i=1}^{n} \mu_{ij} \quad (j=1,\dots,m);$$

$$\mu_{..} := \frac{1}{nm} \sum_{i=1}^{n} \sum_{j=1}^{m} \mu_{ij} = \frac{1}{n} \sum_{i=1}^{n} \mu_{i.} = \frac{1}{m} \sum_{j=1}^{m} \mu_{.j}.$$

$\mu := \mu_{..}$ heißt allgemeines Mittel;

$\alpha_i := \mu_{i.} - \mu_{..}$ heißt Haupteffekt des Faktors A (der Ursache A) auf Stufe (Zeile) i (vgl. folgende Tabelle);

$\beta_j := \mu_{.j} - \mu_{..}$ heißt Haupteffekt des Faktors B (der Ursache B) auf Stufe (Spalte) j;

1) An der Stelle des Index, über den summiert wird, steht jeweils ein Punkt.

$\gamma_{ij} := \mu_{ij} - \mu_{i.} - \mu_{.j} + \mu_{..} = \mu_{ij} - \mu - \alpha_i - \beta_j$

heißt Wechselwirkungseffekt zwischen den Faktoren A und B bei der Stufenkombination (i,j) (i=1,...,n; j=1,...,m).

Oft benutzt man folgende tabellarische Anordnung (entsprechend Kontingenztafel bei Beobachtungswerten; vgl. 1.3.1):

Stufen des Faktors A \ Stufen des Faktors B	1	2	...	m	$\mu_{i.}$	Haupteffekte des Faktors A
1	μ_{11}	μ_{12}	...	μ_{1m}	$\mu_{1.}$	α_1
2	μ_{21}	μ_{22}	...	μ_{2m}	$\mu_{2.}$	α_2
⋮	.....	.....	.....	.....	⋮	⋮
n	μ_{n1}	μ_{n2}	...	μ_{nm}	$\mu_{n.}$	α_n
$\mu_{.j}$	$\mu_{.1}$	$\mu_{.2}$	...	$\mu_{.m}$	$\mu_{..}$	
Haupteffekte des Faktors B	β_1	β_2	...	β_m		

Die einzelnen Plätze für die Werte μ_{ij} nennt man auch Zell Da für jede Zelle genau eine Beobachtung vorliegt, sagt ma auch, die Zellen seien einfach besetzt.

Es gilt

$$\mu_{ij} = \mu + \alpha_i + \beta_j + \gamma_{ij} \quad (i=1,\dots,n;\ j=1,\dots,m);$$

$$\sum_{i=1}^{n} \alpha_i = 0; \quad \sum_{j=1}^{m} \beta_j = 0; \quad \sum_{i=1}^{n} \gamma_{ij} = \sum_{j=1}^{m} \gamma_{ij} = 0 \ (i=1,\dots,n; j=1,\dots$$

Damit hat man zwei verschiedene Parametrisierungen.

Wichtige Hypothesen für Tests sind:

H_A: $\alpha_1 = \ldots = \alpha_n = 0$; d.h. A hat keine Haupteffekte;

H_B: $\beta_1 = \ldots = \beta_m = 0$; d.h. B hat keine Haupteffekte;

Die Alternative für einen solchen Test lautet im ersten Fall, daß mindestens ein $\alpha_i \neq 0$ ist, also daß A Haupteffekte $\neq 0$ hat;

entsprechend lautet im zweiten Fall die Alternative, daß mindestens ein $\beta_j \neq 0$ ist, also daß B Haupteffekte $\neq 0$ hat.

Es werde nun vorausgesetzt $\gamma_{ij} = 0$, d.h. $\mu_{ij} = \mu_{i.} + \mu_{.j} - \mu_{..}$ $(i=1,\ldots,n;\ j=1,\ldots,m)$.

Test der Hypothese H_A bzw. H_B auf Niveau α.

Mit den Bezeichnungen $(i=1,\ldots,n;\ j=1,\ldots,m)$

$X_{i.} = \frac{1}{m} \sum_{j=1}^{m} X_{ij}$ ("Zeilenmittel"); $X_{.j} = \frac{1}{n} \sum_{i=1}^{n} X_{ij}$ ("Spaltenmittel");

$\overline{X} = X_{..} = \frac{1}{n\,m} \sum_{i=1}^{n} \sum_{j=1}^{m} X_{ij}$ ("Gesamtmittel") und [1)]

$$SSA = SQA: = m \sum_{i=1}^{n} (X_{i.} - X_{..})^2;$$

$$SSB = SQB: = n \sum_{j=1}^{m} (X_{.j} - X_{..})^2;$$

$$SSAB = SQAB: = \sum_{i=1}^{n} \sum_{j=1}^{m} (X_{ij} - X_{i.} - X_{.j} + X_{..})^2;$$

1) SS (sum of squares); SQ (Summe der Quadrate);

SST (sum of squares total) = SQT (Summe der Quadrate der Abweichungen total) = SQG (Summe der Quadrate der Abweichungen gesamt).

$$SST = SQT: = \sum_{i=1}^{n} \sum_{j=1}^{m} (X_{ij} - X_{..})^2$$ gilt

$$SST = SSA + SSB + SSAB$$

und $X_{..}$, SSA, SSB, SSAB und SST sind unabhängig.

Es gilt [1])

$MSA = MQA: = \frac{SSA}{n-1}$ ist unter der Hypothese H_A χ^2-verteilt m
n-1 Freiheitsgraden;

$MSB = MQB: = \frac{SSB}{m-1}$ ist unter der Hypothese H_B χ^2-verteilt m
m-1 Freiheitsgraden;

$MSAB = MQAB: = \frac{SSAB}{(n-1)(m-1)}$ ist unter den Hypothesen H_A bzw. H_B χ^2-verteilt mit $(n-1)(m-1)$ Freiheitsgraden.

Dann ist $T_A = \frac{MSA}{MSAB}$ F-verteilt mit $(n-1,(n-1)(m-1))$ Freiheitsgraden und $T_B = \frac{MSB}{MSAB}$ F-verteilt mit $(m-1,(n-1)(m-1))$ Freiheitsgraden.

Zum Test der Hypothese H_A benutzt man die Testgröße T_A und zum Test der Hypothese H_B die Testgröße T_B.

Aus $P_{H_A}(T_A > y_\alpha) = \alpha$ ($\Leftrightarrow$ $P_{H_A}(T_A \leq y_\alpha) = 1-\alpha$) bestimmt ma
aus der Tabelle der Verteilungsfunktion der F-Verteilung m
$(n-1,(n-1)(m-1))$ Freiheitsgraden $y_\alpha = z_{1-\alpha}^{(n)}$, das $(1-\alpha)$-Quan
dieser F-Verteilung. Als kritischen Bereich nimmt man

$$A =]z_{1-\alpha}^{(n)}, \infty[.$$

Gilt also für die Realisation

1) MS (mean of squares) = MQ (Mittel der Quadrate).

$$t_A = \frac{m(m-1) \sum_{i=1}^{n} (x_{i.} - x_{..})^2}{\sum_{i=1}^{n} \sum_{j=1}^{m} (x_{ij} - x_{i.} - x_{.j} + x_{..})^2}$$

$(x_{i.} = \frac{1}{m} \sum_{j=1}^{m} x_{ij}$ $(i=1,\ldots,n)$; $x_{.j} = \frac{1}{n} \sum_{i=1}^{n} x_{ij}$ $(j=1,\ldots,m)$;

$x_{..} = \frac{1}{n\,m} \sum_{i=1}^{n} \sum_{j=1}^{m} x_{ij})$

der Testgröße T_A, daß $t_A > z_{1-\alpha}^{(n)}$ ist, so wird die Hypothese H_A abgelehnt.

Für die Hypothese H_B lautet die Realisation t_B der Testgröße T_B analog

$$t_B = \frac{n(n-1) \sum_{j=1}^{m} (x_{.j} - x_{..})^2}{\sum_{i=1}^{n} \sum_{j=1}^{m} (x_{ij} - x_{i.} - x_{.j} + x_{..})^2}.$$

Gilt $t_B > z_{1-\alpha}^{(m)}$, so wird die Hypothese H_B abgelehnt.

Eine Verallgemeinerung des hier dargestellten Verfahrens erhält man, wenn jede Zelle mehrfach, aber alle Zellen mit gleicher Anzahl K besetzt sind. Man hat dann statt der Zufallsvariablen X_{ij} nun Zufallsvariablen X_{ijk} $(i=1,\ldots,n;$ $j=1,\ldots,m;$ $k=1,\ldots,K)$. Die beobachteten Realisationen sind dann x_{ijk} $(i=1,\ldots,n;$ $j=1,\ldots,m;$ $k=1,\ldots,K)$.

Seien analog wie oben $X_{ijk} \sim N(\mu_{ij};\sigma^2)$-normalverteilt mit μ_{ij} unbekannt und σ^2 nicht notwendigerweise bekannt, aber in allen Normalverteilungen gleich.

Dann läßt sich ein ähnliches Verfahren wie oben entwickeln.

Parametertests bei zweidimensionalen Verteilungen

Bei dem folgenden Verfahren soll eine einfache Stichprobe $\underline{X} = (\underline{X}_1,\ldots,\underline{X}_n)$ mit $\underline{X}_i = (X_{1i},X_{2i})$ (i=1,...,n) aus der Grundgesamtheit vorliegen; d.h. $\underline{X}_1,\ldots,\underline{X}_n$ unabhängig und identisch verteilt; die beobachtete Realisation von $\underline{X}$ sei $\underline{x} = (\underline{x}_1,\ldots,\underline{x}_n)$ mit $\underline{x}_i = (x_{1i},x_{2i})$ (i=1,...,n).

4.4.10.12. Tests für den Korrelationskoeffizienten ρ einer zweidimensionalen Normalverteilung

Sei $\underline{X}_i = (X_{1i},X_{2i})$ zweidimensional normalverteilt (i=1,... $\rho = \text{kor}[X_{1i},X_{2i}]$ sei der Korrelationskoeffizient dieser Ve teilung; ρ unbekannt ($\mu_1,\mu_2,\sigma_1^2,\sigma_2^2$ brauchen nicht bekannt z sein) [1] (vgl. 2.3.7; 2.4.4.2).

a)

Test der Hypothese $H_o: \rho = 0$ gegen die Alternative $H_1: \rho \neq 0$ auf Niveau α.

Mit $\overline{X}_1 = \frac{1}{n}\sum_{i=1}^{n} X_{1i}$; $\overline{X}_2 = \frac{1}{n}\sum_{i=1}^{n} X_{2i}$ (arithmetische Mittel) u

$$R = \frac{\sum_{i=1}^{n}(X_{1i}-\overline{X}_1)(X_{2i}-\overline{X}_2)}{\sqrt{\sum_{i=1}^{n}(X_{1i}-\overline{X}_1)^2\sum_{i=1}^{n}(X_{2i}-\overline{X}_2)^2}} = \frac{S_{12}}{S_1S_2}$$ (Korrelationskoef zient (vgl. 2.3.

wird als Testgröße

$$T = R\sqrt{\frac{n-2}{1-R^2}}$$ benutzt;

1) Also Parameterraum $\Theta = [-1,1]$ bzw. $\Theta = [-1,1] \times \mathbb{R}$ bzw. $\Theta = [-1,1] \times \mathbb{R}^2$ bzw. ... bzw. $\Theta = [-1,1] \times (\mathbb{R} \times \mathbb{R}^+)^2$.

T ist unter der Nullhypothese H_o: $\rho = 0$ t-verteilt mit n-2 Freiheitsgraden.

Aus $P_{H_o}(T \leq z_{\frac{\alpha}{2}}) = \frac{\alpha}{2}$ bestimmt man aus der Tabelle der Verteilungsfunktion der t-Verteilung $z_{\frac{\alpha}{2}}$, das $\frac{\alpha}{2}$ -Quantil der t-Verteilung mit n-2 Freiheitsgraden [1]. Als kritischen Bereich nimmt man

$$A =]-\infty, z_{\frac{\alpha}{2}}[\cup]-z_{\frac{\alpha}{2}}, \infty[=]-\infty, z_{\frac{\alpha}{2}}[\cup]z_{1-\frac{\alpha}{2}}, \infty[.$$

Gilt also für die Realisation $t = r\sqrt{\frac{n-2}{1-r^2}}$ mit

$$r = \frac{\sum_{i=1}^{n}(x_{1i}-\bar{x}_1)(x_{2i}-\bar{x}_2)}{\sqrt{\sum_{i=1}^{n}(x_{1i}-\bar{x}_1)^2 \sum_{i=1}^{n}(x_{2i}-\bar{x}_2)^2}}$$ (empirischer Korrelationskoeffizient (vgl. 1.3.2); $\bar{x}_1 = \frac{1}{n}\sum_{i=1}^{n} x_{1i}$; $\bar{x}_2 = \frac{1}{n}\sum_{i=1}^{n} x_{2i}$)

der Testgröße T, daß $|t| > |z_{\frac{\alpha}{2}}|$ ist, so wird die Hypothese H_o abgelehnt.

b) Test der Hypothese H_o: $\rho \geq 0$ gegen
die Alternative H_1: $\rho < 0$ auf Niveau α.

Testgröße wie in a).

Aus $P_{H_o}(T \leq z_\alpha) = \alpha$ bestimmt man aus der Tabelle der Verteilungsfunktion der t-Verteilung z_α, das α-Quantil der

1) $z_{\frac{\alpha}{2}} < 0$ für alle $\alpha < 1$.

t-Verteilung mit n-2 Freiheitsgraden [1]. Als kritischen Be
reich nimmt man

$A =]-\infty, z_\alpha[.$

Gilt also für die Realisation t der Testgröße T (siehe a))
daß $t < z_\alpha$ ist, so wird die Hypothese H_o abgelehnt.

c) Test der Hypothese $H_o: \rho \leq 0$ gegen
die Alternative $H_1: \rho > 0$ auf Niveau α.

Testgröße wie in a).

Aus $P_{H_o}(T > y_\alpha) = \alpha$ ($\Longleftrightarrow P_{H_o}(T \leq y_\alpha) = 1-\alpha$) bestimmt man
aus der Tabelle der Verteilungsfunktion der t-Verteilung
$y_\alpha = z_{1-\alpha}$, das $(1-\alpha)$-Quantil der t-Verteilung mit n-2 Freiheitsgraden. Als kritischen Bereich nimmt man

$A =]z_{1-\alpha}, \infty[.$

Gilt also für die Realisation t der Testgröße T (siehe a)),
daß $t > z_{1-\alpha}$ ist, so wird die Hypothese H_o abgelehnt.

Bemerkung: Für $n > 30$ liefert die Standard-Normalverteilung
eine gute Approximation für die t-Verteilung.

Parametertests in einem Regressionsmodell

Bei dem folgenden Verfahren soll eine Stichprobe (vgl. 4.3.7
$((x_1,Y_1),(x_2,Y_2),\ldots,(x_n,Y_n))$ vom Umfang n aus der Grundgesamtheit vorliegen, wobei $Y_1,\ldots,Y_n$ unabhängig sein sollen;
die beobachtete Realisation der Stichprobe sei $((x_1,y_1),$
$(x_2,y_2),\ldots,(x_n,y_n))$. Es gelte $Y_i \sim N(a+\beta x_i;\sigma^2)$-normalvertei

1) $z_\alpha < 0$ für alle $\alpha < 0,5$.

mit x_i bekannt $(i=1,\dots,n)(a,\beta,\sigma^2$ konstant; β unbekannt; a und σ^2 nicht notwendigerweise bekannt). D.h. für die Verteilung der betrachteten Merkmale in der Grundgesamtheit ist der Regressionskoeffizient β unbekannt [1] [2].

Bemerkung: Im Hinblick auf 4.3.7 (Regression) wird hier statt der Bezeichnung X_{2i}, x_{1i}, x_{2i} usw. benutzt Y_i, x_i, y_i usw. $(i=1,\dots,n)$.

4.4.10.13. Tests für den Regressionskoeffizienten β

a) Test der Hypothese $H_0: \beta = \beta_0$ (β_0 vorgegebener Wert) gegen die Alternative $H_1: \beta \neq \beta_0$ auf Niveau α.

Mit $\bar{x} = \frac{1}{n} \sum_{i=1}^{n} x_i$; $\bar{Y} = \frac{1}{n} \sum_{i=1}^{n} Y_i$ (arithmetische Mittel);

$$\hat{s}_x^2 = \frac{1}{n} \sum_{i=1}^{n} (x_i - \bar{x})^2; \quad S_Y^2 = \frac{1}{n} \sum_{i=1}^{n} (Y_i - \bar{Y})^2;$$

$$S_{xY} = \frac{1}{n} \sum_{i=1}^{n} (x_i - \bar{x})(Y_i - \bar{Y});$$

$$B_{xY} = \frac{\sum_{i=1}^{n} (x_i - \bar{x})(Y_i - \bar{Y})}{\sum_{i=1}^{n} (x_i - \bar{x})^2} = \frac{S_{xY}}{\hat{s}_x^2}$$

wird als Testgröße

---

1) Also Parameterraum $\Theta = \mathbb{R}$ bzw. ... bzw. $\Theta = \mathbb{R}^2 \times \mathbb{R}^+$.

2) Diese Situation entsteht, wenn man unabhängige Paare von Zufallsvariablen (X_i, Y_i) $(i=1,\dots,n)$ betrachtet und annimmt, die bedingte Verteilung von Y_i gegeben $X_i=x_i$ sei $N(a+\beta x_i;\sigma^2)$ $(i=1,\dots,n)$ (vgl. 4.3.7.3).

$$T = \sqrt{n-2}\,\hat{s}_x \frac{B_{xY} - \beta_o}{\sqrt{S_Y^2 - B_{xY}^2 \hat{s}_x^2}} = \sqrt{n-2}\,\frac{S_{xY} - \hat{s}_x^2 \beta_o}{\sqrt{\hat{s}_x^2 S_Y^2 - S_{xY}^2}}$$ benutzt.

Unter der Nullhypothese H_o: $\beta = \beta_o$ ist T t-verteilt mit n-2 Freiheitsgraden.

Aus $P_{\beta_o}(T \leq z_{\frac{\alpha}{2}}) = \frac{\alpha}{2}$ bestimmt man aus der Tabelle der Verteilungsfunktion der t-Verteilung $z_{\frac{\alpha}{2}}$, das $\frac{\alpha}{2}$ -Quantil der t-Verteilung mit n-2 Freiheitsgraden [1]. Als kritischen Bereich nimmt man

$$A =]-\infty, z_{\frac{\alpha}{2}}[\cup]-z_{\frac{\alpha}{2}}, \infty[=]-\infty, z_{\frac{\alpha}{2}}[\cup]z_{1-\frac{\alpha}{2}}, \infty[.$$

Gilt also für die Realisation

$$t = \sqrt{n-2}\,\hat{s}_x \frac{b_{xY} - \beta_o}{\sqrt{\hat{s}_Y^2 - b_{xY}^2 \hat{s}_x^2}} = \sqrt{n-2}\,\frac{\hat{s}_{xY} - \hat{s}_x^2 \beta_o}{\sqrt{\hat{s}_x^2 \hat{s}_Y^2 - \hat{s}_{xY}^2}}$$, wobei

$$\hat{s}_Y^2 = \frac{1}{n}\sum_{i=1}^{n}(y_i - \overline{y})^2 = \frac{1}{n}\left(\sum_{i=1}^{n} y_i - \frac{1}{n}\left(\sum_{i=1}^{n} y_i\right)^2\right);$$

$$\hat{s}_{xY} = \frac{1}{n}\sum_{i=1}^{n}(x_i - \overline{x})(y_i - \overline{y});$$

$$b_{xY} = \frac{\sum_{i=1}^{n}(x_i - \overline{x})(y_i - \overline{y})}{\sum_{i=1}^{n}(x_i - \overline{x})^2} = \frac{\hat{s}_{xY}}{\hat{s}_x^2}$$ (empirischer Regressions-

1) $z_{\frac{\alpha}{2}} < 0$ für alle $\alpha < 1$.

koeffizient; vgl. 1.3.2; $\bar{y} = \frac{1}{n} \sum_{i=1}^{n} y_i$)

der Testgröße T, daß $|t| > |z_{\frac{\alpha}{2}}|$ ist, so wird die Hypothese H_0 abgelehnt.

Bemerkung: Statt $\hat{s}_x^2$, S_Y^2 und S_{xY} kann man auch benutzen

$\frac{n}{n-1}\,\hat{s}_x^2$, $\frac{n}{n-1}\,S_Y^2$ und $\frac{n}{n-1}\,S_{xY}$, also $\frac{1}{n-1} \sum_{i=1}^{n} (x_i - \bar{x})^2$ statt $\hat{s}_x^2$, entsprechend für S_Y^2 und S_{xY}. Die Testgröße T bleibt dabei unverändert.

Für die Realisationen heißt dies, daß $\hat{s}_Y^2$ ersetzt wird durch

$\frac{n}{n-1}\,\hat{s}_Y^2 = \frac{1}{n-1} \sum_{i=1}^{n} (y_i - \bar{y})^2$, entsprechend $\hat{s}_{xY}$ durch $\frac{n}{n-1}\,\hat{s}_{xY}$ (vgl. auch 1.1.2.2 korrigierte Varianz).

b) Test der Hypothese H_0: $\beta \geq \beta_0$ gegen
die Alternative H_1: $\beta < \beta_0$ auf Niveau α.

Testgröße wie in a).

Aus $P_{H_0}(T \leq z_\alpha) = \alpha$ bestimmt man aus der Tabelle der Verteilungsfunktion der t-Verteilung z_α, das α-Quantil der t-Verteilung mit n-2 Freiheitsgraden [1]. Als kritischen Bereich nimmt man

$A = \,]-\infty, z_\alpha[.$

Gilt also für die Realisation t der Testgröße T (siehe a)), daß $t < z_\alpha$ ist, so wird die Hypothese H_0 abgelehnt.

1) $z_\alpha < 0$ für alle $\alpha < 0{,}5$.

c) | Test der Hypothese H_o: $\beta \leq \beta_o$ gegen |
|---|
| die Alternative H_1: $\beta > \beta_o$ auf Niveau α. |

Testgröße wie in a).

Aus $P_{H_o}(T > y_\alpha) = \alpha$ ($\Longleftrightarrow P_{H_o}(T \leq y_\alpha) = 1-\alpha$) bestimmt man aus der Tabelle der Verteilungsfunktion der t-Verteilung $y_\alpha = z_{1-\alpha}$, das $(1-\alpha)$-Quantil der t-Verteilung mit n-2 Freiheitsgraden [1]. Als kritischen Bereich nimmt man $A =]z_{1-\alpha}, \infty[$.

Gilt also für die Realisation t der Testgröße T (siehe a)) daß $t > z_{1-\alpha}$ ist, so wird die Hypothese H_o abgelehnt.

Bemerkung: Durch Quadrieren der Testgröße T erhält man einen Test mit einer Testgröße $T^* = T^2$, die F-verteilt ist (vgl. 2.4.2.14).

4.4.11. Verteilungsunabhängige Testverfahren

Bei den bisher besprochenen Verfahren wurden spezielle Verteilungen vorausgesetzt, jetzt soll dies nicht mehr nötig sein. Man spricht dann von <u>verteilungsunabhängigen</u> Verfahren.

Ein-Stichproben-Parametertests bei eindimensionaler Verteilung

Sei $\underline{X} = (X_1,\ldots,X_n)$ eine einfache Stichprobe aus einer Grundgesamtheit, d.h. $X_1,\ldots,X_n$ unabhängig und identisch verteilt, die beobachtete Realisation von $\underline{X}$ sei $\underline{x} = (x_1,\ldots,x_n)$ (vgl. 4.2.1).

1) y_α ist hier natürlich nicht eine Realisation von Y.

4.4.11.1. Tests für den Median einer Verteilung (Der Vorzeichentest) - Bei einer symmetrischen Verteilung ist der Median gleich dem Mittelwert μ.

Sei z = Median von X_i (i=1,...,n); d.h. das betrachtete Merkmal in der Grundgesamtheit hat den Median z (die Verteilung von X_i braucht nicht bekannt zu sein) [1].

a) Test der Hypothese H_0: $z = z_0$ (z_0 vorgegebener Wert) gegen die Alternative H_1: $z \neq z_0$ auf Niveau α.

Die Zufallsvariable $W_i := X_i - z_0$ hat die Realisationen $w_i = x_i - z_0$ (i=1,...,n).

Sei m die Anzahl dieser Realisationen $\neq 0$ und t die Anzahl der Realisationen > 0 (also $t \leq m \leq n$) [2].

m und t können als Realisationen von Zufallsvariablen M bzw. T aufgefaßt werden. T wird als Testgröße benutzt [3].

T ist Bi(n;p)-binomialverteilt mit $p = P(W_i > 0)$.

Unter der Nullhypothese H_0: $z = z_0$ ist $(T|M=m) \sim Bi(m;0,5)$-binomialverteilt. Für stetige Verteilungen gilt $P(M = 0) = 1$ und $T \sim Bi(n;0,5)$-binomialverteilt.

Man bestimmt m sowie $z_{\frac{\alpha}{2}}$ und $z_{1-\frac{\alpha}{2}}$, das $\frac{\alpha}{2}$ - und das $(1-\frac{\alpha}{2})$-Quantil der Binomialverteilung mit den Parametern m und 0,5. Als kritischen Bereich nimmt man $A =]-\infty, z_{\frac{\alpha}{2}}[\cup]z_{1-\frac{\alpha}{2}}, \infty[$.

1) Also Parameter $z \in \mathbb{R}$. - In 1.1.2 wurde der Median mit $q_{0,5}$ bezeichnet.
2) n-m soll klein sein gegenüber n.
3) T ist eine diskrete Zufallsvariable; genauer eine Zählstatistik (Vorzeichenstatistik) (siehe 4.1.4).
Es ist $T = \sum_{i=1}^{n} I_{]0,\infty[}(X_i)$.

Gilt also für die Realisation t der Testgröße T, daß $t \in A$
so wird die Hypothese H_o abgelehnt.

b) Test der Hypothese H_o: $z \geq z_o$ gegen
die Alternative H_1: $z < z_o$ auf Niveau α.

Testgröße wie in a).

Unter der Voraussetzung $z = z_o$ ist $(T|M = m) \sim Bi(m;0,5)$-binomialverteilt.

Man bestimmt m sowie z_α, das α-Quantil der Binomialverteilung mit den Parametern m und 0,5. Als kritischen Bereich nimmt man $A =]-\infty, z_\alpha[$.

Gilt also für die Realisation t der Testgröße T, daß $t < z$
ist, so wird die Hypothese H_o abgelehnt.

c) Test der Hypothese H_o: $z \leq z_o$ gegen
die Alternative H_1: $z > z_o$ auf Niveau α.

Testgröße wie in a).

Unter der Voraussetzung $z = z_o$ ist $(T|M = m) \sim Bi(m;0,5)$-binomialverteilt.

Man bestimmt m sowie $z_{1-\alpha}$, das $(1-\alpha)$-Quantil der Binomialverteilung mit den Parametern m und 0,5. Als kritischen Be
reich nimmt man $A =]z_{1-\alpha}, \infty[$.

Gilt also für die Realisation t der Testgröße T, daß $t > z$
ist, so wird die Hypothese H_o abgelehnt.

wei-Stichproben-Parametertests bei Paaren eindimensionaler Verteilungen

ei $\underline{X} = (X_1,...,X_n)$ eine einfache Stichprobe aus einer er- ten Grundgesamtheit und $\underline{Y} = (Y_1,...,Y_n)$ eine einfache tichprobe aus einer zweiten Grundgesamtheit [1], d.h. $X_1,...,X_n$ unabhängig und identisch verteilt und $Y_1,...,Y_n$ nabhängig und identisch verteilt. Außerdem sollen $\underline{X}$ und $\underline{Y}$ nabhängig sein. Die beobachtete Realisation von $\underline{X}$ sei $\underline{x} = (x_1,...,x_n)$ und die von $\underline{Y}$ sei $\underline{y} = (y_1,...,y_n)$ (vgl.4.2.1).

.4.11.2. Tests zum Vergleich der Mittelwerte (Erwartungswerte) μ_1 und μ_2 zweier symmetrischer Verteilungen (Der Vorzeichentest)

Sei μ_1 = Mittelwert von X_i und μ_2 = Mittelwert von Y_i (i=1,...,n); d.h. das betrachtete Merkmal hat in der ersten Grundgesamtheit den Mittelwert μ_1 und in der zweiten Grundgesamtheit den Mittelwert μ_2 (die Verteilungen von X_i und Y_i brauchen nicht bekannt zu sein).

a) Test der Hypothese $H_o: \mu_1 = \mu_2$ gegen
die Alternative $H_1: \mu_1 \neq \mu_2$ auf Niveau α.

Die Zufallsvariable $W_i := X_i - Y_i$ hat die Realisationen $w_i = x_i - y_i$ (i=1,...,n).

Sei m die Anzahl dieser Realisationen $\neq 0$ und t die Anzahl der Realisationen > 0 (also $t \leq m \leq n$).

m und t können als Realisationen von Zufallsvariablen M bzw. T aufgefaßt werden. T wird als Testgröße benutzt [2].

1) Die Umfänge der Stichproben sind also gleich.

2) T ist eine diskrete Zufallsvariable.

T ist Bi(m;p)-binomialverteilt mit $p = P(W_i > 0)$.

Unter der Nullhypothese $H_o: \mu_1 = \mu_2$ ist $(T|M = m) \sim$ Bi(m;0
binomialverteilt. Für stetige Verteilungen gilt $P(M = 0) =$
und $T \sim$ Bi(m;0,5)-binomialverteilt.

Der Test verläuft nun wörtlich genau so wie in 4.4.11.1. a

b) Test der Hypothese $H_o: \mu_1 \geq \mu_2$ gegen die Alternative $H_1: \mu_1 < \mu_2$ auf Niveau α.

Testgröße wie in a).

Unter der Voraussetzung $\mu_1 = \mu_2$ ist $(T|M = m) \sim$ Bi(m;0,5)-binomialverteilt.

Der Test verläuft nun wörtlich genau so wie in 4.4.11.1. b

<u>Tests betreffend die Verteilung der Grundgesamtheit</u>

Bei den folgenden Verfahren sollen einfache Stichproben $\underline{X} = (X_1,\ldots,X_n)$ aus einer Grundgesamtheit vorliegen, d.h. $X_1,\ldots,X_n$ unabhängig und identisch verteilt; die beobachte Realisation von $\underline{X}$ sei $\underline{x} = (x_1,\ldots,x_n)$ (vgl. 4.2.1).

4.4.11.3. Test auf Vorliegen einer bestimmten Verteilung (Der <u>χ^2-Test</u> (<u>Anpassungstest</u>))

Sei F die unbekannte Verteilungsfunktion von X_i $(i=1,\ldots,n$
d.h. das betrachtete Merkmal in der Grundgesamtheit besitz
eine Verteilung mit der unbekannten Verteilungsfunktion F.

Test der Hypothese H_o: $F = F_o$ (F_o vorgegebene Verteilungsfunktion)[1] gegen die Alternative H_1: $F \neq F_o$ auf Niveau α.

Man unterteilt die reellen Zahlen $\mathbb{R}$ in Intervalle (Klassen)

$I_1, I_2, \ldots, I_k$ mit $I_j =]t_{j-1}, t_j]$ $(j=2,\ldots,k-1)$;
$I_1 =]-\infty, t_1]$; $I_k =]t_{k-1}, \infty[$ $(t_1 < t_2 < \ldots < t_{k-1})$.

Sei $p_j := F_o(t_j) - F_o(t_{j-1})$ $(j=2,\ldots,k-1)$; $p_1 := F_o(t_1)$;
$p_k := 1 - F_o(t_{k-1})$;

sei h_j = Anzahl der Realisationen x_i aus der Stichprobe $\underline{X}$ mit $x_i \in I_j$.

Dann gilt $\sum_{j=1}^{k} p_j = 1$ und $\sum_{j=1}^{k} h_j = n$.

Für die Anwendung des Tests sollen bei der vorliegenden Intervalleinteilung von $\mathbb{R}$ alle $h_j \geq 5$ und alle $p_j > 0$ sein $(j=1,\ldots,k)$[2].

h_j kann als Realisation einer Zufallsvariablen H_j $(j=1,\ldots,k)$ aufgefaßt werden.

Als Testgröße wird

$$T = \sum_{j=1}^{k} \frac{(H_j - np_j)^2}{np_j} = \sum_{j=1}^{k} \frac{H_j^2}{np_j} - n$$

benutzt.

---

1) $F = F_o$ ist so zu verstehen, daß $F(x) = F_o(x)$ für alle $x \in \mathbb{R}$; $F \neq F_o$ bedeutet, daß nicht $F(x) = F_o(x)$ für alle $x \in \mathbb{R}$.

2) Es wird bisweilen vorgeschlagen, falls dies nicht der Fall ist, benachbarte Intervalle zu vereinigen. Manchmal wird $h_j \geq 10$ verlangt. Fällt eine Realisation x_j aus der Stichprobe $\underline{X}$ auf eine Intervallgrenze, so wird sie bei Variation des Verfahrens in jedem der beiden angrenzenden Intervalle je zur Hälfte gezählt.

Unter der Nullhypothese H_o ist T für große n asymptotisch χ^2-verteilt mit k-1 Freiheitsgraden.

Aus $P_{H_o}(T > y_\alpha) = \alpha$ ($\Longleftrightarrow$ $P_{H_o}(T \leq y_\alpha) = 1-\alpha$) bestimmt man aus der Tabelle der Verteilungsfunktion der χ^2-Verteilung mit k-1 Freiheitsgraden $y_\alpha = z_{1-\alpha}$, das $(1-\alpha)$-Quantil der χ Verteilung mit k-1 Freiheitsgraden. Als kritischen Bereich nimmt man $A =]z_{1-\alpha}, \infty[$.

Gilt also für die Realisation

$$t = \sum_{j=1}^{k} \frac{(h_j - np_j)^2}{np_j} = \sum_{j=1}^{k} \frac{h_j^2}{np_j} - n$$

der Testgröße T, daß $t > z_{1-\alpha}$ ist, so wird die Hypothese H abgelehnt.

Bemerkungen: 1.) Für n > 100 benutzt man $z_{1-\alpha} = \frac{1}{2}(\sqrt{2k-3}$ - wobei z* durch $\phi(z^*) = 1-\alpha$ (ϕ Verteilungsfunktion der Stan dard-Normalverteilung) bestimmt ist (z* ist das $(1-\alpha)$-Quan

2.) Enthält die Funktion F_o noch unbekannte Parameter, wei man also nur, daß die zu F_o gehörige Verteilung einer bestimmten Klasse von Verteilungen angehört (etwa Normalverteilung), so schätzt man zuerst die unbekannten Parameter der Funktion F_o (bei Normalverteilung also etwa μ und σ^2). Dann wendet man den χ^2-Test an, jedoch hat man, wenn r Parameter geschätzt wurden, nur noch k-r-1 Freiheitsgrade zu benutzen.

3.) Statt der oben angegebenen Testgröße wird auch diejeni mit der Yates-Korrektur

$$\sum_{j=1}^{k} \frac{(|H_j - np_j| - 0{,}5)^2}{np_j}$$

benutzt. Sie wird i.a. nur angewandt, wenn k = 2 ist.

.4.11.4. Tests auf Vorliegen einer bestimmten Verteilung (Der <u>Kolmogorov-Test</u> (Anpassungstest))

Sei F die unbekannte Verteilungsfunktion von X_i $(i=1,...,n)$; d.h. das betrachtete Merkmal in der Grundgesamtheit besitzt eine Verteilung mit der unbekannten Verteilungsfunktion [1] F.

a) Test der Hypothese H_0: $F = F_0$ (F_0 vorgegebene Verteilungsfunktion) gegen die Alternative H_1: $F \neq F_0$ auf Niveau α.

Sei $\underline{x} = (x_1,...,x_n)$ die Realisation der Stichprobe $\underline{X} = (X_1,...,X_n)$; seien $x'_1,...,x'_k$ mit $x'_1 < x'_2 < ... < x'_k$ die verschiedenen Werte aus $(x_1,...,x_n)$ (vgl. 1.1.1);

sei $\hat{F}$ die empirische Verteilungsfunktion zur Stichprobenrealisation $\underline{x}$.

$\hat{F}$ kann als Realisation einer Zufallsvariablen F^X aufgefaßt werden.

Als Testgröße wird $T = T_n = \sqrt{n} \sup_{x \in \mathbb{R}} |F^X(x) - F_0(x)|$ benutzt.

Es gilt unter der Nullhypothese H_0

$$\lim_{n \to \infty} P(T_n \leq z) = Q(z) \quad \text{mit}$$

$$Q(z) = \begin{cases} 0 & \text{für } z \leq 0 \\ \sum_{j=-\infty}^{+\infty} (-1)^j \exp(-2j^2 z^2) & \text{für } z > 0 \end{cases}$$

1) Es wird empfohlen, den Kolmogorov-Test nur anzuwenden, wenn die unbekannte Verteilungsfunktion stetig ist.

(siehe Kolmogorov-Verteilung 2.4.2.28); d.h., daß T_n asymp totisch verteilt ist mit der Verteilungsfunktion Q.

Aus $P_{H_o}(T > y_\alpha) = \alpha$ ($\Longleftrightarrow P_{H_o}(T \leq y_\alpha) = 1-\alpha \Longleftrightarrow Q(y_\alpha) = 1-\alpha$ bestimmt man aus der Tabelle der Verteilungsfunktion der Kolmogorov-Verteilung den Wert $y_\alpha = z_{1-\alpha}$, das $(1-\alpha)$-Quanti der Kolmogorov-Verteilung. Als kritischen Bereich nimmt ma $A =]z_{1-\alpha},\infty[$.

Gilt also für die Realisation [1]

$$t = \sqrt{n} \sup_{x \in \mathbb{R}} |\hat{F}(x) - F_o(x)| = \sqrt{n} \sup_{x \in \mathbb{R}} |\Sigma \frac{h_j}{n} - F_o(x)|$$

(h_j die absoluten Häufigkeiten der $x_j^!$; dabei ist die Summe über alle Indizes j mit $x_j^! \leq x$ zu erstrecken)

der Testgröße T, daß $t > z_{1-\alpha}$ ist, so wird die Hypothese H abgelehnt.

Bemerkungen: 1.) Der Kolmogorov-Smirnov-Test ist i.a. nich anwendbar, wenn in F_o Schätzungen für Parameter eingehen, die aus derselben Stichprobe gewonnen werden, aus der man berechnet hat.

2.) Da $\hat{F}$ eine Treppenfunktion ist, muß $\sup_{x \in \mathbb{R}} |\hat{F}(x)-F_o(x)| =:$ für (stetiges) F_o an einer Sprungstelle von $\hat{F}$ angenommen w den. Man berechnet also für jede Sprungstelle $x_j^!$ die Werte a_{1j} und a_{2j}, die aus der Figur (folgende Seite) hervorgehe

3.) Für "kleinere" Werte n des Stichprobenumfangs werden s ziells Tabellen benutzt.

Dann ist der Kolmogorov-Test besser als der χ^2-Test.

---

1) n soll nicht allzu klein sein.

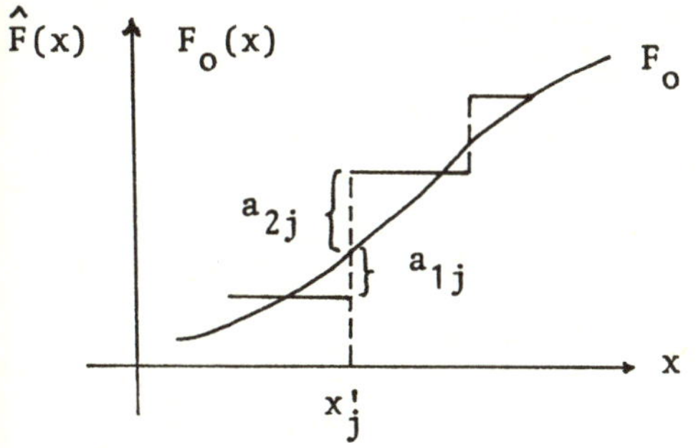

ist dann $\max(|a_{1j}|,|a_{2j}| \mid j=1,\dots,k)$.

b) Test der Hypothese H_0: $F(x) \geq F_0(x)$ für alle $x \in \mathbb{R}$ gegen die Alternative H_1: $F(x) < F_0(x)$ für gewisse $x \in \mathbb{R}$ auf Niveau α.

Als Testgröße wird

$$T = T_n^+ = \sqrt{n} \sup_{x \in \mathbb{R}} \{F_0(x) - F^X(x)\}$$ benutzt.

Gilt für die Realisation

$$t^+ = \sqrt{n} \sup_{x \in \mathbb{R}} \{F_0(x) - \hat{F}(x)\} = \sqrt{n} \sup_{x \in \mathbb{R}} \{F_0(x) - \Sigma \frac{h_j}{n}\}$$

(dabei ist die Summe über alle Indizes j mit $x_j' \leq x$ zu erstrecken), der Testgröße T_n^+, daß $t^+ > z_{1-\alpha}$ ist, so wird die Hypothese H_0 abgelehnt ($z_{1-\alpha}$ ist das $(1-\alpha)$-Quantil der Kolmogorov-Verteilung).

c) Test der Hypothese H_0: $F(x) \leq F_0(x)$ für alle $x \in \mathbb{R}$ gegen die Alternative H_1: $F(x) > F_0(x)$ für gewisse $x \in \mathbb{R}$ auf Niveau α.

Als Testgröße wird

$T = T_n^- = \sqrt{n} \sup_{x \in \mathbb{R}} \{F^X(x) - F_0(x)\}$ benutzt.

Gilt für die Realisation

$$t^- = \sqrt{n} \sup_{x \in \mathbb{R}} \{\hat{F}(x) - F_0(x)\} = \sqrt{n} \sup_{x \in \mathbb{R}} \{\Sigma \frac{h_j}{n} - F_0(x)\}$$

der Testgröße T_n^-, daß $t^- > z_{1-\alpha}$ ist, so wird die Hypothese H_0 abgelehnt ($z_{1-\alpha}$ ist das (1-α)-Quantil der Kolmogorov-Verteilung).

Tests zum Vergleich zweier Verteilungen

Bei den folgenden Verfahren sollen die einfachen Stichprob
$\underline{X} = (X_1,\ldots,X_n)$ aus einer ersten Grundgesamtheit und
$\underline{Y} = (Y_1,\ldots,Y_m)$ aus einer zweiten Grundgesamtheit vorliege
d.h. $X_1,\ldots,X_n$ unabhängig und identisch verteilt und $Y_1,\ldots$
unabhängig und identisch verteilt. Außerdem sollen $\underline{X}$ und $\underline{Y}$
unabhängig sein. Die beobachtete Realisation von $\underline{X}$ sei
$\underline{x} = (x_1,\ldots,x_n)$ und die von $\underline{Y}$ sei $\underline{y} = (y_1,\ldots,y_m)$
(vgl. 4.2.1).

Sei F_1 die unbekannte Verteilungsfunktion von X_i (i=1,...,
und F_2 die unbekannte Verteilungsfunktion von Y_j (j=1,...,
d.h. das betrachtete Merkmal besitzt in der ersten Grundge
samtheit eine Verteilung mit der unbekannten Verteilungsfu
tion F_1 und in der zweiten Grundgesamtheit eine Verteilung
mit der unbekannten Verteilungsfunktion F_2.

4.4.11.5. Der Kolmogorov-Smirnov-Test

a) Test der Hypothese H_0: $F_1 = F_2$ gegen
die Alternative H_1: $F_1 \neq F_2$ auf Niveau α.

1) Die Umfänge n und m der Stichproben brauchen nicht glei
zu sein.

D.h. Test der Hypothese H_o: Die beiden Stichproben entstammen Grundgesamtheiten mit der gleichen Verteilung.

Sei $\hat{F}_1$ die empirische Verteilungsfunktion zur Stichprobenrealisation $\underline{x}$;

$\hat{F}_2$ sei die empirische Verteilungsfunktion zur Stichprobenrealisation $\underline{y}$;

$\hat{F}_1$ und $\hat{F}_2$ können als Realisationen von Zufallsvariablen F^X und F^Y aufgefaßt werden.

Als Testgröße wird

$T = T_{n,m} = \sqrt{\frac{n\ m}{n+m}} \sup_{x \in \mathbb{R}} |F^X(x) - F^Y(x)|$ benutzt.

Es gilt unter der Nullhypothese H_o

$\lim_{k\to\infty} P(T_{n,m} \leq z) = Q(z);$

dabei ist $k = \frac{n\ m}{n+m}$ (Q(z) siehe 4.4.11.4).

Aus $P_{H_o}(T > y_\alpha) = \alpha$ ($\Longleftrightarrow P_{H_o}(T \leq y_\alpha) = 1-\alpha \Longleftrightarrow Q(y_\alpha) = 1-\alpha$) bestimmt man aus der Tabelle der Verteilungsfunktion der Kolmogorov-Verteilung $y_\alpha = z_{1-\alpha}$, das $(1-\alpha)$-Quantil der Kolmogorov-Verteilung. Als kritischen Bereich nimmt man $A =]z_{1-\alpha},\infty[$.

Gilt also für die Realisation [1)]

$t = \sqrt{\frac{n\ m}{n+m}} \sup_{x \in \mathbb{R}} |\hat{F}_1(x) - \hat{F}_2(x)|$

der Testgröße T, daß $t > z_{1-\alpha}$ ist, so wird die Hypothese H_o abgelehnt.

1) n und m sollen nicht allzu klein sein.

b) Test der Hypothese H_o: $F_1(x) \geq F_2(x)$ für alle $x \in \mathbb{R}$ [1)]
gegen die Alternative H_1: $F_1(x) < F_2(x)$ für gewisse $x \in$
auf Niveau α.

Als Testgröße wird

$$T = T^+_{n,m} = \sqrt{\frac{n\,m}{n+m}} \sup_{x \in \mathbb{R}} \{F^Y(x) - F^X(x)\} \text{ benutzt.}$$

Gilt für die Realisation

$$t^+ = \sqrt{\frac{n\,m}{n+m}} \sup_{x \in \mathbb{R}} \{\hat{F}_2(x) - \hat{F}_1(x)\}$$

der Testgröße $T^+_{n,m}$, daß $t^+ > z_{1-\alpha}$ ist, so wird die Hypothe
H_o abgelehnt ($z_{1-\alpha}$ wie in a)).

4.4.11.6. Der <u>Wilcoxon-Test</u>
(<u>Wilcoxon-Mann-Whitney-Test</u> = <u>U-Test</u>)

Test der Hypothese H_o: $F_1 = F_2$ gegen
die Alternative H_1: $F_1 \neq F_2$ auf Niveau α.

D.h. Test der Hypothese H_o: Die beiden Stichproben entstammen Grundgesamtheiten mit der gleichen Verteilung.

Für die Realisationen $x_1,\ldots,x_n$ und $y_1,\ldots,y_m$ der beiden Stichproben betrachtet man alle Paare (x_i,y_j) $(i=1,\ldots,n;$ $j=1,\ldots,m)$ [2)]. Man sagt, das Paar (x_i,y_j) bildet eine Inve sion, wenn $y_j < x_i$ ist. Sei u die Gesamtanzahl dieser Inversionen.

1) Ist (Z_1,Z_2) eine stetige zweidimensionale Zufallsvariab und F_j die Verteilungsfunktion von Z_j $(j=1,2)$, dann gi $F_1(x) \geq F_2(x)$ für alle $x \in \mathbb{R} \Longleftrightarrow P(Z_1 \leq Z_2) = 1$.
$(P(Z_1 \leq Z_2) = P(\{\omega \in \Omega \mid Z_1(\omega) \leq Z_2(\omega)\}) = P(Z_2 - Z_1 \geq 0)$.)

2) Das sind also nm Paare (x_i,y_j).

u kann als Realisation einer (diskreten) Zufallsvariablen U (Mann-Whitney-Statistik) aufgefaßt werden.

Es gilt unter der Nullhypothese für den Erwartungswert $E[U] = \frac{n\,m}{2}$ und für die Varianz $var[U] = \frac{nm(n+m+1)}{12}$.

$W = U + \frac{m(m+1)}{2}$ ist die Summe der Ränge der Y-Variablen in $(X_1,\dots,X_n, Y_1,\dots,Y_m)$ (Wilcoxon-Statistik). $\frac{U}{m\,n}$ ist Zwei-Stichproben-U-Statistik für $P(X < Y)$ (siehe 4.1.4).

Weiter gilt für große n und m, daß U unter der Nullhypothese H_o asymptotisch $N(\frac{n\,m}{2}; \frac{nm(n+m+1)}{12})$-normalverteilt ist; dies gilt schon recht gut für $n > 3$, $m > 3$ und [1] $n + m \geq 20$.

Als Testgröße wird benutzt

$$T = \frac{U - E[U]}{\sqrt{var[U]}};$$

damit ist T unter der Nullhypothese für große n und m asymptotisch standard-normalverteilt.

Aus $P_{H_o}(T \leq z_{\frac{\alpha}{2}}) = \frac{\alpha}{2}$ $(\Longleftrightarrow \phi(z_{\frac{\alpha}{2}}) = \frac{\alpha}{2})$ bestimmt man aus der Tabelle der Verteilungsfunktion der Standard-Normalverteilung $z_{\frac{\alpha}{2}}$, das $\frac{\alpha}{2}$-Quantil der Standard-Normalverteilung [2].

Als kritischen Bereich nimmt man [3]

$$A =]-\infty, z_{\frac{\alpha}{2}}[\cup]-z_{\frac{\alpha}{2}}, \infty[=]-\infty, z_{\frac{\alpha}{2}}[\cup]z_{1-\frac{\alpha}{2}}, \infty[.$$

Gilt also für die Realisation

1) Es wird manchmal auch $n \geq 8$ und $m \geq 8$ gefordert.

2) $z_{\frac{\alpha}{2}} < 0$ für alle $\alpha < 1$.

3) $z_{1-\frac{\alpha}{2}}$ ist das $(1-\frac{\alpha}{2})$-Quantil der Standard-Normalverteilung.

$$t = \frac{u - \frac{n\,m}{2}}{\sqrt{\frac{nm(n+m+1)}{12}}} \quad \text{(u Realisation von U)}$$

der Testgröße T, daß $|t| > |z_{\frac{\alpha}{2}}|$ ist, so wird die Hypothese H_o abgelehnt.

Bemerkung: Für kleine Werte n und m benutzt man zur Bestim mung des kritischen Bereichs A Tabellen für den Wilcoxon-Test.

Test bei einer zweidimensionalen Verteilung

Sei $\underline{X} = (\underline{X}_1,\ldots,\underline{X}_n)$ mit $\underline{X}_i = (X_{1i},X_{2i})$ (i=1,...,n) eine ei fache Stichprobe aus der Grundgesamtheit; d.h. $\underline{X}_1,\ldots,\underline{X}_n$ u abhängig und identisch verteilt; die beobachtete Realisati von $\underline{X}$ sei $\underline{x} = (\underline{x}_1,\ldots,\underline{x}_n)$ mit $\underline{x}_i = (x_{1i},x_{2i})$ (i=1,...,n).

4.4.11.7. Test für die Unabhängigkeit zweier diskreter Merkmale (Der χ^2-Unabhängigkeitstest)

Test der Hypothese H_o: "Die durch X_{1i} und X_{2i} (i=1,...,n) repräsentierten Merkmale sind unabhängig" gegen die Alternative H_1: "Die Merkmale sind abhängig" auf Niveau α.

Also H_o: X_{1i} und X_{2i} unabhängig (i=1,...,n) gegen H_1: X_{1i} und X_{2i} abhängig (i=1,...,n).

Seien $x'_{11},\ldots,x'_{1k_1}$ die verschiedenen Werte x_{1i} und

$x'_{21},\ldots,x'_{2k_2}$ die verschiedenen Werte x_{2i};

h_{rs} = absolute Häufigkeit von (x'_{1r}, x'_{2s}) $(r=1,\ldots,k_1;$ $s=1,\ldots,k_2)$;

$h_{r.}$ = absolute Häufigkeit von x'_{1r} $(r=1,\ldots,k_1)$;

$h_{.s}$ = absolute Häufigkeit von x'_{2s} $(s=1,\ldots,k_2)$ (vgl.1.3.1).

h_{rs}, $h_{r.}$ und $h_{.s}$ können als Realisationen von Zufallsvariablen H_{rs}, $H_{r.}$ und $H_{.s}$ aufgefaßt werden. Als Testgröße wird

$$T = n \sum_{r=1}^{k_1} \sum_{s=1}^{k_2} \frac{(H_{rs} - \frac{1}{n} H_{r.} H_{.s})^2}{H_{r.} H_{.s}} \quad \text{benutzt.}$$

Unter der Nullhypothese ist T für große n asymptotisch χ^2-verteilt mit $(k_1-1)(k_2-1)$ Freiheitsgraden.

Aus $P_{H_0}(T > y_\alpha) = \alpha$ ($\Longleftrightarrow$ $P_{H_0}(T \leq y_\alpha) = 1-\alpha$) bestimmt man aus der Tabelle der Verteilungsfunktion der χ^2-Verteilung $y_\alpha = z_{1-\alpha}$, das $(1-\alpha)$-Quantil der χ^2-Verteilung mit $(k_1-1)(k_2-1)$ Freiheitsgraden. Als kritischen Bereich nimmt man $A =]z_{1-\alpha},\infty[$.

Gilt also für die Realisation

$$t = n \sum_{r=1}^{k_1} \sum_{s=1}^{k_2} \frac{(h_{rs} - \frac{1}{n} h_{r.} h_{.s})^2}{h_{r.} h_{.s}}$$

der Testgröße T, daß $t > z_{1-\alpha}$ ist, so wird die Hypothese H_0 abgelehnt.

Bemerkungen: 1.) Die Realisation t der Testgröße T läßt sich auch schreiben als

$$n \sum_{r=1}^{k_1} \sum_{s=1}^{k_2} \left(\frac{h_{rs}^2}{h_{r.} h_{.s}} - 1\right).$$

2.) Sind die Merkmale nicht diskret, so führe man eine geeignete Klasseneinteilung ein und wende dann den Test an.

3.) Im Fall $k_1 = k_2 = 2$ benutzt man die Testgröße

$$T = n \frac{(H_{11}H_{22} - H_{12}H_{21})^2}{H_{1.}H_{.1}H_{2.}H_{.2}} \quad \text{(Fisher-Yates-Test).}$$

4.) Für kleine n benutzt man für $k_1 = k_2 = 2$ manchmal die Testgröße mit der Yates-Korrektur

$$T = n \frac{(|H_{11}H_{22} - H_{12}H_{21}| - \frac{n}{2})^2}{H_{1.}H_{.1}H_{2.}H_{.2}}.$$

4.5. Konfidenzbereiche

Die Theorie der Konfidenzbereiche (speziell Konfidenzintervalle) befaßt sich mit dem Problem, geeignete Funktionen von Stichproben $\underline{X}$ zu bestimmen, die jeder Stichprobenrealisation eine Teilmenge der möglichen Wahrscheinlichkeitsverteilungen zuordnet, welche die wirklich vorliegende Verteilung eines Merkmals in der Grundgesamtheit mit großer Wahrscheinlichkeit enthält. In der parametrischen Theorie, die hier allein betrachtet werden soll, ist in Abhängigkeit von der Stichprobe eine Teilmenge des Parameterraums gesucht, die den wirklichen (wahren) Parameter θ_* der zu Grunde liegenden Verteilung eines Merkmals in der Grundgesamtheit mit großer Wahrscheinlichkeit überdeckt (Bereichsschätzung).

4.5.1. Grundbegriffe (vgl. 4.3.1 und 4.4.1)

Die Menge $\mathfrak{X}$, in der alle möglichen Beobachtungen einer Erhebung (Stichprobe) $\underline{X}$ liegen, ist der Beobachtungsraum. Die Realisationen von $\underline{X}$ werden mit $\underline{x}$ bezeichnet. In den meisten Fällen liegt $\mathfrak{X}$ im n-dimensionalen Raum $\mathbb{R}^n$; dann ist $\underline{X} = (X_1,\ldots,X_n)$ und $\underline{x} = (x_1,\ldots,x_n)$.

Die Wahrscheinlichkeitsverteilung $P^{\underline{X}}$ von $\underline{X}$ auf $\mathfrak{X}$ sei unbekannt [1]. Sie stamme aus einer Menge von möglichen Wahrscheinlichkeitsverteilungen, deren Elemente durch einen Parameter $\theta \in \mathbb{R}$ (oder durch ein Parameterpaar $\theta \in \mathbb{R}^2 \ldots$) charkaterisiert sind. Die Menge Θ der möglichen Parameter θ heißt Parameterraum. (Im allgemeinen $\Theta \subseteq \mathbb{R}$ oder $\Theta \subseteq \mathbb{R}^2 \ldots$). Der Parameter der wirklichen (wahren) Verteilung sei θ_* (θ_* unbekannt).

Def.: Eine Funktion $B: \mathfrak{X} \to \mathfrak{P}(\Theta)$ bestimmt einen Konfidenzbereich zur Konfidenzzahl γ ($\gamma \in]0,1[$) für θ, wenn gilt $P_\theta(B(\underline{X}) \ni \theta) \geq \gamma$ für alle $\theta \in \Theta$.

1) Dazu muß eine σ-Algebra von Teilmengen aus $\mathfrak{X}$ vorliegen (vgl. 2.1.1).

Die Realisation von $B(\underline{X})$ sei $B(\underline{x})$ [1]. Falls Θ ein Intervall $\subseteq \mathbb{R}$ und $B(\underline{x})$ für alle $\underline{x} \in \mathfrak{X}$ ein Intervall $\subseteq \Theta \subseteq \mathbb{R}$ ist, ist dies äquivalent zu

<u>Def.</u>: Seien $\varphi_1: \mathfrak{X} \to \mathbb{R}$ und $\varphi_2: \mathfrak{X} \to \mathbb{R}$ zwei Funktionen [2] mit $\varphi_1(\underline{x}) \leq \varphi_2(\underline{x})$ für alle $\underline{x} \in \mathfrak{X}$.

Dann heißt $]\varphi_1(\underline{X}), \varphi_2(\underline{X})[$ ein <u>Konfidenzintervall</u> [3] zur Konfidenzzahl γ ($\gamma \in]0,1[$) für θ, falls für gewisse $\gamma_1, \gamma_2 \in]0,1[$ mit $\gamma_1 + \gamma_2 = 1 - \gamma$ gilt

$$P_\theta(\theta \leq \varphi_1(\underline{X})) \leq \gamma_1 \quad \text{und} \quad P_\theta(\theta \geq \varphi_2(\underline{X})) \leq \gamma_2 \text{ für alle } \theta \in \Theta$$

$$(\Longleftrightarrow P_\theta(\varphi_1(\underline{X}) < \theta < \varphi_2(\underline{X})) \geq \gamma).$$

$\varphi_1(\underline{X})$ heißt untere, $\varphi_2(\underline{X})$ obere <u>Konfidenzgrenze</u> [4].

Ist $\gamma_1 = \gamma_2 = \frac{1-\gamma}{2}$, so heißt das Konfidenzintervall <u>zentral</u>.

Dieser Fall wird bei der Behandlung spezieller Konfidenzintervalle in 4.5.3 zu Grunde gelegt.

Sind $\varphi_1(\underline{X})$ und $\varphi_2(\underline{X})$ stetige Zufallsvariablen, so kann man statt $P_\theta(\varphi_1(\underline{X}) < \theta < \varphi_2(\underline{X})) \geq \gamma$ auch fordern

$$P_\theta(\varphi_1(\underline{X}) < \theta < \varphi_2(\underline{X})) = \gamma.$$

Meistens benutzt man $\gamma = 0{,}90 = 90\%$ oder $0{,}95 = 95\%$ oder $0{,}99 = 99\%$ oder $0{,}999 = 99{,}9\%$.

---

1) $B(\underline{X}): \Omega \to \mathfrak{P}(\Theta)$ soll eine Zufallsvariable sein. - Die Bezeichnung $B(\underline{x}) \ni \theta$ wird gelesen: "$B(\underline{x})$ überdeckt θ"; also m.a.W. ist $\theta \in B(\underline{x})$.

2) Die Funktionen φ_1 und φ_2 sollen meßbar sein; dies ist für stetige Funktionen immer und sonst meistens erfüllt

3) Vertrauensintervall.

4) Die untere Konfidenzgrenze kann auch $-\infty$, die obere Konfidenzgrenze kann auch $+\infty$ sein. Man hat dann die Konfidenzintervalle $]-\infty, \varphi_2(\underline{X})[$ bzw. $]\varphi_1(\underline{X}), \infty[$.

4.5.2. Zusammenhang zwischen Konfidenzbereich, Schätzer und Test

Sei $\underline{X} = (X_1,\dots,X_n)$ eine Stichprobe mit der Realisation $\underline{x} = (x_1,\dots,x_n)$ und S ein Schätzer für einen unbekannten Parameter θ; die Realisation von S sei $s = S(\underline{x})$. Ferner sei B ein Konfidenzbereich für θ mit $P_\theta(B(\underline{X}) \ni \theta) \geq \gamma$ für alle $\theta \in \Theta$; die Realisation von $B(\underline{X})$ sei $B(\underline{x})$.

Sei $C(\theta) := \{\underline{x} \in \mathfrak{X} \mid B(\underline{x}) \ni \theta\}$ $(\theta \in \Theta)$. Dann gilt

$\underline{x} \in C(\theta) \iff B(\underline{x}) \ni \theta$ und

$P_\theta(\underline{X} \in C(s)) = P_\theta(s \in B(\underline{X}))$ für alle $s, \theta \in \Theta$.

C(s) entspricht dabei dem Nichtablehnungsbereich (Annahmebereich) eines Tests φ_s für die Hypothese H_0: $\theta = s$ (gegen eine Alternative H_1, die noch zu spezifizieren wäre (meist H_1: $\theta \neq s$)). Für OC_s, die OC-Kurve von φ_s, gilt $OC_s(\theta) = P_\theta(\varphi_s(\underline{X}) = 0) = P_\theta(\underline{X} \in C(s)) = P_\theta(s \in B(\underline{X}))$.

Ein Konfidenzbereich $B: \mathfrak{X} \to \mathfrak{P}(\Theta)$ zur Konfidenzzahl γ entspricht also einer Familie von Tests $\{\varphi_s \mid \varphi_s(\underline{x}) = 0 \iff s \in B(\underline{x}),\ s \in \Theta\}$ auf Niveau $P_s(\varphi_s(\underline{X}) = 1) = P_s(s \not\ni B(\underline{X})) \leq 1 - \gamma = \alpha$. Die für Konfidenzbereiche sinnvolle Forderung, mit möglichst kleiner Wahrscheinlichkeit "falsche" Parameter zu überdecken, entspricht der Forderung einer möglichst "kleinen" OC-Kurve auf der Alternative für die Familie der Tests.

Allgemein lassen sich nun über den angegebenen Zusammenhang die Eigenschaften von Konfidenzbereichen auf die Eigenschaften von Tests zurückführen.

Zusammenstellung der behandelten Konfidenzintervalle

Konfidenzintervall für	Voraussetzung über die Grundgesamtheit	behandelt in
Mittelwert μ	normalverteilt; Varianz σ^2 bekannt	4.5.3.1
Mittelwert μ	normalverteilt (bei σ^2 bekannt ist 4.5.3.1 besser)	4.5.3.2
Varianz σ^2	normalverteilt; Mittelwert μ bekannt	4.5.3.3
Varianz σ^2	normalverteilt (bei μ bekannt ist 4.5.3.3 besser)	4.5.3.4
Parameter p	0-1-Verteilung	4.5.3.5
Korrelationskoeffizient ρ	zweidimensional normalverteilt	4.5.3.6
Regressionskoeffizient β	bedingte Verteilung ist Normalverteilung	4.5.3.7
Mittelwert $E[Y\|X = x]$ der bedingten Verteilung	bedingte Verteilung ist Normalverteilung	4.5.3.8

4.5.3. Spezielle Konfidenzintervalle [1]

Konfidenzintervalle bei eindimensionalen Verteilungen

Bei den folgenden Verfahren sollen einfache Stichproben $\underline{X} = (X_1,...,X_n)$ aus einer Grundgesamtheit vorliegen, d.h. $X_1,...,X_n$ unabhängig und identisch verteilt; die beobachtete Realisation von $\underline{X}$ sei $\underline{x} = (x_1,...,x_n)$ (vgl. 4.2.1).

4.5.3.1. Konfidenzintervall für den Mittelwert (Erwartungswert) μ einer Normalverteilung bei bekannter Varianz σ^2

Sei $X_i \sim N(\mu;\sigma^2)$-normalverteilt (i=1,...,n) mit μ unbekannt und σ^2 bekannt [2]; d.h. das betrachtete Merkmal in der Grundgesamtheit ist normalverteilt mit unbekanntem μ und bekanntem σ^2.

Mit $\bar{X} = \frac{1}{n}\sum_{i=1}^{n} X_i$ (arithmetisches Mittel der Stichprobe) ist

$$Z = \frac{\bar{X}-\mu}{\sigma}\sqrt{n} \sim N(0;1)\text{-normalverteilt.}$$

Als untere Konfidenzgrenze wird

$$\varphi_1(\underline{X}) = \bar{X} - c_\gamma \frac{\sigma}{\sqrt{n}}$$

und als obere Konfidenzgrenze

$$\varphi_2(\underline{X}) = \bar{X} + c_\gamma \frac{\sigma}{\sqrt{n}}$$

benutzt; dabei ist $c_\gamma = z_{\frac{1+\gamma}{2}}$ das $\frac{1+\gamma}{2}$-Quantil der Standard-

1) Es werden nur zentrale Konfidenzintervalle betrachtet. - Man vergleiche auch die entsprechenden Tests in 4.4.11.

2) Also Parameterraum $\Theta = \mathbb{R}$.

Normalverteilung, also bestimmt durch $P(Z \leq c_\gamma) = \phi(c_\gamma) =$ -

Damit ist $]\bar{x} - c_\gamma \frac{\sigma}{\sqrt{n}}, \ \bar{x} + c_\gamma \frac{\sigma}{\sqrt{n}}[$ $(\bar{x} = \frac{1}{n} \sum_{i=1}^{n} x_i)$ eine Reali-sation des Konfidenzintervalls für μ zur Konfidenzzahl γ.

Bemerkungen:

1) Um die Länge des Konfidenzintervalls zu halbieren, ist der vierfache Stichprobenumfang notwendig; allgemein: Um die Länge des Konfidenzintervalls auf den t-ten Teil zu verringern, ist der t^2-fache Stichprobenumfang nötig.

2) Um eine Maximallänge l_{max} des Konfidenzintervalls nicht zu überschreiten, muß für den Stichprobenumfang n gelten

$n \geq \frac{4\, c_\gamma^2 \sigma^2}{l_{max}^2}$. Für $\gamma = 0{,}95$ benutzt man $n \geq \frac{16\sigma^2}{l_{max}^2}$.

3) Bei einer Stichprobe, die <u>ohne</u> Zurücklegen gezogen wird, (also X_i (i=1,...,n) nicht mehr unabhängig), soll man nehmen (N Elementeanzahl der Grundgesamtheit; Normalverteilung liegt dann nur approximativ vor; σ^2 Varianz dieser Normalverteilung)

$$n \geq \frac{4\, c_\gamma^2 N \sigma^2}{(N-1)\, l_{max}^2 + 4\, c_\gamma^2 \sigma^2}.$$

4.5.3.2. Konfidenzintervall für den <u>Mittelwert</u> (<u>Erwartungswert</u>) μ einer Normalverteilung

Sei $X_i \sim N(\mu;\sigma^2)$-normalverteilt (i=1,...,n) mit μ unbekannt, d.h. das betrachtete Merkmal in der Grundgesamtheit ist normalverteilt mit unbekanntem μ (σ^2 braucht nicht bekannt zu sein)[1].

Mit $\bar{X} = \frac{1}{n} \sum_{i=1}^{n} X_i$ und $s^2 = \frac{1}{n-1} \sum_{i=1}^{n} (X_i - \bar{X})^2$ ist

1) Also Parameterraum $\Theta = \mathbb{R}$ bzw. $\Theta = \mathbb{R} \times \mathbb{R}^+$.

$Z = \frac{\bar{X}-\mu}{S}\sqrt{n}$ t-verteilt mit n-1 Freiheitsgraden.

Als untere Konfidenzgrenze wird

$$\rho_1(\underline{X}) = \bar{X} - c_\gamma \frac{S}{\sqrt{n}}$$

und als obere Konfidenzgrenze

$$\rho_2(\underline{X}) = \bar{X} + c_\gamma \frac{S}{\sqrt{n}}$$

benutzt; dabei ist $c_\gamma = z_{\frac{1+\gamma}{2}}$, das $\frac{1+\gamma}{2}$ -Quantil der t-Verteilung mit n-1 Freiheitsgraden, bestimmt durch $P(Z \leq c_\gamma) = \frac{1+\gamma}{2}$.

Damit ist $]\bar{x} - c_\gamma \frac{\hat{s}}{\sqrt{n}}, \ \bar{x} + c_\gamma \frac{\hat{s}}{\sqrt{n}}[$

($\bar{x} = \frac{1}{n}\sum_{i=1}^{n} x_i$; $\hat{s}^2 = \frac{1}{n-1}\sum_{i=1}^{n}(x_i - \bar{x})^2$) eine Realisation des Konfidenzintervalls für μ zur Konfidenzzahl γ.

Bemerkungen:

1) Für n > 30 liefert die Standard-Normalverteilung eine gute Approximation für die t-Verteilung.

2) Um die Länge des Konfidenzintervalls zu halbieren, ist etwa der vierfache Stichprobenumfang notwendig; allgemein: Um die Länge des Konfidenzintervalls auf den t-ten Teil zu verringern, ist etwa der t^2-fache Stichprobenumfang nötig.

3) Um eine Maximallänge l_{max} des Konfidenzintervalls nicht zu überschreiten, soll für den Stichprobenumfang n gelten $n \geq \frac{4_\gamma c^2 \hat{s}^2}{l_{max}^2}$, wobei man $\hat{s}^2$ durch eine Vorinformation schon kennen muß.

4.5.3.3. Konfidenzintervall für die Varianz σ^2 einer Normalverteilung bei bekanntem Mittelwert μ

Sei $X_i \sim N(\mu;\sigma^2)$-normalverteilt ($i=1,\ldots,n$) mit σ^2 unbekan und μ bekannt [1]; d.h. das betrachtete Merkmal in der Grun gesamtheit ist normalverteilt mit unbekanntem σ^2 und bekan tem μ.

$Z = \frac{1}{\sigma^2} \sum_{i=1}^{n} (X_i - \mu)^2 = \sum_{i=1}^{n} \left(\frac{X_i - \mu}{\sigma}\right)^2$ ist χ^2-verteilt mit n Freiheitsgraden.

Als untere Konfidenzgrenze wird

$$\varphi_1(\underline{X}) = \frac{1}{c_\gamma} \sum_{i=1}^{n} (X_i - \mu)^2$$

und als obere Konfidenzgrenze

$$\varphi_2(\underline{X}) = \frac{1}{d_\gamma} \sum_{i=1}^{n} (X_i - \mu)^2$$

benutzt; dabei ist $c_\gamma = z_{\frac{1+\gamma}{2}}$, das $\frac{1+\gamma}{2}$ -Quantil der χ^2-Vert lung mit n Freiheitsgraden, und $d_\gamma = z_{\frac{1-\gamma}{2}}$, das $\frac{1-\gamma}{2}$ -Quanti der χ^2-Verteilung mit n Freiheitsgraden; c_γ ist also bestimmt durch $P(Z \leq c_\gamma) = \frac{1+\gamma}{2}$ und d_γ durch $P(Z \leq d_\gamma) = \frac{1-\gamma}{2}$.

Damit ist

$$\left]\frac{1}{c_\gamma} \sum_{i=1}^{n} (x_i - \mu)^2,\ \frac{1}{d_\gamma} \sum_{i=1}^{n} (x_i - \mu)^2\right[$$

1) Also Parameterraum $\Theta = \mathbb{R}^+$.

eine Realisation des Konfidenzintervalls für σ^2 zur Konfidenzzahl γ.

Bemerkung: Liefert die Tabelle $d_\gamma = 0$, so ist $\varphi_2(\underline{X}) = \infty$ zu setzen und somit das Intervall $\left]\frac{1}{c_\gamma} \sum_{i=1}^{n} (x_i - \mu)^2, \infty\right[$ zu nehmen.

.5.3.4. Konfidenzintervall für die <u>Varianz</u> σ^2 einer Normalverteilung

Sei $X_i \sim N(\mu;\sigma^2)$-normalverteilt $(i=1,\ldots,n)$ mit σ^2 unbekannt; d.h. das betrachtete Merkmal in der Grundgesamtheit ist normalverteilt mit unbekanntem σ^2 (μ braucht nicht bekannt zu sein) [1].

Mit $\bar{X} = \frac{1}{n} \sum_{i=1}^{n} X_i$ und $S^2 = \frac{1}{n} \sum_{i=1}^{n} (X_i - \bar{X})^2$ ist

$$Z = n \frac{S^2}{\sigma^2} = \frac{1}{\sigma^2} \sum_{i=1}^{n} (X_i - \bar{X})^2 = \sum_{i=1}^{n} \left(\frac{X_i - \bar{X}}{\sigma}\right)^2$$ χ^2-verteilt mit n-1 Freiheitsgraden.

Als untere Konfidenzgrenze wird

$$\varphi_1(\underline{X}) = \frac{n\, S^2}{c_\gamma}$$

und als obere Konfidenzgrenze

$$\varphi_2(\underline{X}) = \frac{n\, S^2}{d_\gamma}$$

benutzt; dabei ist $c_\gamma = z_{\frac{1+\gamma}{2}}$, das $\frac{1+\gamma}{2}$-Quantil der χ^2-Verteilung mit n-1 Freiheitsgraden, und $d_\gamma = z_{\frac{1-\gamma}{2}}$, das $\frac{1-\gamma}{2}$-Quantil

1) Also Parameterraum $\Theta = \mathbb{R}^+$ bzw. $\Theta = \mathbb{R} \times \mathbb{R}^+$.

der χ^2-Verteilung mit n-1 Freiheitsgraden; c_γ ist also bestimmt durch $P(Z \leq c_\gamma) = \frac{1+\gamma}{2}$ und d_γ durch $P(Z \leq d_\gamma) = \frac{1-\gamma}{2}$.

Damit ist

$$\left]\frac{1}{c_\gamma} \sum_{i=1}^{n} (x_i - \bar{x})^2, \; \frac{1}{d_\gamma} \sum_{i=1}^{n} (x_i - \bar{x})^2\right[$$

$(\bar{x} = \frac{1}{n} \sum_{i=1}^{n} x_i)$ eine Realisation des Konfidenzintervalls für σ^2 zur Konfidenzzahl γ.

Bemerkung: Liefert die Tabelle $d_\gamma = 0$, so ist $\varphi_2(\underline{X}) = \infty$ zu setzen und somit das Intervall $\left]\frac{1}{c_\gamma} \sum_{i=1}^{n} (x_i - \bar{x})^2, \infty\right[$ zu nehm

4.5.3.5. Konfidenzintervall für den Parameter p einer 0-1-Verteilung

Sei X_i 0-1-verteilt (i=1,...,n) mit dem Parameter p, d.h. an jedem einzelnen Element der Grundgesamtheit sind zwei Merkmalsausprägungen möglich, die durch 0 und 1 charakterisiert werden, und es sei $P(X_i = 1) = p$ und $P(X_i = 0) = 1-p$. Der Parameter (die Wahrscheinlichkeit) p ist unbekannt [1].

$Z = \sum_{i=1}^{n} X_i$ ist eine binomialverteilte Zufallsvariable [2] mit den Realisationen 0,1,...,n und dem Parameter p; also $Z \sim Bi(n;p)$-binomialverteilt. Die Realisation von Z sei z.

Die Realisationen p_1, p_2 $(p_1 < p_2)$ der Grenzen des Konfidenzintervalls zur Konfidenzzahl γ bestimmen sich aus

1) Also Parameterraum $\Theta = [0,1]$.

2) Z bedeutet also die Anzahl der Fälle, in denen bei der Stichprobe vom Umfang n gilt $X_i = 1$ (absolute Häufigke

$$\sum_{j=z}^{n} \binom{n}{j} p_1^{\,j}(1-p_1)^{n-j} = \frac{1-\gamma}{2} \quad \text{und}$$

$$\sum_{j=0}^{z} \binom{n}{j} p_2^{\,j}(1-p_2)^{n-j} = \frac{1-\gamma}{2}.$$

Für $n \leq 100$ entnimmt man die Grenzen p_1, p_2 der Realisation des Konfidenzintervalls zur Konfidenzzahl γ der folgenden Graphik:

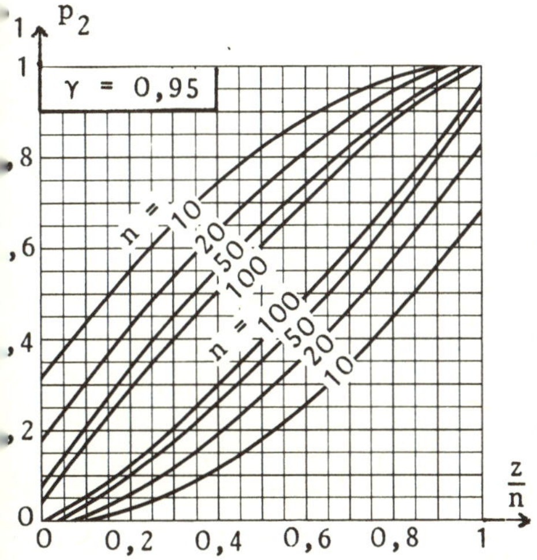

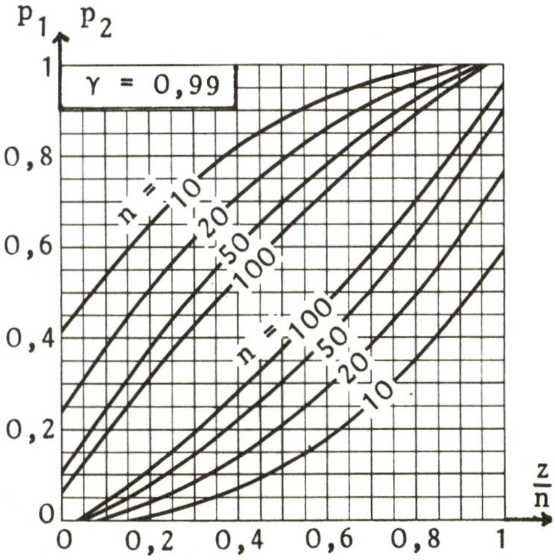

Beispiel: Für $n = 20$, $z = 8$ ist $\frac{z}{n} = 0{,}4$; das 95%-Konfidenzintervall ist $]p_1, p_2[=]0{,}19;\ 0{,}64[$.

Für große n ($n > 100$) ist $\frac{Z-np}{\sqrt{np(1-p)}}$ approximativ N(0;1)-normalverteilt.

Man bestimmt dann die Grenzen p_1, p_2 der Realisation des Konfidenzintervalls zur Konfidenzzahl γ als Lösungen der quadratischen Gleichung

$$(n + c_\gamma^{\,2})\, p^2 - (2z + c_\gamma^{\,2})\, p + \frac{z^2}{n} = 0;$$

dabei ist c_γ aus der Tabelle für Konfidenzintervall 4.5.3.1

zu entnehmen.

Die Wurzeln p_1 und p_2 sind reell und verschieden. p_1 und p sind so zu numerieren, daß $p_1 < p_2$ ist.

Wenn n und z groß sind [1], kann man als Näherung benutzen

$$p_1 = \frac{z}{n} - a \quad \text{und} \quad p_2 = \frac{z}{n} + a \quad \text{mit} \quad a = \frac{c_\gamma}{n}\sqrt{\frac{z(n-z)}{n}}.$$

Bemerkungen: 1) Um die Länge des Konfidenzintervalls zu ha bieren (n genügend groß), ist etwa der vierfache Stichprobenumfang notwendig; allgemein: Um die Länge des Konfidenz intervalls auf den t-ten Teil zu verringern, ist etwa der t^2-fache Stichprobenumfang nötig.

2) Um eine Maximallänge l_{max} des Konfidenzintervalls nicht zu überschreiten, soll für den Stichprobenumfang n (n genügend groß) gelten

$$n \geq \frac{c_\gamma^2}{l_{max}^2}. \quad \text{Für } \gamma = 0{,}95 \text{ benutzt man } n \geq \frac{4}{l_{max}^2}.$$

3) Hat man eine grobe Schätzung $\hat{p}$ für p (etwa über die relative Häufigkeit einer Voruntersuchung), so verwendet man (n genügend groß)

$$n \geq \frac{4\, c_\gamma^2\, \hat{p}(1-\hat{p})}{l_{max}^2}.$$

4) Bei einer Stichprobe, die ohne Zurücklegen aus der Grun gesamtheit mit dem Umfang N gezogen wurde (also X_i (i=1,.. nicht mehr unabhängig), ersetze man in obiger Formel für d

1) D.h. es soll c_γ und c_γ^2 gegenüber n vernachlässigbar sei

Konfidenzintervall [1] a durch $a \sqrt{\frac{N-n}{N-1}}$.

5) Bei einer Stichprobe, die ohne Zurücklegen gezogen wird, soll man für den Stichprobenumfang n statt 3) nehmen (N Elementeanzahl der Grundgesamtheit)

$$n \geq \frac{4\, c_\gamma^2\, N\hat{p}(1-\hat{p})}{(N-1)\, l_{max}^2 + 4\, c_\gamma^2\, \hat{p}(1-\hat{p})}.$$

Konfidenzintervalle bei zweidimensionalen Verteilungen

Bei dem folgenden Verfahren soll eine einfache Stichprobe $\underline{X} = (\underline{X}_1,\ldots,\underline{X}_n)$ mit $\underline{X}_i = (X_{1i}, X_{2i})$ $(i=1,\ldots,n)$ aus der Grundgesamtheit vorliegen; d.h. $\underline{X}_1,\ldots,\underline{X}_n$ unabhängig und identisch verteilt; die beobachtete Realisation von $\underline{X}$ sei $\underline{x} = (\underline{x}_1,\ldots,\underline{x}_n)$ mit $\underline{x}_i = (x_{1i}, x_{2i})$ $(i=1,\ldots,n)$.

4.5.3.6. Konfidenzintervall für den Korrelationskoeffizienten ρ einer zweidimensionalen Normalverteilung

Sei $\underline{X}_i = (X_{1i},X_{2i})$ zweidimensional normalverteilt $(i=1,\ldots,n)$; $\rho = \text{kor}[X_{1i},X_{2i}]$ sei der Korrelationskoeffizient dieser Verteilung; ρ unbekannt $(\mu_1,\mu_2,\sigma_1^2,\sigma_2^2$ brauchen nicht bekannt zu sein) [2] (vgl. 2.3.7; 2.4.4.2).

Mit $\bar{X}_1 = \frac{1}{n}\sum_{i=1}^{n} X_{1i}$; $\bar{X}_2 = \frac{1}{n}\sum_{i=1}^{n} X_{2i}$ (arithmetische Mittel)

und

1) Man betrachtet damit eigentlich eine hypergeometrische Verteilung.

2) Also Parameterraum $\Theta = [-1,1]$ bzw. $\Theta = [-1,1] \times \mathbb{R}$ bzw. $\Theta = [-1,1] \times \mathbb{R}^2$ bzw. ... bzw. $\Theta = [-1,1] \times (\mathbb{R} \times \mathbb{R}^+)^2$.

$$R = \frac{\sum_{i=1}^{n} (X_{1i} - \overline{X}_1)(X_{2i} - \overline{X}_2)}{\sqrt{\sum_{i=1}^{n} (X_{1i} - \overline{X}_1)^2 \sum_{i=1}^{n} (X_{2i} - \overline{X}_2)^2}} = \frac{S_{12}}{S_1 S_2}$$ (zu den Bezeichnun vgl. 4.4.10.12)

ist $Z = \tanh^{-1} R = \operatorname{artanh} R = \frac{1}{2} \ln \frac{1+R}{1-R}$ (vgl. 5.3.8) für $|\rho| < 1$ angenähert $N(\frac{1}{2} \ln \frac{1+\rho}{1-\rho} + \frac{\rho}{2(n-1)}; \frac{1}{n-3})$-normalverteil

Als untere Konfidenzgrenze wird

$$\varphi_1(\underline{X}) = \tanh (Z - \frac{c_\gamma}{\sqrt{n-3}})$$

und als obere Konfidenzgrenze

$$\varphi_2(\underline{X}) = \tanh (Z + \frac{c_\gamma}{\sqrt{n-3}})$$

benutzt; dabei ist $c_\gamma = z_{\frac{1+\gamma}{2}}$, das $\frac{1+\gamma}{2}$ -Quantil der Standar Normalverteilung, bestimmt durch $P(Z \leq c_\gamma) = \phi(c_\gamma) = \frac{1+\gamma}{2}$.

Damit ist

$$]\tanh (z - \frac{c_\gamma}{\sqrt{n-3}}), \quad \tanh(z + \frac{c_\gamma}{\sqrt{n-3}})[,$$

wobei z die Realisation der Zufallsvariablen Z ist, also

$z = \frac{1}{2} \ln \frac{1+r}{1-r}$ für $r \neq \pm 1$ [2];

$$r = \frac{\sum_{i=1}^{n} (x_{1i} - \overline{x}_1)(x_{2i} - \overline{x}_2)}{\sqrt{\sum_{i=1}^{n} (x_{1i} - \overline{x}_1)^2 \sum_{i=1}^{n} (x_{2i} - \overline{x}_2)^2}}$$ (empirischer Korrelation koeffizient (vgl. 1.3.2); $\overline{x}_1 = \sum_{i=1}^{n} x_{1i}$; $\overline{x}_2 = \sum_{i=1}^{n} x_{2i}$)

1) Für $n \geq 25$ ist die Näherung schon recht gut.

2) Für $r = +1$ setze formal $z = \infty$; für $r = -1$ setze formal $z = -\infty$. Das Konfidenzintervall entartet dann zu einem Punkt.

eine Realisation des Konfidenzintervalls für ρ zur Konfidenzzahl γ.

Bemerkungen: 1) Die Funktion hyperbolischer Tangens tanh ist definiert durch $\tanh x = \frac{e^x - e^{-x}}{e^x + e^{-x}}$ (vgl. 5.3.7); es wird formal $\tanh \infty = 1$ und $\tanh(-\infty) = -1$ gesetzt.

2) z läßt sich mit dekadischen Logarithmen schreiben als
$z = \frac{1}{2 \log e} \log \frac{1+r}{1-r}$.

3) Das Konfidenzintervall $]\tanh(z - \frac{c_\gamma}{\sqrt{n-3}}), \tanh(z + \frac{c_\gamma}{\sqrt{n-3}})[$ liegt im Intervall $[-1,1]$.

Konfidenzintervalle in einem Regressionsmodell

Bei den folgenden Verfahren soll eine Stichprobe (vgl.4.3.7.1) $((x_1,Y_1),(x_2,Y_2),\dots,(x_n,Y_n))$ vom Umfang n aus der Grundgesamtheit vorliegen, wobei $Y_1,\dots,Y_n$ unabhängig sein sollen; die beobachtete Realisation der Stichprobe sei $((x_1,y_1), (x_2,y_2),\dots,(x_n,y_n))$. Es gelte $Y_i \sim N(a+\beta x_i;\sigma^2)$-normalverteilt mit x_i bekannt $(i=1,\dots,n)$ $(a,\beta,\sigma^2$ konstant$)$ [1].

Bemerkung: Im Hinblick auf 4.3.7 (Regression) wird hier statt der Bezeichnung X_{2i}, x_{1i}, x_{2i} usw. benutzt Y_i, x_i, y_i usw. $(i=1,\dots,n)$.

4.5.3.7. Konfidenzintervall für den Regressionskoeffizienten β

Sei der Parameter β unbekannt; a und σ^2 nicht notwendigerweise bekannt. D.h. für die Verteilung der betrachteten Merk-

1) Diese Situation entsteht, wenn man unabhängige Paare von Zufallsvariablen (X_i,Y_i) $(i=1,\dots,n)$ betrachtet und annimmt, die bedingte Verteilung von Y_i gegeben $X_i=x_i$ sei $N(a+\beta x_i;\sigma^2)$ $(i=1,\dots,n)$ (vgl. 4.3.7.3).

male in der Grundgesamtheit ist der Regressionskoeffizient unbekannt [1].

Mit $\overline{x} = \frac{1}{n} \sum_{i=1}^{n} x_i$; $\overline{Y} = \frac{1}{n} \sum_{i=1}^{n} Y_i$ (arithmetische Mittel);

$\hat{s}_x^2 = \frac{1}{n} \sum_{i=1}^{n} (x_i - \overline{x})^2$; $S_Y^2 = \frac{1}{n} \sum_{i=1}^{n} (Y_i - \overline{Y})^2$;

$$B_{xY} = \frac{\sum_{i=1}^{n} (x_i - \overline{x})(Y_i - \overline{Y})}{\sum_{i=1}^{n} (x_i - \overline{x})^2} = \frac{S_{xY}}{\hat{s}_x^2}$$ (zu den Bezeichnungen vgl. 4.4.10.13)

ist $Z = \sqrt{n-2}\, \hat{s}_x \frac{B_{xY} - \beta}{\sqrt{S_Y^2 - B_{xY}^2 \hat{s}_x^2}} = \sqrt{n-2} \frac{S_{xY} - \hat{s}_x^2 \beta}{\sqrt{\hat{s}_x^2 S_Y^2 - S_{xY}^2}}$ t-verteil

mit n-2 Freiheitsgraden.

Als untere Konfidenzgrenze wird

$$B_{xY} - c_\gamma \frac{\sqrt{S_Y^2 - B_{xY}^2 \hat{s}_x^2}}{\sqrt{n-2}\, \hat{s}_x}$$

und als obere Konfidenzgrenze

$$B_{xY} + c_\gamma \frac{\sqrt{S_Y^2 - B_{xY}^2 \hat{s}_x^2}}{\sqrt{n-2}\, \hat{s}_x}$$

benutzt; dabei ist $c_\gamma = z_{\frac{1+\gamma}{2}}$, das $\frac{1+\gamma}{2}$-Quantil der t-Vert lung mit n-2 Freiheitsgraden, bestimmt durch $P(Z \leq c_\gamma) = \frac{1+}{}$

Damit ist

$$\left] b_{xY} - c_\gamma \frac{\sqrt{\hat{s}_Y^2 - b_{xY}^2 \hat{s}_x^2}}{\sqrt{n-2}\, \hat{s}_x},\ b_{xY} + c_\gamma \frac{\sqrt{\hat{s}_Y^2 - b_{xY}^2 \hat{s}_x^2}}{\sqrt{n-2}\, \hat{s}_x} \right[,$$

1) Also Parameterraum $\Theta = \mathbb{R}$ bzw. ... bzw. $\Theta = \mathbb{R}^2 \times \mathbb{R}^+$.

wobei

$$\hat{s}_Y^2 = \frac{1}{n} \sum_{i=1}^{n} (y_i - \bar{y})^2 = \frac{1}{n} \left(\sum_{i=1}^{n} y_i^2 - \frac{1}{n} \left(\sum_{i=1}^{n} y_i \right)^2 \right);$$

$$\hat{s}_{xY} = \frac{1}{n} \sum_{i=1}^{n} (x_i - \bar{x})(y_i - \bar{y});$$

$$b_{xY} = \frac{\sum_{i=1}^{n} (x_i - \bar{x})(y_i - \bar{y})}{\sum_{i=1}^{n} (x_i - \bar{x})^2} = \frac{\hat{s}_{xY}}{\hat{s}_x^2}$$ (empirischer Regressions-

koeffizient; vgl. 1.3.2); $\bar{y} = \frac{1}{n} \sum_{i=1}^{n} y_i$,

eine Realisation des Konfidenzintervalls für β zur Konfidenzzahl γ.

Bemerkung: Statt $\hat{s}_x^2$, S_Y^2 bzw. S_{xY} kann man auch benutzen $\frac{n}{n-1} \hat{s}_x^2$, $\frac{n}{n-1} S_Y^2$ bzw. $\frac{n}{n-1} S_{xY}$; also $\frac{1}{n-1} \sum_{i=1}^{n} (x_i - \bar{x})^2$ statt $\hat{s}_x^2$; entsprechend für S_Y^2 und S_{xY}. Die Konfidenzgrenzen bleiben dabei unverändert.

Für die Realisation heißt dies, daß $\hat{s}_Y^2$ ersetzt wird durch $\frac{n}{n-1} \hat{s}_Y^2 = \frac{1}{n-1} \sum_{i=1}^{n} (y_i - \bar{y})^2$, entsprechend $\hat{s}_{xY}$ durch $\frac{n}{n-1} \hat{s}_{xY}$ (vgl. auch 1.1.2.2 korrigierte Varianz).

4.5.3.8. Konfidenzintervall für den Mittelwert (Erwartungswert) $a + \beta x$ der zu Grunde liegenden Normalverteilung (x Wert der Ausprägung des Merkmals X) - Konfidenzband für den Mittelwert

Seien die Parameter a und β unbekannt; σ^2 nicht notwendigerweise bekannt. D.h. für die Verteilung der betrachteten Merkmale in der Grundgesamtheit ist der Erwartungswert unbekannt [1].

Mit den Bezeichnungen aus 4.5.3.7 sowie

$$L = c_\gamma \frac{h\sqrt{n(S_Y^2 - B_{xY}^2\hat{s}_x^2)}}{\sqrt{n-2}}; \quad h = \sqrt{\frac{1}{n} + \frac{(x - \bar{x})^2}{n\hat{s}_x^2}}$$

wird als untere Konfidenzgrenze

$$\bar{Y} + B_{xY}(x - \bar{x}) - L$$

und als obere Konfidenzgrenze

$$\bar{Y} + B_{xY}(x - \bar{x}) + L$$

benutzt; dabei ist $c_\gamma = z_{\frac{1+\gamma}{2}}$, das $\frac{1+\gamma}{2}$ -Quantil der t-Verte lung mit n-2 Freiheitsgraden, bestimmt durch $P(Z \leq c_\gamma) = 1$

Damit ist

$$]\bar{y} + b_{xY}(x - \bar{x}) - l, \quad \bar{y} + b_{xY}(x - \bar{x}) + l[$$

(Bezeichnung aus 4.5.3.7; l Realisation von L) eine Realisation des Konfidenzintervalls für den Mittelwert $\alpha + \beta x$ zur Konfidenzzahl γ.

Bemerkung: Die Länge des Konfidenzintervalls hängt von x ab Sie wird für $x = \bar{x}$ am kleinsten.

1) Also Parameterraum $\Theta = \mathbb{R}^2$ bzw. $\Theta = \mathbb{R}^2 \times \mathbb{R}^+$.

5. Mathematische Grundlagen

5.1. Mengen, Abbildungen, Funktionen, Zahlenmengen

5.1.1. Mengen

Eine Menge ist die Zusammenfassung von bestimmten wohlunterschiedenen Objekten (= Elementen) zu einem Ganzen.

Bezeichnungen für Mengen: A,B,...,M,...

Ist x Element der Menge A, dann schreibt man $x \in A$; andernfalls $x \notin A$.

Schreibweisen: $A = \{x|E\}$ = Menge aller x mit der Eigenschaft E;
$A = \{x \in M|E\}$ = Menge aller $x \in M$ mit der Eigenschaft E;
$A = \{a_1,a_2,...,a_N\} = \{a_j|j=1,...,N\}$ (aufzählende Schreibweise);
$A = \{a_1,a_2,...\} = \{a_j|j \in \mathbb{N}\}$.

Bei einer Menge kommt es nicht auf die Reihenfolge (Anordnung) der Elemente an.

$\emptyset := \{\ \}$ = leere Menge (enthält kein Element).

$|A|:$ = Anzahl der Elemente von A (Kardinalzahl von A) [1].

Ist $|A| < \infty$, so ist A eine endliche Menge. Ist $|A| = \infty$ und lassen sich die Elemente mit 1,2,3,... durchnumerieren, so heißt A abzählbar unendlich. - Andernfalls überabzählbar unendlich.

Spezielle Mengen:

$\mathbb{N} := \{1,2,3,...\}$ = Menge der natürlichen Zahlen;
$\mathbb{N}_0 := \mathbb{N} \cup \{0\}$;
$\mathbb{Z} := \{...,-2,-1,0,1,2,...\}$ = Menge der ganzen Zahlen;

1) Statt $|A|$ wird manchmal auch geschrieben $\# A$.

$\mathbb{Q}$: $= \{\frac{p}{q} | p, q \in \mathbb{Z}; q \neq 0\}$ = Menge der rationalen Zahlen;

$\mathbb{R}$: = Menge der reellen Zahlen;

$\mathbb{R}^+$: = Menge der reellen Zahlen > 0;

$\mathbb{R}^-$: = Menge der reellen Zahlen < 0;

$\mathbb{R}_o^+ := \mathbb{R}^+ \cup \{0\}$; $\mathbb{R}_o^- := \mathbb{R}^- \cup \{0\}$;

$\mathbb{C}$: $= \{x + iy | x, y \in \mathbb{R}\}$ = Menge der komplexen Zahlen;

$\mathbb{R}^2 := \{(x_1, x_2) | x_1, x_2 \in \mathbb{R}\}$;

$\mathbb{R}^n := \{(x_1, \ldots, x_n) | x_j \in \mathbb{R} \quad (j=1, \ldots, n)\}$ = Euklidischer n-dimensionaler Raum.

Von diesen Mengen sind $\mathbb{N}$, $\mathbb{N}_o$, $\mathbb{Z}$ und $\mathbb{Q}$ abzählbar unendlich, die restlichen dieser Mengen sind überabzählbar unendlich.

Die Elemente $(x_1, \ldots, x_n)$ von $\mathbb{R}^n$ heißen auch n-Tupel von reellen Zahlen;

Mengen $\subseteq \mathbb{R}$ (oder $\mathbb{R}^n$) heißen auch Punktmengen.

Einige Definitionen und Regeln:

Def.: (1) A Teilmenge von B:

$A \subseteq B$ (oder $B \supseteq A$), wenn für alle $x \in A$ auch gilt $x \in B$.

Für jede Menge A sind also $\emptyset$ und A selbst spezielle Teilmengen von A.

Wenn $A \subseteq B$ und $A \neq B$, dann heißt A echte Teilmenge von B (geschrieben $A \subset B$ oder $B \supset A$).

(2) Gleichheit der Mengen A und B:

$A = B$, wenn $A \subseteq B$ und $B \subseteq A$. - Andernfalls $A \neq B$.

$A = B$ bedeutet also, daß jedes Element von A auch Element von B ist und umgekehrt.

(3) Sei $A \subseteq B$. Die Komplementärmenge von A bzgl. B ist $\overline{A} := \{x \in B \mid x \notin A\}$. Auch geschrieben A^C oder $\complement A$.

(4) Das System aller Teilmengen von A ($\emptyset$ und A mitgezählt) heißt Potenzmenge $\mathfrak{P}(A)$ von A.

Für $|A| = n$ ist $|\mathfrak{P}(A)| = 2^n$ $(n=0,1,2,\ldots)$.

(5) Vereinigung der Mengen A und B:

$A \cup B := \{x \mid x \in A \text{ oder } x \in B\}$.

Also $x \in A \cup B$ genau dann, wenn entweder $x \in A$ oder $x \in B$ oder beides.

(6) Durchschnitt der Mengen A und B:

$A \cap B := \{x \mid x \in A \text{ und } x \in B\}$.

Also $x \in A \cap B$ genau dann, wenn sowohl $x \in A$ als auch $x \in B$.

Analog sind für n Mengen $A_1, \ldots, A_n$ $(n > 2)$ $\bigcup_{j=1}^{n} A_j$ und $\bigcap_{j=1}^{n} A_j$ zu verstehen. Entsprechend für abzählbar unendlich viele Mengen (also für n steht ∞) und für $\bigcup_{j \in J} A_j$ bzw. $\bigcap_{j \in J} A_j$ mit einer beliebigen Indexmenge J.

Def.: (7) Zwei Mengen A und B mit $A \cap B = \emptyset$ heißen elementfremd (disjunkt).

(8) Differenzmenge der Mengen A und B:

$A \setminus B := \{x \mid x \in A \text{ und } x \notin B\}$.

Also $x \in A \setminus B$ genau dann, wenn zwar $x \in A$, aber $x \notin B$.

(9) Symmetrische Differenz der Mengen A und B:

$A \circ B := (A \setminus B) \cup (B \setminus A)$.

Es gelten die folgenden Gesetze:

Kommutativgesetze:

$A \cup B = B \cup A; \quad A \cap B = B \cap A;$

Assoziativgesetze:

$A \cup (B \cup C) = (A \cup B) \cup C = A \cup B \cup C;$

$A \cap (B \cap C) = (A \cap B) \cap C = A \cap B \cap C;$

Distributivgesetze:

$A \cap (B \cup C) = (A \cap B) \cup (A \cap C);$

$A \cup (B \cap C) = (A \cup B) \cap (A \cup C).$

Regeln von de Morgan: Sei $A \subseteq C$ und $B \subseteq C$; dann

$\overline{A \cup B} = \overline{A} \cap \overline{B};$

$\overline{A \cap B} = \overline{A} \cup \overline{B}$ (Komplemente bzgl. C).

Diese Regeln gelten analog auch für n Mengen ($n > 2$) sowie für unendlich viele Mengen. Weiter ist

$A \cup \emptyset = A; \quad A \cap \emptyset = \emptyset;$

$A \cup A = A; \quad A \cap A = A;$

$\overline{\overline{A}} = \overline{(\overline{A})} = A;$

Absorptionsgesetze:

$A \cup (A \cap B) = A; \quad A \cap (A \cup B) = A.$

Ist $A \subseteq C$ und $B \subseteq C$, dann kann man auch schreiben $A \setminus B = A \cap \overline{B}$, wobei $\overline{B}$ das Komplement von B bzgl. C ist.

$(A \setminus B) \cap C = (A \cap C) \setminus (B \cap C);$

$(A \setminus B) \cup (A \cap B) = A.$

Def.: Gilt $A = \bigcup_{j=1}^{n} A_j$ mit $A_i \cap A_j = \emptyset$ für $i \neq j$ und $A_j \neq \emptyset$ für $j=1,\ldots,n$, dann heißt A in die n Teilmengen A_j zerlegt. Entsprechend die Zerlegung in unendlich viele Teilmengen.

Def.: Produktmenge (direktes Produkt, kartesisches Produkt) der Mengen A und B:

$A \times B := \{(a,b) \mid a \in A,\ b \in B\}$.

Analog für mehr als zwei Mengen:

Die Produktmenge der Mengen $A_1, A_2, \ldots, A_n$ ist

$$A_1 \times A_2 \times \ldots \times A_n := \{(a_1, a_2, \ldots, a_n) \mid a_1 \in A_1,\ a_2 \in A_2, \ldots, a_n \in A_n\}.$$

Ist $A_1 = A_2 = \ldots = A_n = A$, so schreibt man das n-fache kartesische Produkt $A \times A \times \ldots \times A =: A^n$.

$(a_1, a_2, \ldots, a_n)$ heißt dann n-Tupel von Elementen aus A.

Speziell ist $\mathbb{R} \times \mathbb{R} = \mathbb{R}^2$; $\mathbb{R} \times \mathbb{R} \times \ldots \times \mathbb{R} = \mathbb{R}^n$.

Def.: Zwei n-Tupel $(a_1, a_2, \ldots, a_n)$ und $(a_1', a_2', \ldots, a_n')$ heißen gleich, wenn gilt $a_j = a_j'$ für alle $j=1,\ldots,n$.

Es gilt für die Elementeanzahl der Produktmenge
$|A_1 \times A_2 \times \ldots \times A_n| = |A_1| \cdot |A_2| \ldots |A_n|$.

5.1.2. Abbildungen, Funktionen

Def.: Eine Abbildung f aus der Menge A in die Menge B ist eine Teilmenge der Produktmenge $A \times B$, wobei stets gilt:
Aus $(a,b_1) \in f$ und $(a,b_2) \in f$ folgt $b_1 = b_2$.

Man schreibt $f: A \to B$. Für $(a,b) \in f$ schreibt man auch $b = f(a)$ oder auch $a \to b$ mit den Elementen $a \in A$ und $b \in B$.

Eine Abbildung $f: A \to B$ ist also eine Vorschrift, die Elementen $a \in A$ jeweils genau ein Element $b \in B$ zuordnet.

b heißt das Bild von a.

Definitionsbereich der Abbildung ist die Menge D_f: =

= {$a \in A$|es gibt ein $b \in B$ mit $(a,b) \in$

Wertebereich der Abbildung ist die Menge W_f: =

= {$b \in B$|es gibt ein $a \in A$ mit $(a,b) \in f$}.

Man schreibt auch $f(D_f) = W_f$ (manchmal $f(A) = W_f$).

W_f heißt das Bild von D_f.

Ist $D_f = A$, so spricht man von einer Abbildung von A in B (A wird abgebildet in B; die Abbildung ist auf A definiert

Def.: Eine Abbildung $f: A \to B$ heißt surjektiv, wenn $W_f = B$
Man spricht dann von einer Abbildung auf B.

Def.: Eine Abbildung $f: A \to B$ heißt injektiv (eineindeutig wenn aus $(a_1,b) \in f$ und $(a_2,b) \in f$ stets $a_1 = a_2$ folgt.

Also $f(a_1) = f(a_2) \implies a_1 = a_2$.

Def.: Eine Abbildung $f: A \to B$ heißt bijektiv, wenn $A = D_f$ und f injektiv und surjektiv ist.

Def.: Sei $f: A \to B$ eine surjektive Abbildung und $g: B \to C$ eine Abbildung mit $D_g = B$; dann ist $h = f \circ g: A \to C$ mit $h(a) = g(f(a))$ $(a \in D_f)$ die Verknüpfungssabbildung von f und g.

Def.: Ist f: $D_f \rightarrow W_f$ eine injektive Abbildung, so heißt die Abbildung f^{-1}: $W_f \rightarrow D_f$, für die gilt $(b,a) \in f^{-1} \Longleftrightarrow (a,b) \in f$, die Umkehrabbildung (inverse Abbildung) von f.

Es ist also $D_{f^{-1}} = W_f$ und $W_{f^{-1}} \subseteq D_f$ (falls f^{-1} existiert)

und

$f^{-1}(f(a)) = a$ für alle $a \in D_f$;

$f(f^{-1}(b)) = b$ für alle $b \in W_f = D_{f^{-1}}$.

Eine abzählbar unendliche Menge A läßt sich bijektiv auf die Menge $\mathbb{N}$ der natürlichen Zahlen abbilden (gleichbedeutend mit durchnumerieren).

Def.: Eine Relation aus der Menge A in die Menge B ist eine Teilmenge der Produktmenge A x B.

Eine Abbildung ist also eine spezielle Relation.

Def.: Eine Funktion f ist eine Abbildung f: $D_f \rightarrow B$ mit D_f Definitionsbereich von f.

B enthält den Wertebereich W_f der Funktion f.

Wenn $x \in D_f$, dann $y = f(x) \in W_f$.

f(x) ist der Funktionswert von x.

x heißt unabhängige Variable; y abhängige Variable [1].

1) Unabhängige Veränderliche, abhängige Veränderliche.

Man schreibt eine Funktion auch f(.) oder f( ); manchmal benutzt man auch die Schreibweise $x \to f(x)$ $(x \in D_f)$ [1].

Def.: Sei $f: D_f \to W_f$ eine Funktion und $g: D_g \to W_g$ eine Funktion mit $D_g = W_f$; dann ist $h = f \circ g: D_f \to W_g$ mit $h(x) = g(f(x))$ $(x \in D_f)$ die Verknüpfungsfunktion von f und g.

Def.: Die Umkehrabbildung von f heißt, falls sie existier die Umkehrfunktion f^{-1} von f.

Also $f^{-1}: W_f \to D_f$. Somit ist $D_{f^{-1}} = W_f$ und $W_{f^{-1}} = D_f$ (falls f^{-1} existiert)

und

$f^{-1}(f(x)) = x$ für alle $x \in D_f$;

$f(f^{-1}(y)) = y$ für alle $y \in W_f$.

Ist der Definitionsbereich einer Funktion $\mathbb{N}$ (oder $\mathbb{N}_0$), so spricht man von einer Folge, ist der Definitionsbereich $\{1,2,\ldots,n\}$, so spricht man von einer endlichen Folge.

Mit den Folgengliedern a_j schreibt man $(a_1,a_2,\ldots,a_j,\ldots)$ $(a_j|j \in \mathbb{N})$ oder $(a_j)_{j=1}^{\infty}$ bzw. $(a_1,a_2,\ldots,a_n)$ oder $(a_j|j=1,$ oder $(a_j)_{j=1}^{n}$ oder allgemein kurz (a_j).

5.1.3. Der Induktionsbeweis (Vollständige Induktion)

(I) Eine Aussage A wird für die ganze Zahl n_0 als richtig nachgewiesen (Induktionsanfang).

1) Es wird bisweilen eine Funktion auch beschrieben durch $y = f(x)$ $(x \in D_f)$.

(II) Es wird die Aussage A für die ganze Zahl $n \geq n_0$ als richtig angenommen und man beweist dann unter dieser Annahme die Richtigkeit der Aussage A für die ganze Zahl n+1.

Dann gilt die Aussage A für alle ganzen Zahlen $\geq n_0$.

Variante des Induktionsschrittes (II): Es wird die Aussage A für alle ganzen Zahlen m mit $n_0 \leq m \leq n$ als richtig angenommen und man beweist dann unter dieser Annahme die Richtigkeit der Aussage A für die ganze Zahl n+1. (Es gibt noch weitere Varianten.)

5.1.4. Das Summenzeichen $(m,n \in \mathbb{Z})$

Def.: $\sum_{j=1}^{n} a_j := a_1 + a_2 + \ldots + a_n \quad (n \geq 2)$.

Man schreibt dafür auch $\sum_{j=1,\ldots,n} a_j$ oder $\sum_{1 \leq j \leq n} a_j$.

Allgemeiner: $$\sum_{j=m}^{n} a_j := a_m + a_{m+1} + \ldots + a_n = \sum_{j=m,\ldots,n} a_j = \sum_{m \leq j \leq n} a_j \quad (n \geq m+1).$$

j heißt Summationsindex, m untere, n obere Summationsgrenze.

Eine Summe $\sum_{j=x}^{y} a_j$ mit $x,y \in \mathbb{R}$ ist zu verstehen als $\sum_{j=m}^{n} a_j$, wobei m die kleinste ganze Zahl $\geq x$ und n die größte ganze Zahl $\leq y$ ist (also $m = \langle x \rangle = -[-x]$ und $n = [y]$).

Man setzt $\sum_{j=1}^{1} a_j = a_1$ und $\sum_{j=m}^{m} a_j = a_m$ sowie $\sum_{j=m}^{n} a_j = 0$ für $n < m$.

Es gilt

$$\sum_{j=1}^{n} a_j = \sum_{k=r}^{n+r-1} a_{k-r+1};$$

$$\sum_{j=1}^{n} a_j + \sum_{j=1}^{n} b_j = \sum_{j=1}^{n} (a_j + b_j);$$

$$c \sum_{j=1}^{n} a_j = \sum_{j=1}^{n} c\, a_j;$$

$$\sum_{j=1}^{n} a_j + \sum_{j=n+1}^{m} a_j = \sum_{j=1}^{m} a_j \quad (m \geq n+1).$$

<u>Def.</u>: $\sum_{i=1}^{m} \left(\sum_{j=1}^{n} a_{ij} \right) =: \sum_{i=1}^{m} \sum_{j=1}^{n} a_{ij}$ heißt <u>Doppelsumme</u>.

Analog $\sum_{i=m_1}^{n_1} \sum_{j=m_2}^{n_2} a_{ij}$.

Ferner <u>Dreifachsumme</u>, allgemein <u>k-fache Summe</u>.

Man schreibt kurz $\sum_{i,j=1}^{n} a_{ij}$ für $\sum_{i=1}^{n} \sum_{j=1}^{n} a_{ij}$.

Regeln für Doppelsummen:

$$\sum_{i=1}^{m} \sum_{j=1}^{n} a_{ij} = \sum_{j=1}^{n} \sum_{i=1}^{m} a_{ij};$$

$$\sum_{i,j=1}^{n} a_i b_j = \left(\sum_{i=1}^{n} a_i \right)\left(\sum_{j=1}^{n} b_j \right);$$

speziell:

$$\sum_{i,j=1}^{n} a_i a_j = \left(\sum_{i=1}^{n} a_i \right)\left(\sum_{j=1}^{n} a_j \right) = \left(\sum_{j=1}^{n} a_j \right)^2;$$

$$\sum_{\substack{i,j=1 \\ i<j}}^{n} a_i a_j = \sum_{\substack{i,j=1 \\ i>j}}^{n} a_i a_j;$$

$$\sum_{\substack{i,j=1 \\ i \neq j}}^{n} a_i a_j = 2 \sum_{\substack{i,j=1 \\ i<j}}^{n} a_i a_j.$$

Spezielle Summen (siehe auch bei Reihen (5.5.1)):

$$\sum_{j=1}^{n} 1 = n;$$

$$\sum_{j=1}^{n} j = \frac{n(n+1)}{2};$$

$$\sum_{j=1}^{n} j^2 = \frac{n(n+1)(2n+1)}{6};$$

$$\sum_{j=1}^{n} j^3 = \frac{n^2(n+1)^2}{4};$$

$$\sum_{j=1}^{n} j^4 = \frac{n(n+1)(2n+1)(3n^2+3n-1)}{30}.$$

5.1.5 Das Produktzeichen ($m,n \in \mathbb{Z}$)

Def.: $\prod_{j=1}^{n} a_j := a_1 a_2 \dots a_n \quad (n \geq 2).$

Man schreibt auch

$$\prod_{j=1,\dots,n} a_j \quad \text{oder} \quad \prod_{1\leq j\leq n} a_j .$$

Allgemeiner: $\prod_{j=m}^{n} a_j := a_m a_{m+1} \dots a_n \quad (n \geq m+1).$

Man setzt $\prod_{j=1}^{1} a_j = a_1$ und $\prod_{j=m}^{m} a_j = a_m.$

Es gilt

$$\left(\prod_{j=1}^{n} a_j\right)\left(\prod_{j=1}^{n} b_j\right) = \prod_{j=1}^{n} a_j b_j;$$

$$\prod_{j=1}^{n} c\, a_j = c^n \prod_{j=1}^{n} a_j;$$

$$\prod_{j=1}^{n} a_j^{\,c} = (\prod_{j=1}^{n} a_j)^c.$$

Spezielle Produkte:

$$\prod_{j=1}^{n} 1 = 1;$$

$$\prod_{j=1}^{n} j = 1 \cdot 2 \ldots n =: n! \quad \text{(n-Fakultät) für } n \geq 1;$$

man setzt $0! = 1$, und es gilt $(n+1)! = (n+1)n!$ für alle $n \in$

Es gilt die Stirlingsche Formel: $n! \approx \sqrt{2\pi n}(\frac{n}{e})^n$ für große n

5.1.6. Regeln für das Rechnen mit Potenzen und Wurzeln

Seien $x,y \in \mathbb{R}$; $m,n \in \mathbb{Z}$; dann gilt

$$x^m x^n = x^{m+n};$$

$$\frac{x^m}{x^n} = x^{m-n} \quad (x \neq 0);$$

$$(x^m)^n = x^{mn};$$

$$(xy)^n = x^n y^n;$$

$$(\frac{x}{y})^n = \frac{x^n}{y^n} \quad (y \neq 0);$$

$$x^{-n} = \frac{1}{x^n} \quad (x \neq 0);$$

$$x^0 = 1.$$

1) Genauer gilt $n! = \sqrt{2\pi n}(\frac{n}{e})^n(1 + \frac{1}{12n} + \frac{1}{288n^2} + \ldots)$ bzw.

$$\exp(\frac{1}{12n+1}) \leq \frac{n!}{\sqrt{2\pi n}\; n^n e^{-n}} \leq \exp(\frac{1}{12n}).$$

Damit ist also stets $n! > \sqrt{2\pi n}\,(\frac{n}{e})^n$.

Für $x,y \in \mathbb{R}_0^+$ und $m,n \in \mathbb{R}$ gelten diese Regeln ebenso.

Man hat ($x,y \in \mathbb{R}_0^+$; $n \in \mathbb{N}$; $m \in \mathbb{Z}$)

$$x^{\frac{m}{n}} = \sqrt[n]{x^m} \quad (x > 0);$$

$$x^{-\frac{m}{n}} = \frac{1}{\sqrt[n]{x^m}} \quad (x > 0);$$

$$\sqrt[n]{xy} = \sqrt[n]{x}\,\sqrt[n]{y};$$

$$\sqrt[n]{\frac{x}{y}} = \frac{\sqrt[n]{x}}{\sqrt[n]{y}} \quad (y > 0);$$

$$\sqrt[m]{\sqrt[n]{x}} = \sqrt[n]{\sqrt[m]{x}} = \sqrt[mn]{x} \quad (m > 0).$$

5.1.7. Binomialkoeffizienten

<u>Def.</u>: <u>Binomialkoeffizient</u> ($n \in \mathbb{N}$; $k \in \mathbb{N}_0$)

$$\binom{n}{k} := \begin{cases} \dfrac{n!}{k!\,(n-k)!} & \text{für } 0 \le k \le n \\ 0 & \text{für } k > n. \end{cases}$$

Für $1 \le k \le n$ ist $\binom{n}{k} = \dfrac{n(n-1)\ldots(n-k+1)}{1 \cdot 2 \ \ldots \ k}$.

Eigenschaften ($k \in \{0,1,\ldots,n\}$):

$\binom{n}{k} \in \mathbb{N}$; $\binom{n}{0} = \binom{n}{n} = 1$; $\binom{n}{1} = \binom{n}{n-1} = n$;

$\binom{n}{k} = \binom{n}{n-k}$;

$\binom{n}{k} + \binom{n}{k+1} = \binom{n+1}{k+1}$ (Eigenschaft des Pascalschen Dreiecks);

Pascalsches Dreieck:

k=0, k=1, k=2, k=3 ...

n=1					1		1				
n=2				1		2		1			
n=3			1		3		3		1		
n=4		1		4		6		4		1	
n=5	1		5		10		10		5		1

....

Die Binomialkoeffizienten $\binom{n}{k}$ stehen also bei festem n in diesem Schema in der n-ten Zeile. Weiter gilt

$$\sum_{k=0}^{n} \binom{n}{k} = \binom{n}{0} + \binom{n}{1} + \ldots + \binom{n}{n} = 2^n;$$

$$\sum_{k=0}^{n} (-1)^k \binom{n}{k} = \binom{n}{0} - \binom{n}{1} + \ldots + (-1)^n \binom{n}{n} = 0;$$

$$\sum_{j=0}^{k} \binom{n+j}{n} = \binom{n}{n} + \binom{n+1}{n} + \ldots + \binom{n+k}{n} = \binom{n+k+1}{n+1} \quad (k \in \mathbb{N}_0);$$

$$\sum_{j=0}^{k} \binom{n+j}{j} = \binom{n}{0} + \binom{n+1}{1} + \ldots + \binom{n+k}{k} = \binom{n+k+1}{k} \quad (k \in \mathbb{N}_0);$$

$$\sum_{j=0}^{k} \binom{n_1}{j}\binom{n_2}{k-j} = \binom{n_1+n_2}{k} \quad (n_1, n_2 \in \mathbb{N};\ k \in \{0,1,\ldots,n_1+n_2\})$$

Vandermondesche Faltungsformel;

$$\sum_{k=0}^{n} \binom{n}{k}^2 = \binom{n}{0}^2 + \binom{n}{1}^2 + \ldots + \binom{n}{n}^2 = \binom{2n}{n};$$

$$\binom{n}{0} + \binom{n}{2} + \ldots + \begin{cases} \binom{n}{n} = 2^{n-1} & \text{für n gerade} \\ \binom{n}{n-1} = 2^{n-1} & \text{für n ungerade;} \end{cases}$$

$$\binom{n}{1} + \binom{n}{3} + \ldots + \begin{cases} \binom{n}{n-1} = 2^{n-1} & \text{für n gerade} \\ \binom{n}{n} = 2^{n-1} & \text{für n ungerade.} \end{cases}$$

<u>Def.</u>: Verallgemeinerung des Binomialkoeffizienten ($\alpha \in \mathbb{R}$; k•

$$\binom{\alpha}{k} := \begin{cases} \dfrac{\alpha(\alpha-1)\ldots(\alpha-k+1)}{k!} & \text{für } k \geq 1 \\ 1 & \text{für } k = 0. \end{cases}$$

Es gilt $\binom{-\alpha}{k} = (-1)^k \binom{\alpha+k-1}{k}$.

5.1.8. Binomischer Satz:

$$(a+b)^n = a^n + \binom{n}{1}a^{n-1}b + \binom{n}{2}a^{n-2}b^2 + \ldots + \binom{n}{n-1}ab^{n-1} + b^n = \sum_{j=0}^{n}\binom{n}{j}a^{n-j}b^j \quad (n \in \mathbb{N}).$$

Daraus folgt $(a-b)^n = \sum_{j=0}^{n}\binom{n}{j}(-1)^j a^{n-j}b^j \quad (n \in \mathbb{N})$.

Spezialfälle: $n = 2$: $(a+b)^2 = a^2 + 2ab + b^2$;
$(a-b)^2 = a^2 - 2ab + b^2$;

$n = 3$: $(a+b)^3 = a^3 + 3a^2b + 3ab^2 + b^3$;
$(a-b)^3 = a^3 - 3a^2b + 3ab^2 - b^3$;

$n = 4$: $(a\pm b)^4 = a^4 \pm 4a^3b + 6a^2b^2 \pm 4ab^3 + b^4$;

$n = 5$: $(a\pm b)^5 = a^5 \pm 5a^4b + 10a^3b^2 \pm 10a^2b^3 + 5ab^4 \pm b^5$.

Polynomischer Satz:

$$(a_1+\ldots+a_r)^n = \sum \frac{n!}{k_1!k_2!\ldots k_r!} a_1^{k_1} a_2^{k_2} \ldots a_r^{k_r}$$

mit der Summationsbedingung $\begin{cases} k_1+\ldots+k_r = n \\ k_j \in \mathbb{N}_0 \quad (n \in \mathbb{N}). \end{cases}$

Insbesondere ist

$$(a_1+\ldots+a_r)^2 = \left(\sum_{j=1}^{r} a_j\right)^2 = \sum_{j=1}^{r} a_j^2 + \sum_{\substack{i,j=1 \\ i\neq j}}^{r} a_i a_j = \sum_{j=1}^{r} a_j^2 + 2\sum_{\substack{i,j=1 \\ i<j}}^{r} a_i a_j.$$

Spezialfall: $(a+b+c)^2 = a^2 + b^2 + c^2 + 2ab + 2ac + 2bc$.

Weiterhin gilt die Formel $(n \in \mathbb{N})$

$$a^n - b^n = (a-b)(a^{n-1} + a^{n-2}b + a^{n-3}b^2 + \ldots + ab^{n-2} + b^{n-1}).$$

5.1.9. Kombinatorik

Def.: Jede Möglichkeit, $n \geq 1$ verschiedene Elemente in eine Reihe nebeneinander anzuordnen, heißt eine Permutation dies Elemente.

Eine Permutation von n Elementen $x_1,\dots,x_n$ ist also eine ei eindeutige Abbildung π (vgl. 5.1.2) der Menge $\{x_1,\dots,x_n\}$ auf sich. Wenn $\pi(x_1) = x_\alpha$, $\pi(x_2) = x_\beta,\dots,\pi(x_n) = x_\nu$ ist, schreibt man kurz $\begin{bmatrix} 1 & 2 & \dots & n \\ \alpha & \beta & \dots & \nu \end{bmatrix}$.

Die Anzahl p(n) der verschiedenen Permutationen von n Elementen ist

$p(n) = n! = 1\cdot 2 \dots n$ (n! = n-Fakultät).

Es gilt die Rekursionsformel $p(n) = n\,p(n-1)$ $(n \geq 2)$.

Die Anzahl der verschiedenen Anordnungen von n Elementen, unter denen n_1 als gleich angesehen werden, weitere n_2 Elemente als gleich angesehen werden,... $(n_1 + n_2 + \dots = n)$, ist $\dfrac{n!}{n_1!\,n_2!\dots}$.

Def.: Jede Möglichkeit, aus $n \geq 1$ verschiedenen Elementen k Elemente ohne Zurücklegen herauszugreifen und ohne bei den herausgegriffenen Elementen auf deren Reihenfolge zu achten, heißt eine Kombination von n Elementen zur k-ten Klasse ohne Wiederholung.

Die Anzahl dieser Kombinationen [1] ist

$C_o(n,k) = \binom{n}{k}$ $(0 \leq k \leq n)$.

1) = Anzahl der k-elementigen Teilmengen einer n-elementige Menge.

Def.: Jede Möglichkeit, aus $n \geq 1$ verschiedenen Elementen k Elemente mit Zurücklegen herauszugreifen und ohne bei den herausgegriffenen Elementen auf deren Reihenfolge zu achten, heißt eine Kombination von n Elementen zur k-ten Klasse mit Wiederholung.

Ihre Anzahl ist

$C_w(n,k) = \binom{n+k-1}{k} \quad (0 \leq k).$

Def.: Jede Möglichkeit, aus $n \geq 1$ verschiedenen Elementen k Elemente herauszugreifen, wobei bei den herausgegriffenen Elementen auf die Reihenfolge geachtet wird, heißt eine Variation von n Elementen zur k-ten Klasse.

Die Anzahl der Variationen

ohne Wiederholung ist $V_o(n,k) = \binom{n}{k}k! = \frac{n!}{(n-k)!} \quad (0 \leq k \leq n);$

$= n(n-1)\ldots(n-k+1)$ für $1 \leq k \leq n;$

mit Wiederholung [1] ist $V_w(n,k) = n^k \quad (0 \leq k).$

Zusammenstellung:

Art der Auswahl	ohne Wiederholung ($k \leq n$)	mit Wiederholung
Kombinationen (ohne Beachtung der Reihenfolge)	$C_o(n,k) = \binom{n}{k}$	$C_w(n,k) = \binom{n+k-1}{k}$
Variationen (Beachtung der Reihenfolge)	$V_o(n,k) = \binom{n}{k}k! = n(n-1)\ldots(n-k+1)$	$V_w(n,k) = n^k$

1) = Anzahl der k-Tupel aus einer n-elementigen Menge.

Def.: Von n ($n \in \mathbb{N}_0$) in einer Reihe angeordneten Plätzen sollen beliebig viele besetzt werden, wobei aber keine zwei benachbarte Plätze besetzt werden sollen. Die Anzahl der Möglichkeiten sei f_n (die Möglichkeit, keinen Platz zu besetzen, mitgezählt).

Es ist $f_0 = 1$, $f_1 = 2$, $f_3 = 5$, $f_4 = 8$, $f_5 = 13$;
es gilt die Rekursionsformel

$$f_{n+2} = f_{n+1} + f_n \quad (n \in \mathbb{N}_0).$$

f_n läßt sich darstellen als

$$f_n = \frac{5 + 3\sqrt{5}}{10}\left(\frac{1 + \sqrt{5}}{2}\right)^n + \frac{5 - 3\sqrt{5}}{10}\left(\frac{1 - \sqrt{5}}{2}\right)^n \quad (n \in \mathbb{N}_0).$$

5.1.10. Ungleichungen

Für zwei Zahlen a und $b \in \mathbb{R}$ gilt stets genau eine der Beziehungen $a < b$; $a = b$; $a > b$.

Ist $a < b$ oder $a = b$, so schreibt man $a \leq b$; entsprechend ist $a \geq b$ zu verstehen.

Regeln ($a,b,c,d,\ldots \in \mathbb{R}$):

$a < b$ und $b < c \implies a < c$ (Transitivität);

$a < b \implies a + c < b + c$;

$a < b$ und $c > 0 \implies ac < bc$;

$a < b$ und $c < 0 \implies ac > bc$;

$0 < a < b \implies \frac{1}{a} > \frac{1}{b}$;

$0 > a > b \implies \frac{1}{a} < \frac{1}{b}$;

$a < b$ und $c < d \implies a + c < b + d$;

$a < b$ und $b > 0$ und $0 < c < d \implies ac < bd$;

$a^2 \geq 0$; $|a| \geq 0$;

$|a| < |b| \iff a^2 < b^2$;

$|a+b| \leq |a| + |b|$ (Dreiecksungleichung; siehe auch 5.1.11);

entsprechend für mehr als 2 Summanden:

$|\sum_{j=1}^{n} a_j| \leq \sum_{j=1}^{n} |a_j|$;

$|a| - |b| \leq ||a| - |b|| \leq |a \pm b| \leq |a| + |b|$;

$|\frac{1}{n} \sum_{j=1}^{n} a_j| \leq (\frac{1}{n} \sum_{j=1}^{n} a_j^2)^{\frac{1}{2}}$; das Gleichheitszeichen gilt genau dann, wenn $a_1 = a_2 = \ldots = a_n$;

$a_j \geq 0$ für $j=1,\ldots,n \implies \prod_{j=1}^{n} a_j \leq (\frac{1}{n} \sum_{j=1}^{n} a_j)^n$; das Gleichheitszeichen gilt genau dann, wenn $a_1 = a_2 = \ldots = a_n$;

$0 \leq a_j \leq 1$ für $j=1,\ldots,n \implies 1 - \sum_{j=1}^{n} a_j \leq \prod_{j=1}^{n} (1 - a_j)$.

Cauchysche Ungleichung:

$(\sum_{j=1}^{n} a_j b_j)^2 \leq (\sum_{j=1}^{n} a_j^2)(\sum_{j=1}^{n} b_j^2)$; das Gleichheitszeichen gilt genau dann, wenn $a_j = sb_j$ für alle $j=1,\ldots,n$ ($s \in \mathbb{R}$);

allgemeiner:

$(\sum_{i=1}^{m} \sum_{j=1}^{n} a_i b_j)^2 \leq (\sum_{i=1}^{m} a_i^2)(\sum_{j=1}^{n} b_j^2)$;

Schwarzsche Ungleichung:

$(\int_a^b f(x)g(x)dx)^2 \leq (\int_a^b f^2(x)dx)(\int_a^b g^2(x)dx)$; das Gleichheitszeichen gilt genau dann, wenn $f(x) = sg(x)$ für alle $x \in \mathbb{R}$ $(s \in \mathbb{R})$;

$$0 < a_1 \leq a_2 \leq \dots \leq a_n \text{ und } 0 < b_1 \leq b_2 \leq \dots \leq b_n$$

$$\Longrightarrow \left(\frac{1}{n} \sum_{j=1}^{n} a_j\right)\left(\frac{1}{n} \sum_{j=1}^{n} b_j\right) \leq \frac{1}{n} \sum_{j=1}^{n} a_j b_j;$$

$$0 < a_1 \leq a_2 \leq \dots \leq a_n \text{ und } 0 < b_n \leq \dots \leq b_2 \leq b_1$$

$$\Longrightarrow \left(\frac{1}{n} \sum_{j=1}^{n} a_j\right)\left(\frac{1}{n} \sum_{j=1}^{n} b_j\right) \geq \frac{1}{n} \sum_{j=1}^{n} a_j b_j$$

(Tschebyschevsche Ungleichungen);

allgemeiner:

$$0 < a_1 \leq a_2 \leq \dots \leq a_n \text{ und } 0 < b_1 \leq b_2 \leq \dots \leq b_n;\ k \in \mathbb{N}$$

$$\Longrightarrow \left(\frac{1}{n} \sum_{j=1}^{n} a_j{}^k\right)^{\frac{1}{k}}\left(\frac{1}{n} \sum_{j=1}^{n} b_j{}^k\right)^{\frac{1}{k}} \leq \left(\frac{1}{n} \sum_{j=1}^{n} (a_j b_j)^k\right)^{\frac{1}{k}};$$

analog für $0 < a_1 \leq a_2 \leq \dots \leq a_n$ und $0 < b_n \leq \dots \leq b_2 \leq b_1$; $k \in \mathbb{N}$

$$\Longrightarrow \left(\frac{1}{n} \sum_{j=1}^{n} a_j{}^k\right)^{\frac{1}{k}}\left(\frac{1}{n} \sum_{j=1}^{n} b_j{}^k\right)^{\frac{1}{k}} \geq \left(\frac{1}{n} \sum_{j=1}^{n} (a_j b_j)^k\right)^{\frac{1}{k}}.$$

Bernoullische Ungleichungen:

a) $(1+x)^n > 1 + nx$ für alle $1 < n \in \mathbb{R}$; $-1 < x \in \mathbb{R}$; $x \neq 0$;

b) $(1+x)^n < \frac{1}{1-nx}$ für alle $n \in \mathbb{N}$; $x \in \mathbb{R}$; $-1 < x < \frac{1}{n}$; $x \neq 0$;

c) $(1-x)^n < \frac{1}{1-nx}$ für alle $n \in \mathbb{N}$; $x \in \mathbb{R}$; $0 < x < 1$.

5.1.11. Der absolute Betrag einer reellen Zahl

Def.: Ist $x \in \mathbb{R}$, so ist

$$|x| := \begin{cases} x & \text{für } x \geq 0 \\ -x & \text{für } x < 0. \end{cases} \quad (\Longleftrightarrow |x| = \sqrt{x^2}).$$

Regeln:

$-|a| \leq a \leq |a|$; Folgerung: $|a| = 0 \Longleftrightarrow a = 0$;

$|a\,b| = |a||b|$; speziell $|-a| = |a|$;

$\left|\frac{a}{b}\right| = \frac{|a|}{|b|}$ $(b \neq 0)$;

$|a+b| \leq |a| + |b|$ (Dreiecksungleichung);

entsprechend für mehr als 2 Summanden: $|\sum_{j=1}^{n} a_j| \leq \sum_{j=1}^{n} |a_j|$;

$|a \pm b| \geq ||a| - |b||$;

$|a+b|^{\frac{1}{m}} \leq |a|^{\frac{1}{m}} + |b|^{\frac{1}{m}}$ für alle $m \in \mathbb{N}$;

entsprechend für mehr als 2 Summanden:

$$|\sum_{j=1}^{n} a_j|^{\frac{1}{m}} \leq \sum_{j=1}^{n} |a_j|^{\frac{1}{m}}.$$

5.1.12. Intervalle

Seien $a,b \in \mathbb{R}$.

Def.: $[a,b] := \{x \in \mathbb{R} | a \leq x \leq b\}$ abgeschlossenes Intervall;
$]a,b] := \{x \in \mathbb{R} | a < x \leq b\}$;
$[a,b[:= \{x \in \mathbb{R} | a \leq x < b\}$;
$]a,b[:= \{x \in \mathbb{R} | a < x < b\}$ offenes Intervall;
$[a,\infty[:= \{x \in \mathbb{R} | a \leq x\}$; $]-\infty,b] := \{x \in \mathbb{R} | x \leq b\}$; usw.

Man schreibt auch kurz $[a,b] = \{a \leq x \leq b\}$;
$]a,b] = \{a < x \leq b\}$ usw.

Def.: Sei $\varepsilon \in \mathbb{R}^+$. Ein Intervall $]x_0 - \varepsilon, x_0 + \varepsilon[$ heißt eine ε-Umgebung von x_0 (weiterhin kurz Umgebung genannt);

ein Intervall $[x_0, x_0 + \varepsilon[$ heißt rechtsseitige, ein Intervall $]x_0 - \varepsilon, x_0]$ heißt linksseitige Umgebung von x_0.

Die Umgebung $]x_0 - \varepsilon, x_0 + \varepsilon[$ von x_0 schreibt man auch $\{x \in \mathbb{R} \mid |x - x_0| < \varepsilon\}$ und setzt kurz $U_\varepsilon(x_0)$ oder einfach $U(x_0)$

Def.: Sei $I \subseteq \mathbb{R}$ und $x_0 \in I$. Gibt es ein $\varepsilon \in \mathbb{R}^+$, so daß $]x_0 - \varepsilon, x_0 + \varepsilon[\subseteq I$, dann heißt x_0 innerer Punkt von I.

5.1.13. Supremum - Infimum (für eine Menge $A \subseteq \mathbb{R}$)

Def.: Jede Zahl $s \in \mathbb{R}$ mit $s \geq a$ für alle $a \in A$ heißt obere Schranke von A. Die kleinste obere Schranke von A heißt Supremum von A (sup A).

Analog heißt jede Zahl $t \in \mathbb{R}$ mit $t \leq a$ für alle $a \in A$ untere Schranke von A. Die größte untere Schranke von A heißt Infimum von A (inf A).

Für sup A wird auch $+\infty$ und für inf A auch $-\infty$ zugelassen; sup A und inf A existieren damit immer.

Def.: Eine Zahl $M \in A$ ($m \in A$) mit $M \geq a$ ($m \leq a$) für alle $a \in A$ heißt Maximum von A (max A) (Minimum von A (min A)).

Es gilt:

max A existiert $\Longleftrightarrow$ max A = sup A $\Longleftrightarrow$ sup A $\in$ A;

min A existiert $\Longleftrightarrow$ min A = inf A $\Longleftrightarrow$ inf A $\in$ A.

Unter dem Supremum (Infimum) einer reellwertigen Funktion über $A \subseteq \mathbb{R}$ versteht man das Supremum (Infimum) der Menge de Funktionswerte f(x) der Funktion mit $x \in A$; man schreibt

$\sup_{x \in A} f(x)$ $\left(\inf_{x \in A} f(x)\right)$.

Def.: Eine Menge A heißt beschränkt, wenn es ein $N \in \mathbb{R}$ gibt, so daß $|a| < N$ gilt für alle $a \in A$;

A heißt nach oben beschränkt, wenn es ein $N \in \mathbb{R}$ gibt, so daß $a < N$ gilt für alle $a \in A$;

A heißt nach unten beschränkt, wenn es ein $N \in \mathbb{R}$ gibt, so daß $a > N$ gilt für alle $a \in A$.

Eine beschränkte Menge ist also sowohl nach oben als auch nach unten beschränkt.

Die Beschränktheit einer Menge A läßt sich auch folgendermaßen ausdrücken:

A ist genau dann beschränkt, wenn $\sup A \neq +\infty$ und $\inf A \neq -\infty$ ist;

A ist genau dann nach oben beschränkt, wenn $\sup A \neq +\infty$ ist;

A ist genau dann nach unten beschränkt, wenn $\inf A \neq -\infty$ ist.

Def.: $a \in A$ heißt innerer Punkt von A, wenn es ein $\varepsilon \in \mathbb{R}^+$ gibt, so daß $]a-\varepsilon, a+\varepsilon[\subseteq A$ ist.

Def.: Eine Menge A heißt offen, wenn sie nur aus inneren Punkten besteht.

Def.: Eine Zahl $x_0 \in \mathbb{R}$ heißt Häufungspunkt von A, wenn es in jeder Umgebung von x_0 Elemente von A gibt, die $\neq x_0$ sind.

Def.: Eine Menge A heißt abgeschlossen, wenn sie alle ihre Häufungspunkte als Elemente enthält.

Es gilt der

Satz von Bolzano-Weierstraß: Jede unendliche beschränkte Menge besitzt mindestens einen Häufungspunkt (der nicht Element von A sein muß).

5.1.14. Komplexe Zahlen

Def.: $z := x + iy$ heißt komplexe Zahl, wobei $i^2 = -1; x, y \in$ I
x = Realteil, y = Imaginärteil, i = imaginäre Einheit.

Die Menge der komplexen Zahlen =: $\mathbb{C}$.

Für $y = 0$ ist $z = x + i0 = x \in \mathbb{R}$; damit ist $\mathbb{R} \subset \mathbb{C}$.
Seien $z_1 = x + iy$; $z_2 = u + iv \in \mathbb{C}$;

Def.: Gleichheit: $z_1 = z_2$, wenn $x = u$ und $y = v$.

Def.: Summe: $z_1 + z_2 := (x+u) + i(y+v)$;

Differenz: $z_1 - z_2 := (x-u) + i(y-v)$;

Produkt: $z_1 z_2 := (xu-yv) + i(xv+yu)$;

Quotient: $\frac{z_1}{z_2} = \frac{xu + yv}{u^2 + v^2} + i\,\frac{-xv + yu}{u^2 + v^2} \quad (z_2 \neq 0)$;

Potenzen: $z^0 = 1$; $z^1 = z$; $z^2 = zz; \ldots$; $z^n = zz^{n-1}$; für $z \neq$
ist $z^{-n} = \frac{1}{z^n} \quad (n \in \mathbb{N})$.

Beispiel: $i^0 = 1$; $i^1 = i$; $i^2 = -1$; $i^3 = -i$; $i^4 = 1$; allgeme
$i^{4n} = 1$; $i^{4n+1} = i$; $i^{4n+2} = -1$; $i^{4n+3} = -i \quad (n \in \mathbb{Z})$.

Für komplexe Zahlen gelten die Regeln über die vier Grundrechenarten wie in $\mathbb{R}$.

Def.: $|z| = |x + iy| := \sqrt{x^2+y^2}$ heißt der Betrag von z.

Es gilt

$|z_1 z_2| = |z_1||z_2|$; speziell $|-z| = |z|$;

$\left|\frac{z_1}{z_2}\right| = \frac{|z_1|}{|z_2|}$;

$|z_1 + z_2| \leq |z_1| + |z_2|$ (Dreiecksungleichung); entsprecher
für mehr als 2 Summanden;

$|z_1 \pm z_2| \geq ||z_1| - |z_2||$.

Def.: $\bar{z} := x - iy$ heißt die zu $z = x + iy$ konjugiert komplexe Zahl.

Es gilt

$z\bar{z} = x^2 + y^2 = |z|^2$; $\quad z = \bar{z} \iff z \in \mathbb{R}$;

$|\bar{z}| = |z|$; $\quad \bar{\bar{z}} = z$;

$\overline{z_1 \pm z_2} = \bar{z}_1 \pm \bar{z}_2$; $\quad \frac{1}{2}(z+\bar{z})$ = Realteil von z;

$\overline{z_1 z_2} = \bar{z}_1 \bar{z}_2$; $\quad -\frac{i}{2}(z-\bar{z})$ = Imaginärteil von z.

$\overline{\left(\frac{z_1}{z_2}\right)} = \frac{\bar{z}_1}{\bar{z}_2}$;

Jeder komplexen Zahl $z = x + iy$ kann eineindeutig der Punkt mit den Koordinaten (x,y) in der Ebene zugeordnet werden. Man spricht dann auch von der Gaußschen Zahlenebene.

Darstellung komplexer Zahlen in Polarkoordinaten:

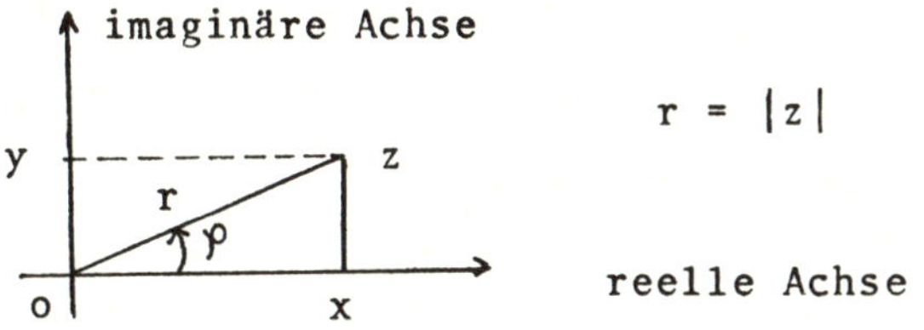

Es ist

$z = x + iy = r(\cos\varphi + i \sin\varphi)$ mit $r \geq 0$; $0 \leq \varphi < 2\pi$;

dabei $\tan\varphi = \frac{y}{x}$, also $\varphi = \arctan\frac{y}{x}$ für $x \neq 0$;

$\varphi = \frac{\pi}{2}$ für $x = 0$ und $y > 0$;

$\varphi = \frac{3\pi}{2}$ für $x = 0$ und $y < 0$;

für $x = y = 0$ ist φ unbestimmt.

r ist der Betrag von z, also $r = |z|$, und φ heißt Arcus von z.

Anwendung: Sei $z_j = r_j(\cos\varphi_j + i \sin\varphi_j)$ $(j=1,2)$; dann gilt

$$z_1z_2 = r_1r_2(\cos(\varphi_1 + \varphi_2) + i \sin(\varphi_1 + \varphi_2));$$

$$\frac{z_1}{z_2} = \frac{r_1}{r_2} (\cos(\varphi_1 - \varphi_2) + i \sin(\varphi_1 - \varphi_2)) \quad (z_2 \neq 0);$$

$$z^n = r^n (\cos n\varphi + i \sin n\varphi) \quad (n \in \mathbb{Z}) \text{ (Satz von Moivre).}$$

Es gilt für die Exponentialfunktion im Komplexen

$$e^{x+iy} = \exp(x+iy) = e^x(\cos y + i \sin y) \quad (x,y \in \mathbb{R}).$$

Folglich $e^{k2\pi i} = 1$ für alle $k \in \mathbb{Z}$;

$$\overline{e^{x+iy}} = e^{x-iy};$$

ferner

$$\sin x = \frac{e^{ix} - e^{-ix}}{2i}; \quad \cos x = \frac{e^{ix} + e^{-ix}}{2}.$$

Damit kann man schreiben

$$z = r(\cos \varphi + i \sin \varphi) = r\, e^{i\varphi};$$

ferner $z_1z_2 = r_1r_2e^{i(\varphi_1 + \varphi_2)}$

$$\frac{z_1}{z_2} = \frac{r_1}{r_2} e^{i(\varphi_1 - \varphi_2)};$$

$$z^n = r^n e^{i\, n\varphi} \quad \text{(Satz von Moivre).}$$

Def.: Die Zahlen $\exp(k \frac{2\pi i}{n}) = \cos(k \frac{2\pi}{n}) + i \sin(k \frac{2\pi}{n})$ $(k=0,1,\ldots,n-1)$ heißen n-te Einheitswurzeln.

5.1.15. Algebraische Gleichungen

Die quadratische Gleichung

(1) $x^2 + px + q = 0$ hat die Wurzeln (Lösungen)

$$x_{1,2} = -\frac{p}{2} \pm \sqrt{\frac{p^2}{4} - q};$$

(2) $ax^2 + bx + c = 0$ $(a \neq 0)$ hat die Wurzeln

$$x_{1,2} = \frac{-b \pm \sqrt{b^2 - 4ac}}{2a}.$$

Eine Gleichung n-ten Grades $(n \in \mathbb{N})$

(3) $x^n + a_{n-1}x^{n-1} + \dots + a_1x + a_0 = 0$

hat höchstens n verschiedene Wurzeln $x_1, x_2, \dots, x_n \in \mathbb{C}$. Dies sind m.a.W. die Nullstellen des Polynoms auf der linken Seite von (3). Wenn man jede Wurzel mit ihrer Vielfachheit zählt, hat (3) genau n Wurzeln $x_1, x_2, \dots, x_n$ (die komplex sein können).

(3) läßt sich als Produkt von Linearfaktoren schreiben als

$$x^n + a_{n-1}x^{n-1} + \dots + a_1x + a_0 = (x-x_1)(x-x_2) \dots (x-x_n).$$

<u>Vieta'scher Wurzelsatz</u>: Für (1) gilt

$$x_1 + x_2 = -p \quad \text{und} \quad x_1x_2 = q.$$

Allgemein gilt für die Wurzeln $x_1, x_2, \dots, x_n$ der Gleichung (3)

$$x_1 + x_2 + \dots + x_n = -a_{n-1} \quad \text{und} \quad x_1x_2 \dots x_n = a_0.$$

Häufig interessieren die reellen Wurzeln einer Gleichung:

Gleichung (1) hat $(p,q \in \mathbb{R})$

für $p^2 > 4q$ 2 reelle Wurzeln

$p^2 = 4q$ 1 reelle Wurzel (Doppelwurzel)

$p^2 < 4q$ 0 reelle Wurzeln (2 konjugiert komplexe Wurzeln);

Gleichung (2) hat $(a,b,c \in \mathbb{R})$

für $b^2 > 4ac$ 2 reelle Wurzeln

$b^2 = 4ac$ 1 reelle Wurzel (Doppelwurzel)

$b^2 < 4ac$ 0 reelle Wurzeln (2 konjugiert komplexe Wurzeln).

Für eine kubische Gleichung

(4) $x^3 + ax^2 + bx + c = 0$

erhält man durch die Substitution $y: = x + \frac{a}{3}$ die Gleichung

$y^3 + 3uy + 2v = 0$ mit

$3u = \frac{3b-a^2}{3}$ und $2v = \frac{2a^3}{27} - \frac{a\ b}{3} + c.$

Dann hat (4) für $(a,b,c \in \mathbb{R})$

$v^2 + u^3 < 0$ 3 reelle Wurzeln

$v^2 + u^3 = 0$ $\begin{cases} 2 \text{ reelle Wurzeln, falls } p^3 = -q^2 \neq 0 \\ 1 \text{ reelle Wurzel, falls } p = q = 0 \end{cases}$

$v^2 + u^3 > 0$ 1 reelle Wurzel.

<u>Descartessche Zeichenregel</u> über die Anzahl A_+ der (in ihren Vielfachheiten gezählten) positiven reellen Wurzeln einer Gleichung

(1) $p(x) = x^n + a_{n-1}x^{n-1} + \ldots + a_1x + a_o = 0$ $(a_o, a_1, \ldots, a_{n-}$

Sei W = Anzahl der Vorzeichenwechsel in der Folge

$$1, a_{n-1}, \ldots, a_1, a_o$$

der Koeffizienten von (1). Dann gilt

$A_+ = W - g$, wobei g eine gerade Zahl ≥ 0 ist, (also $g = 0,2,4,6,\ldots$).

Verallgemeinerung: Sei $A_{[a,b]}$ = Anzahl der reellen Wurzeln von $p(x) = 0$ im Intervall $[a,b]$. Dann ist

$A_{[a,b]}$ = Anzahl der positiven reellen Wurzeln von

$$q(y) : = p(\frac{a + by}{1 + y}) = 0.$$

5.2. Funktionen (Reelle Funktionen einer rellen Variablen)

5.2.1. Grundbegriffe

Def.: Eine Funktion $f\colon D_f \to \mathbb{R}$ mit einem Definitionsbereich $D_f \subseteq \mathbb{R}$ heißt reelle Funktion einer reellen Variablen.

Wir betrachten zunächst nur solche Funktionen.

Def.: Die Menge $\{(x,y)\,|\,y = f(x);\ x \in D_f\} = \{(x,f(x))\,|\,x \in D_f\}$ heißt Graph der Funktion f.

Man stellt den Graphen einer Funktion häufig in einem Koordinatensystem dar:

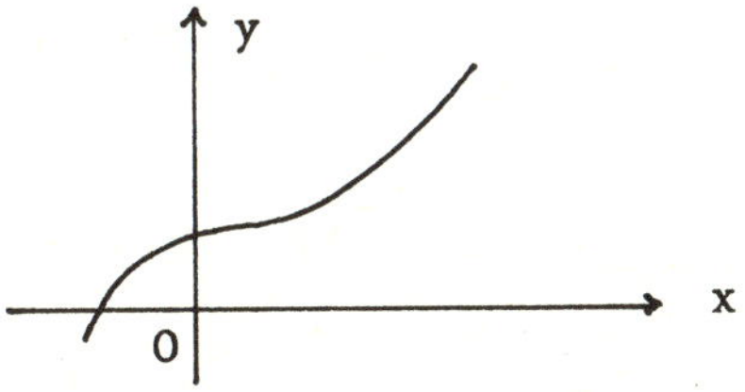

Def.: Eine Funktion $f\colon D_f \to \mathbb{R}$ mit dem Wertebereich W_f heißt

$$\left\{\begin{array}{l}\text{beschränkt}\\ \text{nach unten beschränkt}\\ \text{nach oben beschränkt}\end{array}\right\}, \text{ wenn } W_f \left\{\begin{array}{l}\text{(nach oben und nach unten) beschränkt}\\ \text{nach unten beschränkt}\\ \text{nach oben beschränkt}\end{array}\right\}.$$

Beispiele:	$f(x) = \sin x$	beschränkte Funktion;
	$f(x) = \cos x$	beschränkte Funktion;
	$f(x) = x^2$	nach unten beschränkte Funktion;
	$f(x) = e^x$	nach unten beschränkte Funktion.

Entsprechend wird die Beschränktheit einer Funktion über einem Intervall $I \subseteq D_f$ eingeführt.

Def.: Eine Funktion f heißt

gerade Funktion, wenn $f(x) = f(-x)$ für alle $x \in \mathbb{R}$ (Symmetr
zur Ordinatenachse);

ungerade Funktion, wenn $f(x) = -f(-x)$ für alle $x \in \mathbb{R}$ (Symmetrie zum Koordinatensprung).

Beispiele: $f(x) = x^2$ gerade Funktion; allgemein
$f(x) = x^{2k}$ $(k \in \mathbb{N})$ gerade Funktion;
$f(x) = \sin x$ gerade Funktion;
$f(x) = x^3$ ungerade Funktion; allgemein
$f(x) = x^{2k+1}$ $(k \in \mathbb{N})$ ungerade Funktion;
$f(x) = \cos x$ ungerade Funktion.

Def.: a) Eine Funktion f heißt monoton wachsend (monoton steigend = (monoton) nicht-fallend) im Intervall I, wenn für alle $x,x' \in I$ mit $x < x'$ gilt $f(x) \leq f(x')$.

Gilt $f(x) < f(x')$ für alle $x,x' \in I$ mit $x < x'$, dann heißt f in I streng (eigentlich) monoton wachsend [1].

b) Eine Funktion f heißt monoton fallend ((monoton) nicht-wachsend) im Intervall I, wenn für alle $x,x' \in I$ mit $x < x$ gilt $f(x) \geq f(x')$.

Gilt $f(x) > f(x')$ für alle $x,x' \in I$ mit $x < x'$, dann heißt f in I streng (eigentlich) monoton fallend [1].

Entsprechend wird die Monotonie einer Funktion auf einer Menge M statt des Intervalls I eingeführt.

Es gilt: f und g monoton wachsend (fallend)
$\longrightarrow$ f + g monoton wachsend (fallend).

1) Dabei ist natürlich $I \subseteq D_f$.

Jede in einem Intervall $I \subseteq \mathbb{R}$ streng monotone Funktion $f: I \to \mathbb{R}$ besitzt dort eine Umkehrfunktion f^{-1}.

Beispiele monotoner Funktionen:

$f(x) = x$ streng monoton wachsend in $\mathbb{R}$;

$f(x) = x^2$ streng monoton wachsend in $\mathbb{R}_0^+$, streng monoton fallend in $\mathbb{R}_0^-$;

$f(x) = e^x$ streng monoton wachsend in $\mathbb{R}$;

$f(x) = \ln x$ streng monoton wachsend in $\mathbb{R}^+$;

$f(x) = \sin x$ streng monoton wachsend in $\{-\frac{\pi}{2} \leq x \leq \frac{\pi}{2}\}$,
streng monoton fallend in $\{\frac{\pi}{2} \leq x \leq \frac{3\pi}{2}\}$;

$$f(x) = \operatorname{sgn} x := \begin{cases} 1 & \text{für } x > 0 \\ 0 & \text{für } x = 0 \\ -1 & \text{für } x < 0 \end{cases}$$ monoton wachsend (nichtfallend) in $\mathbb{R}$;

$f(x) = [x] :=$ größte ganze Zahl $\leq x$ (Entierfunktion)

$= \max\{z \in \mathbb{Z} \mid z \leq x\}$ monoton wachsend (nichtfallend) in $\mathbb{R}$;

$f(x) = \langle x \rangle :=$ kleinste ganze Zahl $\geq x$

$= \min\{z \in \mathbb{Z} \mid z \geq x\}$ monoton wachsend (nichtfallend) in $\mathbb{R}$.

Es gilt $\langle x \rangle = -[-x]$.

5.2.2. Folgen (Folgen mit reellen Gliedern)

Hier werden Folgen (a_j) mit $a_j \in \mathbb{R}$ betrachtet $(j = 1,2,\ldots)$.

Def.: Eine Folge (a_j) mit $a_{j+1} - a_j = d$ für alle j heißt arithmetische Folge.

Es gilt für arithmetische Folgen $a_j = a_1 + (j-1)d$.

<u>Def.</u>: Eine Folge (a_j) mit $a_{j+1} = q\, a_j$ für alle j heißt <u>geometrische Folge</u>.

Es gilt für geometrische Folgen $a_j = a_1 q^{j-1}$.

Die Monotonie von Folgen wird analog zur Monotonie von Funktionen eingeführt:

a) Eine Folge (a_j) heißt <u>monoton wachsend</u> (steigend), wenn $a_j \leq a_{j+1}$ für alle j. Gilt $a_j < a_{j+1}$ für alle j, dann heißt die Folge streng (eigentlich) monoton wachsend.

b) Eine Folge (a_j) heißt <u>monoton fallend</u> (abnehmend), wenn $a_j \geq a_{j+1}$ für alle j. Gilt $a_j > a_{j+1}$ für alle j, dann heißt die Folge streng (eigentlich) monoton fallend.

Beispiel: $(\frac{1}{j})_{j=1}^{\infty}$ ist streng monoton fallend.

<u>Def.</u>: Eine Folge (a_j) heißt <u>beschränkt</u>, wenn es ein $K \in \mathbb{R}$ gibt, so daß $|a_j| < K$ für alle j.

<u>Def.</u>: Eine Folge $(a_j)_{j=1}^{\infty}$ heißt <u>konvergent</u>, wenn es ein $a \in \mathbb{R}$ gibt und zu jedem $\varepsilon > 0$ ein $N \in \mathbb{N}$ existiert, so daß für alle $j \in \mathbb{N}$ mit $j > N$ gilt $|a_j - a| < \varepsilon$.

a heißt dann der <u>Grenzwert</u> der Folge.

Schreibweise: $a = \lim_{j \to \infty} a_j$; oder $a_j \to a$ für $j \to \infty$.

Im Fall $\lim_{j \to \infty} a_j = 0$ spricht man von einer <u>Nullfolge</u>.

Beispiel: $(a^j)_{j=1}^{\infty}$ ist für $|a| < 1$ eine Nullfolge.

Beispiele für konvergente Folgen:

$\lim_{j\to\infty} (1 + \frac{1}{j})^j =: e = 2{,}718281\ldots;$ $\lim_{j\to\infty} (1 - \frac{1}{j})^j = e^{-1};$

$\lim_{j\to\infty} (1 + \frac{1}{2} + \frac{1}{3} + \ldots + \frac{1}{j} - \ln j) =: C = 0{,}57721\ldots$ (Eulersche Konstante);

$\lim_{j\to\infty} \sqrt[j]{a} = 1 \quad (a \in \mathbb{R}^+).$

Eine Folge, die nicht konvergiert (für die also kein Grenzwert existiert), heißt <u>divergent</u>.

<u>Def.</u>: a) Die Folge $(a_j)_{j=1}^{\infty}$ heißt <u>divergent gegen +∞</u>, wenn zu jedem $g \in \mathbb{R}$ ein $N \in \mathbb{N}$ existiert, so daß für alle $j \in \mathbb{N}$ mit $j > N$ gilt $a_j > g$.

Schreibweise: $\lim_{j\to\infty} a_j = +\infty$; oder $a_j \to +\infty$ für $j \to \infty$.

b) Die Folge $(a_j)_{j=1}^{\infty}$ heißt <u>divergent gegen -∞</u>, wenn $\lim_{n\to\infty} (-a_j) = +\infty$ ist.

Es gilt, falls die betreffenden Grenzwerte links existieren:

$c \lim_{j\to\infty} a_j = \lim_{j\to\infty} (c\, a_j) \quad (c \in \mathbb{R});$

$\lim_{j\to\infty} a_j + \lim_{j\to\infty} b_j = \lim_{j\to\infty} (a_j + b_j);$

entsprechendes gilt für Differenz, Produkt und Quotient, letzteres nur, wenn der Grenzwert der Nennerfolge $\neq 0$ ist [1].

Man hat das

<u>Cauchysche Konvergenzkriterium</u>: Die Folge $(a_j)_{j=1}^{\infty}$ ist konvergent genau dann, wenn es zu jedem $\varepsilon > 0$ ein $N \in \mathbb{N}$ gibt, so daß für alle $j,k > N$ gilt $|a_j - a_k| < \varepsilon$.

1) Beim Quotienten werden nur Indizes j mit $b_j \neq 0$ betrachtet.

Es gilt: Jede beschränkte monotone Folge $(a_j)_{j=1}^{\infty}$ ist konvergent und zwar ist für eine monoton wachsende Folge

$$\lim_{j\to\infty} a_j = \sup \{a_j | j=1,2,\dots\},$$

für eine monoton fallende Folge

$$\lim_{j\to\infty} a_j = \inf \{a_j | j=1,2,\dots\}.$$

<u>Def.</u>: Sei $(a_j)_{j=1}^{\infty}$ eine Folge. Eine Zahl x_o ($x_o \in \mathbb{R}$) heißt <u>Häufungspunkt</u> der Folge, wenn es zu jeder Umgebung $U(x_o)$ von x_o unendlich viele Indizes j gibt, so daß $a_j \in U(x_o)$ ist.

Der größte Häufungspunkt heißt <u>oberer Limes</u> (<u>Limes superior</u>) der Folge, geschrieben $\overline{\lim_{j\to\infty}}\, a_j$ oder $\limsup_{j\to\infty} a_j$;

der kleinste Häufungspunkt heißt <u>unterer Limes</u> (<u>Limes inferior</u>) der Folge, geschrieben $\underline{\lim_{j\to\infty}}\, a_j$ oder $\liminf_{j\to\infty} a_j$.

Für $\overline{\lim}\, a_j$ ist auch $+\infty$, für $\underline{\lim}\, a_j$ ist auch $-\infty$ zugelassen; $\overline{\lim}\, a_j$ und $\underline{\lim}\, a_j$ existieren damit immer.

Für eine konvergente Folge ist $\overline{\lim_{j\to\infty}}\, a_j = \underline{\lim_{j\to\infty}}\, a_j = \lim_{j\to\infty} a_j$.

<u>5.2.3. Grenzwerte von Funktionen</u>

<u>Def.</u>: Die Funktion $f: D_f \to \mathbb{R}$ mit $D_f \subseteq \mathbb{R}$ hat für x gegen x_o ($x_o \in \mathbb{R}$) den <u>Grenzwert</u> a ($a \in \mathbb{R}$), wenn [1] zu jedem $\varepsilon > 0$ ein $\delta > 0$ existiert, so daß für alle $x \in D_f$ mit $x \neq x_o$ und $|x-x_o| < \delta$ gilt $|f(x)-a| < \varepsilon$.

1) Dabei sollen in jeder Umgebung $U(x_o)$ von x_o Punkte $x \neq x_o$ liegen, die dem Definitionsbereich D_f der Funktion f angehören.

Schreibweise: $a = \lim_{x \to x_0} f(x)$; oder $f(x) \to a$ für $x \to x_0$.

Wenn für alle $x \in D_f$ mit $x > x_0$ und $|x-x_0| < \delta$ gilt $|f(x)-a|<\varepsilon$, dann heißt $a =: \lim_{x \to x_0^+} f(x)$ <u>rechtsseitiger</u> Grenzwert. Bei $x < x_0$ analog $\lim_{x \to x_0^-} f(x)$ <u>linksseitiger</u> Grenzwert [1].

Es ist $\lim_{x \to \infty} f(x) = a$, wenn es zu jedem $\varepsilon > 0$ ein N gibt, so daß für alle $x \in D_f$ mit $x > N$ gilt [2] $|f(x)-a| < \varepsilon$.

Entsprechend $\lim_{x \to -\infty} f(x)$.

Beispiele: $\lim_{x \to \infty}(1 + \frac{1}{x})^x =: e = 2{,}718281...$; $\lim_{x \to \infty}(1 - \frac{1}{x})^x = e^{-1}$;

$\lim_{x \to \infty}(1 + \frac{\alpha}{x})^x = e^\alpha \quad (\alpha \in \mathbb{R})$;

$\lim_{x \to \infty} \frac{x^\alpha}{e^x} = 0 \quad (\alpha \in \mathbb{R}_0^+)$; $\lim_{x \to -\infty} x^n e^x = 0 \quad (n \in \mathbb{Z})$.

Es gilt (falls die betreffenden Grenzwerte links existieren):

$a \lim_{x \to x_0} f(x) = \lim_{x \to x_0} a\, f(x)$;

$\lim_{x \to x_0} f(x) + \lim_{x \to x_0} g(x) = \lim_{x \to x_0} (f+g)(x)$;

dabei darf x_0 auch ∞ sein;

entsprechendes gilt für Differenz, Produkt und Quotient, letzteres nur, wenn der Grenzwert des Nenners $\neq 0$ ist.

---

1) Für $\lim_{x \to x_0^+}$ schreibt man auch $\lim_{x \downarrow x_0}$ und für $\lim_{x \to x_0^-}$ auch $\lim_{x \uparrow x_0}$.
Auch die Schreibweisen $\lim_{x \to x_0 + 0}$ und $\lim_{x \to x_0 - 0}$ werden benutzt.

2) In jedem Intervall $[C,\infty[$ soll es Punkte geben, die dem Definitionsbereich D_f der Funktion angehören.

Aus $f(x) \leq g(x)$ für alle x aus einer Umgebung von x_o folgt $\lim_{x \to x_o} f(x) \leq \lim_{x \to x_o} g(x)$, falls diese Grenzwerte existieren.

Es ist $\lim_{x \to x_o} f(x) = \infty$, wenn es zu jedem $N \in \mathbb{R}$ ein $\delta > 0$ gibt, so daß für alle [1] $x \in D_f$ mit $x \neq x_o$ und $|x-x_o| < \delta$ gilt $f(x) > N$.

Entsprechend $\lim_{x \to x_o} f(x) = -\infty$ und $\lim_{x \to \infty} f(x) = \infty$ bzw. $-\infty$.

<u>Def.</u>: Seien die (reellen) Funktionen f_j $(j \in \mathbb{N})$ definiert auf $A \subseteq \mathbb{R}$. Die Menge M der $x \in A$, für welche die Folge $(f_j(x))_{j=1}^{\infty}$ konvergiert, heißt der <u>Konvergenzbereich</u> der Funktionenfolge $(f_j)_{j=1}^{\infty}$ ("Punktweise Konvergenz").

$(f_j(x))_{j=1}^{\infty}$ ist also für jedes feste $x \in A$ eine Folge mit konstanten Gliedern.

$(f_j)_{j=1}^{\infty}$ definiert somit eine Funktion $f: M \to \mathbb{R}$. Man schreibt $\lim_{j \to \infty} f_j(x) = f(x)$ $(x \in M)$ und nennt f Grenzfunktion.

Also zu jedem $\varepsilon > 0$ und jedem $x \in M$ gibt es ein $N \in \mathbb{N}$ (das von ε und x abhängt), so daß für alle $j \in \mathbb{N}$ mit $j > N$ gilt $|f_j(x) - f(x)| < \varepsilon$.

---

1) Dabei sollen in jeder Umgebung $U(x_o)$ von x_o Punkte $x \neq x_o$ liegen, die dem Definitionsbereich D_f der Funktion f angehören.

Def.: Die Folge $(f_j)_{j=1}^{\infty}$ heißt gleichmäßig konvergent gegen f auf der Menge $M' \subseteq M$, wenn es zu jedem $\varepsilon > 0$ ein $N \in \mathbb{N}$ gibt (das nur von ε abhängt), so daß für alle $j \in \mathbb{N}$ mit $n > N$ und alle $x \in M'$ gilt $|f_j(x) - f(x)| < \varepsilon$.

5.2.4. Stetigkeit

Def.: Die Funktion $f: D_f \to \mathbb{R}$ mit $D_f \subseteq \mathbb{R}$ heißt stetig in $x_0 \in D_f$, wenn zu jedem $\varepsilon > 0$ ein $\delta > 0$ existiert [1], so daß für alle $x \in D_f$ mit $|x-x_0| < \delta$ gilt $|f(x) - f(x_0)| < \varepsilon$.

Mit dieser Definition sind die beiden folgenden Aussagen äquivalent:

f ist genau dann stetig in $x_0 \in D_f$, wenn für jede Folge $(x_j)_{j=1}^{\infty}$ mit $x_j \in D_f$ und $\lim_{j\to\infty} x_j = x_0$ gilt $\lim_{j\to\infty} f(x_j) = f(x_0)$.

Falls eine Umgebung $U(x_0) \in D_f$ ist, ist f genau dann stetig in $x_0 \in D_f$, wenn $\lim_{x\to x_0} f(x) = f(x_0)$.

Def.: f heißt rechtsseitig stetig in $x_0 \in D_f$, wenn zu jedem $\varepsilon > 0$ ein $\delta > 0$ existiert, so daß für alle $x_0 < x \in D_f$ mit $|x-x_0| < \delta$ gilt $|f(x) - f(x_0)| < \varepsilon$.

f heißt linksseitig stetig in $x_0 \in D_f$, wenn zu jedem $\varepsilon > 0$ ein $\delta > 0$ existiert, so daß für alle $x_0 > x \in D_f$ mit $|x-x_0| < \delta$ gilt $|f(x) - f(x_0)| < \varepsilon$.

Falls eine rechts- (links-)seitige Umgebung von x_0 in D_f liegt, ist f genau dann rechts- (links-)seitig stetig in

---

1) δ hängt von ε und x_0 ab.

$x_o \in D_f$, wenn $\lim\limits_{x \to x_o^+} f(x) = f(x_o)$ $(\lim\limits_{x \to x_o^-} f(x) = f(x_o))$.

Ist f rechts- und linksseitig stetig in x_o, so ist f steti in x_o; und umgekehrt.

Sind f und g stetig in x_o, dann auch f + g; entsprechendes gilt für Differenz, Produkt und Quotient, letzteres nur, wenn der Nenner $\neq 0$ ist. Ferner sind $f \circ g$ stetig und, fal f^{-1} existiert, f^{-1} stetig.

<u>Def.</u>: f heißt stetig im Intervall I (z.B. I = [a,b]), wenn f stetig ist für alle $x \in I$.

Es gelten:

<u>Zwischenwertsatz</u>: Sei f stetig im Intervall [a,b] sowie u eine Zahl mit $f(a) \leq u \leq f(b)$. Dann gibt es ein $\hat{x}$ mit $a \leq \hat{x} \leq b$, so daß gilt $u = f(\hat{x})$.

Folgerung: Sei f stetig im Intervall [a,b] sowie $f(a) < 0 < f(b)$ (bzw. $f(a) > 0 > f(b)$). Dann hat f im Inte vall]a,b[(mindestens) eine Nullstelle.

<u>Satz vom Maximum und Minimum</u>: Sei f stetig im Intervall [a,b]. Dann gibt es ein $\hat{x} \in [a,b]$, so daß f in $\hat{x}$ das (globale) Maximum über [a,b] annimmt; entsprechendes gilt für das (globale) Minimum von f.

<u>Def.:</u> Die Funktion $f: D_f \to \mathbb{R}$ mit $D_f \subseteq \mathbb{R}$ heißt <u>gleichmäßig stetig</u> in dem Intervall $I \subseteq D_f$, wenn zu jedem $\varepsilon > 0$ ein $\delta > 0$ existiert [1], so daß für alle $x, x^* \in I$ mit $|x-x^*| <$ gilt $|f(x) - f(x^*)| < \varepsilon$.

1) δ hängt nur von ε ab.

Es gilt: f gleichmäßig stetig in I $\Longrightarrow$ f stetig in I;

f stetig im abgeschlossenen Intervall $I = [a,b]$ $\Longrightarrow$ f gleichmäßig stetig in I.

5.2.5. Differenzierbarkeit

Def.: Die Funktion $f\colon D_f \to \mathbb{R}$ mit $D_f \subseteq \mathbb{R}$ heißt differenzierbar in x_0, wenn eine Umgebung $U(x_0)$ von x_0 in D_f liegt und der Grenzwert des Differenzenquotienten $\lim\limits_{h\to 0} \frac{f(x_0+h) - f(x_0)}{h} =$ $=: a$ ($a \in \mathbb{R}$) existiert; a heißt die Ableitung (der Differentialquotient) von f an der Stelle x_0.

Schreibweisen: $a = f'(x_0) = y'(x_0) = \left.\frac{df(x)}{dx}\right|_{x=x_0} = \left.\frac{dy}{dx}\right|_{x=x_0} =$ $= \frac{df(x_0)}{dx} = \frac{df}{dx}(x_0) = Df(x_0)$ [1].

Def.: Die Funktion $f\colon D_f \to \mathbb{R}$ mit $D_f \subseteq \mathbb{R}$ heißt rechtsseitig differenzierbar in x_0, wenn eine rechtsseitige Umgebung von x_0 in D_f liegt und $\lim\limits_{h\to 0^+} \frac{f(x_0+h) - f(x_0)}{h} =: a^+ \in \mathbb{R}$ existiert; a^+ heißt die rechtsseitige Ableitung von f an der Stelle x_0.

Entsprechend wird die linksseitige Ableitung von f an der Stelle x_0 durch $\lim\limits_{h\to 0^-} \frac{f(x_0+h) - f(x_0)}{h} =: a^- \in \mathbb{R}$ definiert.

Es gilt: f differenzierbar in $x_0 \Longleftrightarrow a^+ = a^-$.

Weiter gilt:

Ist f differenzierbar in x_0, dann ist f stetig in x_0.

1) Es ist $f'(x_0) = a \Longleftrightarrow f(x_0+h) = f(x_0) + a\,h + o(h)$ $(h \to 0)$ (wegen des Symbols o vgl. 5.2.9).

Umkehrung gilt nicht! Beispiel: $f(x) = |x|$ ist für $x_o = 0$ nicht differenzierbar, aber stetig.

Es gibt sogar Funktionen, die für alle $x \in \mathbb{R}$ stetig sind, aber nirgends differenzierbar.

Def.: f heißt differenzierbar im Intervall I, wenn f differenzierbar für alle $x \in I$. (In Randpunkten von I als einseitige Differenzierbarkeit verstanden.) Die Ableitung ist dann eine Funktion $f': D_{f'} \cap I \to \mathbb{R}$ [1].

Geometrische Bedeutung der Ableitung einer Funktion f (siehe Figur):

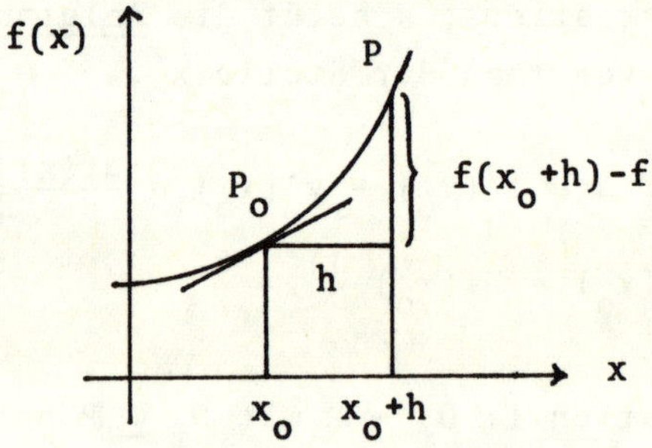

Die Ableitung $f'(x_o)$ bedeutet die Steigung der Tangente [2] im Punkt $P_o = (x_o; f(x_o))$ an den Graphen von f.

Der Differenzenquotient $\frac{f(x_o+h) - f(x_o)}{h}$ ist die Steigung der Sehne zwischen den Punkten P_o und P.

Def.: f heißt stetig differenzierbar in $x_o \in D_f$, wenn f' stetig in x_o.

Entsprechend ist stetig differenzierbar in einem Intervall I zu verstehen.

1) $D_{f'}$ Definitionsbereich von f'.

2) Steigung = Tangens des Winkels der Tangente gegen die positive x-Richtung (Winkel entgegen dem Uhrzeigersinn gemessen).

Höhere Ableitungen einer Funktion $f: D_f \to \mathbb{R}$ ($D_f \subseteq \mathbb{R}$) [1]:

$$(f')'(x) =: y'' = f''(x) = \frac{d^2f(x)}{dx^2} = \frac{d^2y}{dx^2} = D^2f(x)$$

(zweite Ableitung);

$$(f'')'(x) =: y''' = f'''(x) = \frac{d^3f(x)}{dx^3} = \frac{d^3y}{dx^3} = D^3f(x)$$

(dritte Ableitung);

allgemein r-te Ableitung:

$$(f^{(r-1)})'(x) =: y^{(r)} = f^{(r)}(x) = \frac{d^rf(x)}{dx^r} = \frac{d^ry}{dx^r} = D^rf(x)$$

$(r=1,2,3,\ldots)$.

Ferner setzt man die nullte Ableitung:

$$f^{(0)}(x) = f(x).$$

Beispiel: Die r-te Ableitung eines Polynoms r-ten Grades ist eine Konstante.

Bemerkung: Für y' schreibt man auch $\dot{y}$, für y'' auch $\ddot{y}$ usw.

Logarithmische Ableitung:

Sei $f: D_f \to \mathbb{R}^+$ mit $D_f \subseteq \mathbb{R}$. Die Ableitung der Funktion $\ln f$ heißt logarithmische Ableitung von f; also

$$(\ln f)'(x) = \frac{f'(x)}{f(x)}.$$

1) Falls die betreffenden Ableitungen existieren. Statt x_o wird nun einfach x geschrieben.

5.2.6. Differentiationsregeln (die betreffenden Ableitunge[n] sollen existieren):

Funktion $x \to y = f(x)$	Ableitung $x \to y' = f'(x)$
$(u \pm v)(x) = u(x) \pm v(x)$	$(u \pm v)'(x) = u'(x) \pm v'(x)$
$(a\,u)(x) = a\,u(x)$ (a=const.)	$(a\,u)'(x) = a\,u'(x)$
$(u\,v)(x) = u(x)v(x)$	$(u\,v)'(x) = u'(x)v(x) + u(x$ … Produktregel
$(\frac{u}{v})(x) = \frac{u(x)}{v(x)}$ $(v(x) \neq 0)$	$(\frac{u}{v})'(x) = \frac{u'(x)v(x) - u(x)v}{v^2(x)}$ Quotientenregel
$(f \circ u)(x) = (f(u))(x) = f(u(x))$	$(f \circ u)'(x) = (f(u))'(x) = f'(u(x))u'(x) = \frac{df(u(x))}{du}\,\frac{du(x)}{dx}$ Kettenregel
$x = f^{-1}(y)$ (Umkehrfunktion)	$(f^{-1})'(y) = \frac{1}{f'(f^{-1}(y))} = \frac{}{f'}$
$f(x) = c$ (c = const.)	$f'(x) = 0$

spezielle Funktionen: $f(x)$	$f'(x)$
x^n $(n \in \mathbb{Z};\ x \neq 0$ für $n \leq -1)$	$n\,x^{n-1}$
x^α $(\alpha \in \mathbb{R};\ x > 0)$	$\alpha\,x^{\alpha-1}$

$\ln x \quad (x > 0)$	$\frac{1}{x}$
$\log_a x \quad (x > 0)$	$\frac{1}{x}\,\frac{1}{\ln a}$
e^x	e^x
a^x	$a^x \ln a$
$\sin x$	$\cos x$
$\cos x$	$-\sin x$
$\tan x \quad (x \neq (2k+1)\frac{\pi}{2};\ k \in \mathbb{Z})$	$\cos^{-2} x$
$\cot x \quad (x \neq k\pi;\ k \in \mathbb{Z})$	$-\sin^{-2} x$
$\arcsin x \quad (-1 < x < 1)$	$\frac{1}{\pm\sqrt{1-x^2}}$
$\arccos x \quad (-1 < x < 1)$	$-\frac{1}{\pm\sqrt{1-x^2}}$
$\arctan x$	$\frac{1}{1+x^2}$
$\operatorname{arccot} x$	$-\frac{1}{1+x^2}$
$\sinh x$	$\cosh x$
$\cosh x$	$\sinh x$
$\tanh x$	$\frac{1}{(\cosh)^2 x}$
$\coth x \quad (x \neq 0)$	$-\frac{1}{(\sinh)^2 x}$
$\operatorname{arsinh} x$	$\frac{1}{\sqrt{1+x^2}}$
$\operatorname{arcosh} x \quad (x > 1)$	$\frac{1}{\sqrt{x^2-1}}$
$\operatorname{artanh} x \quad (\lvert x\rvert < 1)$	$\frac{1}{1-x^2}$
$\operatorname{arcoth} x \quad (\lvert x\rvert > 1)$	$\frac{1}{1-x^2}$

Allgemeine Regeln (die Argumente x sind nicht eingetragen)

$$(\sum_{j=1}^{n} f_j)' = \sum_{j=1}^{n} f_j';$$

Produktregel für drei Faktoren:

$$(u\ v\ w)' = u'v\ w + u\ v'w + u\ v\ w'.$$

Produktregel für n Faktoren:

$$(\prod_{j=1}^{n} f_j)' = \sum_{j=1}^{n} (f_j' \prod_{\substack{i=1 \\ i \neq j}}^{n} f_i).$$

Daraus folgt für die Ableitung der n-ten Potenz der Funkti

$$(f^n)' = n\ f^{n-1} f'.$$

Es gilt weiter für die r-ten Ableitungen ($r \in \mathbb{N}$)

$$\frac{d^r}{dx^r} (u+v) = \frac{d^r}{dx^r} u + \frac{d^r}{dx^r} v$$

$$(\Longleftrightarrow (u+v)^{(r)} = u^{(r)} + v^{(r)});$$

$$\frac{d^r}{dx^r} (uv) = \sum_{j=1}^{r} \binom{r}{j} \frac{d^j}{dx^j} u \frac{d^{r-j}}{dx^{r-j}} v$$

$$(\Longleftrightarrow (uv)^{(r)} = \sum_{j=0}^{r} \binom{r}{j} u^{(j)} v^{(r-j)}).$$

5.2.7. Mittelwertsatz und Taylor-Formel

Satz von Rolle: Sei $f: [a,b] \to \mathbb{R}$ stetig auf $[a,b]$ und differenzierbar in $]a,b[$ sowie $f(a) = f(b)$. Dann gibt es ein $\hat{x} \in]a,b[$ mit $f'(\hat{x}) = 0$.

<u>Mittelwertsatz der Differentialrechnung</u>: Sei $f\colon [a,b] \to \mathbb{R}$ stetig auf $[a,b]$ und differenzierbar in $]a,b[$. Dann gibt es ein $\hat{x} \in]a,b[$ mit $f(b) = f(a) + f'(\hat{x})(b-a)$;

m.a.W. ist $f(b) = f(a) + (b-a)f'(a+\vartheta(b-a))$ mit $\vartheta \in]0,1[$.

<u>Verallgemeinerter Mittelwertsatz</u>: Seien $f\colon [a,b] \to \mathbb{R}$ und $g\colon [a,b] \to \mathbb{R}$ stetig auf $[a,b]$ und differenzierbar in $]a,b[$. Ist $g'(x) \neq 0$ für alle $x \in]a,b[$, dann ist $g(b) - g(a) \neq 0$, und es gibt ein $\hat{x} \in]a,b[$ mit

$$\frac{f(b) - f(a)}{g(b) - g(a)} = \frac{f'(\hat{x})}{g'(\hat{x})}.$$

Andere Formulierung:

$$\frac{f(b) - f(a)}{g(b) - g(a)} = \frac{f'(a + \vartheta(b-a))}{g'(a + \vartheta(b-a))} \text{ mit } \vartheta \in]0,1[.$$

Sei $f\colon D_f \to \mathbb{R}$ $(D_f \subseteq \mathbb{R})$ in $a \in D_f$ r-mal differenzierbar.

<u>Def.</u>: $$p_r(x) := f(a) + \frac{(x-a)}{1!} f'(a) + \frac{(x-a)^2}{2!} f''(a) + \frac{(x-a)^3}{3!} f'''(a) + \ldots + \frac{(x-a)^r}{r!} f^{(r)}(a) = \sum_{j=0}^{r} \frac{(x-a)^j}{j!} f^{(j)}(a)$$

heißt das r-te <u>Taylor-Polynom</u> von f an der Stelle a.

Bemerkung: Es gilt für die k-te Ableitung $p_r^{(k)}(a) = f^{(k)}(a)$ $(0 \leq k \leq r)$.

Es gilt weiter der

<u>Satz</u> (<u>Taylor-Formel</u>): Sei $f\colon D_f \to \mathbb{R}$ $(D_f \subseteq \mathbb{R})$ in einer Umgebung $U(a)$ von $a \in D_f$ $(r+1)$-mal differenzierbar. Dann gilt für jedes $x \in U(a)$

$$f(x) = f(a) + \frac{(x-a)}{1!} f'(a) + \frac{(x-a)^2}{2!} f''(a) + \frac{(x-a)^3}{3!} f'''(a) + \ldots$$

$$+ \frac{(x-a)^r}{r!} f^{(r)}(a) + R_r(x) =$$

$$= p_r(x) + R_r(x) \text{ mit } R_r(x) := \frac{(x-a)^{r+1}}{(r+1)!} f^{(r+1)}(a+\vartheta(x-a))$$

mit $\vartheta \in \,]0,1[$

(R_r Restglied von Lagrange).

Im Spezialfall a = 0 erhält man aus der Taylor-Formel die Mac Laurinsche Formel

$$f(x) = f(0) + \frac{x}{1!} f'(0) + \frac{x^2}{2!} f''(0) + \frac{x^3}{3!} f'''(0) + \ldots + \frac{x^r}{r!} f^{(r)}(0)$$

$$+ \frac{x^{r+1}}{(r+1)!} f^{(r+1)}(\vartheta x)$$

$$= \sum_{j=0}^{r} \frac{x^j}{j!} f^{(j)}(0) + \frac{x^{r+1}}{(r+1)!} f^{(r+1)}(\vartheta x) \quad \text{mit } \vartheta \in \,]0,1[.$$

Für r = 0 erhält man den Mittelwertsatz.

5.2.8. Die Regel von de l'Hospital

zur Berechnung "unbestimmter" Ausdrücke der Form $"\frac{0}{0}"$; $"\frac{\infty}{\infty}"$ u

Seien f: $]a,b[\, \to \mathbb{R}$ und g: $]a,b[\, \to \mathbb{R}$ zwei Funktionen mit $\lim_{x \to a^+} f(x) = \lim_{x \to a^+} g(x) = 0$; weiter seien f und g in $]a,b[$ differenzierbar und $g'(x) \neq 0$ in $]a,b[$. Falls $\lim_{x \to a^+} \frac{f'(x)}{g'(x)}$ existiert, existiert auch $\lim_{x \to a^+} \frac{f(x)}{g(x)}$, und es gilt

$$\lim_{x \to a^+} \frac{f(x)}{g(x)} = \lim_{x \to a^+} \frac{f'(x)}{g'(x)}.$$

Analog für den Grenzübergang $x \to b^-$.

Die Regel gilt entsprechend auch für Grenzübergänge $x \to +\infty$ und $x \to -\infty$.

Ebenso gilt sie für unbestimmte Ausdrücke der Form "$\frac{\pm\infty}{\pm\infty}$".

Bei unbestimmten Ausdrücken der Form "$0\cdot\infty$" schreibt man $f(x)\cdot g(x) = \frac{f(x)}{1/g(x)}$; im Fall "$\infty - \infty$" schreibt man

$f(x) - g(x) = \frac{1/g(x) - 1/f(x)}{1/(f(x)\ g(x))}$;

damit wird das Problem auf die oben behandelten Fälle zurückgeführt. Unter Umständen wird man die Regel von de l'Hospital mehrmals hintereinander anwenden.

5.2.9. Die Landauschen Symbole O und o

Def.: Sei $f\colon D_f \to \mathbb{R}$ mit $D_f \subseteq \mathbb{R}$ und $g\colon]x_0,\infty[\to \mathbb{R}^+$ $(x_0 \geq 0)$. Dann heißt f von der Ordnung O von g (für $x \to \infty$), geschrieben $f(x) = O(g(x))$, wenn $|f(x)| < Cg(x)$ für alle $x \in D_f$ mit $x > x_0^* > x_0$ $(C,\ x_0,\ x_0^*$ Konstanten);

und es heißt f von der Ordnung o von g (für $x \to \infty$), geschrieben $f(x) = o(g(x))$, wenn $\lim\limits_{\substack{x\to\infty \\ x_0<x\in D_f}} \frac{f(x)}{g(x)} = 0$.

Es gilt

$$f_1(x) = O(g_1(x)) \text{ und } f_2(x) = O(g_2(x))$$
$$\Longrightarrow (f_1 + f_2)(x) = O((g_1+g_2)(x));$$

$$f(x) = O(ag(x)) \Longrightarrow f(x) = O(g(x)) \quad (a = \text{Konst.});$$

$$f_1(x) = O(g_1(x)) \text{ und } f_2(x) = O(g_2(x))$$
$$\Longrightarrow (f_1\ f_2)(x) = O((g_1\ g_2)(x));$$

$$f(x) = o(g(x)) \Longrightarrow f(x) = O(g(x));$$

$$f_1(x) = O(g_1(x)) \text{ und } f_2 = o(g_2(x))$$
$$\Longrightarrow (f_1 f_2)(x) = o((g_1 g_2)(x));$$

$$f_1(x) = o(g_1(x)) \text{ und } f_2(x) = o(g_2(x))$$
$$\Longrightarrow (f_1 + f_2)(x) = o(g_1 + g_2)(x)).$$

Bemerkung: Das Symbol o wird bisweilen auch in folgendem Sinn benützt: Seien f, g definiert in einer rechtsseitigen Umgebung von x_o ($x_o \in \mathbb{R}$) und dort $g(x) \neq 0$. Dann heißt f von der Ordnung o von g (für $x \to x_o^+$), geschrieben $f(x) = o(g(x))$, wenn $\lim_{x \to x_o^+} \frac{f(x)}{g(x)} = 0$. (Entsprechend für eine linksseitige Umgebung von x_o bzw. eine Umgebung von x_o.)

Es gilt dann z.B.

$f_1(x) = o(g(x))$ und $|f_2(x)| \leq C$ beschränkt für alle $x \in U(x_o)$

$$\Longrightarrow (f_1 f_2)(x) = o(g(x));$$

$$f_1(x) = o(g(x)) \text{ und } f_2(x) = o(g(x))$$
$$\Longrightarrow (f_1 + f_2)(x) = o(g(x)).$$

5.2.10. Extremwerte

Sei $f: D_f \to \mathbb{R}$ eine Funktion mit $D_f \subseteq \mathbb{R}$.

Def.: f hat in $\hat{x} \in D_f$ ein lokales Minimum [1], wenn es um $\hat{x}$ eine geeignete Umgebung $U(\hat{x}) = \{\hat{x} - \varepsilon < x < \hat{x} + \varepsilon\} =$

1) Auch relatives Minimum.

$=]\hat{x} - \varepsilon, \hat{x} + \varepsilon[$ gibt, so daß für alle $x \in U(\hat{x}) \cap D_f$ gilt $f(\hat{x}) \leq f(x)$.

Analog: f hat in $\hat{x} \in D_f$ ein <u>lokales Maximum</u> [1], wenn es um $\hat{x}$ eine geeignete Umgebung $U(\hat{x})$ gibt, so daß für alle $x \in U(\hat{x}) \cap D_f$ gilt $f(\hat{x}) \geq f(x)$.

Gemeinsame Bezeichnung: <u>Lokale Extremwerte</u> [2].

<u>Def.</u>: f hat in $x_0 \in I \subseteq D_f$ ein <u>globales Minimum</u> [3] (über I), wenn für alle $x \in I$ gilt $f(x_0) \leq f(x)$;

f hat in $x_1 \in I \subseteq D_f$ ein <u>globales Maximum</u> [4] (über I), wenn für alle $x \in I$ gilt $f(x_1) \geq f(x)$.

Steht in diesen Definitionen $<$ bzw. $>$ statt $\leq$ bzw. $\geq$, so spricht man auch von einem Minimum bzw. Maximum bzw. von <u>Extremwerten im engeren Sinn</u>.

Lokale Randextrema

<u>Def.</u>: Sei $f: \{a \leq x \leq b\} = [a,b] \to \mathbb{R}$.

Gilt $f(a) \leq f(x)$ für alle $x \in [a,a+\varepsilon[$,
so spricht man von einem <u>Randminimum</u> in a; gilt entsprechend

$f(b) \leq f(x)$ für alle $x \in]b-\varepsilon,b]$,
so spricht man von einem Randminimum in b.

Steht in diesen Ungleichungen $\geq$ statt $\leq$, so spricht man von Randmaxima. Für $<$ bzw. $>$ hat man Randminima bzw. Randmaxima im engeren Sinn.

Sei nun f differenzierbar in einem Intervall $I =]a,b[= \{a < x < b\} \subseteq D_f$. Dann gilt:

---

1) Auch relatives Maximum.
2) Auch relative Extremwerte.
3) Auch absolutes Minimum.
4) Auch absolutes Maximum.

$f'(x) \geq 0$ für alle $x \in I \Longleftrightarrow$ f monoton steigend in I;
$f'(x) \leq 0$ für alle $x \in I \Longleftrightarrow$ f monoton fallend in I.
$f'(x) > 0$ $(f'(x) < 0)$ $\Longrightarrow$ strenge Monotonie.

Notwendige Bedingung für einen Extremwert:

<u>Satz</u>: Sei $f: D_f \to \mathbb{R}$ in einer Umgebung von $\hat{x} \in D_f$ differenzierbar.

Besitzt f in $\hat{x}$ einen lokalen Extremwert, so ist $f'(\hat{x}) = 0$.

Die in dem Satz genannte Bedingung ist nur notwendig für einen lokalen Extremwert von f, aber nicht hinreichend.

Hinreichende Bedingungen für Extremwerte:

<u>Satz</u>: Sei die Funktion $f: D_f \to \mathbb{R}$ in einer Umgebung $U(\hat{x})$ von $\hat{x}$ $(U(\hat{x}) \subset D_f)$ differenzierbar und $f'(\hat{x}) = 0$. Dann gilt:

a) $f'(x) \leq 0$ für alle $x < \hat{x}$ und $f'(\hat{x}) \geq 0$ für alle $x > \hat{x}$ $(x \in U(\hat{x}))$
$\Longrightarrow$ f hat in $\hat{x}$ lokales Minimum;

b) $f'(x) \geq 0$ für alle $x < \hat{x}$ und $f'(x) \leq 0$ für alle $x \geq \hat{x}$
$\Longrightarrow$ f hat in $\hat{x}$ lokales Maximum;

c) $f'(x) < 0$ für alle $x \in U(\hat{x})$, $x \neq \hat{x}$ oder
$f'(x) > 0$ " " "
$\Longrightarrow$ f hat in $\hat{x}$ keinen Extremwert.

Steht in diesen Aussagen a) und b) $f'(x) < 0$ (statt $f'(x) \leq$ und $f'(x) > 0$ (statt $f'(x) \geq 0$), so liegt ein lokales Minim bzw. Maximum im engeren Sinn vor.

<u>Satz</u>: Sei die Funktion $f: D_f \to \mathbb{R}$ in einer Umgebung $U(\hat{x})$ von $\hat{x}$ $(U(\hat{x}) \subset D_f)$ zweimal differenzierbar und $f'(\hat{x}) = 0$. Dann

a) $f''(x) \geq 0$ für alle $x \in U(\hat{x})$
$\Longrightarrow$ f hat in $\hat{x}$ lokales Minimum;

b) $f''(x) \leq 0$ für alle $x \in U(\hat{x})$

$\Longrightarrow$ f hat in $\hat{x}$ lokales Maximum.

Steht in Aussage a) $f''(x) > 0$ für alle $x \in U(\hat{x}) \setminus \{\hat{x}\}$ (statt $f''(x) \geq 0$ für alle $x \in U(\hat{x})$) bzw. in Aussage b) $f''(x) < 0$ für alle $x \in U(\hat{x}) \setminus \{\hat{x}\}$ (statt $f''(x) \leq 0$ für alle $x \in U(\hat{x})$), so liegt ein lokales Minimum bzw. Maximum im engeren Sinn vor.

<u>Satz</u>: Sei die Funktion $f: D_f \to \mathbb{R}$ in $\hat{x} \in D_f$ zweimal differenzierbar und $f'(\hat{x}) = 0$. Dann gilt:

a) $f''(\hat{x}) > 0 \Longrightarrow$ f hat in $\hat{x}$ lokales Minimum (im engeren Sinn);

b) $f''(\hat{x}) < 0 \Longrightarrow$ f hat in $\hat{x}$ lokales Maximum (im engeren Sinn).

<u>Satz</u>: Sei die Funktion $f: D_f \to \mathbb{R}$ in einer Umgebung $U(\hat{x})$ von $\hat{x}$ r-mal differenzierbar ($r \geq 1$), r ungerade und $f'(\hat{x}) = \ldots = f^{(r-1)}(\hat{x}) = 0$. Dann gilt:

a) $f^{(r)}(x) \leq 0$ für alle $x < \hat{x}$ und $f^{(r)}(x) \geq 0$ für alle $x > \hat{x}$ $(x \in U(\hat{x}))$

$\Longrightarrow$ f hat in $\hat{x}$ ein lokales Minimum;

b) $f^{(r)}(x) \geq 0$ für alle $x < \hat{x}$ und $f^{(r)}(x) \leq 0$ für alle $x > \hat{x}$ $(x \in U(\hat{x}))$

$\Longrightarrow$ f hat in $\hat{x}$ ein lokales Maximum;

c) $f^{(r)}(x) < 0$ für alle $x \in U(\hat{x})$ oder
$f^{(r)}(x) > 0$ " " "

$\Longrightarrow$ f hat in $\hat{x}$ keinen Extremwert.

Steht in den Aussagen a) und b) $f^{(r)}(x) < 0$ (statt $f^{(r)}(x) \leq 0$) und $f^{(r)}(x) > 0$ (statt $f^{(r)}(x) \geq 0$), so liegt ein lokales Minimum bzw. Maximum im engeren Sinn vor.

Satz: Sei die Funktion $f: D_f \to \mathbb{R}$ in einer Umgebung $U(\hat{x})$ von $\hat{x}$ r-mal differenzierbar ($r \geq 2$), r gerade und $f'(\hat{x}) = f''(\hat{x}) = \ldots = f^{(r-1)}(\hat{x}) = 0$. Dann gilt:

a) $f^{(r)}(x) \geq 0$ für alle $x \in U(\hat{x})$ $\longrightarrow$ f hat in $\hat{x}$ ein lokales Minimum;

b) $f^{(r)}(x) \leq 0$ für alle $x \in U(\hat{x})$ $\longrightarrow$ f hat in $\hat{x}$ ein lokales Maximum.

Steht in Aussage a) $f^{(r)}(x) > 0$ für alle $x \in U(\hat{x}) \setminus \{\hat{x}\}$ (statt $f^{(r)}(x) \geq 0$ für alle $x \in U(\hat{x})$) bzw. in Aussage b) $f^{(r)}(x) < 0$ für alle $x \in U(\hat{x}) \setminus \{\hat{x}\}$ (statt $f^{(r)}(x) \leq 0$ für alle $x \in U(\hat{x})$), so liegt ein lokales Minimum bzw. Maximum im engeren Sinn vor.

Satz: Sei die Funktion $f: D_f \to \mathbb{R}$ in $\hat{x} \in D_f$ r-mal differenzierbar ($r \geq 2$) und $f'(\hat{x}) = f''(\hat{x}) = \ldots = f^{(r-1)}(\hat{x}) = 0$. Dann gilt:

a) $f^{(r)}(\hat{x}) > 0$ und r gerade $\longrightarrow$ f hat in $\hat{x}$ lokales Minimum (im engeren Sinn);

b) $f^{(r)}(\hat{x}) < 0$ und r gerade $\longrightarrow$ f hat in $\hat{x}$ lokales Maximum (im engeren Sinn);

c) $f^{(r)}(\hat{x}) \neq 0$ und r ungerade $\longrightarrow$ f hat in $\hat{x}$ keinen Extremwe

5.2.11. Wendepunkte

Sei f: $D_f \to \mathbb{R}$ eine Funktion mit $D_f \subseteq \mathbb{R}$.

Def.: f hat in $\hat{x} \in D_f$ einen Wendepunkt (im engeren Sinn), wenn f in einer Umgebung $U(\hat{x})$ von $\hat{x}$ differenzierbar ist und f' in $\hat{x}$ einen lokalen Extremwert (im engeren Sinn besitzt [1]).

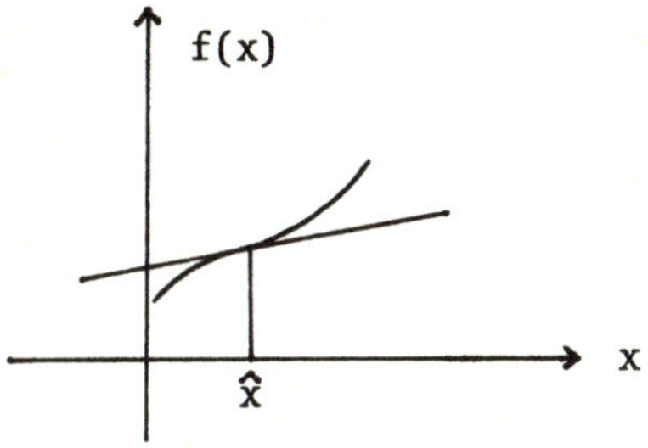

Notwendige Bedingung für einen Wendepunkt:

Satz: Sei f: $D_f \to \mathbb{R}$ in einer Umgebung von $\hat{x} \in D_f$ zweimal differenzierbar.

Besitzt f in $\hat{x}$ einen Wendepunkt, so ist $f''(\hat{x}) = 0$.

Hinreichende Bedingung für einen Wendepunkt:

Satz: Sei f: $D_f \to \mathbb{R}$ in $\hat{x} \in D_f$ dreimal differenzierbar. Dann gilt:

$f''(\hat{x}) = 0$ und $f'''(\hat{x}) \neq 0 \implies$ f hat in $\hat{x}$ einen Wendepunkt (im engeren Sinn).

1) Bei einem lokalen Extremwert von f' im weiteren Sinn hat man folgendes Bild:

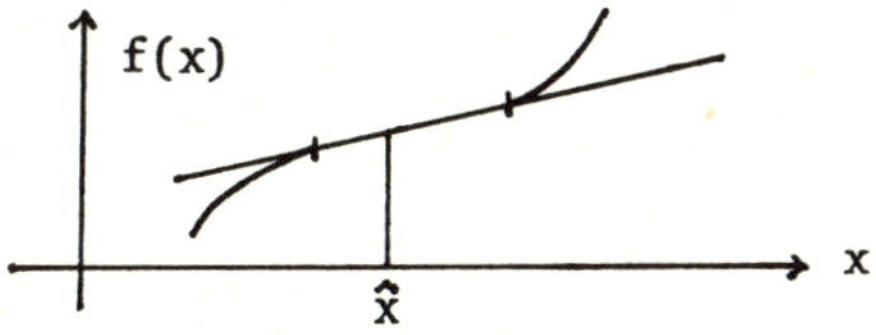

Man spricht dann von Wendepunkten im weiteren Sinn.

Allgemeiner gilt der

Satz: Sei $f: D_f \to \mathbb{R}$ in $\hat{x} \in D_f$ r-mal differenzierbar $(r \geq 3)$.
Dann gilt:

$f''(\hat{x}) = f'''(\hat{x}) = \ldots = f^{(r-1)}(\hat{x}) = 0,\ f^{(r)}(\hat{x}) \neq 0$ und
r ungerade $\Longrightarrow$ f hat in $\hat{x}$ einen Wendepunkt (im engeren Sinn)

5.2.12. Konvexe und konkave Funktionen

Sei $f: I \to \mathbb{R}$ eine Funktion, wobei $I \subseteq \mathbb{R}$ ein Intervall ist.

Def.: Die Funktion f heißt konvex [1] über I, wenn für beliebige $u, v \in I$ $(u \neq v)$ und jedes $\lambda \in]0,1[$ gilt

$f(\lambda u + (1-\lambda)v) \leq \lambda f(u) + (1-\lambda)f(v)$.

Def.: Die Funktion f heißt konkav [2] über I, wenn für beliebige $u, v \in I$ $(u \neq v)$ und jedes $\lambda \in]0,1[$ gilt

$f(\lambda u + (1-\lambda)v) \geq \lambda f(u) + (1-\lambda)f(v)$.

f konkav über I $\Longleftrightarrow$ (-f) konvex über I.

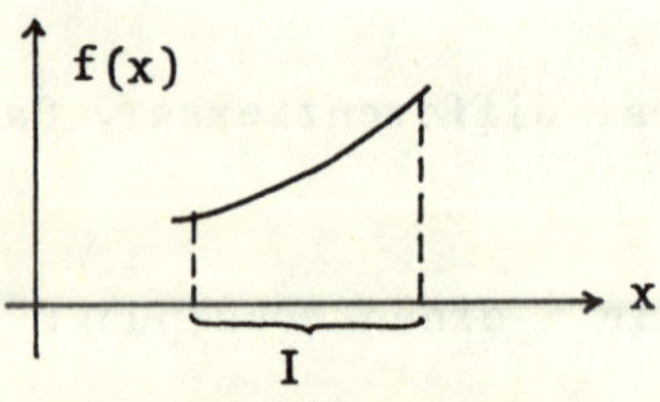

konvexe Funktion

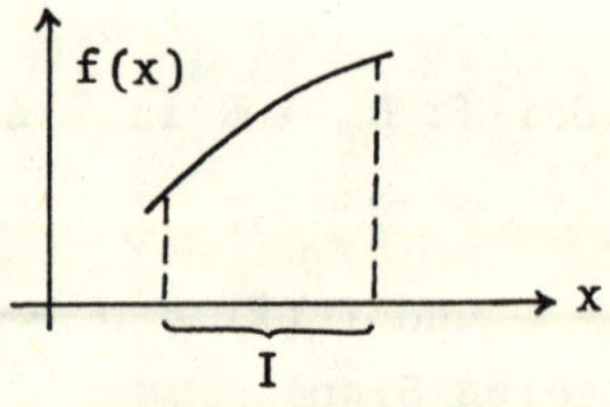

konkave Funktion

Steht in diesen Definitionen < bzw. > statt $\leq$ bzw. $\geq$, so spricht man auch von streng konvexen (streng konkaven) Funktionen.

1) Von unten betrachtet konvex.
Konvexe Funktion = Linkskurve.
2) Von unten betrachtet konkav.
Konkave Funktion = Rechtskurve.

Ist f konvex (konkav) über I, dann ist f auch konvex (konkav) über jedem Teilintervall von I.

Bemerkung: Die Bedingung der Konvexität einer Funktion f: I → ℝ läßt sich auch ausdrücken durch

$$\det\begin{pmatrix} 1 & u & f(u) \\ 1 & x & f(x) \\ 1 & v & f(v) \end{pmatrix} \geq 0 \text{ für alle } u,v,x \in I;\ x \in \,]u,v[\,$$ [1].

Steht hierin das Zeichen > (ohne Gleichheitszeichen), so ist f streng konvex. Für konkave Funktionen ist die Determinante ≤ 0 bzw. < 0.

Es gilt: Sei f: I → ℝ konvex über I. Dann ist f innerhalb des Intervalls I stetig. (Unstetig kann f also nur in Randpunkten von I sein.)

Es gilt weiter:

f konvex über I, $a \in \mathbb{R}$ Konstante ⟶ f + a konvex über I;
f konvex über I, $a \in \mathbb{R}^+$ Konstante ⟶ a f konvex über I;
f_1 und f_2 konvex über I ⟶ $f_1 + f_2$ konvex über I (entsprechend für $n \geq 2$ und für unendlich viele Funktionen);

das Produkt konvexer Funktionen braucht nicht konvex zu sein;

f_1 und f_2 konvex über I ⟶ die Funktion g mit $g(x) = \max(f_1(x), f_2(x))$ ist konvex über I.

Ist f über dem Intervall $I = [a,b]$ konvex und $l(x) = \frac{x-a}{b-a}(f(b) - f(a)) + f(a)$ (lineare Funktion), so ist entweder $f(x) = l(x)$ für alle $x \in \,]a,b[$ oder $f(x) < l(x)$ für

1) Diese Bedingung heißt in anderer Schreibweise

$$\frac{f(x) - f(u)}{x - u} \leq \frac{f(v) - f(u)}{v - u}.$$

alle $x \in \,]a,b[$.

Entsprechende Aussagen gelten für konkave Funktionen sowie für streng konvexe (streng konkave) Funktionen.

Für die folgenden Sätze 1 bis 3 sei $I = \,]a,b[$.

<u>Satz 1</u>: Sei $f: I \to \mathbb{R}$ differenzierbar auf I.

f ist genau dann konvex über I, wenn für beliebige $u,v \in I$ $(u \neq v)$ gilt

$f(v) \geq f(u) + (v-u)f'(u)$.

f ist genau dann konkav über I, wenn entsprechend gilt

$f(v) \leq f(u) + (v-u)f'(u)$.

<u>Satz 2</u>: Sei $f: I \to \mathbb{R}$ differenzierbar auf I.

f ist genau dann konvex über I, wenn aus $u < v$ ($u,v \in I$ beliebig) folgt

$f'(u) \leq f'(v)$;

d.h. die Ableitung von f ist monoton wachsend.

f ist genau dann konkav über I, wenn entsprechend gilt

$f'(u) \geq f'(v)$.

<u>Satz 3</u>: Sei $f: I \to \mathbb{R}$ zweimal differenzierbar auf I.

f ist genau dann konvex über I, wenn für alle $x \in I$ gilt

$f''(x) \geq 0$;

f ist genau dann konkav über I, wenn entsprechend gilt

$f''(x) \leq 0$.

Steht in den Sätzen 1 bis 3 das Zeichen > bzw. < (ohne das Gleichheitszeichen), so ist f streng konvex (streng konkav

Satz 4: Eine über I konvexe Funktion f: $I \to \mathbb{R}$ kann innerhalb von I kein Maximum im engeren Sinn annehmen;

eine über I konkave Funktion f: $I \to \mathbb{R}$ kann innerhalb von I kein Minimum im engeren Sinn annehmen.

Bei einer konvexen Funktion ist das lokale Minimum auch das globale Minimum;

bei einer konkaven Funktion ist das lokale Maximum auch das globale Maximum.

Weniger als obige Definition der Konvexität verlangt folgende Definition (von J.L.W.V. Jensen):

Sei f: $I \to \mathbb{R}$.

Def.: f heißt konvex über I, wenn für beliebige $u,v \in I$ gilt
$f(\frac{u+v}{2}) \leq \frac{f(u) + f(v)}{2}$.

Falls f eine stetige Funktion ist, sind beide Definitionen gleichwertig.

5.2.13. Näherungsweise Nullstellenbestimmung

Sei f: $D_f \to \mathbb{R}$ $(D_f \subseteq R)$.

Def.: $x_0 \in D_f$ heißt Nullstelle von f, wenn $f(x_0) = 0$.

Sei f stetig in $[a,b] \subseteq D_f$ und $f(a)f(b) < 0$. Dann besitzt f mindestens eine Nullstelle $x_0 \in]a,b[$.

Verfahren von Newton zur Nullstellenbestimmung: Sei f zweimal differenzierbar in $[a,b] \subset D_f$ und $f(a)f(b) < 0$ sowie $f'(x) \neq 0$ für alle $x \in [a,b]$. Ferner sei $\left|\frac{f(x)f''(x)}{(f'(x))^2}\right| \leq q < 1$ für alle $x \in [a,b]$. Dann gilt mit $x_1 = a$ (oder $x_1 = b$) und

(1) $x_{n+1} = x_n - \frac{f(x_n)}{f'(x_n)}$ (n=1,2,...)

$\lim\limits_{n\to\infty} x_n = x_0$.

Vereinfachtes Verfahren: Statt (1) benutze [1]

$$x_{n+1} = x_n - \frac{f(x_n)}{f'(x_1)}.$$

Regula falsi zur Nullstellenbestimmung: Sei f stetig differenzierbar in $[a,b] \subset D_f$ und $f(a)f(b) < 0$ sowie $f'(x) \neq 0$ für alle $x \in [a,b]$. Dann gilt mit $x_1 = a$, $x_2 = b$ und

$$x_{n+1} = x_n - \frac{x_n - x_{n-1}}{f(x_n) - f(x_{n-1})} f(x_n) \quad (n=2,3,...)$$

$\lim\limits_{n\to\infty} x_n = x_0$.

Für konvexe bzw. konkave Funktionen f konvergieren die Verfahren auf jeden Fall.

5.3. Spezielle Klassen von Funktionen

5.3.1. Ganze rationale Funktionen

Def.: f heißt ganze rationale Funktion (Polynom), wenn

$f(x) := a_0 + a_1x + a_2x^2 + ... + a_nx^n \quad (a_n \neq 0)$.

n heißt Grad von f; für $f(x) = a_0 = 0$ ist Grad = -1, sonst ist der Grad $\in \mathbb{N}_0$. Für n = 1 heißt f lineare Funktion. Man schreibt n = Grad f. Es gilt:

Grad $(f \pm g) \leq$ max(Grad f, Grad g); Grad (fg) = Grad f + Gra

1) Die Annäherung an die Nullstelle kann dabei langsamer erfolgen.

Hornerschema zur Berechnung von Funktionswerten $f(x)$:

a_n	a_{n-1}	a_{n-2}	$\dots$	a_2	a_1	a_0
	$a_n x$	$A_{n-1}x$	$\dots$		$A_2 x$	$A_1 x$
a_n	$a_{n-1} + a_n x =$ $=: A_{n-1}$	$a_{n-2} + A_{n-1}x =$ $=: A_{n-2}$		A_2	$a_1 + A_2 x =$ $=: A_1$	$a_o + A_1 x =$ $= f(x)$

x_0 heißt Nullstelle des Polynoms f, wenn $f(x_0) = 0$.

Hat $f(x) = a_2 x^2 + a_1 x + a_0$ zwei reelle Nullstellen, so ist

$$f(x) > 0 \begin{Bmatrix} \text{zwischen den Nullstellen} \\ \text{außerhalb der Nullstellen} \end{Bmatrix} \text{ falls } \begin{Bmatrix} a_2 < 0 \\ a_2 > 0 \end{Bmatrix}.$$

Die Polynome P_n mit

$$P_0(x) = 1; \; P_1(x) = x; \; P_2(x) = \frac{1}{2}(3x^2-1);$$

$$P_{n+2}(x) = \frac{1}{n+2}((2n+3)xP_{n+1}(x) - (n+1)P_n(x)) \quad (n \in \mathbb{N}_0)$$

heißen Legendre-Polynome.

Es gilt

$$P_n(x) = \frac{1}{2^n n!} \frac{d^n}{dx^n}(x^2-1)^n \quad (n \in \mathbb{N}).$$

P_n hat n verschiedene Nullstellen in $[-1,1]$.

Die Polynome T_n mit

$$T_0(x) = 1; \; T_1(x) = x;$$

$$T_{n+2}(x) = 2x\,T_{n+1}(x) - T_n(x) \quad (n \in \mathbb{N}_0)$$

heißen Tschebyschev-Polynome.

T_n hat n verschiedene Nullstellen in $[-1,1]$.

Die Polynome H_n mit

$H_0(x) = 1$; $H_1(x) = 2x$; $H_2(x) = 4x^2 - 2$; $H_3(x) = 8x^3 - 12x$;

$H_{n+2}(x) = 2x\, H_{n+1}(x) - 2(n+1)H_n(x) \quad (n \in \mathbb{N}_0)$

heißen Hermite-Polynome.

Es gilt

$$H_n(x) = (-1)^n(\exp x^2)\left(\frac{d^n}{dx^n} \exp(-x^2)\right) \quad (n \in \mathbb{N}).$$

5.3.2. Gebrochen rationale Funktionen

Def.: f heißt gebrochen rationale Funktion, wenn $f(x) = \frac{u(x)}{v(x)}$ mit Polynomen u und v. Falls Grad u < Grad v, heißt f echt gebrochen rationale Funktion [1].

Weiterhin sei f eine echt gebrochen rationale Funktion.

(I) Sei $v(x) = (x-x_1)(x-x_2)\dots(x-x_m)$ mit $x_j \in \mathbb{R}$ $(j=1,\dots,m)$ und $x_\alpha \neq x_\beta$ für $\alpha \neq \beta$. Dann läßt sich f eindeutig in Partialbrüche zerlegen als

$$f(x) = \frac{a_1}{x-x_1} + \frac{a_2}{x-x_2} + \dots + \frac{a_m}{x-x_m} = \sum_{j=1}^{m} \frac{a_j}{x-x_j} \quad (a_j \in \mathbb{R}).$$

Für die Koeffizienten a_j gilt $a_j = \frac{u(x_j)}{v'(x_j)}$ $(j=1,\dots,m)$.

(II) Sei $v(x) = (x-x_1)^{k_1}(x-x_2)^{k_2}\dots(x-x_m)^{k_m}$ mit $x_j \in \mathbb{R}$ $(j=1,\dots,m)$ und $x_\alpha \neq x_\beta$ für $\alpha \neq \beta$; $k_j \in \mathbb{N}$.

1) Der Definitionsbereich D_f von f ist $\{x \in \mathbb{R} | v(x) \neq 0\}$.

Dann läßt sich f eindeutig in Partialbrüche zerlegen als

$$f(x) = \left(\frac{a_{11}}{x-x_1} + \frac{a_{12}}{(x-x_1)^2} + \ldots + \frac{a_{1k_1}}{(x-x_1)^{k_1}}\right) +$$

$$+ \left(\frac{a_{21}}{x-x_2} + \frac{a_{22}}{(x-x_2)^2} + \ldots + \frac{a_{2k_2}}{(x-x_2)^{k_2}}\right) + \ldots +$$

$$+ \left(\frac{a_{m1}}{x-x_m} + \frac{a_{m2}}{(x-x_m)^2} + \ldots + \frac{a_{mk_m}}{(x-x_m)^{k_m}}\right) =$$

$$= \sum_{j=1}^{m} \sum_{i=1}^{k_j} \frac{a_{ji}}{(x-x_j)^i} \quad (a_{ji} \in \mathbb{R}).$$

(III) v(x) besitzt auch komplexe Wurzeln; sei

$$v(x) = (x-x_1)^{k_1}(x-x_2)^{k_2}\ldots(x-x_r)^{k_r}(x^2+p_1x+q_1)^{l_1}(x^2+p_2x+q_2)^{l_2}\ldots$$

$\ldots(x^2+p_sx+q_s)^{l_s}$ mit $x_j, p_i, q_i \in \mathbb{R}$; $p_i^2 - 4q_i < 0$ $(j=1,\ldots,r;$ $i=1,\ldots,s)$ und $x_\alpha \neq x_\beta$ für $\alpha \neq \beta$; $(p_\alpha,q_\alpha) \neq (p_\beta,q_\beta)$ für $\alpha \neq \beta$; $k_j, l_i \in \mathbb{N}$.

Dann läßt sich f eindeutig in Partialbrüche zerlegen als (für die Doppelsumme vgl. Fall (II))

$$f(x) = \sum_{j=1}^{r} \left(\sum_{i=1}^{k_j} \frac{a_{ji}}{(x-x_j)^i}\right) +$$

$$+ \frac{b_{11}x + c_{11}}{x^2+p_1x+q_1} + \frac{b_{12}x + c_{12}}{(x^2+p_1x+q_1)^2} + \ldots + \frac{b_{1l_1}x + c_{1l_1}}{(x^2+p_1x+q_1)^{l_1}} +$$

$$+ \frac{b_{21}x + c_{21}}{x^2+p_2x+q_2} + \frac{b_{22}x + c_{22}}{(x^2+p_2x+q_2)^2} + \ldots + \frac{b_{2l_2}x + c_{2l_2}}{(x^2+p_2x+q_2)^{l_2}} + \ldots$$

Falls $f = \frac{u}{v}$ keine echt gebrochen rationale Funktion ist, also Grad u $\geq$ Grad v, dann läßt sich f mit Hilfe der Polynomdivision darstellen als $f = g + \hat{f}$, wobei g eine ganze rationale Funktion und $\hat{f}$ eine echt gebrochen rationale Funktion ist.

Beispiel zur Polynomdivision:

$$(6x^4 - 5x^3 - 3x^2 + 8x + 7) : (2x^2 + x - 1) = 3x^2 - 4x + 2$$

$$\begin{array}{l}
\underline{6x^4 + 3x^3 - 3x^2} \\
\quad - 8x^3 \qquad\quad + 8x + 7 \\
\quad \underline{- 8x^3 - 4x^2 + 4x} \\
\qquad\qquad 4x^2 + 4x + 7 \\
\qquad\qquad \underline{4x^2 + 2x - 2} \\
\qquad\qquad\qquad 2x + 9
\end{array}$$

Also $\dfrac{6x^4 - 5x^3 - 3x^2 + 8x + 7}{2x^2 + x - 1} = 3x^2 - 4x + 2 + \dfrac{2x + 9}{2x^2 + x - 1}$

5.3.3. Logarithmus- und Exponentialfunktionen

Logarithmus zur Basis [1] a: $\log_a u = c \Longleftrightarrow u = a^c$.

$D_{\log_a} = \mathbb{R}^+$; $W_{\log_a} = \mathbb{R}$; die Funktion $\log_a$ ist eine monoton steigende Funktion, wenn die Basis $a > 1$ ist; für $a < 1$ ist die Funktion $\log_a$ monoton fallend.

Regeln: $\log_a(u\, v) = \log_a u + \log_a v$;

$\log_a \frac{u}{v} = \log_a u - \log_a v$;

$\log_a u^\alpha = \alpha \log_a u \quad (u,v \in \mathbb{R}^+;\ \alpha \in \mathbb{R})$.

Es gilt $\log_a 1 = 0$; $\log_a a = 1$.

1) Die Basis a der Logarithmen kann beliebig $\in \mathbb{R}^+ \setminus \{1\}$ sein.

Spezialfall: Ist die Basis a des Logarithmus e = 2,718281...[1], dann spricht man vom natürlichen Logarithmus ln. Es gilt $\ln x = \int_1^x \frac{1}{t}\,dt$. Für ln wird oft auch log geschrieben.

Umrechnungsformel: $\ln x = (\log_a x)(\ln a) = (\log_a x)(\log_a e)^{-1}$.

Die Umkehrfunktion f^{-1} von $\log_a$ ist die Exponentialfunktion zur Basis a: Also

$y = f(x) = \log_a x$ hat $f^{-1}(y) = a^y$.

Spezialfall: $y = f(x) = \ln x$ hat $f^{-1}(y) = e^y$.

Die Exponentialfunktion e^x schreibt man auch exp(x).

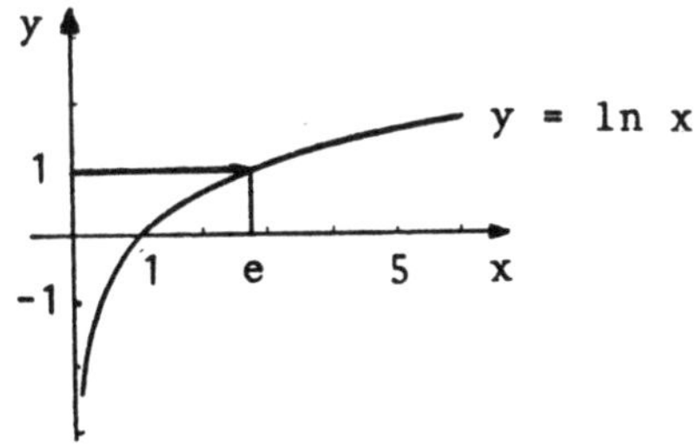

Es ist $\lim_{x \to 0^+} (\ln x) = -\infty$;

$\lim_{x \to \infty} (\ln x) = \infty$.

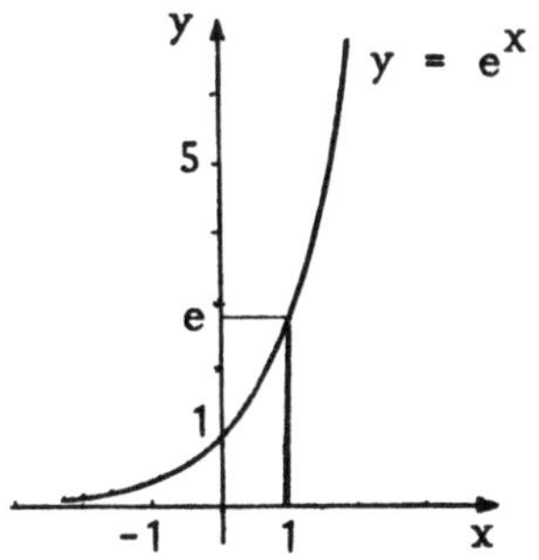

Es ist $\lim_{x \to -\infty} e^x = 0$;

$\lim_{x \to \infty} e^x = \infty$.

Es gilt ($a > 0$; $b > 0$, $\neq 1$)

$a^x = e^{x \ln a}$ und allgemein $a^x = b^{x \log_b a}$;

ferner $x^{\log_a y} = y^{\log_a x}$ $(x, y \in \mathbb{R}^+)$.

Reihenentwicklungen der Logarithmus- und Exponentialfunktion siehe 5.5.3.

---

1) $e = \lim_{n \to \infty} (1 + \frac{1}{n})^n$ (siehe 5.2.2).

5.3.4. Die trigonometrischen Funktionen sin, cos, tan, cot

Darstellung am Einheitskreis

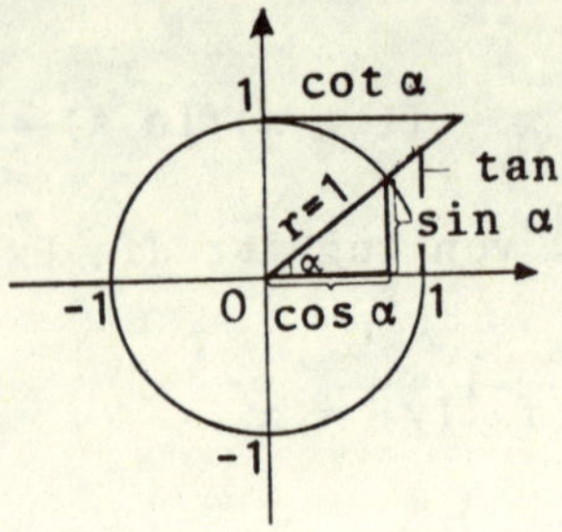

Durch den Zusammenhang zwischen Gradmaß α und Bogenmaß x

$$\alpha^o = \frac{180^o}{\pi} x$$

sind die Funktionen für reelle x erklärt. Z.B. ist

$$x = \frac{\alpha^o}{180^o}\pi \Longrightarrow \sin \alpha^o = \sin x. \text{ Es ist}$$

$D_{sin} = D_{cos} = \mathbb{R}$; $W_{sin} = W_{cos} = [-1, +1]$;

$D_{tan} = \mathbb{R} \setminus \{(2k+1)\frac{\pi}{2} | k \in \mathbb{Z}\}$; $W_{tan} = \mathbb{R}$;

$D_{cot} = \mathbb{R} \setminus \{k\pi | k \in \mathbb{Z}\}$; $W_{cot} = \mathbb{R}$.

Für einen Zusammenhang der trigonometrischen Funktionen mit der Exponentialfunktion siehe 5.1.14.

		ist der Funktionswert von			
Für	d.h.	sin	cos	tan	c
$0^o<\alpha^o<90^o$	$0<x<\frac{\pi}{2}$	0<...<1	1>...>0	0<...<∞	∞>.
$90^o<\alpha^o<180^o$	$\frac{\pi}{2}<x<\pi$	1>...>0	0>...>-1	-∞<...<0	0>.
$180^o<\alpha^o<270^o$	$\pi<x<\frac{3\pi}{2}$	0>...>-1	-1<...<0	0<...<∞	∞>.
$270^o<\alpha^o<360^o$	$\frac{3\pi}{2}<x<2$	-1<...<0	0<...<1	-∞<...<0	0>.

Einige Funktionswerte:

α	d.h. x =	sin	cos	tan	cot
0°	0	0	1	0	-
30°	$\frac{\pi}{6}$	$\frac{1}{2}$	$\frac{1}{2}\sqrt{3}$	$\frac{1}{3}\sqrt{3}$	$\sqrt{3}$
45°	$\frac{\pi}{4}$	$\frac{1}{2}\sqrt{2}$	$\frac{1}{2}\sqrt{2}$	1	1
60°	$\frac{\pi}{3}$	$\frac{1}{2}\sqrt{3}$	$\frac{1}{2}$	$\sqrt{3}$	$\frac{1}{3}\sqrt{3}$
90°	$\frac{\pi}{2}$	1	0	-	0
120°	$\frac{2\pi}{3}$	$\frac{1}{2}\sqrt{3}$	$-\frac{1}{2}$	$-\sqrt{3}$	$-\frac{1}{3}\sqrt{3}$
135°	$\frac{3\pi}{4}$	$\frac{1}{2}\sqrt{2}$	$-\frac{1}{2}\sqrt{2}$	-1	-1
150°	$\frac{5\pi}{6}$	$\frac{1}{2}$	$-\frac{1}{2}\sqrt{3}$	$-\frac{1}{3}\sqrt{3}$	$-\sqrt{3}$
180°	π	0	-1	0	-

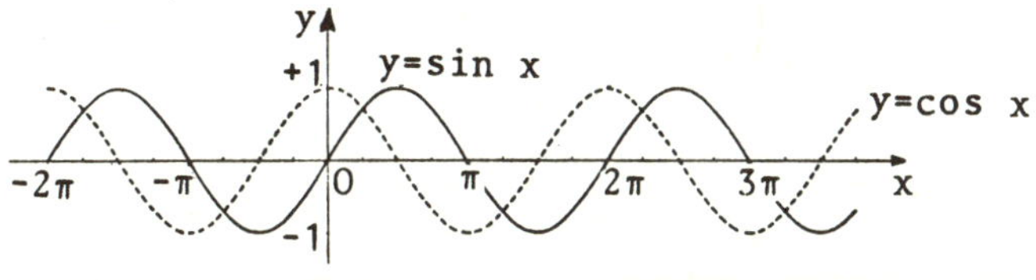

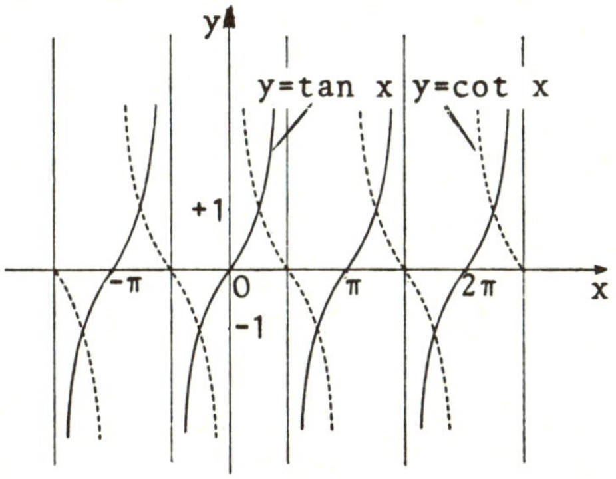

Periodizitätseigenschaften:

$\sin(x + k2\pi) = \sin(x + k\,360^{o}) = \sin x \quad (k \in \mathbb{Z});$

$\cos(x + k2\pi) = \cos x \quad (k \in \mathbb{Z});$

$\tan(x + k\pi) = \tan x \quad (k \in \mathbb{Z};\ x \in D_f);$

$\cot(x + k\pi) = \cot x \quad (k \in \mathbb{Z};\ x \in D_f).$

Weitere wichtige Formeln:

$\sin(-x) = -\sin x$ (sin ist ungerade Funktion);

$\cos(-x) = \cos x$ (cos ist gerade Funktion);

$\tan(-x) = -\tan x$ (tan ist ungerade Funktion);

$\cot(-x) = -\cot x$ (cot ist ungerade Funktion).

$\sin(\frac{\pi}{2} - x) = \sin(90^{o} - x) = \sin(\frac{\pi}{2} + x) = \sin(90^{o} + x) = \cos$

$\cos(\frac{\pi}{2} - x) = -\cos(\frac{\pi}{2} + x) = \sin x;$

$\tan(\frac{\pi}{2} - x) = -\tan(\frac{\pi}{2} + x) = \cot x;$

$\cot(\frac{\pi}{2} - x) = -\cot(\frac{\pi}{2} + x) = \tan x.$

Beziehungen zwischen den Funktionen:

$\sin^2 x + \cos^2 x = 1;$

$\frac{\sin x}{\cos x} = \tan x \quad (x \neq (2k+1)\frac{\pi}{2}); \quad \frac{\cos x}{\sin x} = \cot x \quad (x \neq k\pi);$

$\tan x \cdot \cot x = 1 \quad (x \neq k\,\frac{\pi}{2}).$

Additionstheoreme:

$\sin(u \pm v) = \sin u \cos v \pm \cos u \sin v;$

$\cos(u \pm v) = \cos u \cos v \mp \sin u \sin v;$

$\tan(u \pm v) = \dfrac{\tan u \pm \tan v}{1 \mp \tan u \tan v} \quad (u, v, u \pm v \neq (2k+1)\frac{\pi}{2});$

$\sin 2u = 2 \sin u \cos u;$

$\cos 2u = \cos^2 u - \sin^2 u = 2 \cos^2 u - 1 = 1 - 2 \sin^2 u$;

$\sin 3x = 3 \sin x - 4 \sin^3 x$;

$\cos 3x = 4 \cos^3 x - 3 \cos x$;

$\sin \frac{x}{2} = \pm\sqrt{\frac{1 - \cos x}{2}}$; $\cos \frac{x}{2} = \pm\sqrt{\frac{1 + \cos x}{2}}$;

$\tan \frac{x}{2} = \frac{\sin x}{1 + \cos x}$ $(x \neq (2k+1)\pi)$;

$\sin u + \sin v = 2 \sin \frac{u+v}{2} \cos \frac{u-v}{2}$;

$\sin u - \sin v = 2 \cos \frac{u+v}{2} \sin \frac{u-v}{2}$;

$\cos u + \cos v = 2 \cos \frac{u+v}{2} \cos \frac{u-v}{2}$;

$\cos u - \cos v = -2 \sin \frac{u+v}{2} \sin \frac{u-v}{2}$;

$\tan u \pm \tan v = \frac{\sin(u \pm v)}{\cos u \cos v}$ $(u,v \neq (2k+1)\frac{\pi}{2})$;

$\sin u \sin v = \frac{1}{2}(\cos(u-v) - \cos(u+v))$;

$\cos u \cos v = \frac{1}{2}(\cos(u-v) + \cos(u+v))$;

$\sin u \cos v = \frac{1}{2}(\sin(u-v) + \sin(u+v))$.

Die Funktion $f\colon \mathbb{R} \to \mathbb{R}$, die definiert ist durch $f(x) = a \sin(\lambda x + \varphi)$ ($a > 0$, λ, φ Konstanten $\in \mathbb{R}$; $\lambda \neq 0$), beschreibt eine einfache Sinusschwingung. a heißt die Amplitude, λ die Kreisfrequenz, φ die Anfangsphase;

$\frac{2\pi}{|\lambda|}$ heißt Periode oder Wellenlänge.

Die Periodizitätseigenschaft lautet nun

$\sin \lambda(x + \frac{2\pi}{\lambda} k) = \sin \lambda x$ $(k \in \mathbb{Z})$.

Entsprechendes gilt für die Funktion cos.

Es läßt sich schreiben

$a \sin \lambda x + b \cos \lambda x = \sqrt{a^2+b^2} \sin(\lambda x+\varphi)$,

wobei φ aus $\frac{a}{\sqrt{a^2+b^2}} = \sin \varphi$ bestimmt ist.

Weitere Formeln:

$$\sum_{j=1}^{n} \sin jx = \frac{\sin \frac{nx}{2} \sin \frac{(n+1)x}{2}}{\sin \frac{x}{2}} \quad (x \neq 2k\pi);$$

$$\sum_{j=1}^{n} \cos jx = \frac{\cos \frac{nx}{2} \sin \frac{(n+1)x}{2}}{\sin \frac{x}{2}} - 1 \quad (x \neq 2k\pi).$$

Reihenentwicklungen trigonometrischer Funktionen siehe 5.5.

Für die Funktionen sin und cos gelten folgende Orthogonalitätseigenschaften ($m,n \in \mathbb{Z}$):

$$\int_0^{2\pi} \sin mx \sin nx \, dx = \begin{cases} 0 & \text{für } m \neq n \\ 0 & \text{für } m = n = 0 \\ \pi & \text{für } m = n \neq 0; \end{cases}$$

$$\int_0^{2\pi} \cos mx \cos nx \, dx = \begin{cases} 0 & \text{für } m \neq n \\ 2\pi & \text{für } m = n = 0 \\ \pi & \text{für } m = n \neq 0; \end{cases}$$

$$\int_0^{2\pi} \sin mx \cos nx \, dx = 0.$$

5.3.5. Die Umkehrfunktionen der trigonometrischen Funktionen

Für $-\frac{\pi}{2} \leq x \leq \frac{\pi}{2}$ ist die Funktion sin streng monoton und besitzt eine Umkehrfunktion $f^{-1} = \sin^{-1} =: \arcsin$.

Es ist $D_{\arcsin} = [-1, 1]$ und $W_{\arcsin} = [-\frac{\pi}{2}, \frac{\pi}{2}]$.

Ebenso besitzt die Funktion tan in $]-\frac{\pi}{2}, \frac{\pi}{2}[$ die Umkehrfunkt arctan mit $D_{\arctan} =]-\infty, \infty[$ und $W_{\arctan} =]-\frac{\pi}{2}, \frac{\pi}{2}[$.

Die Funktionen cos und cot sind in $[0,\pi]$ bzw. $]0,\pi[$ streng monoton und besitzen daher Umkehrfunktionen arccos und arccot mit

$D_{arccos} = [-1,1]$ und $W_{arccos} = [0,\pi]$ bzw.

$D_{arccot} =]-\infty,\infty[$ und $W_{arccot} =]0,\pi[$.

5.3.6. Sinussatz und Kosinussatz

Für ein beliebiges Dreieck mit den Seitenlängen a,b,c und den Winkeln α,β,γ (Figur) gilt

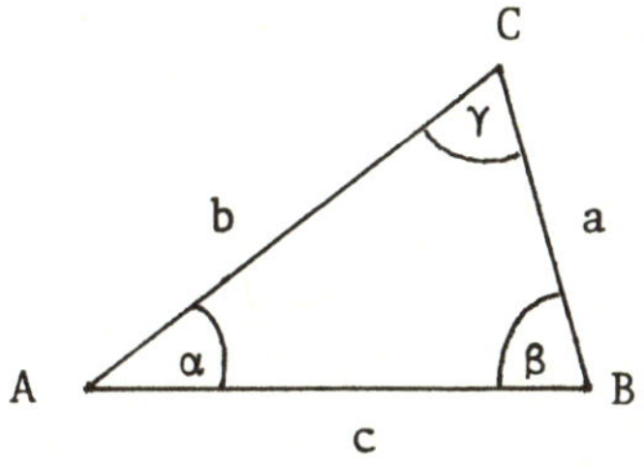

$$\frac{a}{\sin\alpha} = \frac{b}{\sin\beta} = \frac{c}{\sin\gamma} \quad \text{(Sinussatz);}$$

$$a^2 = b^2 + c^2 - 2bc\cos\alpha \quad \text{(Kosinussatz).}$$

5.3.7. Die Hyperbelfunktionen

Def.: $\frac{e^x - e^{-x}}{2} =: \sinh x$ hyperbolischer Sinus;

$D_{sinh} = \mathbb{R}$; $W_{sinh} = \mathbb{R}$;

$\frac{e^x + e^{-x}}{2} =: \cosh x$ hyperbolischer Kosinus;

$D_{cosh} = \mathbb{R}$; $W_{cosh} = [1,\infty[$;

$\frac{\sinh x}{\cosh x} =: \tanh x$ hyperbolischer Tangens;

$D_{tanh} = \mathbb{R}$; $W_{tanh} =]-1,1[$;

$\frac{\cosh x}{\sinh x}$ =: coth x hyperbolischer Kotangens;

$D_{coth} = \mathbb{R} \setminus \{0\}$; $W_{coth} =]-\infty,-1[\cup]1,\infty[$.

Es gilt $(\cosh x)^2 - (\sinh x)^2 = 1$.

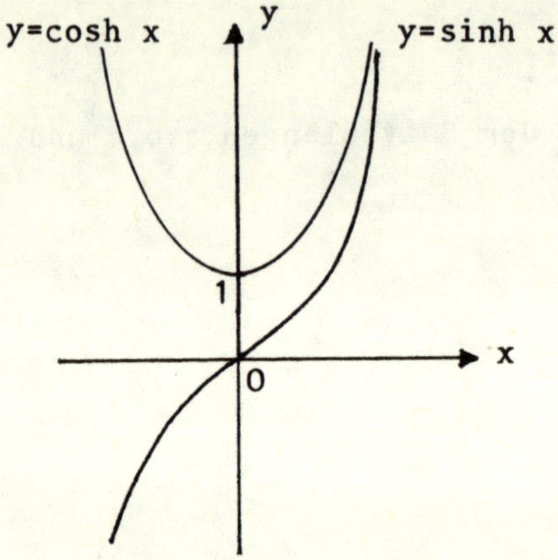

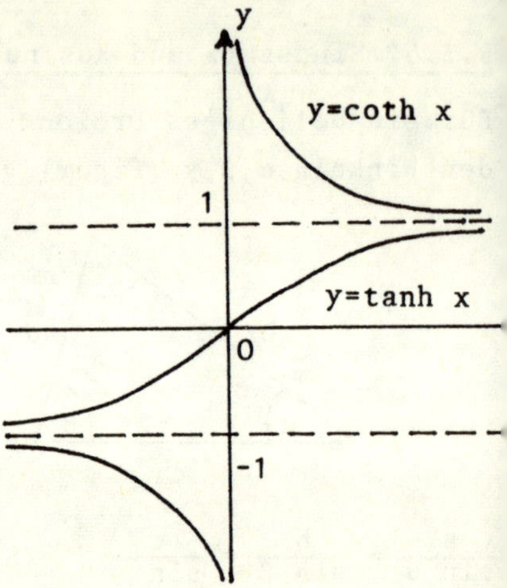

5.3.8. Die Umkehrfunktionen der Hyperbelfunktionen

Die Funktionen sinh, tanh und coth sind in ihrem Definitionsbereich injektiv und besitzen daher Umkehrfunktionen.

Es ist

$(\sinh)^{-1}$ =: arsinh (Areasinus) mit dem Definitionsbereich $D = \mathbb{R}$ und dem Wertebereich $W = \mathbb{R}$;

$(\tanh)^{-1}$ =: artanh (Areatangens) mit $D =]-1,1[$ und $W = \mathbb{R}$;

$(\coth)^{-1}$ =: arcoth (Areakotangens) mit $D =]-\infty,-1[\cup]1,\infty[$ und $W = \mathbb{R} \setminus \{0\}$.

Die Funktion cosh ist in $[0,\infty[$ streng monoton und besitzt dort die Umkehrfunktion

$(\cosh)^{-1}$ =: arcosh (Areakosinus) mit $D = [1,\infty[$ und $W = [0,\infty$

Die Graphen dieser Funktionen erhält man aus denjenigen der Hyperbelfunktionen durch Spiegelung an der Winkelhalbierenden des 1. Quadranten.

Es gilt weiter

$\operatorname{arsinh} x = \ln(x + \sqrt{x^2+1})$;

$\operatorname{arcosh} x = \ln(x + \sqrt{x^2-1}) \quad (|x| \geq 1)$;

$\operatorname{artanh} x = \frac{1}{2} \ln \frac{1+x}{1-x} \quad (|x| < 1)$;

$\operatorname{arcoth} x = \frac{1}{2} \ln \frac{x+1}{x-1} \quad (|x| > 1)$.

5.3.9. Spline-Funktionen

Def.: Sei $[a,b] \subset \mathbb{R}$ ein Intervall und $a = x_0 < x_1 < \ldots < x_n = b$ ($n \geq 1$) eine Unterteilung des Intervalls. Eine Funktion $f: [a,b] \to \mathbb{R}$ heißt (kubische) Spline-Funktion [1] über $[a,b]$ bezüglich der Unterteilung $a = x_0 < x_1 < \ldots < x_n = b$, wenn f folgende Bedingungen erfüllt:

(i) f ist in $[a,b]$ zweimal stetig differenzierbar [2];

(ii) in jedem Teilintervall $[x_j, x_{j+1}]$ $(j=0,\ldots,n-1)$ ist f ein Polynom höchstens 3. Grades.

Bedingung (ii) läßt sich mit der vierten Ableitung von f auch schreiben als

$$f^4(x) = \frac{d^4 f(x)}{dx^4} = 0 \quad \text{für alle } x \in [a,b] \setminus \{x_i \mid i=0,1,\ldots,n\}.$$

Kommt zu den Bedingungen (i) und (ii) noch

(iii) $f''(a) = f''(b) = 0$

hinzu, so spricht man von einer natürlichen Spline-Funktion.

1) Spline-Funktion 3. Grades.

2) In den Randpunkten als einseitige Differenzierbarkeit zu verstehen.

Analog werden Spline-Funktionen m-ten Grades eingeführt, w in (ii) Polynome höchstens m-ten Grades benutzt werden.

5.4. Integralrechnung

5.4.1. Das unbestimmte Integral - Stammfunktion

Def.: Eine in einem Intervall I differenzierbare Funktion F heißt Stammfunktion (oder ein unbestimmtes Integral) zur Funktion f im Intervall I, wenn $F'(x) = f(x)$ gilt für alle $x \in I$.

Zwei Stammfunktionen F und F_1 zur Funktion f (in I) unterscheiden sich nur in einer additiven Konstanten; also $F(x) = F_1(x) + c$ für alle $x \in I$ $(c \in \mathbb{R})$.

Jede in I stetige Funktion f besitzt eine Stammfunktion F.

Def.: Die Menge aller Stammfunktionen zu f in I heißt das unbestimmte Integral von f in I. Schreibweise: $\int f(x)dx$.

Man schreibt für eine Stammfunktion F von f auch $F(x) = \int f(x)dx + c$ (c heißt Integrationskonstante) [1].

Regeln zur Bestimmung von Stammfunktionen (Umkehrung von Differentiationsregeln) [2]:

$\int (u+v)(x)dx = \int (u(x) + v(x))dx = \int u(x)dx + \int v(x)dx$;

$\int af(x)dx = a\int f(x)dx$ (a=konst.);

Integration durch eine Substitution $x = u(t)$ [3]:

$\int f(x)dx = \int f(u(t))u'(t)dt$, wobei auf der rechten Seite mit $t = u^{-1}(x)$ die Substitution wieder rückgängig zu machen ist.

Folgt $\int f(a+bx)dx = \frac{1}{b} F(a+bx)$ $(b \neq 0$; F Stammfunktion von f

1) Genauer: $\int f(x)dx = \{F|F'=f\} = \{F_0 + c|c \in \mathbb{R}\}$ $(F_0' = f)$.
2) Auf die Integrationskonstanten wird verzichtet.
3) Die Umkehrfunktion $t = u^{-1}(x)$ soll existieren.

Beispiele: 1) $\int (a + bx)^n dx \quad (b \neq 0)$;

Substitution $x = \frac{t-a}{b}$; $\Longrightarrow t = a + bx$;

$$\int (a + bx)^n dx = \int t^n \frac{1}{b}\, dt = \frac{1}{b}\, \frac{t^{n+1}}{n+1} = \frac{1}{b(n+1)}\, (a + bx)^{n+1}.$$

2) $\int \frac{e^x-1}{e^x+1}\, dx$;

Substitution $x = \ln t$; $\Longrightarrow t = e^x \quad (t > 0)$;

$$\int \frac{e^x-1}{e^x+1}\, dx = \int \frac{t-1}{t+1} \cdot \frac{1}{t}\, dt = \int \left(\frac{2}{t+1} - \frac{1}{t}\right) dt =$$

$$= 2 \ln(t+1) - \ln t = 2 \ln(e^x+1) - x.$$

3) $\int \frac{dx}{\sqrt{1+x^2}^3}$;

Substitution $x = \tan t$; $\Longrightarrow t = \arctan x \quad (-\frac{\pi}{2} < t < \frac{\pi}{2})$;

$$\int \frac{dx}{\sqrt{1+x^2}^3} = \int \frac{1}{\sqrt{1+\tan^2 t}^3} \cdot \frac{1}{\cos^2 t}\, dt = \int \frac{1}{\sqrt{\frac{1}{\cos^2 t}}^3}\, \frac{1}{\cos^2 t}\, dt =$$

$$= \int \cos t\, dt = \sin t = \frac{\sin t}{\cos t} \cdot \frac{\cos t}{1} = \frac{\sin t}{\cos t} \cdot \sqrt{\frac{\cos^2 t}{\sin^2 t + \cos^2 t}} =$$

$$= \tan t \cdot \sqrt{\frac{1}{\tan^2 t + 1}} = \frac{x}{\sqrt{1+x^2}}.$$

Partielle Integration:

$$\int u'(x)v(x)dx = u(x)v(x) - \int u(x)v'(x)dx.$$

Weiter gilt

$$\int f'(x)g'(f(x))dx = g(f(x));$$

also z.B. $\int \frac{f'(x)}{f(x)}\, dx = \ln|f(x)| \quad (f(x) \neq 0)$;

$$\int f'(x)(f(x))^n dx = \frac{(f(x))^{n+1}}{n+1} \quad (n \in \mathbb{Z};\ n \neq -1;\ f(x) \neq 0 \text{ für } n < -1).$$

Spezielle unbestimmte Integrale:

$\int x^n dx = \frac{x^{n+1}}{n+1}$ $(n \in \mathbb{Z};\ n \neq -1;\ x \neq 0$ für $n < -1)$;

$\int x^\alpha dx = \frac{x^{\alpha+1}}{\alpha+1}$ $(\alpha \in \mathbb{R};\ \alpha \neq -1;\ x > 0)$;

$\int x^{-1} dx = \int \frac{1}{x}\, dx = \ln|x|$ $(x \neq 0)$;

$\int e^x dx = e^x$;

$\int a^x dx = \frac{a^x}{\ln a}$ $(a > 0;\ a \neq 1)$;

$\int \ln x\, dx = x \ln x - x$ $(x > 0)$;

$\int \log_a x\, dx = \frac{x \ln x - x}{\ln a}$ $(x > 0;\ a > 0;\ a \neq 1)$;

$\int \sin x\, dx = -\cos x$;

$\int \cos x\, dx = \sin x$;

$\int \tan x\, dx = -\ln|\cos x|$ $(x \neq \frac{2k+1}{2}\pi;\ k \in \mathbb{Z})$;

$\int \cot x\, dx = \ln|\sin x|$ $(x \neq k\pi;\ k \in \mathbb{Z})$;

$\int \frac{1}{\cos^2 x}\, dx = \tan x$ $(x \neq \frac{2k+1}{2}\pi;\ k \in \mathbb{Z})$;

$\int \frac{1}{\sin^2 x}\, dx = -\cot x$ $(x \neq k\pi;\ k \in \mathbb{Z})$;

$\int \frac{dx}{1+x^2} = \arctan x$;

$\int \frac{dx}{a^2-x^2} = \frac{1}{2a} \ln \frac{a+x}{a-x}$ $(|x| < |a|)$;

$\int \frac{dx}{x^2-a^2} = \frac{1}{2a} \ln \frac{x-a}{x+a}$ $(|x| > |a|)$;

$\int \frac{dx}{\sqrt{1-x^2}} = \arcsin x$ $(|x| < 1)$;

$\int \frac{dx}{\sqrt{x^2+a^2}} = \ln|x + \sqrt{x^2+a^2}|$;

$\int \frac{dx}{\sqrt{x^2-a^2}} = \ln|x + \sqrt{x^2-a^2}|$ $(|x| > |a|)$;

$\int \sinh x \, dx = \cosh x;$

$\int \cosh x \, dx = \sinh x;$

$\int \frac{1}{\cosh^2 x} dx = \tanh x;$

$\int \frac{1}{\sinh^2 x} dx = -\coth x;$

Einige weitere Formeln ($a,b \in \mathbb{R}$):

$\int (ax+b)^n dx = \frac{1}{a(n+1)} (ax+b)^{n+1}$ ($n \in \mathbb{Z}$; $n \neq -1$; $x \neq -\frac{b}{a}$ für $n < -1$; $a \neq 0$);

$\int (ax+b)^{-1} dx = \frac{1}{a} \ln|ax+b|$ ($x \neq -\frac{b}{a}$; $a \neq 0$);

$\int e^{ax+b} dx = \frac{1}{a} e^{ax+b}$ ($a \neq 0$);

$\int \sqrt{a^2-x^2} \, dx = \frac{1}{2} (x \sqrt{a^2-x^2} + a^2 \arcsin \frac{x}{a})$ ($|x| \leq |a|$; $a \neq 0$);

$\int \sqrt{a^2+x^2} \, dx = \frac{1}{2} (x \sqrt{a^2+x^2} + a^2 \operatorname{arsinh} \frac{x}{a})$ ($a \neq 0$);

$\int \frac{1}{x-a} dx = \ln|x-a|$ ($x \neq a$);

$\int \frac{1}{(x-a)^n} dx = -\frac{1}{n-1} \frac{1}{(x-a)^{n-1}}$ ($x \neq a$; $1 < n \in \mathbb{N}$);

$\int \frac{1}{(x-a)(x-b)} dx = \frac{1}{a-b} \ln\left|\frac{x-a}{x-b}\right|$ ($a \neq b$; $x \neq a$; $x \neq b$);

$\int \sqrt{x^2-a^2} \, dx = \frac{x}{2}\sqrt{x^2-a^2} - \frac{a^2}{2} \ln|x + \sqrt{x^2-a^2}|;$

$\int \sqrt{a^2-x^2} \, dx = \frac{x}{2}\sqrt{a^2-x^2} + \frac{a^2}{2} \arcsin \frac{x}{a}$ ($a \neq 0$);

$\int \sqrt{x^2+a^2} \, dx = \frac{x}{2}\sqrt{x^2+a^2} + \frac{a^2}{2} \ln|x + \sqrt{a^2+x^2}|.$

5.4.2. Das bestimmte Integral

Sei $f: D_f \to \mathbb{R}$ eine Funktion mit $D_f \subseteq \mathbb{R}$ und $[a,b]$ ein Intervall $\subseteq D_f$, auf dem f beschränkt ist.

<u>Def.</u>: Durch die Teilpunkte $a = x_0 < x_1 < x_2 < \ldots < x_{n-1} <$ entsteht eine Zerlegung Z von [a,b]. Mit m_j wird das Infimu und mit M_j das Supremum der Funktion f im Teilintervall $[x_{j-1},x_j]$ bezeichnet (j=1,2,...,n). Dann heißt

$$U_Z := \sum_{j=1}^{n} (x_j - x_{j-1})m_j \text{ Untersumme und}$$

$$O_Z := \sum_{j=1}^{n} (x_j - x_{j-1})M_j \text{ Obersumme}$$

von f bei der obigen Zerlegung Z. Weiter werde mit d_Z die Maximallänge der einzelnen Teilintervalle $[x_{j-1},x_j]$ bezeichnet, also $d_Z = \max_{j=1,2,\ldots,n} (x_j - x_{j-1})$. Wenn nun die Grenzwerte

$$\lim_{d_Z\to 0} U_Z \text{ und } \lim_{d_Z\to 0} O_Z \quad (\text{mit } d_Z \to 0 \text{ folgt } n \to \infty)$$

für jede hierbei zulässige Folge [1] von Zerlegungen Z des Intervalls [a,b] existieren und gleich sind, heißt die Funk tion f über [a,b] <u>integrierbar</u> [2] und dieser gemeinsame Grenzwert das <u>bestimmte Integral</u> der Funktion f über [a,b]. Man schreibt für diesen gemeinsamen Grenzwert $\int_a^b f(x)dx$. Auch die Schreibweisen $\int_{[a,b]} f(x)dx$ oder $\int_M f(x)dx$ mit M = [a,b] sind g bräuchlich.

Jede in [a,b] stetige,

jede in [a,b] beschränkte Funktion, die in [a,b] nur eine endliche Anzahl von Unstetigkeitsstellen besitzt, und

jede in [a,b] monotone Funktion ist über [a,b] integrierbar

Wird die Funktion f an endlich vielen Stellen abgeändert, s hat dies keinen Einfluß auf das Integral.

1) Eine Folge von Zerlegungen Z heißt zulässig, wenn die zu gehörige Folge der Maximallängen d_Z gegen 0 konvergiert.
2) Genauer: Riemann-integrierbar.

Ist f über [a,b] integrierbar, so gilt auch für jede Zwischensumme $S_Z := \sum_{j=1}^{n} (x_j - x_{j-1}) f(\xi_j)$ mit $\xi_j \in [x_{j-1}, x_j]$, daß

$$\lim_{d_Z \to 0} S_Z = \int_a^b f(x)dx$$

ist für jede zulässige Folge von Zerlegungen Z.

Geometrische Deutung von $\int_a^b f(x)dx$: Fläche zwischen dem Graphen von f und der x-Achse zwischen a und b (Figur). Dabei werden

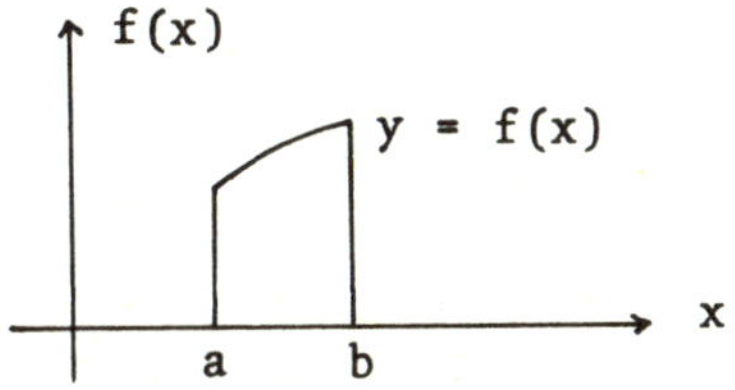

(a < b)

Flächen oberhalb der x-Achse positiv, Flächen unterhalb der x-Achse negativ gezählt.

Es gilt $\int_a^b f(x)dx = \int_a^b f(t)dt = \int_a^b f(\xi)d\xi$.

Man setzt $\int_a^a f(x)dx = 0$ und $\int_b^a f(x)dx = -\int_a^b f(x)dx$.

Eigenschaften:

(1) $\int_a^b f(x)dx + \int_b^c f(x)dx = \int_a^c f(x)dx$;

(2) $c \int_a^b f(x)dx = \int_a^b cf(x)dx$ (c Konstante);

(3) $\int_a^b (f(x) + g(x))dx = \int_a^b f(x)dx + \int_a^b g(x)dx$ [1].

(4) Mittelwertsatz der Integralrechnung: Sei f stetig in $[a,b]$; dann gibt es ein $\hat{x} \in]a,b[$ mit $\int_a^b f(x)dx = (b-a)f(\hat{x})$.

Andere Schreibweise:

$$\int_a^b f(x)dx = (b-a)f(a + \vartheta(b-a)) \text{ mit } 0 < \vartheta < 1.$$

(4') Verallgemeinerter Mittelwertsatz der Integralrechnung:

Seien f und g stetig in $[a,b]$ und $g(x) \geq 0$ für alle $x \in [a,b$
Dann gibt es ein $\hat{x} \in [a,b]$ mit $\int_a^b f(x)g(x)\,dx = f(\hat{x})\int_a^b g(x)dx$.

(5) Abschätzung von Integralen:

$$\left|\int_a^b f(x)dx\right| \leq \int_a^b |f(x)|dx.$$

Ist $f(x) \leq g(x)$ für alle $x \in [a,b]$ und sind f und g integrierbar über $[a,b]$, so gilt

$$\int_a^b f(x)dx \leq \int_a^b g(x)dx.$$

(6) Hauptsatz der Differential- und Integralrechnung: Sei f über $[a,b]$ integrierbar. Dann gilt

$$\int_a^b f(x)dx = F(b) - F(a) =: [F(x)]_a^b =: F(x)\Big|_a^b ,$$

wenn F eine Stammfunktion von f in $[a,b]$ ist.

(7) Integrale mit variabler Grenze: Sei f in $]a,b[$ stetig und $x \in]a,b[$.

Dann wird eine Funktion F definiert durch $F(x) = \int_a^x f(t)dt$, u
es gilt $F'(x) = f(x)$ für alle $x \in]a,b[$. Somit ist F eine Stammfunktion zu f in $]a,b[$.

---

1) Falls die Integrale auf der rechten Seite existieren.

(8) Seien $u: D_u \to W$ und $v: D_v \to W$ zwei Funktionen, die in dem Intervall $]a,b[$ differenzierbar sind; für die Funktion $f: \{(t,x) \mid t \in W;\ x \in]a,b[\} \to \mathbb{R}$ sei in $]a,b[$ die partielle Ableitung $f_x = \frac{\partial f}{\partial x}$ stetig. Dann ist das <u>Parameterintegral</u> als Funktion $F:]a,b[\to \mathbb{R}$ mit $F(x) = \int_{u(x)}^{v(x)} f(t,x)dt$ in $]a,b[$ differenzierbar und hat die Ableitung

$$\frac{dF(x)}{dx} = f(v(x),x)v'(x) - f(u(x),x)u'(x) + \int_{u(x)}^{v(x)} f_x(t,x)dt.$$

(8') Spezialfall: Für $u(x) = a$ und $v(x) = b$ erhält man

$$\frac{d}{dx} \int_a^b f(t,x)dt = \int_a^b f_x(t,x)dt.$$

(9) Partielle Integration: $\int_a^b u'(x)\ v(x)dx =$

$$= u(x)\ v(x)\Big|_a^b - \int_a^b u(x)v'(x)dx.$$

(10) Integration durch eine Substitution $x = u(t)$: [1)]

$$\int_a^b f(x)dx = \int_\alpha^\beta f(u(t))u'(t)dt \text{ mit } \alpha = u^{-1}(a),\ \beta = u^{-1}(b).$$

(11) Ist die Funktionenfolge $(f_j)_{j=1}^{\infty}$ auf der Menge A gegen die Grenzfunktion f gleichmäßig konvergent und sind die Funktionen f_j über $[a,b] \subseteq A$ integrierbar, so ist auch f über $[a,b]$ integrierbar, und es gilt

$$\lim_{j\to\infty} \int_a^b f_j(x)dx = \int_a^b f(x)dx.$$

Sonderfall:

(12) Ist $\sum_{j=0}^{\infty} f_j(x)$ für alle $x \in A$ gleichmäßig konvergent

und sind die Funktionen f_j über $[a,b] \subseteq A$ integrierbar, so gilt

1) Die Umkehrfunktion $t = u^{-1}(x)$ soll existieren.

$$\sum_{j=0}^{\infty} \int_a^b f_j(x)dx = \int_a^b \sum_{j=0}^{\infty} f_j(x)dx$$

(Integration einer unendlichen Reihe).

Bemerkung: Wendet man z.B. die Regel (3) oder (10) auf uneigentliche Integrale an, dann muß jedes einzelne uneigentliche Integral existieren.

Beispiele für spezielle bestimmte Integrale:

$$\int_0^{2\pi} \sin x\, dx = \int_0^{2\pi} \cos x\, dx = 0;$$

$$\int_0^{2\pi} \sin x \cos x\, dx = 0;$$

$$\int_0^{2\pi} \sin^2 x\, dx = \int_0^{2\pi} \cos^2 x\, dx = \pi.$$

5.4.3. Uneigentliche Integrale

Def.: Man setzt [1)]

a) $\int_a^{\infty} f(x)dx := \lim_{b\to\infty} \int_a^b f(x)dx;$

b) $\int_{-\infty}^{b} f(x)dx := \lim_{a\to-\infty} \int_a^b f(x)dx;$

c) $\int_{-\infty}^{+\infty} f(x)dx := \int_{-\infty}^{c} f(x)dx + \int_c^{\infty} f(x)dx$ $\quad$ ($c \in \mathbb{R}$ beliebig);

1) Die betreffenden Grenzwerte rechts müssen existieren; andernfalls existiert das betreffende uneigentliche Integral nicht (d.h. das uneigentliche Integral konvergiert nicht, das uneigentliche Integral divergiert).

d) gilt $\lim_{x \to b^-} f(x) = \infty$, dann $\int_a^b f(x)dx := \lim_{b^* \to b^-} \int_a^{b^*} f(x)dx$;

analog für $\lim_{x \to a^+} f(x) = \infty$ oder wenn der Grenzwert $-\infty$ ist.

<u>Def.</u>: $\lim_{a \to \infty} \int_{-a}^{a} f(x)dx$ heißt <u>Cauchyscher Hauptwert</u> des uneigentlichen Integrals $\int_{-\infty}^{+\infty} f(x)dx$, falls dieser Grenzwert existiert.

<u>Def.</u>: $\int_a^\infty f(x)dx$ heißt <u>absolut konvergent</u>, wenn $\int_a^\infty |f(x)|dx$ existiert.

Entsprechend für $\int_{-\infty}^{b} \ldots$ und $\int_{-\infty}^{+\infty} \ldots$

Beispiele für uneigentliche Integrale:

Es ist $\int_0^\infty e^{-x^2} dx = \frac{\sqrt{\pi}}{2}$; $\longrightarrow$ $\int_{-\infty}^{\infty} e^{-x^2} dx = \sqrt{\pi}$.

<u>Die Gammafunktion</u> $\Gamma: \mathbb{R}^+ \to \mathbb{R}$

<u>Def.</u>: $\Gamma(x) := \int_0^\infty t^{x-1} e^{-t} dt$ definiert für alle $x \in \mathbb{R}^+$ (Eulersche Definition).

Eigenschaften:

$\Gamma(n+1) = n!$ $(n \in \mathbb{N}_0)$; speziell $\Gamma(1) = 1$; $\Gamma(2) = 1$;

$\Gamma(n+\frac{1}{2}) = \frac{(2n)!\sqrt{\pi}}{n!2^{2n}} = \frac{1 \cdot 3 \cdot 5 \ldots (2n-1)}{2^n} \sqrt{\pi}$ $(n \in \mathbb{N}_0)$;

speziell $\Gamma(\frac{1}{2}) = \sqrt{\pi}$.

Funktionalgleichung der Γ-Funktion:

$\Gamma(x+1) = x\Gamma(x)$ für alle $x \in \mathbb{R}^+$.

Die Γ-Funktion ist beliebig oft differenzierbar; die r-te Ableitung lautet

$$\Gamma^{(r)}(x) = \int_0^\infty e^{-t} t^{x-1} (\ln t)^r dt.$$

Graph der Γ-Funktion:

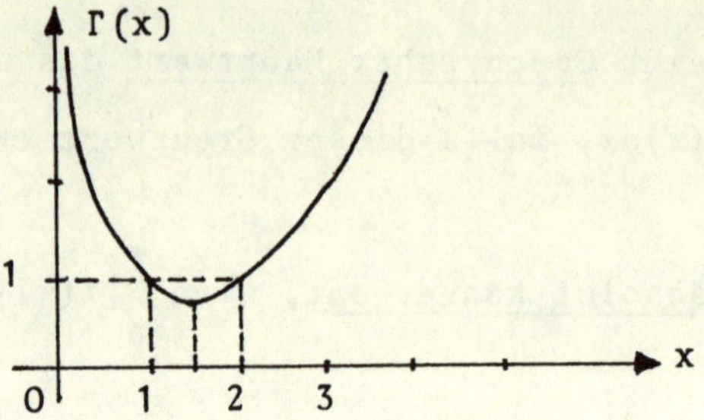

Γ(x) hat ein Minimum für $x = \frac{3}{2}$; $\Gamma(\frac{3}{2}) = \frac{\sqrt{\pi}}{2}$.

Unvollständige Gammafunktion $\Gamma_T: \mathbb{R}^+ \to \mathbb{R}$

<u>Def.</u>: $\Gamma_T(x) := \int_0^T t^{x-1} e^{-t} dt \quad (x, T \in \mathbb{R}^+)$.

<u>Die Betafunktion</u> $B: \mathbb{R}^+ \times \mathbb{R}^+ \to \mathbb{R}^2$

<u>Def.</u>: $B(x,y) := \int_0^1 t^{x-1}(1-t)^{y-1} dt$ definiert für alle $x,y \in \mathbb{R}^+$

Eigenschaften:

$B(x,y) = B(y,x)$;

$B(x,y) = \frac{y-1}{x+y-1} B(x,y-1)$;

$B(x,y) = \int_0^\infty \frac{t^{x-1}}{(1+t)^{x+y}} dt$;

Zusammenhang mit der Γ-Funktion: $B(x,y) = \frac{\Gamma(x)\Gamma(y)}{\Gamma(x+y)}$;

Folgerung:

$B(1,1) = 1$; $B(\frac{1}{2},\frac{1}{2}) = \pi$.

Unvollständige Betafunktion B_T: $\mathbb{R}^+ \times \mathbb{R}^+ \to \mathbb{R}^2$

Def.: $B_T(x,y) := \int_0^T t^{x-1}(1-t)^{y-1}dt \quad (x,y,T \in \mathbb{R}^+)$.

Für $T = 1 \Longrightarrow B_1(x,y) = B(x,y)$.

5.4.4. Das Stieltjes-Integral

Sei F eine Funktion mit F: $D_F \to \mathbb{R}$ und $[a,b]$ ein Intervall $\subseteq D_f$. Durch die Teilpunkte $a = x_0 < x_1 < x_2 < \ldots < x_{n-1} < x_n = b$ entsteht eine Zerlegung Z von $[a,b]$. Weiter sei

$$T_Z := \sum_{j=1}^{n} |F(x_j) - F(x_{j-1})|.$$

Def.: $V(F) := \sup_Z\{T_Z\}$ (wobei das Supremum über alle möglichen Zerlegungen Z von $[a,b]$ zu bilden ist) heißt die totale Variation von F im Intervall $[a,b]$.

Def.: Wenn $V(F) < \infty$ ist, heißt F im Intervall $[a,b]$ von endlicher Variation.

Es gilt: Jede Verteilungsfunktion F ist in jedem Intervall $\subset \mathbb{R}$ von endlicher Variation.

Def.: Seien F und f Funktionen mit F: $D_F \to \mathbb{R}$ und f: $D_f \to \mathbb{R}$. Sei F von endlicher Variation und rechtsseitig stetig in einem Intervall $[a,b]$ sowie f stetig in $[a,b]$.

Für eine Zerlegung Z von $[a,b]$ sei weiter d_Z die Maximallänge der einzelnen Teilintervalle $[x_{j-1},x_j]$, also $d_Z = $
$= \max_{j=1,\ldots,n} (x_j - x_{j-1})$.

Sei schließlich $\xi_j \in \,]x_{j-1},x_j]$ $(j=1,2,\ldots,n)$ und

$$S_Z := \sum_{j=1}^{n} f(\xi_j)(F(x_j) - F(x_{j-1})).$$

Wenn $\lim_{d_Z \to 0} S_Z =: I$ existiert für jede Folge von hierbei zulässigen Zerlegungen Z des Intervalls [a,b] und von Z und von der Wahl der ξ_j unabhängig ist, heißt f über [a,b] nach der Funktion F Stieltjes-integrierbar und dieser Grenzwert das Stieltjes-Integral der Funktion f nach der Funktion F über [a,b]. Man schreibt $I =: \int_a^b f(x)dF(x)$.

Man setzt $\int_a^a f(x)dF(x) = 0$ und $\int_a^b f(x)dF(x) = -\int_b^a f(x)dF(x)$.

Für $F(x) = x$ erhält man das gewöhnliche bestimmte "Riemanns-Integral $\int_a^b f(x)dx$.

Eigenschaften des Stieltjes-Integrals:

$$\int_a^b dF(x) = F(b) - F(a);$$

$$\int_a^b f(x)dF(x) + \int_b^c f(x)dF(x) = \int_a^c f(x)dF(x);$$

$$\int_a^b \alpha f(x)d(\beta F(x)) = \alpha\beta \int_a^b f(x)dF(x) \quad (\alpha,\beta \in \mathbb{R} \text{ Konstanten});$$

$$\int_a^b (f(x) + g(x))dF(x) = \int_a^b f(x)dF(x) + \int_a^b g(x)dF(x) \;\; ^{1)};$$

$$\int_a^b f(x)d(F(x) + G(x)) = \int_a^b f(x)dF(x) + \int_a^b f(x)dG(x) \;\; ^{1)}.$$

Ist die Funktion F im Intervall [a,b] differenzierbar, so gilt $\int_a^b f(x)dF(x) = \int_a^b f(x)F'(x)dx$ (gewöhnliches Riemann-Integr

1) Falls die Integrale auf der rechten Seite existieren.

Uneigentliche Stieltjes-Integrale

<u>Def.</u>: a) $\int_a^{\infty} f(x)dF(x) := \lim_{b\to\infty} \int_a^b f(x)dF(x);$

b) $\int_{-\infty}^b f(x)dF(x) := \lim_{a\to-\infty} \int_a^b f(x)dF(x)$ [1];

c) $\int_{-\infty}^{+\infty} f(x)dF(x) := \int_{-\infty}^{c} f(x)dF(x) + \int_c^{\infty} f(x)dF(x)$ ($c \in \mathbb{R}$ beliebig).

<u>Def.</u>: $\int_a^{\infty} f(x)dF(x)$ heißt <u>absolut konvergent</u>, wenn $\int_a^{\infty} |f(x)|dF(x)$ existiert.

Entsprechend für $\int_{-\infty}^{\infty} \ldots$ und $\int_{-\infty}^{+\infty} \ldots$

Ist eine Funktion f über einem Intervall $[a,b]$ integrierbar und wird die Funktion in abzählbar unendlich vielen Punkten abgeändert, so kann dies dazu führen, daß f über $[a,b]$ nicht mehr integrierbar ist [2]. Durch einen erweiterten Integralbegriff (Lebsgue-Integral) kann man erreichen, daß auch die abgeänderte Funktion noch integrierbar ist und denselben Integralwert liefert wie die ursprüngliche Funktion f. Dies ist für die Wahrscheinlichkeitsrechnung und deren Anwendungen von Bedeutung.

5.4.5. Die <u>Laplace-Transformation</u>

Sei f: $\mathbb{R}_0^+ \to \mathbb{R}$ eine Funktion.

<u>Def.</u>: Die Funktion F mit

(1) $F(s) = \int_0^{\infty} e^{-st} f(t)dt \quad (s \in \mathbb{R})$

heißt, falls das Integral existiert, <u>Laplace-Transformierte</u> von f. Man schreibt $F(s) = \mathcal{L}\{f(t)\}$.

---

1) Falls die betreffenden Grenzwerte existieren.

2) Dies kann jedoch nicht dazu führen, daß ein anderer Integralwert entsteht.

Man nennt F auch die <u>Bildfunktion</u> zur <u>Urbildfunktion</u> f [1].

Mit $s \in \mathbb{C}$ läßt sich die Laplace-Transformation auch im Komplexen betrachten.

Hinreichende Bedingung für die Existenz der Laplace-Transformierten:

Sei $f: \mathbb{R}_0^+ \to \mathbb{R}$ in jedem endlichen Intervall stückweise steti und $|f(t)| \leq Ke^{ct}$ für alle $t \in \mathbb{R}_0^+$ mit Konstanten K und c. Dann konvergiert in (1) das Integral absolut für s > c. Somit ist F für alle s mit s > c definiert.

Rücktransformation:

Eine Funktion $f: \mathbb{R}_0^+ \to \mathbb{R}$, für die gilt $\int_0^t f(\tau)d\tau = 0$ für alle $t \in \mathbb{R}_0^+$, heißt Nullfunktion.

Jede Funktion, die nur an endlich vielen Stellen von 0 verschieden ist, ist eine Nullfunktion.

Die Urbildfunktion f ist durch die Bildfunktion F (bis auf eine additive Nullfunktion) eindeutig bestimmt. Man schreib $f(t) = \mathcal{L}^{-1}\{F(s)\}$.

Weiter hat man folgende Beziehungen:

Additionssatz: $\mathcal{L}\{a_1f_1(t) + a_2f_2(t)\} = a_1\mathcal{L}\{f_1(t)\} + a_2\mathcal{L}\{f_2$ entsprechend für mehr als zwei Funktionen;

Ähnlichkeitssatz: $\mathcal{L}\{f(at)\} = \frac{1}{a} F(\frac{s}{a})$ $(a \in \mathbb{R}^+)$;

Verschiebungssatz: $\mathcal{L}\{f(t-b)\} = e^{-bs}\mathcal{L}\{f(t)\}$ $(b \in \mathbb{R}^+)$;

Dämpfungssatz: $\mathcal{L}\{e^{-\alpha t}f(t)\} = F(s+\alpha)$;

Faltungssatz: $\mathcal{L}\{\int_0^t f_1(t-\tau)f_2(\tau)d\tau\} = \mathcal{L}\{f_1(t)\}\mathcal{L}\{f_2(t)\}$;

Differentiationssatz: $\mathcal{L}\{t^nf(t)\} = (-1)^nF^{(n)}(s)$ $(n \in \mathbb{N})$;

Integrationssatz: $\mathcal{L}\{\int_0^t f(\tau)d\tau\} = \frac{1}{s}F(s)$.

1) In Zusammenhang mit der Schreibweise in 5.1.2 wäre zu setzen $F(.) = \mathcal{L}(f(.))$.

Beispiele von Laplace-Transformierten:

$f(t)$	$\mathcal{L}\{f(t)\} = F(s)$
1	$\frac{1}{s}$ $(s \in \mathbb{R}^+)$
t^n	$\frac{n!}{s^{n+1}}$ $(s \in \mathbb{R}^+;\ n \in \mathbb{N}_0)$
e^{at}	$\frac{1}{s-a}$ $(a < s \in \mathbb{R})$
$t^n e^{at}$	$\frac{n!}{(s-a)^{n+1}}$ $(a < s \in \mathbb{R};\ n \in \mathbb{N}_o)$
$\sin at$	$\frac{a}{s^2+a^2}$ $(s \in \mathbb{R}^+)$
$\cos at$	$\frac{s}{s^2+a^2}$ $(s \in \mathbb{R}^+)$
$\sinh at$	$\frac{a}{s^2-a^2}$ $(\lvert a\rvert < s \in \mathbb{R})$
$\cosh at$	$\frac{s}{s^2-a^2}$ $(\lvert a\rvert < s \in \mathbb{R})$

5.5. Reihen

5.5.1. Reihen mit endlich vielen Gliedern

Arithmetische Reihe mit n Gliedern $(n \in \mathbb{N})$:

$$a + (a+d) + (a+2d) + \dots + (a + (n-1)d) = \sum_{j=0}^{n-1} (a+jd) = \frac{2a+(n-1)d}{2}\, n;$$

speziell: $1 + 2 + \dots + n = \sum_{j=1}^{n} j = \frac{n(n+1)}{2}$.

Geometrische Reihe mit n Gliedern $(n \in \mathbb{N})$:

$$a + aq + aq^2 + \dots + aq^{n-1} = \sum_{j=0}^{n-1} aq^j = a\,\frac{1-q^n}{1-q} \quad (q \neq 1).$$

Sonderfall: $a^{n-1} + a^{n-2}b + a^{n-3}b^2 + \ldots + ab^{n-2} + b^{n-1} =$

$$= \sum_{j=0}^{n-1} a^{n-j-1}b^j = \frac{a^n - b^n}{a - b} \quad (a \neq b).$$

$$1 + 2q + 3q^2 + \ldots + nq^{n-1} = \sum_{j=0}^{n-1} (j+1)q^j =$$

$$= \frac{1}{(1-q)^2} - \frac{(n+1)(1-q)+q}{(1-q)^2} q^n \quad (q \neq 1).$$

$$1^2 + 2^2 + \ldots + n^2 = \sum_{j=1}^{n} j^2 = \frac{n(n+1)(2n+1)}{6}.$$

$$1^3 + 2^3 + \ldots + n^3 = \sum_{j=1}^{n} j^3 = \frac{n^2(n+1)^2}{2}.$$

$$1^4 + 2^4 + \ldots + n^4 = \sum_{j=1}^{n} j^4 = \frac{n(n+1)(2n+1)(3n^2+3n-1)}{30} \quad \text{(vgl. 5.1}$$

5.5.2. Unendliche Reihen

Def.: Sei $(a_j)_{j=0}^{\infty}$ eine Folge; dann heißt $S_n := \sum_{j=0}^{n} a_j$ die zuge rige n-te Partialsumme und $\sum_{j=0}^{\infty} a_j = \lim_{n\to\infty} S_n$ unendliche Reihe.

$\sum_{j=0}^{\infty} a_j$ heißt konvergent, wenn die Folge $(S_n)_{n=0}^{\infty}$ für $n\to\infty$ konver

Ist S der Grenzwert der Folge der Partialsummen, so gibt es zu jedem $\varepsilon > 0$ ein N, so daß $|S_n - S| < \varepsilon$ für alle $n \geq N$. - Wenn es kein solches S gibt, heißt die Reihe divergent.

Eine notwendige Konvergenzbedingung für die Reihe $\sum_{j=0}^{\infty} a_j$ ist $\lim_{j\to\infty} a_j = 0$.

Diese Bedingung ist nicht hinreichend, wie das Beispiel der harmonischen Reihe $\sum_{j=1}^{\infty} \frac{1}{j}$ zeigt.

Die <u>geometrische Reihe</u> $\sum_{j=0}^{\infty} q^j$ ist für $|q| < 1$ konvergent mit der Summe $S = \frac{1}{1-q}$ und für $|q| \geq 1$ divergent.

Hinreichende Bedingungen für die Konvergenz und Divergenz von Reihen

(1) $\sum_{j=0}^{\infty} a_j$ mit $a_j \geq 0$ $(j=0,1,2,\ldots)$:

A) <u>Quotientenkriterium</u>: Sei $a_j > 0$ $(j=0,1,2,\ldots)$; wenn es ein N gibt, so daß für alle $j \geq N$ gilt

$\frac{a_{j+1}}{a_j} \leq q < 1$, so ist (1) konvergent; wenn für unendlich viele j gilt $\frac{a_{j+1}}{a_j} \geq 1$, so ist (1) divergent.

Beispiel: $\sum_{j=0}^{\infty} \frac{x^j}{j!}$ hat $\lim_{j\to\infty} \frac{a_{j+1}}{a_j} = \lim_{j\to\infty} \frac{x}{j+1} = 0$;

$\Longrightarrow$ konvergent für alle $x \in \mathbb{R}$.

B) <u>Wurzelkriterium</u>:

Wenn es ein N gibt, so daß für alle $j \geq N$ gilt $\sqrt[j]{a_j} \leq q < 1$, so ist (1) konvergent; wenn für unendlich viele j gilt $\sqrt[j]{a_j} \geq 1$, so ist (1) divergent.

C) <u>Integralkriterium</u>:

Gibt es eine monoton fallende Funktion f mit $f(j) \geq a_j$ $(f(j) \leq a_j)$ für alle $j \geq N$ und $\int_c^{\infty} f(x)dx$ konvergiert (divergiert), so konvergiert (divergiert) auch die Reihe (1) $(c \in \mathbb{R})$.

D) <u>Majoranten-Minoranten-Kriterium</u>: Gibt es eine Reihe

(2) $\sum_{j=0}^{\infty} c_j$ mit $a_j \leq c_j$ für alle $j \geq N$

und konvergiert die Reihe (2), so konvergiert auch die Reihe (1); gibt es eine Reihe

(3) $\sum_{j=0}^{\infty} d_j$ mit $0 \leq d_j \leq a_j$ für alle $j \geq N$

und divergiert die Reihe (3), so divergiert auch die Reihe

<u>Def.</u>: $\sum_{j=0}^{\infty} (-1)^j a_j = a_0 - a_1 + a_2 +- \ldots$ mit $a_j \in \mathbb{R}^+$ heißt <u>alternierende</u> Reihe.

E) Gilt $\lim_{j\to\infty} a_j = 0$ und $|a_{j+1}| < |a_j|$ für alle $j \geq N$, so ist die alternierende Reihe konvergent.

<u>Def.</u>: $\sum_{j=0}^{\infty} a_j$ heißt <u>absolut konvergent</u>, wenn $\sum_{j=0}^{\infty} |a_j|$ konvergi

Es gilt: $\sum_{j=0}^{\infty} a_j$ absolut konvergent $\longrightarrow$ $\sum_{j=0}^{\infty} a_j$ konvergent.

Ist $\sum_{j=0}^{\infty} a_j$ absolut konvergent, so dürfen die Glieder der Rei beliebig umgeordnet werden und diese neue Reihe konvergiert zur selben Summe wie $\sum_{j=0}^{\infty} a_j$.

Beispiele von unendlichen Reihen:

$$\sum_{j=0}^{\infty} \frac{1}{j!} = 1 + \frac{1}{1!} + \frac{1}{2!} + \ldots + \frac{1}{j!} + \ldots = e = 2{,}718281\ldots;$$

$$\sum_{j=0}^{\infty} \frac{(-1)^j}{j!} = 1 - \frac{1}{1!} + \frac{1}{2!} - \ldots + (-1)^j \frac{1}{j!} + \ldots = \frac{1}{e};$$

$$\sum_{j=1}^{\infty} \frac{1}{j} = 1 + \frac{1}{2} + \frac{1}{3} + \ldots + \frac{1}{j} + \ldots$$ divergent (harmonische Reihe

$$\sum_{j=1}^{\infty} \frac{(-1)^{j+1}}{j} = 1 - \frac{1}{2} + \frac{1}{3} - \ldots + (-1)^{j+1} \frac{1}{j} + \ldots = \ln 2;$$

$$\sum_{j=0}^{\infty} \frac{(-1)^{j}}{2j+1} = 1 - \frac{1}{3} + \frac{1}{5} - \frac{1}{7} + \ldots + (-1)^{j} \frac{1}{2j+1} + \ldots = \frac{\pi}{4};$$

$$\sum_{j=1}^{\infty} \frac{1}{j(j+1)} = \frac{1}{1\cdot 2} + \frac{1}{2\cdot 3} + \frac{1}{3\cdot 4} + \ldots + \frac{1}{j(j+1)} + \ldots = 1;$$

$$\sum_{j=1}^{\infty} \frac{1}{j^2} = 1 + \frac{1}{2^2} + \frac{1}{3^2} + \ldots + \frac{1}{j^2} + \ldots = \frac{\pi^2}{6};$$

$$\sum_{j=1}^{\infty} \frac{(-1)^{j+1}}{j^2} = 1 - \frac{1}{2^2} + \frac{1}{3^2} - \ldots + (-1)^{j+1} \frac{1}{j^2} + \ldots = \frac{\pi^2}{12}.$$

5.5.3. Reihen mit veränderlichen Gliedern

Sei die Funktion f in x_0 beliebig oft differenzierbar; dann heißt

$$(1) \quad \sum_{j=0}^{\infty} \frac{f^{(j)}(x_0)}{j!}(x-x_0)^j = f(x_0) + \frac{f'(x_0)}{1!}(x-x_0) + \frac{f''(x_0)}{2!}(x-x_0)^2 + \frac{f'''(x_0)}{3!}(x-x_0)^3 + \ldots$$

(dabei $f^{(0)}(x_0) = f(x_0)$ und $0^0 = 1$ gesetzt) die zu f gehörige Taylorreihe bei der Entwicklung um x_0.

Es ist jeweils zu untersuchen, für welche x die Reihe (1) konvergiert und ob im Falle der Konvergenz an der Stelle x der Funktionswert f(x) mit dem Grenzwert der Reihe übereinstimmt, daß die Reihe also die Funktion an der Stelle x darstellt.

Für $x_0 = 0$ spricht man von der Mac Laurinsche Reihe von f.

Allgemein heißt

$$(2) \quad \sum_{j=0}^{\infty} a_j(x-x_0)^j = a_0 + a_1(x-x_0) + a_2(x-x_0)^2 + a_3(x-x_0)^3 + \ldots \qquad (x \in \mathbb{R})$$

eine Potenzreihe.

Alle x, für welche (2) konvergiert, bilden den Konvergenzbereich der Potenzreihe. Dort stellt (2) also eine Funktion dar.

Die Reihe (1) ist eine besondere Art von Potenzreihen.

Der Konvergenzbereich einer Potenzreihe $\sum_{j=0}^{\infty} a_j(x-x_0)^j$ ist

(i) entweder nur der Punkt $x = x_0$; oder

(ii) ein Intervall $]x_0-r,x_0+r[$, wobei in den Randpunkten unter Umständen auch noch Konvergenz eintreten kann (r heißt der <u>Konvergenzradius</u> der Reihe); oder

(iii) alle $x \in \mathbb{R}$.

(Der Fall (i) bedeutet $r = 0$ und (iii) $r = \infty$.)

Der Konvergenzradius r berechnet sich durch

$$\frac{1}{r} = \overline{\lim_{j\to\infty}} \sqrt[j]{|a_j|} \text{ oder } \frac{1}{r} = \overline{\lim_{j\to\infty}} \frac{|a_{j+1}|}{|a_j|} \qquad (a_j \neq 0).$$

Innerhalb ihres Konvergenzintervalls sind Potenzreihen absolut konvergent.

Regeln: Wenn $f(x) = \sum_{j=0}^{\infty} a_j(x-x_0)^j$ und $g(x) = \sum_{j=0}^{\infty} b_j(x-x_0)^j$,

dann $f(x) + g(x) = \sum_{j=0}^{\infty} (a_j+b_j)(x-x_0)^j$.

Wenn $f(x) = \sum_{j=0}^{\infty} a_j(x-x_0)^j$, dann $cf(x) = \sum_{j=0}^{\infty} ca_j(x-x_0)^j$.

Hat $f(x) = \sum_{j=0}^{\infty} a_j(x-x_0)^j$ den Konvergenzradius r, dann ist f

für alle $x \in]x_0-r,x_0+r[$ differenzierbar und es gilt

$$f'(x) = \sum_{j=1}^{\infty} j a_j (x-x_0)^{j-1},$$

wobei die neue Reihe den gleichen Konvergenzradius hat wie die ursprüngliche Reihe. (Eine Potenzreihe darf "gliedweise" differenziert werden.)

Damit ist f auch beliebig oft differenzierbar und es gilt

$$f^{(n)}(x) = \sum_{j=n}^{\infty} \frac{j!}{(j-n)!} a_j (x-x_0)^{j-n}.$$

Entsprechendes wie für die Differentiation gilt auch für die Integration von Potenzreihen.

Beispiele:

$$e^x = \sum_{j=0}^{\infty} \frac{x^j}{j!} = 1 + \frac{x}{1!} + \frac{x^2}{2!} + \frac{x^3}{3!} + \ldots \quad (x \in \mathbb{R});$$

$$\sin x = \frac{x}{1!} - \frac{x^3}{3!} + \frac{x^5}{5!} - \frac{x^7}{7!} + \ldots \quad (x \in \mathbb{R});$$

$$\cos x = 1 - \frac{x^2}{2!} + \frac{x^4}{4!} - \frac{x^6}{6!} + \ldots \quad (x \in \mathbb{R});$$

geometrische Reihe:

$$\frac{1}{1-x} = \sum_{j=0}^{\infty} x^j = 1 + x + x^2 + x^3 + \ldots \quad (|x| < 1);$$

$$\frac{1}{1+x} = \sum_{j=0}^{\infty} (-1)^j x^j = 1 - x + x^2 - x^3 + \ldots \quad (|x| < 1);$$

$$1 + 2x + 3x^2 + \ldots + jx^{j-1} + \ldots = \sum_{j=1}^{\infty} jx^{j-1} = \frac{1}{(1-x)^2} \quad (|x|<1);$$

$$2 + 6x + 12x^2 + 20x^3 + \ldots + j(j-1)x^{j-2} + \ldots =$$

$$= \sum_{j=2}^{\infty} j(j-1)x^{j-2} = \frac{2}{(1-x)^3} \quad (|x|<1);$$

$$1 + 2^2x + 3^2x^2 + \dots + j^2x^{j-1} + \dots = \sum_{j=1}^{\infty} j^2x^{j-1} = \frac{1+x}{(1-x)^3}$$

$$(|x|<1);$$

$$\ln(1+x) = x - \frac{x^2}{2} + \frac{x^3}{3} - \frac{x^4}{4} +- \dots \quad (-1<x\leq 1);$$

$$\ln(1-x) = -x - \frac{x^2}{2} - \frac{x^3}{3} - \frac{x^4}{4} - \dots \quad (|x|<1);$$

$$\ln x = 2\left(\left(\frac{x-1}{x+1}\right) + \frac{1}{3}\left(\frac{x-1}{x+1}\right)^3 + \frac{1}{5}\left(\frac{x-1}{x+1}\right)^5 + \dots\right) \quad (x \in \mathbb{R}^+);$$

$$(1+x)^\alpha = 1 + \binom{\alpha}{1}x + \binom{\alpha}{2}x^2 + \binom{\alpha}{3}x^3 + \dots + \binom{\alpha}{j}x^j + \dots =$$

$$= \sum_{j=1}^{\infty} \binom{\alpha}{j}x^j \quad (\alpha \in \mathbb{R};\ |x|<1).$$

Man hat daraus folgende Näherungen:

	mit einem Fehler < 0,1% für	mit einem Fehler für
$\frac{1}{1+x} \approx 1 - x$	$\|x\| < 0{,}031$	$\|x\| < 0{,}099$
$\sqrt{1+x} \approx 1 + \frac{x}{2}$	$-0{,}085 < x < 0{,}093$	$-0{,}246 < x < 0{,}32$
$\frac{1}{\sqrt{1+x}} \approx 1 - \frac{x}{2}$	$-0{,}051 < x < 0{,}052$	$-0{,}158 < x < 0{,}16$
$\sqrt[3]{1+x} \approx 1 + \frac{x}{3}$	$-0{,}090 < x < 0{,}098$	$-0{,}262 < x < 0{,}34$

5.5.4. Fourierreihen

Def.: Eine Reihe

$$(1)\quad \frac{a_o}{2} + a_1\cos x + b_1\sin x + a_2\cos 2x + b_2 \sin 2x + \dots +$$

$$+ a_j\cos jx + b_j\sin jx + \dots =$$

$$= \frac{a_o}{2} + \sum_{j=1}^{\infty} (a_j\cos jx + b_j\sin jx)$$

mit $a_j, b_j \in \mathbb{R}$ heißt trigonometrische Reihe.

Für alle $x \in \mathbb{R}$, für die (1) konvergiert, definiert (1) eine Funktion s mit

$$s(x) = \frac{a_0}{2} + \sum_{j=1}^{\infty} (a_j \cos jx + b_j \sin jx).$$

Da in (1) alle Glieder periodisch sind mit der Periode 2π, ist s ebenfalls periodisch mit der Periode 2π, also $s(x + k2\pi) = s(x)$ für alle $k \in \mathbb{Z}$ und alle $x \in \mathbb{R}$, für die (1) konvergiert.

Sei nun $f: D_f \to \mathbb{R}$ ($[0,2\pi[\subseteq D_f$) eine 2π-periodische Funktion.

Def.: Die trigonometrische Reihe

$$(2) \quad \frac{a_0}{2} + \sum_{j=1}^{\infty} (a_j \cos jx + b_j \sin jx)$$

mit

$$a_j = \frac{1}{\pi} \int_{-\pi}^{\pi} f(x) \cos jx \, dx \quad (j \in \mathbb{N}_0),$$

$$b_j = \frac{1}{\pi} \int_{-\pi}^{\pi} f(x) \sin jx \, dx \quad (j \in \mathbb{N})$$ (Eulersche Formeln) heißt die

zu f gehörige Fourierreihe und a_j und b_j die zugehörigen Fourierkoeffizienten.

Ist die 2π-periodische Funktion f eine gerade Funktion, also $f(x) = f(-x)$ für alle $x \in \mathbb{R}$, dann ist $b_j = 0$ für alle $j \in \mathbb{N}$.
Ist die 2π-periodische Funktion f eine ungerade Funktion, also $f(x) = -f(-x)$ für alle $x \in \mathbb{R}$, dann ist $a_j = 0$ für alle $j \in \mathbb{N}_0$.

Hat f statt der Periode 2π die Periode 2T, dann hat die Fourierreihe von f statt (2) die Form

$$(3)\ f(x) = \frac{a_o}{2} + \sum_{j=1}^{\infty} (a_j \cos j\omega x + b_j \sin j\omega x) \quad (\omega = \frac{\pi}{T})$$

mit $a_j = \frac{1}{T} \int_{-T}^{T} f(x) \cos j\omega x\, dx \ (j \in \mathbb{N}_o)$,

$b_j = \frac{1}{T} \int_{-T}^{T} f(x) \sin j\omega x\, dx \ (j \in \mathbb{N})$.

Für $T = \pi$ ist $\omega = 1$.

Bemerkung: Die Fourierreihe (2) läßt sich auch schreiben in der Form

$$(2')\ \frac{a_o}{2} + \sum_{j=1}^{\infty} A_j \sin (jx + \varphi_j)$$

bzw. (3) als

$$(3')\ \frac{a_o}{2} + \sum_{j=1}^{\infty} A_j \sin (j\omega x + \varphi_j);$$

dabei ist $A_j := \sqrt{a_j^2+b_j^2}$ und $\tan \varphi_j := \frac{a_j}{b_j}$.

Es gilt der folgende

Satz: Das Intervall $[-\pi,\pi[$ sei in endlich viele Intervalle zerlegbar, in denen die 2π-periodische Funktion f stetig und monoton ist; an den Unstetigkeitsstellen von f sollen die beiderseitigen Grenzwerte existieren.
Dann konvergiert die Fourierreihe dieser Funktion, und an den Stetigkeitsstellen von f gilt

$$f(x) = \frac{a_o}{2} + \sum_{j=1}^{\infty} (a_j \cos jx + b_j \sin jx);$$

an den Unstetigkeitsstellen konvergiert die Fourierreihe gegen das arithmetische Mittel der beiderseitigen Grenzwerte der Funktion.

Analog für Funktionen f der Periode 2T.

<u>Def.</u>: $s_n(x) := \frac{a_o}{2} + a_1 \cos x + a_2 \cos 2x + \ldots + a_n \cos nx +$

$+ b_1 \sin x + b_2 \sin 2x + \ldots + b_n \sin nx =$

$= \frac{a_o}{2} + \sum_{j=1}^{n} (a_j \cos jx + b_j \sin jx)$

bzw. allgemein $\frac{a_o}{2} + \sum_{j=1}^{n} (a_j \cos j\omega x + b_j \sin j\omega x) \quad (\omega = \frac{\pi}{T})$

mit $a_j, b_j \in \mathbb{R}$ heißt <u>trigonometrische Summe</u> oder <u>trigonometrisches Polynom</u> vom Grad n.

Werden hierin für a_j und b_j die Fourierkoeffizienten einer 2π-periodischen Funktion f (bzw. einer Funktion f mit der Periode 2T) eingesetzt, so ist genau dieses s_n die beste Approximation von f in dem Sinne, daß der "mittlere quadratische Fehler"

$\int_{-\pi}^{\pi}(f(x) - s_n(x))^2 dx$ bzw. $\int_{-T}^{T}(f(x) - s_n(x))^2 dx$

minimal wird [1)].

Sind a_j, b_j die Fourierkoeffizienten einer 2π-periodischen Funktion f, für die $\int_{-\pi}^{\pi}(f(x))^2 dx$ existiert, so konvergiert die Reihe

$$\frac{a_o^2}{2} + \sum_{j=1}^{\infty} (a_j^2 + b_j^2),$$

und sie genügt der Besselschen Ungleichung

$$\frac{a_o^2}{2} + \sum_{j=1}^{\infty} (a_j^2 + b_j^2) \leq \frac{1}{\pi} \int_{-\pi}^{\pi} (f(x))^2 dx.$$

1) Für die Funktion f soll $\int_{-\pi}^{\pi}(f(x))^2 dx$ bzw. $\int_{-T}^{T}(f(x))^2 dx$ existieren.

Es gilt weiter für jede beschränkte und in $]-\pi,\pi[$ (bzw. $]-T,$ stückweise stetige Funktion f

$$\int_{-\pi}^{\pi}(f(x) - s_n(x))^2 dx \to 0 \text{ bzw. } \int_{-T}^{T}(f(x) - s_n(x))^2 dx \to 0 \text{ für } n\to\infty$$

Daraus folgt die Parsevalsche Gleichung

$$\left.\begin{array}{l} \frac{1}{\pi}\int_{-\pi}^{\pi}(f(x))^2 dx \\ \text{bzw. } \frac{1}{T}\int_{-T}^{T}(f(x))^2 dx \end{array}\right\} = \frac{a_o^2}{2} + \sum_{j=1}^{\infty}(a_j^2 + b_j^2).$$

Die Bestimmung der Fourierreihe einer gegebenen periodische Funktion f nennt man <u>harmonische Analyse</u>, und die Approxima tion einer gegebenen periodischen Funktion durch eine trigonometrische Summe heißt <u>angenäherte harmonische Analyse</u>.

Zur Bestimmung der Koeffizienten einer trigonometrischen Summe bei gegebenen Funktionswerten $f(x_k)$ benutzt man die <u>Besselschen Formeln</u>:

Das Intervall $[-T,T]$ sei in 2n gleiche Teile unterteilt; di Teilpunkte seien $x_k = \frac{kT}{n}$ und die zugehörigen Funktionswerte $f(x_k) = y_k$ $(k=-n,\ldots,0,1,\ldots,n)$.

Dann ist zu bestimmen

$$\alpha_j = \frac{1}{2n}\sum_{k=-n}^{n-1} y_k \cos\frac{kj\pi}{n} \quad (j= -n,\ldots,0,1,\ldots,n) \text{ und}$$

$$\beta_j = \frac{1}{2n}\sum_{k=-n}^{n-1} y_k \sin\frac{kj\pi}{n} \quad (j= -n,\ldots,0,1,\ldots,n);$$

das trigonometrische Polynom

$$s_n(x) = \frac{\alpha_o}{2} + \alpha_1 \cos\frac{\pi x}{T} + \alpha_2 \cos 2\frac{\pi x}{T} + \ldots + \frac{\alpha_n}{2}\cos n\frac{\pi x}{T} +$$

$$+ \beta_1 \sin\frac{\pi x}{T} + \beta_2 \sin 2\frac{\pi x}{T} + \ldots + \beta_{n-1} \sin(n-1)$$

hat dann die Eigenschaft $s_n(x_k) = y_k$ $(k = -n,\dots,0,1,\dots n)$.

Komplexe Schreibweise einer Fourierreihe

(1) $\frac{a_0}{2} + \sum_{j=1}^{\infty} (a_j \cos jx + b_j \sin jx).$

Indem man benutzt $\cos jx = \frac{1}{2}(e^{ijx} + e^{-ijx})$ und

$\sin jx = \frac{1}{2i}(e^{ijx} - e^{-ijx})$ $(i^2 = -1)$ wird (1) zu

$$\frac{a_0}{2} + \sum_{j=1}^{\infty} (\tfrac{1}{2}(a_j - ib_j)\, e^{ijx} + \tfrac{1}{2}(a_j + ib_j)\, e^{-ijx}).$$

Mit $c_j := \frac{1}{2}(a_j - ib_j) = \frac{1}{2\pi} \int_{-\pi}^{\pi} f(x)(\cos jx - i \sin jx)\, dx$

$(j = \pm 1, \pm 2,\dots)$ folgt $c_{-j} = \frac{1}{2}(a_j + ib_j) = \overline{c_j}$.

Mit $c_0 := \frac{a_0}{2}$ wird damit (1) zu

$$\sum_{j=-\infty}^{+\infty} c_j e^{ijx}.$$

Dabei gilt für die komplexen Fourierkoeffizienten

$$c_j = \frac{1}{2\pi} \int_{-\pi}^{\pi} f(x) e^{-ijx} dx \quad (j=0,\pm 1,\pm 2,\dots).$$

Seien f_1 und f_2 2π-periodische Funktionen.

<u>Def.</u>: Die Funktion f_3 mit $f_3(x) = \int_{-\pi}^{\pi} f_1(t) f_2(x-t)dt$ heißt die <u>Faltung</u> von f_1 und f_2. Man schreibt $f_3 = f_1 * f_2$.

Besitzen f_1 und f_2 Fourierreihenentwicklungen, die gleichmäßig konvergieren, also es sei

$f_n(x) = \sum_{j=-\infty}^{+\infty} c_{nj} e^{ijx}$ gleichmäßig für alle $x \in \mathbb{R}$ $(n=1,2)$.

Dann gilt:

(1) Für die Fourierkoeffizienten c_{3j} von f_3 gilt $c_{3j} = 2\pi c_{1j}$

(2) $\frac{1}{2\pi} \int_{-\pi}^{\pi} f_1(x) f_2(x) dx = \sum_{j=-\infty}^{\infty} c_{1j} c_{2(-j)}$.

Folgerung aus (2): Ist die Fourierreihenentwicklung der 2π-periodischen Funktion f

$$f(x) = \sum_{j=-\infty}^{\infty} c_j\, e^{ijx}$$

gleichmäßig konvergent, so ist

$$\frac{1}{2\pi} \int_{-\pi}^{\pi} |f(x)|^2 dx = \sum_{j=-\infty}^{\infty} |c_j|^2.$$

Def.: Seien f und g 2π-periodische Funktionen, die durch die Faltung $g(x) = \int_{-\pi}^{\pi} G(t) f(x-t) dt$ verknüpft sind. Dann heiß G ein Fenster, durch das f betrachtet wird, wenn G folgende Bedingungen erfüllt:

a) $G(x) = G(-x)$ für alle $x \in \mathbb{R}$;

b) $\int_{-\pi}^{\pi} G(x) dx = 1$;

c) $|G(x)| \leq G(0)$ für alle $x \in \mathbb{R}$.

Bemerkung: Der Übergang von f(x) nach g(x) bedeutet also eine "gewichtete Mittelung" der Funktion f über dem Interva $[x-\pi, x+\pi]$.

Als Fenster werden oft Funktionen G mit

$$G(x) = \begin{cases} \frac{1}{2T} & \text{für } -T \leq x \leq T \quad (T \leq \pi) \\ 0 & \text{sonst} \end{cases}$$

benutzt.

5.5.5. Funktionenreihen [1)]

Def.: Seien die (reellen) Funktionen f_j $(j \in \mathbb{N}_0)$ definiert auf $A \subseteq \mathbb{R}$. Dann ist die Funktionenfolge $F_n = \sum_{j=0}^{n} f_j$ $(n \in \mathbb{N}_0)$ ebenfalls auf A definiert (F_n heißt n-te Partialsumme).

Die Menge M der $x \in A$, für welche die Folge $(F_n)_{n=0}^{\infty}$ konvergiert, heißt der Konvergenzbereich der Folge $(F_n)_{n=0}^{\infty}$ bzw. der (Funktionen-)Reihe $\sum_{j=0}^{\infty} f_j$.

$\sum_{j=0}^{\infty} f_j(x)$ ist also für jedes feste $x \in A$ eine Reihe mit konstanten Gliedern.

$\sum_{j=0}^{\infty} f_j(x)$ definiert somit eine Funktion $f: M \to \mathbb{R}$. Man schreibt

$\sum_{j=0}^{\infty} f_j(x) = f(x)$ $(x \in M)$.

Ist $\sum_{j=0}^{\infty} f_j$ konvergent auf M, so gibt es also zu jedem $\varepsilon > 0$ und jedem $x \in M$ ein $N \in \mathbb{N}$ (das von ε und x abhängt), so daß für alle $n \in \mathbb{N}$ mit $n > N$ gilt $\left| \sum_{j=0}^{n} f_j(x) - f(x) \right| < \varepsilon$.

Spezialfälle: 1.) $f_j(x) = a_j(x-x_0)^j$ $(j = 0,1,2,...)$ liefert eine Potenzreihe;

2.)
$$f_j(x) = \begin{cases} a_j \cos jx + b_j \sin jx & \text{für } j=1,2,... \\ \frac{a_0}{2} & \text{für } j = 0 \end{cases}$$

liefert eine trigonometrische Reihe.

1) Vgl. Funktionenfolgen.

<u>Def.</u>: Die Reihe $\sum_{j=0}^{\infty} f_j$ heißt <u>gleichmäßig konvergent</u> gegen die Funktion f auf der Menge $M' \subseteq M$, wenn es zu jedem $\varepsilon > 0$ ein $N \in \mathbb{N}$ gibt (das nur von ε abhängt), so daß für alle $n \in \mathbb{N}$ mit $n > N$ und alle $x \in M'$ gilt $\left|\sum_{j=0}^{n} f_j(x) - f(x)\right| < \varepsilon$.

Potenzreihen sind innerhalb ihres Konvergenzbereichs gleichmäßig konvergent.

Es gilt der

<u>Satz</u> von Weierstraß: Die Reihe $\sum_{j=0}^{\infty} f_j$ konvergiert auf M' gleichmäßig, wenn es eine konvergente Reihe $\sum_{j=0}^{\infty} a_j$ mit $a_j \in \mathbb{R}$ gibt, so daß für alle $j \geq N$ und alle $x \in M'$ gilt $|f_j(x)| \leq a_j$. Die Reihe $\sum_{j=0}^{\infty} a_j$ heißt (konvergente) Majorante für die Reihe $\sum_{j=0}^{\infty} f_j$.

Weiter hat man den

<u>Satz</u>: Seien die Funktionen f_j $(j \in \mathbb{N}_0)$ integrierbar im Intervall $[a,b]$ und die Reihe $\sum_{j=0}^{\infty} f_j$ konvergiere gleichmäßig in $[a,b]$ gegen die Funktion f. Dann gilt

$$\int_a^b f(x)dx = \int_a^b \sum_{j=0}^{\infty} f_j(x)dx = \sum_{j=0}^{\infty} \int_a^b f_j(x)dx$$

("gliedweise" Integration der Reihe) (vgl. 5.4.2 (11), (12))

Ein ähnlicher Satz gilt für die Differentiation von Reihen (wobei noch eine Zusatzvoraussetzung hinzukommt).

5.6. Funktionen von mehreren Variablen

5.6.1. Grundbegriffe

Def.: Eine Funktion f mit einem Definitionsbereich $D_f \subseteq \mathbb{R}^n$ und einem Wertebereich $W_f \subseteq \mathbb{R}$ heißt (reelle) Funktion von n (reellen) Variablen.

Entsprechend für Funktionen f mit $W_f \subseteq \mathbb{R}^m$. - Weiterhin werden nur Funktionen f mit $W_f \subseteq \mathbb{R}$ betrachtet.

Schreibweise: $y = f(x_1,\dots,x_n) = f(\underline{x})$ ($\underline{x} = (x_1,\dots,x_n)$ Vektor der unabhängigen Variablen).

Def.: Werden im Vektor der unabhängigen Variablen $\underline{x} = (x_1,\dots,x_n)$ in der Funktion $f: D_f \to \mathbb{R}$ ($D_f \subseteq \mathbb{R}^n$) alle Variablen außer x_j konstant betrachtet, so erhält man die j-te partielle Funktion $f(x_1,\dots, x_{j-1}, \cdot, x_{j+1},\dots,x_n)$ von f; diese ist also eine reelle Funktion einer reellen Variablen.

Grenzwert und Stetigkeit werden wie bei Funktionen f einer Variablen $x \in \mathbb{R}$ definiert, wobei nun Elemente x, $x_0 \in \mathbb{R}$ und Umgebungen $\subset \mathbb{R}$ durch Elemente $\underline{x}$, $\underline{x}_0 \in \mathbb{R}^n$ und Umgebungen $\subset \mathbb{R}^n$ zu ersetzen sind.

Eine ε-Umgebung $U_\varepsilon(\underline{x}_0)$ eines Punktes $\underline{x}_0 \in \mathbb{R}^n$ ist dabei eine Menge $\{\underline{x} \in \mathbb{R}^n \,|\, |\underline{x}-\underline{x}_0| < \varepsilon\}$; man schreibt oft kurz $U(\underline{x}_0)$.

Def.: Eine Funktion f von n Variablen heißt isoton auf einer Menge $M \subseteq D_f$, wenn für f jede einzelne partielle Funktion dort monoton steigend ist.

Zum Beispiel sind die Verteilungsfunktionen von mehrdimensionalen Wahrscheinlichkeitsverteilungen isoton.

Die Menge aller Punkte $\in \mathbb{R}^n$, für welche die Funktionswerte gleich sind, bilden eine Höhenlinie.

<u>Def.</u>: <u>Partielle Ableitung</u> der Funktion f nach der Variablen x_j $(j \in \{1,\dots,n\})$ an der Stelle $\underline{x} \in D_f$ $(\underline{x} \in U(\underline{x}) \subset D_f)$:

$$\lim_{h_j \to 0} \frac{f(x_1,\dots,x_j+h_j,\dots,x_n) - f(x_1,\dots,x_j,\dots,x_n)}{h_j} =:$$

$$=: D_j f(x_1,\dots,x_n) = D_j f(\underline{x}) =: f_{x_j}(x_1,\dots,x_n) = f_{x_j}(\underline{x}) =:$$

$$=: \frac{\partial f}{\partial x_j}(x_1,\dots,x_n) = \frac{\partial f}{\partial x_j}(\underline{x}) = \frac{\partial f(x_1,\dots,x_n)}{\partial x_j} = \frac{\partial f(\underline{x})}{\partial x_j},$$

falls dieser Grenzwert existiert [1].

Die Funktion f heißt in diesem Fall nach der Variablen x_j partiell differenzierbar.

Die entstehende reellwertige Funktion $D_j f$ von n Variablen heißt partielle Ableitung $(j \in \{1,\dots,n\})$.

Für Funktionen von mehr als einer Variablen folgt aus der Existenz der partiellen Ableitungen der Funktion an einer Stelle $\underline{x}_o$ allgemein nicht die Stetigkeit der Funktion in $\underline{x}_o$.

<u>Def.</u>: <u>Partielle Ableitungen 2. Ordnung</u>:

$$(f_{x_k})_{x_j} = \frac{\partial}{\partial x_j}\left(\frac{\partial f}{\partial x_k}\right) = D_j(D_k f) =: f_{x_k x_j} = \frac{\partial^2 f}{\partial x_j \partial x_k} = D_{kj} f$$

$(j,k \in \{1,\dots n\})$;

für $i \neq j$ spricht man von gemischten partiellen Ableitungen.

1) Also ist $D_j f(x_1,\dots,x_n) =$

$= \frac{d}{dx} f(x_1,\dots,x_{j-1}, \cdot, x_{j+1},\dots,x_n)\Big|_{x=x_j}$ (Ableitung der j-ten partiellen Funktion von f).

Es gilt der

<u>Satz</u>: Sei f in einer Umgebung $U(\hat{\underline{x}})$ von $\hat{\underline{x}} = (\hat{x}_1,\dots,\hat{x}_n)$ definiert und in $U(\hat{\underline{x}})$ nach x_k und x_j differenzierbar; die gemischte partielle Ableitung $f_{x_k x_j}$ existiere in $U(\hat{\underline{x}})$ und sei stetig in $\hat{\underline{x}}$.

Dann existiert auch die gemischte partielle Ableitung $f_{x_j x_k}$ in $\hat{\underline{x}}$ und es gilt

$$f_{x_k x_j}(\hat{\underline{x}}) = f_{x_j x_k}(\hat{\underline{x}}) \quad (\Longleftrightarrow D_{kj}f(\hat{\underline{x}}) = D_{jk}f(\hat{\underline{x}})).$$

Spezialfall dieses Satzes: Existieren für die Funktion f in einer Umgebung $U(\hat{\underline{x}})$ von $\hat{\underline{x}}$ die beiden gemischten partiellen Ableitungen $f_{x_k x_j}$ und $f_{x_j x_k}$ und ist mindestens eine von diesen beiden Ableitungen in $\hat{\underline{x}}$ stetig, so gilt

$$f_{x_k x_j}(\hat{\underline{x}}) = f_{x_j x_k}(\hat{\underline{x}}).$$

<u>Def.</u>: Sei die Funktion $f: D_f \to \mathbb{R}$ $(D_f \subseteq \mathbb{R}^n)$ der n Variablen $x_1,\dots,x_n$ nach jeder einzelnen Variablen x_j im Punkt $\hat{\underline{x}} = (\hat{x}_1,\dots,\hat{x}_n)$ partiell differenzierbar. Dann heißt der Vektor

$$(f_{x_1}(\hat{\underline{x}}),\ f_{x_2}(\hat{\underline{x}}),\dots,f_{x_n}(\hat{\underline{x}})) = \left(\frac{\partial f}{\partial x_1}, \frac{\partial f}{\partial x_2},\dots,\frac{\partial f}{\partial x_n}\right)(\hat{\underline{x}}) =$$

$$= (D_1 f,\ D_2 f,\dots,D_n f)(\hat{\underline{x}}) =: \frac{\partial f}{\partial \underline{x}}(\hat{\underline{x}}) = \operatorname{grad} f(\hat{\underline{x}})$$

der <u>Gradient</u> von f an der Stelle $\hat{\underline{x}}$.

Man kann den Gradienten als Ableitung der Funktion f auffassen.

Der Gradient ist im Punkt $\hat{\underline{x}}$ der Vektor in Richtung des stärksten Anstiegs der Funktion f.

Es gilt

grad (a f) = a grad f (a Konstante);
grad (u+v) = grad u + grad v.

Sei $f: D_f \to \mathbb{R}$ ($D_f \subseteq \mathbb{R}^n$) eine Funktion der n Variablen $x_1, \ldots, x_n$, für die alle partiellen Ableitungen 2. Ordnung an der Stelle $\underline{x}$ existieren sollen.

Def.: Die (n,n)-Matrix

$$M_n(\underline{x}) = M_n(x_1, \ldots, x_n) =: \begin{pmatrix} \frac{\partial^2 f}{\partial x_1^2} & \frac{\partial^2 f}{\partial x_1 \partial x_2} & \frac{\partial^2 f}{\partial x_1 \partial x_3} & \cdots & \frac{\partial^2 f}{\partial x_1 \partial x_n} \\ \frac{\partial^2 f}{\partial x_2 \partial x_1} & \frac{\partial^2 f}{\partial x_2^2} & \frac{\partial^2 f}{\partial x_2 \partial x_3} & \cdots & \frac{\partial^2 f}{\partial x_2 \partial x_n} \\ & & \cdots\cdots\cdots\cdots & & \\ \frac{\partial^2 f}{\partial x_n \partial x_1} & \frac{\partial^2 f}{\partial x_n \partial x_2} & \frac{\partial^2 f}{\partial x_n \partial x_3} & \cdots & \frac{\partial^2 f}{\partial x_n^2} \end{pmatrix}$$

$$= \left(\frac{\partial^2 f}{\partial x_i \partial x_j}\right)(\underline{x})_{i,j=1,\ldots,n} = (D_{ij} f(\underline{x}))_{i,j,\ldots,n}$$

heißt Hesse-Matrix von f; dabei sind in den Einträgen der Matrix die Funktionswerte für $\underline{x}$ zu nehmen.

Die Determinante det $\underline{M}(x_1, \ldots, x_n)$ heißt Hesse-Determinante von f.

Def.: Totales Differential der Funktion f von n Variablen:

$$dy = df: = \frac{\partial f(\underline{x})}{\partial x_1} dx_1 + \ldots + \frac{\partial f(\underline{x})}{\partial x_n} dx_n \quad (\underline{x} = (x_1, \ldots, x_n)).$$

df bedeutet also eine Funktion der 2n reellen Variablen $x_1, \ldots, x_n$ und $dx_1, \ldots, dx_n$.

Es gilt für die Funktionsänderung

$$\Delta y: = f(x_1 + dx_1, \ldots, x_n + dx_n) - f(x_1, \ldots, x_n) \approx dy;$$

$dx_1, \ldots, dx_n$ sind die Änderungen der betreffenden x_j-Werte [1].

Sei f eine reelle Funktion von n reellen Variablen und g_j $(j=1,\ldots,n)$ n reelle Funktionen einer reellen Variablen.

Dann ist $f(g_1,\ldots,g_n)$ mit $f(g_1,\ldots,g_n)(t) = f(g_1(t),\ldots,g_n(t))$ eine Funktion einer reellen Variablen. Es gilt dann

$(\underline{x} = (g_1(t),\ldots,g_n(t)))$

$$\frac{df}{dt} = \frac{df(g_1,\ldots,g_n)}{dt}(t) = \sum_{j=1}^{n} \frac{\partial f}{\partial x_j}(\underline{x}) \frac{dg_j}{dt}(t)$$

(Verallgemeinerte Kettenregel).

5.6.2. Homogene Funktionen

Def.: Eine Funktion $f\colon D_f \to \mathbb{R}$ mit $D_f \subseteq \mathbb{R}^n$ heißt homogen vom Grad r, wenn für alle $\underline{x} = (x_1,\ldots,x_n) \in D_f$ und alle $\lambda \in \mathbb{R}^+$ gilt $f(\lambda x_1,\ldots,\lambda x_n) = \lambda^r f(x_1,\ldots,x_n)$ sowie $(\lambda x_1,\ldots,\lambda x_n) \in D_f$

$(\Longleftrightarrow f(\lambda\underline{x}) = \lambda^r f(\underline{x})$ sowie $\lambda\underline{x} \in D_f)$.

Es gilt der

Satz: Sei f nach der Variablen x_j $(j=1,\ldots,n)$ partiell differenzierbar und homogen vom Grad r. Dann gilt

$$\frac{\partial f(\lambda\underline{x})}{\partial x_j} = \lambda^{r-1} \frac{\partial f(\underline{x})}{\partial x_j} \quad (\underline{x} = (x_1,\ldots,x_n))$$

$(\Longleftrightarrow f_{x_j}(\lambda\underline{x}) = \lambda^{r-1} f_{x_j}(\underline{x}))$.

Jede partielle Ableitung ist also homogen vom Grad r-1.

1) Es ist hierbei das totale Differential der Funktion f an der Stelle $\underline{x} = (x_1,\ldots,x_n)$ bzgl. der Änderungen $dx_1,\ldots,dx_n$ zu nehmen.

Weiter gilt der

Eulersche Homogenitätssatz: Sei f nach jeder Variablen x_j ($j=1,\ldots,n$) stetig partiell differenzierbar. f ist genau dann homogen vom Grad r, wenn gilt

$$rf(\underline{x}) = \sum_{j=1}^{n} \frac{\partial f(\underline{x})}{\partial x_j} x_j \quad (\underline{x} = (x_1,\ldots,x_n))$$

$$(\Longleftrightarrow rf(\underline{x}) = \sum_{j=1}^{n} f_{x_j}(\underline{x})\, x_j).$$

5.6.3. Elastizitäten

Def.: Die Elastizität von y bezüglich x ($y = y(x)$) ist

$$\eta_{y,x} := \frac{dy}{dx}\frac{x}{y} \quad (y = y(x) \neq 0).$$

Es gilt ($x,y \in \mathbb{R}^+$)

$$\eta_{y,x} = (\frac{dy}{y}) : (\frac{dx}{x}) = \frac{d(\ln y)}{d(\ln x)} = \frac{d(\log_a y)}{d(\log_a x)}.$$

Funktionen (Kurven) mit $\eta_{y,x}$ = konstant, heißen isoelastisch

Isoelastische Kurven sind Graphen von Potenzfunktionen.

Die partielle Elastizität von y bezüglich x_j ($j \in \{1,\ldots,n\}$; $y= y(x_1,\ldots,x_n)$) ist

$$\eta_{y,x_j} := \frac{\partial y}{\partial x_j}\frac{x_j}{y} \quad (y = y(x_1,\ldots,x_n)).$$

Es gilt ($x_j, y \in \mathbb{R}^+$)

$$\eta_{y,x_j} = \frac{\partial(\log y)}{\partial(\log x_j)}.$$

5.6.4. Taylor-Formel für Funktionen von n Variablen

Satz: Sei f eine reellwertige Funktion der n Variablen $x_1,\dots,x_n$, die in einer Umgebung $U(\underline{a})$ eines Punktes $\underline{a} = (a_1,\dots,a_n)$ definiert ist.

Die Funktion f besitze in $U(\underline{a})$ alle partiellen Ableitungen und gemischten partiellen Ableitungen bis zur 2. Ordnung einschließlich (also es existieren $\frac{\partial f}{\partial x_j} = f_{x_j}$; $\frac{\partial^2 f}{\partial x_j^2} = f_{x_j x_j}$; $\frac{\partial^2 f}{\partial x_j \partial x_k} = f_{x_k x_j}$ $(j,k = 1,\dots,n)$ in $U(\underline{a})$) und diese seien in $U(\underline{a})$ stetig.

Dann gilt für jedes $\underline{x} = (x_1,\dots,x_n) \in U(\underline{a})$

$$f(\underline{x}) = f(\underline{a}) + \sum_{j=1}^{n} f_{x_j}(\underline{a})(x_j - a_j) + \frac{1}{2}\sum_{j=1}^{n}\sum_{k=1}^{n} f_{x_j x_k}(\underline{a} + \vartheta(\underline{x} - \underline{a}))(x_j - a_j)(x_k - a_k) =$$

$$= f(\underline{a}) + \sum_{j=1}^{n} \frac{\partial f(\underline{a})}{\partial x_j}(x_j - a_j) + \frac{1}{2}\sum_{j=1}^{n}\sum_{k=1}^{n} \frac{\partial^2 f(\underline{a} + \vartheta(\underline{x} - \underline{a}))}{\partial x_j \partial x_k}(x_j - a_j)(x_k - a_k),$$

wobei $0 < \vartheta < 1$.

Die Taylor-Formel läßt sich unter Benutzung dritter,...,r-ter partieller Ableitungen allgemeiner fassen.

5.6.5. Implizite Funktionen

Def.: Sei $f: D_f \to \mathbb{R}$ $(D_f \subseteq \mathbb{R}^2)$ eine Funktion von zwei Variab- len und $\hat{\underline{x}} = (\hat{x}_1, \hat{x}_2) \in D_f$ mit $f(\hat{\underline{x}}) = f(\hat{x}_1, \hat{x}_2) = 0$. Gibt es in einer Umgebung U von $\hat{x}_2$ eine Funktion g mit $f(g(x_2), x_2) = 0$ für alle $x_2 \in U$, dann heißt g die durch $f(x_1, x_2) = 0$ in eine Umgebung U von $\hat{x}_2$ definierte implizite Funktion.

Satz: Sei $f: D_f \to \mathbb{R}$ $(D_f \subseteq \mathbb{R}^2)$ und $\hat{\underline{x}} = (\hat{x}_1, \hat{x}_2) \in D_f$; die Funk tion f besitze in einer Umgebung von $\hat{\underline{x}}$ stetige partielle Ab tungen $\frac{\partial f}{\partial x_1} = f_{x_1}$ und $\frac{\partial f}{\partial x_2} = f_{x_2}$; sei weiter $f(\hat{\underline{x}}) = f(\hat{x}_1, \hat{x}_2)$ = und $f_{x_1}(\hat{x}_1, \hat{x}_2) \neq 0$.

Dann gibt es eine Umgebung U von $\hat{x}_2$, so daß durch die Glei- chung $f(x_1, x_2) = 0$ in U eine implizite Funktion mit $x_1 = g($ und $f(g(x_2), x_2) = 0$ definiert ist; und für diese gilt

$$g_{x_2}(\hat{x}_2) = -\frac{f_{x_2}(\hat{x}_1, \hat{x}_2)}{f_{x_1}(\hat{x}_1, \hat{x}_2)} \quad \left(\Longleftrightarrow \frac{dg}{dx_2} = -\frac{\frac{\partial f}{\partial x_2}}{\frac{\partial f}{\partial x_1}} \text{ an der Stelle } \hat{x}_2\right).$$

5.6.6. Extremwerte bei Funktionen von n Variablen

5.6.6.1. Definitionen und notwendige Bedingungen

Sei $f: D_f \to \mathbb{R}$ $(D_f \subseteq \mathbb{R}^n)$ eine Funktion der n Variablen $x_1, \ldots, x_n$.

Def.: f hat in $\hat{\underline{x}} = (\hat{x}_1, \ldots, \hat{x}_n) \in D_f$ ein lokales Minimum, wenn es um $\hat{\underline{x}}$ eine geeignete Umgebung $U(\hat{\underline{x}})$ gibt, so daß für alle $\underline{x} = (x_1, \ldots, x_n) \in U(\hat{\underline{x}}) \cap D_f$ gilt

$f(\hat{\underline{x}}) = f(\hat{x}_1, \hat{x}_2, \ldots, \hat{x}_n) \leq f(\underline{x}) = f(x_1, x_2, \ldots, x_n)$.

Analog: f hat in $\hat{\underline{x}} \in D_f$ ein lokales Maximum, wenn es um $\hat{\underline{x}}$ eine geeignete Umgebung $U(\hat{\underline{x}})$ gibt, so daß für alle $\underline{x} \in U(\hat{\underline{x}}) \cap D_f$ gilt $f(\hat{\underline{x}}) \geq f(\underline{x})$.

Gemeinsame Bezeichnung: Lokale Extremwerte.

Globale Minima und globale Maxima werden auch entsprechend wie bei Funktionen einer Variablen definiert, ebenso Extremwerte im engeren Sinn.

Es gilt der

Satz: Sei $f\colon D_f \to \mathbb{R}$ ($D_f \subseteq \mathbb{R}^n$) in einer Umgebung von $\underline{\hat{x}} \in D_f$ nach jeder Variablen x_j $(j=1,\ldots,n)$ partiell differenzierbar. Besitzt f in $\underline{\hat{x}}$ einen lokalen Extremwert, so ist

$$(1) \quad \frac{\partial f}{\partial x_1}(\underline{\hat{x}}) = \frac{\partial f}{\partial x_2}(\underline{\hat{x}}) = \ldots = \frac{\partial f}{\partial x_n}(\underline{\hat{x}}) = 0.$$

Andere Schreibweise für (1):

$$\text{grad } f(\underline{\hat{x}}) = \underline{o} = (0,\ldots,0) \text{ bzw. } \nabla f(\underline{\hat{x}}) = \underline{o}.$$

Die in dem Satz genannte Bedingung ist nur notwendig für einen lokalen Extremwert von f, aber nicht hinreichend.

5.6.6.2. Hinreichende Bedingungen

Zuerst definieren wir die Hesse-Determinante H_n der Funktion f (vgl. 5.6.1) sowie ihre Hauptunterdeterminanten H_j:

Def.: Sei $f\colon D_f \to \mathbb{R}$ ($D_f \subseteq \mathbb{R}^n$) eine Funktion der n Variablen $x_1,\ldots,x_n$. Für f sollen die partiellen Ableitungen und gemischten partiellen Ableitungen 2. Ordnung (also $\frac{\partial^2 f}{\partial x_j^2} = f_{x_j x_j}$; $\frac{\partial^2 f}{\partial x_j \partial x_k} = f_{x_k x_j}$ $(j,k=1,\ldots,n)$) für eine Stelle $\underline{x} = (x_1,\ldots,x_n)$ existieren.

Dann ist die Hesse-Determinante von f an der Stelle $\underline{x} = (x_1,\dots,x_n)$ (vgl. 5.6.1)

$$H_n(\underline{x}) = H_n(x_1,\dots,x_n) := \det\left(\frac{\partial^2 f}{\partial x_i \partial x_k}\right)(\underline{x})_{i,k=1,\dots,n}; \text{ also}$$

$$H_n(\underline{x}) = \begin{vmatrix} \frac{\partial^2 f}{\partial x_1^2} & \frac{\partial^2 f}{\partial x_1 \partial x_2} \cdots & \frac{\partial^2 f}{\partial x_1 \partial x_n} \\ \frac{\partial^2 f}{\partial x_2 \partial x_1} & \frac{\partial^2 f}{\partial x_2^2} \cdots & \frac{\partial^2 f}{\partial x_2 \partial x_n} \\ \cdots & \cdots & \cdots \\ \frac{\partial^2 f}{\partial x_n \partial x_1} & \frac{\partial^2 f}{\partial x_n \partial x_2} \cdots & \frac{\partial^2 f}{\partial x_n^2} \end{vmatrix}(\underline{x}) = \begin{vmatrix} f_{x_1x_1} & f_{x_2x_1} \cdots & f_{x_nx_1} \\ f_{x_1x_2} & f_{x_2x_2} \cdots & f_{x_nx_2} \\ \cdots & \cdots & \cdots \\ f_{x_1x_n} & f_{x_2x_n} \cdots & f_{x_nx_n} \end{vmatrix}$$

dabei sind die partiellen Ableitungen an der Stelle $\underline{x}$ zu nehmen;

die (j,j)-Hauptunterdeterminante H_j (j=1,...,n) von H_n an der Stelle $\underline{x} = (x_1,\dots,x_n)$ ist

$$H_j(\underline{x}) = H_j(x_1,\dots,x_n) := \det\left(\frac{\partial^2 f}{\partial x_i \partial x_k}\right)(\underline{x})_{i,k=1,\dots,j}; \text{ also}$$

$$H_j(\underline{x}) = \begin{vmatrix} \frac{\partial^2 f}{\partial x_1^2} & & \frac{\partial^2 f}{\partial x_1 \partial x_j} \\ \frac{\partial^2 f}{\partial x_2 \partial x_1} & \cdots & \frac{\partial^2 f}{\partial x_2 \partial x_j} \\ & \cdots\cdots & \\ \frac{\partial^2 f}{\partial x_j \partial x_1} & \cdots & \frac{\partial^2 f}{\partial x_j^2} \end{vmatrix}(\underline{x}) = \begin{vmatrix} f_{x_1x_1} & \cdots & f_{x_jx_1} \\ f_{x_1x_2} & \cdots & f_{x_jx_2} \\ & \cdots\cdots & \\ f_{x_1x_j} & \cdots & f_{x_jx_j} \end{vmatrix}(\underline{x}).$$

Dann gilt der

Satz: Sei $f: D_f \to \mathbb{R}$ ($D_f \subseteq \mathbb{R}^n$) eine Funktion der n Variablen $x_1,\dots,x_n$. In einer Umgebung $U(\hat{\underline{x}})$ von $\hat{\underline{x}}$ ($U(\hat{\underline{x}}) \subset D_f$) sollen alle partiellen Ableitungen und gemischten partiellen Ableitungen von f bis zur 2. Ordnung einschließlich existieren;

ferner sei $f_{x_j}(\underline{\hat{x}}) = 0 \quad (j=1,\dots,n)$ [1] und die zweiten partiellen Ableitungen und gemischten partiellen Ableitungen seien stetig in $\underline{\hat{x}}$.

Dann gilt:

a) $H_1(\underline{\hat{x}}) = f_{x_1x_1}(\underline{\hat{x}}) > 0,\ H_2(\underline{\hat{x}}) > 0, \dots, H_{n-1}(\underline{\hat{x}}) > 0,\ H_n(\underline{\hat{x}}) > 0$

$\Longrightarrow$ f hat in $\underline{\hat{x}}$ lokales Minimum im engeren Sinn;

b) $H_1(\underline{\hat{x}}) < 0,\ H_2(\underline{\hat{x}}) > 0,\ H_3(\underline{\hat{x}}) < 0, \dots, (-1)^n H_n(\underline{\hat{x}}) > 0$

$\Longrightarrow$ f hat in $\underline{\hat{x}}$ lokales Maximum im engeren Sinn.

Spezialfall n = 2:

In diesem Fall gilt unter den Voraussetzungen des Satzes ($\underline{x} = (x_1, x_2)$; $\underline{\hat{x}} = (\hat{x}_1, \hat{x}_2)$)

a) $H_1(\underline{\hat{x}}) = f_{x_1x_1}(\underline{\hat{x}}) > 0$ und

$$H_2(\underline{x}) = \begin{vmatrix} f_{x_1x_1}(\underline{\hat{x}}) & f_{x_1x_2}(\underline{\hat{x}}) \\ f_{x_1x_2}(\underline{\hat{x}}) & f_{x_2x_2}(\underline{\hat{x}}) \end{vmatrix} =$$

$$= f_{x_1x_1}(\underline{\hat{x}}) f_{x_2x_2}(\underline{\hat{x}}) - (f_{x_1x_2}(\underline{\hat{x}}))^2 =$$

$$= \frac{\partial^2 f}{\partial x_1^2}(\underline{\hat{x}}) \frac{\partial^2 f}{\partial x_2^2}(\underline{\hat{x}}) - (\frac{\partial^2 f}{\partial x_1 \partial x_2}(\underline{\hat{x}}))^2 > 0$$

$\Longrightarrow$ f hat in $\underline{\hat{x}}$ ein lokales Minimum im engeren Sinn;

b) $H_1(\underline{\hat{x}}) = f_{x_1x_1}(\underline{\hat{x}}) < 0$ und

$$H_2(\underline{\hat{x}}) = \frac{\partial^2 f}{\partial x_1^2}(\underline{\hat{x}}) \frac{\partial^2 f}{\partial x_2^2}(\underline{\hat{x}}) - (\frac{\partial^2 f}{\partial x_1 \partial x_2}(\underline{\hat{x}}))^2 > 0$$

$\Longrightarrow$ f hat in $\underline{\hat{x}}$ ein lokales Maximum im engeren Sinn.

1) Diese Bedingung läßt sich auch als grad $f(\underline{\hat{x}}) = \underline{o}$ oder $\nabla f(\underline{\hat{x}}) = \underline{o}$ schreiben.

c) $H_2(\hat{\underline{x}}) = \frac{\partial^2 f}{\partial x_1{}^2}(\hat{\underline{x}})\frac{\partial^2 f}{\partial x_2{}^2}(\hat{\underline{x}}) - (\frac{\partial^2 f}{\partial x_1 \partial x_2}(\hat{\underline{x}}))^2 < 0$

$\longrightarrow$ f hat in $\hat{\underline{x}}$ keinen Extremwert.

Für $H_2(\hat{\underline{x}}) = 0$ liefert der Satz keine Entscheidung.

5.6.7. Konvexe und konkave Funktionen von mehreren Variable

Graph einer (von unten)
konvexen Funktion konkaven Funktion
von zwei Variablen

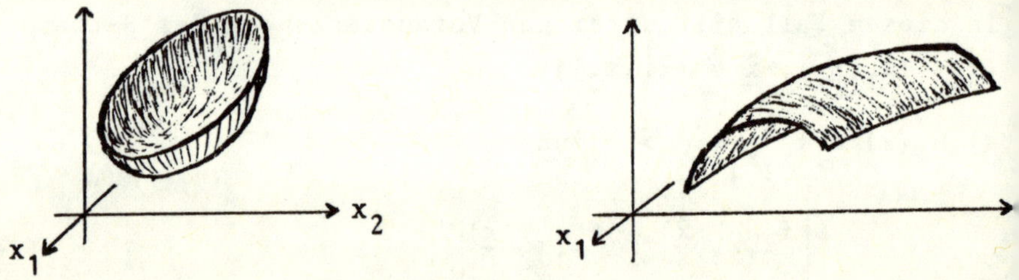

Um eine allgemeine Definition zu geben, ist es nötig, den B
griff einer konvexen Menge einzuführen:

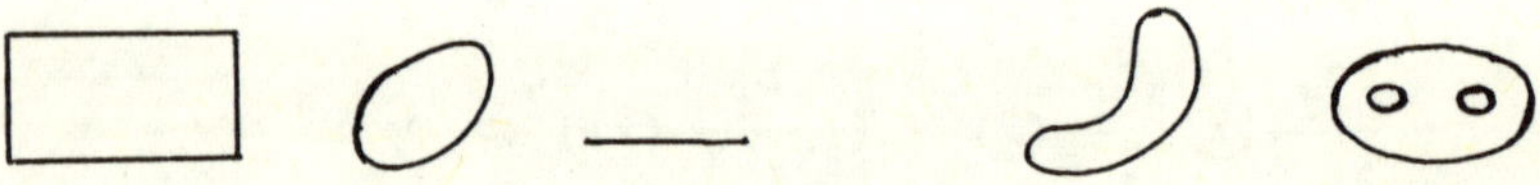

konvexe Mengen nicht konvexe Mengen

Def.: Sei V ein Vektorraum. Eine Menge $M \subseteq V$ heißt konvex, wenn mit je zwei Elementen $\underline{u}, \underline{v} \in M$ auch alle Elemente

$\underline{x} = \lambda\underline{u} + (1-\lambda)\underline{v}$ mit $0 < \lambda < 1$

zu M gehören. (D.h. jede konvexe Linearkombination von $\underline{u}$ und $\underline{v}$ gehört zu M.)

Auch einelementige und leere Mengen fassen wir als konvex a

Insbesondere kann V der n-dimensionale Raum $\mathbb{R}^n$ sein. Dann bedeutet die Definition: Mit je zwei Punkten gehören auch alle Punkte der Verbindungsstrecke zu M.

Der Durchschnitt konvexer Mengen ist wieder konvex.

Wir erklären nun, was man unter einer konvexen Funktion versteht:

Sei $I \subseteq \mathbb{R}^n$ eine konvexe Menge und $f: I \to \mathbb{R}$ $(I \subseteq \mathbb{R}^n)$ eine Funktion der n Variablen $x_1,\dots,x_n$ $(\underline{x} = (x_1,\dots,x_n))$.

<u>Def.</u>: Die Funktion f heißt <u>konvex</u> über I, wenn für je zwei $\underline{u},\underline{v} \in I$ $(\underline{u} \neq \underline{v})$ und jedes $\lambda \in \,]0,1[$ gilt

(1) $f(\lambda\underline{u} + (1-\lambda)\underline{v}) \leq \lambda f(\underline{u}) + (1-\lambda)f(\underline{v})$.

Mit $\underline{u} = (u_1,u_2)$ und $\underline{v} = (v_1,v_2)$ wird (1) zu

(1') $f(\lambda u_1 + (1-\lambda)v_1;\ \lambda u_2 + (1-\lambda)v_2) \leq \lambda f(u_1,u_2) + (1-\lambda)f(v_1,v_2)$.

Speziell erhält man konvexe Funktionen einer Variablen, wenn in f alle Variablen außer einer konstant gehalten werden; d.h. jede partielle Funktion ist konvex (Umkehrung gilt nicht).

<u>Def.</u>: f heißt <u>konkav</u> über I, wenn für je zwei $\underline{u},\underline{v} \in I$ $(\underline{u} \neq \underline{v})$ und jedes $\lambda \in \,]0,1[$ gilt $f(\lambda\underline{u} + (1-\lambda)\underline{v}) \geq \lambda f(\underline{u}) + (1-\lambda)f(\underline{v})$;

$\Longleftrightarrow$ (-f) ist konvex über I.

Steht in diesen Definitionen $<$ bzw. $>$ statt $\leq$ bzw. $\geq$, so spricht man auch von <u>streng konvexen</u> (<u>streng konkaven</u>) Funktionen.

Für konvexe Funktionen gelten auch hier analoge Aussagen wie in 5.2.12. So zum Beispiel:

f_1 und f_2 konvex über I $\Longrightarrow$ $f_1 + f_2$ konvex über I (entsprechend für mehr als zwei Funktionen).

Es gilt der

Satz: Sei $I \subseteq \mathbb{R}^n$ eine konvexe Menge, und für die Funktion $f: I \to \mathbb{R}$ $(f(\underline{x}) = f(x_1,\ldots,x_n))$ sollen in allen Punkten von I die partiellen Ableitungen $\frac{\partial f}{\partial x_j}$ $(j=1,\ldots,n)$ existieren und stetig sein.

f ist genau dann konvex über I, wenn für je zwei $\underline{u},\underline{v} \in I$ $(\underline{u} \neq \underline{v})$ gilt

$f(\underline{v}) \geq f(\underline{u}) + (\underline{v}-\underline{u}) \text{ grad } f(\underline{u})$;

f ist genau dann konkav über I, wenn gilt

$f(\underline{v}) \leq f(\underline{u}) + (\underline{v}-\underline{u}) \text{ grad } f(\underline{u})$.

Steht hierin das Zeichen > bzw. < (ohne Gleichheitszeichen) so ist f streng konvex (streng konkav).

Satz: Sei $I \subseteq \mathbb{R}^n$ eine konvexe Menge, und für die Funktion $f: I \to \mathbb{R}$ $(f(\underline{x}) = f(x_1,\ldots,x_n))$ sollen in allen Punkten von I die zweiten partiellen Ableitungen $\frac{\partial^2 f}{\partial x_i \partial x_j}$ $(i,j=1,\ldots,n)$ existieren und stetig sein. f ist genau dann konvex über I, wenn für alle $\underline{x} \in I$ die Hesse-Matrix

$$M_n(\underline{x}) = \left(\frac{\partial^2 f}{\partial x_i \partial x_j}\right)(\underline{x})_{i,j=1,\ldots,n}$$

positiv semidefinit ist;

f ist genau dann konkav über I, wenn entsprechend die Hesse-Matrix negativ semidefinit ist.

Ist die Hesse-Matrix positiv (negativ) definit, dann ist f streng konvex (konkav).

5.6.8. Extremwerte bei konvexen und konkaven Funktionen

Satz: Sei $I \subseteq \mathbb{R}^n$ eine konvexe Menge und $f: I \to \mathbb{R}$ eine konvexe Funktion, für welche die partiellen Ableitungen $\frac{\partial f}{\partial x_j}$ $(j=1,\ldots,n)$ in einer Umgebung $U(\hat{\underline{x}})$ von $\hat{\underline{x}}$ $(U(\hat{\underline{x}}) \subset I)$ existieren und stetig sind. Gilt

$$\frac{\partial f}{\partial x_1}(\hat{\underline{x}}) = \frac{\partial f}{\partial x_2}(\hat{\underline{x}}) = \ldots = \frac{\partial f}{\partial x_n}(\hat{\underline{x}}) = 0$$

($\Longleftrightarrow$ grad $f(\hat{\underline{x}}) = \underline{o}$), dann hat f in $\hat{\underline{x}}$ ein globales Minimum.

Entsprechend

Satz: Sei $I \subseteq \mathbb{R}^n$ eine konvexe Menge und $f: I \to \mathbb{R}$ eine konkave Funktion, für welche die partiellen Ableitungen $\frac{\partial f}{\partial x_j}$ $(j=1,\ldots,n)$ in einer Umgebung $U(\hat{\underline{x}})$ von $\hat{\underline{x}}$ $(U(\hat{\underline{x}}) \subset I)$ existieren und stetig sind.

Gilt grad $f(\hat{\underline{x}}) = \underline{o}$, dann hat f in $\hat{\underline{x}}$ ein globales Maximum.

5.6.9. Extremwerte unter Nebenbedingungen

Bisher wurde die "freie" Minimierung (Maximierung) einer Funktion betrachtet, d.h. es wurden lokale Extrema einer Funktion $f: I \to \mathbb{R}$ $(I \subseteq \mathbb{R}^n)$ untersucht, ohne daß dabei irgendwelche Bedingungen, die an den Stellen der Extrema gelten sollen, zu beachten waren. Nun sollen an den bei der Extremwertbestimmung zum Vergleich zugelassenen Punkten noch zusätzliche Bedingungen erfüllt sein.

Jetzt soll eine Funktion (genannt "Zielfunktion") $f: I \to \mathbb{R}$ $(I \subseteq \mathbb{R}^n)$ minimiert (maximiert) werden unter Beachtung von "Restriktionen" (= Nebenbedingungen), welche durch Ungleichungen oder Gleichungen gegeben sind.

Die Minimumaufgabe lautet:

Man suche $\hat{\underline{x}} \in I$, so daß

$$(1) \begin{cases} g_i(\hat{\underline{x}}) \leq 0 \quad \text{für } i=1,\dots,m \quad \text{und} \\ f(\hat{\underline{x}}) = \min\{f(\underline{x}) \mid g_i(\underline{x}) \leq 0 \ (i=1,\dots,m)\}; \end{cases}$$

dabei sind $g_i: I \to \mathbb{R}$ gegebene Funktionen.

D.h. ausführlicher geschrieben

$f(\underline{x}) = f(x_1,\dots,x_n) \to \min$ unter den Bedingungen

$$(2) \begin{cases} g_1(\underline{x}) = g_1(x_1,\dots,x_n) \leq 0 \\ g_2(\underline{x}) = g_2(x_1,\dots,x_n) \leq 0 \\ \quad\quad \cdots\cdots\cdots \\ g_m(\underline{x}) = g_m(x_1,\dots,x_n) \leq 0. \end{cases}$$

Man schreibt kurz $\min\{f(\underline{x}) \mid g_i(\underline{x}) \leq 0 \ (i=1,\dots,m)\}$.

Die Menge der durch (2) charakterisierten Punkte $\underline{x}$ ist ein Bereich $B \subseteq \mathbb{R}^n$; dabei soll außerdem $B \subseteq I$ sein.

Allgemein genügt es, für Extremwertaufgaben unter Nebenbedingungen die Minimumaufgabe der Form (1) zu behandeln:

1) Wenn nämlich die Aufgabe $\max\{f(\underline{x}) \mid \underline{x} \in B\}$ vorliegt, so beachtet man, daß

$\max\{f(\underline{x}) \mid \underline{x} \in B\} \iff -\min\{-f(\underline{x}) \mid \underline{x} \in B\}$.

2) Für die Aufgabe $\min\{f(\underline{x}) \mid g_i(\underline{x}) \geq 0 \ (i=1,\dots,m)\}$ beachtet man, daß

$\{\underline{x} \mid g_i(\underline{x}) \geq 0 \ (i=1,\dots,m)\} = \{\underline{x} \mid -g_i(\underline{x}) \leq 0 \ (i=1,\dots,m)\}$;

also

$\min\{f(\underline{x})\,|\,g_i(\underline{x}) \geq 0 \quad (i=1,\dots,)\} =$

$= \min\{f(\underline{x})\,|\,-g_i(\underline{x}) \leq 0 \quad (i=1,\dots,m)\};$

$\max\{f(\underline{x})\,|\,g_i(\underline{x}) \geq 0 \quad (i=1,\dots,m)\} =$

$= -\min\{-f(\underline{x})\,|\,-g_i(\underline{x}) \leq 0 \quad (i=1,\dots,m)\}.$

3) Für die Aufgabe $\min\{f(\underline{x})\,|\,g_i(\underline{x}) = 0\ (i=1,\dots,m)\}$ schreibt man $\min\{f(\underline{x})\,|\,g_i(x) \leq 0\ (i=1,\dots,m)$ und $-g_i(\underline{x}) \leq 0\ (i=1,\dots,m)\}$.

5.6.10. Verfahren zur Bestimmung von lokalen Extremwerten unter der Nebenbedingung $g(x_1,\dots,x_n) = 0$

Es wird nun vorausgesetzt, daß die Funktionen f und g stetig und stetig partiell differenzierbar sind.

Hat die Funktion f der Variablen x_1 und x_2 in $\hat{\underline{x}} = (\hat{x}_1,\hat{x}_2)$ ein lokales Extremum unter der Nebenbedingung $g(x_1,x_2) = 0$, dann gilt

$$\begin{vmatrix} f_{x_1}(\hat{x}_1,\hat{x}_2) & f_{x_2}(\hat{x}_1,\hat{x}_2) \\ g_{x_1}(\hat{x}_1,\hat{x}_2) & g_{x_2}(\hat{x}_1,\hat{x}_2) \end{vmatrix} = 0.$$

Hat eine Funktion f von n Variablen $x_1,\dots,x_n$ in $\hat{\underline{x}} = (\hat{x}_1,\dots,\hat{x}_n)$ ein lokales Extremum unter der Nebenbedingung $g(x_1,\dots,x_n) = 0$, dann gilt

$$\begin{vmatrix} f_{x_i}(\hat{\underline{x}}) & f_{x_j}(\hat{\underline{x}}) \\ g_{x_i}(\hat{\underline{x}}) & g_{x_j}(\hat{\underline{x}}) \end{vmatrix} = 0 \quad \text{für alle } i,j=1,\dots,n.$$

a) Das Einsetzungsverfahren (wir beschränken uns hier auf Funktionen von zwei Variablen). Um die Extremwerte von

(1) $y = f(x_1,x_2)$

unter der Nebenbedingung

(2) $g(x_1,x_2) = 0$

zu bestimmen, kann man aus (2) eine Variable, etwa x_1, durc
die andere Variable ausdrücken, also

(3) $x_1 = \varphi(x_2)$

berechnen [1], und dies in (1) einsetzen. Man erhält durch
$y = f(\varphi(x_2),x_2)$ eine Funktion der einen Variablen x_2, für d
man die lokalen Extremwerte zu bestimmen hat; mit (3) erhäl
man die zugehörigen x_1-Werte.

b) Das Lagrangesche Multiplikatorverfahren liefert notwendige Bedingungen für Extremwerte mit Nebenbedingungen. Um die lokalen Extremwerte von $y = f(x_1,x_2)$ unter der Nebenbedingung $g(x_1,x_2) = 0$ zu bestimmen, bildet man mit $\lambda \in \mathbb{R}$ die Lagrange-Funktion $L: D_L \to \mathbb{R}$ $(D_L \subseteq \mathbb{R}^3)$ mit

$$L(\underline{x},\lambda) = L(x_1,x_2,\lambda) := f(x_1,x_2) + \lambda g(x_1,x_2)$$

und bestimmt für diese die lokalen Extremwerte ohne Nebenbedingung.

Man hat also die Gleichungen

$$\left.\begin{cases} \dfrac{\partial L}{\partial x_1} = \dfrac{\partial f}{\partial x_1} + \lambda \dfrac{\partial g}{\partial x_1} = 0 \\ \dfrac{\partial L}{\partial x_2} = \dfrac{\partial f}{\partial x_2} + \lambda \dfrac{\partial g}{\partial x_2} = 0 \\ \dfrac{\partial L}{\partial \lambda} = g(x_1,x_2) = 0 \end{cases}\right\} \quad (\Longleftrightarrow \text{grad } (f(x_1,x_2) + \lambda g(x_1,x_2)) =$$

Aus diesem Gleichungssystem sind x_1,x_2 (und λ) zu bestimmen

Für $y = f(x_1,\ldots,x_n)$ unter der Nebenbedingung $g(x_1,\ldots,x_n)=$
verfährt man analog; man bildet

$$L(\underline{x},\lambda) = L(x_1,\ldots,x_n,\lambda) := f(x_1,\ldots,x_n) + \lambda g(x_1,\ldots,x_n)$$

---

1) Es wird also angenommen, daß (2) nach x_1 auflösbar ist (vgl. 5.6.5).

und

$$\begin{cases} \dfrac{\partial L}{\partial x_j} = \dfrac{\partial f}{\partial x_j} + \lambda \dfrac{\partial g}{\partial x_j} = 0 \quad (j=1,\dots,n) \\ \dfrac{\partial L}{\partial \lambda} = g(x_1,\dots,x_n) = 0 \end{cases}$$

und berechnet aus diesen n+1 Gleichungen $x_1,\dots,x_n$ (und λ).

Bei mehreren Nebenbedingungen verfährt man entsprechend: Um die lokalen Extremwerte von $y = f(x_1,\dots,x_n)$ unter den Nebenbedingungen $g_i(x_1,\dots,x_n) = 0$ $(i=1,\dots,m)$ zu finden, bildet man

$$L(x_1,\dots,x_n, \lambda_1,\dots,\lambda_m) := f(x_1,\dots,x_n) + \sum_{i=1}^{m} \lambda_i g_i(x_1,\dots,x_n)$$

und

$$\begin{cases} \dfrac{\partial L}{\partial x_j} = \dfrac{\partial f}{\partial x_j} + \sum\limits_{i=1}^{m} \lambda_i \dfrac{\partial g_i}{\partial x_j} = 0 \quad (j=1,\dots,n) \\ \dfrac{\partial L}{\partial \lambda_i} = g_i(x_1,\dots,x_n) = 0 \quad (i=1,\dots,m). \end{cases}$$

Aus diesem Gleichungssystem von n+m Gleichungen sind dann $x_1,\dots,x_n$ (und $\lambda_1,\dots,\lambda_m$) zu berechnen.

5.6.11. Hinreichende Bedingungen für lokale Extremwerte unter einer Nebenbedingung

Wir definieren mit der Lagrange-Funktion $L(\underline{x};\lambda)$ die geränderte Hessedeterminante

$H^*(\underline{x},\lambda) = H^*(x_1,\dots,x_n,\lambda) :=$

$$= \left| \begin{array}{cccc:c} \frac{\partial^2 L}{\partial x_1^2} & \frac{\partial^2 L}{\partial x_1 \partial x_2} & \cdots & \frac{\partial^2 L}{\partial x_1 \partial x_n} & \frac{\partial g}{\partial x_1} \\ \frac{\partial^2 L}{\partial x_2 \partial x_1} & \frac{\partial^2 L}{\partial x_2^2} & \cdots & \frac{\partial^2 L}{\partial x_2 \partial x_n} & \frac{\partial g}{\partial x_2} \\ \cdots & \cdots & \cdots & \cdots & \\ \frac{\partial^2 L}{\partial x_n \partial x_1} & \frac{\partial^2 L}{\partial x_n \partial x_2} & \cdots & \frac{\partial^2 L}{\partial x_n^2} & \frac{\partial g}{\partial x_n} \\ \hdashline \frac{\partial g}{\partial x_1} & \frac{\partial g}{\partial x_2} & \cdots & \frac{\partial g}{\partial x_n} & 0 \end{array} \right| (\underline{x},\lambda)$$

sowie die (j,j)-Hauptunterdeterminanten $H^*_j(\underline{x},\lambda)$ (j=1,...,n
entsprechend wie in 5.6.6.2.

Dann gilt der

<u>Satz</u>: Unter Differenzierbarkeitsvoraussetzungen wie in 5.6.
und wenn die notwendigen Bedingungen für einen Extremwert e
füllt sind, gilt:

a) $H^*_1(\hat{\underline{x}},\hat{\lambda}) > 0$, $H^*_2(\hat{\underline{x}},\hat{\lambda}) > 0, \ldots, H^*_n(\hat{\underline{x}},\hat{\lambda}) > 0$, $H^*(\hat{\underline{x}},\hat{\lambda}) > 0$
$\Longrightarrow$ in $\hat{\underline{x}} = (\hat{x}_1,\ldots,\hat{x}_n)$ hat f unter der Nebenbedingung
$g(x_1,\ldots,x_n) = 0$ ein Minimum;

b) $H^*_1(\hat{\underline{x}},\hat{\lambda}) < 0$, $H^*_2(\hat{\underline{x}},\hat{\lambda}) > 0, \ldots, (-1)^n\, H^*_n(\hat{\underline{x}},\hat{\lambda}) > 0$,
$(-1)^{n+1} H^*(\hat{\underline{x}},\hat{\lambda}) > 0 \Longrightarrow$ in $\hat{\underline{x}} = (\hat{x}_1,\ldots,\hat{x}_n)$ hat f unter der
Nebenbedingung $g(x_1,\ldots,x_n) = 0$ ein Maximum.

Spezialfall n = 2:

In diesem Fall gilt ($\underline{x} = (x_1,x_2)$; $\hat{\underline{x}} = (\hat{x}_1,\hat{x}_2)$)

a) $H^*_1(\hat{\underline{x}},\hat{\lambda}) = \frac{\partial^2 L}{\partial x_1^2}(\hat{\underline{x}},\hat{\lambda}) > 0$ und

$$H_2^*(\hat{\underline{x}},\hat{\lambda}) = \begin{vmatrix} \frac{\partial^2 L}{\partial x_1^2} & \frac{\partial^2 L}{\partial x_1 \partial x_2} \\ \frac{\partial^2 L}{\partial x_2 \partial x_1} & \frac{\partial^2 L}{\partial x_2^2} \end{vmatrix} (\hat{\underline{x}},\hat{\lambda}) > 0 \text{ und}$$

$$H^*(\hat{\underline{x}},\hat{\lambda}) = \begin{vmatrix} \frac{\partial^2 L}{\partial x_1^2} & \frac{\partial^2 L}{\partial x_1 \partial x_2} & \frac{\partial g}{\partial x_1} \\ \frac{\partial^2 L}{\partial x_2 \partial x_1} & \frac{\partial^2 L}{\partial x_2^2} & \frac{\partial g}{\partial x_2} \\ \frac{\partial g}{\partial x_1} & \frac{\partial g}{\partial x_2} & 0 \end{vmatrix} (\hat{\underline{x}},\hat{\lambda}) > 0$$

$\Longrightarrow$ f hat in $\hat{\underline{x}}$ unter der Nebenbedingung $g(x_1,...,x_n) = 0$ ein Minimum;

b) $H_1^*(\hat{\underline{x}},\hat{\lambda}) = \frac{\partial^2 L}{\partial x_1^2}(\hat{\underline{x}},\hat{\lambda}) < 0$ und

$$H_2^*(\hat{\underline{x}},\hat{\lambda}) = \begin{vmatrix} \frac{\partial^2 L}{\partial x_1^2} & \frac{\partial^2 L}{\partial x_1 \partial x_2} \\ \frac{\partial^2 L}{\partial x_2 \partial x_1} & \frac{\partial^2 L}{\partial x_2^2} \end{vmatrix} (\hat{\underline{x}},\hat{\lambda}) > 0 \text{ und}$$

$$H^*(\hat{\underline{x}},\hat{\lambda}) = \begin{vmatrix} \frac{\partial^2 L}{\partial x_1^2} & \frac{\partial^2 L}{\partial x_1 \partial x_2} & \frac{\partial g}{\partial x_1} \\ \frac{\partial^2 L}{\partial x_2 \partial x_1} & \frac{\partial^2 L}{\partial x_2^2} & \frac{\partial g}{\partial x_2} \\ \frac{\partial g}{\partial x_1} & \frac{\partial g}{\partial x_2} & 0 \end{vmatrix} (\hat{\underline{x}},\hat{\lambda}) < 0$$

$\Longrightarrow$ f hat in $\hat{\underline{x}}$ unter der Nebenbedingung $g(x_1,...,x_n) = 0$ ein Maximum.

Bemerkung: Diese Determinante läßt sich auch umformen zu

$$\begin{vmatrix} 0 & \frac{\partial g}{\partial x_1} & \frac{\partial g}{\partial x_2} \\ \frac{\partial g}{\partial x_1} & \frac{\partial^2 L}{\partial x_1^2} & \frac{\partial^2 L}{\partial x_1 \partial x_2} \\ \frac{\partial g}{\partial x_2} & \frac{\partial^2 L}{\partial x_2 \partial x_1} & \frac{\partial^2 L}{\partial x_2^2} \end{vmatrix} (\hat{\underline{x}}, \hat{\lambda}).$$

Entsprechend im allgemeinen Fall.

5.6.12. Sonderfälle von Extremwertaufgaben unter Nebenbedingungen

Ist die Zielfunktion f eine lineare Funktion

$$f(\underline{x}) = f(x_1,\ldots,x_n) = c_1x_1 + \ldots + c_nx_n$$

und sind die Restriktionen g_i ebenfalls lineare Funktionen, also

$$g_i(\underline{x}) = g_i(x_1,\ldots,x_n) = a_{i1}x_1 + \ldots + a_{in}x_n + b_i \quad (i=1,\ldots,m)$$

so liegt ein Problem der linearen Optimierung vor.

Das Problem $\min\{f(\underline{x})\,|\,g_i(\underline{x}) \leq 0 \ (i=1,\ldots,m)\}$ schreibt man dann häufig in Matrizenform als

(1) $f(\underline{x}) = \underline{c}\ \underline{x}' \to \min$ unter den Nebenbedingungen

(2) $\underline{A}\ \underline{x}' \leq \underline{b}'$, wobei $\underline{x} = (x_1,\ldots,x_n)$; $\underline{c} = (c_1,\ldots,c_n)$;

$$\underline{A} = \begin{pmatrix} a_{11} & \cdots & a_{1n} \\ & \cdots\cdots & \\ a_{m1} & \cdots & a_{mn} \end{pmatrix}; \qquad \underline{b} = (b_1,\ldots,b_m).$$

Zusätzlich hat man meistens noch die Nichtnegativitätsbedingung

(3) $\underline{x} \geq \underline{o}$ (d.h. $x_j \geq 0$ $(j=1,\ldots,n)$).

Ist der Vektor $\underline{c}$ in (1) und/oder der Vektor $\underline{b}$ in (2) von dem Parameter "Zeit" t abhängig, so spricht man von parametrischer linearer Optimierung.

Sind für den Lösungsvektor $\underline{x}$ eines Problems der linearen Optimierung nur Vektoren $\underline{x}$ mit ganzzahligen Elementen x_j $(j=1,\ldots,n)$ zugelassen, so liegt ein Problem der ganzzahligen (diskreten) linearen Optimierung vor.

Sind die Zielfunktion f und die Restriktionen g_i allgemeiner konvexe (konkave) Funktionen, so hat man ein Problem der konvexen (konkaven) Optimierung.

Man spricht von einer quadratischen Optimierungsaufgabe, wenn die Zielfunktion f die Form

$$f(\underline{x}) = f(x_1,\ldots,x_n) = \sum_{j,k=1}^{n} c_{jk}x_jx_k + \sum_{j=1}^{n} c_jx_j =$$

$$= \underline{x}\,\underline{C}\,\underline{x}' + \underline{c}\,\underline{x}' \text{ mit einer } (n,n)\text{-Matrix}$$

$\underline{C} = (c_{jk})_{j,k=1,\ldots,n}$ hat; $\underline{c} = (c_1,\ldots,c_n)$.

Die Nebenbedingungen sind dabei linear wie im Fall der linearen Optimierung; außerdem soll die Nichtnegativitätsbedingung gelten. Das quadratische Optimierungsproblem lautet also

$\underline{x}\,\underline{C}\,\underline{x}' + \underline{c}\,\underline{x}' \rightarrow \min$ unter den Nebenbedinungen $\underline{A}\,\underline{x}' \leq \underline{b}$;

$\underline{x} \geq \underline{o}$.

5.6.13. Mehrfache Integrale. Wir beschränken uns hier auf Doppelintegrale (für n-fache Integrale analog).

Sei $f: D_f \to \mathbb{R}$ mit $D_f \subseteq \mathbb{R}^2$ eine Funktion von zwei Variablen; sei weiter die Menge $M: = \{(x_1,x_2) \in \mathbb{R}^2 | a \leq x_1 \leq b;$ $c \leq x_2 \leq d\} \subseteq D_f$ und f stetig für alle $(x_1,x_2) \in M$. Dann existiert das Doppelintegral

$$\int_a^b \left(\int_c^d f(x_1,x_2)dx_2\right)dx_1,$$

und man schreibt $\int_a^b \int_c^d f(x_1,x_2)dx_2dx_1$.

Es gilt

$$\int_a^b \int_c^d f(x_1,x_2)dx_2dx_1 = \int_c^d \int_a^b f(x_1,x_2)dx_1dx_2.$$

Diese Aussage gilt auch noch allgemeiner unter schwächeren Voraussetzungen und wird dann als Satz von Fubini bezeichnet.

Integrale mit variablen Grenzen:

$$\int_a^b \int_{g_1(x_1)}^{g_2(x_1)} f(x_1,x_2)dx_2dx_1: = \int_a^b \left(\int_{g_1(x_1)}^{g_2(x_1)} f(x_1,x_2)dx_2\right)dx_1$$ (g_1 und

stetige Funktionen über [a,b]; siehe auch Parameterintegral.

Die Grenzen der Integrale bestimmen den Integrationsbereich. Häufig wird ein Integral und sei Integrationsbereich angegeben etwa durch

$$\iint_M f(x_1,x_2)dx_1dx_2,$$

wobei die Menge $M = \{(x_1,x_2) \in \mathbb{R}^2 | \varphi(x_1,x_2) \leq c\}$ mit einer geeigneten Funktion φ und einer Konstanten c.

Beispiele:

1) $$\int_0^1 \int_{1-x_1}^{2x_1+1} (x_2 - a)\,dx_2 dx_1 = \int_0^1 \left(\frac{x_2^2}{2} - ax_2\right)\Bigg|_{x_2=1-x_1}^{x_2=2x_1+1} dx_1 =$$

$$= \int_0^1 \left(\frac{1}{2}(2x_1 + 1)^2 - a(2x_1 + 1) - \frac{1}{2}(1 - x_1)^2 + a(1 - x_1)\right)dx_1 =$$

$$= \int_0^1 \left(2x_1^2 + 2x_1 + \frac{1}{2} - 2ax_1 - a - \frac{1}{2} + x_1 - \frac{x_1^2}{2} + a - ax_1\right)dx_1 =$$

$$= \int_0^1 \left(\frac{3}{2}x_1^2 + 3x_1 - 3ax_1\right)dx_1 = \left(\frac{x_1^3}{2} + \frac{3}{2}x_1^2 - \frac{3}{2}ax_1^2\right)\Bigg|_0^1 =$$

$$= \frac{1}{2} + \frac{3}{2} - \frac{3}{2}a = 2 - \frac{3}{2}a.$$

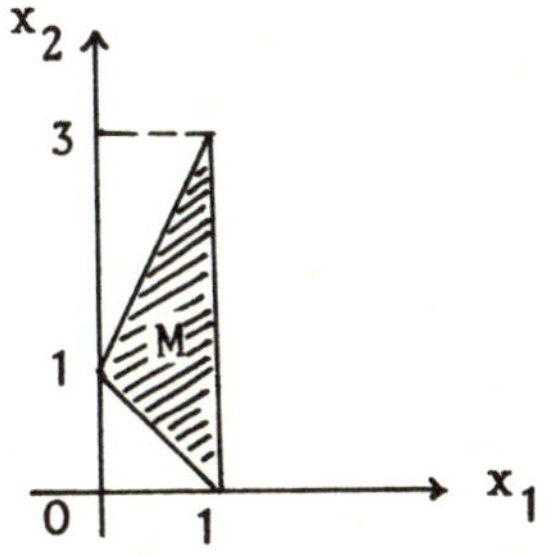

Integrationsbereich M

2) $$\int_1^2 \int_{\frac{1}{x_1}}^{3} dx_2 dx_1 = \int_1^2 x_2\Bigg|_{x_2=\frac{1}{x_1}}^{x_2=3} dx_1 = \int_1^2 \left(3 - \frac{1}{x_1}\right)dx_1 =$$

$$= (3x_1 - \ln|x_1|)\Bigg|_1^2 = 6 - \ln 2 - 3 + 0 = 3 - \ln 2.$$

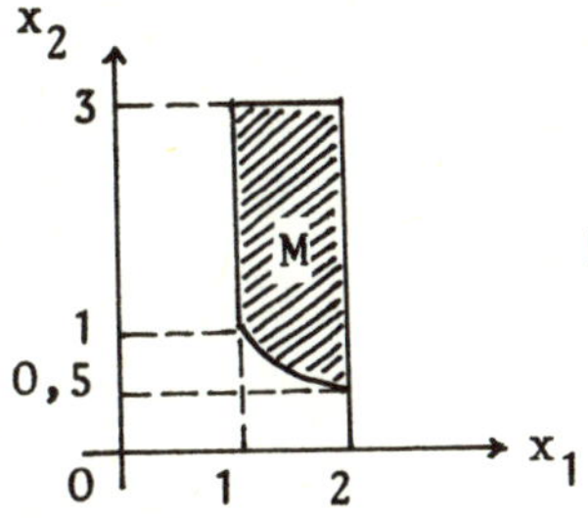

Integrationsbereich M

3) $\int\limits_M\int x_1 e^{-ax_1 - x_1x_2}\, dx_2 dx_1$ mit $M = \{(x_1,x_2) \in \mathbb{R}^2 \,|\, x_1x_2 \le y;$
$x_1 > 0,\ x_2 > 0\};$

$$\int\limits_M\int x_1 e^{-ax_1-x_1x_2} dx_2 dx_1 = \int_0^\infty x_1 e^{-ax_1}\left(\int_0^{y/x_1} e^{-x_1x_2} dx_2\right) dx_1 =$$

$$= \int_0^\infty x_1 e^{-ax_1}\left(-\frac{1}{x_1}\, e^{-x_1x_2}\Bigg|_{x_2=0}^{x_2=y/x_1}\right) dx_1 =$$

$$= \int_0^\infty x_1 e^{-ax_1}\left(-\frac{1}{x_1}\, e^{-y} + \frac{1}{x_1}\right) dx_1 =$$

$$= \int_0^\infty (-e^{-ax_1-y} + e^{-ax_1}) dx_1 = \int_0^\infty e^{-ax_1}(1 - e^{-y}) dx_1 =$$

$$= (1 - e^{-y}) \int_0^\infty e^{-ax_1} dx_1 = (1 - e^{-y})\left(-\frac{1}{a}\, e^{-ax_1}\right)\Bigg|_0^\infty = \frac{1-e^{-y}}{a}$$

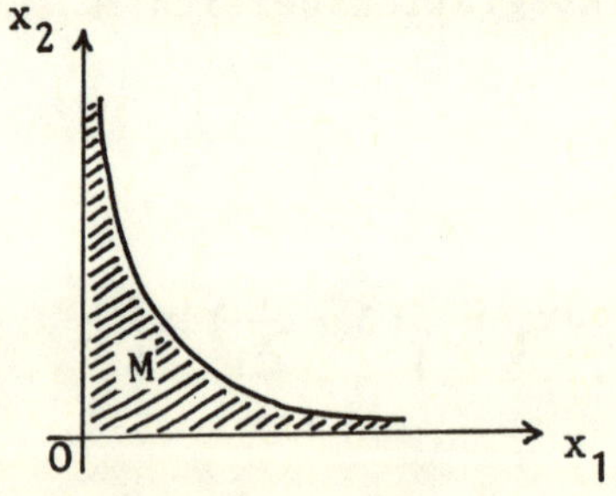

Integrationsbereich M

5.7. Matrizen und Vektoren

5.7.1. Grundbegriffe

$$\underline{A} = \begin{pmatrix} a_{11} & a_{12} & \cdots & a_{1n} \\ a_{21} & a_{22} & \cdots & a_{2n} \\ \cdots & \cdots & \cdots & \cdots \\ a_{m1} & a_{m2} & \cdots & a_{mn} \end{pmatrix} \quad (m,n \in \mathbb{N})$$

ist eine (m,n)-Matrix mit den Elementen (Einträgen) a_{jk} ($1 \leq j \leq m$; $1 \leq k \leq n$) [1]. Der erste Index j gibt bei a_{jk} die Zeilennummer (Zeilenindex j), der zweite Index k gibt die Spaltennummer (Spaltenindex k) an.

Man schreibt auch $\underline{A} = (a_{jk})_{j=1,\ldots,m;k=1,\ldots,n}$; kurz $\underline{A}=(a_{jk})$.

Eine Matrix, die nur aus einer Zeile besteht, heißt Zeilenvektor; eine Matrix, die nur aus einer Spalte besteht, Spaltenvektor. Zeilenvektoren mit n Elementen sind also (1,n)-Matrizen, Spaltenvektoren mit m Elementen also (m,1)-Matrizen [2].

Die Elemente von Zeilen- (Spalten-)Vektoren nennt man auch Komponenten oder Koordinaten des Vektors.

Die Menge aller Zeilenvektoren mit n Elementen $\in \mathbb{R}$ bildet den n-dimensionalen Raum $\mathbb{R}^n$; entsprechend für Spaltenvektoren.

Ein Zeilenvektor mit n Elementen $\in \mathbb{R}$ ist also ein n-Tupel reeller Zahlen; ebenso für Spaltenvektoren.

---

1) Man schreibt auch (m x n)-Matrix.

2) Wir bezeichnen Matrizen mit $\underline{A}$, $\underline{B}$, $\underline{C}$,..., Vektoren mit $\underline{a}$, $\underline{b}$, $\underline{u}$, $\underline{v}$,...

Man hat $\mathbb{R}^1 = \mathbb{R}$ und nennt hier reelle Zahlen im Gegensatz zu Vektoren auch <u>Skalare</u>.

Die (m,n)-Matrix $\underline{A} = (a_{jk})_{j=1,\ldots,m;k=1,\ldots,n}$ besteht somit aus m Zeilenvektoren $\underline{a}_j = (a_{j1},\ldots,a_{jn})$ (j=1,...,m) bzw.

n Spaltenvektoren $\underline{u}_k = \begin{pmatrix} a_{1k} \\ a_{2k} \\ \vdots \\ a_{mk} \end{pmatrix}$ (k=1,...,n).

Man schreibt dann auch

$$\underline{A} = \begin{pmatrix} \underline{a}_1 \\ \underline{a}_2 \\ \vdots \\ \underline{a}_m \end{pmatrix} \quad \text{bzw. } \underline{A} = (\underline{u}_1\ \underline{u}_2\ \ldots\ \underline{u}_n).$$

Zwei (m,n)-Matrizen $\underline{A} = (a_{jk})$ und $\underline{B} = (b_{jk})$ heißen <u>gleich</u> ($\underline{A} = \underline{B}$), wenn gilt $a_{jk} = b_{jk}$ für alle j=1,...,m;k=1,...,n.

Zwei oder mehrere Matrizen (Vektoren) mit gleicher Anzahl m von Zeilen und gleicher Anzahl n von Spalten heißen <u>gleichartig</u>.

Eine Matrix $\underline{A}$ mit $a_{jk} = 0$ für alle j=1,...,m;k=1,...,n heißt <u>Nullmatrix</u> $\underline{O}$ (entsprechend <u>Nullvektor</u> $\underline{o}$).

Für m = n heißt eine (m,n)-Matrix $\underline{A}$ <u>quadratische Matrix</u>. Die Elemente $a_{11}, a_{22}, \ldots, a_{nn}$ bilden die <u>Hauptdiagonale</u> der (n,n)-Matrix $\underline{A} = (a_{jk})$.

Eine (n,n)-Matrix $\underline{A} = (a_{jk})$ mit $a_{jk} = 0$ für alle $j \neq k$ heißt <u>Diagonalmatrix</u>;

also

$$\underline{A} = \begin{pmatrix} a_{11} & 0 & \cdots & 0 \\ 0 & a_{22} & & \vdots \\ \vdots & & \ddots & 0 \\ 0 & \cdots & 0 & a_{nn} \end{pmatrix}.$$

Spezialfall: Einheitsmatrix

$$\underline{I} = \begin{pmatrix} 1 & 0 & \cdots & 0 \\ 0 & 1 & & \vdots \\ \vdots & & \ddots & 0 \\ 0 & 0 \cdots & 0 & 1 \end{pmatrix} ; \text{ also } a_{jk} = \begin{cases} 1 & \text{für } j = k \\ 0 & \text{sonst.} \end{cases}$$

Eine (n,n)-Matrix $\underline{A} = (a_{jk})$ mit $a_{jk} = 0$ für alle $j < k$ (bzw. alle $j > k$) heißt Dreiecksmatrix [1]; also

$$\underline{A} = \begin{pmatrix} a_{11} & a_{12} & \cdots & a_{1n} \\ 0 & a_{22} & & \vdots \\ \vdots & & \ddots & \vdots \\ 0 & \cdots & 0 & a_{nn} \end{pmatrix} \text{ bzw.}$$

$$\underline{A} = \begin{pmatrix} a_{11} & 0 & \cdots & 0 \\ a_{21} & a_{22} & & \vdots \\ \vdots & & \ddots & 0 \\ a_{n1} & \cdots & \cdots & a_{nn} \end{pmatrix}.$$

Eine (n,n)-Matrix $\underline{A} = (a_{jk})$ mit $a_{jk} = a_{kj}$ für alle $j,k \in \{1,\ldots,n\}$ heißt symmetrisch, eine (n,n)-Matrix $\underline{A} = (a_{jk})$ mit $a_{jk} = -a_{kj}$ für alle $j,k \in \{1,\ldots,n\}$ heißt antisymmetrisch (schiefsymmetrisch).

1) Im Fall $j < k$ spricht man von einer unteren Dreiecksmatrix, für $j > k$ von einer oberen Dreiecksmatrix.

Für eine antisymmetrische Matrix gilt $a_{jj} = 0$ für alle $j \in \{1,\ldots,n\}$.

<u>Def.</u>: Die (n,m)-Matrix $\underline{A}' = (a_{kj})_{k=1,\ldots,n;\,j=1,\ldots,m}$ heißt die zur (m,n)-Matrix $\underline{A} = (a_{jk})_{j=1,\ldots,m;\,k=1,\ldots,n}$ <u>transponierte Matrix</u>[1].

Es gilt:

$(\underline{A}')' = \underline{A}$;

$\underline{A}$ symmetrisch $\Longleftrightarrow$ $\underline{A} = \underline{A}'$;

$\underline{A}$ antisymmetrisch $\Longleftrightarrow$ $\underline{A} = -\underline{A}'$.

<u>Def.</u>: Eine (n,n)-Matrix $\underline{A} = (a_{jk})$ mit $a_{jk} \in \mathbb{R}$ und $a_{jk} \leq 0$ für $j \neq k$ und $a_{jj} > 0$ heißt <u>Metzler-Matrix</u>; $\underline{A}$ heißt <u>Metzler-Matrix im engeren Sinn</u>, wenn $a_{jk} < 0$ für $j \neq k$ und $a_{jj} > 0$ $(j,k=1,\ldots,n)$.

Beispiel für einen speziellen Typ von Matrizen:

<u>Def.</u>: Eine (n,n)-Matrix $\underline{A}$ mit Elementen +1 oder -1 heißt <u>Hadamard-Matrix</u>, wenn $\underline{A}\,\underline{A}' = n\,\underline{I}$ ($\underline{I}$ (n,n)-Einheitsmatrix).

Notwendig für die Existenz von Hadamard-Matrizen ist $n = 2$ oder $n = 4k$ $(k \in \mathbb{N})$[2].

$\begin{pmatrix} 1 & 1 \\ 1 & -1 \end{pmatrix}$ ist (2,2)-Hadamard-Matrix;

ebenso $\begin{pmatrix} -1 & 1 \\ -1 & -1 \end{pmatrix}$;

---

1) Auch geschrieben $\underline{A}^T$.

2) Hadamard-Matrizen werden in der Versuchsplanung benutzt.

allgemein erhält man durch

$$\underline{A} = \begin{pmatrix} a & b \\ \mp b & \pm a \end{pmatrix} \text{ mit } a^2 + b^2 = 2$$

(entweder gelten die oberen Vorzeichen oder die unteren)

alle (2,2)-Matrizen $\underline{A}$ mit $\underline{A}\ \underline{A}' = 2\ \underline{I}$.

$$\begin{pmatrix} 1 & 1 & 1 & 1 \\ 1 & 1 & -1 & -1 \\ 1 & -1 & 1 & -1 \\ 1 & -1 & -1 & 1 \end{pmatrix} \text{ ist (4,4)-Hadamard-Matrix.}$$

Def.: Der Zeilenvektor $\underline{e}_k := (e_1, \ldots, e_n)$ mit $e_k = 1$ und $e_i = 0$ für $i \neq k$ heißt k-ter Einheitsvektor $(k=1,\ldots,n)$; auch der Spaltenvektor $\underline{e}_k'$ wird als k-ter Einheitsvektor bezeichnet.

Für einen Vektor $\underline{a} = (a_1, \ldots, a_n)$ gilt $\underline{a} = \sum_{k=1}^{n} a_k\ \underline{e}_k$.

Werden in einer (m,n)-Matrix $\underline{A}$ gewisse $0 \leq p$ Zeilen und gewisse $0 \leq q$ Spalten weggelassen, so entsteht eine Teilmatrix $\underline{A}^*$ von $\underline{A}$.

Demnach ist $\underline{A}^*$ eine (m-p,n-q)-Matrix.

Teilmatrizen $\underline{A}^*$ einer (m,n)-Matrix $\underline{A} = (a_{jk})$ kann man also schreiben als $\underline{A}^* = (a_{jk})_{j \in J,\ k \in K}$, wobei $J \subseteq \{1, \ldots, m\}$ und $K \subseteq \{1, \ldots, n\}$ gewisse Teilmengen der betreffenden Indexmengen sind.

Def.: Seien $\underline{A} = (a_{jk})$ und $\underline{B} = (b_{jk})$ (m,n)-Matrizen; $s \in \mathbb{R}$.

Dann sind die (m,n)-Matrizen

$\underline{A} + \underline{B} := (a_{jk} + b_{jk})$ (Summe);

$\underline{A} - \underline{B} := (a_{jk} - b_{jk})$ (Differenz);

$s\,\underline{A} = \underline{A}\,s := (sa_{jk})$;

speziell $(-1)\underline{A} =: -\underline{A}$.

Es gilt ($\underline{A}$, $\underline{B}$, $\underline{C}$ gleichartige Matrizen; $s,t \in \mathbb{R}$)

$\underline{A} + (\underline{B}-\underline{A}) = \underline{B}$;

$\underline{A} + \underline{B} = \underline{B} + \underline{A}$;

$\underline{A} + (\underline{B}+\underline{C}) = (\underline{A}+\underline{B}) + \underline{C}$; man schreibt dann kurz $\underline{A} + \underline{B} + \underline{C}$;

$(s+t)\underline{A} = s\,\underline{A} + t\,\underline{A}$;

$s(\underline{A}+\underline{B}) = s\,\underline{A} + s\,\underline{B}$;

$s(t\,\underline{A}) = (s\,t)\underline{A}$;

$(\underline{A}+\underline{B})' = \underline{A}' + \underline{B}'$;

$(s\,\underline{A})' = s\,\underline{A}'$.

Speziell gelten diese Definitionen und Aussagen auch für gleichartige Vektoren.

Jede quadratische Matrix $\underline{A}$ ist darstellbar als

$\underline{A} = \frac{1}{2}(\underline{A}+\underline{A}') + \frac{1}{2}(\underline{A}-\underline{A}')$,

wobei $\frac{1}{2}(\underline{A}+\underline{A}')$ symmetrisch und $\frac{1}{2}(\underline{A}-\underline{A}')$ antisymmetrisch.

Def.: Seien $\underline{a} = (a_1,\ldots,a_n)$; $\underline{b} = (b_1,\ldots,b_n)$ zwei Vektoren. Dann ist

$$\underline{a} \cdot \underline{b} := \sum_{k=1}^{n} a_k b_k$$

das (skalare) Produkt (= inneres Produkt) von $\underline{a}$ und $\underline{b}$ [1].

---

1) Man schreibt für das skalare Produkt statt $\underline{a} \cdot \underline{b}$ auch $\langle \underline{a},\underline{b} \rangle$. Manchmal wird das skalare Produkt auch für Spaltenvektoren $\underline{a}$ und $\underline{b}$ eingeführt als $\underline{a}' \cdot \underline{b}'$.

Es gilt ($s \in \mathbb{R}$)

$\underline{a} \cdot \underline{b} = \underline{b} \cdot \underline{a}$;

$\underline{a} \cdot (\underline{b}+\underline{c}) = \underline{a} \cdot \underline{b} + \underline{a} \cdot \underline{c}$;

$s(\underline{a} \cdot \underline{b}) = (s\ \underline{a}) \cdot \underline{b} = \underline{a} \cdot (s\ \underline{b})$.

Man setzt $\underline{a} \cdot \underline{a} =: \underline{a}^2$.

Weiter hat man

$(\underline{a}+\underline{b}) \cdot (\underline{c}+\underline{d}) = \underline{a} \cdot \underline{c} + \underline{a} \cdot \underline{d} + \underline{b} \cdot \underline{c} + \underline{b} \cdot \underline{d}$;

$(\underline{a} \pm \underline{b})^2 = \underline{a}^2 \pm 2\underline{a} \cdot \underline{b} + \underline{b}^2$;

$(\underline{a}+\underline{b}) \cdot (\underline{a}-\underline{b}) = \underline{a}^2 - \underline{b}^2$;

ferner für Vektoren $\underline{a}$ mit reellen Elementen

$\underline{a}^2 \geq 0$ stets und $\underline{a}^2 = 0 \Longleftrightarrow \underline{a} = \underline{o}$.

Def.: $\sqrt{\underline{a}^2} =: |\underline{a}|$ heißt Betrag des Vektors $\underline{a}$.

Es ist $|\underline{a}| \geq 0$ stets und $|\underline{a}| = 0 \Longleftrightarrow \underline{a} = \underline{o}$.

Für die Einheitsvektoren $\underline{e}_k$ gilt

$$\underline{e}_i \cdot \underline{e}_k = \begin{cases} 1 & \text{für } i = k \\ 0 & \text{für } i \neq k \end{cases}$$

also $\underline{e}_i$ und $\underline{e}_k$ orthogonal für $i \neq k$.

Def.: Zwei Zeilenvektoren $\underline{a}$ und $\underline{b}$ heißen orthogonal, wenn das skalare Produkt $\underline{a} \cdot \underline{b} = 0$ ist. Entsprechend heißen zwei Spaltenvektoren $\underline{u}$ und $\underline{v}$ orthogonal, wenn $\underline{u}' \cdot \underline{v}' = 0$ ist. Gilt außerdem $\underline{a}^2 = \underline{b}^2 = 1$, so heißen $\underline{a}$ und $\underline{b}$ orthonormal.

Def.: Es heißt $\underline{a} \leq \underline{b}$, wenn $a_k \leq b_k$ gilt für alle $k=1,\dots,n$.

Def.: Sei $\underline{A} = (a_{jk}) = (\underline{a}_j)$ eine (m,n)-Matrix ($\underline{a}_j = (a_{j1},\dots,a_{jn})$ $(j=1,\dots,m)$ sind die Zeilenvektoren von $\underline{A}$) und $\underline{B} = (b_{jk}) = (\underline{v}_k)$ eine (n,l)-Matrix ($\underline{v}_k' = (b_{1k},\dots,b_{nk})$ $(k=1,\dots,l)$ sind die transponierten Spaltenvektoren von $\underline{B}$).
Dann heißt die (m,l)-Matrix $\underline{A}\ \underline{B} := (c_{jk})_{j=1,\dots,m;k=1,\dots,l}$ mit $c_{jk} := \underline{a}_j \cdot \underline{v}_k' = \sum_{t=1}^{n} a_{jt} b_{tk}$ das Produkt von $\underline{A}$ und $\underline{B}$.

Das skalare Produkt $\underline{a} \cdot \underline{b}$ der zwei Zeilenvektoren $\underline{a}$ und $\underline{b}$ kann man nun schreiben als $\underline{a}\ \underline{b}'$.

Rechenschema (Falksches Schema) zur Berechnung von Produkte

Beispiel: $\underline{A} = \begin{pmatrix} 1 & 0 & -8 \\ 0 & 1 & 3 \end{pmatrix}$; $B = \begin{bmatrix} 2 & 1 \\ -1 & 0 \\ 4 & -2 \end{bmatrix}$

			2	1
			-1	0
			4	-2
1	0	-8	-30	17
0	1	3	11	-6

$$\begin{bmatrix} -30 & 17 \\ 11 & -6 \end{bmatrix} = \underline{A}\ \underline{B}.$$

Es gilt allgemein <u>nicht</u> $\underline{A}\ \underline{B} = \underline{B}\ \underline{A}$. Ebenso folgt <u>nicht</u> aus $\underline{A}\ \underline{B} = \underline{O}$, daß $\underline{A} = \underline{O}$ oder $\underline{B} = \underline{O}$.

Es gilt ($s \in \mathbb{R}$) [1)]

$\underline{A}(\underline{B}\ \underline{C}) = (\underline{A}\ \underline{B})\underline{C}$; man schreibt dann kurz $\underline{A}\ \underline{B}\ \underline{C}$;

$\underline{A}(\underline{B} + \underline{C}) = \underline{A}\ \underline{B} + \underline{A}\ \underline{C}$;

$(\underline{B} + \underline{C})\underline{A} = \underline{B}\ \underline{A} + \underline{C}\ \underline{A}$;

$s(\underline{A}\ \underline{B}) = (s\ \underline{A})\underline{B} = \underline{A}(s\ \underline{B})$;

$\underline{A}\ \underline{I} = \underline{A}$; $\underline{I}\ \underline{B} = \underline{B}$ ($\underline{I}$ = Einheitsmatrix);

$(\underline{A}\ \underline{B})' = \underline{B}'\underline{A}'$;

allgemein

$(\underline{A}_1\ \underline{A}_2\ \ldots\ \underline{A}_t)' = \underline{A}_t'\ \ldots\ \underline{A}_2'\underline{A}_1'$.

Für jede Matrix $\underline{A}$ sind $\underline{A}\ \underline{A}'$ und $\underline{A}'\underline{A}$ symmetrische Matrizen.

Für symmetrische (n,n)-Matrizen $\underline{A}$ und $\underline{B}$ gilt $\underline{A}\ \underline{B} = \underline{B}\ \underline{A}$ genau dann, wenn $(\underline{A}\ \underline{B})' = \underline{A}\ \underline{B}$.

Wenn $\underline{A}$ quadratisch, setzt man $\underline{A}\ \underline{A} =: \underline{A}^2$, $\underline{A}^2\underline{A} =: \underline{A}^3$ usw.
$\underline{A}^k := \underline{A}\ \underline{A}^{k-1}$; ferner $\underline{A}^1 := \underline{A}$; $\underline{A}^0 := \underline{I}$.

1) Sofern die betreffenden Produkte und Summen definiert si

Es gilt: Seien $\underline{A}$ und $\underline{B}$ (n,n)-Matrizen und $\underline{A}\,\underline{B} = \underline{B}\,\underline{A}$.

Dann ist

$$(\underline{A} + \underline{B})^t = \sum_{j=0}^{t} \binom{t}{j} \underline{A}^j \underline{B}^{t-j} \quad (t \in \mathbb{N}) \quad \text{(binomischer Satz).}$$

5.7.2. Inverse Matrix

Def.: Gibt es zu der (n,n)-Matrix $\underline{A}$ eine Matrix $\underline{Z}$, so daß $\underline{A}\,\underline{Z} = \underline{I}$ ($\underline{I}$ = Einheitsmatrix), dann heißt $\underline{Z}$ Inverse (= Kehrmatrix) von $\underline{A}$.

$\underline{Z}$ ist dann auch eine (n,n)-Matrix.

Man schreibt $\underline{Z} = \underline{A}^{-1}$.

Def.: Existiert für eine Matrix $\underline{A}$ eine Inverse, so heißt $\underline{A}$ regulär (= invertierbar) [1]. - Andernfalls heißt $\underline{A}$ singulär.

Falls $\underline{A}^{-1}$ existiert, gilt auch $\underline{A}^{-1}\underline{A} = \underline{I}$, und $\underline{A}^{-1}$ ist eindeutig bestimmt.

Genau dann existiert $\underline{A}^{-1}$, wenn die Zeilenvektoren von $\underline{A}$ linear unabhängig sind (entsprechend für die Spaltenvektoren von $\underline{A}$).

Genau dann existiert $\underline{A}^{-1}$, wenn det $\underline{A} \neq 0$ ist.

Weitere Aussagen über Inverse:

$\underline{I}^{-1} = \underline{I}$;

1) Statt regulär nennt man eine Matrix auch nicht-singulär.

$(\underline{A}^{-1})^{-1} = \underline{A}$ ($\underline{A}$ regulär);

$(\underline{A}')^{-1} = (\underline{A}^{-1})'$ ($\underline{A}'$ transponierte Matrix von $\underline{A}$);

$(s\,\underline{A})^{-1} = s^{-1}\underline{A}^{-1}$ $(0 \neq s \in \mathbb{R})$;

$(\underline{A}\,\underline{B})^{-1} = \underline{B}^{-1}\underline{A}^{-1}$; allgemein

$(\underline{A}_1\,\underline{A}_2 \ldots \underline{A}_t)^{-1} = \underline{A}_t^{-1} \ldots \underline{A}_2^{-1}\underline{A}_1^{-1}$.

Ist $\underline{A}$ eine reguläre symmetrische Matrix, dann ist auch $\underline{A}^{-1}$ symmetrisch.

Inverse einer Diagonalmatrix:

Sei

$$\underline{A} = (a_{jk}) \text{ mit } a_{jk} \begin{cases} = 0 & \text{für } j \neq k \\ \neq 0 & \text{für } j = k; \end{cases}$$

dann ist

$$\underline{A}^{-1} = (z_{jk}) \text{ mit } z_{jk} = \begin{cases} 0 & \text{für } j \neq k \\ \dfrac{1}{a_{jk}} & \text{für } j = k. \end{cases}$$

Zur Bestimmung der Inversen gilt mit den algebraischen Komplementen A_{jk} der Elemente a_{jk} von $\underline{A}$ (vgl. 5.7.15)

$$\underline{A}^{-1} = \frac{1}{\det \underline{A}} \begin{pmatrix} A_{11} & A_{21} & \cdots & A_{n1} \\ A_{12} & A_{22} & \cdots & A_{n2} \\ & \cdots\cdots\cdots & & \\ A_{1n} & A_{2n} & \cdots & A_{nn} \end{pmatrix}.$$

Weiter ist

$$\det(\underline{A}^{-1}) = \frac{1}{\det \underline{A}}.$$

Zur numerischen Berechnung der Inversen einer Matrix kann man folgendes Verfahren, das elementare Zeilenumformungen von Matrizen benutzt, anwenden:

Elementare Zeilenumformungen einer Matrix sind folgende Umformungen:

(1) Vertauschung von Zeilen;

(2) Multiplikation von Zeilen mit Zahlen $\neq 0$;

(3) Zu einer Zeile wird eine beliebige Linearkombination der anderen Zeilen addiert.

Spezialfall von (3):

(3') Zu einer Zeile wird ein beliebiges Vielfaches einer anderen Zeile addiert.

Berechnung der Inversen [1]: In dem Schema $(\underline{A} \vdots \underline{I})$ ($\underline{I}$ = Einheitsmatrix) wird durch elementare Zeilenumformungen links die Einheitsmatrix hergestellt; indem man rechts die Zeilen ebenso umformt, entsteht rechts die Inverse $\underline{A}^{-1}$.

Beispiele: 1)

$$\underline{A} = \begin{pmatrix} 1 & 0 & 1 \\ 2 & 2 & 3 \\ 1 & 1 & 2 \end{pmatrix}$$

$$\left(\begin{array}{ccc|ccc} 1 & 0 & 1 & 1 & 0 & 0 \\ 2 & 2 & 3 & 0 & 1 & 0 \\ 1 & 1 & 2 & 0 & 0 & 1 \end{array}\right)$$

1) Das Verfahren ist eine gewisse Variante des Gauß-Algorithmus (vgl. 5.8.2).

$$\frac{1}{2}\cdot | \left(\begin{array}{ccc|ccc} 1 & 0 & 1 & 1 & 0 & 0 \\ 0 & 2 & 1 & -2 & 1 & 0 \\ 0 & 1 & 1 & -1 & 0 & 1 \end{array}\right)$$

$$\left(\begin{array}{ccc|ccc} 1 & 0 & 1 & 1 & 0 & 0 \\ 0 & 1 & 0{,}5 & -1 & 0{,}5 & 0 \\ 0 & 1 & 1 & -1 & 0 & 1 \end{array}\right)$$

$$2\cdot | \left(\begin{array}{ccc|ccc} 1 & 0 & 1 & 1 & 0 & 0 \\ 0 & 1 & 0{,}5 & -1 & 0{,}5 & 0 \\ 0 & 0 & 0{,}5 & 0 & -0{,}5 & 1 \end{array}\right)$$

$$\left(\begin{array}{ccc|ccc} 1 & 0 & 1 & 1 & 0 & 0 \\ 0 & 1 & 0{,}5 & -1 & 0{,}5 & 0 \\ 0 & 0 & 1 & 0 & -1 & 2 \end{array}\right)$$

$$\left(\begin{array}{ccc|ccc} 1 & 0 & 0 & 1 & 1 & -2 \\ 0 & 1 & 0 & -1 & 1 & -1 \\ 0 & 0 & 1 & 0 & -1 & 2 \end{array}\right) \Longrightarrow \underline{A}^{-1} = \begin{pmatrix} 1 & 1 & -2 \\ -1 & 1 & -1 \\ 0 & -1 & 2 \end{pmatrix}$$

2) $$\underline{A} = \begin{pmatrix} 0 & -1 \\ 3 & 1 \end{pmatrix}$$

$$\left(\begin{array}{cc|cc} 0 & -1 & 1 & 0 \\ 3 & 1 & 0 & 1 \end{array}\right) \quad \text{(Zeilenvertauschung)}$$

$$\left(\begin{array}{cc|cc} 3 & 1 & 0 & 1 \\ 0 & -1 & 1 & 0 \end{array}\right).$$

Weiter entsprechend wie oben; folgt $\underline{A}^{-1} = \begin{pmatrix} \frac{1}{3} & \frac{1}{3} \\ -1 & 0 \end{pmatrix}$.

Bemerkung: Ist die Matrix $\underline{A}$ singulär, existiert also keine Inverse zu $\underline{A}$, dann ist es bei diesem Verfahren nicht möglich, links die Einheitsmatrix herzustellen.

Anwendung der Inversen:

Ein Gleichungssystem von n Gleichungen mit n Unbekannten kann geschrieben werden als $\underline{A}\ \underline{x} = \underline{b}$, wobei $\underline{A}$ die (n,n)-Koeffizientenmatrix des Gleichungssystems,

$\underline{x} = \begin{bmatrix} x_1 \\ \vdots \\ x_n \end{bmatrix}$ der Vektor der Unbekannten und $\underline{b} = \begin{bmatrix} b_1 \\ \vdots \\ b_n \end{bmatrix}$ der Vektor

der rechten Seite des Gleichungssystems ist.

Falls $\underline{A}^{-1}$ existiert, ist $\underline{x} = \underline{A}^{-1}\underline{b}$.

Sei allgemeiner mit einer quadratischen Matrix $\underline{A}$ und unbekannten Matrizen $\underline{X}$ und $\underline{Y}$ die Matrizengleichung

(a) $\underline{A}\ \underline{X} = \underline{B}$ bzw. (b) $\underline{Y}\ \underline{A} = \underline{B}$

gegeben. Falls $\underline{A}^{-1}$ existiert, folgt aus (a) $\underline{X} = \underline{A}^{-1}\underline{B}$ und aus (b) $\underline{Y} = \underline{B}\ \underline{A}^{-1}$.

Def.: Sei $\underline{A}$ eine (m,n)-Matrix. Eine (n,m)-Matrix $\underline{Z}$ heißt verallgemeinerte Inverse von $\underline{A}$, wenn gilt $\underline{A}\ \underline{Z}\ \underline{A} = \underline{A}$.

Die verallgemeinerte Inverse ist im Allgemeinen nicht eindeutig.

5.7.3. Das Kronecker-Produkt

Def.: Sei $\underline{A} = (a_{jk})$ eine (m,n)-Matrix und $\underline{B}$ eine (p,q)-Matrix. Dann heißt die (m p, n q)-Matrix

$$\underline{C} = \underline{A} \otimes \underline{B} := \begin{bmatrix} a_{11}\underline{B} & a_{12}\underline{B} & \cdots & a_{1n}\underline{B} \\ a_{21}\underline{B} & a_{22}\underline{B} & \cdots & a_{2n}\underline{B} \\ \cdots & \cdots & \cdots & \cdots \\ a_{m1}\underline{B} & a_{m2}\underline{B} & \cdots & a_{mn}\underline{B} \end{bmatrix} = (a_{jk}\underline{B})$$ [1)]

das Kronecker-Produkt von $\underline{A}$ und $\underline{B}$.

Es gilt ($\underline{A}$, $\underline{B}$, $\underline{C}$ beliebige Matrizen)

1) Zu dieser Schreibweise für Matrizen vgl. auch 5.7.9.

$\underline{A} \otimes (\underline{B} \otimes \underline{C}) = (\underline{A} \otimes \underline{B}) \otimes \underline{C}$;

$\underline{A} \otimes (\underline{B} + \underline{C}) = (\underline{A} \otimes \underline{B}) + (\underline{A} \otimes \underline{C})$;

$(\underline{A} \otimes \underline{B})(\underline{C} \otimes \underline{D}) = (\underline{A}\ \underline{C}) \otimes (\underline{B}\ \underline{D})$;

$s(\underline{A} \otimes \underline{B}) = (s\ \underline{A}) \otimes \underline{B} = \underline{A} \otimes (s\ \underline{B}) \quad (s \in \mathbb{R})$;

$(\underline{A} \otimes \underline{B})' = \underline{A}' \otimes \underline{B}'$;

$(\underline{A} \otimes \underline{B})^{-1} = \underline{A}^{-1} \otimes \underline{B}^{-1}$.

Ist $\underline{A}$ ein Spaltenvektor $\underline{a}$ und $\underline{B}$ ein Zeilenvektor $\underline{b}$ (also $n = p = 1$), so spricht man vom dyadischen Produkt dieser Vektoren. Es gilt $\underline{a} \otimes \underline{b} = \underline{A}\ \underline{B} = \underline{a}\ \underline{b}$.

5.7.4. Orthogonale Matrizen

Def.: Eine (n,n)-Matrix $\underline{A}$ heißt orthogonal, wenn $\underline{A}\ \underline{A}' = \underline{I}$.

Daraus folgt $\underline{A}'\underline{A} = \underline{I}$.

Es gilt: $\underline{A}$ orthogonal $\Longleftrightarrow \underline{A}^{-1} = \underline{A}'$.

Die Spaltenvektoren einer orthogonalen Matrix sind paarweise orthonormal; ebenso die Zeilenvektoren.

Diese Eigenschaft ist für orthogonale Matrizen charakteristi

Sind $\underline{A}$ und $\underline{B}$ orthogonale (n,n)-Matrizen, so sind auch $\underline{A}\ \underline{B}$ und $\underline{A}^{-1}$ orthogonal.

Beispiele für orthogonale Matrizen:

Die Einheitsmatrix $\underline{I}$ ist orthogonal;

die Matrix $\underline{A} = \begin{pmatrix} \sin\alpha & \cos\alpha \\ -\cos\alpha & \sin\alpha \end{pmatrix}$ ist orthogonal;

$$\underline{A} = \begin{pmatrix} \frac{1}{\sqrt{1\cdot 2}} & \frac{-1}{\sqrt{1\cdot 2}} & 0 & \cdots\cdots & & 0 \\ \frac{1}{\sqrt{2\cdot 3}} & \frac{1}{\sqrt{2\cdot 3}} & \frac{-2}{\sqrt{2\cdot 3}} & 0 & \cdots\cdots & 0 \\ & & \cdots\cdots & & & 0 \\ \frac{1}{\sqrt{(n-1)n}} & \frac{1}{\sqrt{(n-1)n}} & \frac{1}{\sqrt{(n-1)n}} & \cdots & \frac{1}{\sqrt{(n-1)n}} & \frac{-n+1}{\sqrt{(n-1)n}} \\ \frac{1}{\sqrt{n}} & \frac{1}{\sqrt{n}} & \frac{1}{\sqrt{n}} & \cdots & \frac{1}{\sqrt{n}} & \frac{1}{\sqrt{n}} \end{pmatrix}$$

ist orthogonal (Matrix der Helmert-Transformation).

5.7.5. Idempotente Matrizen

Def.: Eine (n,n)-Matrix $\underline{A}$ heißt idempotent, wenn $\underline{A}\,\underline{A} = \underline{A}$ gilt.

Für symmetrisch idempotente Matrizen gilt:

Die Eigenwerte sind entweder 0 oder 1;

$\text{Sp}\,\underline{A} = \text{Rg}\,\underline{A}$;

das Produkt symmetrisch idempotenter Matrizen ist von der Reihenfolge der Faktoren unabhängig und ebenfalls symmetrisch idempotent.

5.7.6. Ähnliche Matrizen

Def.: Zwei (n,n)-Matrizen $\underline{A}$ und $\underline{B}$ heißen ähnlich, wenn es eine reguläre Matrix $\underline{T}$ gibt, so daß $\underline{B} = \underline{T}^{-1}\underline{A}\,\underline{T}$.

Daraus folgt $\underline{A} = \underline{T}\,\underline{B}\,\underline{T}^{-1}$.

Es gilt:

Jede (n,n)-Matrix $\underline{A}$ ist zu sich selbst ähnlich;

$\underline{A}$ und $\underline{B}$ ähnlich und $s \in \mathbb{R} \Longrightarrow s\,\underline{A}$ und $s\,\underline{B}$ ähnlich;

$\underline{A}$ und $\underline{B}$ ähnlich und $\underline{B}$ und $\underline{C}$ ähnlich $\Longrightarrow \underline{A}$ und $\underline{C}$ ähnlich.

Zu jeder symmetrischen Matrix $\underline{A}$ gibt es eine orthogonale Matrix $\underline{T}$, so daß die Matrix $\underline{T}^{-1}\underline{A}\,\underline{T}$ eine Diagonalmatrix $\underline{D}$ ist; also $\underline{T}^{-1}\underline{A}\,\underline{T} = \underline{T}'\underline{A}\,\underline{T} = \underline{D}$.

$\underline{A}$ und $\underline{D}$ sind also ähnlich.

5.7.7. Kongruente Matrizen

Def.: Zwei (n,n)-Matrizen $\underline{A}$ und $\underline{B}$ heißen kongruent, wenn es eine reguläre Matrix $\underline{P}$ gibt, so daß $\underline{B} = \underline{P}'\underline{A}\,\underline{P}$.

Es gilt:

Jede (n,n)-Matrix $\underline{A}$ ist zu sich selbst kongruent;

$\underline{A}$ und $\underline{B}$ kongruent und $s \in \mathbb{R}$ $\longrightarrow$ $s\,\underline{A}$ und $s\,\underline{B}$ kongruent;

$\underline{A}$ und $\underline{B}$ kongruent und $\underline{B}$ und $\underline{C}$ kongruent $\longrightarrow$ $\underline{A}$ und $\underline{C}$ kongrue

5.7.8. Hermitesche Matrizen und unitäre Matrizen

Sei $\underline{A} = (a_{jk})$ eine (m,n)-Matrix mit Elementen (Einträgen) $a_{jk} \in \mathbb{C}$ ($\mathbb{C}$ = Menge der komplexen Zahlen). Ist $a_{jk} = b_{jk} + ic_{jk}$ ($b_{jk}, c_{jk} \in \mathbb{R}$; $i^2 = -1$), so läßt sich $\underline{A}$ mit den (m,n)-Matrizen $\underline{B} = (b_{jk})$ und $\underline{C} = (c_{jk})$ darstellen als $\underline{A} = \underline{B} + i\,\underline{C}$ ($\underline{A}$ = Real-teil, $\underline{B}$ = Imaginärteil).

Sei $\bar{\underline{A}}$ die (m,n)-Matrix mit den Elementen [1] $\bar{a}_{jk} = b_{jk} - ic_{jk}$, also $\bar{\underline{A}} = \underline{B} - i\,\underline{C}$ (konjugiert komplexe Matrix von $\underline{A}$).

Def.: Eine (n,n)-Matrix $\underline{A} = (a_{jk})$ mit $a_{jk} \in \mathbb{C}$ heißt

1) $\bar{a}_{jk}$ ist die zu $a_{jk} = b_{jk} + ic_{jk}$ konjugiert komplexe Zahl.

hermitesche Matrix, wenn gilt $\underline{A}' = \overline{\underline{A}}$ ($\underline{A}'$ transponierte Matrix von $\underline{A}$);

schiefhermitesche Matrix, wenn $\underline{A}' = -\overline{\underline{A}}$;

unitäre Matrix, wenn $\underline{A}$ regulär und $\underline{A}' = \overline{\underline{A}^{-1}}$.

Für den Real- bzw. Imaginärteil hat man also für

eine hermitesche Matrix $\underline{B} = \underline{B}'$ und $\underline{C} = -\underline{C}'$;

eine schiefhermitesche Matrix $\underline{B} = -\underline{B}'$ und $\underline{C} = \underline{C}'$.

5.7.9. Zerlegung einer Matrix in Teilmatrizen

Sei die (m,n)-Matrix $\underline{A}$ in folgender Weise in Teilmatrizen zerlegt:

$$\underline{A} = \left(\begin{array}{ccc|ccc} a_{11} & \cdots\cdots & a_{1s} & a_{1,s+1} & \cdots\cdots & a_{1n} \\ & \cdots\cdots\cdots & & & \cdots\cdots\cdots & \\ a_{r1} & \cdots\cdots & a_{rs} & a_{r,s+1} & \cdots\cdots & a_{rn} \\ \hline a_{r+1,1} & \cdots & a_{r+1,s} & a_{r+1,s+1} & \cdots & a_{r+1,n} \\ & \cdots\cdots\cdots & & & \cdots\cdots\cdots & \\ a_{m1} & \cdots\cdots & a_{ms} & a_{m,s+1} & \cdots\cdots & a_{mn} \end{array}\right) =: \left(\begin{array}{c|c} \underline{A}_{11} & \underline{A}_{12} \\ \hline \underline{A}_{21} & \underline{A}_{22} \end{array}\right);$$

dabei ist $\underline{A}_{11}$ eine (r,s)-Matrix, $\underline{A}_{12}$ eine (r,n-s)-Matrix, $\underline{A}_{21}$ eine (m-r,s)-Matrix, $\underline{A}_{22}$ eine (m-r,n-s)-Matrix.

Man nennt eine solche Darstellung auch Blockdarstellung von $\underline{A}$ und $\underline{A}_{11}$, $\underline{A}_{12}$, $\underline{A}_{21}$, $\underline{A}_{22}$ Blöcke.

Dann gilt für das Produkt zweier Matrizen $\underline{A}$ und $\underline{B}$ mit den Blöcken $\underline{A}_{jk}$ und $\underline{B}_{jk}$

$$\underline{A}\,\underline{B} = \begin{pmatrix} \underline{A}_{11}\,\underline{B}_{11} + \underline{A}_{12}\,\underline{B}_{21} & \underline{A}_{11}\,\underline{B}_{12} + \underline{A}_{12}\,\underline{B}_{22} \\ \underline{A}_{21}\,\underline{B}_{11} + \underline{A}_{22}\,\underline{B}_{21} & \underline{A}_{21}\,\underline{B}_{12} + \underline{A}_{22}\,\underline{B}_{22} \end{pmatrix},$$

falls die einzelnen auftretenden Produkte der Blöcke $\underline{A}_{jk}$ und $\underline{B}_{jk}$ sowie die Summen definiert sind.

Ist $\underline{A}$ eine (n,n)-Matrix und sind $\underline{A}_{11}$ und $\underline{A}_{22}$ quadratisch, dann gilt:

Sind $\underline{A}_{11}$ und $\underline{D} := \underline{A}_{22} - \underline{A}_{21}\,\underline{A}_{11}^{-1}\,\underline{A}_{12}$ regulär, so ist

$$\underline{A}^{-1} = \begin{pmatrix} \underline{A}_{11}^{-1}(\underline{I} + \underline{A}_{12}\,\underline{D}^{-1}\underline{A}_{21}\,\underline{A}_{11}^{-1}) & -\underline{A}_{11}^{-1}\,\underline{A}_{12}\,\underline{D}^{-1} \\ -\underline{D}^{-1}\underline{A}_{21}\,\underline{A}_{11}^{-1} & \underline{D}^{-1} \end{pmatrix}.$$

Spezialfälle:

$$\underline{A} = \begin{pmatrix} \underline{A}_{11} & \underline{A}_{12} \\ \underline{O} & \underline{A}_{22} \end{pmatrix} \text{ hat } \underline{A}^{-1} = \begin{pmatrix} \underline{A}_{11}^{-1} & -\underline{A}_{11}^{-1}\,\underline{A}_{12}\,\underline{A}_{22}^{-1} \\ \underline{O} & \underline{A}_{22}^{-1} \end{pmatrix};$$

$$\underline{A} = \begin{pmatrix} \underline{I} & \underline{A}_{12} \\ \underline{O} & \underline{A}_{22} \end{pmatrix} \text{ hat } \underline{A}^{-1} = \begin{pmatrix} \underline{I} & -\underline{A}_{12}\,\underline{A}_{22}^{-1} \\ \underline{O} & \underline{A}_{22}^{-1} \end{pmatrix}.$$

Def.: Eine (n,n)-Matrix $\underline{A}$ heißt zerlegbar, wenn durch geeignete Zeilen- und Spaltenvertauschungen $\underline{A}$ darstellbar ist in der Form

$$\underline{A} = \begin{pmatrix} \underline{A}_{11} & \underline{O} \\ \underline{A}_{21} & \underline{A}_{22} \end{pmatrix}$$

mit quadratischen Matrizen $\underline{A}_{11}$ und $\underline{A}_{22}$.

Andernfalls heißt $\underline{A}$ unzerlegbar.

Es gilt der

Satz (Frobenius): Eine unzerlegbare (n,n)-Matrix $\underline{A}$ mit nichtnegativen Einträgen hat einen reellen Eigenwert $\lambda > 0$, der einfach ist; ferner gilt $|\lambda_j| \leq \lambda$ für alle Eigenwerte λ_j von $\underline{A}$ (j=1,...,n). Zu λ gehört ein Eigenvektor mit positiven Komponenten.

5.7.10. Grenzwerte von Matrizenfolgen

Def.: Sei $\underline{Z}_1 = (z_{jk}^{(1)}),\ldots,\underline{Z}_t = (z_{jk}^{(t)}),\ldots$ eine Folge von (m,n)-Matrizen. Falls die Grenzwerte $\lim_{t\to\infty} z_{jk}^{(t)} =: z_{jk}^{(\infty)}$ für alle $1 \leq j \leq m$, $1 \leq k \leq n$ existieren, heißt die (m,n)-Matrix $\underline{Z}: = (z_{jk}^{(\infty)})$ Grenzwert der Matrizenfolge $(\underline{Z}_t)$.

Es gilt:

Sei $\underline{A}$ eine quadratische Matrix mit $\lim_{j\to\infty} (\underline{I} - \underline{A})^j = \underline{O}$.
Dann existiert $\underline{A}^{-1}$ und es ist

$$\underline{A}^{-1} = \sum_{j=0}^{\infty} (\underline{I} - \underline{A})^j = \underline{I} + (\underline{I} - \underline{A}) + (\underline{I} - \underline{A})^2 + \ldots + (\underline{I} - \underline{A})^j + \ldots$$

(von Neumannsche Reihe; vgl 3.2.7).

5.7.11. Der Vektorraum

Def.: Eine Menge $V \neq \emptyset$ heißt Vektorraum (über $\mathbb{R}$), wenn

(I) in V eine Verknüpfung (genannt "Addition") definiert ist; d.h. zu je zwei $\underline{a},\underline{b} \in V$ gibt es genau ein $\underline{x} \in V$, geschrieben $\underline{x} =: \underline{a} + \underline{b}$;

(II) eine Verknüpfung zwischen den Elementen $\in \mathbb{R}$ und den Elementen $\in V$ (genannt "s-Multiplikation") definiert ist; d.h. zu jedem $\underline{a} \in V$ und jedem $s \in \mathbb{R}$ gibt es genau ein $\underline{y} \in V$, geschrieben $\underline{y} =: s\,\underline{a}$ oder $\underline{y} =: \underline{a}\,s$;

ferner soll für alle $\underline{a},\underline{b},\underline{c} \in V$ und alle $s,t \in \mathbb{R}$ gelten:

(A) $(\underline{a} + \underline{b}) + \underline{c} = \underline{a} + (\underline{b} + \underline{c})$ (Assoziativität der Addition);

(B) $\underline{a} + \underline{b} = \underline{b} + \underline{a}$ (Kommutativität der Addition);

(C) die Gleichung $\underline{a} + \underline{x} = \underline{b}$ ist für alle $\underline{a},\underline{b} \in V$ mit einem $\underline{x} \in V$ lösbar, d.h. es gibt ein $\underline{x} \in V$ mit $\underline{a} + \underline{x} = \underline{b}$; man schreibt $\underline{x} =: \underline{b} - \underline{a}$ (Umkehrbarkeit der Addition)[1];

1) Die Lösung $\underline{x}$ ist eindeutig bestimmt.

(D) $s(\underline{a} + \underline{b}) = s\,\underline{a} + s\,\underline{b}$;

(E) $(s + t)\,\underline{a} = s\,\underline{a} + t\,\underline{a}$;

(F) $(s\,t)\,\underline{a} = s(t\,\underline{a})$;

(G) $1\,\underline{a} = \underline{a}$.

Die Elemente von V heißen Vektoren [1].

Bemerkung: Die Eigenschaft (C) läßt sich auch ersetzen durch die beiden Eigenschaften

(C') es gibt ein neutrales Element $\underline{o} \in V$ mit $\underline{a} + \underline{o} = \underline{a}$ für alle $\underline{a} \in V$; und

(C") es gibt zu jedem $\underline{a} \in V$ ein $\underline{a}^* \in V$ mit $\underline{a} + \underline{a}^* = \underline{o}$; man schreibt $\underline{a}^* =: -\underline{a}$.

Beispiele für Vektorräume (über $\mathbb{R}$):

1) Die Menge aller n-tupel (Vektoren) $(a_1,\ldots,a_n) \in \mathbb{R}^n$ bildet einen Vektorraum;

2) die Menge aller (m,n)-Matrizen mit reellen Elementen bildet einen Vektorraum;

3) die Menge aller auf $\mathbb{R}$ differenzierbaren Funktionen bildet einen Vektorraum.

Def.: Seien $\underline{x}_1,\ldots,\underline{x}_k \in V$ und $s_1,\ldots,s_k \in \mathbb{R}$; dann heißt

$\underline{x} = \sum_{j=1}^{k} s_j \underline{x}_j$ eine Linearkombination von $\underline{x}_1,\ldots,\underline{x}_k$.

Man spricht für $s_j > 0$ $(j=1,\ldots,k)$ von einer positiven, für $s_j \geq 0$ von einer nichtnegativen, für $s_j \geq 0$ und $\sum_{j=1}^{k} s_j = 1$ von einer konvexen Linearkombination.

---

1) Entsprechend lautet die Definition für einen Vektorraum über $\mathbb{C}$.
Die Addition in einem Vektorraum V ist also eine Abbildung $V \times V \to V$ und die s-Multiplikation eine Abbildung $\mathbb{R} \times V \to V$ $(\mathbb{C} \times V \to V)$.

5.7.12. Lineare Abhängigkeit und Unabhängigkeit

Def.: Die k Vektoren $\underline{x}_1,\ldots,\underline{x}_k \in V$ (V Vektorraum) heißen linear unabhängig, wenn aus

$s_1 \underline{x}_1 + \ldots + s_k \underline{x}_k = \underline{o}$

folgt $s_1 = \ldots = s_k = 0$.

Andernfalls heißen $\underline{x}_1,\ldots,\underline{x}_k$ linear abhängig.

Def.: Gibt es r Elemente in einem Vektorraum V, die linear unabhängig sind, aber jeweils r+1 Elemente $\in$ V sind linear abhängig, dann heißt r die Dimension von V.

Die k Vektoren $\underline{x}_1,\ldots,\underline{x}_k \in V$ sind genau dann linear abhängig, wenn wenigstens einer von diesen eine Linearkombination der übrigen ist.

Kommt unter den Vektoren $\underline{x}_1,\ldots,\underline{x}_k$ der Nullvektor $\underline{o}$ vor, so sind diese Vektoren linear abhängig.

Weiter hat man:

Der Rang r einer Matrix $\underline{A}$ ist gleich der Maximalzahl linear unabhängiger Spaltenvektoren von $\underline{A}$ (ebenso für Zeilenvektoren).

Es gilt für Spaltenvektoren (für Zeilenvektoren hat man analoge Aussagen): Die n gleichartigen Vektoren $\underline{x}_1,\ldots,\underline{x}_n \in \mathbb{R}^n$ sind genau dann linear unabhängig, wenn $\det(\underline{x}_1 \ldots \underline{x}_n) \neq 0$.

Die k gleichartigen Vektoren $\underline{x}_1,\ldots,\underline{x}_k \in \mathbb{R}^n$ sind genau dann linear abhängig, wenn für den Rang r der Matrix $\underline{A} = (\underline{x}_1 \ldots \underline{x}_k)$ gilt $r < k$.

Daraus folgt:

Für $k > n$ sind k Vektoren $\in \mathbb{R}^n$ stets linear abhängig.

Sind $\underline{x}_1,\ldots,\underline{x}_n$ linear unabhängige Vektoren $\in \mathbb{R}^n$, so läßt sich jeder Vektor $\underline{x} \in \mathbb{R}^n$ eindeutig als $\underline{x} = s_1\underline{x}_1 + \ldots + s_n\underline{x}_n$ darstellen. $\underline{x}_1,\ldots,\underline{x}_n$ bilden eine Basis des $\mathbb{R}^n$.

Zum Beispiel bilden die Einheitsvektoren $\underline{e}_k = (e_j)$ mit $e_j =$ für $j = k$ und $e_j = 0$ für $j \neq k$ $(k=1,\ldots,n)$ eine Basis des $\mathbb{R}^n$.

5.7.13. Vektornorm und Matrizennorm

Def.: Eine reellwertige Funktion $\|.\|$ der Elemente eines Vektorraums V, also $\|.\|: V \rightarrow \mathbb{R}$, heißt Norm, wenn sie folgende Bedingungen erfüllt (Bedingungen für eine Vektornorm):

(1) $\|\underline{a}\| \in \mathbb{R}_0^+$ für alle $\underline{a} \in V$;

(2) $\|\underline{a}\| = 0 \Longleftrightarrow \underline{a} = \underline{o}$;

(3) $\|s\,\underline{a}\| = |s| \cdot \|\underline{a}\|$ für alle $\underline{a} \in V$ und alle $s \in \mathbb{R}$;

(4) $\|\underline{a} + \underline{b}\| \leq \|\underline{a}\| + \|\underline{b}\|$ für alle $\underline{a},\underline{b} \in V$ (Dreiecksungleichu

Dann gilt auch $|\|\underline{a}\| - \|\underline{b}\|| \leq \|\underline{a} + \underline{b}\|$.

Sind die Elemente des Vektorraums V quadratische (n,n)-Matrizen, so verlangt man neben den für Matrizen analogen Bedingungen (1) bis (4) oft noch für eine Matrizennorm

(5) $\|\underline{A}\;\underline{B}\| \leq \|\underline{A}\| \cdot \|\underline{B}\|$ für alle $\underline{A},\underline{B} \in V$ (Submultiplikativität der Matrizennorm).

Für Vektoren $\underline{a} = (a_1,\ldots,a_n)$ $(a_1,\ldots,a_n \in \mathbb{R})$ erfüllen

$$\max_j |a_j|; \quad \sum_{j=1}^{n} |a_j| \text{ und } \sqrt{\sum_{j=1}^{n} a_j^2}$$

die Bedingungen (1) bis (4). Die letztere Norm heißt auch Betrag (euklidische Norm) des Vektors $\underline{a}$ und wird $|\underline{a}|$ geschrieben (vgl. 5.7.1).

Es gilt in diesem Fall die Cauchy-Schwarzsche Ungleichung $|\underline{a}\cdot\underline{b}| \leq |\underline{a}|\,|\underline{b}|$ ($\underline{a},\underline{b}$ gleichartige Zeilenvektoren).

Für (n,n)-Matrizen $\underline{A} = (a_{jk})$ $(a_{jk} \in \mathbb{R})$ erfüllen

$n \cdot \max\limits_{j,k} |a_{jk}|$ (Gesamtnorm); $\sqrt{Sp(\underline{A}\ \underline{A}')}$ (Euklidische Norm);

$\max\limits_{j}(\sum\limits_{k} |a_{jk}|)$ (Zeilennorm); $\max\limits_{k} \sum\limits_{j} |a_{jk}|$ (Spaltennorm)

die Bedingungen (1) bis (5).

Def.: Eine Matrizennorm $\|.\|$ heißt zu einer Vektornorm $\|.\|$ passend (oder verträglich), wenn für alle quadratischen Matrizen $\underline{A}$ und für alle Vektoren $\underline{a}$ gilt $\|\underline{A}\ \underline{a}\| \leq \|\underline{A}\| \cdot \|\underline{a}\|$ (falls $\underline{A}\ \underline{a}$ gebildet werden kann).

Folgende der obigen Normen sind beispielsweise passend:

Vektornorm $\|\underline{a}\|$	Matrizennorm $\|\underline{A}\|$
$\max\limits_{j} \|a_j\|$	Gesamtnorm oder Zeilennorm
$\sum\limits_{j} \|a_j\|$	Gesamtnorm oder Spaltennorm
euklidische Norm	Gesamtnorm oder euklidische Norm

5.7.14. Die Determinante einer (n,n)-Matrix

Sei $\underline{A} = \begin{pmatrix} a_{11} & \cdots & a_{1n} \\ & \cdots\cdots & \\ a_{n1} & \cdots & a_{nn} \end{pmatrix} = (a_{jk})_{j,k=1,\ldots,n}$;

die Determinante von $\underline{A}$ ist eine reellwertige Funktion der Elemente a_{jk} von $\underline{A}$, die gewisse Eigenschaften erfüllt.

Schreibweisen für eine Determinante ($\underline{A}$ wird dabei mit den Spaltenvektoren $\underline{u}_k = (a_{1k} \cdots a_{nk})'$ (k=1,...,n) geschrieben als $\underline{A} = (\underline{u}_1 \cdots \underline{u}_n)$):

$$\det \underline{A} = \det \begin{pmatrix} a_{11} & \cdots & a_{1n} \\ & \cdots\cdots & \\ a_{n1} & \cdots & a_{nn} \end{pmatrix} = \det (\underline{u}_1 \cdots \underline{u}_n) =$$

$$= |a_{jk}| = \begin{vmatrix} a_{11} & \cdots & a_{1n} \\ & \cdots\cdots & \\ a_{n1} & \cdots & a_{nn} \end{vmatrix} = |\underline{A}|.$$

Für n = 2 ist

$$\det \underline{A} := \begin{vmatrix} a_{11} & a_{12} \\ a_{21} & a_{22} \end{vmatrix} = a_{11}\, a_{22} - a_{12}\, a_{21}.$$

Für n = 3 berechnet man det $\underline{A}$ entweder durch

$$\begin{vmatrix} a_{11} & a_{12} & a_{13} \\ a_{21} & a_{22} & a_{23} \\ a_{31} & a_{32} & a_{33} \end{vmatrix} = a_{11} \begin{vmatrix} a_{22} & a_{23} \\ a_{32} & a_{33} \end{vmatrix} - a_{12} \begin{vmatrix} a_{21} & a_{23} \\ a_{31} & a_{33} \end{vmatrix} + a_{13} \begin{vmatrix} a_{21} & a_{22} \\ a_{31} & a_{32} \end{vmatrix}$$

(Entwicklung nach der ersten Zeile) oder nach der Sarrus'schen Regel: Aus dem Schema

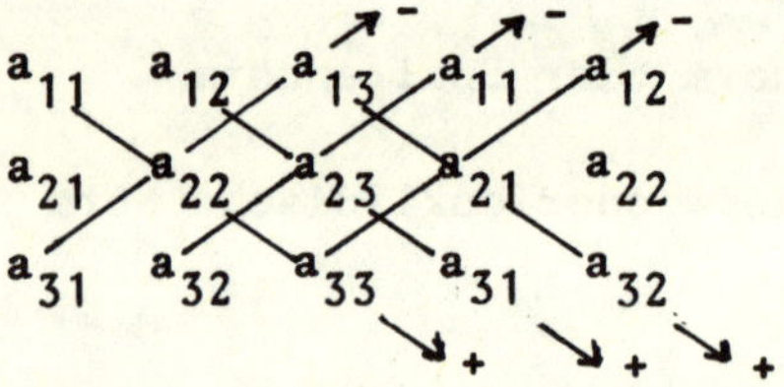

bildet man die Summe der Produkte aus je 3 Faktoren in den angegebenen Schrägzeilen mit den dort notierten Vorzeichen und erhält für die Determinante

$$a_{11}\, a_{22}\, a_{33} + a_{12}\, a_{23}\, a_{31} + a_{13}\, a_{21}\, a_{32} -$$
$$- a_{13}\, a_{22}\, a_{31} - a_{11}\, a_{23}\, a_{32} - a_{12}\, a_{21}\, a_{33}.$$

Es gelten folgende allgemeine Regeln ($n \geq 2$), die auch zur Berechnung von Determinanten benutzt werden können:

$$\begin{vmatrix} a_{11} & 0 & \cdots & 0 \\ a_{21} & a_{22} & \cdots & a_{2n} \\ & \cdots\cdots & & \\ a_{n1} & a_{n2} & \cdots & a_{nn} \end{vmatrix} = a_{11} \begin{vmatrix} a_{22} & \cdots & a_{2n} \\ & \cdots\cdots & \\ a_{n2} & \cdots & a_{nn} \end{vmatrix};$$

det $\underline{A}$ = det $\underline{A}'$ ($\underline{A}'$ transponierte Matrix von $\underline{A}$);

$$\det(\underline{u}_1 \ldots \underline{u}_i \ldots \underline{u}_k \ldots \underline{u}_n) =$$
$$= -\det(\underline{u}_1 \ldots \underline{u}_k \ldots \underline{u}_i \ldots \underline{u}_n) \text{ (Vertauschung von zwei Spalten);}$$

wenn $\underline{u}_i = \underline{u}_k$ für mindestens zwei Spalten $i \neq k$, dann folgt $\det(\underline{u}_1 \ldots \underline{u}_i \ldots \underline{u}_k \ldots \underline{u}_n) = 0$;

$$\det(\underline{u}_1 \ldots \underline{u}_{k-1}\ s\underline{u}_k\ \underline{u}_{k+1} \ldots \underline{u}_n) =$$
$$= s \det(\underline{u}_1 \ldots \underline{u}_{k-1}\ \underline{u}_k\ \underline{u}_{k+1} \ldots \underline{u}_n) \quad (s \in \mathbb{R});$$

$$\det(\underline{u}_1 \ldots \underline{u}_{k-1}\ (\underline{u}_k' + \underline{u}_k'')\ \underline{u}_{k+1} \ldots \underline{u}_n) =$$
$$= \det(\underline{u}_1 \ldots \underline{u}_{k-1}\ \underline{u}_k'\ \underline{u}_{k+1} \ldots \underline{u}_n) +$$
$$+ \det(\underline{u}_1 \ldots \underline{u}_{k-1}\ \underline{u}_k''\ \underline{u}_{k+1} \ldots \underline{u}_n);$$

$$\det(\underline{u}_1 \ldots \underline{u}_{k-1}\ (\underline{u}_k + \sum_{\substack{i=1\\ i\neq k}}^{n} s_i\,\underline{u}_i)\ \underline{u}_{k+1} \ldots \underline{u}_n) =$$
$$= \det(\underline{u}_1 \ldots \underline{u}_k \ldots \underline{u}_n) \quad (s_i \in \mathbb{R}).$$

Hat eine Matrix $\underline{A}$ in einer Spalte nur Elemente 0, so ist det $\underline{A}$ = 0.

Die Eigenschaften gelten entsprechend für Zeilen statt Spalten.

Für n = 1 setzt man noch det $\underline{A} = a_{11}$.

Eine Matrix $\underline{A}$ mit det $\underline{A}$ = 0 ist singulär; andernfalls ist $\underline{A}$ nicht-singulär (= regulär).

Weitere Regeln:

Ist $\underline{A}$ eine (n,n)-Matrix, so gilt $\det(s\,\underline{A}) = s^n \det \underline{A}$ $(s \in \mathbb{R})$.

Ist $\underline{A}$ eine antisymmetrische (n,n)-Matrix und n ungerade, so gilt det $\underline{A} = 0$.

Ist $\underline{A}$ eine (n,n)-Dreiecksmatrix, so gilt
det $\underline{A} = a_{11} a_{22} \cdots a_{nn}$.

Insbesondere ist det $\underline{I} = 1$ ($\underline{I}$ Einheitsmatrix).

Sind $\underline{A}$ und $\underline{B}$ (n,n)-Matrizen, so gilt
det ($\underline{A}$ $\underline{B}$) = det ($\underline{B}$ $\underline{A}$) = (det $\underline{A}$)(det $\underline{B}$).

Ist $\underline{A}$ orthogonal, so gilt
det $\underline{A} = \pm 1$.

Sei $\underline{A}$ regulär; dann gilt
$$\det \underline{A}^{-1} = \frac{1}{\det \underline{A}}.$$

<u>Def.</u>: Sei $\underline{A} = (a_{jk})$ (j,k=1,...,n) eine (n,n)-Matrix.

Die Determinanten
$$|a_{11}|; \quad \begin{vmatrix} a_{11} & a_{12} \\ a_{21} & a_{22} \end{vmatrix}; \quad \begin{vmatrix} a_{11} & a_{12} & a_{13} \\ a_{21} & a_{22} & a_{23} \\ a_{31} & a_{32} & a_{33} \end{vmatrix}; \ \ldots ;$$

$$\begin{vmatrix} a_{11} & a_{12} & \cdots & a_{1i} \\ a_{21} & a_{22} & \cdots & a_{2i} \\ \cdots & \cdots & \cdots & \cdots \\ a_{i1} & a_{i2} & \cdots & a_{ii} \end{vmatrix} \quad (1 \leq i \leq n-1),$$

heißen die <u>Hauptunterdeterminanten</u> von $\underline{A}$.

Spezielle Determinanten:

$$\underline{A} = \begin{pmatrix} a & b & \dots\dots & b \\ b & a & b \dots & b \\ b & b & a & \vdots \\ \vdots & & \ddots & b \\ b & \dots\dots & b & a \end{pmatrix} = (a_{jk})_{j,k=1,\dots,n} \text{ mit}$$

$$a_{jk} = \begin{cases} a & \text{für } j = k \\ b & \text{für } j \neq k \end{cases}$$

hat $\det \underline{A} = (a + (n-1)\,b)(a-b)^{n-1}$.

$$\det \begin{bmatrix} 1 & x_1 & x_1^2 & \dots & x_1^{n-1} \\ 1 & x_2 & x_2^2 & \dots & x_2^{n-1} \\ & \dots & \dots & \dots & \\ 1 & x_n & x_n^2 & \dots & x_n^{n-1} \end{bmatrix} = \det (x_j^{k-1})_{j,k=1,\dots,n}$$

heißt Vandermondesche Determinante. Ihr Wert ist

$$\prod_{1 \leq i < j \leq n} (x_j - x_i).$$

5.7.15. Algebraische Komplemente

Def.: Sei $\underline{A} = (a_{jk})$ eine (n,n)-Matrix und $\underline{A}_{jk}$ die $(n-1,n-1)$-Teilmatrix von $\underline{A}$, die durch Weglassen der j-ten Zeile und k-ten Spalte aus $\underline{A}$ hervorgeht [1]. Dann heißt

$\det \underline{A}_{jk}$ zum Element a_{jk} gehöriger Minor.

---

1) Also

$$\underline{A}_{jk} = \begin{pmatrix} a_{11} & \dots & a_{1,k-1} & a_{1,k+1} & \dots & a_{1n} \\ \dots & \dots & \dots & \dots & \dots & \dots \\ a_{j-1,1} & \dots & a_{j-1,k-1} & a_{j-1,k+1} & \dots & a_{j-1,n} \\ a_{j+1,1} & \dots & a_{j+1,k-1} & a_{j+1,k+1} & \dots & a_{j+1,n} \\ \dots & \dots & \dots & \dots & \dots & \dots \\ a_{n1} & \dots & a_{n,k-1} & a_{n,k+1} & \dots & a_{nn} \end{pmatrix}.$$

Def.: $(-1)^{j+k} \det \underline{A}_{jk} =: A_{jk}$ heißt algebraisches Komplement oder Adjunkte von a_{jk}.

Def.: Die Matrix

$$\underline{\tilde{A}} := \begin{pmatrix} A_{11} & \dots & A_{1n} \\ & \dots\dots\dots & \\ A_{n1} & \dots & A_{nn} \end{pmatrix}$$

heißt Adjungierte von $\underline{A}$.

Es gilt der Laplacesche Entwicklungssatz:

$$\det \underline{A} = \sum_{k=1}^{n} a_{jk}A_{jk}$$ (Entwicklung von det $\underline{A}$ nach der j-ten Zeile; j=1,...,n);

$$= \sum_{j=1}^{n} a_{jk}A_{jk}$$ (Entwicklung von det $\underline{A}$ nach der k-ten Spalte; k=1,...,n);

ferner

$$\sum_{k=1}^{n} a_{ik}A_{jk} = 0 \quad (i \neq j;\ i,j=1,\dots,n) \quad \text{und}$$

$$\sum_{j=1}^{n} a_{jk}A_{jl} = 0 \quad (k \neq l;\ k,l=1,\dots,n).$$

Speziell ist also

$$\det \underline{A} = \sum_{k=1}^{n} a_{1k}A_{1k} =$$

$$= a_{11} \det \underline{A}_{11} - a_{12} \det \underline{A}_{12} + a_{13} \det \underline{A}_{13} - + \dots +$$

$$+ (-1)^{n-1} a_{1n} \det \underline{A}_{1n} =$$

(Entwicklung von det $\underline{A}$ nach der ersten Zeile)

$$= \sum_{j=1}^{n} a_{j1} A_{j1} =$$

$$= a_{11} \det \underline{A}_{11} - a_{21} \det \underline{A}_{21} + a_{31} \det \underline{A}_{31} - + \ldots +$$
$$+ (-1)^{n-1} a_{n1} \det \underline{A}_{n1}$$

(Entwicklung von det $\underline{A}$ nach der ersten Spalte).

5.7.16. Der Rang einer (m,n)-Matrix $\underline{A}$

Def.: Ist $\underline{A}_r$ eine (r,r)-Teilmatrix von $\underline{A}$ mit det $\underline{A}_r \neq 0$, aber det $\underline{A}_s = 0$ für jede (s,s)-Teilmatrix $\underline{A}_s$ von $\underline{A}$ mit $s > r$, dann heißt r der Rang von $\underline{A}$ (geschrieben: $r = \text{Rg } \underline{A}$).

Also ist für eine (m,n)-Matrix $\underline{A}$ der Rang Rg $\underline{A} \leq \min(m,n)$. Steht hierin das Gleichheitszeichen, so hat $\underline{A}$ vollen Rang.

Es gilt der

Satz: Der Rang einer Matrix $\underline{A}$ ist gleich der Maximalzahl linear unabhängiger Zeilenvektoren (=Maximalzahl linear unabhängiger Spaltenvektoren) von $\underline{A}$.

Elementare Zeilen- und Spaltenumformungen, die zur Rangbestimmung einer Matrix $\underline{A}$ benutzt werden können:

Es gilt:

(1) Vertauschung von Spalten von $\underline{A}$ ändert den Rang von $\underline{A}$ nicht.

(2) Multiplikation von Spalten von $\underline{A}$ mit Zahlen $\neq 0$ ändert den Rang von $\underline{A}$ nicht.

(3) Addiert man zu einer Spalte von $\underline{A}$ eine beliebige Linearkombination der anderen Spalten von $\underline{A}$, so ändert sich der Rang von $\underline{A}$ nicht.

(4) Weglassen von Spalten mit lauter Elementen 0 ändert den Rang einer Matrix nicht.

(1) bis (4) gelten ebenso für Zeilen.

Weiter gilt

$\text{Rg}\,\underline{A} = \text{Rg}\,\underline{A}'$;

$\text{Rg}(\underline{A} + \underline{B}) \leq \text{Rg}\,\underline{A} + \text{Rg}\,\underline{B}$;

$\text{Rg}(\underline{A}\,\underline{B}) \leq \min(\text{Rg}\,\underline{A}, \text{Rg}\,\underline{B})$;

$\text{Rg}(\underline{A}\,\underline{A}') = \text{Rg}(\underline{A}'\underline{A}) = \text{Rg}\,\underline{A}$.

Ist $\underline{A}$ eine reguläre (m,m)-Matrix und $\underline{C}$ eine reguläre (n,n)-Matrix sowie $\underline{B}$ eine beliebige (m,n)-Matrix, so ist $\text{Rg}(\underline{A}\,\underline{B}) = \text{Rg}(\underline{B}\,\underline{C}) = \text{Rg}\,\underline{B}$.

Als Spezialfall folgt hieraus:

Ist $\underline{A}$ eine reguläre (n,n)-Matrix und $\underline{B}$ eine beliebige (n,n)-Matrix, so ist $\text{Rg}(\underline{A}\,\underline{B}) = \text{Rg}(\underline{B}\,\underline{A}) = \text{Rg}\,\underline{B}$.

Seien $\underline{A},\underline{B}$ (n,n)-Matrizen. Dann ist $\text{Rg}\,\underline{A} + \text{Rg}\,\underline{B} - n \leq \text{Rg}(\underline{A}\,\underline{B})$

Weiter gilt

$\text{Rg}(\underline{A} \otimes \underline{B}) = (\text{Rg}\,\underline{A})(\text{Rg}\,\underline{B})$.

Ferner:

$\underline{A}$ und $\underline{B}$ ähnlich $\longrightarrow$ $\text{Rg}\,\underline{A} = \text{Rg}\,\underline{B}$.

5.7.17. Die Spur einer (n,n)-Matrix

Sei $\underline{A}$ eine (n,n)-Matrix.

<u>Def.</u>: $\sum_{j=1}^{n} a_{jj} =:$ Sp $\underline{A}$ heißt die <u>Spur</u> [1] von $\underline{A}$.

---

1) Auch tr $\underline{A}$ (trace) geschrieben.

Es gilt

(1) $\text{Sp}\ \underline{A} = \text{Sp}\ \underline{A}'$;

(2) $\text{Sp}(\underline{A} + \underline{B}) = \text{Sp}\ \underline{A} + \text{Sp}\ \underline{B}$;

(3) $\text{Sp}(s\ \underline{A}) = s\ \text{Sp}\ \underline{A} \quad (s \in \mathbb{R})$.

(4) Sei $\underline{A} = (a_{jk})$ eine (m,n)-Matrix und $\underline{B} = (b_{jk})$ eine (n,m)-Matrix; dann gilt

$$\text{Sp}(\underline{A}\ \underline{B}) = \text{Sp}(\underline{B}\ \underline{A}) = \sum_{j=1}^{m} \sum_{k=1}^{n} a_{jk} b_{kj};$$

daraus folgt

(5) $\text{Sp}(\underline{A}\ \underline{A}') = \sum_{j=1}^{m} \sum_{k=1}^{n} a_{jk}^2$.

(6) $\text{Sp}(\underline{A}\ \underline{B}\ \underline{C}) = \text{Sp}(\underline{C}\ \underline{A}\ \underline{B}) = \text{Sp}(\underline{B}\ \underline{C}\ \underline{A})$;

$\text{Sp}(\underline{A}\ \underline{C}\ \underline{B}) = \text{Sp}(\underline{B}\ \underline{A}\ \underline{C}) = \text{Sp}(\underline{C}\ \underline{B}\ \underline{A})$;

aber es gilt nicht, daß $\text{Sp}(\underline{A}\ \underline{B}\ \underline{C}) = \text{Sp}(\underline{A}\ \underline{C}\ \underline{B})$ ist;

(7) $\text{Sp}(\underline{A}\ \underline{B}\ \underline{A}^{-1}) = \text{Sp}(\underline{A}^{-1}\ \underline{B}\ \underline{A}) = \text{Sp}(\underline{B})$.

(8) Sind $\underline{A}$ und $\underline{B}$ ähnliche Matrizen, so ist $\text{Sp}\ \underline{A} = \text{Sp}\ \underline{B}$.

(9) $\text{Sp}(\underline{A} \otimes \underline{B}) = (\text{Sp}\ \underline{A})(\text{Sp}\ \underline{B})$.

5.7.18. Eigenwerte und Eigenvektoren

Def.: Sei $\underline{A}$ eine (n,n)-Matrix. Dann ist

(1) $P(\lambda) := \det\ (\underline{A} - \lambda \underline{I}) = 0$

eine Gleichung n-ten Grades in λ (charakteristische Gleichung von $\underline{A}$); $\det\ (\underline{A} - \lambda \underline{I})$ heißt charakteristisches Polynom von $\underline{A}$. Die Wurzeln (Lösungen) $\lambda_1, \ldots, \lambda_n$ von (1) heißen die Eigenwerte [1] von $\underline{A}$.

1) Die Eigenwerte können komplex sein. Mehrfach auftretende Eigenwerte werden mehrfach gezählt. - Sind $\underline{A}$ und $\underline{B}$ (n,n)-Matrizen, so führt $P^*(\lambda) := \det\ (\underline{A} - \lambda \underline{B}) = 0$ auf das allgemeine Eigenwertproblem.

Sind $\lambda_1,\dots,\lambda_n$ die Eigenwerte von $\underline{A}$, dann sind $s\lambda_1,\dots,s\lambda_n$ die Eigenwerte von s $\underline{A}$.

Sind $\lambda_1,\dots,\lambda_n$ die Eigenwerte von $\underline{A}$, dann sind $\lambda_1-s,\dots,\lambda_n-s$ die Eigenwerte von $\underline{A} - s\,\underline{I}$.

$\underline{A}$ und $\underline{A}'$ haben die gleichen Eigenwerte.

Def.: Ist λ_j Eigenwert von $\underline{A}$, dann heißt ein (Zeilen-)Vektor $\underline{u}_j \neq \underline{o}$ mit

$\underline{u}_j\,\underline{A} = \lambda_j\,\underline{u}_j \quad (\Leftrightarrow \underline{u}_j\,(\underline{A}-\lambda_j\underline{I}) = \underline{o})$

Linkseigenvektor von $\underline{A}$ und ein (Spalten-)Vektor $\underline{v}_j \neq \underline{o}$ mit

$\underline{A}\,\underline{v}_j = \lambda_j\,\underline{v}_j \quad (\Leftrightarrow (\underline{A}-\lambda_j\,\underline{I})\,\underline{v}_j = \underline{o})$

Rechtseigenvektor von $\underline{A}$ [1].

Ist $\underline{u}_j$ Linkseigenvektor ($\underline{v}_j$ Rechtseigenvektor) von $\underline{A}$ zum Eigenwert λ_j, dann ist auch s $\underline{u}_j$ Linkseigenvektor (s $\underline{v}_j$ Rechtseigenvektor) von $\underline{A}$ zum Eigenwert λ_j ($s \in \mathbb{R}\setminus\{0\}$).

Zu jedem Eigenwert λ_j existiert mindestens ein Links-(Rechts Eigenvektor. Die Menge aller Linkseigenvektoren $\{\underline{u}_j\}$ (aller Rechtseigenvektoren $\{\underline{v}_j\}$) bildet den linken (rechten) Eigenraum von λ_j. Die Eigenräume sind Vektorräume mit einer Dimension ≥ 1.

Für symmetrische Matrizen $\underline{A}$ gilt, daß für einen Linkseigenvektor $\underline{u}_j$ der Vektor $\underline{u}_j'$ Rechtseigenvektor zum gleichen Eigenwert λ_j ist; ebenso gilt, daß für einen Rechtseigenvektor $\underline{v}_j$ der Vektor $\underline{v}_j'$ Linkseigenvektor zum gleichen Eigenwert λ_j is Man spricht dann kurz von Eigenvektoren.

Es gilt:

1) $\underline{u}_j$ ($\underline{v}_j$) haben also n Komponenten.

(1) Linkseigenvektoren (Rechtseigenvektoren), die zu verschiedenen Eigenwerten gehören, sind linear unabhängig.

(2) Es ist das Produkt

$$\underline{u}_i\ \underline{v}_j \begin{cases} = 0 & \text{für } \lambda_i \neq \lambda_j \\ \neq 0 & \text{für } \lambda_i = \lambda_j \end{cases} \qquad (i,j=1,\dots,n);$$

d.h. linke und rechte Eigenvektoren, die zum gleichen Eigenwert λ_j gehören, sind nicht orthogonal, ansonsten orthogonal. Da die Eigenvektoren nur bis auf Faktoren $\neq 0$ bestimmt sind, kann man $\underline{u}_j$, $\underline{v}_j$ immer so wählen, daß $\underline{u}_j\ \underline{v}_j = 1$.

(3) Seien die n Eigenwerte λ_j alle voneinander verschieden und $\underline{u}_j\ \underline{v}_j = 1$ $(j=1,\dots,n)$; die (n,n)-Matrizen $\underline{U}$ und $\underline{V}$ seien definiert durch

$$\underline{U} := \begin{pmatrix} \underline{u}_1 \\ \vdots \\ \underline{u}_n \end{pmatrix}; \quad \underline{V} := (\underline{v}_1\ \dots\ \underline{v}_n).$$

Dann gilt

a) $\underline{U}^{-1} = \underline{V}$;

b) $\underline{U}\ \underline{A}\ \underline{V} = \begin{bmatrix} \lambda_1 & & 0 \\ & \ddots & \\ 0 & & \lambda_n \end{bmatrix} =: \underline{D}(\lambda_1,\dots,\lambda_n) = \underline{D}$;

d.h. die Matrizen $\underline{A}$ und $\underline{D}$ sind ähnlich.

(4) Aus (3) folgt

$$\underline{A} = \underline{U}^{-1}\underline{D}\ \underline{V}^{-1} = \underline{V}\ \underline{D}\ \underline{U}.$$

(5) Damit Berechnung der Potenzen von $\underline{A}$:

$\underline{A}^t = \underline{V}\ \underline{D}^t\underline{U}$ (diese Beziehung gilt für alle $t \in \mathbb{Z}$).

Weitere Aussagen über Eigenwerte:

(6) $\sum_{j=1}^{n} \lambda_j = \mathrm{Sp}\,\underline{A}$ (Sp $\underline{A}$ = Spur von $\underline{A}$);

(7) $\prod_{j=1}^{n} \lambda_j = \det \underline{A}$;

Folgerung: $\underline{A}$ regulär $\Longleftrightarrow$ $\lambda_j \neq 0$ $(j=1,\ldots,n)$;

(8) Die Eigenwerte einer Diagonalmatrix sind gleich den Diagonalelementen.

(9) Hat die Matrix $\underline{A}$ den Eigenwert λ_j, dann hat die Matrix

$\underline{B} := \sum_{k=0}^{n} s_k \underline{A}^k$ den Eigenwert $\sum_{k=0}^{n} s_k \lambda_j^k$ $(s_k \in \mathbb{R})$.

Sonderfall: $\underline{A}^n$ hat den Eigenwert λ_j^n.

(10) Zwei ähnliche Matrizen $\underline{A}$ und $\underline{B} = \underline{P}^{-1}\underline{A}\,\underline{P}$ haben die gleichen Eigenwerte.

Ist $\underline{v}$ Eigenvektor von $\underline{B}$ zum Eigenwert λ_j von $\underline{B}$, dann ist $\underline{w} = \underline{P}\,\underline{v}$ Eigenvektor von $\underline{A}$ zum selben Eigenwert λ_j von $\underline{A}$.

(11) Eine (n,n)-Matrix $\underline{A}$ ist einer (n,n)-Diagonalmatrix genau dann ähnlich, wenn es n linear unabhängige Eigenvektoren von $\underline{A}$ gibt. (Vergleiche (3).)

(12) Jede (n,n)-Matrix $\underline{A}$ ist einer Dreiecksmatrix ähnlich, deren Diagonalelemente die Eigenwerte von $\underline{A}$ sind.

(13) Sei $\underline{A}$ eine (n,n)-Matrix mit reellen Elementen und reellen Eigenwerten. Dann gibt es eine orthogonale Matrix $\underline{P}$, so daß $\underline{P}^{-1}\underline{A}\,\underline{P} = \underline{P}'\underline{A}\,\underline{P}$ eine Dreiecksmatrix ist, deren Diagonalelemente die Eigenwerte von $\underline{A}$ sind.

(14) Eine symmetrische Matrix $\underline{A}$ mit reellen Elementen hat nur reelle Eigenwerte λ_j.

(15) Eine orthogonale Matrix $\underline{A}$ hat nur Eigenwerte λ_j mit $|\lambda_j| = 1$.

(16) Ist λ_j Eigenwert einer orthogonalen Matrix, so auch λ_j^{-1}.

(17) Für die Eigenwerte λ_j der (n,n)-Matrix $\underline{A}$ gelte $|\lambda_j| < 1$ (j=1,...,n). Dann ist $\lim_{t\to\infty} \underline{A}^t = \underline{0}$.

5.7.19. Quadratische Formen

Def.: Sei $\underline{A} = (a_{jk})$ eine (n,n)-Matrix; $\underline{x}' = (x_1,\ldots,x_n)$. Dann heißt $\underline{x}'\underline{A}\,\underline{x}$ quadratische Form in $x_1,\ldots,x_n$.

Also $\underline{x}'\underline{A}\,\underline{x} = \sum_{j=1}^{n} \sum_{k=1}^{n} a_{jk}x_jx_k$.

Jede quadratische Form ist mit einer symmetrischen Matrix $\underline{A}$ darstellbar.

Beispiel: $4x_1^2 + 6x_1x_2 + 6x_2^2 = (x_1,x_2)\begin{pmatrix}4 & 2\\ 4 & 6\end{pmatrix}\begin{pmatrix}x_1\\ x_2\end{pmatrix}$, aber auch

$$4x_1^2 + 6x_1x_2 + 6x_2^2 = (x_1,x_2)\begin{pmatrix}4 & 3\\ 3 & 6\end{pmatrix}\begin{pmatrix}x_1\\ x_2\end{pmatrix}.$$

Def.: Eine quadratische Form $\underline{x}'\underline{A}\,\underline{x}$ heißt positiv definit (positiv semidefinit) bezüglich einer Menge $M \subseteq \mathbb{R}^n$,

wenn gilt $\underline{x}'\underline{A}\,\underline{x} > 0$ $(\underline{x}'\underline{A}\,\underline{x} \geq 0)$ für alle $\underline{o} \neq \underline{x} \in M$.

Analog heißt eine quadratische Form negativ definit (negativ semidefinit), wenn $\underline{x}'\underline{A}\,\underline{x} < 0$ $(\underline{x}'\underline{A}\,\underline{x} \leq 0)$ für alle $\underline{o} \neq \underline{x} \in M$.

Auch die Matrix $\underline{A}$ heißt dann positiv definit (positiv semidefinit), negativ definit (negativ semidefinit).

Trifft keiner dieser vier Fälle zu, d.h. ist $\underline{x}'\underline{A}\,\underline{x} > 0$ für gewisse $\underline{x} \in M$ und $\underline{x}'\underline{A}\,\underline{x} < 0$ für gewisse andere $\underline{x} \in M$, so heißt $\underline{x}'\underline{A}\,\underline{x}$ (bzw. $\underline{A}$) indefinit.

Ist $\underline{A}$ positiv definit (positiv semidefinit), dann ist $(-\underline{A})$ negativ definit (negativ semidefinit); und umgekehrt.

Weiterhin betrachten wir $M = \mathbb{R}^n$ bzw. $\mathbb{R}^m$.

Es gilt der

<u>Satz</u>: Sei $\underline{A}$ eine symmetrische (n,n)-Matrix und $\underline{P}$ eine (n,m)-Matrix. Dann ist $\underline{P}'\underline{A}\,\underline{P}$ eine symmetrische (m,m)-Matrix und es gilt:

$$\text{Ist } \underline{A} \left\{\begin{array}{l} \text{positiv definit und } \operatorname{Rg} \underline{P} = m \\ \text{positiv semidefinit} \\ \text{negativ semidefinit} \\ \text{negativ definit und } \operatorname{Rg} \underline{P} = m \end{array}\right\}, \text{ so ist}$$

$$\underline{P}'\underline{A}\,\underline{P} \left\{\begin{array}{l} \text{positiv definit} \\ \text{positiv semidefinit} \\ \text{negativ semidefinit} \\ \text{negativ definit.} \end{array}\right.$$

Spezialfall: Für $\underline{A} = \underline{I}$ (Einheitsmatrix) folgt:

Für jede (n,m)-Matrix $\underline{P}$ ist

$$\left\{\begin{array}{l} \underline{P}'\underline{P} \text{ symmetrisch und positiv semidefinit;} \\ \underline{P}'\underline{P} \text{ symmetrisch und positiv definit, falls } \operatorname{Rg} \underline{P} = m. \end{array}\right.$$

Weiter gilt:

Alle zu einer Matrix $\underline{A}$ kongruenten Matrizen haben die gleiche Definitheit.

Jede positiv definite und jede negativ definite Matrix $\underline{A}$ ist regulär.

Für jede positiv definite Matrix $\underline{A}$ gibt es eine Matrix $\underline{P}$ mit $\underline{A}^{-1} = \underline{P}'\underline{P}$.

Ferner gilt der

Satz: Sei $\underline{A}$ eine symmetrische (n,n)-Matrix. $\underline{A}$ ist genau dann

- positiv (negativ) definit, wenn alle Eigenwerte [1] von $\underline{A}$ positiv (negativ) sind;
- positiv (negativ) semidefinit, wenn alle Eigenwerte von $\underline{A}$ nicht negativ, d.h. also ≥ 0 (nicht positiv, also ≤ 0) sind;
- indefinit, wenn $\underline{A}$ positive und negative Eigenwerte hat.

Außerdem der

Satz: Sei $\underline{A} = (a_{jk})$ eine symmetrische (n,n)-Matrix. $\underline{A}$ ist genau dann positiv definit, wenn für alle folgenden Determinanten (Hauptminoren) gilt:

$$a_{11} > 0; \quad \begin{vmatrix} a_{11} & a_{12} \\ a_{21} & a_{22} \end{vmatrix} > 0; \quad \begin{vmatrix} a_{11} & a_{12} & a_{13} \\ a_{21} & a_{22} & a_{23} \\ a_{31} & a_{32} & a_{33} \end{vmatrix} > 0; \ldots; \quad \begin{vmatrix} a_{11} \ldots a_{1n} \\ \ldots\ldots \\ a_{n1} \ldots a_{nn} \end{vmatrix} =$$

$$= |\underline{A}| > 0 ;$$

$\underline{A}$ ist genau dann negativ definit, wenn gilt

$$a_{11} < 0; \quad \begin{vmatrix} a_{11} & a_{12} \\ a_{21} & a_{22} \end{vmatrix} > 0; \quad \begin{vmatrix} a_{11} & a_{12} & a_{13} \\ a_{21} & a_{22} & a_{23} \\ a_{31} & a_{32} & a_{33} \end{vmatrix} < 0; \ldots; \quad (-1)^n \begin{vmatrix} a_{11} \ldots a_{1n} \\ \ldots\ldots \\ a_{n1} \ldots a_{nn} \end{vmatrix} =$$

$$= (-1)^n |\underline{A}| > 0;$$

$\underline{A}$ ist genau dann positiv (negativ) semidefinit, wenn in diesen Ungleichungen für diese Determinanten auch das Gleichheitszeichen auftritt.

Bemerkung: Die beiden letzteren Sätze können auch als Kriterien dafür dienen, ob die Eigenwerte von $\underline{A}$ alle positiv oder alle negativ sind.

---

1) Eine symmetrische Matrix $\underline{A}$ mit reellen Elementen hat nur reelle Eigenwerte.

Durch die beiden Sätze wird auch entschieden, ob die quadratische Form $\underline{x}'\underline{A}\,\underline{x}$ positiv (negativ) definit bzw. positiv (negativ) semidefinit ist.

5.8. Systeme linearer Gleichungen

5.8.1. Grundbegriffe

Das Gleichungssystem

$$(1)\quad \begin{cases} a_{11}x_1 + a_{12}x_2 + \ldots + a_{1n}x_n = b_1 \\ \ldots\ldots\ldots\ldots \\ a_{m1}x_1 + a_{m2}x_2 + \ldots + a_{mn}x_n = b_m \end{cases}$$

von m Gleichungen mit n Variablen (Unbekannten) $x_1, x_2, \ldots, x_n$ $(m,n \in \mathbb{N})$ hat die (m,n)-Koeffizientenmatrix

$$\underline{A} := \begin{pmatrix} a_{11} & a_{12} & \ldots & a_{1n} \\ & \ldots\ldots & & \\ a_{m1} & a_{m2} & \ldots & a_{mn} \end{pmatrix}$$

bzw. mit den Spaltenvektoren $\underline{u}_j = \begin{pmatrix} a_{1j} \\ \vdots \\ a_{mj} \end{pmatrix}$ (j=1,...,n) geschrieben als $\underline{A} = (\underline{u}_1 \ldots \underline{u}_n)$;

ferner sei $\underline{x} := \begin{pmatrix} x_1 \\ \vdots \\ x_n \end{pmatrix}$; $\underline{b} := \begin{pmatrix} b_1 \\ \vdots \\ b_m \end{pmatrix}$. Dann ist (1) gleichbedeutend mit

$\underline{A}\,\underline{x} = \underline{b}$ bzw. $\underline{u}_1 x_1 + \ldots + \underline{u}_n x_n = \underline{b}$.

Ist $\underline{b} = \underline{o}$ (Nullvektor), so heißt (1) homogenes Gleichungssystem , sonst inhomogenes Gleichungssystem. Ein homogenes Gleichungssystem hat sicher die Lösung $\underline{x} = \underline{o}$, d.h. $x_1 = \ldots = x_n = 0$ (Nullösung = triviale Lösung).

Genau dann ist $\underline{x} = \underline{o}$ die einzige Lösung eines homogenen Systems von n Gleichungen mit n Unbekannten, wenn $\underline{A}$ regulär is

Eine Lösung eines Gleichungssystems heißt allgemeine (generelle) Lösung, wenn jede Lösung des Gleichungssystems durch spezielle Wahl von Parametern aus dieser hervorgeht. Einzelne Lösungen heißen auch spezielle (partikuläre) Lösungen.

Es gilt: Ist $\underline{x}_1$ eine spezielle Lösung des Systems (1) und $\underline{x}$ die allgemeine Lösung des zu (1) gehörigen homogenen Systems $\underline{A}\,\underline{x} = \underline{o}$, so ist $\underline{x}_1 + \underline{x}$ die allgemeine Lösung von (1).

Hat das System (1) zwei verschiedene Lösungen $\underline{x}_1$ und $\underline{x}_2$, so besitzt es unendlich viele Lösungen.

Def.: Zwei Gleichungen (Gleichungssysteme) heißen äquivalent über $\mathbb{R}$ (über einer Menge M), wenn ihre Lösungsmengen in $\mathbb{R}$ (in M) gleich sind (entsprechend für Ungleichungen).

5.8.2. Der Gauß-Algorithmus

Der Gauß-Algorithmus ist ein systematisches Verfahren zur Lösung von Systemen von linearen Gleichungen.

Zunächst n Gleichungen mit n Unbekannten: Sei gegeben

$$(1)\ \begin{cases} a_{11}x_1 + a_{12}x_2 + \ldots + a_{1n}x_n = b_1 \\ a_{21}x_1 + a_{22}x_2 + \ldots + a_{2n}x_n = b_2 \\ a_{31}x_1 + a_{32}x_2 + \ldots + a_{3n}x_n = b_3 \\ \ldots\ldots\ldots\ldots\ldots\ldots \\ a_{n1}x_1 + a_{n2}x_2 + \ldots + a_{nn}x_n = b_n; \end{cases}$$

sei $a_{11} \neq 0$ (andernfalls die Gleichungen des Systems umordnen).

Multipliziere die 1. Gleichung des Systems mit $-\frac{a_{21}}{a_{11}}$ und addiere diese dann zur 2. Gleichung;

multipliziere die 1. Gleichung mit $-\frac{a_{31}}{a_{11}}$ und addiere diese dann zur 3. Gleichung; ...

multipliziere die 1. Gleichung mit $-\frac{a_{n1}}{a_{11}}$ und addiere diese dann zur n-ten Gleichung;

man erhält neben der ersten Gleichung von (1) ein Gleichungs-system von n-1 Gleichungen, in dem nur noch die n-1 Unbekannten $x_2,\ldots,x_n$ vorkommen:

$$(1')\begin{cases} a'_{22}x_2 + a'_{23}x_3 + \ldots + a'_{2n}x_n = b'_2 \\ a'_{32}x_2 + a'_{33}x_3 + \ldots + a'_{3n}x_n = b'_3 \\ \ldots\ldots\ldots\ldots\ldots \\ a'_{n2}x_2 + a'_{n3}x_3 + \ldots + a'_{nn}x_n = b'_n \end{cases}$$

mit $a'_{jk} = a_{jk} - \dfrac{a_{j1}}{a_{11}}\, a_{1k}$; $b'_j = b_j - \dfrac{a_{j1}}{a_{11}}\, b_1$.

Dann für dieses System entsprechend verfahren und x_2 eliminieren;

man erhält neben der ersten Gleichung von (1) und der ersten Gleichung von (1') ein Gleichungssystem von n-2 Gleichungen in den n-2 Unbekannten $x_3,\ldots,x_n$;

usw.

Schließlich erhält man aus dem System (1) nach n-1 Schritten das System

$$\begin{cases} a_{11}x_1 + a_{12}x_2 + a_{13}x_3 + \ldots + a_{1n}x_n = b_1 \\ \qquad a'_{22}x_2 + a'_{23}x_3 + \ldots + a'_{2n}x_n = b'_2 \\ \qquad\qquad a''_{33}x_3 + \ldots + a''_{3n}x_n = b''_3 \\ \qquad\qquad\qquad \ldots\ldots\ldots\ldots \\ \qquad\qquad\qquad\qquad a_{nn}^{(n-1)}x_n = b_n^{(n-1)}. \end{cases}$$

Damit $x_n = \dfrac{b_n^{(n-1)}}{a_{nn}^{(n-1)}}$, falls $a_{nn}^{(n-1)} \neq 0$;

nun werden von unten her der Reihe nach die Unbekannten $x_{n-1},\ldots,x_2,x_1$ berechnet.

Beispiel ($x_1=x$, $x_2=y$, $x_3=z$):

$$\begin{cases} x + 3y + 2z = 13 & |\cdot(-2) \quad |\cdot(-3) \\ 2x + y + 5z = 13 & \\ 3x + 5y + 7z = 33; & \text{Addition liefert dann} \end{cases}$$

$$\begin{cases} -5y + z = -13 & |\cdot(-\frac{4}{5}) \\ -4y + z = -6; & \text{Addition liefert} \end{cases}$$

$$\frac{1}{5} z = \frac{22}{5};$$

also

$$\begin{cases} x + 3y + 2z = 13 \\ \quad - 5y + z = -13 \\ \qquad \frac{1}{5} z = \frac{22}{5} \end{cases}$$

damit $z = 22, \quad y = 7, \quad x = -52.$

Bemerkung: Falls im Verlauf des Algorithmus Koeffizienten 0 auftreten, so ist unter Umständen die Reihenfolge der Gleichungen in dem System zu ändern (Zeilenvertauschung).

Entsprechend kann der Gauß-Algorithmus auch angewandt werden, wenn die Anzahl der Gleichungen nicht mit der Anzahl der Unbekannten übereinstimmt.

Beispiel:

$$\begin{cases} x + 3y + 2z = 13 & |\cdot(-3) \\ 3x + 5y + 7z = 33; & \end{cases}$$

Addition liefert dann $-4y + z = -6$;

damit $\begin{cases} x + 3y + 2z = 13 \\ \quad - 4y + z = -6 \end{cases} \iff \begin{cases} y = \frac{z}{4} + \frac{3}{2} \\ x = -\frac{11}{4} z + \frac{17}{2}. \end{cases}$

Schema bei Abwandlung des Verfahrens: In dem Schema $(\underline{A} \vdots \underline{b})$ ($\underline{A}$ Koeffizientenmatrix des Gleichungssystems, $\underline{b}$ Spaltenvektor der rechten Seite) wird durch elementare Zeilenumformungen [1] links eine Einheitsmatrix hergestellt; indem man rechts eben-

[1] Siehe 5.7.2.

so umformt, entsteht rechts der Lösungsvektor des Gleichungssystems.

Obige Beispiele: 1)

$$\left(\begin{array}{ccc|c} 1 & 3 & 2 & 13 \\ 2 & 1 & 5 & 13 \\ 3 & 5 & 7 & 33 \end{array}\right)$$

$$\begin{array}{r} \\ (-\frac{1}{5})\cdot| \\ \\ \end{array} \left(\begin{array}{ccc|c} 1 & 3 & 2 & 13 \\ 0 & -5 & 1 & -13 \\ 0 & -4 & 1 & -6 \end{array}\right)$$

$$\left(\begin{array}{ccc|c} 1 & 3 & 2 & 13 \\ 0 & 1 & -\frac{1}{5} & \frac{13}{5} \\ 0 & -4 & 1 & -6 \end{array}\right)$$

$$\left(\begin{array}{ccc|c} 1 & 0 & \frac{13}{5} & \frac{26}{5} \\ 0 & 1 & -\frac{1}{5} & \frac{13}{5} \\ 0 & 0 & \frac{1}{5} & \frac{22}{5} \end{array}\right)$$

$$\begin{array}{r} \\ \\ 5\cdot| \end{array} \left(\begin{array}{ccc|c} 1 & 0 & 0 & -52 \\ 0 & 1 & 0 & 7 \\ 0 & 0 & \frac{1}{5} & \frac{22}{5} \end{array}\right)$$

$$\left(\begin{array}{ccc|c} 1 & 0 & 0 & -52 \\ 0 & 1 & 0 & 7 \\ 0 & 0 & 1 & 22 \end{array}\right) \Longrightarrow \left\{\begin{array}{l} x = -52 \\ y = 7 \\ z = 22\,; \end{array}\right.$$

2)

$$\left(\begin{array}{ccc|c} 1 & 3 & 2 & 13 \\ 3 & 5 & 7 & 33 \end{array}\right)$$

$$\begin{array}{r} \\ (-\frac{1}{4})\cdot| \end{array} \left(\begin{array}{ccc|c} 1 & 3 & 2 & 13 \\ 0 & -4 & 1 & -6 \end{array}\right)$$

$$\begin{bmatrix} 1 & 3 & 2 & \vdots & 13 \\ 0 & 1 & -\frac{1}{4} & \vdots & \frac{3}{2} \end{bmatrix}$$

$$\begin{bmatrix} 1 & 0 & \frac{11}{4} & \vdots & \frac{17}{2} \\ 0 & 1 & -\frac{1}{4} & \vdots & \frac{3}{2} \end{bmatrix} \Longrightarrow \begin{cases} x = -\frac{11}{4} z + \frac{17}{2} \\ y = \frac{1}{4} z + \frac{3}{2}. \end{cases}$$

Auch zur Feststellung, daß ein Gleichungssystem keine Lösung besitzt, läßt sich der Gauß-Algorithmus anwenden.

Beispiel:
$$\begin{cases} x + 3y + 2z - u = 13 \\ 2x + y + 5z + 2u = 13 \\ 4x + 7y + 9z = 33; \end{cases}$$

dazu das Schema

$$\begin{bmatrix} 1 & 3 & 2 & -1 & \vdots & 13 \\ 2 & 1 & 5 & 2 & \vdots & 13 \\ 4 & 7 & 9 & 0 & \vdots & 33 \end{bmatrix}$$

$$\begin{bmatrix} 1 & 3 & 2 & -1 & \vdots & 13 \\ 0 & -5 & 1 & 4 & \vdots & -13 \\ 0 & -5 & 1 & 4 & \vdots & -19 \end{bmatrix}$$

$$\begin{bmatrix} 1 & 3 & 2 & -1 & \vdots & 13 \\ 0 & -5 & 1 & 4 & \vdots & -13 \\ 0 & 0 & 0 & 0 & \vdots & -6 \end{bmatrix};$$

die letzte Zeile bedeutet einen Widerspruch [1].

5.8.3. Die Cramersche Regel zur Lösung eines Gleichungssystems von n Gleichungen mit n Unbekannten

(1) $\underline{A}\ \underline{x} = \underline{b}$ ($\Longleftrightarrow \underline{u}_1 x_1 + \ldots + \underline{u}_n x_n = \underline{b}$) ($\underline{A}$ (n,n)-Matrix [2]):

1) Für den Gauß-Algorithmus gibt es weitere Varianten.
2) $\underline{u}_1, \ldots, \underline{u}_n$ sind also die Spaltenvektoren von $\underline{A}$.

Falls D: = det $\underline{A}$ = det $(\underline{u}_1 \dots \underline{u}_k \dots \underline{u}_n) \neq 0$ ist, besitzt (1) die eindeutig bestimmte Lösung

$$x_k = \frac{\det (\underline{u}_1 \dots \underline{u}_{k-1}\ \underline{b}\ \underline{u}_{k+1} \dots \underline{u}_n)}{\det (\underline{u}_1 \dots \underline{u}_{k-1}\ \underline{u}_k\ \underline{u}_{k+1} \dots \underline{u}_n)} =: \frac{D_k}{D} \quad (k=1,\dots,n).$$

Im Fall n = 2 bedeutet dies:

$$\begin{cases} a_{11}x_1 + a_{12}x_2 = b_1 \\ a_{21}x_1 + a_{22}x_2 = b_2 \end{cases} \text{ hat für } D = \begin{vmatrix} a_{11} & a_{12} \\ a_{21} & a_{22} \end{vmatrix} \neq 0$$

die Lösung $x_1 = \dfrac{\begin{vmatrix} b_1 & a_{12} \\ b_2 & a_{22} \end{vmatrix}}{D}$; $x_2 = \dfrac{\begin{vmatrix} a_{11} & b_1 \\ a_{21} & b_2 \end{vmatrix}}{D}$;

und im Fall n = 3:

$$\begin{cases} a_{11}x_1 + a_{12}x_2 + a_{13}x_3 = b_1 \\ a_{21}x_1 + a_{22}x_2 + a_{23}x_3 = b_2 \\ a_{31}x_1 + a_{32}x_2 + a_{33}x_3 = b_3 \end{cases} \text{ hat für } D = \begin{vmatrix} a_{11} & a_{12} & a_{13} \\ a_{21} & a_{22} & a_{23} \\ a_{31} & a_{32} & a_{33} \end{vmatrix} \neq$$

die Lösung $x_1 = \dfrac{\begin{vmatrix} b_1 & a_{12} & a_{13} \\ b_2 & a_{22} & a_{23} \\ b_3 & a_{32} & a_{33} \end{vmatrix}}{D}$; $x_2 = \dfrac{\begin{vmatrix} a_{11} & b_1 & a_{13} \\ a_{21} & b_2 & a_{23} \\ a_{31} & b_3 & a_{33} \end{vmatrix}}{D}$;

$$x_3 = \frac{\begin{vmatrix} a_{11} & a_{12} & b_1 \\ a_{21} & a_{22} & b_2 \\ a_{31} & a_{32} & b_3 \end{vmatrix}}{D}.$$

Ist (1) ein homogenes System, so existiert genau dann nur die triviale Lösung $\underline{x} = \underline{o}$ (d.h. $x_1 = x_2 = \dots = x_n = 0$), wenn $D \neq 0$ ist.

5.8.4. m Gleichungen mit n Unbekannten

Das Gleichungssystem

$$(1)\quad \begin{cases} a_{11}x_1 + \dots + a_{1n}x_n = b_1 \\ \dots\dots\dots\dots\dots\dots \\ a_{m1}x_1 + \dots + a_{mn}x_n = b_m \end{cases}$$ ist gleichbedeutend mit (vgl. 5.8.1)

$\underline{A}\,\underline{x} = \underline{b}$ bzw. $\underline{u}_1 x_1 + \dots + \underline{u}_n x_n = \underline{b}$.

(1) ist genau dann lösbar, wenn gilt

$\text{Rg}\,\underline{A} = \text{Rg}(\underline{u}_1 \dots \underline{u}_n) = \text{Rg}(\underline{u}_1 \dots \underline{u}_n\ \underline{b}) = \text{Rg}(\underline{A};\underline{b})$.

Ist $\text{Rg}\,\underline{A} = \text{Rg}(\underline{A};\underline{b}) = r$, dann sind von den n Unbekannten gewisse n-r Unbekannte willkürlich wählbar, die restlichen r Unbekannten sind dann eindeutig bestimmt [1].

Homogene Gleichungssysteme (also $\underline{b} = \underline{o}$) besitzen stets die triviale Lösung $x_1 = \dots = x_n = 0$.

Im Fall m = n ist ein homogenes Gleichungssystem genau dann nicht-trivial lösbar, wenn $\text{Rg}\,\underline{A} < n$ ($\Leftrightarrow \det \underline{A} = 0$) ist.

5.9. Koordinaten

5.9.1. Koordinaten in der Ebene $\mathbb{R}^2$

5.9.1.1. Parallelkoordinaten [2]

Rechtwinklige (kartesische) Koordinaten

Seien $\underline{e}_i$ die Einheitsvektoren in den positiven Richtungen der Koordinatenachsen (i=1,2), also $|\underline{e}_i| = 1$ und $\underline{e}_1 \cdot \underline{e}_2 = 0$, und der Koordinatenursprung sei O.

---

1) Es sind gewisse geeignete n-r Unbekannte willkürlich wählbar, man kann nicht in jedem Fall beliebige n-r Unbekannte willkürlich festsetzen.

2) Bei den Koordinatensystemen sollen die positiven Koordinatenrichtungen wie hier eingezeichnet liegen, man spricht dann von Rechtssystemen.

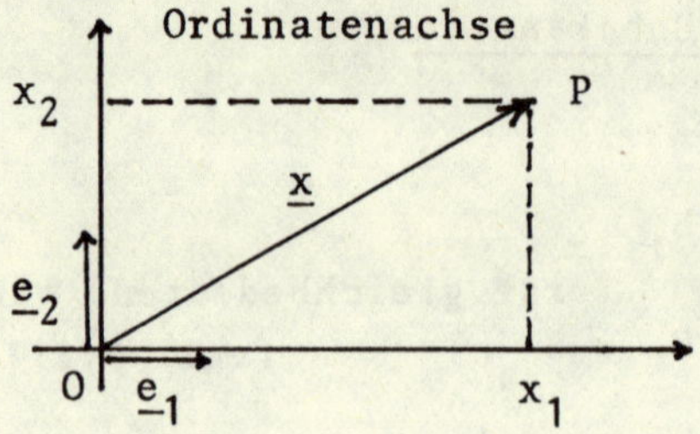

x_1 Abszisse von P,
x_2 Ordinate von P.

Dann ist der Vektor $\underline{x} = x_1\, \underline{e}_1 + x_2\, \underline{e}_2$ und für den Punkt P hat man die Koordinaten $(x_1;\ x_2)$.

Schiefwinklige Koordinaten

Seien $\underline{e}_i$ die Einheitsvektoren in den positiven Richtungen der Koordinatenachsen (i=1,2), also $|\underline{e}_i| = 1$, und der Koordinatenursprung sei O.

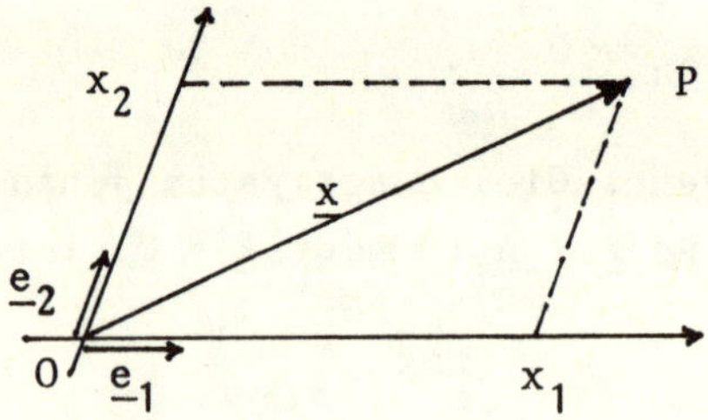

Dann ist $\underline{x} = x_1\, \underline{e}_1 + x_2\, \underline{e}_2$.

5.9.1.2. Polarkoordinaten

Sei O = Pol; $\underline{x}_1$ vorgegebene Richtung.

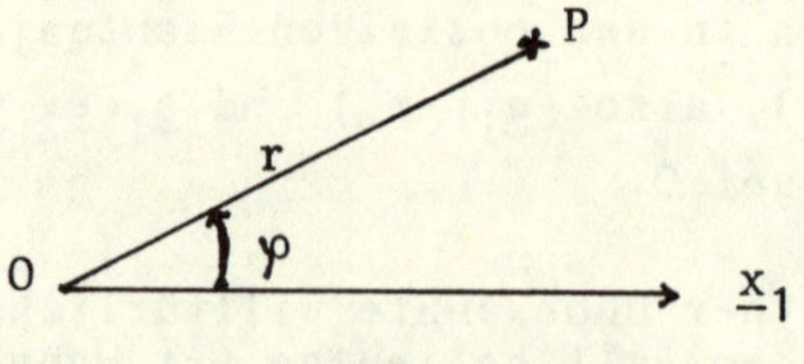

Dann ist der Punkt P gegeben durch $(r;\ \varphi)$ mit $0 \leq r$; $0 \leq \varphi < 2\pi = 360^{\circ}$ (φ entgegen dem Uhrzeigersinn gemessen).

Es gelten die Transformationsgleichungen:

Rechtwinklige Koordinaten $(x_1;x_2)$ $\Longleftrightarrow$ Polarkoordinaten $(r;\varphi)$

$$\begin{cases} x_1 = r\cos\varphi \\ x_2 = r\sin\varphi \end{cases} \qquad \begin{cases} r = \sqrt{x_1^2 + x_2^2} \\ \tan\varphi = \dfrac{x_2}{x_1} \quad \text{für } x_1 \neq 0, \end{cases}$$

und zwar $x_2 > 0 \Longrightarrow 0 < \varphi < \pi$; $x_2 < 0 \Longrightarrow \pi < \varphi < 2\pi$;

$x_1 > 0,\ x_2 = 0 \Longrightarrow \varphi = 0$; $x_1 < 0,\ x_2 = 0 \Longrightarrow \varphi = \pi$;

$x_1 = 0,\ x_2 > 0 \Longrightarrow \varphi = \frac{\pi}{2}$; $x_1 = 0,\ x_2 < 0 \Longrightarrow \varphi = \frac{3\pi}{2}$;

für $x_1 = x_2 = 0$ ist φ unbestimmt.

5.9.2. Koordinaten im dreidimensionalen Raum $\mathbb{R}^3$

Rechtwinklige (kartesische) Koordinaten [1]

Seien $\underline{e}_i$ die Einheitsvektoren in den positiven Koordinatenrichtungen $(i=1,2,3)$, also $|\underline{e}_i| = 1$ und $\underline{e}_1 \cdot \underline{e}_2 = \underline{e}_1 \cdot \underline{e}_3 = \underline{e}_2 \cdot \underline{e}_3 = 0$, und der Koordinatensprung sei 0.

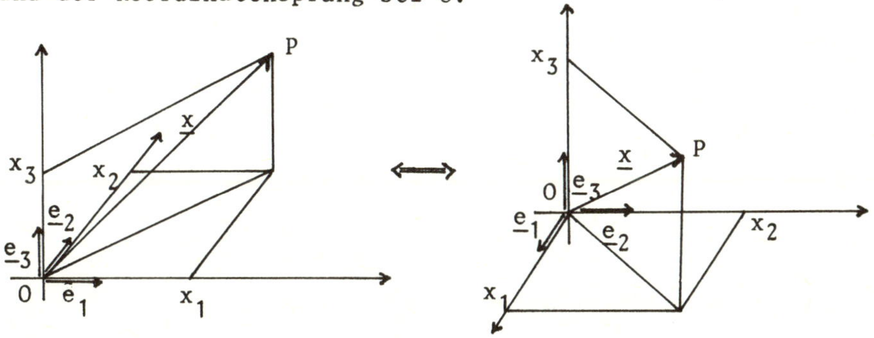

Dann ist der Vektor $\underline{x} = x_1\underline{e}_1 + x_2\underline{e}_2 + x_3\underline{e}_3$, und für den Punkt P hat man die Koordinaten $(x_1;x_2;x_3)$.

1) Bei den Koordinatensystemen sollen die positiven Koordinatenrichtungen wie hier eingezeichnet liegen, man spricht dann von Rechtssystemen.

Man beschreibt in der Ebene $\mathbb{R}^2$ einen Punkt P mit den Koordinaten $(x_1;x_2)$ durch den Vektor $\underline{x} = x_1\underline{e}_1 + x_2\underline{e}_2$, entsprechend im dreidimensionalen Raum $\mathbb{R}^3$ einen Punkt P mit den Koordinaten $(x_1;x_2;x_3)$ durch den Vektor $\underline{x} = x_1\underline{e}_1 + x_2\underline{e}_2 + x_3\underline{e}_3$.
Entsprechend $\underline{x} = x_1\underline{e}_1 + \ldots + x_n\underline{e}_n$ im n-dimensionalen Raum $\mathbb{R}^n$.

5.9.3. Koordinatentransformation in der Ebene $\mathbb{R}^2$

Sei O Koordinatenursprung des alten Systems,
O* " " neuen " ;

$\underline{e}_j$ Einheitsvektoren des alten Systems,
$\underline{e}^*_j$ " " neuen " (j=1,2).

I. System $(O; \underline{e}_1,\underline{e}_2)$ geht über in das System $(O^*;\underline{e}^*_1,\underline{e}^*_2)$, wobei der Vektor von O nach O* gleich $a_1\underline{e}_1 + a_2\underline{e}_2 =: \underline{a}$ und $\underline{e}_1 = \underline{e}^*_1$; $\underline{e}_2 = \underline{e}^*_2$ sein soll.

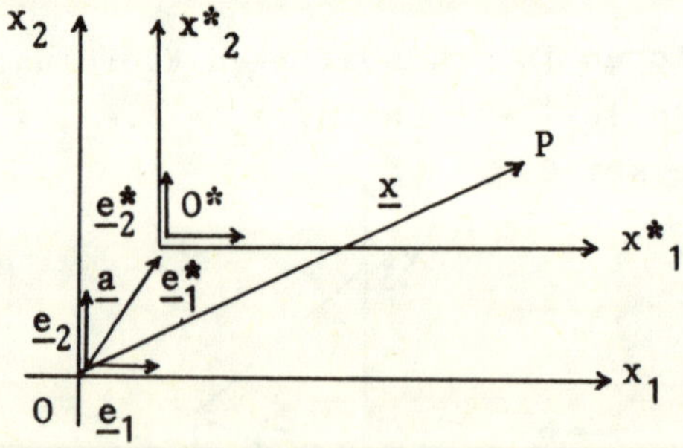

Parallelverschiebung

Sei der Vektor von O nach P gleich $\underline{x} = x_1\underline{e}_1 + x_2\underline{e}_2$ und der Vektor von O* nach P gleich $\underline{x}^* = x^*_1\underline{e}^*_1 + x^*_2\underline{e}^*_2$. Dann ist
$\underline{x} = \underline{x}^* + \underline{a} = (x^*_1 + a_1)\,\underline{e}_1 + (x^*_2 + a_2)\,\underline{e}_2$

$$\Longleftrightarrow \begin{cases} x_1 = x^*_1 + a_1 \\ x_2 = x^*_2 + a_2. \end{cases}$$

Analog für Koordinatensysteme im $\mathbb{R}^3$ und allgemein im $\mathbb{R}^n$.

II. System $(0;\ \underline{e}_1,\ \underline{e}_2)$ geht über in das System $(0;\ \underline{e}^*_1,\ \underline{e}^*_2)$,
wobei $\underline{e}_1^2 = \underline{e}_2^2 = \underline{e}^{*2}_1 = \underline{e}^{*2}_2 = 1$; $\underline{e}_1 \cdot \underline{e}_2 = \underline{e}^*_1 \cdot \underline{e}^*_2 = 0$.

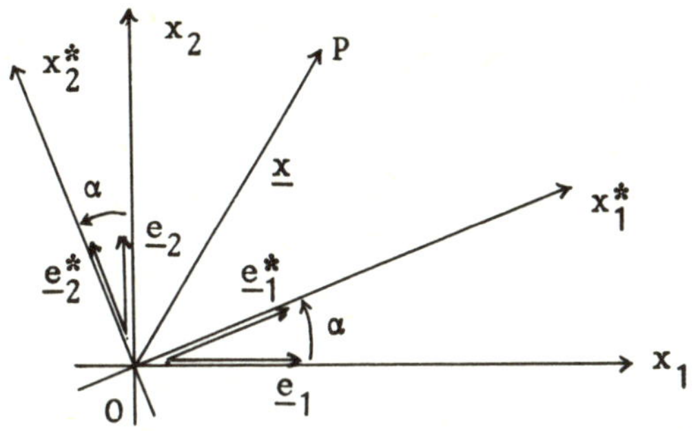

Drehung

Sei $\underline{e}^*_1 = a_{11}\ \underline{e}_1 + a_{12}\ \underline{e}_2$; $\underline{e}^*_2 = a_{21}\ \underline{e}_1 + a_{22}\ \underline{e}_2$. Dann ist
$a_{11} = \cos\alpha$; $a_{12} = \sin\alpha$; $a_{21} = -\sin\alpha$; $a_{22} = \cos\alpha$.

Für den Vektor von 0 nach P gleich $\underline{x} = x_1\ \underline{e}_1 + x_2\ \underline{e}_2 =$
$= x^*_1\ \underline{e}^*_1 + x^*_2\ \underline{e}^*_2$ gilt

$$\begin{cases} x_1 = a_{11}x^*_1 + a_{21}x^*_2 = x^*_1 \cos\alpha - x^*_2 \sin\alpha \\ x_2 = a_{12}x^*_1 + a_{22}x^*_2 = x^*_1 \sin\alpha + x^*_2 \cos\alpha \end{cases}$$

$$\Longleftrightarrow \begin{cases} x^*_1 = x_1 \cos\alpha + x_2 \sin\alpha \\ x^*_2 = x_1(-\sin\alpha) + x_2 \cos\alpha. \end{cases}$$

Die Transformationsmatrix lautet also

$$\underline{A} = \begin{pmatrix} \cos\alpha & -\sin\alpha \\ \sin\alpha & \cos\alpha \end{pmatrix} \text{ mit } \underline{A}^{-1} = \underline{A}' = \begin{pmatrix} \cos\alpha & \sin\alpha \\ -\sin\alpha & \cos\alpha \end{pmatrix},$$

und es ist

$$\begin{pmatrix} x_1 \\ x_2 \end{pmatrix} = \underline{A} \begin{pmatrix} x^*_1 \\ x^*_2 \end{pmatrix} \Longleftrightarrow \underline{x} = \underline{A}\ \underline{x}^* \Longleftrightarrow \underline{x}^* = \underline{A}^{-1}\underline{x} = \underline{A}'\underline{x}.$$

$\underline{A}$ ist eine orthogonale Matrix.

Im $\mathbb{R}^3$ ist die Transformationsmatrix entsprechend gegeben durch

$\underline{A} = (\cos(\underline{e}_i, \underline{e}^*_j))$ $(i,j=1,2,3)$,

wobei $(\underline{e}_i, \underline{e}^*_j)$ der Winkel zwischen dem Einheitsvektor $\underline{e}_i$ des ursprünglichen und dem Einheitsvektor $\underline{e}^*_j$ des neuen Systems ist.

5.9.4. Entfernung zweier Punkte

Die Entfernung d zweier Punkte A und B

in der Ebene $\mathbb{R}^2$: Sei $A = (a_1;a_2)$, $B = (b_1;b_2)$, dann

$$d = \sqrt{(a_1-b_1)^2 + (a_2-b_2)^2};$$

im dreidimensionalen Raum $\mathbb{R}^3$: Sei $A = (a_1;a_2;a_3)$,

$B = (b_1;b_2;b_3)$, dann $d = \sqrt{(a_1-b_1)^2 + (a_2-b_2)^2 + (a_3-b_3)^2}$;

im n-dimensionalen Raum $\mathbb{R}^n$: Sei $A = (a_1;\ldots;a_n)$, $B = (b_1;\ldots;$

dann $d = \sqrt{\sum_{j=1}^{n} (a_j-b_j)^2}$.

Mit den zu A und B gehörigen Vektoren $\underline{a}$ und $\underline{b}$ schreibt sich die Entfernung $d = |\underline{a}-\underline{b}|$ (Betrag der Differenz der Vektoren).

5.10. Geometrie im $\mathbb{R}^2$ und im $\mathbb{R}^3$

5.10.1. Geometrische Interpretation der Vektorrechnung

Eine Strecke [1], die mit einer Richtung versehen ist, läßt sich als Vektor darstellen [2]. Die Länge der Strecke heißt die Länge des Vektors; die Richtung wird durch eine Pfeilspitze angegeben.

Wir bezeichnen Vektoren durch $\underline{a}$, $\underline{b}$, $\underline{c}$, $\underline{x}$,...(auch $\vec{a}$, $\vec{b}$, $\vec{c}$, $\vec{x}$,

1) Des ein-, zwei- oder dreidimensionalen Raums $\mathbb{R}$ bzw. $\mathbb{R}^2$ bzw.
2) Diese Betrachtung ist Spezialfall der allgemeinen Darstellung in 5.7.11.

Ein Vektor mit der Länge 0 heißt Nullvektor $\underline{o}$; er hat keine bestimmte Richtung.

Zwei Vektoren heißen gleich, wenn sie in Länge und Richtung übereinstimmen. (Man darf also einen Vektor parallel verschieben.)

Summe und Differenz zweier Vektoren $\underline{a}$ und $\underline{b}$ erhält man gemäß der folgenden Figuren (wobei man einen der Vektoren etwa vorher noch parallel verschieben muß):

Summe $\underline{a} + \underline{b}$:

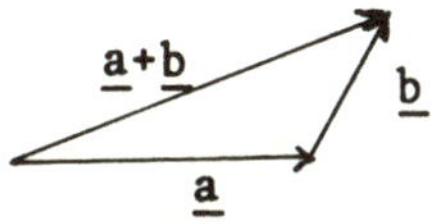

Differenz $\underline{a} - \underline{b}$:

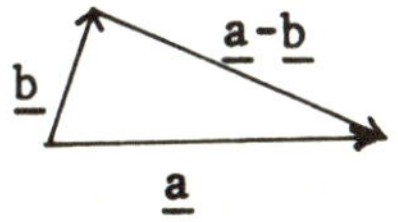

Es gilt

$\underline{a} + (\underline{b}-\underline{a}) = \underline{b}$;

$\underline{a} + \underline{b} = \underline{b} + \underline{a}$ (Kommutativität der Addition);

$(\underline{a}+\underline{b}) + \underline{c} = \underline{a} + (\underline{b}+\underline{c})$; man schreibt kurz $\underline{a} + \underline{b} + \underline{c}$ (Assoziativität der Addition).

Multiplikation eines Vektors $\underline{a}$ mit einer Zahl (einem Skalar) $s \in \mathbb{R}$:

a) $s > 0$: Der Vektor $s\,\underline{a}$ ist der Vektor mit der gleichen Richtung wie $\underline{a}$, aber der s-fachen Länge von $\underline{a}$;

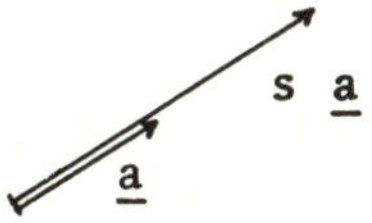

b) $s < 0$: Der Vektor $s\,\underline{a}$ ist der Vektor mit der entgegengesetzten Richtung von $\underline{a}$ und der $|s|$-fachen Länge von $\underline{a}$;

c) $s = 0$: $s\,\underline{a}$ ist der Nullvektor $\underline{o}$.

Speziell $(-1)\ \underline{a} = -\underline{a}$.

Es gilt

$s\ (\underline{a}+\underline{b}) = s\ \underline{a} + s\ \underline{b}$;

$(s+t)\ \underline{a} = s\ \underline{a} + t\ \underline{a}$;

$s(t\ \underline{a}) = (s\ t)\ \underline{a}$.

Komponentendarstellung eines Vektors $\underline{a}$: Seien $\underline{e}_1$, $\underline{e}_2$ die Einheitsvektoren (Vektoren der Länge 1 jeweils in der positiven Achsenrichtung) auf den Koordinatenachsen im $\mathbb{R}^2$. Dann

$\underline{a} = a_1\ \underline{e}_1 + a_2\ \underline{e}_2 =: (a_1,a_2)$ oder $\binom{a_1}{a_2}$.

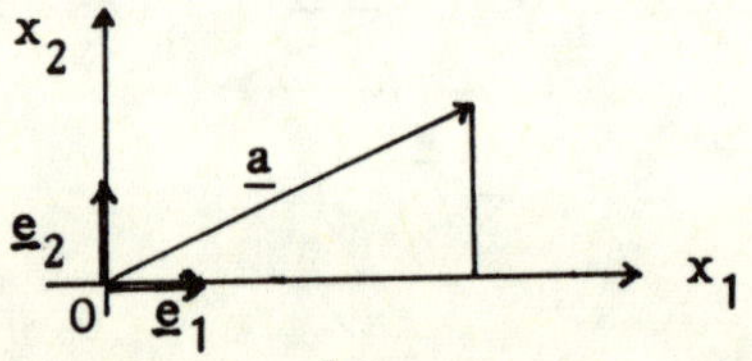

Entsprechend im $\mathbb{R}^3$: $\underline{a} = a_1\underline{e}_1 + a_2\underline{e}_2 + a_3\underline{e}_3 =: (a_1,a_2,a_3)$

oder $\begin{pmatrix} a_1 \\ a_2 \\ a_3 \end{pmatrix}$.

Mit dieser Darstellung ($\underline{a} = (a_1,a_2)$ bzw. (a_1,a_2,a_3);
$\underline{b} = (b_1,b_2)$ bzw. (b_1,b_2,b_3)) wird

$\underline{a} + \underline{b} = (a_1 + b_1,\ a_2 + b_2)$ bzw. $= (a_1 + b_1,\ a_2 + b_2,\ a_3 + b_3)$

$s\ \underline{a} = (sa_1,\ sa_2)$ bzw. $= (sa_1,\ sa_2,\ sa_3)$.

Die Länge eines Vektors $\underline{a}$ heißt <u>Betrag</u> von $\underline{a}$. Geschrieben $|\underline{a}|$

Es gilt

$|s\ \underline{a}| = |s|\,|\underline{a}|\quad (s \in \mathbb{R})$;

$|\underline{a} + \underline{b}| \leq |\underline{a}| + |\underline{b}|$ (Dreiecksungleichung).

Falls rechtwinklige Koordinaten zu Grunde liegen, ist weiter

$|\underline{a}| = \sqrt{a_1^2+a_2^2}$ bzw. $|\underline{a}| = \sqrt{a_1^2+a_2^2+a_3^2}$;

werden die Winkel zwischen einem Vektor $\underline{a}$ und den Einheitsvektoren $\underline{e}_j$ mit $\alpha_j =: (\underline{a},\underline{e}_j)$ (j=1,2 bzw. j=1,2,3) bezeichnet, dann ist

$\cos^2\alpha_1 + \cos^2\alpha_2 = 1$ bzw. $\cos^2\alpha_1 + \cos^2\alpha_2 + \cos^2\alpha_3 = 1$.

Sei $W(\underline{a},\underline{b})$ der Winkel zwischen den beiden Vektoren $\underline{a}$ und $\underline{b}$.
Wir schreiben hier kurz $(\underline{a},\underline{b})$.
Dann ist das skalare Produkt von $\underline{a}$ und $\underline{b}$ definiert durch

$\underline{a}\cdot\underline{b} := |\underline{a}|\,|\underline{b}| \cos(\underline{a},\underline{b}) \quad (0 \leq (\underline{a},\underline{b}) \leq \pi)$.

Es gilt

$0 < (\underline{a},\underline{b}) < \frac{\pi}{2} = 90^{o} \iff \underline{a}\cdot\underline{b} > 0$;

$\frac{\pi}{2} < (\underline{a},\underline{b}) < \pi = 180^{o} \iff \underline{a}\cdot\underline{b} < 0$;

$(\underline{a},\underline{b}) = \frac{\pi}{2} = 90^{o}$, d.h. $\underline{a} \perp \underline{b} \iff \underline{a}\cdot\underline{b} = 0 \quad (|\underline{a}| \neq 0$ und $|\underline{b}| \neq 0)$.

$\underline{a} = \underline{b} \implies \underline{a}\cdot\underline{a} = |\underline{a}|^2$; also $|\underline{a}| = \sqrt{\underline{a}\cdot\underline{a}}$.

Es gilt weiter

$\underline{a}\cdot\underline{b} = \underline{b}\cdot\underline{a}$;

$\underline{a}\cdot(\underline{b}+\underline{c}) = \underline{a}\cdot\underline{b} + \underline{a}\cdot\underline{c}$;

$s(\underline{a}\cdot\underline{b}) = (s\,\underline{a})\cdot\underline{b} = \underline{a}\cdot(s\,\underline{b}) \quad (s \in \mathbb{R})$.

Mit der Komponentendarstellung $\underline{a} = a_1\underline{e}_1 + a_2\underline{e}_2 = (a_1,a_2)$ und $\underline{b} = b_1\underline{e}_1 + b_2\underline{e}_2 = (b_1,b_2)$ wird bei rechtwinkligen Koordinaten

$\underline{a}\cdot\underline{b} = a_1b_1 + a_2b_2$.

Analog wird für $\underline{a} = a_1\underline{e}_1 + a_2\underline{e}_2 + a_3\underline{e}_3 = (a_1,a_2,a_3)$ und
$\underline{b} = b_1\underline{e}_1 + b_2\underline{e}_2 + b_3\underline{e}_3 = (b_1,b_2,b_3)$

$\underline{a}\cdot\underline{b} = a_1b_1 + a_2b_2 + a_3b_3$.

Anwendung: Für den Winkel $(\underline{a},\underline{b})$ zwischen den beiden Vektoren $\underline{a}$ und $\underline{b}$ gilt

$$\cos(\underline{a},\underline{b}) = \frac{\underline{a}\cdot\underline{b}}{|\underline{a}||\underline{b}|}.$$

Def.: Das Vektorprodukt $\underline{a} \times \underline{b}$ der Vektoren $\underline{a}$ und $\underline{b} \in \mathbb{R}^3$ ist definiert als der Vektor, der

1) senkrecht auf $\underline{a}$ und $\underline{b}$ steht, so daß die Richtungen $\underline{a}$, $\underline{b}$ und $\underline{a} \times \underline{b}$ ein Rechtssystem bilden, und

2) für dessen Länge gilt

$$|\underline{a} \times \underline{b}| = |\underline{a}||\underline{b}| \sin(\underline{a},\underline{b}) \quad (0 \leq (\underline{a},\underline{b}) \leq \pi = 180^{o}).$$

Es gilt

$\underline{a} \times \underline{b} = -(\underline{b} \times \underline{a})$;

$\underline{a} = s\underline{b}$ (das heißt $\underline{a} \parallel \underline{b}$ oder $\underline{a} \parallel -\underline{b}$) $\Longleftrightarrow \underline{a} \times \underline{b} = \underline{o}$;

für die Koordinateneinheitsvektoren $\underline{e}_1, \underline{e}_2, \underline{e}_3$ in einem rechtwinkligen Koordinatensystem gilt

$\underline{e}_i \times \underline{e}_i = \underline{o} \quad (i=1,2,3)$;

$\underline{e}_1 \times \underline{e}_2 = \underline{e}_3; \quad \underline{e}_2 \times \underline{e}_3 = \underline{e}_1; \quad \underline{e}_3 \times \underline{e}_1 = \underline{e}_2$;

$(s\,\underline{a}) \times \underline{b} = \underline{a} \times (s\,\underline{b}) = s(\underline{a} \times \underline{b}) \quad (s \in \mathbb{R})$;

$\underline{a} \times (\underline{b}+\underline{c}) = (\underline{a} \times \underline{b}) + (\underline{a} \times \underline{c})$;

$(\underline{a}+\underline{b}) \times (\underline{c}+\underline{d}) = (\underline{a} \times \underline{c}) + (\underline{a} \times \underline{d}) + (\underline{b} \times \underline{c}) + (\underline{b} \times \underline{d})$;

mit den Komponentendarstellungen $\underline{a} = a_1\underline{e}_1 + a_2\underline{e}_2 + a_3\underline{e}_3 = (a_1,a_2,a_3)$, und $\underline{b} = b_1\underline{e}_1 + b_2\underline{e}_2 + b_3\underline{e}_3 = (b_1,b_2,b_3)$ gilt

$\underline{a} \times \underline{b} = (a_2b_3 - a_3b_2)\underline{e}_1 + (a_3b_1 - a_1b_3)\underline{e}_2 + (a_1b_2 - a_2b_1)\underline{e}_3$.

Man kann auch symbolisch schreiben

$$\underline{a} \times \underline{b} = \det \begin{pmatrix} \underline{e}_1 & \underline{e}_2 & \underline{e}_3 \\ a_1 & a_2 & a_3 \\ b_1 & b_2 & b_3 \end{pmatrix}.$$

Es gilt

$$(\underline{a} \times \underline{b})\cdot\underline{c} = (\underline{b} \times \underline{c})\cdot\underline{a} = (\underline{c} \times \underline{a})\cdot\underline{b} = \det\begin{pmatrix} a_1 & b_1 & c_1 \\ a_2 & b_2 & c_2 \\ a_3 & b_3 & c_3 \end{pmatrix};$$

$$(\underline{a} \times \underline{b}) \times \underline{c} = (\underline{a}\cdot\underline{c})\cdot\underline{b} - (\underline{b}\cdot\underline{c})\cdot\underline{a}.$$

$$|\underline{a} \times \underline{b}|^2 = \underline{a}^2\underline{b}^2 - (\underline{a}\cdot\underline{b})^2.$$

5.10.2. Geraden und Ebenen im $\mathbb{R}^2$ und im $\mathbb{R}^3$

Die Gleichung der Geraden durch die Punkte A und B (im $\mathbb{R}^2$ oder $\mathbb{R}^3$) mit den Vektoren $\underline{a}$ bzw. $\underline{b}$ lautet (siehe Figur)

$$\underline{x} = \underline{a} + \lambda(\underline{b}-\underline{a}) = (1-\lambda)\underline{a} + \lambda\underline{b} \text{ mit } \lambda \in \mathbb{R};$$

dabei bedeutet $\underline{x}$ den Vektor eines beliebigen Geradenpunktes P.

$\underline{x}$ bzw. P ist also ein Element aus der Menge der Geradenpunkte.

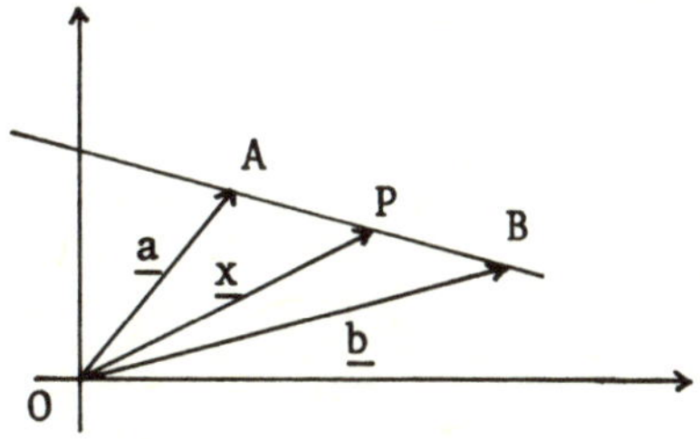

Darstellung im $\mathbb{R}^2$ mit Koordinaten: Mit $A = (a_1;a_2)$ und $B = (b_1;b_2)$ $(a_1 \neq b_1)$ sowie $P = (x_1;x_2)$ folgt

$$\frac{x_2-a_2}{x_1-a_1} = \frac{b_2-a_2}{b_1-a_1} \quad (x_1 \neq a_1); \qquad x_2 = a_2 + \frac{b_2-a_2}{b_1-a_1}(x_1-a_1).$$

Die Gleichung der Ebene durch die Punkte A,B und C mit den Vektoren $\underline{a}$, $\underline{b}$ bzw. $\underline{c}$ lautet analog

$$\underline{x} = \underline{a} + \lambda(\underline{b}-\underline{a}) + \mu(\underline{c}-\underline{a}) \quad (\lambda,\mu \in \mathbb{R}).$$

Hessesche Form der Geraden- (Ebenen-) Gleichung: Sei $\underline{n}$ der Normaleneinheitsvektor auf der Geraden G (Ebene E)(also $|\underline{n}| = 1$)

und $\underline{d}$ der Vektor des Abstands von G (von E) vom Koordinatenursprung O ($\underline{n}$ und $\underline{d}$ von O weg gerichtet; siehe Figur). Damit ist $\underline{d} = d\,\underline{n}$ ($d = |\underline{d}|$ = Länge des Vektors $\underline{d}$). Dann gilt für den Vektor $\underline{x}$ eines beliebigen Punktes von G (von E)

$$\underline{x} \cdot \underline{n} = d.$$

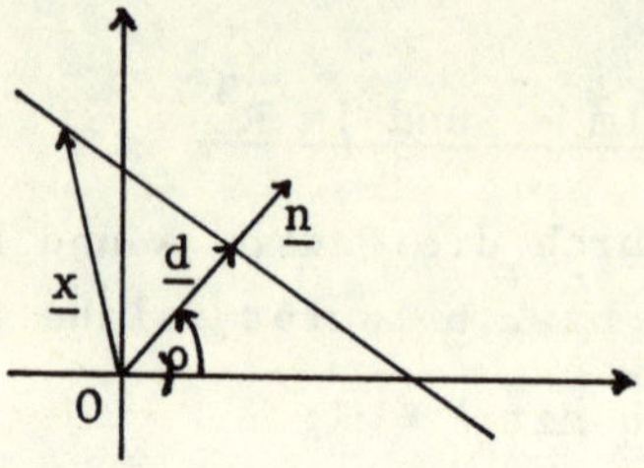

Mit der Komponentendarstellung $\underline{x} = x_1\,\underline{e}_1 + x_2\,\underline{e}_2$ und $\underline{n} = \cos\varphi\,\underline{e}_1 + \sin\varphi\,\underline{e}_2$ $(0 \leq \varphi < 2\pi)$ wird für eine Gerade im $\mathbb{R}^2$

$$x_1 \cos\varphi + x_2 \sin\varphi = d.$$

Im $\mathbb{R}^3$ hat man analog für eine Ebene

$$x_1 \cos\varphi_1 + x_2 \cos\varphi_2 + x_3 \cos\varphi_3 = d,$$

wobei φ_i der Winkel zwischen $\underline{d}$ und $\underline{e}_i$ ist $(0 \leq \varphi_i < 2\pi)$.

Allgemeine Form einer

Geradengleichung im $\mathbb{R}^2$: $Ax_1 + Bx_2 = D$ $(A^2 + B^2 \neq 0)$;

Ebenengleichung im $\mathbb{R}^3$: $Ax_1 + Bx_2 + Cx_3 = D$ $(A^2 + B^2 + C^2 \neq 0$

im $\mathbb{R}^n$ ist $A_1x_1 + A_2x_2 + \ldots + A_nx_n = D$ $(A_1^2 + \ldots + A_n^2 \neq 0)$ die Gleichung einer Hyperebene (Koeffizienten $\in \mathbb{R}$).

Umwandlung einer linearen Gleichung

$$Ax_1 + Bx_2 + Cx_3 = D \quad (A^2 + B^2 + C^2 \neq 0)$$

in die Hessesche Form $\underline{x} \cdot \underline{n} = d$:

Es gilt $\underline{n} = (\frac{A}{k}, \frac{B}{k}, \frac{C}{k})$ und $d = \frac{D}{k}$, wobei $k = \sqrt{A^2+B^2+C^2}$ für $D > 0$ und $k = -\sqrt{A^2+B^2+C^2}$ für $D < 0$.

In der Geradengleichung

$$\frac{x_1}{a} + \frac{x_2}{b} = 1 \quad (a \neq 0 \neq b)$$

im $\mathbb{R}^2$ bedeutet a die Koordinate des Schnittpunkts der Geraden mit der x_1-Achse und b die Koordinate des Schnittpunkts mit der x_2-Achse.

Entsprechend sind in der Ebenengleichung

$$\frac{x_1}{a} + \frac{x_2}{b} + \frac{x_3}{c} = 1 \quad (a \neq 0,\ b \neq 0,\ c \neq 0)$$

im $\mathbb{R}^3$ die Nenner a,b und c die Koordinaten der Schnittpunkte der Ebene mit der x_1-, bzw. x_2-, bzw. x_3-Achse.

Der <u>Winkel zwischen zwei Ebenen</u> E_1 und E_2: Man benutzt für die Ebenen E_1 und E_2 die Darstellung in der Hesseschen Form:

Sei E_1: $\underline{x} \cdot \underline{n}_1 = d_1$ und E_2: $\underline{x} \cdot \underline{n}_2 = d_2$.

Dann ist der Winkel zwischen E_1 und E_2 gleich dem Winkel $(\underline{n}_1, \underline{n}_2)$ zwischen den Vektoren $\underline{n}_1$ und $\underline{n}_2$.

Wenn $\underline{n}_1 = (\cos \varphi_1, \cos \varphi_2, \cos \varphi_3)$,

$\underline{n}_2 = (\cos \Psi_1, \cos \Psi_2, \cos \Psi_3)$,

dann $\cos (\underline{n}_1, \underline{n}_2) = \underline{n}_1 \cdot \underline{n}_2 = \cos \varphi_1 \cos \Psi_1 + \cos \varphi_2 \cos \Psi_2 + \cos \varphi_3 \cos \Psi_3$.

Ebenso der Winkel zwischen zwei Geraden G_1 und G_2 im $\mathbb{R}^2$:

$\cos (\underline{n}_1, \underline{n}_2) = \cos \varphi_1 \cos \Psi_1 + \cos \varphi_2 \cos \Psi_2$.

<u>Abstand q eines Punktes P_0 von einer Ebene E</u>

Sei P_0 durch den Vektor $\underline{x}_0$ gegeben und E durch die Gleichung $\underline{x} \cdot \underline{n} = d$. Dann ist

$q = \underline{x}_0 \cdot \underline{n} - d$;

wenn P_0 und der Koordinatenursprung 0 auf verschiedenen Seiten von E liegen, dann $q > 0$, sonst $q < 0$.

Mit $\underline{x}_0 = (x_1^{(0)}, x_2^{(0)}, x_3^{(0)})$ und $\underline{n} = (\cos \varphi_1, \cos \varphi_2, \cos \varphi_3)$ folgt

$$q = x_1^{(0)} \cos \varphi_1 + x_2^{(0)} \cos \varphi_2 + x_3^{(0)} \cos \varphi_3 - d.$$

Ebenso der Abstand eines Punktes P_0 von einer Geraden G im $\mathbb{R}$

$$q = x_1^{(0)} \cos \varphi_1 + x_2^{(0)} \cos \varphi_2 - d.$$

Ist speziell im $\mathbb{R}^2$ die Gerade G: $x_2 = a + bx_1$ $(a > 0)$, so ist

$$q = \frac{x_2^{(0)} - a - bx_1^{(0)}}{\sqrt{1+b^2}}.$$

5.10.3. Kreis im $\mathbb{R}^2$

Gleichung des Kreises mit dem Radius r und dem Mittelpunkt (0;0):

$$x_1^2 + x_2^2 = r^2;$$

Gleichung des Kreises mit dem Radius r und dem Mittelpunkt $(a_1; a_2)$:

$$(x_1 - a_1)^2 + (x_2 - a_2)^2 = r^2.$$

Gleichung der Tangente im Kreispunkt $\hat{P} = (\hat{x}_1; \hat{x}_2)$:

Mittelpunkt des Kreises (0;0): $x_1\hat{x}_1 + x_2\hat{x}_2 = r^2$;

Mittelpunkt des Kreises in $(a_1; a_2)$: $(x_1 - a_1)(\hat{x}_1 - a_1) + (x_2 - a_2)(\hat{x}_2 - a_2) = r^2$.

Gleichung des Kreises mit dem Radius r um den Mittelpunkt $(a_1; a_2)$ in Vektorform:

Sei $\underline{a} = (a_1, a_2)$ der Vektor des Mittelpunkts und $\underline{x} = (x_1, x_2)$ der Vektor eines beliebigen Kreispunkts P. Dann ist

$$(\underline{x} - \underline{a})^2 = r^2 \quad (\Longleftrightarrow |\underline{x} - \underline{a}| = r).$$

5.10.4. Ellipse im $\mathbb{R}^2$

Gleichung der Ellipse mit den Halbachsen a und b ($a,b \in \mathbb{R}^+$; $a \geq b$) und dem Mittelpunkt (0;0):

$$\frac{x_1^2}{a^2} + \frac{x_2^2}{b^2} = 1.$$

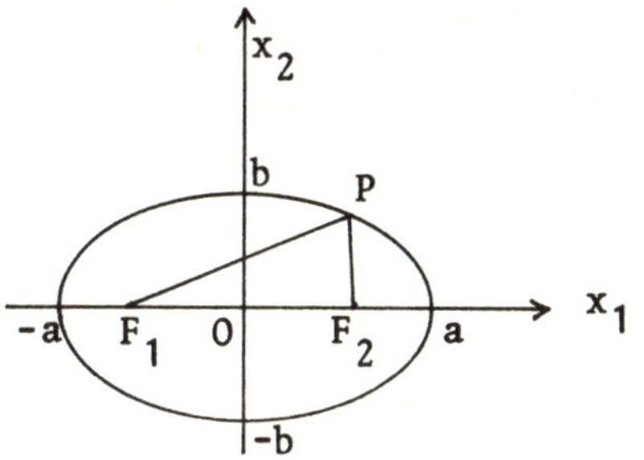

Sei $e := \sqrt{a^2-b^2}$ und $F_1 = (-e;0)$; $F_2 = (e;0)$ sowie r_1 die Entfernung eines beliebigen Ellipsenpunkts P von F_1 und r_2 die Entfernung von P von F_2. Dann gilt

$$r_1 + r_2 = 2a.$$

Die Punkte F_1 und F_2 sind die Brennpunkte der Ellipse.

Gleichung der Ellipse mit den Halbachsen [1] a und b und dem Mittelpunkt $(a_1;a_2)$:

$$\frac{(x_1-a_1)^2}{a^2} + \frac{(x_2-a_2)^2}{b^2} = 1.$$

Für a = b $\Longrightarrow$ Kreisgleichung.

Gleichung der Tangente im Ellipsenpunkt $\hat{P} = (\hat{x}_1;\hat{x}_2)$:

Mittelpunkt der Ellipse in (0;0): $\frac{x_1\hat{x}_1}{a^2} + \frac{x_2\hat{x}_2}{b^2} = 1;$

1) Halbachsen parallel zu den Koordinatenachsen.

Mittelpunkt der Ellipse in $(a_1;a_2)$:

$$\frac{(x_1-a_1)(\hat{x}_1-a_1)}{a^2} + \frac{(x_2-a_2)(\hat{x}_2-a_2)}{b^2} = 1.$$

Fläche der Ellipse = π a b.

Gleichung der Ellipse in Polarkoordinaten (Pol im Brennpunkt F_1 = (-e;0); Halbachsen a und b):

$$r = \frac{b^2}{a} \frac{1}{1-\varepsilon \cos \varphi} \quad \text{mit } \varepsilon = \frac{e}{a} < 1.$$

5.10.5. Hyperbel im $\mathbb{R}^2$

Gleichung der Hyperbel mit den Halbachsen a und b ($a,b \in \mathbb{R}^+$; $a \geq b$) und dem Mittelpunkt (0;0):

$$\frac{x_1^2}{a^2} - \frac{x_2^2}{b^2} = 1$$

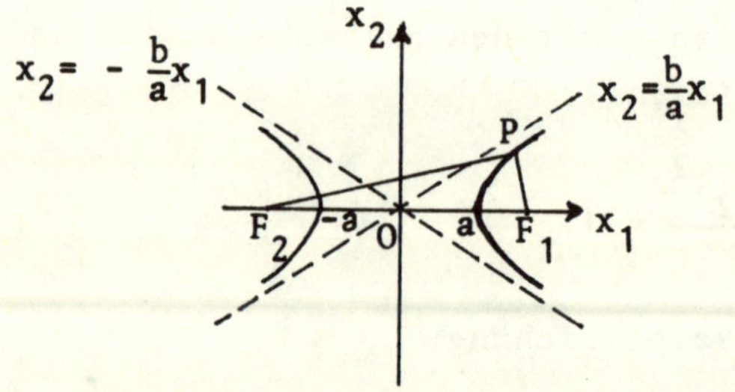

Sei e: = $\sqrt{a^2+b^2}$ und F_1 = (-e;0); F_2 = (e;0) sowie r_1 die Entfernung eines beliebigen Hyperbelpunkts P von F_1 und r_2 die Entfernung von P von F_2. Dann gilt $r_2 - r_1 = \pm 2a$ (+ für den rechten, - für den linken Hyperbelast). Die Punkte F_1 und F_2 heißen die Brennpunkte der Hyperbel. Die Geraden

$x_2 = \pm \frac{b}{a} x_1$ heißen die Asymptoten der Hyperbel.

Gleichung der Hyperbel mit den Halbachsen [1] a und b und dem Mittelpunkt $(a_1;a_2)$:

$$\frac{(x_1 - a_1)^2}{a^2} - \frac{(x_2 - a_2)^2}{b^2} = 1.$$

Gleichung der Tangente im Hyperbelpunkt $\hat{P} = (\hat{x}_1;\hat{x}_2)$:

Mittelpunkt der Hyperbel in (0;0): $\frac{x_1\hat{x}_1}{a^2} - \frac{x_2\hat{x}_2}{b^2} = 1;$

Mittelpunkt der Hyperbel in $(a_1;a_2)$:

$$\frac{(x_1 - a_1)(\hat{x}_1 - a_1)}{a^2} - \frac{(x_2 - a_2)(\hat{x}_2 - a_2)}{b^2} = 1.$$

Gleichung der Hyperbel (rechter Hyperbelast) in Polarkoordinaten (Pol im Brennpunkt $F_2 = (e;0)$; Halbachsen a und b):

$$r = \frac{b^2}{a} \frac{1}{1 - \varepsilon \cos \varphi} \quad \text{mit} \quad \varepsilon = \frac{e}{a} > 1.$$

Wird im Spezialfall a = b die Hyperbel um $45^\circ = \frac{\pi}{4}$ gegen den Uhrzeigersinn gedreht, so erhält man die Hyperbel mit der Gleichung

$x_1x_2 = C$ (die Konstante $C = \frac{a^2}{2}$).

5.10.6. Parabel im $\mathbb{R}^2$

Gleichung der Parabel mit dem Scheitel in (0;0) und dem Parameter p ($p \in \mathbb{R}$):

$$x_2^2 = 2\,p\,x_1.$$

1) Halbachsen parallel zu den Koordinatenachsen.

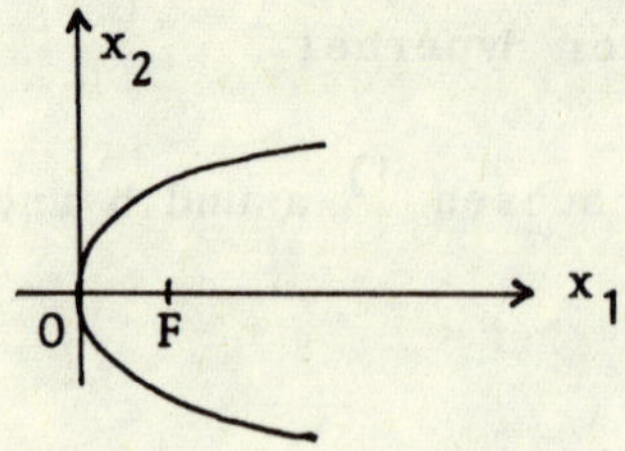

Für $p > 0$ ist die Parabel nach rechts, für $p < 0$ nach links geöffnet.

$F = (\frac{p}{2};0)$ heißt Brennpunkt der Parabel.

Gleichung der Parabel [1] mit dem Scheitel in $(a_1;a_2)$:
$(x_2-a_2)^2 = 2p(x_1-a_1)$.

Gleichung der Tangente im Parabelpunkt $\hat{P} = (\hat{x}_1;\hat{x}_2)$:
Scheitel der Parabel in (0;0): $x_2\hat{x}_2 = p(x_1+\hat{x}_1)$;
Scheitel der Parabel in $(a_1;a_2)$:
$(x_2-a_2)(\hat{x}_2-a_2) = p(x_1+\hat{x}_1-2a_1)$.

Gleichung der Parabel in Polarkoordinaten (Pol im Brennpunkt; Parameter p):

$$r = \frac{p}{1 - \cos \varphi}.$$

5.10.7. Gleichung der Tangente an eine beliebige Kurve im $\mathbb{R}^2$

Sei die Funktion f der Variablen x_1 in $\hat{x}$ differenzierbar (also $f'(\hat{x})$ existiert) [2]. Dann lautet die Gleichung der Tangente im Punkt $\hat{P} = (\hat{x}; f(\hat{x}))$

$x_2 = f(\hat{x}) + (x_1-\hat{x})f'(\hat{x})$.

1) Symmetrieachse parallel zur x_1-Achse.
2) Also $f: D_f \to \mathbb{R}$ mit $D_f \subseteq \mathbb{R}$.

5.10.8. Kugel im $\mathbb{R}^3$

Gleichung der Kugel mit dem Radius r und dem Mittelpunkt (0;0;0):

$x_1^2 + x_2^2 + x_3^2 = r^2;$

Gleichung der Kugel mit dem Radius r und dem Mittelpunkt $(a_1;a_2;a_3)$:

$(x_1-a_1)^2 + (x_2-a_2)^2 + (x_3-a_3)^2 = r^2.$

Gleichung der Tangentialebene im Kugelpunkt $\hat{P} = (\hat{x}_1;\hat{x}_2;\hat{x}_3)$:

Mittelpunkt der Kugel in (0;0;0):

$x_1\hat{x}_1 + x_2\hat{x}_2 + x_3\hat{x}_3 = r^2;$

Mittelpunkt der Kugel in $(a_1;a_2;a_3)$:

$(x_1-a_1)(\hat{x}_1-a_1) + (x_2-a_2)(\hat{x}_2-a_2) + (x_3-a_3)(\hat{x}_3-a_3) = r^2.$

Gleichung der Kugel mit dem Radius r um den Mittelpunkt $(a_1;a_2;a_3)$ in Vektorform:

Sei $\underline{a} = (a_1,a_2,a_3)$ der Vektor des Mittelpunkts und $\underline{x} = (x_1,x_2,x_3)$ der Vektor eines beliebigen Kugelpunkts P. Dann ist

$(\underline{x}-\underline{a})^2 = r^2 \quad (\Longleftrightarrow |\underline{x}-\underline{a}| = r).$

5.10.9. Ellipsoid im $\mathbb{R}^3$

Gleichung des Ellipsoids mit den Halbachsen a,b und c ($a,b,c \in \mathbb{R}^+$) und dem Mittelpunkt (0;0;0):

$$\frac{x_1^2}{a^2} + \frac{x_2^2}{b^2} + \frac{x_3^2}{c^2} = 1.$$

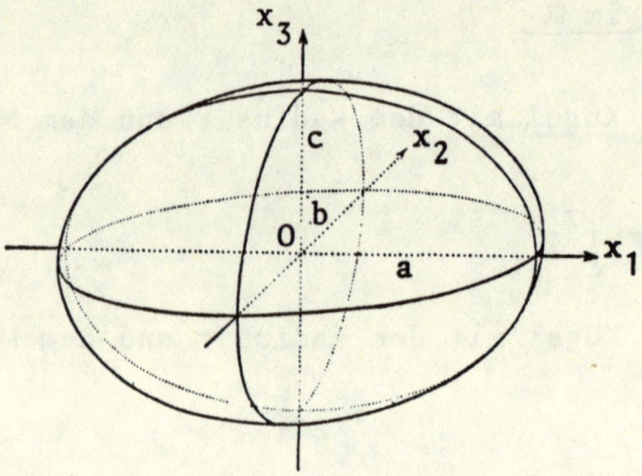

5.10.10. Gleichung der Tangentialebene an eine beliebige Fläche im $\mathbb{R}^3$

Sei die Funktion f der Variablen x_1 und x_2 in $\underline{\hat{x}} = (\hat{x}_1, \hat{x}_2)$ nach jeder Variablen partiell differenzierbar (also $\frac{\partial f}{\partial x_1}$ und $\frac{\partial f}{\partial x_2}$ existieren in $\underline{\hat{x}}$)[1]. Dann lautet die Gleichung der Tangentialebene im Punkt $\hat{P} = (\hat{x}_1; \hat{x}_2; f(\hat{x}_1, \hat{x}_2))$, falls die Tangentialebene existiert, $x_3 = f(\hat{x}_1, \hat{x}_2) + \frac{\partial f}{\partial x_1}(x_1 - \hat{x}_1) + \frac{\partial f}{\partial x_2}(x_2 - \hat{x}_2)$, wobei die partiellen Ableitungen für $\underline{\hat{x}} = (\hat{x}_1, \hat{x}_2)$ zu nehmen sind.

5.10.11. Parameterdarstellung

Parameterdarstellung einer Kurve in der Ebene $\mathbb{R}^2$:

$$\begin{cases} x_1 = \varphi_1(t) \\ x_2 = \varphi_2(t) \end{cases}$$

mit reellwertigen Funktionen φ_1, φ_2 des Parameters $t \in \mathbb{R}$. Durch Elimination von t kann man eine Darstellung $x_2 = f(x_1)$ bzw. $F(x_1, x_2) = 0$ erhalten.

---

1) Also $f: D_f \to \mathbb{R}$ mit $D_f \subseteq \mathbb{R}^2$.

Parameterdarstellung einer Kurve im $\mathbb{R}^3$:

$$\begin{cases} x_1 = \varphi_1(t) \\ x_2 = \varphi_2(t) \\ x_3 = \varphi_3(t) \end{cases}$$

mit reellwertigen Funktionen φ_1, φ_2, φ_3 des Parameters $t \in \mathbb{R}$.

Beispiele: $\begin{cases} x_1 = r \cos t \\ x_2 = r \sin t \end{cases}$ Kreis

$\begin{cases} x_1 = a \cos t \\ x_2 = b \sin t \end{cases}$ Ellipse

5.10.12. Einige Formeln für Flächen und Körper

F = Fläche; U = Umfang; V = Volumen; O = Oberfläche

Rechteck 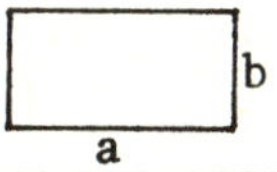

$F = a\,b$

Quadrat 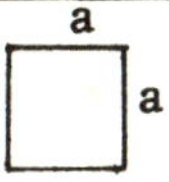

$F = a^2$

Dreieck 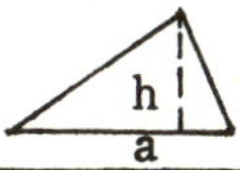

$F = \frac{1}{2}\,a\,h$ (a = Grundseite; h = Höhe)

Parallelogramm 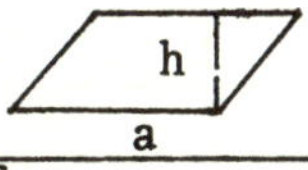

$F = a\,h$ (a = Grundseite; h = Höhe)

Trapez 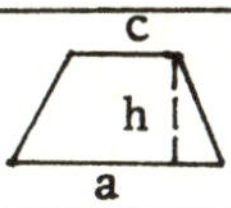

$F = \frac{a+c}{2}\,h$ (h = Höhe)

Kreis 

$F = \pi\,r^2$

$U = 2\pi\,r$

Kreissektor

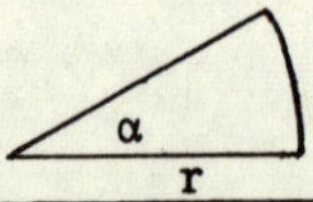

$F = \frac{\pi r^2 \alpha^o}{360^o}$; Bogen = $\frac{\pi r \alpha^o}{180^o}$ (α^o im Gradmaß)

$F = \frac{r^2 \alpha}{2}$; Bogen = $r\alpha$ (α im Bogenmaß)

Ellipse

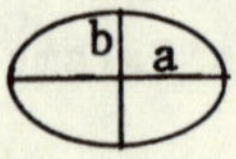

$F = \pi a\, b$ (a,b Halbachsen)

Quader

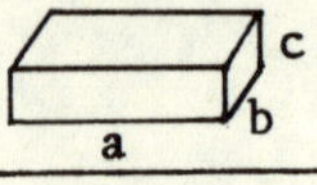

$V = a\, b\, c$

$O = 2(ab + ac + bc)$

Würfel

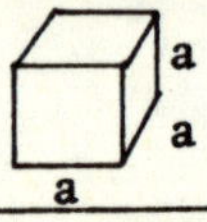

$V = a^3$

$O = 6\, a^2$

Zylinder

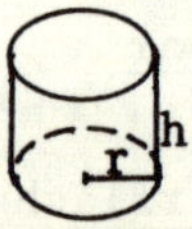

$V = \pi r^2 h$

$O = 2\pi r(h+r)$

Pyramide

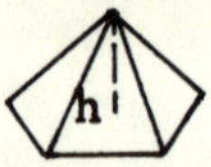

$V = \frac{1}{3}\, G\, h$ (G = Grundfläche; h = Höhe)

Kegel

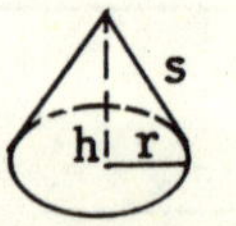

$V = \frac{1}{3}\, G\, h = \frac{1}{3}\pi r^2 h$ (G = Grundfläche; h = Höhe)

$O = \pi r(s+r)$

Kugel

$V = \frac{4}{3}\,\pi r^3$

$O = 4\,\pi r^2$

5.11. Differenzengleichungen

5.11.1. Grundbegriffe

Eine Differenzengleichung

(1) $F(f(t), f(t+1), \ldots, f(t+r), t) = 0$

bedeutet die Aufgabe, eine Funktion f zu bestimmen, die der Gleichung (1) für alle t einer vorgegebenen Menge T genügt; dabei ist F eine gegebene Funktion [1] und $r \in \mathbb{N}$.

Wir nehmen weiterhin $T = \mathbb{N}_o$. Ferner schreiben wir y_t statt f(t), die Werte y_t bilden also eine Zahlenfolge $(y_t)_{t \in \mathbb{N}_o}$. Damit wird (1) zu

(2) $F(y_t, y_{t+1}, \ldots, y_{t+r}, t) = 0$ für alle $t \in \mathbb{N}_o$.

(1) bzw. (2) heißt Differenzengleichung [2] und r ist ihre <u>Ordnung</u>.

Hat man statt (2) speziell

$$F(y_t, y_{t+1}, \ldots, y_{t+r}, t) = \sum_{j=0}^{r} a_{jt} y_{t+j} + G_t =$$

$$= a_{ot} y_t + a_{1t} y_{t+1} + \ldots + a_{rt} y_{t+r} + G_t = 0,$$

so spricht man von einer <u>linearen Differenzengleichung</u> [3].

Sind die Koeffizienten a_{jt} $(j=0,\ldots,r)$ von t unabhängig, also $a_{jt} =: a_j$, so hat man eine <u>lineare Differenzengleichung mit konstanten Koeffizienten</u>

$$\sum_{j=0}^{r} a_j y_{t+j} + G_t = a_o y_t + a_1 y_{t+1} + \ldots + a_r y_{t+r} + G_t = 0.$$

Eine lineare Differenzengleichung mit $G_t = 0$ für alle $t \in \mathbb{N}_o$ heißt <u>homogen</u>.

Eine Differenzengleichung r-ter Ordnung der Form

$$y_{t+r} = F^*(y_t, y_{t+1}, \ldots, y_{t+r-1}, t)$$

heißt <u>explizit</u>; andernfalls implizit.

1) Wir beschränken uns auf $T \subseteq \mathbb{R}$ und auf reellwertige Funktionen f und F; damit ist $F: \mathbb{R}^{r+1} \times T \to \mathbb{R}$.

2) Gleichung (2) ist natürlich äquivalent mit $F(y_{t-r}, y_{t-r+1}, \ldots, y_t, t-r) = 0$ für alle $t = r, r+1, \ldots$

3) a_{jt} und G_t sind von t abhängig.

Jede Folge (y_t), welche eine Differenzengleichung erfüllt, heißt Lösung der Differenzengleichung.

Eine Lösung einer Differenzengleichung heißt allgemeine (generelle) Lösung, wenn jede Lösung der Differenzengleichung durch spezielle Wahl von Parametern aus dieser hervorgeht. Einzelne Lösungen heißen auch spezielle (partikuläre) Lösungen.

Für eine explizite Differenzengleichung existiert immer eine Lösung. Durch die Vorgabe von $y_0, y_1, \ldots, y_{r-1}$ (Anfangswerte; Anfangsbedingung) ist die Lösung einer Differenzengleichung der Ordnung r eindeutig bestimmt. Durch Vorgabe der Anfangswerte erhält man eine spezielle Lösung der Differenzengleichung.

5.11.2. Lineare Differenzengleichungen 1. Ordnung

Für eine lineare Differenzengleichung 1. Ordnung mit konstanten Koeffizienten und konstantem G_t legen wir die Form

$$y_{t+1} = ay_t + b \quad (a \neq 0)$$

zu Grunde. Die allgemeine Lösung lautet

$$y_t = \begin{cases} C\,a^t - \frac{b}{a-1} & \text{für } a \neq 1 \\ C' + bt & \text{für } a = 1 \end{cases}$$

$(t=0,1,2,\ldots)$; dabei sind die Parameter $C = y_0 + \frac{b}{a-1}$ und $C' = y_0$.

Eine lineare Differenzengleichung 1. Ordnung

$$y_{t+1} = a_t y_t + b_t$$

(bei der die Koeffizienten nun von t abhängen) hat die allgemeine Lösung

$$y_t = \left(\prod_{j=0}^{t-1} a_j\right)\left(y_0 + \sum_{j=0}^{t-1} b_j \prod_{\nu=0}^{j} a_\nu^{-1}\right) \quad (a_t \neq 0 \text{ für alle } t \in \mathbb{N}_0)$$

(leere Produkte gleich 1 und leere Summen gleich 0 gesetzt). Die obige Formel ist ein Spezialfall hiervon.

5.11.3. Lineare Differenzengleichungen 2. Ordnung mit konstanten Koeffizienten

Für eine lineare Differenzengleichung 2. Ordnung mit konstanten Koeffizienten betrachten wir die Form

(1) $y_{t+2} + ay_{t+1} + by_t = g_t \quad (a,b \in \mathbb{R}; b \neq 0).$

$g_t = 0$ für alle $t \in \mathbb{N}_0$ liefert die homogene Gleichung

(2) $y_{t+2} + ay_{t+1} + by_t = 0.$

Hieraus erhält man mit dem Lösungsansatz $y_t = \lambda^t$ $(\lambda \neq 0)$ die zugehörige <u>charakteristische Gleichung</u>

$\lambda^2 + a\lambda + b = 0;$

deren Wurzeln seien λ_1 und λ_2. Wir unterscheiden nun bei (2) folgende Fälle:

Fall I: Sei $\frac{a^2}{4} > b$ und damit $\lambda_1 = -\frac{a}{2} + \sqrt{\frac{a^2}{4} - b}$ und $\lambda_2 = -\frac{a}{2} - \sqrt{\frac{a^2}{4} - b} \in \mathbb{R}$; dann ist $y_t = C_1\lambda_1{}^t + C_2\lambda_2{}^t$ mit beliebigen Parametern C_1 und $C_2 \in \mathbb{R}$ die allgemeine Lösung.

Fall II: Sei $\frac{a^2}{4} = b$ und daher $\lambda_1 = \lambda_2 = -\frac{a}{2}$; dann ist $y_t = (-\frac{a}{2})^t(C_1 + tC_2)$ mit beliebigen $C_1, C_2 \in \mathbb{R}$ die allgemeine Lösung.

Fall III: Sei $\frac{a^2}{4} < b$ und daher λ_1 und λ_2 konjugiert komplex; wir schreiben $\lambda_1 = R(\cos\varphi + i \sin\varphi)$ (dabei ist also $R = \sqrt{b}$ der Betrag der komplexen Zahl λ_1 und φ der zugehörige Winkel bei der Darstellung in Polarkoordinaten); die allgemeine Lösung (im Reellen) lautet dann

$y_t = \sqrt{b}^t \; (C_1 \cos t\varphi + C_2 \sin t\varphi) \quad (C_1, C_2 \in \mathbb{R} \text{ beliebig})$

oder umgeformt

$y_t = C\sqrt{b}^t \sin(t\varphi + \alpha)$ mit beliebigen Parametern C und $\alpha \in \mathbb{R}$.

Um die allgemeine Lösung der inhomogenen Differenzengleichung

(1) $y_{t+2} + ay_{t+1} + by_t = g_t$

zu erhalten, benutzt man den

Satz 1: Ist $\hat{y}_t$ eine spezielle Lösung von (1) und y_t die allgemeine Lösung der zu (1) gehörigen homogenen Gleichung (2), so ist $y_t + \hat{y}_t$ die allgemeine Lösung von (1).

Eine spezielle Lösung von $y_{t+2} + ay_{t+1} + by_t = c$ ist

$$\hat{y}_t = \begin{cases} \frac{c}{1+a+b} & \text{für } 1 + a + b \neq 0; \\ \frac{c}{a+2}\, t & \text{für } 1 + a + b = 0 \text{ und } a \neq -2; \\ \frac{c}{2}\, t^2 & \text{für } a = -2 \text{ und } b = 1. \end{cases}$$

Durch die Vorgabe von y_0 und y_1 (Anfangsbedingung) werden die zwei Parameter in der allgemeinen Lösung der Differenzengleichung 2. Ordnung eindeutig festgelegt (y_0 und y_1 heißen Anfangswerte).

5.11.4. Lineare Differenzengleichungen beliebiger Ordnung mit konstanten Koeffizienten

Bei linearen Differenzengleichungen der Ordnung $r > 2$ mit konstanten Koeffizienten verfährt man entsprechend wie im Fall $r = 2$: Zur Lösung der homogenen Gleichung der Ordnung r

$$y_{t+r} + a_{r-1}y_{t+r-1} + \dots + a_1y_{t+1} + a_0y_t = 0$$

macht man den Lösungsansatz $y_t = \lambda^t$ $(\lambda \neq 0)$ und hat dann für die zugehörige charakteristische Gleichung r-ten Grades

$\lambda^r + a_{r-1}\lambda^{r-1} + \ldots + a_1\lambda + a_0 = 0$

die Wurzeln $\lambda_1, \lambda_2, \ldots, \lambda_r$ zu bestimmen [1]. Wir betrachten nur den Fall, daß alle Wurzeln $\lambda_1, \ldots, \lambda_r$ reell sind.

Für $\lambda_i \neq \lambda_j$ $(i,j=1,\ldots,r;\ i\neq j)$ ist

$y_t = C_1\lambda_1{}^t + \ldots + C_r\lambda_r{}^t$ mit $C_1,\ldots,C_r \in \mathbb{R}$ beliebig die allgemeine Lösung.

Ist etwa $\lambda_1 = \lambda_2 = \ldots = \lambda_k$, also λ_1 k-fache Wurzel der charakteristischen Gleichung, und $\lambda_i \neq \lambda_j$ für $i,j=k+1,\ldots,r$ $(i \neq j)$ sowie $\lambda_1 \neq \lambda_i$ für $i = k+1,\ldots,r$, so ist

$y_t = C_1\lambda_1{}^t + C_2t\lambda_1{}^t + \ldots + C_kt^{k-1}\lambda_1{}^t + C_{k+1}\lambda_{k+1}{}^t + \ldots + C_r\lambda_r{}^t$

die allgemeine Lösung.

Jede homogene Differenzengleichung der Ordnung r

(1) $y_{t+r} + a_{r-1}y_{t+r-1} + \ldots + a_1y_{t+1} + a_0y_t = 0$

besitzt r Lösungen $y_t^{(1)},\ldots,y_t^{(r)}$, so daß sich die allgemeine Lösung von (1) darstellen läßt als

$y_t = C_1y_t^{(1)} + C_2y_t^{(2)} + \ldots + C_ry_t^{(r)}$

$(C_1, C_2, \ldots, C_r \in \mathbb{R}$ Parameter).

Die Menge $\{y_t^{(1)}, y_t^{(2)},\ldots,y_t^{(r)}\}$ heißt ein Fundamentalsystem von Lösungen für (1).

Um allgemein festzustellen, ob eine Menge $\{y_t^{(1)},\ldots,y_t^{(r)}\}$

1) Mehrfache Wurzeln mehrfach gezählt. Es können unter den Wurzeln auch komplexe auftreten.

von Lösungen der Gleichung (1) ein Fundamentalsystem bildet, benutzt man den folgenden

Satz: Ist die Casorati-Determinante

$$\det \begin{pmatrix} y_0^{(1)} & y_0^{(2)} & \dots & y_0^{(r)} \\ y_1^{(1)} & y_1^{(2)} & \dots & y_1^{(r)} \\ \dots & \dots & \dots & \dots \\ y_{r-1}^{(1)} & y_{r-1}^{(2)} & \dots & y_{r-1}^{(r)} \end{pmatrix} \neq 0,$$

so ist $\{y_t^{(1)},\dots,y_t^{(r)}\}$ ein Fundamentalsystem.

So bilden z.B. für $r = 2$ im Fall I die Lösungen $\lambda_1{}^t$ und $\lambda_2{}^t$ ein Fundamentalsystem, im Fall II die Lösungen $(-\frac{a}{2})^t$ und $t(-\frac{a}{2})^t$ und im Fall III die Lösungen $\sqrt{b}^t \cos t\varphi$ und $\sqrt{b}^t \sin t\varphi$

Die Menge der Lösungen einer homogenen linearen Differenzengleichung der Ordnung r bildet einen Vektorraum V der Dimension r; eine Basis von V ist ein Fundamentalsystem der Lösungen.

Damit ist jede Linearkombination von Lösungen einer homogenen linearen Differenzengleichung der Ordnung r auch Lösung dieser Differenzengleichung.

Um eine spezielle Lösung einer inhomogenen linearen Differenzengleichung der Ordnung r zu erhalten, versucht man einen Lösungsansatz $y_t = C$ oder $y_t = Ct$ oder $y_t = Ct^2$ oder $y_t = Ct^3$ usw. C wird dann geeignet bestimmt.

Satz 1 aus 5.11.3 gilt entsprechend auch für Differenzengleichungen der Ordnung $r > 2$ und wird zur Lösung einer inhomogenen Gleichung benutzt.

5.11.5. Der Operator Δ

Sei $(y_t)_{t \in \mathbb{N}_0}$ eine Zahlenfolge.

Def.: $\Delta y_t := y_{t+1} - y_t$ heißt Folge der ersten Differenzen;

$\Delta^k y_t := \Delta^{k-1} y_{t+1} - \Delta^{k-1} y_t \quad (2 \leq k \in \mathbb{N})$ k-te Differenzen.

Man setzt $\Delta^1 = \Delta$.

Damit ist z.B. die Differenzengleichung $y_{t+1} = ay_t + b \Longleftrightarrow$
$\Delta y_t = (a-1)y_t + b$

und $y_{t+2} - 2y_{t+1} + y_t = 0 \Longleftrightarrow \Delta^2 y_t = 0$.

Sind $(y_t)_{t \in \mathbb{N}_0}$ und $(z_t)_{t \in \mathbb{N}_0}$ Zahlenfolgen, so gilt $(a,b \in \mathbb{R})$

$$\Delta(ay_t + bz_t) = a\Delta y_t + b\Delta z_t;$$

$$\Delta(y_t z_t) = z_{t+1}\Delta y_t + y_t \Delta z_t = y_{t+1}\Delta z_t + z_t \Delta y_t.$$

Definiert man weiter den Operator E durch $Ey_t = y_{t+1}$, so hat man $\Delta y_t = Ey_t - y_t$, und man schreibt mit den Operatoren Δ und E symbolisch $\Delta = E - 1$.

Man definiert ferner E^k durch $E^k y_t = y_{t+k}$ $(k \in \mathbb{Z})$; speziell ist dann $E^{-1} y_t = y_{t-1}$.

Weiter ist in symbolischer Schreibweise $\Delta^k = (E-1)^k =$
$= \sum_{j=0}^{k} (-1)^j \binom{k}{j} E^j$.

Das bedeutet also

$$\Delta^k y_t = \sum_{j=0}^{k} (-1)^j \binom{k}{j} E^j y_t = \sum_{j=0}^{k} (-1)^j \binom{k}{j} y_{t+j}.$$

5.11.6. Stabilität (Verhalten der Lösung für $t \to \infty$)

Def.: Die (allgemeine) Lösung y_t einer Differenzengleichung heißt stabil (O-stabil), wenn $\lim_{t\to\infty} y_t$ existiert (wenn gilt $\lim_{t\to\infty} y_t = 0$).

Es gilt: Die allgemeine Lösung der Differenzengleichung $y_{t+1} = ay_t$ ist stabil genau für $-1 < a \leq 1$ und O-stabil genau für $|a| < 1$;

die allgemeine Lösung der Differenzengleichung $y_{t+1} = ay_t + b$ ist stabil genau für $|a| < 1$.

Die allgemeine Lösung der Differenzengleichung $y_{t+2} + ay_{t+1} + by_t = 0$ ist O-stabil genau dann, wenn für die Wurzeln λ_1 und λ_2 der charakteristischen Gleichung gilt $|\lambda_1| < 1$ und $|\lambda_2| < 1$, d.h. im Fall

(I) $\frac{a^2}{4} > b$ genau für $|b| < 1$ und $|a| < 1 + b$;

(II) $\frac{a^2}{4} = b$ genau für $|a| < 2$;

(III) $\frac{a^2}{4} < b$ genau für $b < 1$.

Dabei folgen die Bedingungen in (II) und (III) aus den Bedingungen in (I).

Es ist die allgemeine Lösung der Differenzengleichung

$y_{t+r} + a_{r-1}y_{t+r-1} + \dots + a_1y_{t+1} + a_0y_t = 0$

O-stabil genau dann, wenn für die Wurzeln $\lambda_1,\dots,\lambda_r$ der zugehörigen charakteristischen Gleichung gilt $|\lambda_j| < 1$ (j=1,...

Es gilt das Schur-Theorem: Die allgemeine Lösung der Differenzengleichung

$y_{t+r} + a_{r-1}y_{t+r-1} + \dots + a_1y_{t+1} + a_0y_t = 0$

ist O-stabil genau dann, wenn die folgenden r Determinanten alle > 0 sind:

$$D_1 = \begin{vmatrix} 1 & a_o \\ a_o & 1 \end{vmatrix}; \quad D_2 = \left|\begin{array}{cc|cc} 1 & 0 & a_o & a_1 \\ a_{r-1} & 1 & 0 & a_o \\ \hline a_o & 0 & 1 & a_{r-1} \\ a_1 & a_o & 0 & 1 \end{array}\right|; \; \ldots \; ;$$

$$D_r = \left|\begin{array}{cccc|cccc} 1 & 0 & \cdots & 0 & a_o & a_1 & \cdots & a_{r-1} \\ a_{r-1} & 1 & \ddots & \vdots & 0 & a_o & \cdots & a_{r-2} \\ \vdots & & \ddots & 0 & \vdots & 0 & \ddots & \vdots \\ a_1 & a_2 & \cdots & 1 & 0 & 0 & 0 & a_o \\ \hline a_o & 0 & \cdots & 0 & 1 & a_{r-1} & \cdots & a_1 \\ a_1 & a_o & \ddots & 0 & 0 & 1 & \cdots & a_2 \\ \vdots & & \ddots & & \vdots & & \ddots & \\ a_{r-1} & a_{r-2} & \cdots & a_o & 0 & 0 & \cdots 0 & 1 \end{array}\right| \begin{array}{l} \left.\vphantom{\begin{array}{c}1\\1\\1\\1\end{array}}\right\} r \text{ Zeilen} \\ \left.\vphantom{\begin{array}{c}1\\1\\1\\1\end{array}}\right\} r \text{ Zeilen} \end{array}$$

$$\underbrace{\qquad\qquad\qquad}_{r \text{ Spalten}} \quad \underbrace{\qquad\qquad\qquad}_{r \text{ Spalten}}$$

5.11.7. Systeme von linearen Differenzengleichungen mit konstanten Koeffizienten

Ein System von linearen Differenzengleichungen 1. Ordnung

$$\begin{cases} y_{1,t+1} = a_{11}y_{1,t} + a_{12}y_{2,t} + \ldots + a_{1n}y_{n,t} + b_1 \\ y_{2,t+1} = a_{21}y_{1,t} + a_{22}y_{2,t} + \ldots + a_{2n}y_{n,t} + b_2 \\ \qquad\qquad \ldots\ldots\ldots\ldots\ldots\ldots \\ y_{n,t+1} = a_{n1}y_{1,t} + a_{n2}y_{2,t} + \ldots + a_{nn}y_{n,t} + b_n \end{cases}$$

läßt sich in Matrizenform schreiben als

$\underline{y}_{t+1} = \underline{A}\, \underline{y}_t + \underline{b}$, wobei

$$\underline{y}_t = \begin{pmatrix} y_{1,t} \\ y_{2,t} \\ \cdot \\ \cdot \\ \cdot \\ y_{n,t} \end{pmatrix}; \quad \underline{A} = \begin{pmatrix} a_{11} & \dots & a_{1n} \\ & \dots\dots\dots & \\ a_{n1} & \dots & a_{nn} \end{pmatrix}; \quad \underline{b} = \begin{pmatrix} b_1 \\ b_2 \\ \cdot \\ \cdot \\ \cdot \\ b_n \end{pmatrix}.$$

Für $\underline{b} = \underline{o}$ heißt das System homogen, sonst inhomogen.

Weiterhin Beschränkung auf Systeme mit konstanten Koeffizienten.

Die allgemeine Lösung des inhomogenen Systems lautet

$$\underline{y}_t = \underline{A}^t \underline{y}_o + (\underline{A}-\underline{I})^{-1}(\underline{A}^t-\underline{I})\,\underline{b},$$

falls $\underline{A} - \underline{I}$ regulär; $\underline{y}_o$ ist die "Anfangsbedingung" ($\underline{I}$ (n,n)-Einheitsmatrix).

Satz 1 aus 5.11.3 gilt analog auch hier.

Def.: Die (allgemeine) Lösung $\underline{y}_t$ eines Systems von Differenzengleichungen heißt stabil (O-stabil), wenn $\lim_{t\to\infty} y_{jt}$ existiert (wenn gilt $\lim_{t\to\infty} y_{jt} = 0$) für alle $j=1,\dots,n$.

Stabilitätsbedingungen für ein homogenes System $\underline{y}_{t+1} = \underline{A}\,\underline{y}_t$:

Die allgemeine Lösung des Systems $\underline{y}_{t+1} = \underline{A}\,\underline{y}_t$ ist O-stabil genau dann, wenn für die Eigenwerte $\lambda_1,\dots,\lambda_n$ von $\underline{A}$ gilt $|\lambda_j| < 1$ $(j=1,\dots,n)$.

Eine notwendige Bedingung für O-Stabilität ist

$|\mathrm{Sp}\,\underline{A}| < n$ und $|\det \underline{A}| < 1$.

Hinreichende Stabilitätsbedingung:

Gilt für die Matrix $\underline{A} = (a_{ik})$ speziell

$$\sum_{i=1}^{n} |a_{ik}| < 1 \quad (k=1,\dots,n),$$

dann ist die Lösung des Systems 0-stabil.

Bemerkung: Eine lineare Differenzengleichung

$$(1) \quad y_{t+r} + a_{r-1}y_{t+r-1} + \dots + a_1 y_{t+1} + a_0 y_t = g_t$$

einer Ordnung r > 1 läßt sich in ein System von linearen Differenzengleichungen 1. Ordnung überführen: Man setzt

$$y_t =: y_{1,t};\; y_{t+1} =: y_{2,t};\; \dots;\; y_{t+r-1} =: y_{r,t};$$

dann folgt aus (1)

$$\begin{cases} y_{1,t+1} = y_{2,t} \\ y_{2,t+1} = y_{3,t} \\ \dots\dots\dots\dots\dots\dots \\ y_{r-1,t+1} = y_{r,t} \\ y_{r,t+1} = -a_0 y_{1,t} - a_1 y_{2,t} - \dots - a_{r-1} y_{r,t} + g_t. \end{cases}$$

Die zugehörige (r,r)-Matrix $\underline{A}$ ist also

$$\underline{A} = \begin{pmatrix} 0 & 1 & 0 & \dots\dots\dots & & 0 \\ 0 & 0 & 1 & 0 & \dots\dots & 0 \\ & \dots\dots\dots & & & & \\ 0 & 0 & 0 & 0 \dots & 0 & 1 \\ -a_0 & -a_1 & \dots\dots & & -a_{r-2} & -a_{r-1} \end{pmatrix}$$

und der Spaltenvektor $\underline{b}$ ist

$$\underline{b} = \begin{pmatrix} 0 \\ \vdots \\ 0 \\ g_t \end{pmatrix}.$$

5.12. Differentialgleichungen

5.12.1. Grundbegriffe

Eine Differentialgleichung [1)]

(1) $F(f(t), f'(t),...,f^{(r)}(t),t) = 0$

bedeutet die Aufgabe, eine Funktion f zu bestimmen, die der Gleichung (1) für alle t einer vorgegebenen Menge T genügt; dabei ist F eine gegebene Funktion [2)]. $f',...,f^{(r)}$ sind die Ableitungen erster,...,r-ter Ordnung der Funktion f. Wir nehmen weiterhin für T Intervalle $\subseteq \mathbb{R}$.

Man schreibt gewöhnlich y an Stelle von f und statt (1)

$F(y(t),y'(t),...,y^{(r)}(t),t) = 0$

und kürzer

(2) $F(y,y',...,y^{(r)},t) = 0$ [3)].

Die Differentialgleichung (2) hat die <u>Ordnung</u> r, falls r die höchste Ordnung der in der Gleichung auftretenden Ableitungen von f ist.

1) Gewöhnliche Differentialgleichung.

2) Wir beschränken uns auf reellwertige Funktionen f und F; damit ist $F: \mathbb{R}^{r+1} \times T \to \mathbb{R}$.

3) Man schreibt manchmal auch $\dot{y}$ statt y', $\ddot{y}$ statt y" usw.

Hat man statt (2) speziell

$$F(y,y',\dots,y^{(r)},t) = \sum_{j=0}^{r} a_j(t)y^{(j)} + G(t) =$$

$$= a_0(t)y + a_1(t)y' + \dots + a_r(t)y^{(r)} + G(t) = 0,$$

so spricht man von einer <u>linearen Differentialgleichung</u>.

Man schreibt eine lineare Differentialgleichung auch als

$$(a_r(t)D^r + a_{r-1}(t)D^{r-1} + \dots + a_1(t)D + a_0(t))y + G(t) = 0.$$

Sind die Koeffizienten $a_j(t)$ $(j=0,\dots,r)$ von t unabhängig, also $a_j(t) =: a_j$, so hat man eine <u>lineare Differentialgleichung mit konstanten Koeffizienten</u>

$$\sum_{j=0}^{r} a_j y^{(j)} + G(t) = a_0 y + a_1 y' + \dots + a_r y^{(r)} + G(t) = 0.$$

Eine lineare Differentialgleichung mit G(t) = 0 für alle $t \in \mathbb{R}$ heißt <u>homogen</u>.

Jede Funktion f (bzw. y), welche eine Differentialgleichung erfüllt, heißt <u>Lösung</u> der Differentialgleichung.

Eine Lösung einer Differentialgleichung heißt <u>allgemeine</u> (<u>generelle</u>) Lösung, wenn jede Lösung der Differentialgleichung durch spezielle Wahl von Parametern aus dieser hervorgeht. Einzelne Lösungen heißen auch <u>spezielle</u> (<u>partikuläre</u>) Lösungen.

Eine Differentialgleichung r-ter Ordnung der Form

(3) $y^{(r)} = F^*(y,y',\dots,y^{(r-1)},t)$

heißt <u>explizit</u>; andernfalls implizit.

Es gilt der folgende Existenzsatz von Peano für eine Lösung der Gleichung (3): Sei die Funktion F^* in einem Bereich B stetig und beschränkt. Dann gibt es zu jedem Punkt aus B (mindestens) eine Lösung der Gleichung (3), deren Graph durch diesen Punkt geht. (Der Satz läßt sich genauer formulieren; eine Aussage über die Eindeutigkeit einer Lösung gibt der Satz von Picard-Lindelöf).

5.12.2. Einige elementare Lösungsverfahren ($y = y(t)$; $y' = y'(t)$)

5.12.2.1. Trennung der Veränderlichen: Zu der Differentialgleichung

$$y' = g(y)h(t)$$

bildet man

$$(1) \quad \int \frac{dy}{g(y)} := \int \frac{1}{g(y)}\, dy = \int h(t)dt \quad \text{für alle } y \text{ mit } g(y) \neq 0;$$

sei G eine Stammfunktion zu $\frac{1}{g}$ und H eine Stammfunktion zu h, dann ist (1) gleichbedeutend mit

$$G(y) = H(t) + C$$

mit einer Konstanten $C \in \mathbb{R}$, die durch die Anfangsbedingung $y(0) = y_0$ festgelegt wird (vgl. 5.12.6);

daraus $y = G^{-1}(H(t) + C)$ (G^{-1} Umkehrfunktion von G).

Nachträglich ist zu prüfen, ob $g(y) = 0$ für alle $y \in \mathbb{R}$ auch noch eine Lösung liefert.

5.12.2.2. Eine Differentialgleichung der Form

$$y' = h(at + by + c)$$

löst man für $b \neq 0$ durch die Substitution $z(t) := at + by(t) +$

man erhält die Differentialgleichung $z'(t) = a + bh(z)$;

diese löst man etwa durch Trennung der Veränderlichen;

schließlich ist $y(t) = \frac{1}{b}(z(t) - at - c)$.

5.12.2.3. Eine homogene Differentialgleichung

$y' = h(\frac{y}{t}) \quad (t \neq 0)$

löst man durch die Substitution $z(t) := \frac{y(t)}{t}$; man erhält

die Differentialgleichung $z' = \frac{h(z) - z}{t}$;

diese löst man etwa durch Trennung der Veränderlichen;

schließlich ist $y(t) = tz(t)$.

5.12.2.4. Eine lineare Differentialgleichung 1. Ordnung
$y' = h(t)y + g(t)$

hat als allgemeine Lösung

(2) $y(t) = e^{H(t)}(\int g(t)e^{-H(t)}dt + C)$,

wobei H eine Stammfunktion von h ist und $C \in \mathbb{R}$ ein Parameter, der durch eine Anfangsbedingung $y(0) = y_0$ festgelegt wird [1] (vgl. 5.12.6).

Durch die Spezialisierung $h(t) = a$ und $g(t) = b$ (Konstanten) erhält man die Differentialgleichung $y' = ay + b$ mit konstanten Koeffizienten mit der allgemeinen Lösung

$y = C\,e^{at} - \frac{b}{a}$.

1) Die Lösung (2) läßt sich auch schreiben als

$$y(t) = e^{H(t)}(\int_0^t g(u)e^{-H(u)}du + C).$$

5.12.2.5. Eine <u>Bernoullische Differentialgleichung</u>

$y' = h(t)y + g(t)y^n \quad (n \in \mathbb{R};\ n \neq 1)$

löst man durch die Substitution $z(t) := y(t)^{-n+1} \quad (y(t) \neq 0)$;

man erhält die Differentialgleichung

$z' = (-n+1)h(t)z + (-n+1)g(t)$ (lineare Differentialgleichung)

mit deren Lösung hat man dann $y = z^{\frac{1}{-n+1}}$.

<u>5.12.3. Geometrische Interpretation einer Differentialgleichung</u>

Geometrisch bestimmt eine Differentialgleichung 1. Ordnung $y' = F^*(y,t)$ ein <u>Richtungsfeld</u>. Der Graph einer Lösung muß in das Richtungsfeld "hineinpassen"; wird ein Anfangswert vorgegeben, so muß der Graph der Lösung außerdem durch den durch den Anfangswert festgelegten Punkt gehen.

Beispiele: Richtungsfeld der Differentialgleichung

a) $y' = \frac{y}{t} \quad (t \neq 0)$ b) $y' = 2y$

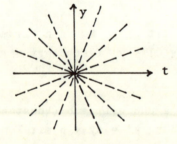

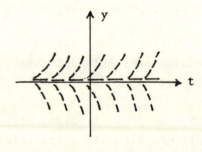

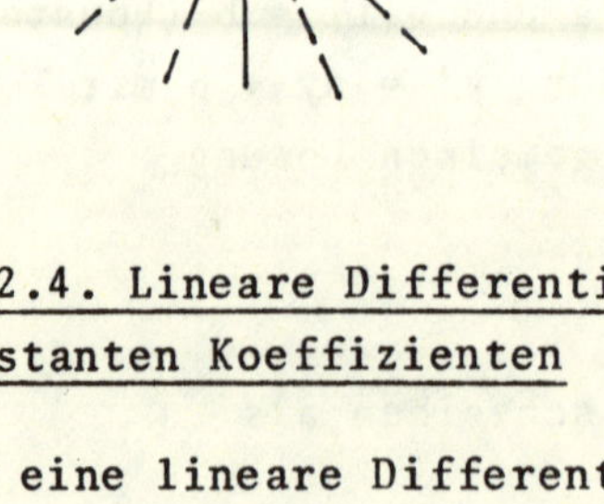

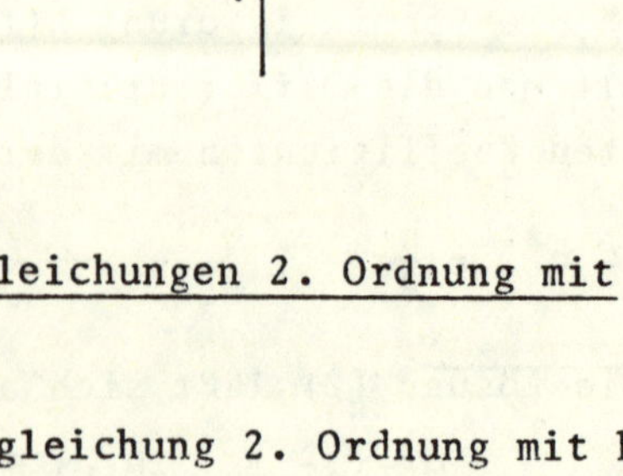

<u>5.12.4. Lineare Differentialgleichungen 2. Ordnung mit konstanten Koeffizienten</u>

Für eine lineare Differentialgleichung 2. Ordnung mit konstanten Koeffizienten betrachten wir die Form

(1) $y'' + ay' + by = g(t) \quad (a,b \in \mathbb{R})$.

$g(t) = 0$ für alle $t \in \mathbb{R}$ liefert die homogene Gleichung

(2) $y'' + ay' + by = 0$.

Hieraus erhält man mit dem Lösungssatz $y = e^{\lambda t}$ die zugehörige <u>charakteristische Gleichung</u>

$\lambda^2 + a\lambda + b = 0$;

deren Wurzeln seien λ_1 und λ_2. Wir unterscheiden nun bei (2) folgende Fälle:

Fall I: Sei $\frac{a^2}{4} > b$ und damit $\lambda_1 = -\frac{a}{2} + \sqrt{\frac{a^2}{4} - b}$ und $\lambda_2 = -\frac{a}{2} - \sqrt{\frac{a^2}{4} - b} \in \mathbb{R}$; dann ist $y(t) = C_1 e^{\lambda_1 t} + C_2 e^{\lambda_2 t}$ mit beliebigen Parametern C_1 und $C_2 \in \mathbb{R}$ die allgemeine Lösung.

Fall II: Sei $\frac{a^2}{4} = b$ und daher $\lambda_1 = \lambda_2 = -\frac{a}{2}$; dann ist $y(t) = (C_1 + t\,C_2)\exp(-\frac{a}{2}\,t)$ mit beliebigen $C_1, C_2 \in \mathbb{R}$ die allgemeine Lösung.

Fall III: Sei $\frac{a^2}{4} < b$ und daher λ_1 und λ_2 konjugiert komplex; dann ist $y = C\exp(-\frac{a}{2}\,t)\sin(\omega t + \alpha)$ die allgemeine Lösung, wobei C und α beliebige Parameter $\in \mathbb{R}$ sind und $\omega = \sqrt{b - \frac{a^2}{4}}$.

Um die allgemeine Lösung der inhomogenen Differentialgleichung

(1) $y'' + ay' + by = g(t)$

zu erhalten, benutzt man den

<u>Satz 1</u>: Ist $\hat{y}$ eine spezielle Lösung von (1) und y die allgemeine Lösung der zu (1) gehörigen homogenen Gleichung (2), so ist $y + \hat{y}$ die allgemeine Lösung von (1).

Um eine spezielle Lösung der inhomogenen Gleichung (1) zu erhalten, versucht man einen Lösungsansatz $y(t) = D$ oder

$y(t) = Dt$ oder $y(t) = Dt^2$ ... (D Konstante); D wird dann geeignet bestimmt.

5.12.5. Lineare Differentialgleichungen beliebiger Ordnung mit konstanten Koeffizienten

Bei linearen Differentialgleichungen der Ordnung $r > 2$ mit konstanten Koeffizienten verfährt man entsprechend wie im Fall $r = 2$: Zur Lösung der homogenen Gleichung der Ordnung r

$$y^{(r)} + a_{r-1}y^{(r-1)} + \ldots + a_1y' + a_oy = 0$$

macht man den Lösungsansatz $y = e^{\lambda t}$ und hat dann für die zugehörige charakteristische Gleichung r-ten Grades

$$\lambda^r + a_{r-1}\lambda^{r-1} + \ldots + a_1\lambda + a_o = 0$$

die Wurzeln $\lambda_1, \lambda_2, \ldots, \lambda_r$ zu bestimmen [1]. Wir betrachten nur den Fall, daß alle Wurzeln $\lambda_1, \ldots, \lambda_r$ reell sind.

Für $\lambda_i \neq \lambda_j$ $(i,j=1,\ldots,r;\ i \neq j)$ ist

$y(t) = C_1e^{\lambda_1 t} + \ldots + C_re^{\lambda_r t}$ mit $C_1, \ldots, C_r \in \mathbb{R}$ beliebig die allgemeine Lösung.

Ist etwa $\lambda_1 = \lambda_2 = \ldots = \lambda_k$, also λ_1 k-fache Wurzel der charakteristischen Gleichung, und $\lambda_i \neq \lambda_j$ für $i,j=k+1,\ldots,r$ $(i \neq j)$ sowie $\lambda_1 \neq \lambda_i$ für $i=k+1,\ldots,r$, so ist

---

1) Mehrfache Wurzeln mehrfach gezählt. Es können unter den Wurzeln auch komplexe auftreten.

$$y(t) = C_1 e^{\lambda_1 t} + C_2 t e^{\lambda_1 t} + \ldots + C_k t^{k-1} e^{\lambda_1 t} + C_{k+1} e^{\lambda_{k+1} t} + \ldots + C_r e^{\lambda_r t}$$

die allgemeine Lösung.

Ist allgemein λ_1 k_1-fache Wurzel, λ_2 k_2-fache Wurzel,... ..., λ_s k_s-fache Wurzel der charakteristischen Gleichung ($\sum_{j=1}^{s} k_j = r$), so lautet die allgemeine Lösung

$$\begin{aligned} y(t) = {} & C_{11} e^{\lambda_1 t} + C_{12} t e^{\lambda_1 t} + \ldots + C_{1k_1} t^{k_1 - 1} e^{\lambda_1 t} + \\ & + C_{21} e^{\lambda_2 t} + C_{22} t e^{\lambda_2 t} + \ldots + C_{2k_2} t^{k_2 - 1} e^{\lambda_2 t} + \ldots + \\ & + C_{s1} e^{\lambda_s t} + C_{s2} t e^{\lambda_s t} + \ldots + C_{sk_s} t^{k_s - 1} e^{\lambda_s t} = \\ & = \sum_{j=1}^{s} \sum_{m_j=1}^{k_j} C_{jm_j} t^{m_j - 1} e^{\lambda_j t} \end{aligned}$$

(C_{jm_j} beliebige Parameter).

Jede homogene Differentialgleichung der Ordnung r

$$(1) \quad y^{(r)} + a_{r-1} y^{(r-1)} + \ldots + a_1 y' + a_0 y = 0$$

besitzt r Lösungen $y_1, \ldots, y_r$, so daß sich die allgemeine Lösung von (1) darstellen läßt als

$$y(t) = C_1 y_1(t) + C_2 y_2(t) + \ldots + C_r y_r(t)$$

($C_1, C_2, \ldots, C_r \in \mathbb{R}$ Parameter).

Die Menge $\{y_1, y_2, \ldots, y_r\}$ dieser Funktionen heißt ein <u>Fundamentalsystem</u> von Lösungen.

Um allgemein festzustellen, ob eine Menge $\{y_1,\dots,y_r\}$ von Lösungen der Gleichung (1) ein Fundamentalsystem bildet, benutzt man folgenden

<u>Satz</u>: Ist die <u>Wronski-Determinante</u>

$$W(t) := \det \begin{pmatrix} y_1(t) & y_2(t) & \dots & y_r(t) \\ y_1'(t) & y_2'(t) & \dots & y_r'(t) \\ \dots & \dots & \dots & \dots \\ y_1^{(r-1)}(t) & y_2^{(r-1)}(t) & \dots & y_r^{(r-1)}(t) \end{pmatrix} \neq 0$$

für ein t, so ist $\{y_1,\dots,y_r\}$ ein Fundamentalsystem.

So bilden z.B. für r = 2 im Fall I die Lösungen $e^{\lambda_1 t}$ und $e^{\lambda_2 t}$ ein Fundamentalsystem, im Fall II die Lösungen $\exp(-\frac{a}{2}t)$ und $t \exp(-\frac{a}{2}t)$ und im Fall III die Lösungen $\exp(-\frac{a}{2}t) \sin \omega t$ und $\exp(-\frac{a}{2}t) \cos \omega t$.

Die Menge der Lösungen einer homogenen linearen Differentialgleichung der Ordnung r bildet einen Vektorraum V der Dimension r; eine Basis von V ist ein Fundamentalsystem der Lösungen.

Damit ist jede Linearkombination von Lösungen einer homogenen linearen Differentialgleichung der Ordnung r auch Lösung dieser Differentialgleichung.

Satz 1 aus 5.12.4 gilt entsprechend auch für Differentialgleichungen der Ordnung r > 2 und wird zur Lösung einer inhomogenen Gleichung benutzt.

5.12.6. Anfangswertaufgaben

Bei Anfangswertaufgaben werden spezielle Lösungen einer Differentialgleichung gesucht, die einer Anfangsbedingung genügen. Damit wird über die Parameter, die in der allgemeinen Lösung auftreten, verfügt. Für Differentialgleichungen 1. Ordnung benutzt man als Anfangsbedingung $y(t_o) = A$ und für Differentialgleichungen 2. Ordnung $y(t_o) = A$ und $y'(t_o) = B$; häufig lautet die Anfangsbedingung $y(0) = A$ für Differentialgleichungen 1. Ordnung bzw. $y(0) = A$ und $y'(0) = B$ für Differentialgleichungen 2. Ordnung. Für Differentialgleichungen r-ter Ordnung werden als Anfangsbedingung die Werte von $y, y', \ldots, y^{(r-1)}$ für t_o bzw. 0 vorgegeben.

Für die lineare Differentialgleichung 1. Ordnung mit konstanten Koeffizienten

$$y' = ay + b$$

lautet die Lösung mit der Anfangsbedingung $y(0) = A$

$$y = (A + \frac{b}{a})\, e^{at} - \frac{b}{a}.$$

Für die homogene lineare Differentialgleichung 2. Ordnung mit konstanten Koeffizienten

$$y'' + ay' + by = 0$$

lautet die Lösung mit der Anfangsbedingung $y(0) = A$, $y'(0)=B$

im Fall I: $$y = \frac{A\lambda_2 - B}{\lambda_2 - \lambda_1}\, e^{\lambda_1 t} + \frac{B - A\lambda_1}{\lambda_2 - \lambda_1}\, e^{\lambda_2 t};$$

im Fall II: $$y = (A + (B + \frac{a}{2} A)t) \exp(- \frac{a}{2}\, t);$$

im Fall III sind C und α aus dem Gleichungssystem

$$\begin{cases} C \sin \alpha = A \\ C \cos \alpha = \frac{1}{\omega}(B + \frac{a}{2} A) \end{cases}$$

zu bestimmen. Man erhält

$$C = \pm \sqrt{A^2 + \frac{1}{\omega^2}(B + \frac{a}{2} A)^2};$$

$$\tan \alpha = \frac{A\omega}{B + \frac{a}{2} A}.$$

5.12.7. Stabilität (Verhalten der Lösung für $t \to \infty$)

Def.: Die (allgemeine) Lösung y einer Differentialgleichung heißt stabil (O-stabil), wenn $\lim_{t\to\infty} y(t)$ existiert (wenn gilt $\lim_{t\to\infty} y(t) = 0$).

Es gilt: Die allgemeine Lösung der Differentialgleichung $y' = ay + b$ $(a \neq 0)$ ist stabil genau für $a < 0$.

Die allgemeine Lösung der Differentialgleichung $y'' + ay' + by = 0$ ist O-stabil genau für $a > 0$ und $b > 0$.

Es ist die allgemeine Lösung der Differentialgleichung

$$y^{(r)} + a_{r-1}y^{(r-1)} + \ldots + a_1y' + a_0y = 0$$

O-stabil genau dann, wenn die Wurzeln $\lambda_1,\ldots,\lambda_r$ der zugehörigen charakteristischen Gleichung alle negativen Realteil haben.

Es gilt das Routh-Hurwitz-Theorem: Die allgemeine Lösung der Differentialgleichung

$$y^{(r)} + a_{r-1}y^{(r-1)} + a_{r-2}y^{(r-2)} + \dots + a_1y' + a_0y = 0$$

ist 0-stabil genau dann, wenn die folgenden r Determinanten alle > 0 sind:

$$D_1 = \begin{vmatrix} a_{r-1} \end{vmatrix} = a_{r-1}; \qquad D_2 = \begin{vmatrix} a_{r-1} & a_{r-3} \\ 1 & a_{r-2} \end{vmatrix};$$

$$D_3 = \begin{vmatrix} a_{r-1} & a_{r-3} & a_{r-5} \\ 1 & a_{r-2} & a_{r-4} \\ 0 & a_{r-1} & a_{r-3} \end{vmatrix}; \dots;$$

$$D_r = \underbrace{\begin{vmatrix} a_{r-1} & a_{r-3} & a_{r-5} & a_{r-7} & \cdots & \\ 1 & a_{r-2} & a_{r-4} & a_{r-6} & \cdots & \\ 0 & a_{r-1} & a_{r-3} & a_{r-5} & \cdots & \\ 0 & 1 & a_{r-2} & a_{r-4} & \cdots & \\ 0 & 0 & a_{r-1} & a_{r-3} & \cdots & \\ 0 & 0 & 1 & a_{r-2} & \cdots & \\ \cdot & \cdot & \cdot & & \cdots & \\ 0 & 0 & 0 & \cdots & \cdots & a_0 \end{vmatrix}}_{r \text{ Spalten}},$$

wobei $a_n = 0$ zu setzen ist für $n < 0$.

5.12.8. Systeme von linearen Differentialgleichungen mit konstanten Koeffizienten

Ein System von linearen Differentialgleichungen 1. Ordnung

$$\begin{cases} y_1' = a_{11}y_1 + a_{12}y_2 + \dots + a_{1n}y_n + b_1 \\ y_2' = a_{21}y_1 + a_{22}y_2 + \dots + a_{2n}y_n + b_2 \\ \dots\dots\dots\dots\dots \\ y_n' = a_{n1}y_1 + a_{n2}y_2 + \dots + a_{nn}y_n + b_n \end{cases}$$

läßt sich in Matrizenform schreiben als

$\underline{y}' = \underline{A}\,\underline{y} + \underline{b}$, wobei

$$\underline{y} = \begin{pmatrix} y_1 \\ y_2 \\ \vdots \\ y_n \end{pmatrix}; \quad \underline{y}' = \begin{pmatrix} y_1' \\ y_2' \\ \vdots \\ y_n' \end{pmatrix}; \quad \underline{A} = \begin{pmatrix} a_{11} & \dots & a_{1n} \\ \dots & \dots & \dots \\ a_{n1} & \dots & a_{nn} \end{pmatrix}; \quad \underline{b} = \begin{pmatrix} b_1 \\ b_2 \\ \vdots \\ b_n \end{pmatrix} \text{ 1)}.$$

Für $\underline{b} = \underline{o}$ heißt das System homogen, sonst inhomogen.

Weiterhin Beschränkung auf Systeme mit konstanten Koeffizienten.

Die allgemeine Lösung des homogenen Systems lautet, falls für alle Eigenwerte λ_j von $\underline{A}$ gilt $\lambda_j \in \mathbb{R}$ $(j=1,\dots,r)$ sowie $\lambda_i \neq \lambda_j$ $(i \neq j)$,

$\underline{y} = C_1\underline{y}_1 + C_2\underline{y}_2 + \dots + C_n\underline{y}_n = \sum_{j=1}^{n} C_j\underline{y}_j$ mit $C_j \in \mathbb{R}$ beliebig;

dabei ist

$\underline{y}_j = \underline{v}_j e^{\lambda_j t}$, wobei $\underline{v}_j = \begin{pmatrix} v_{j1} \\ \vdots \\ v_{jn} \end{pmatrix}$ ein zu λ_j gehöriger Eigenvektor ist.

Satz 1 aus 5.12.4 gilt analog auch hier.

1) y' bedeutet also hier nicht den transponierten Vektor.

Def.: Die (allgemeine) Lösung $\underline{y}(t)$ eines Systems von Differentialgleichungen heißt stabil (0-stabil), wenn $\lim_{t\to\infty} y_j(t)$ existiert (wenn gilt $\lim_{t\to\infty} y_j(t) = 0$) für alle $j=1,\ldots,n$.

Stabilitätsbedingungen für ein homogenes System $\underline{y}' = \underline{A}\,\underline{y}$:

Die allgemeine Lösung des Systems $\underline{y}' = \underline{A}\,\underline{y}$ ist 0-stabil genau dann, wenn die Eigenwerte $\lambda_1,\ldots,\lambda_n$ von $\underline{A}$ alle negativen Realteil haben.

Eine notwendige Bedingung für 0-Stabilität ist

$\mathrm{Sp}\,\underline{A} < 0$ und $(-1)^n \det \underline{A} > 0$.

Bemerkung: Eine lineare Differentialgleichung

$$(1) \quad y^{(r)} + a_{r-1}y^{(r-1)} + \ldots + a_1y' + a_0y = g(t)$$

einer Ordnung $r > 1$ läßt sich in ein System von linearen Differentialgleichungen 1. Ordnung überführen:

Man setzt

$y =: y_1;\ y' =: y_2;\ldots;\ y^{(r-1)} =: y_r;$

dann folgt aus (1)

$$\begin{cases} y_1' = y_2 \\ y_2' = y_3 \\ \ldots\ldots\ldots\ldots\ldots\ldots \\ y_{r-1}' = y_r \\ y_r' = -a_0y_1 - a_1y_2 - \ldots - a_{r-1}y_r + g(t). \end{cases}$$

Die zugehörige (r,r)-Matrix $\underline{A}$ ist also

$$\underline{A} = \begin{pmatrix} 0 & 1 & 0 & 0 & \cdots\cdots\cdots & 0 \\ 0 & 0 & 1 & 0 & \cdots\cdots\cdots & 0 \\ \cdots & \cdots & \cdots & \cdots & \cdots & \cdots \\ 0 & 0 & 0 & 0 \cdots & 0 & 1 \\ -a_0 & -a_1 & \cdots\cdots & & -a_{r-2} & -a_{r-1} \end{pmatrix}$$

und der Spaltenvektor $\underline{b}$ ist

$$\underline{b} = \begin{pmatrix} 0 \\ \vdots \\ 0 \\ g(t) \end{pmatrix} .$$

Tabellenanhang

Tabelle für n! $(0 \leq n \leq 20)$

n	n!
0	1
1	1
2	2
3	6
4	24
5	120

n	n!
6	720
7	5 040
8	40 320
9	362 880
10	3 628 800

n	n!
11	39 916 800
12	479 001 600
13	6 227 020 800
14	87 178 291 200
15	1 307 674 368 000

n	n!
16	20 922 789 888 000
17	355 687 428 096 000
18	6 402 373 705 728 000
19	121 645 100 408 832 000
20	2 432 902 008 176 640 000

Tabelle der Binomialkoeffizienten $\binom{n}{k}$

$(1 \leq n \leq 20; \quad 0 \leq k \leq n)$

k	$\binom{1}{k}$	$\binom{2}{k}$	$\binom{3}{k}$	$\binom{4}{k}$	$\binom{5}{k}$	$\binom{6}{k}$	$\binom{7}{k}$	$\binom{8}{k}$	$\binom{9}{k}$	$\binom{10}{k}$	$\binom{11}{k}$	$\binom{12}{k}$	$\binom{13}{k}$
0	1	1	1	1	1	1	1	1	1	1	1	1	1
1	1	2	3	4	5	6	7	8	9	10	11	12	13
2		1	3	6	10	15	21	28	36	45	55	66	78
3			1	4	10	20	35	56	84	120	165	220	286
4				1	5	15	35	70	126	210	330	495	715
5					1	6	21	56	126	252	462	792	1287
6						1	7	28	84	210	462	924	1716
7							1	8	36	120	330	792	1716
8								1	9	45	165	495	1287
9									1	10	55	220	715
10										1	11	66	286
11											1	12	78
12												1	13
13													1

k	$\binom{14}{k}$	$\binom{15}{k}$	$\binom{16}{k}$	$\binom{17}{k}$	$\binom{18}{k}$	$\binom{19}{k}$	$\binom{20}{k}$
0	1	1	1	1	1	1	1
1	14	15	16	17	18	19	20
2	91	105	120	136	153	171	190
3	364	455	560	680	816	969	1140
4	1001	1365	1820	2380	3060	3876	4845
5	2002	3003	4368	6188	8568	11628	15504
6	3003	5005	8008	12376	18564	27132	38760
7	3432	6435	11440	19448	31824	50388	77520
8	3003	6435	12870	24310	43758	75582	125970
9	2002	5005	11440	24310	48620	92378	167960
10	1001	3003	8008	19448	43758	92378	184756
11	364	1365	4368	12376	31824	75582	167960
12	91	455	1820	6188	18564	50388	125970
13	14	105	560	2380	8568	27132	77520
14	1	15	120	680	3060	11628	38760
15		1	16	136	816	3876	15504
16			1	17	153	969	4845
17				1	18	171	1140
18					1	19	190
19						1	20
20							1

Fortsetzung: Tabelle der Binomialkoeffizenten $\binom{n}{k}$

$(21 \leq n \leq 25; \quad 0 \leq k \leq \frac{n}{2})$

k	$\binom{21}{k}$	$\binom{22}{k}$	$\binom{23}{k}$	$\binom{24}{k}$	$\binom{25}{k}$
0	1	1	1	1	1
1	21	22	23	24	25
2	210	231	253	276	300
3	1330	1540	1771	2024	2300
4	5985	7315	8855	10622	12650
5	20349	26334	33649	42504	53130
6	54264	74613	100974	134596	177100
7	116280	170540	245157	346104	480700
8	203490	319770	490314	735471	1081575
9	293930	497420	817190	1307504	2042975
10	352716	646646	1144066	1961256	3268760
11		705432	1352078	2496144	4457400
12				2704156	5200300

Die Binomialkoeffizienten $\binom{n}{k}$ mit $\frac{n}{2} < k \leq n$ erhält man mit Hilfe der Tabelle gemäß der Beziehung $\binom{n}{k} = \binom{n}{n-k}$.

Funktionswerte [1] der Gammafunktion $x \to \Gamma(x)$ (siehe 5.4.3)

x	Γ(x)	x	Γ(x)	x	Γ(x)	x	Γ(x)
1,00	1,0000						
1,01	0,9943	1,26	0,9044	1,51	0,8866	1,76	0,9214
1,02	9888	1,27	9025	1,52	8870	1,77	9238
1,03	9835	1,28	9007	1,53	8876	1,78	9262
1,04	9784	1,29	8990	1,54	8882	1,79	9288
1,05	9735	1,30	8975	1,55	8889	1,80	9314
1,06	9687	1,31	8960	1,56	8896	1,81	9341
1,07	9642	1,32	8946	1,57	8905	1,82	9368
1,08	9597	1,33	8934	1,58	8914	1,83	9397
1,09	9555	1,34	8922	1,59	8924	1,84	9426
1,10	9514	1,35	8912	1,60	8935	1,85	9456
1,11	9474	1,36	8902	1,61	8947	1,86	9487
1,12	9436	1,37	8893	1,62	8959	1,87	9518
1,13	9399	1,38	8885	1,63	8972	1,88	9551
1,14	9364	1,39	8879	1,64	8986	1,89	9584
1,15	9330	1,40	8873	1,65	9001	1,90	9618
1,16	9298	1,41	8868	1,66	9017	1,91	9652
1,17	9267	1,42	8864	1,67	9033	1,92	9688
1,18	9237	1,43	8860	1,68	9050	1,93	9724
1,19	9209	1,44	8858	1,69	9068	1,94	9761
1,20	9182	1,45	8857	1,70	9086	1,95	9799
1,21	9156	1,46	8856	1,71	9106	1,96	9837
1,22	9131	1,47	8856	1,72	9126	1,97	9877
1,23	9108	1,48	8857	1,73	9147	1,98	9917
1,24	9085	1,49	8859	1,74	9168	1,99	0,9958
1,25	9064	1,50	8862	1,75	9191	2,00	1,0000

Liegt x außerhalb des Intervalls $[1,2]$, so berechnet man die Funktionswerte mittels der Formel $\Gamma(x+1) = x\,\Gamma(x)$.

Beispiele: $\Gamma(3{,}4) = 2{,}4 \cdot \Gamma(2{,}4) = 2{,}4 \cdot 1{,}4 \cdot \Gamma(1{,}4) = 2{,}4 \cdot 1{,}4 \cdot 0{,}8873;$

$$\Gamma(0{,}4) = \frac{\Gamma(1{,}4)}{0{,}4} = \frac{0{,}8873}{0{,}4}.$$

1) Auf vier Dezimalstellen angegeben.

Werte [1] der Verteilungsfunktion F der Binomialverteilung mit den Parametern n und p:

$x \to F(x)$.

n	x	p=0,1	p=0,2	p=0,3	p=0,4	p=0,5
1	0	0,9000	0,8000	0,7000	0,6000	0,5000
	1	1,0000	1,0000	1,0000	1,0000	1,0000
2	0	0,8100	0,6400	0,4900	0,3600	0,2500
	1	0,9900	0,9600	0,9100	0,8400	0,7500
	2	1,0000	1,0000	1,0000	1,0000	1,0000
3	0	0,7290	0,5120	0,3430	0,2160	0,1250
	1	0,9720	0,8960	0,7840	0,6480	0,5000
	2	0,9990	0,9920	0,9730	0,9360	0,8750
	3	1,0000	1,0000	1,0000	1,0000	1,0000
4	0	0,6561	0,4096	0,2401	0,1296	0,0625
	1	0,9477	0,8192	0,6517	0,4752	0,3125
	2	0,9963	0,9728	0,9163	0,8208	0,6875
	3	1,0000	1,0000	1,0000	1,0000	1,0000
5	0	0,5905	0,3277	0,1681	0,0778	0,0313
	1	0,9185	0,7373	0,5282	0,3370	0,1875
	2	0,9914	0,9421	0,8369	0,6826	0,5000
	3	0,9995	0,9933	0,9692	0,9130	0,8125
	4	1,0000	0,9997	0,9976	0,9898	0,9688
	5		1,0000	1,0000	1,0000	1,0000

Für $p > 0,5$ bestimmt man für ganzzahlige x die Werte der Verteilungsfunktion F der Binomialverteilung mit den Parametern n und p mit Hilfe der Beziehung $F(x) = 1-G(n-x-1)$, wobei G die Verteilungsfunktion der Binomialverteilung mit den Parametern n und 1-p ist.

Beispiel: $n = 6$, $p = 0,8$; $\longrightarrow$ $1-p = 0,2$;
$F(4) = 1-G(1) = 1 - 0,6554 = 0,3446$.

1) Auf vier Dezimalstellen angegeben.

Fortsetzung:

n	x	p=0,1	p=0,2	p=0,3	p=0,4	p=0,5
6	0	0,5314	0,2621	0,1176	0,0467	0,0156
	1	0,8857	0,6554	0,4202	0,2333	0,1094
	2	0,9842	0,9011	0,7443	0,5443	0,3438
	3	0,9987	0,9830	0,9295	0,8208	0,6562
	4	0,9999	0,9984	0,9891	0,9590	0,8906
	5	1,0000	0,9999	0,9993	0,9959	0,9844
	6		1,0000	1,0000	1,0000	1,0000
7	0	0,4783	0,2079	0,0824	0,0280	0,0078
	1	0,8503	0,5767	0,3294	0,1586	0,0625
	2	0,9743	0,8520	0,6471	0,4199	0,2266
	3	0,9973	0,9667	0,8740	0,7102	0,5000
	4	0,9998	0,9953	0,9712	0,9037	0,7734
	5	1,0000	0,9996	0,9962	0,9812	0,9375
	6		1,0000	0,9998	0,9984	0,9922
	7			1,0000	1,0000	1,0000
8	0	0,4305	0,1678	0,0576	0,0168	0,0039
	1	0,8131	0,5033	0,2553	0,1064	0,0352
	2	0,9619	0,7969	0,5518	0,3154	0,1445
	3	0,9950	0,9437	0,8059	0,5941	0,3633
	4	0,9996	0,9896	0,9420	0,8263	0,6367
	5	1,0000	0,9988	0,9887	0,9502	0,8555
	6		0,9999	0,9987	0,9915	0,9648
	7		1,0000	0,9999	0,9993	0,9961
	8			1,0000	1,0000	1,0000
9	0	0,3874	0,1342	0,0404	0,0101	0,0020
	1	0,7748	0,4362	0,1960	0,0705	0,0195
	2	0,9470	0,7382	0,4628	0,2318	0,0898
	3	0,9917	0,9144	0,7297	0,4826	0,2539
	4	0,9991	0,9804	0,9012	0,7334	0,5000
	5	0,9999	0,9969	0,9747	0,9006	0,7461
	6	1,0000	0,9997	0,9957	0,9750	0,9102
	7		1,0000	0,9996	0,9962	0,9805
	8			1,0000	0,9997	0,9980
	9				1,0000	1,0000
10	0	0,3487	0,1074	0,0282	0,0060	0,0010
	1	0,7361	0,3758	0,1493	0,0464	0,0107
	2	0,9298	0,6778	0,3828	0,1673	0,0547
	3	0,9872	0,8791	0,6496	0,3823	0,1719
	4	0,9984	0,9672	0,8497	0,6331	0,3770
	5	0,9999	0,9936	0,9527	0,8338	0,6230
	6	1,0000	0,9991	0,9894	0,9452	0,8281
	7		0,9999	0,9984	0,9877	0,9453
	8		1,0000	0,9999	0,9983	0,9893
	9			1,0000	0,9999	0,9990
	10				1,0000	1,0000

Werte [1] der Verteilungsfunktion F der Poisson-Verteilung mit dem Parameter λ: $x \to F(x)$

x \ λ	0,1	0,2	0,3	0,4	0,5
0	0,9048	0,8187	0,7408	0,6703	0,6065
1	0,9953	0,9825	0,9631	0,9384	0,9098
2	0,9998	0,9989	0,9964	0,9921	0,9856
3	1,0000	0,9999	0,9997	0,9992	0,9982
4	1,0000	1,0000	1,0000	0,9999	0,9998
5				1,0000	1,0000

x \ λ	0,6	0,7	0,8	0,9	1,0
0	0,5488	0,4966	0,4493	0,4066	0,3679
1	0,8781	0,8442	0,8088	0,7725	0,7358
2	0,9769	0,9659	0,9526	0,9371	0,9197
3	0,9966	0,9942	0,9909	0,9865	0,9810
4	0,9996	0,9992	0,9986	0,9977	0,9963
5	1,0000	0,9999	0,9998	0,9997	0,9994
6		1,0000	1,0000	1,0000	0,9999
7					1,0000

x \ λ	1,5	2,0	3,0	4,0	5,0
0	0,2231	0,1353	0,0498	0,0183	0,0067
1	0,5578	0,4060	0,1991	0,0916	0,0404
2	0,8088	0,6767	0,4232	0,2381	0,1247
3	0,9344	0,8571	0,6472	0,4335	0,2650
4	0,9814	0,9473	0,8153	0,6288	0,4405
5	0,9955	0,9834	0,9161	0,7851	0,6160
6	0,9991	0,9955	0,9665	0,8893	0,7622
7	0,9998	0,9989	0,9881	0,9489	0,8666
8	1,0000	0,9998	0,9962	0,9786	0,9319
9		1,0000	0,9989	0,9919	0,9682
10			0,9997	0,9972	0,9863
11			0,9999	0,9991	0,9945
12			1,0000	0,9997	0,9980
13				0,9999	0,9993
14				1,0000	0,9998
15					0,9999
16					1,0000

1) Auf vier Dezimalstellen angegeben.

Werte [1] der Verteilungsfunktion ϕ der Standard-Normalverteilung:

$$x \to \phi(x) = \frac{1}{\sqrt{2\pi}} \int_{-\infty}^{x} e^{-\frac{t^2}{2}} dt;$$

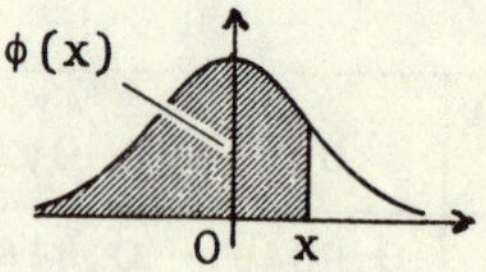

$$\phi(-x) = 1 - \phi(x)$$

x	0	1	2	3	4	5	6	7	8	9
0,0	0,5000	5040	5080	5120	5160	5199	5239	5279	5319	5359
0,1	5398	5438	5478	5517	5557	5596	5636	5675	5714	5753
0,2	5793	5832	5871	5910	5948	5987	6026	6064	6103	6141
0,3	6179	6217	6255	6293	6331	6368	6406	6443	6480	6517
0,4	6554	6591	6628	6664	6700	6736	6772	6808	6844	6879
0,5	6915	6950	6985	7019	7054	7088	7123	7157	7190	7224
0,6	7257	7291	7324	7357	7389	7422	7454	7486	7517	7549
0,7	7580	7611	7642	7673	7703	7734	7764	7794	7823	7852
0,8	7881	7910	7939	7967	7995	8023	8051	8078	8106	8133
0,9	8159	8186	8212	8238	8264	8289	8315	8340	8365	8389
1,0	8413	8438	8461	8485	8508	8531	8554	8577	8599	8621
1,1	8643	8665	8686	8708	8729	8749	8770	8790	8810	8830
1,2	8849	8869	8888	8907	8925	8944	8962	8980	8997	9015
1,3	9032	9049	9066	9082	9099	9115	9131	9147	9162	9177
1,4	9192	9207	9222	9236	9251	9265	9278	9292	9306	9319
1,5	9332	9345	9357	9370	9382	9394	9406	9418	9430	9441
1,6	9452	9463	9474	9484	9495	9505	9515	9525	9535	9545
1,7	9554	9564	9573	9582	9591	9599	9608	9616	9625	9633
1,8	9641	9648	9656	9664	9671	9678	9686	9693	9700	9706
1,9	9713	9719	9726	9732	9738	9744	9750	9756	9762	9767
2,0	9772	9778	9783	9788	9793	9798	9803	9808	9812	9817
2,1	9821	9826	9830	9834	9838	9842	9846	9850	9854	9857
2,2	9861	9864	9868	9871	9874	9878	9881	9884	9887	9890
2,3	9893	9896	9898	9901	9904	9906	9909	9911	9913	9916
2,4	9918	9920	9922	9925	9927	9929	9931	9932	9934	9936
2,5	9938	9940	9941	9943	9945	9946	9948	9949	9951	9952
2,6	9953	9955	9956	9957	9959	9960	9961	9962	9963	9964
2,7	9965	9966	9967	9968	9969	9970	9971	9972	9973	9974
2,8	9974	9975	9976	9977	9977	9978	9979	9979	9980	9981
2,9	9981	9982	9982	9983	9984	9984	9985	9985	9986	9986

3,0	0,99865	3,1	99903	3,2	99931	3,3	99952	3,4	99966
3,5	99977	3,6	99984	3,7	99989	3,8	99993	3,5	99995
4,0	0,999968	4,5	999997						
5,0	0,99999997								

Ablesebeispiel: $\phi(1,34) = 0,9099$.

1) Auf vier bzw. fünf bzw... Dezimalstellen angegeben.

Werte [1] der Dichte φ der Standard-Normalverteilung:

$x \to \varphi(x) = \exp(-\frac{x^2}{2})$; $\varphi(-x) = \varphi(x)$.

x	0	1	2	3	4	5	6	7	8	9
0,0	0,3989	3989	3989	3988	3986	3984	3982	3980	3977	3973
0,1	3970	3965	3961	3956	3951	3945	3939	3932	3925	3918
0,2	3910	3902	3894	3885	3876	3867	3857	3847	3836	3825
0,3	3814	3802	3790	3778	3765	3752	3739	3725	3712	3697
0,4	3683	3668	3653	3637	3621	3605	3589	3572	3555	3538
0,5	3521	3503	3485	3467	3448	3429	3410	3391	3372	3352
0,6	3332	3312	3292	3271	3251	3230	3209	3187	3166	3144
0,7	3123	3101	3079	3056	3034	3011	2989	2966	2943	2920
0,8	2897	2874	2850	2827	2803	2780	2756	2732	2709	2685
0,9	2661	2637	2613	2589	2565	2541	2516	2492	2468	2444
1,0	0,2420	2396	2371	2347	2323	2299	2275	2251	2227	2203
1,1	2179	2155	2131	2107	2083	2059	2036	2012	1989	1965
1,2	1942	1919	1895	1872	1849	1826	1804	1781	1758	1736
1,3	1714	1691	1669	1647	1626	1604	1582	1561	1539	1518
1,4	1497	1476	1456	1435	1415	1394	1374	1354	1334	1315
1,5	1295	1276	1257	1238	1219	1200	1182	1163	1145	1127
1,6	1109	1092	1074	1057	1040	1023	1006	0989	0973	0957
1,7	0940	0925	0909	0893	0878	0863	0848	0833	0818	0804
1,8	0790	0775	0761	0748	0734	0721	0707	0694	0681	0669
1,9	0656	0644	0632	0620	0608	0596	0584	0573	0562	0551
2,0	0,0540	0529	0519	0508	0498	0488	0478	0468	0459	0449
2,1	0440	0431	0422	0413	0404	0396	0387	0379	0371	0363
2,2	0355	0347	0339	0332	0325	0317	0310	0303	0297	0290
2,3	0283	0277	0270	0264	0258	0252	0246	0241	0235	0229
2,4	0224	0219	0213	0208	0203	0198	0194	0189	0184	0180
2,5	0175	0171	0167	0163	0158	0154	0151	0147	0143	0139
2,6	0136	0132	0129	0126	0122	0119	0116	0113	0110	0107
2,7	0104	0101	0099	0096	0093	0091	0088	0086	0084	0081
2,8	0079	0077	0075	0073	0071	0069	0067	0065	0063	0061
2,9	0060	0058	0056	0055	0053	0051	0050	0048	0047	0046
3,0	0,0044	0043	0042	0040	0039	0038	0037	0036	0035	0034
3,1	0033	0032	0031	0030	0029	0028	0027	0026	0025	0025
3,2	0024	0023	0022	0022	0021	0020	0020	0019	0018	0018
3,3	0017	0017	0016	0016	0015	0015	0014	0014	0013	0013
3,4	0012	0012	0012	0011	0011	0010	0010	0010	0009	0009
3,5	0009	0008	0008	0008	0008	0007	0007	0007	0007	0006
3,6	0006	0006	0006	0005	0005	0005	0005	0005	0005	0004
3,7	0004	0004	0004	0004	0004	0004	0003	0003	0003	0003
3,8	0003	0003	0003	0003	0003	0002	0002	0002	0002	0002
3,9	0002	0002	0002	0002	0002	0002	0002	0002	0001	0001

Ablesebeispiel: $\varphi(1,34) = 0,1626$.

1) Auf vier Dezimalstellen angegeben.

Quantile (kritische Werte) [1] für Test 4.4.10.1; 4.4.10.6

Niveau α	$\alpha = 0{,}05 = 5\%$	$\alpha = 0{,}01 = 1\%$
Quantile $z_{1-\frac{\alpha}{2}}$	1,96	2,58
$z_{1-\alpha}$	1,64	2,33
$z_{\frac{\alpha}{2}} = -z_{1-\frac{\alpha}{2}}$		
$z_{\alpha} = -z_{1-\alpha}$		

1) Werte aus der Tabelle der Standard-Normalverteilung (hier auf zwei Dezimalstellen angegeben).

Quantile (kritische Werte) [1] für Test 4.4.10.2; 4.4.10.7; 4.4.10.12; 4.4.10.13

Niveau $\alpha = 0{,}05 = 5\%$

Anzahl der Freiheitsgrade	1	2	3	4	5	6	7	8	9	10
Quantile $z_{1-\frac{\alpha}{2}}$	12,71	4,30	3,18	2,78	2,57	2,45	2,37	2,31	2,26	2,23
$z_{1-\alpha}$	6,31	2,92	2,35	2,13	2,02	1,94	1,90	1,86	1,83	1,81
$z_{\frac{\alpha}{2}} = -z_{1-\frac{\alpha}{2}}$										
$z_{\alpha} = -z_{1-\alpha}$										

	11	12	13	14	15	16	17	18	19	20
$z_{1-\frac{\alpha}{2}}$	2,20	2,18	2,16	2,15	2,13	2,12	2,11	2,10	2,09	2,09
$z_{1-\alpha}$	1,80	1,78	1,77	1,76	1,75	1,75	1,74	1,73	1,73	1,73

	22	24	26	28	30	40	50	100	200	>200
$z_{1-\frac{\alpha}{2}}$	2,07	2,06	2,06	2,05	2,04	2,02	2,01	1,98	1,97	1,96
$z_{1-\alpha}$	1,72	1,71	1,71	1,70	1,70	1,68	1,68	1,66	1,65	1,65

1) Werte aus der Tabelle der t-Verteilung (hier auf zwei Dezimalstellen angegeben).

Niveau $\alpha = 0{,}01 = 1\%$

	1	2	3	4	5	6	7	8	9	10
$z_{1-\frac{\alpha}{2}}$	63,66	9,93	5,84	4,60	4,03	3,71	3,50	3,36	3,25	3,17
$z_{1-\alpha}$	31,82	6,97	4,54	3,75	3,73	3,14	3,00	2,90	2,82	2,76
$z_{\frac{\alpha}{2}} = -z_{1-\frac{\alpha}{2}}$										
$z_{\alpha} = -z_{1-\alpha}$										

	11	12	13	14	15	16	17	18	19	20
$z_{1-\frac{\alpha}{2}}$	3,11	3,06	3,01	2,98	2,95	2,92	2,90	2,88	2,86	2,85
$z_{1-\alpha}$	2,72	2,68	2,65	2,62	2,60	2,58	2,57	2,55	2,54	2,53

	22	24	26	28	30	40	50	100	200	>200
$z_{1-\frac{\alpha}{2}}$	2,82	2,80	2,78	2,76	2,75	2,70	2,68	2,63	2,60	2,58
$z_{1-\alpha}$	2,51	2,49	2,48	2,47	2,46	2,42	2,40	2,37	2,35	2,33

Quantile (kritische Werte) [1] für Test 4.4.10.3; 4.4.10.4; 4.4.11.3; 4.4.11.7

Niveau $\alpha = 0,05 = 5\%$

Anzahl der Freiheitsgrade	1	2	3	4	5	6	7	8	9	10
Quantile $z_{\frac{\alpha}{2}} = z_{0,025}$	0,00	0,05	0,22	0,48	0,83	1,24	1,69	2,18	2,70	3,25
$z_{1-\frac{\alpha}{2}} = z_{0,975}$	5,02	7,38	9,35	11,14	12,83	14,45	16,01	17,53	19,02	20,48
$z_{\alpha} = z_{0,05}$	0,00	0,10	0,35	0,71	1,15	1,64	2,71	2,73	3,33	3,94
$z_{1-\alpha} = z_{0,95}$	3,84	5,99	7,81	9,49	11,07	12,59	14,07	15,51	16,92	18,31

	11	12	13	14	15	16	17	18	19	20
$z_{\frac{\alpha}{2}}$	3,82	4,40	5,01	5,63	6,26	6,91	7,56	8,23	8,91	9,59
$z_{1-\frac{\alpha}{2}}$	21,92	23,34	24,74	26,12	27,49	28,85	30,19	31,53	32,85	34,17
z_{α}	4,57	5,23	5,89	6,57	7,26	7,96	8,67	9,39	10,12	10,85
$z_{1-\alpha}$	19,68	21,03	22,36	23,68	25,00	26,30	27,59	28,87	30,14	31,41

1) Werte aus der Tabelle der χ^2-Verteilung (hier auf zwei Dezimalstellen angegeben).

	21	22	23	24	25	26	27	28	29	30	40
$z_{\frac{\alpha}{2}}$	10,28	10,98	11,69	12,40	13,12	13,84	14,58	15,31	16,05	16,79	24,43
$z_{1-\frac{\alpha}{2}}$	35,48	36,78	38,08	39,36	40,65	41,92	43,19	44,46	45,72	46,98	59,34
z_{α}	11,59	12,34	13,09	13,85	14,61	15,38	16,15	16,93	17,71	18,49	26,51
$z_{1-\alpha}$	32,67	33,92	35,17	36,42	37,65	38,89	40,11	41,34	42,56	43,77	55,76

	50	60	70	80	90	100	> 100 (Näherung)
$z_{\frac{\alpha}{2}}$	32,36	40,48	48,76	57,15	65,65	74,22	$\frac{1}{2}(h-1{,}96)^2$
$z_{1-\frac{\alpha}{2}}$	71,42	83,30	95,02	106,63	118,14	129,56	$\frac{1}{2}(h+1{,}96)^2$
z_{α}	34,76	43,19	51,74	60,39	69,13	77,93	$\frac{1}{2}(h-1{,}64)^2$
$z_{1-\alpha}$	67,51	79,08	90,53	101,88	113,15	124,34	$\frac{1}{2}(h+1{,}64)^2$

mit $h = \sqrt{2n-1}$

(n = Anzahl der Freiheitsgrade)

Niveau $\alpha = 0{,}01 = 1\%$

Anzahl der Freiheitsgrade	1	2	3	4	5	6	7	8	9	10
$z_{\frac{\alpha}{2}} = z_{0,005}$	0,00	0,01	0,07	0,21	0,41	0,68	0,99	1,34	1,73	2,16
$z_{1-\frac{\alpha}{2}} = z_{0,995}$	7,88	10,60	12,84	14,86	16,75	18,55	20,28	21,96	23,59	25,19
$z_{\alpha} = z_{0,01}$	0,00	0,02	0,11	0,30	0,55	0,87	1,24	1,65	2,09	2,56
$z_{1-\alpha} = z_{0,99}$	6,63	9,21	11,34	13,28	15,09	16,81	18,48	20,09	21,67	23,21

	11	12	13	14	15	16	17	18	19	20
$z_{\frac{\alpha}{2}}$	2,60	3,07	3,57	4,07	4,60	5,14	5,70	6,26	6,84	7,43
$z_{1-\frac{\alpha}{2}}$	26,76	28,30	29,82	31,32	32,80	34,27	35,72	37,16	38,58	40,00
z_{α}	3,05	3,57	4,11	4,66	5,23	5,81	6,41	7,01	7,63	8,26
$z_{1-\alpha}$	24,73	26,22	27,69	29,14	30,58	32,00	33,41	34,81	36,19	37,57

	21	22	23	24	25	26	27	28	29	30	40
$z_{\frac{\alpha}{2}}$	8,03	8,64	9,26	9,98	10,25	11,16	11,81	12,46	13,12	13,79	20,71
$z_{1-\frac{\alpha}{2}}$	41,40	42,80	44,18	45,56	46,93	48,29	49,64	50,99	52,34	53,67	66,77
z_{α}	8,90	9,54	10,20	10,86	11,52	12,20	12,88	13,56	14,26	14,95	22,17
$z_{1-\alpha}$	38,93	40,29	41,64	42,98	44,31	45,64	46,96	48,28	49,59	50,89	63,69

	50	60	70	80	90	100	>100 (Näherung)
$z_{\frac{\alpha}{2}}$	27,99	35,54	43,28	51,17	59,20	67,33	$\frac{1}{2}(h-2{,}58)^2$
$z_{1-\frac{\alpha}{2}}$	79,49	91,95	104,21	116,32	128,30	140,17	$\frac{1}{2}(h+2{,}58)^2$
z_{α}	29,71	37,49	45,44	53,54	61,75	70,07	$\frac{1}{2}(h-2{,}33)^2$
$z_{1-\alpha}$	76,15	88,38	100,42	112,33	124,12	135,81	$\frac{1}{2}(h+2{,}33)^2$

mit $h = \sqrt{2n-1}$
(n = Anzahl der Freiheitsgrade)

Quantile (kritische Werte) für Test 4.4.10.8; 4.4.10.9; 4.4.10.10; 4.4.10.11

Es gilt:

Das α-Quantil $z_{\alpha;(n,m)}$ der F-Verteilung mit (n,m) Freiheitsgraden ist gleich dem Kehrwert des (1-α)-Quantils der F-Verteilung mit (m,n) Freiheitsgraden; also $z_{\alpha;(n,m)} = \frac{1}{z_{1-\alpha;(m,n)}}$.

Beispiel:

$$z_{0,05;(5,8)} = \frac{1}{z_{0,95;(8,5)}} = \frac{1}{4,82} = 0,207.$$

Daher werden für die F-Verteilung nur die Tabellen für $z_{0,975;(m,n)} = z_{97,5\%;(m,n)}$, $z_{0,95;(m,n)} = z_{95\%;(m,n)}$, $z_{0,995;(m,n)} = z_{99,5\%;(m,n)}$ und $z_{0,99;(m,n)} = z_{99\%;(m,n)}$ angegeben.

Quantile der F-Verteilung mit (n,m) Freiheitsgraden - kritische Werte für Test 4.4.10.8; 4.4.10.9; 4.4.10.10; 4.4.10.11

Niveau $\alpha = 0,05 = 5\%$; Quantile $z_{1-\frac{\alpha}{2}} = z_{0,975}$

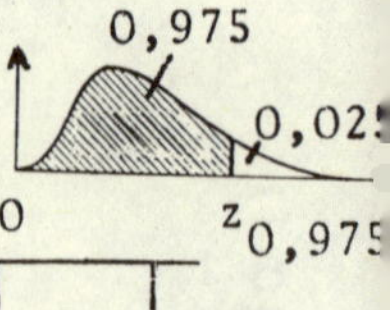

m \ n	1	2	3	4	5	6	7	8	9	10
1	648	800	864	900	922	937	948	957	963	969
2	38,5	39,0	39,2	39,2	39,3	39,3	39,4	39,4	39,4	39,4
3	17,4	16,0	15,4	15,1	14,9	14,7	14,6	14,5	14,5	14,4
4	12,2	10,6	9,98	9,60	9,36	9,20	9,07	8,98	8,90	8,84
5	10,0	8,43	7,76	7,39	7,15	6,98	6,85	6,76	6,68	6,62
6	8,81	7,26	6,60	6,23	5,99	5,82	5,70	5,60	5,52	5,46
7	8,07	6,54	5,89	5,52	5,29	5,12	4,99	4,90	4,82	4,76
8	7,57	6,06	5,42	5,05	4,82	4,65	4,53	4,43	4,36	4,30
9	7,21	5,71	5,08	4,72	4,48	4,32	4,20	4,10	4,03	3,96
10	6,94	5,46	4,83	4,47	4,24	4,07	3,95	3,85	3,78	3,72
11	6,72	5,26	4,63	4,28	4,04	3,88	3,76	3,66	3,59	3,53
12	6,55	5,10	4,47	4,12	3,89	3,73	3,61	3,51	3,44	3,37
13	6,41	4,97	4,35	4,00	3,77	3,60	3,48	3,39	3,31	3,25
14	6,30	4,86	4,24	3,89	3,66	3,50	3,38	3,29	3,21	3,15
15	6,20	4,76	4,15	3,80	3,58	3,41	3,29	3,20	3,12	3,06
16	6,12	4,69	4,08	3,73	3,50	3,34	3,22	3,12	3,05	2,99
17	6,04	4,62	4,01	3,66	3,44	3,28	3,16	3,06	2,98	2,92
18	5,98	4,56	3,95	3,61	3,38	3,22	3,10	3,01	2,93	2,87
19	5,92	4,51	3,90	3,56	3,33	3,17	3,05	2,96	2,88	2,82
20	5,87	4,46	3,86	3,51	3,29	3,13	3,01	2,91	2,48	2,77
22	5,79	4,38	3,78	3,44	3,22	3,05	2,93	2,84	2,76	2,70
24	5,72	4,32	3,72	3,38	3,15	2,99	2,87	2,78	2,70	2,64
26	5,66	4,27	3,67	3,33	3,10	2,94	2,82	2,73	2,65	2,59
28	5,61	4,22	3,63	3,29	3,06	2,90	2,78	2,69	2,61	2,55
30	5,57	4,18	3,59	3,25	3,03	2,87	2,75	2,65	2,57	2,51
32	5,53	4,15	3,56	3,22	3,00	2,84	2,72	2,62	2,54	2,48
34	5,50	4,12	3,53	3,19	2,97	2,81	2,69	2,59	2,52	2,45
36	5,47	4,09	3,51	3,17	2,94	2,79	2,66	2,57	2,49	2,43
38	5,45	4,07	3,48	3,15	2,92	2,76	2,64	2,55	2,47	2,41
40	5,42	4,05	3,46	3,13	2,90	2,74	2,62	2,53	2,45	2,39
50	5,34	3,98	3,39	3,06	2,83	2,67	2,55	2,46	2,38	2,32
60	5,29	3,93	3,34	3,01	2,79	2,63	2,51	2,41	2,33	2,27
70	5,25	3,89	3,31	2,98	2,75	2,60	2,48	2,38	2,30	2,24
80	5,22	3,86	3,28	2,95	2,73	2,57	2,45	2,36	2,28	2,21
100	5,18	3,83	3,25	2,92	2,70	2,54	2,42	2,32	2,24	2,18
200	5,10	3,76	3,18	2,85	2,63	2,47	2,35	2,26	2,18	2,11
300	5,08	3,74	3,16	2,83	2,61	2,45	2,33	2,23	2,16	2,09
500	5,05	3,72	3,14	2,81	2,59	2,43	2,31	2,22	2,14	2,07
1000	5,04	3,70	3,13	2,80	2,58	2,42	2,30	2,20	2,13	2,06
>1000	5,02	3,69	3,12	2,79	2,57	2,41	2,29	2,19	2,11	2,05

Fortsetzung:

m \ n	11	12	13	14	15	16	17	18	19	20
1	973	977	980	983	985	987	989	990	992	993
2	39,4	39,4	39,4	39,4	39,4	39,4	39,4	39,4	39,4	39,4
3	14,4	14,3	14,3	14,3	14,3	14,2	14,2	14,2	14,2	14,2
4	8,79	8,75	8,72	8,69	8,66	8,64	8,62	8,60	8,58	8,56
5	6,57	6,52	6,49	6,46	6,43	6,41	6,39	6,37	6,35	6,33
6	5,41	5,37	5,33	5,30	5,27	5,25	5,23	5,21	5,19	5,17
7	4,71	4,67	4,63	4,60	4,57	4,54	4,52	4,50	4,48	4,47
8	4,24	4,20	4,16	4,13	4,10	4,08	4,05	4,03	4,02	4,00
9	3,91	3,87	3,83	3,80	3,77	3,74	3,72	3,70	3,68	3,67
10	3,66	3,62	3,58	3,55	3,52	3,50	3,47	3,45	3,44	3,42
11	3,47	3,43	3,39	3,36	3,33	3,30	3,28	3,26	3,24	3,23
12	3,32	3,28	3,24	3,21	3,18	3,15	3,13	3,11	3,09	3,07
13	3,20	3,15	3,12	3,08	3,05	3,03	3,00	2,98	2,96	2,95
14	3,09	3,05	3,01	2,98	2,95	2,92	2,90	2,88	2,86	2,84
15	3,01	2,96	2,92	2,89	2,86	2,84	2,81	2,79	2,77	2,76
16	2,93	2,89	2,85	2,82	2,79	2,76	2,74	2,72	2,70	2,68
17	2,87	2,82	2,79	2,75	2,72	2,70	2,67	2,65	2,63	2,62
18	2,81	2,77	2,73	2,70	2,67	2,64	2,62	2,60	2,58	2,56
19	2,76	2,72	2,68	2,65	2,62	2,59	2,57	2,55	2,53	2,51
20	2,72	2,68	2,64	2,60	2,57	2,55	2,52	2,50	2,48	2,46
22	2,65	2,60	2,56	2,53	2,50	2,47	2,45	2,43	2,41	2,39
24	2,59	2,54	2,50	2,47	2,44	2,41	2,39	2,36	2,35	2,33
26	2,54	2,49	2,45	2,42	2,39	2,36	2,34	2,31	2,29	2,28
28	2,49	2,45	2,41	2,37	2,34	2,32	2,29	2,27	2,25	2,23
30	2,46	2,41	2,37	2,34	2,31	2,28	2,26	2,23	2,21	2,20
32	2,43	2,38	2,34	2,31	2,28	2,25	2,22	2,20	2,18	2,16
34	2,40	2,35	2,31	2,28	2,25	2,22	2,19	2,17	2,15	2,13
36	2,37	2,33	2,29	2,25	2,22	2,20	2,17	2,15	2,13	2,11
38	2,35	2,31	2,27	2,23	2,20	2,17	2,15	2,13	2,11	2,09
40	2,33	2,29	2,25	2,21	2,18	2,15	2,13	2,11	2,09	2,07
50	2,26	2,22	2,18	2,14	2,11	2,08	2,06	2,03	2,01	1,99
60	2,22	2,17	2,13	2,09	2,06	2,03	2,01	1,98	1,96	1,94
70	2,18	2,14	2,10	2,06	2,03	2,00	1,97	1,95	1,93	1,91
80	2,16	2,11	2,07	2,03	2,00	1,97	1,95	1,93	1,90	1,88
100	2,12	2,08	2,04	2,00	1,97	1,94	1,91	1,89	1,87	1,85
200	2,06	2,01	1,97	1,93	1,90	1,87	1,84	1,82	1,80	1,78
300	2,04	1,99	1,95	1,91	1,88	1,85	1,82	1,80	1,77	1,75
500	2,02	1,97	1,93	1,89	1,86	1,83	1,80	1,78	1,76	1,74
1000	2,01	1,96	1,92	1,88	1,85	1,82	1,79	1,77	1,74	1,72
>1000	1,99	1,94	1,90	1,87	1,83	1,80	1,78	1,75	1,73	1,71

Fortsetzung:

m \ n	24	30	40	50	60	80	100	200	500	>500
1	997	1001	1006	1008	1010	1012	1013	1016	1017	1018
2	39,5	39,5	39,5	39,5	39,5	39,5	39,5	39,5	39,5	39,5
3	14,1	14,1	14,0	14,0	14,0	14,0	14,0	13,9	13,9	13,9
4	8,51	8,46	8,41	8,38	8,36	8,33	8,32	8,29	8,27	8,26
5	6,28	6,23	6,18	6,14	6,12	6,10	6,08	6,05	6,03	6,02
6	5,12	5,07	5,01	4,98	4,96	4,93	4,92	4,88	4,86	4,85
7	4,42	4,36	4,31	4,28	4,25	4,23	4,21	4,18	4,16	4,14
8	3,95	3,89	3,84	3,81	3,78	3,76	3,74	3,70	3,68	3,67
9	3,61	3,56	3,51	3,47	3,45	3,42	3,40	3,37	3,35	3,33
10	3,37	3,31	3,26	3,22	3,20	3,17	3,15	3,12	3,09	3,08
11	3,17	3,12	3,06	3,03	3,00	2,97	2,96	2,92	2,90	2,88
12	3,02	2,96	2,91	2,87	2,85	2,82	2,80	2,76	2,74	2,72
13	2,89	2,84	2,78	2,74	2,72	2,69	2,67	2,63	2,61	2,60
14	2,79	2,73	2,67	2,64	2,61	2,58	2,56	2,53	2,50	2,49
15	2,70	2,64	2,58	2,55	2,52	2,49	2,47	2,44	2,41	2,40
16	2,63	2,57	2,51	2,47	2,45	2,42	2,40	2,36	2,33	2,32
17	2,56	2,50	2,44	2,41	2,38	2,35	2,33	2,29	2,26	2,25
18	2,50	2,44	2,38	2,35	2,32	2,29	2,27	2,23	2,20	2,19
19	2,45	2,39	2,33	2,30	2,27	2,24	2,22	2,18	2,15	2,13
20	2,41	2,35	2,29	2,25	2,22	2,19	2,17	2,13	2,10	2,09
22	2,33	2,27	2,21	2,17	2,14	2,11	2,09	2,05	2,02	2,00
24	2,27	2,21	2,15	2,11	2,08	2,05	2,02	1,98	1,95	1,94
26	2,22	2,16	2,09	2,05	2,03	1,99	1,97	1,92	1,90	1,88
28	2,17	2,11	2,05	2,01	1,98	1,94	1,92	1,88	1,85	1,83
30	2,14	2,07	2,01	1,97	1,94	1,90	1,88	1,84	1,81	1,79
32	2,10	2,04	1.98	1,93	1,91	1,87	1,85	1,80	1,77	1,75
34	2,07	2,01	1,95	1,90	1,88	1,84	1,82	1,77	1,74	1,72
36	2,05	1,99	1,92	1,88	1,85	1,81	1,79	1,74	1,71	1,69
38	2,03	1,96	1,90	1,85	1,82	1,79	1,76	1,71	1,68	1,66
40	2,01	1,94	1,88	1,83	1,80	1,76	1,74	1,69	1,66	1,64
50	1,93	1,87	1,80	1,75	1,72	1,68	1,66	1,60	1,57	1,55
60	1,88	1,82	1,74	1,70	1,67	1,62	1,60	1,54	1,51	1,48
70	1,85	1,78	1,71	1,66	1,63	1,58	1,56	1,50	1,46	1,44
80	1,82	1,75	1,68	1,63	1,60	1,55	1,53	1,47	1,43	1,40
100	1,78	1,71	1,64	1,59	1,56	1,51	1,48	1,42	1,38	1,35
200	1,71	1,64	1,56	1,51	1,47	1,42	1,39	1,32	1,27	1,23
300	1,69	1,62	1,54	1,48	1,45	1,39	1,36	1,28	1,23	1,18
500	1,67	1,60	1,51	1,46	1,42	1,37	1,34	1,25	1,19	1,14
1000	1,65	1,58	1,50	1,44	1,41	1,35	1,32	1,23	1,16	1,09
>1000	1,64	1,57	1,48	1,43	1,39	1,33	1,30	1,21	1,13	1,00

Quantile $z_{1-\alpha} = z_{0,95}$

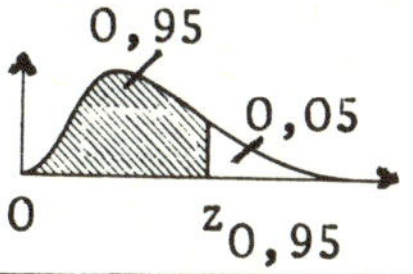

m \ n	1	2	3	4	5	6	7	8	9	10
1	161	200	216	225	230	234	237	239	241	242
2	18,5	19,0	19,2	19,2	19,3	19,3	19,4	19,4	19,4	19,4
3	10,1	9,55	9,28	9,12	9,01	8,94	8,89	8,85	8,81	8,79
4	7,71	6,94	6,59	6,39	6,26	6,16	6,09	6,04	6,00	5,96
5	6,61	5,79	5,41	5,19	5,05	4,95	4,88	4,82	4,77	4,74
6	5,99	5,14	4,76	4,53	4,39	4,28	4,21	4,15	4,10	4,06
7	5,59	4,74	4,35	4,12	3,97	3,87	3,79	3,73	3,68	3,64
8	5,32	4,46	4,07	3,84	3,69	3,58	3,50	3,44	3,39	3,35
9	5,12	4,26	3,86	3,63	3,48	3,37	3,29	3,23	3,18	3,14
10	4,96	4,10	3,71	3,48	3,33	3,22	3,14	3,07	3,02	2,98
11	4,84	3,98	3,59	3,36	3,20	3,09	3,01	2,95	2,90	2,85
12	4,75	3,89	3,49	3,26	3,11	3,00	2,91	2,85	2,80	2,75
13	4,67	3,81	3,41	3,18	3,03	2,92	2,83	2,77	2,71	2,67
14	4,60	3,74	3,34	3,11	2,96	2,85	2,76	2,70	2,65	2,60
15	4,54	3,68	3,29	3,06	2,90	2,79	2,71	2,64	2,59	2,54
16	4,49	3,63	3,24	3,01	2,85	2,74	2,66	2,59	2,54	2,49
17	4,45	3,59	3,20	2,96	2,81	2,70	2,61	2,55	2,49	2,45
18	4,41	3,55	3,16	2,93	2,77	2,66	2,58	2,51	2,46	2,41
19	4,38	3,52	3,13	2,90	2,74	2,63	2,54	2,48	2,42	2,38
20	4,35	3,49	3,10	2,87	2,71	2,60	2,51	2,45	2,39	2,35
22	4,30	3,44	3,05	2,82	2,66	2,55	2,46	2,40	2,34	2,30
24	4,26	3,40	3,01	2,78	2,62	2,51	2,42	2,36	2,30	2,25
26	4,23	3,37	2,98	2,74	2,59	2,47	2,39	2,32	2,27	2,22
28	4,20	3,34	2,95	2,71	2,56	2,45	2,36	2,29	2,24	2,19
30	4,17	3,32	2,92	2,69	2,53	2,42	2,33	2,27	2,21	2,16
32	4,15	3,29	2,90	2,67	2,51	2,40	2,31	2,24	2,19	2,14
34	4,13	3,28	2,88	2,65	2,49	2,38	2,29	2,23	2,17	2,12
36	4,11	3,26	2,87	2,63	2,48	2,36	2,28	2,21	2,15	2,11
38	4,10	3,24	2,85	2,62	2,46	2,35	2,26	2,19	2,14	2,09
40	4,08	3,23	2,84	2,61	2,45	2,34	2,25	2,18	2,12	2,08
50	4,03	3,18	2,79	2,56	2,40	2,29	2,20	2,13	2,07	2,03
60	4,00	3,15	2,76	2,53	2,37	2,25	2,17	2,10	2,04	1,99
70	3,98	3,13	2,74	2,50	2,35	2,23	2,14	2,07	2,02	1,97
80	3,96	3,11	2,72	2,49	2,33	2,21	2,13	2,06	2,00	1,95
100	3,94	3,09	2,70	2,46	2,31	2,19	2,10	2,03	1,97	1,93
200	3,89	3,04	2,65	2,42	2,26	2,14	2,06	1,98	1,93	1,88
300	3,87	3,03	2,63	2,40	2,24	2,13	2,04	1,97	1,91	1,86
500	3,86	3,01	2,62	2,39	2,23	2,12	2,03	1,96	1,90	1,85
1000	3,85	3,00	2,61	2,38	2,22	2,11	2,02	1,95	1,89	1,84
>1000	3,84	3,00	2,60	2,37	2,21	2,10	2,01	1,94	1,88	1,83

Fortsetzung:

m \ n	11	12	13	14	15	16	17	18	19	20
1	243	244	245	245	246	246	247	247	248	248
2	19,4	19,4	19,4	19,4	19,4	19,4	19,4	19,4	19,4	19,4
3	8,76	8,74	8,73	8,71	8,70	8,69	8,68	8,67	8,67	8,66
4	5,94	5,91	5,89	5,87	5,86	5,84	5,83	5,82	5,81	5,80
5	4,70	4,68	4,66	4,64	4,62	4,60	4,59	4,58	4,57	4,56
6	4,03	4,00	3,98	3,96	3,94	3,92	3,91	3,90	3,88	3,87
7	3,60	3,57	3,55	3,53	3,51	3,49	3,48	3,47	3,46	3,44
8	3,31	3,28	3,26	3,24	3,22	3,20	3,19	3,17	3,16	3,15
9	3,10	3,07	3,05	3,03	3,01	2,99	2,97	2,96	2,95	2,94
10	2,94	2,91	2,89	2,86	2,85	2,83	2,81	2,80	2,78	2,77
11	2,82	2,79	2,76	2,74	2,72	2,70	2,69	2,67	2,66	2,65
12	2,72	2,69	2,66	2,64	2,62	2,60	2,58	2,57	2,56	2,54
13	2,63	2,60	2,58	2,55	2,53	2,51	2,50	2,48	2,47	2,46
14	2,57	2,53	2,51	2,48	2,46	2,44	2,43	2,41	2,40	2,39
15	2,51	2,48	2,45	2,42	2,40	2,38	2,37	2,35	2,34	2,33
16	2,46	2,42	2,40	2,37	2,35	2,33	2,32	2,30	2,29	2,28
17	2,41	2,38	2,35	2,33	2,31	2,29	2,27	2,26	2,24	2,23
18	2,37	2,34	2,31	2,29	2,27	2,25	2,23	2,22	2,20	2,19
19	2,34	2,31	2,28	2,26	2,23	2,21	2,20	2,18	2,17	2,16
20	2,31	2,28	2,25	2,22	2,20	2,18	2,17	2,15	2,14	2,12
22	2,26	2,23	2,20	2,17	2,15	2,13	2,11	2,10	2,08	2,07
24	2,21	2,18	2,15	2,13	2,11	2,09	2,07	2,05	2,04	2,03
26	2,18	2,15	2,12	2,09	2,07	2,05	2,03	2,02	2,00	1,99
28	2,15	2,12	2,09	2,06	2,04	2,02	2,00	1,99	1,97	1,96
30	2,13	2,09	2,06	2,04	2,01	1,99	1,98	1,96	1,95	1,93
32	2,10	2,07	2,04	2,01	1,99	1,97	1,95	1,94	1,92	1,91
34	2,08	2,05	2,02	1,99	1,97	1,95	1,93	1,92	1,90	1,89
36	2,07	2,03	2,00	1,98	1,95	1,93	1,92	1,90	1,88	1,87
38	2,05	2,02	1,99	1,96	1,94	1,92	1,90	1,88	1,87	1,85
40	2,04	2,00	1,97	1,95	1,92	1,90	1,89	1,87	1,85	1,84
50	1,99	1,95	1,92	1,89	1,87	1,85	1,83	1,81	1,80	1,78
60	1,95	1,92	1,89	1,86	1,84	1,82	1,80	1,78	1,76	1,75
70	1,93	1,89	1,86	1,84	1,81	1,79	1,77	1,75	1,74	1,72
80	1,91	1,88	1,84	1,82	1,79	1,77	1,75	1,73	1,72	1,70
100	1,89	1,85	1,82	1,79	1,77	1,75	1,73	1,71	1,69	1,68
200	1,84	1,80	1,77	1,74	1,72	1,69	1,67	1,66	1,64	1,62
300	1,82	1,78	1,75	1,72	1,70	1,68	1,66	1,64	1,62	1,61
500	1,81	1,77	1,74	1,71	1,69	1,66	1,64	1,62	1,61	1,59
1000	1,80	1,76	1,73	1,70	1,68	1,65	1,63	1,61	1,60	1,58
>1000	1,79	1,75	1,72	1,69	1,67	1,64	1,62	1,60	1,59	1,57

Fortsetzung:

m \ n	24	30	40	50	60	80	100	200	500	>500
1	249	250	251	252	252	252	253	254	254	254
2	19,5	19,5	19,5	19,5	19,5	19,5	19,5	19,5	19,5	19,5
3	8,64	8,62	8,59	8,58	8,57	8,56	8,55	8,54	8,53	8,53
4	5,77	5,75	5,72	5,70	5,69	5,67	5,66	5,65	5,64	5,63
5	4,53	4,50	4,46	4,44	4,43	4,41	4,41	4,39	4,37	3,37
6	3,84	3,81	3,77	3,75	3,74	3,72	3,71	3,69	3,68	3,67
7	3,41	3,38	3,34	3,32	3,30	3,29	3,27	3,25	3,24	3,23
8	3,12	3,08	3,04	3,02	3,01	2,99	2,97	2,95	2,94	2,93
9	2,90	2,86	2,83	2,80	2,79	2,77	2,76	2,73	2,72	2,71
10	2,74	2,70	2,66	2,64	2,62	2,60	2,59	2,56	2,55	2,54
11	2,61	2,57	2,53	2,51	2,49	2,47	2,46	2,43	2,42	2,40
12	2,51	2,47	2,43	2,40	2,38	2,36	2,35	2,32	2,31	2,30
13	2,42	2,38	2,34	2,31	2,30	2,27	2,26	2,23	2,22	2,21
14	2,35	2,31	2,27	2,24	2,22	2,20	2,19	2,16	2,14	2,13
15	2,29	2,25	2,20	2,18	2,16	2,14	2,12	2,10	2,08	2,07
16	2,24	2,19	2,15	2,12	2,11	2,08	2,07	2,04	2,02	2,01
17	2,19	2,15	2,10	2,08	2,06	2,03	2,02	1,99	1,97	1,96
18	2,15	2,11	2,06	2,04	2,02	1,99	1,98	1,95	1,93	1,92
19	2,11	2,07	2,03	2,00	1,98	1,96	1,94	1,91	1,89	1,88
20	2,08	2,04	1,99	1,97	1,95	1,92	1,91	1,88	1,86	1,84
22	2,03	1,98	1,94	1,91	1,89	1,86	1,85	1,82	1,80	1,78
24	1,98	1,94	1,89	1,86	1,84	1,82	1,80	1,77	1,75	1,73
26	1,95	1,90	1,85	1,82	1,80	1,78	1,76	1,73	1,71	1,69
28	1,91	1,87	1,82	1,79	1,77	1,74	1,73	1,69	1,67	1,65
30	1,89	1,84	1,79	1,76	1,74	1,71	1,70	1,66	1,64	1,62
32	1,86	1,82	1,77	1,74	1,71	1,69	1,67	1,63	1,61	1,59
34	1,84	1,80	1,75	1,71	1,69	1,66	1,65	1,61	1,59	1,57
36	1,82	1,78	1,73	1,69	1,67	1,64	1,62	1,59	1,56	1,55
38	1,81	1,76	1,71	1,68	1,65	1,62	1,61	1,57	1,54	1,53
40	1,79	1,74	1,69	1,66	1,64	1,61	1,59	1,55	1,53	1,51
50	1,74	1,69	1,63	1,60	1,58	1,54	1,52	1,48	1,46	1,44
60	1,70	1,65	1,59	1,56	1,53	1,50	1,48	1,44	1,41	1,39
70	1,67	1,62	1,57	1,53	1,50	1,47	1,45	1,40	1,37	1,35
80	1,65	1,60	1,54	1,51	1,48	1,45	1,43	1,38	1,35	1,32
100	1,63	1,57	1,52	1,48	1,45	1,41	1,39	1,34	1,31	1,28
200	1,57	1,52	1,46	1,41	1,39	1,35	1,32	1,26	1,22	1,19
300	1,55	1,50	1,43	1,39	1,36	1,32	1,30	1,23	1,19	1,15
500	1,54	1,48	1,42	1,38	1,34	1,30	1,28	1,21	1,16	1,11
1000	1,53	1,47	1,41	1,36	1,33	1,29	1,26	1,19	1,13	1,08
>1000	1,52	1,46	1,39	1,35	1,32	1,27	1,24	1,17	1,11	1,00

Niveau $\alpha = 0{,}01 = 1\%$; Quantile $z_{1-\frac{\alpha}{2}} = z_{0,995}$

m \ n	1	2	3	4	5	6	7	8	9	10
Man multipliziere die Zahlen der ersten Zeile (m=1) mit 100										
1	162	200	216	225	231	234	237	239	241	242
2	198	199	199	199	199	199	199	199	199	199
3	55,6	48,8	47,5	46,2	45,4	44,8	44,4	44,1	43,9	43,7
4	31,3	26,3	24,3	23,2	22,5	22,0	21,6	21,4	21,1	21,0
5	22,8	18,3	16,5	15,6	14,9	14,5	14,2	14,0	13,8	13,6
6	18,6	14,5	12,9	12,0	11,5	11,1	10,8	10,6	10,4	10,2
7	16,2	12,4	10,9	10,0	9,52	9,16	8,89	8,68	8,51	8,38
8	14,7	11,0	9,60	8,81	8,30	7,95	7,69	7,50	7,34	7,21
9	13,6	10,1	8,72	7,96	7,47	7,13	6,88	6,69	6,54	6,42
10	12,8	9,43	8,08	7,34	6,87	6,54	6,30	6,12	5,97	5,85
11	12,2	8,91	7,60	6,88	6,42	6,10	5,86	5,68	5,54	5,42
12	11,8	8,51	7,23	6,52	6,07	5,76	5,52	5,35	5,20	5,09
13	11,4	8,19	6,93	6,23	5,79	5,48	5,25	5,08	4,94	4,82
14	11,1	7,92	6,68	6,00	5,56	5,26	5,03	4,86	4,72	4,60
15	10,8	7,70	6,48	5,80	5,37	5,07	4,85	4,67	4,54	4,42
16	10,6	7,51	6,30	5,64	5,21	4,91	4,69	4,52	4,38	4,27
17	10,4	7,35	6,16	5,50	5,07	4,78	4,56	4,39	4,25	4,14
18	10,2	7,21	6,03	5,37	4,96	4,66	4,44	4,28	4,14	4,03
19	10,1	7,09	5,92	5,27	4,85	4,56	4,34	4,18	4,04	3,93
20	9,94	6,99	5,82	5,17	4,76	4,47	4,26	4,09	3,96	3,85
22	9,73	6,81	5,65	5,02	4,61	4,32	4,11	3,94	3,81	3,70
24	9,55	6,66	5,52	4,89	4,49	4,20	3,99	3,83	3,69	3,59
26	9,41	6,54	5,41	4,79	4,38	4,10	3,89	3,73	3,60	3,49
28	9,28	6,44	5,32	4,70	3,30	4,02	3,81	3,65	3,52	3,41
30	9,18	6,35	5,24	4,62	4,23	3,95	3,74	3,58	3,45	3,34
32	9,09	6,28	5,17	4,56	4,17	3,89	3,68	3,52	3,39	3,29
34	9,01	6,22	5,11	4,50	4,11	3,84	3,63	3,47	3,34	3,24
36	8,94	6,16	5,06	4,46	4,06	3,79	3,58	3,42	3,30	3,19
38	8,88	6,11	5,02	4,41	4,02	3,75	3,54	3,39	3,25	3,15
40	8,83	6,07	4,98	4,37	3,99	3,71	3,51	3,35	3,22	3,12
50	8,63	5,90	4,83	4,23	3,85	3,58	3,38	3,22	3,09	2,99
60	8,49	5,80	4,73	4,14	3,76	3,49	3,29	3,13	3,01	2,90
70	8,40	5,72	4,65	4,08	3,70	3,43	3,23	3,08	2,95	2,85
80	8,33	5,67	4,61	4,03	3,65	3,39	3,19	3,03	2,91	2,80
100	8,24	5,59	4,54	3,96	3,59	3,33	3,13	2,97	2,85	2,74
200	8,06	5,44	4,41	3,84	3,47	3,21	3,01	2,85	2,73	2,63
300	8,00	5,39	4,37	3,80	3,43	3,17	2,97	2,81	2,69	2,59
500	7,95	5,36	4,33	3,76	3,40	3,14	2,94	2,79	2,66	2,56
1000	7,92	5,33	4,31	3,74	3,37	3,11	2,92	2,77	2,64	2,54
>1000	7,88	5,30	4,28	3,72	3,35	3,09	2,90	2,74	2,62	2,52

Fortsetzung:

m \ n	11	12	13	14	15	16	17	18	19	20
Man multipliziere die Zahlen der ersten Zeile (m=1) mit 100										
1	243	244	245	246	246	247	247	248	248	248
2	199	199	199	199	199	199	199	199	199	199
3	43,5	43,4	43,3	43,2	43,1	43,0	42,9	42,9	42,8	42,8
4	20,8	20,7	20,6	20,5	20,4	20,4	20,3	20,3	20,2	20,2
5	13,5	13,4	13,3	13,2	13,1	13,1	13,0	13,0	12,9	12,9
6	10,1	10,0	9,95	9,88	9,81	9,76	9,71	9,66	9,62	9,59
7	8,27	8,18	8,10	8,03	7,97	7,93	7,87	7,83	7,79	7,75
8	7,10	7,01	6,94	6,87	6,81	6,76	6,72	6,68	6,64	6,61
9	6,31	6,23	6,15	6,09	6,03	5,98	5,94	5,90	5,86	5,83
10	5,75	5,66	5,59	5,53	5,47	5,42	5,38	5,34	5,30	5,27
11	5,32	5,24	5,16	5,10	5,05	5,00	4,96	4,92	4,89	4,86
12	4,99	4,91	4,84	4,77	4,72	4,67	4,63	4,59	4,56	4,53
13	4,72	4,64	4,57	4,51	4,46	4,41	4,37	4,33	4,30	4,27
14	4,51	4,43	4,36	4,30	4,25	4,20	4,16	4,12	4,09	4,06
15	4,33	4,25	4,18	4,12	4,07	4,02	3,98	3,95	3,91	3,88
16	4,18	4,10	4,03	3,97	3,92	3,87	3,83	3,80	3,76	3,73
17	4,05	3,97	3,90	3,84	3,79	3,75	3,71	3,67	3,64	3,61
18	3,94	3,86	3,79	3,73	3,68	3,64	3,60	3,56	3,53	3,50
19	3,84	3,76	3,70	3,64	3,59	3,54	3,50	3,46	3,43	3,40
20	3,76	3,68	3,61	3,55	3,50	3,46	3,42	3,38	3,35	3,32
22	3,61	3,54	3,47	3,41	3,36	3,31	3,27	3,24	3,20	3,18
24	3,50	3,42	3,35	3,30	3,25	3,20	3,16	3,12	3,09	3,06
26	3,40	3,33	3,26	3,20	3,15	3,11	3,07	3,03	3,00	2,97
28	3,32	3,25	3,18	3,12	3,07	3,03	2,99	2,95	2,92	2,89
30	3,25	3,18	3,11	3,06	3,01	2,96	2,92	2,89	2,85	2,82
32	3,20	3,12	3,06	3,00	2,95	2,90	2,86	2,83	2,80	2,77
34	3,15	3,07	3,01	2,95	2,90	2,85	2,81	2,78	2,75	2,72
36	3,10	3,03	2,96	2,90	2,85	2,81	2,77	2,73	2,70	2,67
38	3,06	2,99	2,92	2,87	2,82	2,77	2,73	2,70	2,66	2,63
40	3,03	2,95	2,89	2,83	2,78	2,74	2,70	2,66	2,63	2,60
50	2,90	2,82	2,76	2,70	2,65	2,61	2,57	2,53	2,50	2,47
60	2,82	2,74	2,68	2,62	2,57	2,53	2,49	2,45	2,42	2,39
70	2,76	2,68	2,62	2,56	2,51	2,47	2,43	2,39	2,36	2,33
80	2,72	2,64	2,58	2,52	2,47	2,43	2,39	2,35	2,32	2,29
100	2,66	2,58	2,52	2,46	2,41	2,37	2,33	2,29	2,26	2,23
200	2,54	2,47	2,40	2,35	2,30	2,25	2,21	2,18	2,14	2,11
300	2,51	2,43	2,37	2,31	2,26	2,21	2,17	2,14	2,10	2,07
500	2,48	2,40	2,34	2,28	2,23	2,19	2,14	2,11	2,07	2,04
1000	2,45	2,38	2,32	2,26	2,21	2,16	2,12	2,09	2,05	2,02
>1000	2,43	2,36	2,29	2,24	2,19	2,14	2,10	2,06	2,03	2,00

Fortsetzung:

m \ n	24	30	40	50	60	80	100	200	500	>500
Man multipliziere die Zahlen der ersten Zeile (m=1) mit 100										
1	249	250	251	252	253	253	253	254	254	255
2	199	199	199	199	199	199	199	199	200	200
3	42,6	42,5	42,3	42,2	42,1	42,1	42,0	41,9	41,9	41,8
4	20,0	19,9	19,8	19,7	19,6	19,5	19,5	19,4	19,4	19,3
5	12,8	12,7	12,5	12,5	12,4	12,3	12,3	12,2	12,2	12,1
6	9,47	9,36	9,24	9,17	9,12	9,06	9,03	8,95	8,91	8,88
7	7,64	7,53	7,42	7,35	7,31	7,25	7,22	7,15	7,10	7,08
8	6,50	6,40	6,29	6,22	6,18	6,12	6,09	6,02	5,98	5,95
9	5,73	5,62	5,52	5,45	5,41	5,36	5,32	5,26	5,21	5,19
10	5,17	5,07	4,97	4,90	4,86	4,80	4,77	4,71	4,67	4,64
11	4,76	4,65	4,55	4,49	4,44	4,39	4,36	4,29	4,25	4,23
12	4,43	4,33	4,23	4,17	4,12	4,07	4,04	3,97	3,93	3,90
13	4,17	4,07	3,97	3,91	3,87	3,81	3,78	3,71	3,67	3,65
14	3,96	3,86	3,76	3,70	3,66	3,60	3,57	3,50	3,46	3,44
15	3,79	3,69	3,58	3,52	3,48	3,43	3,39	3,33	3,29	3,26
16	3,64	3,54	3,44	3,37	3,33	3,28	3,25	3,18	3,14	3,11
17	3,51	3,41	3,31	3,25	3,21	3,15	3,12	3,05	3,01	2,98
18	3,40	3,30	3,20	3,14	3,10	3,04	3,01	2,94	2,90	2,87
19	3,31	3,21	3,11	3,04	3,00	2,95	2,91	2,85	2,80	2,78
20	3,22	3,12	3,02	2,96	2,92	2,86	2,83	2,76	2,72	2,69
22	3,08	2,98	2,88	2,82	2,77	2,72	2,69	2,62	2,57	2,55
24	2,97	2,87	2,77	2,70	2,66	2,60	2,57	2,50	2,46	2,43
26	2,87	2,77	2,67	2,61	2,56	2,51	2,47	2,40	2,36	2,33
28	2,79	2,69	2,59	2,53	2,48	2,43	2,39	2,32	2,28	2,25
30	2,73	2,63	2,52	2,46	2,42	2,36	2,32	2,25	2,21	2,18
32	2,67	2,57	2,47	2,40	2,36	2,30	2,26	2,19	2,15	2,11
34	2,62	2,52	2,42	2,35	2,30	2,25	2,21	2,14	2,09	2,06
36	2,58	2,48	2,37	2,30	2,26	2,20	2,17	2,09	2,04	2,01
38	2,54	2,44	2,33	2,27	2,22	2,16	2,12	2,05	2,00	1,97
40	2,50	2,40	2,30	2,23	2,18	2,12	2,09	2,01	1,96	1,93
50	2,37	2,27	2,16	2,10	2,05	1,99	1,95	1,87	1,82	1,79
60	2,29	2,19	2,08	2,01	1,96	1,90	1,86	1,78	1,73	1,69
70	2,23	2,13	2,02	1,95	1,90	1,84	1,80	1,71	1,66	1,62
80	2,19	2,08	1,97	1,90	1,85	1,79	1,75	1,66	1,60	1,56
100	2,13	2,02	1,91	1,84	1,79	1,72	1,68	1,59	1,53	1,49
200	2,01	1,91	1,79	1,71	1,66	1,59	1,54	1,44	1,37	1,31
300	1,97	1,87	1,75	1,67	1,61	1,54	1,50	1,39	1,31	1,25
500	1,94	1,84	1,72	1,64	1,58	1,51	1,46	1,35	1,26	1,18
1000	1,92	1,81	1,69	1,61	1,56	1,48	1,43	1,31	1,22	1,13
>1000	1,90	1,79	1,67	1,59	1,53	1,45	1,40	1,28	1,17	1,00

Quantile $z_{1-\alpha} = z_{0,99}$

m \ n	1	2	3	4	5	6	7	8	9	10
Man multipliziere die Zahlen der ersten Zeile (m=1) mit 10										
1	405	500	540	563	576	586	593	598	602	606
2	98,5	99,0	99,2	99,2	99,3	99,3	99,4	99,4	99,4	99,4
3	34,1	30,8	29,5	28,7	28,2	27,9	27,7	27,5	27,3	27,2
4	21,2	18,0	16,7	16,0	15,5	15,2	15,0	14,8	14,7	14,5
5	16,3	13,3	12,1	11,4	11,0	10,7	10,5	10,3	10,2	10,1
6	13,7	10,9	9,78	9,15	8,75	8,47	8,26	8,10	7,98	7,87
7	12,2	9,55	8,45	7,85	7,46	7,19	6,99	6,84	6,72	6,62
8	11,3	8,65	7,59	7,01	6,63	6,37	6,18	6,03	5,91	5,81
9	10,6	8,02	6,99	6,42	6,06	5,80	5,61	5,47	5,35	5,26
10	10,0	7,56	6,55	5,99	5,46	5,39	5,20	5,06	4,94	4,85
11	9,65	7,21	6,22	5,67	5,32	5,07	4,89	4,74	4,63	4,54
12	9,33	6,93	5,95	5,41	5,06	4,82	4,64	4,50	4,39	4,30
13	9,07	6,70	5,74	5,21	4,86	4,62	4,44	4,30	4,19	4,10
14	8,86	6,51	5,56	5,04	4,70	4,46	4,28	4,14	4,03	3,94
15	8,68	6,36	5,42	4,89	4,56	4,32	4,14	4,00	3,89	3,80
16	8,53	6,23	5,29	4,77	4,44	4,20	4,03	3,89	3,78	3,69
17	8,40	6,11	5,18	4,67	4,34	4,10	3,93	3,79	3,68	3,59
18	8,29	6,01	5,09	4,58	4,25	4,01	3,84	3,71	3,60	3,51
19	8,18	5,93	5,01	4,50	4,17	3,94	3,77	3,63	3,52	3,43
20	8,10	5,85	4,94	4,43	4,10	3,87	3,70	3,56	3,46	3,37
22	7,95	5,72	4,82	4,31	3,99	3,76	3,59	3,45	3,35	3,26
24	7,82	5,61	4,72	4,22	3,90	3,67	3,50	3,36	3,26	3,17
26	7,72	5,53	4,64	4,14	3,82	3,59	3,42	3,29	3,18	3,09
28	7,64	5,45	4,57	4,07	3,75	3,53	3,36	3,23	3,12	3,03
30	7,56	5,39	4,51	4,02	3,70	3,47	3,30	3,17	3,07	2,98
32	7,50	5,34	4,46	3,97	3,65	3,43	3,26	3,13	3,02	2,93
34	7,44	5,29	4,42	3,93	3,61	3,39	3,22	3,09	2,98	2,89
36	7,40	5,25	4,38	3,89	3,57	3,35	3,18	3,05	2,95	2,86
38	7,35	5,21	4,34	3,86	3,54	3,32	3,15	3,02	2,92	2,83
40	7,31	5,18	4,31	3,83	3,51	3,29	3,12	2,99	2,89	2,80
50	7,17	5,06	4,20	3,72	3,41	3,19	3,02	2,89	2,79	2,70
60	7,08	4,98	4,13	3,65	3,34	3,12	2,95	2,82	2,72	2,63
70	7,01	4,92	4,08	3,60	3,29	3,07	2,91	2,78	2,67	2,59
80	6,96	4,88	4,04	3,56	3,26	3,04	2,87	2,74	2,64	2,55
100	6,90	4,82	3,98	3,51	3,21	2,99	2,82	2,69	2,59	2,50
200	6,76	4,71	3,88	3,41	3,11	2,89	2,73	2,60	2,50	2,41
300	6,72	4,68	3,85	3,38	3,08	2,86	2,70	2,57	2,47	2,38
500	6,69	4,65	3,82	3,36	3,05	2,84	2,68	2,55	2,44	2,36
1000	6,66	4,63	3,80	3,34	3,04	2,82	2,66	2,53	2,43	2,34
>1000	6,63	4,61	3,78	3,32	3,02	2,80	2,64	2,51	2,41	2,32

Fortsetzung:

m \ n	11	12	13	14	15	16	17	18	19	20
Man multipliziere die Zahlen der ersten Zeile (m=1) mit 10										
1	608	611	613	614	616	617	618	619	620	621
2	99,4	99,4	99,4	99,4	99,4	99,4	99,4	99,4	99,4	99,4
3	27,1	27,1	27,0	26,9	26,9	26,8	26,8	26,8	26,7	26,7
4	14,4	14,4	14,3	14,2	14,2	14,2	14,1	14,1	14,0	14,0
5	9,96	9,89	9,82	9,77	9,72	9,68	9,64	9,61	9,58	9,55
6	7,79	7,72	7,66	7,60	7,56	7,52	7,48	7,45	7,42	7,40
7	6,54	6,47	6,41	6,36	6,31	6,27	6,24	6,21	6,18	6,16
8	5,73	5,67	5,61	5,56	5,52	5,48	5,44	5,41	5,38	5,36
9	5,18	5,11	5,05	5,00	4,96	4,92	4,89	4,86	4,83	4,81
10	4,77	4,71	4,65	4,60	4,56	4,52	4,49	4,46	4,43	4,41
11	4,46	4,40	4,34	4,29	4,25	4,21	4,18	4,15	4,12	4,10
12	4,22	4,16	4,10	4,05	4,01	3,97	3,94	3,91	3,88	3,86
13	4,02	3,96	3,91	3,86	3,82	3,78	3,75	3,72	3,69	3,66
14	3,86	3,80	3,75	3,70	3,66	3,62	3,59	3,56	3,53	3,51
15	3,73	3,67	3,61	3,56	3,52	3,49	3,45	3,42	3,40	3,37
16	3,62	3,55	3,50	3,45	3,41	3,37	3,34	3,31	3,28	3,26
17	3,52	3,46	3,40	3,35	3,31	3,27	3,24	3,21	3,18	3,16
18	3,43	3,37	3,32	3,27	3,23	3,19	3,16	3,13	3,10	3,08
19	3,36	3,30	3,24	3,19	3,15	3,12	3,08	3,05	3,03	3,00
20	3,29	3,23	3,18	3,13	3,09	3,05	3,02	2,99	2,96	2,94
22	3,18	3,12	3,07	3,02	2,98	2,94	2,91	2,88	2,85	2,83
24	3,09	3,03	2,98	2,93	2,89	2,85	2,82	2,79	2,76	2,74
26	3,02	2,96	2,90	2,86	2,82	2,78	2,74	2,72	2,69	2,66
28	2,96	2,90	2,84	2,79	2,75	2,72	2,68	2,65	2,63	2,60
30	2,91	2,84	2,79	2,74	2,70	2,66	2,63	2,60	2,57	2,55
32	2,86	2,80	2,74	2,70	2,66	2,62	2,58	2,55	2,53	2,50
34	2,82	2,76	2,70	2,66	2,62	2,58	2,55	2,51	2,49	2,46
36	2,79	2,72	2,67	2,62	2,58	2,54	2,51	2,48	2,45	2,43
38	2,75	2,69	2,64	2,59	2,55	2,51	2,48	2,45	2,42	2,40
40	2,73	2,66	2,61	2,56	2,52	2,48	2,45	2,42	2,39	2,37
50	2,63	2,56	2,51	2,46	2,42	2,38	2,35	2,32	2,29	2,27
60	2,56	2,50	2,44	2,39	2,35	2,31	2,28	2,25	2,22	2,20
70	2,51	2,45	2,40	2,35	2,31	2,27	2,23	2,20	2,18	2,15
80	2,48	2,42	2,36	2,31	2,27	2,23	2,20	2,17	2,14	2,12
100	2,43	2,37	2,31	2,26	2,22	2,19	2,15	2,12	2,09	2,07
200	2,34	2,27	2,22	2,17	2,13	2,09	2,06	2,02	2,00	1,97
300	2,31	2,24	2,19	2,14	2,10	2,06	2,03	1,99	1,97	1,94
500	2,28	2,22	2,17	2,12	2,07	2,04	2,00	1,97	1,94	1,92
1000	2,27	2,20	2,15	2,10	2,06	2,02	1,98	1,95	1,92	1,90
>1000	2,25	2,18	2,13	2,08	2,04	2,00	1,97	1,93	1,90	1,88

Fortsetzung:

m \ n	24	30	40	50	60	80	100	200	500	>500
Man multipliziere die Zahlen der ersten Zeile (m=1) mit 10										
1	623	626	629	630	631	633	633	635	636	637
2	99,5	99,5	99,5	99,5	99,5	99,5	99,5	99,5	99,5	99,5
3	26,6	26,5	26,4	26,4	26,3	26,3	26,2	26,2	26,1	26,1
4	13,9	13,8	13,7	13,7	13,7	13,6	13,6	13,5	13,5	13,5
5	9,47	9,38	9,29	9,24	9,20	9,16	9,13	9,08	9,04	9,02
6	7,31	7,23	7,14	7,09	7,06	7,01	6,99	6,93	6,90	6,88
7	6,07	5,99	5,91	5,86	5,82	5,78	5,75	5,70	5,67	5,65
8	5,28	5,20	5,12	5,07	5,03	4,99	4,96	4,91	4,88	4,86
9	4,73	4,65	4,57	4,52	4,48	4,44	4,42	4,36	4,33	4,31
10	4,33	4,25	4,17	4,12	4,08	4,04	4,01	3,96	3,93	3,91
11	4,02	3,94	3,86	3,81	3,78	3,73	3,71	3,66	3,62	3,60
12	3,78	3,70	3,62	3,57	3,54	3,49	3,47	3,41	3,38	3,36
13	3,59	3,51	3,43	3,38	3,34	3,30	3,27	3,22	3,19	3,17
14	3,43	3,35	3,27	3,22	3,18	3,14	3,11	3,06	3,03	3,00
15	3,29	3,21	3,13	3,08	3,05	3,00	2,98	2,92	2,89	2,87
16	3,18	3,10	3,02	2,97	2,93	2,89	2,86	2,81	2,78	2,75
17	3,08	3,00	2,92	2,87	2,83	2,79	2,76	2,71	2,68	2,65
18	3,00	2,92	2,84	2,78	2,75	2,70	2,68	2,62	2,59	2,57
19	2,92	2,84	2,76	2,71	2,67	2,63	2,60	2,55	2,51	2,49
20	2,86	2,78	2,69	2,64	2,61	2,56	2,54	2,48	2,44	2,42
22	2,75	2,67	2,58	2,53	2,50	2,45	2,42	2,36	2,33	2,31
24	2,66	2,58	2,49	2,44	2,40	2,36	2,33	2,27	2,24	2,21
26	2,58	2,50	2,42	2,36	2,33	2,28	2,25	2,19	2,16	2,13
28	2,52	2,44	2,35	2,30	2,26	2,22	2,19	2,13	2,09	2,06
30	2,47	2,39	2,30	2,25	2,21	2,16	2,13	2,07	2,03	2,01
32	2,42	2,34	2,25	2,20	2,16	2,11	2,08	2,02	1,98	1,96
34	2,38	2,30	2,21	2,16	2,12	2,07	2,04	1,98	1,94	1,91
36	2,35	2,26	2,17	2,12	2,08	2,03	2,00	1,94	1,90	1,87
38	2,32	2,23	2,14	2,09	2,05	2,00	1,97	1,90	1,86	1,84
40	2,29	2,20	2,11	2,06	2,02	1,97	1,94	1,87	1,83	1,80
50	2,18	2,10	2,01	1,95	1,91	1,86	1,82	1,76	1,71	1,68
60	2,12	2,03	1,94	1,88	1,84	1,78	1,75	1,68	1,63	1,60
70	2,07	1,98	1,89	1,83	1,78	1,73	1,70	1,62	1,57	1,54
80	2,03	1,94	1,85	1,79	1,75	1,69	1,66	1,58	1,53	1,49
100	1,98	1,89	1,80	1,73	1,69	1,63	1,60	1,52	1,47	1,43
200	1,89	1,79	1,69	1,63	1,58	1,52	1,48	1,39	1,33	1,28
300	1,85	1,76	1,66	1,59	1,55	1,48	1,44	1,35	1,28	1,22
500	1,83	1,74	1,63	1,56	1,52	1,45	1,41	1,31	1,23	1,16
1000	1,81	1,72	1,61	1,54	1,50	1,43	1,38	1,28	1,19	1,11
>1000	1,79	1,70	1,59	1,52	1,47	1,40	1,36	1,25	1,15	1,00

Quantile (kritische Werte) für Test 4.4.11.4; 4.4.11.5 (Kolmogorov-Smirnov-Test)

In der Tabelle sind die Werte $z_{1-\alpha}$ eingetragen für $n > 100$ (Näherungswerte)

Niveau α	0,05 = 5%	0,01 = 1%
$z_{1-\alpha}$	1,36	1,63

Quantile (kritische Werte) [1] für Test 4.4.11.6 (Wilcoxon-Test)

Niveau α = 0,05 = 5%

n \ m	4	5	6	7	8	9	10	11	12	13	14	15	16	17
2					8,0	9,0	10,0	10,0	11,0	12,0	13,0	14,0	15,0	15,0
3		7,5	8,0	9,5	10,0	11,5	12,0	13,5	14,0	15,5	16,0	17,5	18,0	19,5
4	8,0	9,0	10,0	11,0	12,0	13,0	15,0	16,0	17,0	18,0	19,0	20,0	21,0	23,0
5		10,5	12,0	12,5	14,0	15,5	17,0	18,5	19,0	20,5	22,0	23,5	24,0	25,5
6			13,0	15,0	16,0	17,0	19,0	20,0	22,0	23,0	25,0	26,0	27,0	29,0
7				16,5	18,0	19,5	21,0	22,5	24,0	25,5	27,0	28,5	30,0	31,5
8					19,0	21,0	23,0	25,0	26,0	28,0	29,0	31,0	33,0	34,0
9						22,5	25,0	26,5	28,0	30,5	32,0	33,5	35,0	37,5
10							27,0	29,0	30,0	32,0	34,0	36,0	38,0	40,0
11								30,5	33,0	34,5	37,0	38,5	40,0	42,5
12									35,0	37,0	39,0	41,0	43,0	45,0
13										38,5	41,0	43,5	45,0	47,5
14											43,0	46,0	48,0	
15												47,5		

1) Die Tabelle ist in n und m symmetrisch.

n \ m	18	19	20	21	22	23	24	25
2	16,0	17,0	18,0	18,0	19,0	20,0	21,0	22,0
3	20,0	21,5	22,0	23,5	24,0	25,5	26,0	27,5
4	24,0	25,0	26,0	27,0	28,0	29,0	30,0	32,0
5	27,0	28,5	30,0	30,5	32,0	33,5	35,0	35,5
6	30,0	32,0	33,0	34,0	36,0	37,0	38,0	39,0
7	33,0	34,5	36,0	37,5	39,0	40,5		
8	36,0	38,0	39,0	41,0	42,0			
9	39,0	40,5	42,0	44,5				
10	42,0	43,0	45,0					
11	44,0	46,0						
12	47,0							
13								
14								
15								

Niveau $\alpha = 0{,}01 = 1\%$

n \ m	4	5	6	7	8	9	10	11	12	13	14	15	16	17
2														
3						13,5	15,0	16,5	17,0	18,5	20,0	20,5	22,0	23,5
4			12,0	14,0	15,0	17,0	18,0	20,0	21,0	22,0	24,0	25,0	27,0	28,0
5		12,5	14,0	15,5	18,0	19,5	21,0	22,5	24,0	25,5	28,0	29,5	31,0	32,5
6			16,0	18,0	20,0	22,0	24,0	26,0	27,0	29,0	31,0	33,0	35,0	36,0
7				20,5	22,0	24,5	26,0	28,5	30,0	32,5	34,0	36,5	38,0	40,5
8					25,0	27,0	29,0	31,0	33,0	35,0	38,0	40,0	42,0	44,0
9						29,5	32,0	33,5	36,0	38,5	41,0	42,5	45,0	47,5
10							34,0	36,0	39,0	41,0	44,0	46,0	49,0	51,0
11								39,5	42,0	44,5	47,0	49,5	52,0	54,5
12									44,0	47,0	50,0	53,0	55,0	58,0
13										50,5	53,0	55,5	58,0	61,5
14											56,0	59,0	62,0	
15												61,5		

n \ m	18	19	20	21	22	23	24	25
2		19,0	20,0	21,0	22,0	23,0	24,0	25,0
3	25,0	25,5	27,0	28,5	29,0	30,5	32,0	32,5
4	30,0	31,0	32,0	34,0	35,0	37,0	38,0	40,0
5	34,0	35,5	37,0	38,5	41,0	42,5	44,0	45,5
6	38,0	40,0	42,0	44,0	45,0	47,0	49,0	51,0
7	42,0	44,5	46,0	48,5	50,0	51,5		
8	46,0	48,0	50,0	52,0	54,0			
9	50,0	52,5	54,0	56,5				
10	53,0	56,0	58,0					
11	57,0	59,5						
12	61,0							
13								
14								
15								

Werte [1] $c_\gamma = z_{\frac{1+\gamma}{2}}$ für Konfidenzintervall 4.5.3.1; 4.5.3.6

γ	0,90 = = 90%	0,95 = = 95%	0,99 = = 99%	0,999 = = 99,9%
c_γ	1,645	1,960	2,576	3,291

1) Werte aus der Tabelle der Standard-Normalverteilung (hier auf drei Dezimalstellen angegeben).

Werte [1] $c_{\gamma} = z_{\frac{1+\gamma}{2}}$ für Konfidenzintervall 4.5.3.2; 4.5.3.7

Anzahl der Freiheitsgrade	1	2	3	4	5	6	7	8	9	10
γ = 0,90 = 90%	6,31	2,92	2,35	2,13	2,02	1,94	1,90	1,86	1,83	1,81
γ = 0,95 = 95%	12,71	4,30	3,18	2,78	2,57	2,45	2,37	2,31	2,26	2,23
γ = 0,99 = 99%	63,66	9,93	5,84	4,60	4,03	3,71	3,50	3,36	3,25	3,17
γ = 0,999 = 99,9%	636,62	31,60	12,92	8,61	6,87	5,96	5,41	5,04	4,78	4,59
	11	12	13	14	15	16	17	18	19	20
γ = 0,90	1,80	1,78	1,77	1,76	1,75	1,75	1,74	1,73	1,73	1,73
γ = 0,95	2,20	2,18	2,16	2,15	2,13	2,12	2,11	2,10	2,09	2,09
γ = 0,99	3,11	3,06	3,01	2,98	2,95	2,92	2,90	2,88	2,86	2,85
γ = 0,999	4,44	4,32	4,22	4,14	4,07	4,02	3,97	3,92	3,88	3,85
	22	24	26	28	30	40	50	100	200	>200
γ = 0,90	1,72	1,71	1,71	1,70	1,70	1,68	1,68	1,66	1,65	1,65
γ = 0,95	2,07	2,06	2,06	2,05	2,04	2,02	2,01	1,98	1,97	1,96
γ = 0,99	2,82	2,80	2,78	2,76	2,75	2,70	2,68	2,63	2,60	2,58
γ = 0,999	3,79	3,75	3,71	3,67	3,65	3,55	3,50	3,39	3,34	3,29

1) Werte aus der Tabelle der t-Verteilung (hier auf zwei Dezimalstellen angegeben). Vgl. Tabelle zu Test 4.4.10.2 usw.

Werte [1] c_γ und d_γ für Konfidenzintervall 4.5.3.3; 4.5.3.4

Anzahl der Freiheitsgrade	1	2	3	4	5	6	7	8	9	10
$\gamma = 0{,}90 = 90\%$										
$c_\gamma = z_{\frac{1+\gamma}{2}} = z_{0,95}$	3,84	5,99	7,81	9,49	11,07	12,59	14,07	15,51	16,92	18,31
$d_\gamma = z_{\frac{1-\gamma}{2}} = z_{0,05}$	0,00	0,10	0,35	0,71	1,15	1,64	2,17	2,73	3,33	3,94
$\gamma = 0{,}95 = 95\%$										
$c_\gamma = z_{\frac{1+\gamma}{2}} = z_{0,975}$	5,02	7,38	9,35	11,14	12,83	14,45	16,01	17,53	19,02	20,48
$d_\gamma = z_{\frac{1-\gamma}{2}} = z_{0,025}$	0,00	0,05	0,22	0,48	0,83	1,24	1,69	2,18	2,70	3,25
$\gamma = 0{,}99 = 99\%$										
$c_\gamma = z_{\frac{1+\gamma}{2}} = z_{0,995}$	7,88	10,60	12,84	14,86	16,75	18,55	20,28	21,96	23,59	25,19
$d_\gamma = z_{\frac{1-\gamma}{2}} = z_{0,005}$	0,00	0,01	0,07	0,21	0,41	0,68	0,99	1,34	1,73	2,16

1) Werte aus der Tabelle der χ^2-Verteilung (hier auf zwei Dezimalstellen angegeben). Vgl. auch Tabellen für Test 4.4.10.3; 4.4.10.4 usw.

Fortsetzung

Anzahl der Freiheitsgrade	11	12	13	14	15	16	17	18	19	20
$\gamma = 0,90 = 90\%$										
$c_\gamma = z_{\frac{1+\gamma}{2}}$	19,68	21,03	22,36	23,68	25,00	26,30	27,59	28,87	30,14	31,41
$d_\gamma = z_{\frac{1-\gamma}{2}}$	4,57	5,23	5,89	6,57	7,26	7,96	8,67	9,39	10,12	10,85
$\gamma = 0,95 = 95\%$										
$c_\gamma = z_{\frac{1+\gamma}{2}}$	21,92	23,34	24,74	26,12	27,49	28,85	30,19	31,53	32,85	34,17
$d_\gamma = z_{\frac{1-\gamma}{2}}$	3,82	4,40	5,01	5,63	6,26	6,91	7,56	8,23	8,91	9,59
$\gamma = 0,99 = 99\%$										
$c_\gamma = z_{\frac{1+\gamma}{2}}$	26,76	28,30	29,82	31,32	32,80	34,27	35,72	37,16	38,58	40,00
$d_\gamma = z_{\frac{1-\gamma}{2}}$	2,60	3,07	3,57	4,07	4,60	5,14	5,70	6,26	6,84	7,43

Fortsetzung

Anzahl der Freiheitsgrade	21	22	23	24	25	26	27	28	29	30
$\gamma = 0{,}90 = 90\%$										
$c_\gamma = z_{\frac{1+\gamma}{2}}$	32,67	33,92	35,17	36,42	37,65	38,89	40,11	41,34	42,56	43,77
$d_\gamma = z_{\frac{1-\gamma}{2}}$	11,59	12,34	13,09	13,85	14,61	15,38	16,15	16,93	17,71	18,49
$\gamma = 0{,}95 = 95\%$										
$c_\gamma = z_{\frac{1+\gamma}{2}}$	35,48	36,78	38,08	39,36	40,65	41,92	43,19	44,46	45,72	46,98
$d_\gamma = z_{\frac{1-\gamma}{2}}$	10,28	10,98	11,69	12,40	13,12	13,84	14,58	15,31	16,05	16,79
$\gamma = 0{,}99 = 99\%$										
$c_\gamma = z_{\frac{1+\gamma}{2}}$	41,40	42,80	44,18	45,56	46,93	48,29	49,64	50,99	52,34	53,67
$d_\gamma = z_{\frac{1-\gamma}{2}}$	8,03	8,64	9,26	9,98	10,25	11,16	11,81	12,46	13,12	13,79

Fortsetzung

Anzahl der Freiheitsgrade	40	50	60	70	80	90	100	>100 (Näherung)
$\gamma = 0{,}90 = 90\%$								
$c_\gamma = z_{\frac{1+\gamma}{2}}$	55,76	67,51	79,08	90,53	101,88	113,15	124,34	$\frac{1}{2}(h + 1{,}64)^2$
$d_\gamma = z_{\frac{1+\gamma}{2}}$	26,51	34,76	43,19	51,74	60,39	69,13	77,93	$\frac{1}{2}(h - 1{,}64)^2$
$\gamma = 0{,}95 = 95\%$								
$c_\gamma = z_{\frac{1+\gamma}{2}}$	59,34	71,42	83,30	95,02	106,63	118,14	129,56	$\frac{1}{2}(h + 1{,}96)^2$
$d_\gamma = z_{\frac{1-\gamma}{2}}$	24,43	32,36	40,48	48,76	57,15	65,65	74,22	$\frac{1}{2}(h - 1{,}96)^2$
$\gamma = 0{,}99 = 99\%$								
$c_\gamma = z_{\frac{1+\gamma}{2}}$	66,77	79,49	91,95	104,21	116,32	128,30	140,17	$\frac{1}{2}(h + 2{,}58)^2$
$d_\gamma = z_{\frac{1-\gamma}{2}}$	20,71	27,99	35,54	43,28	51,17	59,20	67,33	$\frac{1}{2}(h - 2{,}58)^2$

Dabei ist $h = \sqrt{2n-1}$ (n = Anzahl der Freiheitsgrade).

Literatur

Es werden nur Formelsammlungen, Lexika und Tabellenwerke genannt; dort finden sich weitere Literaturangaben (z.B. auch über Lehrbücher)

[1] Beyer, W.H. (Hrsg.):
Handbook of Tables for Probability and Statistics
2. Aufl.
Cleveland/Ohio (1968)

[2] Bleymüller, J. - G. Gehlert:
Statistische Formeln und Tabellen
3. Aufl.
München (1985)

[3] Bronstein, J.N. - K.A. Semendjajew:
Taschenbuch der Mathematik
19. Aufl.
Thun - Frankfurt/Main (1980)

[4] Graf, U. - H.-J. Henning - K. Stange:
Formeln und Tabellen der mathematischen Statistik
2. Aufl.
Berlin-Heidelberg-New York (1966)

[5] Hastings, N.A.J. - J.B. Peacock:
Statistical Distributions - A Handbook for Students and Practitioners
London (1975)

[6] Johnson, N.L. - S. Kotz:
Distributions in Statistics
New York. I. Discrete Distributions (1969)
II. Continuous Univariat Distributions, I (1970)
III. Continuous Univariat Distributions, II (1970)
IV. Continuous Multivariate Distributions (1972)

[7] Kotz, S. - N.L. Johnson (Hrsg.):

Encyclopedia of Statistical Sciences
Vol. 1 - 6 erschienen
New York - Chichester - Brisbane - Toronto - Singapore
(1982 - 1985)

[8] Müller, P.H. (Hrsg.):

Lexikon der Stochastik
2. Aufl.
Berlin (1975)

[9] Owen, D.B.:

Handbook of Statistical Tables
Reading/Mass. - Palo Alto - London (1962)

[10] Rinne, H.:

Statistische Formelsammlung
Thun - Frankfurt/Main (1982)

[11] Vogel, F.:

Beschreibende und schließende Statistik -
Formeln, Definitionen, Erläuterungen, Stichwörter
und Tabellen
München (1979)

[12] Wetzel, W. - M.-D. Jöhnk - P. Naeve:

Statistische Tabellen
Berlin (1967)

Sachverzeichnis